国际电气工程先进技术译丛

高压直流输电——功率变换在电力系统中的应用

HVDC TRANSMISSION: Power Conversion Applications in Power Systems

(韩国) Chan - Ki Kim

(加拿大) Vijay K. Sood

(韩国) Gil - Soo Jang 著

(韩国) Seong - Joo Lim

(韩国) Seok - Jin Lee

徐 政 译

机 械 工 业 出 版 社

本书对直流输电的基本理论和工程应用进行了全面的介绍，包括换流器的工作原理、谐波及其消除、直流输电系统的控制和保护、主电路设计、绝缘配合、交直流系统相互作用、高压直流输电系统的建模与仿真。

本书适于从事高压直流输电技术研究、开发、应用的技术人员和电力系统科研、规划、设计、运行的工程师，以及高等学校电力系统专业的教师和研究生阅读。

图书在版编目（CIP）数据

高压直流输电：功率变换在电力系统中的应用/（韩）金昌起等著；徐政译. —北京：机械工业出版社，2014. 1

（国际电气工程先进技术译丛）

书名原文：HVDC Transmission: Power Conversion Applications in Power Systems

ISBN 978-7-111-45481-6

Ⅰ. ①高…　Ⅱ. ①金…②徐…　Ⅲ. ①高电压 - 直流输电
Ⅳ. ①TM726. 1

中国版本图书馆 CIP 数据核字（2014）第 011036 号

机械工业出版社（北京市百万庄大街 22 号　邮政编码 100037）
策划编辑：付承桂　责任编辑：付承桂
版式设计：霍永明　责任校对：肖　琳
封面设计：马精明　责任印制：乔　宇
北京铭成印刷有限公司印刷
2014 年 3 月第 1 版第 1 次印刷
169mm × 239mm · 25. 25 印张 · 516 千字
0001—3000 册
标准书号：ISBN 978-7-111-45481-6
定价：98. 00 元

凡购本书，如有缺页、倒页、脱页，由本社发行部调换

电话服务	网络服务
社服务中心：(010)88361066	教材网：http://www. cmpedu. com
销售一部：(010)68326294	机工官网：http://www. cmpbook. com
销售二部：(010)88379649	机工官博：http://weibo. com/cmp1952
读者购书热线：(010)88379203	**封面无防伪标均为盗版**

译 者 的 话

西电东送是保障我国能源供应的必然选择，而直流输电以其在大容量、远距离输电方面的优势实际上已成为实施西电东送的主要技术手段。我国已经是世界上直流输电工程最多的国家，未来10年还将建设超过20项直流输电工程。尽管我国在直流输电技术方面已居世界领先地位，但众多的直流输电工程需要大量从事规划、设计、制造、施工和运行的工程技术人员，如何快速高效地培养我国下一代的直流输电技术人员是目前面临的一个重大任务。

本书主要由韩国工程师编写，主要从直流输电工程设计和运行的角度对直流输电的相关问题展开论述。本书内容广泛，几乎涉及了直流输电的所有领域以及在设计和运行中所关注的主要问题。相对于直流输电技术在我国电力系统中的重要性和应用的广泛性，关于直流输电工程技术方面的中文书籍仍然偏少，因此译者历时三年将本书翻译出来，希望本书能够为我国直流输电方面的人才培养做出贡献。

本书的翻译得到了国家863计划项目“智能电网关键技术研发（一期）”课题19（课题编号：2011AA05A119）的资助。翻译过程中王珅、许烽、陈鹤林、刘昇、李娜、游沛宇、邱一苇、金楚、张君宇、黄翔、黄文滔、陈超、邢佳丽、邓晨成等同学做了大量工作，在此深表谢意。原书中一些明显的笔误或印刷错误，改正以后并未加以说明。限于译者水平，书中难免存在错误和不妥之处，恳请广大读者批评指正。译者联系方式：电话（0571）87952074，电子信箱 xuzheng007@zju.edu.cn。

徐　政

2013年11月

于浙江大学求是园

原书序言

十年前韩国的第一个直流输电工程，从本土的韩楠到济州岛的直流输电工程投入运行，为韩国电力工业做出了极其重要的贡献。将来，诸如系统间的联网以及大规模可再生能源的质量等将成为关键性的问题，高压直流输电在解决这些关键性问题时将起到决定性的作用，我很自豪自己能投身于此项事业。

本书概述了高压直流输电的相关技术，是本领域的重要资源。在如此短的时间内写出如此长篇幅的著作，需要花费巨大的精力。

对于电力工业，我们必须承认化石燃料会不可避免地耗尽，而环境保护意识将变得越来越重要。就这点而论，电能相比于煤炭、石油和天然气在效率、经济性和清洁性方面具有多种优势。高压直流输电可以解决多方面的问题，包括交流电网中的电压稳定性，不断增长的短路电流水平以及备用容量的增加等。显然，高压直流输电在未来的电力工业中会起到关键性的作用。

十分重要的一点是，对于高质量供电要求和大规模可再生能源接入电网问题，高压直流输电是最有效的解决方案。

本书包含了从直流输电基本理论到高级应用的多个方面的内容，并且都在世界著名专家的指导下完成。毫无疑问，这是高压直流输电领域的最好著作之一。科学没有国界，我相信本书对世界范围的电力工作者都是有用和有益的。

我真诚地希望本书的作者继续致力于直流输电领域的进一步研究。

我突然想起以前我担任韩国电力研究院院长时一起工作的同事，他们对研究工作十分执着，不知疲倦，在他们的办公桌上有这么一句口号，我是完完全全相信的，这句口号是：

高压直流输电将会给这个世界带来福利和进步！

韩国电力公司输电部副总裁

Kim Moon – Duk

原书前言

虽然高压直流输电在一些人看来是一项成熟技术，但令人惊异的是还有很多的研究领域和很多的工程正在酝酿中。由于既有系统的互联和新技术的应用，电力系统的复杂性正在不断增加。经济上和其他方面的限制正迫使电力公司将它们的电力系统运行在接近稳定极限处，从而以最小的成本来供给可靠而清洁的电能。在发展中国家，如中国、印度和巴西，不断增长的对电能的需求要求高压直流输电承担大容量远距离的输电任务。而希望电网互联并提供更高灵活性的发达国家，则主要依赖背靠背直流输电。此外，将可再生能源接入电网的兴趣也越来越大，再次要求采用直流输电。似乎为了解决上述问题，采用高压直流输电技术是必需的。

直流输电的历史始于 1897 年，当时 Thomas Edison 成功实现了基于低压直流的供电和用电。在那个时代，电力工业的标准还没有形成，直流输电和交流输电的技术竞争还非常激烈，交流输电通过变压器实现，由 George Westinghouse 提出。

后来，人们认识到了电力的重要性，因而就需要进行大规模的发电和输电。由于交流技术在发电、输电、变换和可靠性方面的优势，它成为了电力工业的骨干。另一方面，20 世纪 30 年代开发出汞弧阀以后，直流输电重新获得了重视。高压直流输电的首次商业化运行是在 1954 年，通过海底电缆从瑞典本土向 Gotland 岛送电。

高压直流输电独一无二的特性使得这项技术在特定的应用领域具有巨大的生命力。20 世纪 70 年代初期，晶闸管阀的出现大大推进了高压直流输电的应用，使可靠性大为提高而成本大为下降；90 年代，大功率强制换相开关的实用化也大大促进了高压直流输电的应用。今天，高压直流输电系统已经信誉卓著，它与柔性交流输电系统（FACTS）并肩为电力输送提供复杂而万能的模式。但是，新的应用总是在不断地被开发出来，因此，持续地对高压直流输电技术进行研发并使新的研究者和工程师继续了解这项技术是十分重要的。然而，我们发现此领域的文献经常是短缺的，特别是系统全面的文献资料。为此，我们感到，从事实际工作的工程师应当将他们的专长加入到专门的知识库中，以方便下一代工程师的工作。

韩国电力公司（KEPCO）正积极开展东北亚地区国内外的电力互联项目。与此项目相关的具有多年实际工程经验的工程师们集合起来准备了这本书。这本书是这些工程师从事济州岛—韩楠直流输电工程第一手知识的结晶，结合了基本原理和实际技巧，这些在其他地方是得不到的。

第 1 章和第 2 章对高压直流输电进行了介绍并描述了换流器的基本元器件，是高压直流输电的最基本部分。此外，还描述了换流站无功功率的补偿方法和高压直流输电系统的仿真方法。

第3~5章描述了用于去除谐波的滤波器的类型以及用于交流滤波器设计的系统阻抗的特性。此外还描述了晶闸管相位控制的基本方法——分相控制（IPC）方法、等间隔脉冲控制（EPC）方法和直流输电系统的控制方法。

第6~8章描述了高压直流输电系统主电路的设计技术，包括晶闸管换流器、换流变压器、平波电抗器、架空线路、电缆线路、接地极和背靠背换流器。

第9章和第10章对直流输电和交流输电进行了比较，涉及输送容量、环境影响、经济性等多个方面。基于电力输送的实际应用，全面描述了高压直流输电技术世界范围的当前状态和未来发展趋势。

本书还有一些有用的补充性资料，可以在本书相对应的网页http://www.wiley.com/go/hvdc上找到。

我们真诚希望本书能够为直流输电的文献库增加材料，我们当然知道，尽管我们试图将其他地方难以得到的关于实际工程的知识写出来，但要覆盖此项技术的所有领域是不可能的。

Chan-Ki Kim
Vijay K. Sood
Gil-Soo Jang
Seong-Joo Lim
Seok-Jin Lee

所用符号列表

$1/N$	匝数比
α	触发延迟角
βC	β 控制
γ	关断角
γC	γ 控制
v_c@	换流器的@－相电压
ρ_0	导体内半径处纸的电阻率
ω_G	发电机转子速度
A	极间距离
AC	交流
AG	放大门
AVR	自动电压调节
BC	母线连接
BOD	击穿二极管
C	换相结束后的恢复电压
CC	电流控制；定电流
CCC	电容换相换流器
CEA	定关断角
CFO	临界闪络电压
CP	连接管道
CSCC	可控串联电容换流器
CT	电流互感器
CTC	连续换位导体
d	单根导体的直径；绞线的直径
D	分裂导线的直径
D'	串联电容减小的换相角的函数
D_e	电气阻尼
D_m	机械阻尼
E_{FL}	额定电压
E_{max}	最大表面梯度
EPC	等间隔脉冲控制

ESCR	有效短路比
ESDD	等值盐密
F	触发开始换相
f_0	基波频率（60Hz）
F_0	无线电干扰（场强）
F_{demand}（Hz）	频率指令值
F_{order}（Hz）	频率输出值
f_t	扭振模式
H	热管
H	导线高于地面的平均高度
H_C	接触强度，其中 m/σ 表示粗糙度
I_1	基波电流
I_d	恒定值；直流电流
I'_d	新增加的直流电流
I_{DC}	直流电流水平
I_{dFL}	额定电流
I_{dN}	额定电流（A）
I_{hCCC}	CCC - HVDC 系统中的谐波量
I_{hCon}	常规 HVDC 系统中的谐波量
I_{order}	从功率控制来的电流指令值
I_{s*}	*相电流
i_A	浪涌电流
ILED	红外发光二极管
i_N	跟踪电流
IPC	分相控制
i_S	控制电流
IVIL	逆变器阀绝缘水平
K_S	谐波热传导系数
L_d	直流侧电感（H）
L_s	换流器输入端电感
LCC	电网换相（电流源）换流器
LI	雷电冲击
LIWL	雷电冲击水平
LTT	光触发晶闸管
m	每束分裂导线的根数
MVA	决定于下标的额定值

n	整数；每束分裂导线的根数
N_p	保证的保护水平
NV	中性线电压
OCT	光学电流互感器
OSCR	运行短路比
P	接触压力
P_c	电晕损耗（每极，kW/km）
P_d	直流功率
P_{order}	直流功率指令
P_{dc}	直流功率（MW）
PFC	脉冲频率控制
PPC	脉冲相位控制
PSS	电力系统稳定器
Q	热量传递
Q_F	中性点接地的包括滤波器的无功补偿总量（MVA）
QESCR	Q 有效短路比
R	分裂导线等效半径
r_0	电缆导体半径
Rb	旁路电阻器
RH	相对湿度
RS	SSDC 输出信号
RS	均压电阻器
RVIL	整流器阀绝缘水平
s	分裂导线中各子导线间的距离
S	导线之间的距离
S_N	中性点接地的 Y－D 联结换流变压器总容量（MVA）
S_n	变压器容量 $=\sqrt{3}U_{1n}I_{1n}$
S_{SC}	短路水平（MVA）
SC_{TOT}	包括第 i 台机组的换流母线短路容量
$\overline{SC_i}$	排除第 i 台机组的换流母线短路容量
SCR	短路比
SI	操作冲击
SIWL	操作冲击水平
Slope（% droop）	系统的速度调差特性
SSDC	次同步阻尼控制
SSO	次同步振荡

T_A	环境温度
T_e	发电机电磁转矩
T_J	半导体结温
T_a	空气温度
T_d	露水的温度
TOV	暂时过电压
U	导体－大地电压（kV）
U	避雷器组工作电压
U_1	基波电压
U_d	线对地电压
U_{dN}	HVDC 每极额定直流电压（kV）
U_a	闪络电压
UIF_i	第 i 台机组的机组作用系数
U_L	熄弧过程中的弧电压
U_p	转换过程中的剩余电压
U_{R_a}	熄弧过程中电阻 R_a 上的电压降
U_s	冲击电压
V_1	正常运行条件下包括动态过电压的运行电压峰值
V_2	VBO 检测水平
V_3	晶闸管重复导通电压
V_4	考虑不平衡因素的避雷器每个元件保护水平
V_5	晶闸管非重复性导通电压
V_d	逆变器直流电压
V_{d0}	换流桥空载电压
V_{dc}	直流电压值
V_k	阻抗电压
V_L	交流端电压
V_m	换流变压器网侧相电压有效值
VBE	阀基电子设备
V_c	换相恢复过电压毛刺
VC	电压控制
VCO	压控振荡器
VSC	电压源换流器
VSF	电压灵敏度因子
V_w	风速（m/s）
x	漏抗（pu）

X	SSDC 输入信号；导线到边的距离
X_1	换流变压器漏抗（pu）
X_C	换相电感
Z_0	交流电网零序阻抗
Z_1	交流电网正序阻抗
ZFCT	零磁通电流互感器

目　录

第1章　HVDC技术的发展

1.1　引言

高压直流（HVDC）输电系统的发展可以追溯到20世纪30年代发明汞弧整流器的时候。1941年，订立了第一个商业化应用的HVDC输电系统的合同，即将60MW功率通过一条长度为115km的地下电缆送往柏林城。1945年，该系统已准备投运，但由于二战结束后该系统被拆除，因而该系统从来就没有投运过。直到1954年，第一个HVDC（10MW）输电系统在Gotland岛投运。从20世纪60年代开始，HVDC输电系统已成为一种成熟技术，而且在长距离输电和大系统联网两方面发挥了至关重要的作用。

HVDC输电系统一旦安装完成，经常成为电力系统的骨干网架，具有使用寿命长和可靠性高等优势。HVDC输电系统的核心部件是功率换流器，用于与交流系统相接口。通过三相桥式换流器中的可控电子开关（阀），可以达到将交流变成直流或者反过来将直流变成交流的目的。

HVDC系统避免了交流输电的一些缺点和局限，具有如下优势：

1）技术上对海底电缆输电的长度没有限制。

2）不要求被连接的系统同步运行。

3）不增加交流开关装置上的短路容量。

4）不受阻抗、相位、频率或电压波动的影响。

5）仍然保持频率和发电机控制的独立性。

6）根据频率、功率振荡或线路负载水平对直流功率进行调制，可以提高交流系统的稳定性，从而提升系统内线路的输电能力。

图1-1列举了HVDC输电系统的应用实例，其中标号的意义如下：

①—大功率远距离架空线路输电。

②—通过海底电缆的大功率输电。

③—通过对HVDC输电线路或背靠背直流输电系统上的功率进行快速和精确的控制，或者对输电功率进行调制，用以产生对机电振荡的正阻尼，从而提高电力系统的稳定性。

④—由于HVDC系统对所连接的两个交流系统的频率和相位没有限制，它可以采用背靠背的方式非同步连接两个不同频率的交流系统。

⑤—当电力需要从偏远的发电站跨越一个国家的不同地区或者跨国进行远距离

输送时，采用多端直流系统连接途经地区的潜在用户在战略上和政治上是必要的。

⑥—HVDC 系统也可以用来连接基于可再生能源的电源，例如风电，特别是当该电源远离用户时。

⑦—基于电压源换流器（VSC）的 HVDC 技术正在越来越受到重视，由于在绝缘栅双极型晶体管（IGBT）技术方面的发展，这种新技术已变得可行。在此类系统中，与基于晶闸管的传统 HVDC 不同，脉宽调制（PWM）可用于 VSC 中。此项技术非常适于风电接入电力系统。

⑧—由于直流系统不输送无功功率，两个交流系统采用 HVDC 连接后不增加短路容量，因此这个技术在发电机接入电网时也很有用。

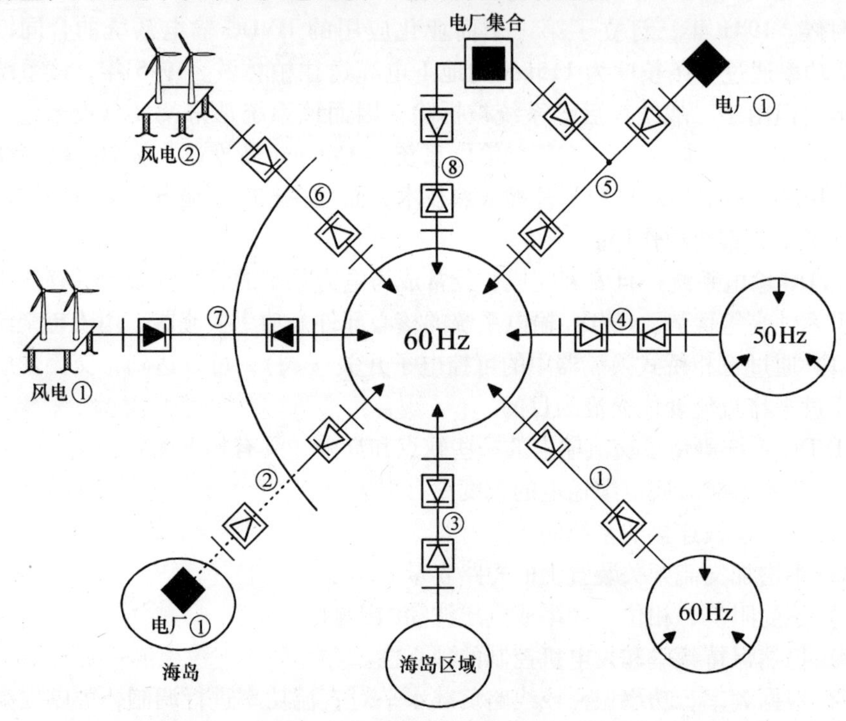

图 1-1　HVDC 系统的不同应用

1.2　HVDC 系统的优势

HVDC 系统的经典应用是远距离大容量输电，原因是与交流输电系统相比，其总体成本较低且损耗也较小。而直流联网的一个巨大优势是没有稳定性限制，即输送功率数量和输送距离不会构成限制因素。

远距离大容量输电。当大量功率需要远距离输送时，直流输电总是一个可以考虑的方案。交流输电受到如下因素的限制：

1）沿输电线路可以接受的电压变化范围以及期望的负载水平。

2）需要维持稳定性，即在扰动以后，输电系统两侧需要同步运行，不管是在暂态过程中还是在动态过程中。

3）为了破解上述限制，需要添加辅助设备，对经济性有影响。

而对于直流输电线路，与交流线路需要 3 根导线相比，仅仅需要 2 根导线（对于海底电缆大地回路只需要 1 根导线），因而直流线路的走廊较窄，即杆塔突出部分的长度较短。图 1-2 展示了输送 1200MW 时的交直流杆塔结构（双回交流线路和 1 回双极直流）以及输送 1500～2000MW 时的超高压（EHV）交流单回和单极直流的杆塔结构。注意，到目前为止(2008 年)，超过 1600MW 的单极直流世界上还没有，因为一旦损失如此大的容量，对系统的影响会很大。

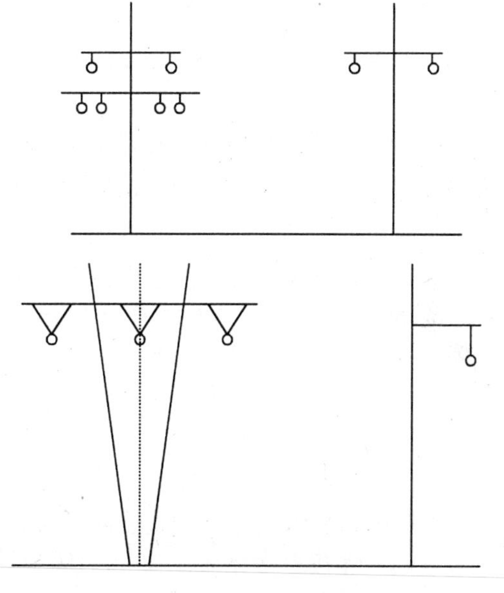

图 1-2　交流输电与直流输电的杆塔结构

当交流线路输送容量达到由系统稳定性决定的限制值或由热容量决定的限制值时，如果不可能再平行架设一回线路的话，那么可以将其转换为直流输电线路。通过改变塔顶结构，保持塔基、塔尺寸和走廊宽度不变，转换成直流线路后输送的容量可以达到交流输送容量的 3 倍。交流线路和直流线路同杆并架也是可能的，但到目前为止，还没有看到此类工程实际应用的报道。

通过交流或 HVDC 联网。如果两个或更多的独立系统通过交流线路同步联网，各系统必须遵守共同的运行规则，这些规则涉及安全性、可靠性、频率控制、电压控制、备用容量的一次控制和二次控制等。一旦确立了同步运行的框架，其性能就取决于网络结构、系统强度和联网线路的数量以及是否存在稳定性问题，如区域间的振荡。在大多数情况下，为了可靠起见，需要多于 1 回的联网线路；但是，仅仅为了能量和备用的交换，也有采用单回联络线的例子，这种情况下并不要求很高的可靠性。

与此相反，采用直流联网消除了所有与稳定性问题和控制策略相关的限制性因素。因而上面罗列的与安全性等相关的共同运行规则大部分仍由各独立交流系统掌握，不受联网协议的影响。联网可以沿系统边界采用 HVDC 背靠背换流站来实现，也可以通过长距离直流输电连接发电厂和负荷中心。

对于海底电缆联网，随着距离的增加，交流电缆会由于潮流变化而产生越来越大的电压变化，直到电缆的容量完全被充电电流占掉。由于不能在中间地段进行无功功率补偿装置的安装，到不久前为止实际的最大输电距离是 50km。近年来，出现了专用于海底的交联聚乙烯（XLPE）电缆，该种电缆的并联电容值比以前的小，因此将海底电缆的交流输电距离扩展到了 100km 左右。超出这个距离以后，直流输电是唯一技术上可行的方案。HVDC 联网只需要一根正极导线和一根负极导线，某些情况下采用海水作为回流线时只需要一根导线，且除成本以外，对输电距离实际上没有限制。

HVDC 多端系统。当电力需要从偏远的发电站跨越一个国家的不同地区或者跨国进行远距离输送时，在途经地区与潜在的合作伙伴进行连接在经济上和政治上可能是必要的。而多端直流输电为这种应用提供了可能性。

多端 HVDC 系统允许多个参与者，该技术已证明是可行的。多端系统的例子有连接意大利本土、Corsica（法国）和 Sardinia（意大利）的 SACOI 三端直流电缆系统，以及在美国和加拿大两国间的魁北克—新英格兰三端直流架空线路系统。太平洋联络线和 Nelson 河直流系统也是投入实际使用的多端直流系统的实例。这些都是并联多端直流系统，串联多端直流系统的方案也被提出过，但到目前为止没有实际的应用。

正在规划的东—西大容量输电系统（East – West High Power Trans）是利用长距离 HVDC 连接更多系统的又一个例子，该系统将连接俄罗斯、波罗的海各国、白俄罗斯、波兰和德国，正在考虑采用多端 HVDC 技术。这种连接可以充分发挥联网的优势而不需要建立共同的调度规则（例如频率控制等），各交流系统可以继续独立运行和发展。如果在更长的时间后，交流联网的条件得到了满足，并且各方同意同步联网的话，该 HVDC 输电系统可以成为互联电网中的一个坚强骨架，对整个系统的稳定性大有好处。

多端直流系统的控制有两种方案可以选择，一种是采用主控制器的协调控制；另一种是每个换流站具有自身的功率控制器，而由电压控制换流站来实现功率平衡。避免采用主控制器的新的控制思路也许是存在的，该控制思路允许扩展更多的换流终端，且每个换流终端只依赖于当地信息就能运行。

当弱交流系统接入到多端直流系统时必须特别小心，以免弱系统内的故障引起大范围的扰动。此外，如果一个多端直流系统像交流系统那样是不断地发展和成长的，那么新的换流站的接入需要对所有换流站的控制结构和参数进行检查和重新协调。但小型换流器（电流额定值小于或等于电流裕量，大约为既存系统的 10%）可以在晚些时候接入。

交流系统支持。交流潮流是由电网中不同部分电压矢量的相位差决定的。不能直接对这个相位差进行控制，它是由功率平衡决定的。另外，发电出力和负载需求的变化会引起系统频率的变化，这需要调整发电出力来恢复。由于这个任务必须由发电机的速度控制器来完成，因此频率恢复是一个慢过程。系统稳定性也依赖于是否存在足够的灵活性来自动调节电压矢量。

如果遇到的稳定性问题可以通过快速频率控制来解决，那么HVDC系统可以通过从远方系统抽取能量来完成这个任务。由于几乎可以瞬时地改变其运行点，为了控制频率，HVDC可以比正常控制的发电机更加快速地增加或减少馈入受扰系统的有功功率。如果送端交流系统足够强，直流系统可以在其容量范围内控制受端交流系统的频率。此类系统支持的前提条件仅仅是恰当的控制模式。

考察一个包含相对较长输电线路的交流系统，该系统在故障时会激发机电振荡并且阻尼很弱。假定从外部系统增加一条直流线路（点对点或背靠背）到该系统，如采用合适的相位进行功率调制，可以有效增加阻尼转矩。一般来说，HVDC系统的这种宝贵特性是固有的，并不需要明显的额外成本。如果直流线路两端的交流系统具有不同的自然振荡频率，必要的话，可以对一个系统或者同时对两个系统施加阻尼转矩。

存在两种控制方法。当一个换流终端属于一个大规模交流系统的一部分时，直流控制可以对功率摇摆做出反应，通过阻尼功率来减轻功率摇摆的影响以维持交流系统同步。而当一个换流终端属于一个孤立系统时，需要采用与发电机类似的调差特性来进行频率控制。

限制故障。引起功率摇摆和电压下降的故障不能穿越直流屏障。它们可能仅仅出现在直流线路的一端系统中，引起功率下降，但不会影响电压。限制交流系统中关键性故障的影响是直流系统的一个宝贵属性。

限制短路电流水平。当建设新线路以扩展交流系统时，该系统的短路电流水平将不可避免地会上升。开关设备必须满足短路电流水平的要求，否则就需要重新扩容，而这是非常昂贵的。由于直流输电系统不输送无功功率，因而它能够提升有功功率的交换水平而不会引起短路电流水平的增加。

潮流控制。HVDC系统可以在所连接的两个交流系统的任何频率和电压下运行。因此对输送功率的控制是独立的，且能保留各系统既存的负荷频率控制方式不变。一种有价值的策略是将上述控制特性留作备用，一旦电压和频率偏离正常运行范围时可以使用。

当直流系统嵌入在同一个交流系统中时，上述控制仍然适用，但当系统振荡超出一定范围时，例如母线电压相位的变化率超出范围，则专用的稳定控制将起作用。

电压控制。HVDC系统也可以用以电压控制。换流器吸收的无功功率依赖于其控制角，这些无功功率通常由滤波器或电容器组来进行补偿。通过扩展控制角的运行范围（使电压更低），添加额外的电容器组（以升高电压），再配以快速动作的变压器分接头，无功需求可以被用作两端独立电压控制的手段。这个运行方式脱离了最优（最小）的控制角，导致更高的运行损耗和元件应力，但与运行性能的改进相比，这些通常是不重要的。如果这种控制方式是永久性使用的，那么在直流系统的设计阶段就应该加以考虑。

很重要的一点是，直流系统常规的定功率控制在交流系统处于非正常状态时会恶化交流系统的稳定性。直流系统的一个常见特性是低压限流特性，即当电压跌落到低于正常范围时就限制直流功率，使得无功功率可以为交流系统所用。在扰动状态下，好的运行原则是首先看住交流电压，然后再决定功率的大小。换流站上有大量的交流滤波器，在稳定性受到威胁时可以用来提升交流电压。为此，直流控制降低直流功率，使得换流器吸收的无功功率减少，从而使滤波器的无功容量可以为交流系统所用。虽然有功损失是不受欢迎的，但支撑交流电压可能是更有价值的。

自换相的电压源换流器（VSC）可以对有功功率和无功功率进行独立控制。对于任何水平的直流输送功率，在换流器的容量范围内，发出无功和吸收无功都是可行的。

系统备用。系统中最大发电机组的容量是由维持系统频率在指定范围内可以失去的最大功率决定的。当大量功率通过远距离 HVDC 输电系统馈入到一个交流系统中时，受电点可以被看作为一个发电厂。HVDC 系统一个极的最大功率也按照同样的方式受到系统参数的限制。

当单极线路故障时，一个 HVDC 系统可能损失的最大功率取决于直流线路的杆塔结构和通过大地或金属回线输送功率的能力。假定导线的载流容量大大超出其电流额定值，健全极上的换流器和线路具有短时过载能力，因而总体上能够减弱对系统的冲击。因此，当直流系统投入使用时，应当精确确定故障时的最大功率阶跃变化。

环境效益。除了寿命周期内的成本比较外，设计方案的环境兼容性也是需要检查的。交流设计方案由交流线路和交流变电站构成，而直流设计方案由直流线路加换流站加相应的交流变电站构成。两者对环境的影响是不同的。交流线路与直流线路对环境影响的定性比较如下：

1）视觉影响：在视觉影响上，直流线路占有优势。因为对于同样的输送功率，直流线路的杆塔尺寸比交流线路的杆塔尺寸小。

2）线路走廊：直流线路的走廊宽度与交流线路相比大大减小，因此在人口稠密区和不利地形区更容易获得线路走廊。

3）电晕现象：直流线路与交流线路的电晕现象在本质上有很大的不同。一般来说，对于一回双极直流输电线路和一回交流线路，如果导线对地电压的有效值几乎相同并且输送容量也几乎相同，那么直流线路的年平均电晕损耗（CL）比交流线路的更小，特别是在恶劣天气条件下。

4）无线电干扰：无线电干扰（RI）是由电晕放电引起的，电晕放电在导线上产生高频电流，从而在线路周围产生电磁辐射。RI 的测量表明，来自直流线路的无线电噪声大大低于相同输送容量的交流线路的无线电噪声。

5）可闻噪声：在好天气下，直流线路与交流线路的可闻噪声（AN）水平是相当的。但是在雨天，直流线路产生的可闻噪声低于交流线路。

6）磁场：直流线路的磁场性质与交流线路是完全不同的。因为直流线路的电场是不变的，周围不会产生有效磁场。单极线路的直流磁场与地球磁场的强度相当。

7）发射：直流线路发射正离子、臭氧、氮气、自由电子，到目前为止的研究和调查结果表明，没有证据说明直流线路的运行是有害的。

1.3　HVDC 系统的成本

与交流输电相比，长距离直流输电的性价比要高得多，如图 1-3 所示。对于海底电缆输电，图 1-3 中两条实线的交点将位于更短的距离内，直流系统要经济得多。

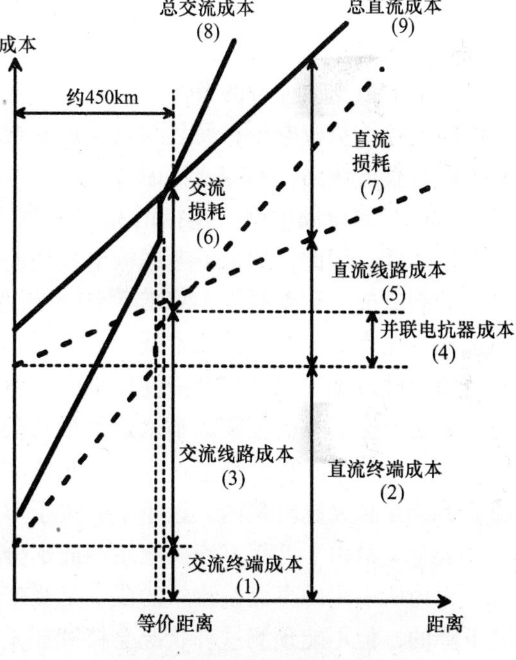

图 1-3　交流线路和直流线路的输电距离与投资成本

在图 1-3 中，（1）表示了 HVAC 输电的初始成本；（2）表示 HVDC 输电的初始成本，由于阀成本较高，因而初始成本较大。此外，（3）和（5）分别表示 HVAC 和 HVDC 输电线路的建设成本，表明 HVDC 输电线路的建设成本较低。对于 HVAC 输电，由于静电容量的原因，一般每隔 100km 或 200km 需要安装一个电抗器㊀。换句话说，这些额外的并联电抗器㊁的成本增加了输电线路建设的总成本。另外，图 1-3 中（6）和（7）表示 HVAC 系统和 HVDC 系统在输电过程中的损耗。图中表明，对于相同的输送容量，HVDC 系统的损耗更小。因此，HVAC 在输电距离小于 450km 时是有利的，而 HVDC 输电在输电距离大于 450km 时是有利的。

对于最常用的 HVDC 系统，表 1-1 列出了输送容量与直流电压之间的关系。当 HVDC 系统的容量低于 400MW 时，直流电压一般不由容量决定，通常是由制造商或电力公司根据绝缘水平和系统损耗的折中考虑决定的。

㊀ 原文为电容器。——译者注

㊁ 原文为电容器。——译者注

表 1-1　HVDC 系统的容量和电压之间的关系

容量/MW	交流电压/kV	直流电压（点对点）/kV	直流电压（背靠背）/kV
200	115	—	2×60
400	115～230	—	2×80
500	230～345	±250	2×100
1000	345～500	±400～500	2×150
1500	345～500	±500	—
2000	500	±500～600	—
2500	500	±500～600	—
3000	500	±600	—

表 1-1 数据最独特的特性是，由于在背靠背系统中不存在大地回线的概念，因此可能不存在负极电压；而且与点对点系统相比，直流电压可能更低，因为背靠背系统没有直流线路，不需要考虑直流线路的损耗。背靠背系统中较低的直流电压意味着 HVDC 系统阀中串联连接的晶闸管数目可以减少，并且外部设备的绝缘水平也可以降低。因此，如果不考虑输电线路的成本，对于同样的容量，背靠背 HVDC 系统的制造成本比点对点 HVDC 系统的制造成本要低（根据某些报告，背靠背的制造成本比点对点的制造成本低 20%）。

换流站成本。在任何经济性评价中，不管是项目总体成本的评价还是多种备选方案的比较，基本的投资成本永远是最重要的项目，因此其精确性也是最重要的。在确定一个输电工程的整个过程中，对成本估计的精度是不断提高的，因为技术和商业参数是越来越清楚的。近年来，关于 HVDC 装备的供货成本已做过多次调查。

表 1-2 给出了近年直流换流站的成本分解分析。显然，对这些数据应当谨慎对待，因为所引用的直流换流站的成本是受变幻莫测的市场影响的。虽然近年来成本是下降的，但不能预测这种状况会持续还是逆转。在表 1-2 中，“合计”那一栏给出的是 HVDC 承包商交钥匙工程的典型价格。这些成本包括了两端（对应两端系统）的成本，并且基于某些简化假设。例如假定双极直流系统是由每极一个阀组构成的，并且在无功补偿和电压控制方面不需要特殊的措施，即使接入的交流系统是一个弱系统。这些成本也没有包括业主本身的任何成本，例如税收、建设时的利息以及其他贷款费用。在某些应用场合，业主的成本可能是巨大的。

对于一个 3000MW 的双极系统，如果选用 ±500kV 而不是 ±600kV，换流站的成本大约会低 5%～10%。从市场多变的角度来看，上述估价的精确度不会好于 ±20%。这些成本估计可用以方案生成阶段的初步评估，但确切的数据显然需要从制造商那里获得。每一个电力系统就其电压、系统强度、谐波和无功限制方面来看都是不同的。因此，每个 HVDC 系统都是唯一的，故在比较不同方案时需要谨慎使用上述交钥匙工程的价格以及设备成本的变化。额外的并联电容器成本大约为 10 美元/kvar。更复杂的控制装置，例如 SVC 和 STATCOM，其成本大约为 30～50 美元/kvar（总安装费用）。对于特弱的交流系统，还需要采用同步调相机来增加系统强度，则动态无功补偿的成本会更高，大约为 70～90 美元/kvar。

表 1-2 2000 年 HVDC 交钥匙工程成本（包含两端）

	背靠背		单极	双极	双极	双极
	200MW (%)	500MW (%)	500kV, 500MW (%)	±500kV, 1000MW (%)	±500kV, 2000MW (%)	±600kV, 3000MW (%)
阀组	19	19	21	21	22	22
换流变压器	22.5	22.5	21	22	22	22
直流场和直流滤波器	3	3	6	6	6	6
交流场和交流滤波器	11	11	10	9.5	9	9
控制/保护/通信	8.5	8.5	8	8	8	8
土木/机械工程	13	13	14	14	13.5	13.5
辅助电源	2	2	2.5	2.5	2.5	2.5
项目工程和管理	21	21	17.5	17	17	17
合计	100	100	100	100	100	100
每 kW 总成本（美元）	$130	$90	$180	$170	$145	$150

架空线路成本。根据对系统可靠性程度的要求以及对线路暂时故障和永久故障的容忍程度，可以采用不同类型的 HVDC 架空线路。线路类型不同，其故障后的剩余输送能力也不同。可靠性的增加，意味着线路成本的增加。表 1-3 括号中的数字假定了两个站极可以通过开关操作并联运行（换流站成本有微小上升）且架空导线具有 2 倍额定电流的热容量。这对于架空导线来说可能是固有的，因为导线的截面是由满足电晕放电的设计极限决定的。

表 1-3 HVDC 架空线路结构

类 型	杆塔结构	失去 1 极后大地作回线：允许	失去 1 极后大地作回线：不允许	杆塔折断后的剩余输送能力	相对成本 (%)
单极单根导线		0	0	0	85
双极单根导线		50（100）	0	0	100

（续）

类　型	杆塔结构	失去1极后大地作回线		杆塔折断后的剩余输送能力	相对成本（%）
		允许	不允许		
双极双根导线	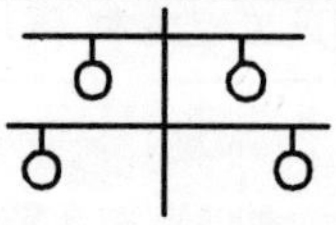	100	100	0	114
两个单极单根导线	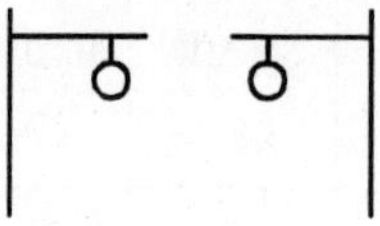	50（100）	0	50（100）	126
双线（双极性或同极性）	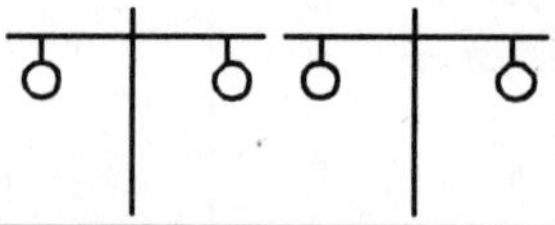	100	100	100	136

针对线路设计人员熟悉的典型情况，以单位长度交流线路的成本作为基准值1，要求线路设计人员计算不同直流线路类型的单位长度成本。通过采用合适的设计参数，包括线路设计人员熟悉的线路型号，并假定杆塔是最简单的没有金属中性回线的双极杆塔。忽略系统其余部分，仅仅考虑杆塔、导线和建设成本时的比较结果，见表1-4。

表1-4　直流线路和交流线路的建造成本比率

案例	等效的交流线路	成本（pu）	HVDC 双极线路额定值	成本范围（pu）
1	230kV 双回线	1.00	±250kV，500MW	0.68～0.95
2	400kV 双回线	1.00	±350kV，1000MW	0.57～0.75
3	500kV 双回线	1.00	±500kV，2000MW	0.54～0.7
4	765kV 双回线	1.00	±500kV，3000MW	0.33～0.7

注：这些数字不是统计意义上导出的，仅仅是从三个工程的近似估计中得出的。

HVDC 输电系统扩展的阶段。HVDC 输电比交流输电更适合用于输电功率的逐步扩展计划。按照这种方式，可以避免不必要的投资或延迟投资。交流输电经常必须从一开始建设就有很大的容量以维持稳定性，但直流输电可以分割成若干个独立的阶段。直流输电的最常见分段方法是首先建造一个单极，然后再完成双极。在此基础上的进一步发展，可能是增加一回新的双极线路，或者通过并联或串联新的换流器对老的换流站的电流或电压进行升级。在很多应用中，HVDC 被选择来作为远期大容量输电的手段；但是，在初始阶段输送功率可能是很低的，只有过了一定的阶段以后，输送功率才会变大。基于建设的时间表并考虑了换流站的投资成本，对整个 HVDC 输电工程分步实施的不同方案进行评估就是很自然的事了。

主要的方案有：

（1）阶段 1：极 1

阶段 2：扩展到极 2

通常这两个极具有相同的功率和电压额定值。输电线路可以在初始的时候就设计成双极线路，然后在两端再添加新的换流器。

（2）阶段 1：双极系统 1 降压运行

阶段 2：增加直流电压达到升级的目标

这需要串联接入新的换流器。

（3）阶段 1：双极系统 1

阶段 2：增加直流电流达到升级的目标

这需要并联接入新的换流器。方案（2）和（3）都需要在一开始就将线路设计成具有较高的电压或电流容量。

（4）阶段 1：双极系统 1

阶段 2：双极系统 2

两个双极系统不需要是等额定值的，但如果输电线路故障时可以实现极的并联运行将可以获得额外的安全性。如果输电线路包括海底电缆，那么在每个阶段只安装所需要的容量通常是经济的。

环境方面。全球范围环境保护意识的进一步觉醒正在影响输电项目的成本和实施方式。由于环境保护而反对工程上马可能会导致建设的长时间延迟，从而增加成本。联网项目可能会跨越不同的管辖区域，每个区域具有其自身的控制和应用规则。更直接地说，用于减轻环境影响的措施会直接导致成本上升。而另一方面，这些成本的上升必须要与项目延迟的成本作比较，特别需要考虑本来可以从此项目中获得的收益。会导致成本上升的环境问题包括如下方面：

1）类似于交流架空线路，新建直流线路也会遭到越来越强烈的反对。典型的反对意见是基于对视觉的影响以及对电磁场影响的关注。由于对架空线路的反对导致了 KONTEK 工程（丹麦—德国）的地上部分转入到地下，以及意大利—希腊联网工程的长期推迟。这些反对除了影响直流输电工程本身外，还可以影响配套的交流线路建设以及强化系统的相关建设。Moyle 联网工程（北爱尔兰—苏格兰）就是这样的一个例子，关于该工程的必要的过程已经公开发表。

2）很多海底 HVDC 工程是按照单极系统构想的，这样可以使电缆成本最小化。但是，用海水或大地作为回线会引起其他金属部件（管道、电缆护套等）的腐蚀问题，会产生氯气，会对鱼类产生影响。

3）单极海底 HVDC 工程会引起磁罗盘的偏离，其程度决定于电缆的走向、水深和电流的大小。在某些辖区，对磁罗盘的偏离是有限制的，这种情况下可能就需要一条回线电缆，与极线电缆并排铺设，或者使用额定值合适的具有内部回线的同轴电缆。

4）为了使捕鱼或航行对电缆造成机械损伤的风险降到最低，深埋海底电缆可能是必要的。但是，挖沟和电缆铺设对海底带来的破坏可能会对海洋生物具有不利的影响。

5）对换流站等设施可能具有严格的噪声限制。为了限制电抗器、阀冷却系统、滤波器组等设备发出的噪声而采取的措施可能会对换流站的成本产生影响。

6）加在线路绝缘子上的直流电压会吸引和极化空气中的灰尘颗粒。通常需要采用抗雾绝缘子，其爬电距离的要求比交流线路绝缘子高。

7）反对任何高压输电线路的一种声音可能是高压输电线路难以为沿线村庄的小负荷供电。

1.4　HVDC系统的结构概述

HVDC输电指的是发电厂发出的交流电能在进行输送之前先变换成直流电能，而在逆变站（受端），再将直流电能变换回交流电能，然后供电给用户。这种输电方法具有经济性，并能够克服现有交流输电技术中的很多缺点，因而具有一定的优势。HVDC系统的总体结构如图1-4所示，其基本元件将在下面描述。

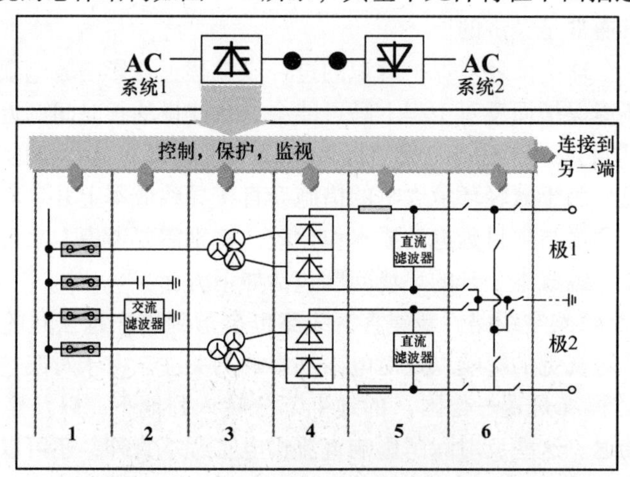

图1-4　双极HVDC系统的基本结构图

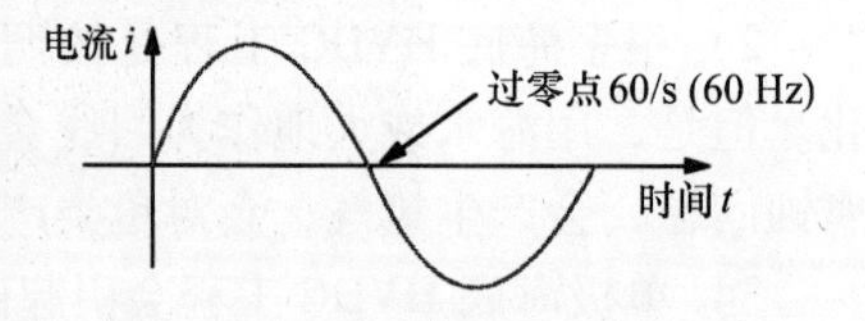

图1-5　在交流电流过零点时开断

交流断路器。当HVDC系统出现故障时，交流断路器用以将HVDC系统与交流系统隔离，如图1-5所示。这种断路器的额定值必须满足能够承载全负荷电流、开断故障电流，以及投入通常容量很大的换流变压器的要求。这种断路器的目的是作为交流开关场或交流母线与HVDC系统之间的接口。

交流滤波器和电容器组。换流器在交流侧和直流侧都会产生谐波，此类谐波会使发电机过热并干扰通信系统。在交流侧，采用双调谐交流滤波器来滤除谐波。此外，还可能安装诸如电容器组或同步调相机等无功电源来提供功率变换时所需要的无功功率，如图 1-6 所示。

图 1-6　用于滤除 11 次和 13 次谐波的双调谐交流滤波器

换流变压器。换流变压器将交流系统的电压变换到适合直流系统的电压，同时还起到隔离交流系统和直流系统的作用。特别地，当 2 个 6 脉波换流器单元串联连接以构成 12 脉波输出时，可以采用一个三绕组的换流变压器，如图 1-7 所示。

图 1-7　三绕组换流变压器

晶闸管换流器。作为 HVDC 输电的一个基本部件，换流器是由电力电子元件构成的。采用开关器件构成换流器进行功率的变换和控制是一个重要的研究领域。换流器实现从交流到直流或从直流到交流的变换，其基本组成部分是一个由晶闸管阀构成的换流桥和一个带有分接头的变压器。图 1-8 展示了安装在济州岛的一个晶闸管换流器。用于构成 6 脉波或 12 脉波换流器的晶闸管级如图 1-9 所示。

图 1-8　晶闸管换流器

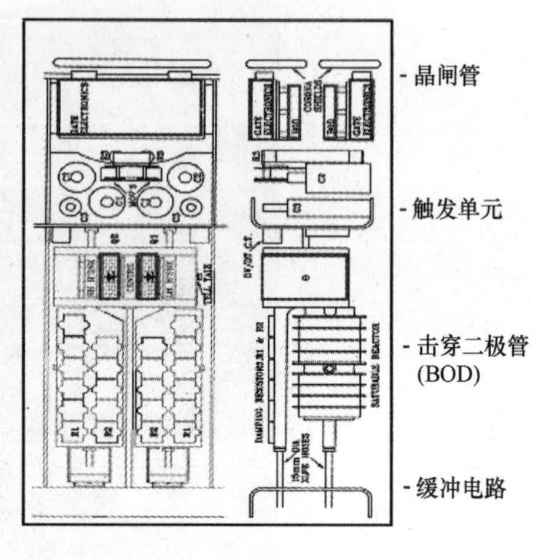

图 1-9　晶闸管级

平波电抗器和直流滤波器。平波电抗器用于减小直流电流纹波并防止在低功率水平时的电流间断。另外，平波电抗器与直流滤波器组成一个整体，通过限制流入换流器的电流的上升率，在换相失败时保护换流阀。

HVDC 控制器结构。图 1-10 展示了 HVDC 系统的基本控制框图。一个 HVDC

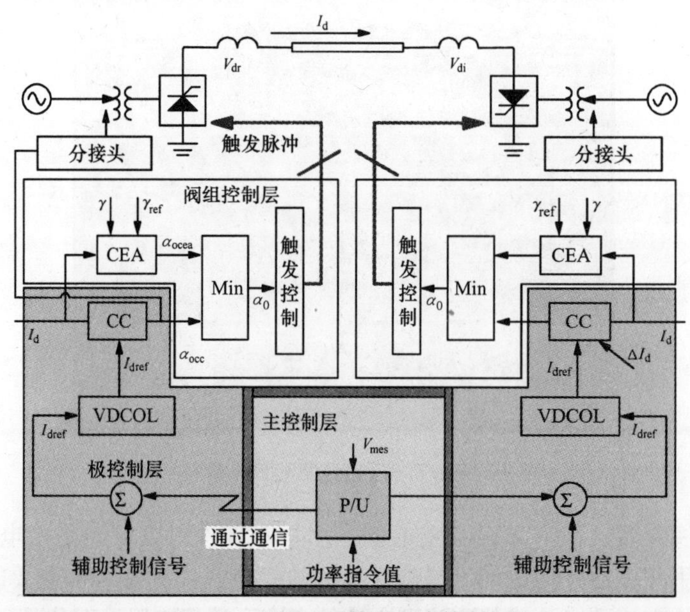

图 1-10　HVDC 系统的基本控制框图

系统可以被分成若干层。主控制层确定功率指令值或频率指令值，并计算出两个极的电流指令值。然后，在极控制层通过控制函数将从主控制层获得的电流指令值进行修改并限幅。阀组控制由换流器控制和阀触发控制组成。换流器控制中包括了电流控制器。阀触发控制将触发信号分配到所有晶闸管上。

电网换相电流源换流器与电压源换流器。图1-11所示的电网换相电流源换流器（LCC）由一个12脉波换流器、交流滤波器和同步补偿器组成。LCC的正常运行依赖于交流系统电压。LCC在滞后功率因数下运行，因为为了控制直流电压，换流器的触发导通必须滞后于电压过零点时刻。

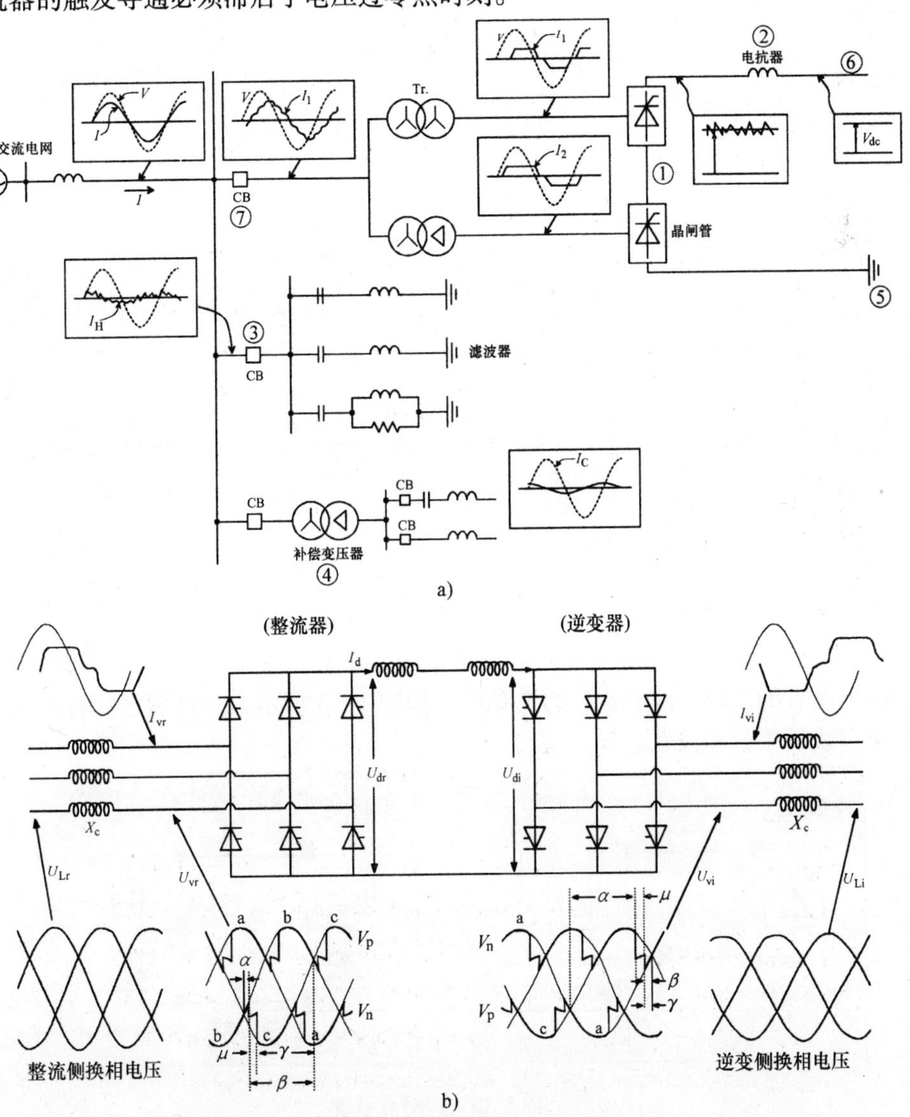

图1-11 电网换相电流源HVDC系统的运行特征

图 1-12 展示了电压源换流器（VSC）的概念。VSC 采用的是强制换相器件，即 IGBT 和 GTO 晶闸管，此类器件允许换流器在 P－Q 平面的所有 4 个象限内运行。因为可以快速完成换相且不依赖于交流系统的电压，与 LCC 相比，其运行方式是完全不同的。

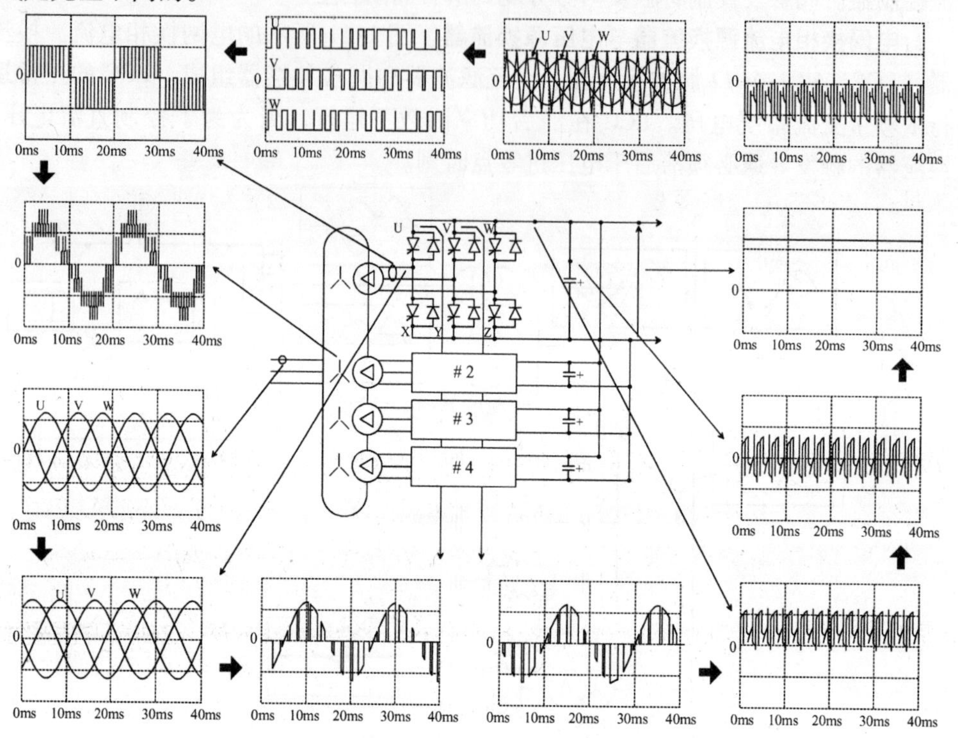

图 1-12　电压源换流器型 HVDC 系统的运行特性

点对点系统。大多数 HVDC 系统属于这种类型，此类系统包含电缆或架空线路或者两者的结合。此类系统的主要形式如图 1-13 所示，具体属于哪种形式取决于架空线的条数和极性。

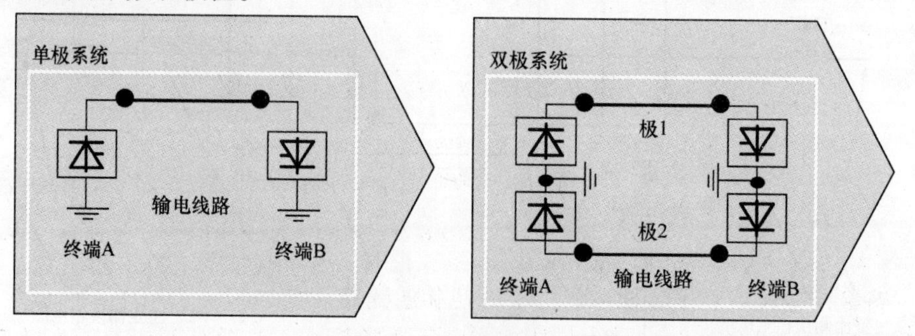

图 1-13　点对点系统

单极 HVDC 系统。如图 1-14 所示，这种类型的 HVDC 系统只有一根极线，以大地或者海水作为回流线。这种类型主要用于电缆输电，其成本主要取决于电缆。当大地电阻太高或者对地下或海底金属构件造成影响时，一般更倾向于采用金属性回线而不采用大地或海水作为回线。

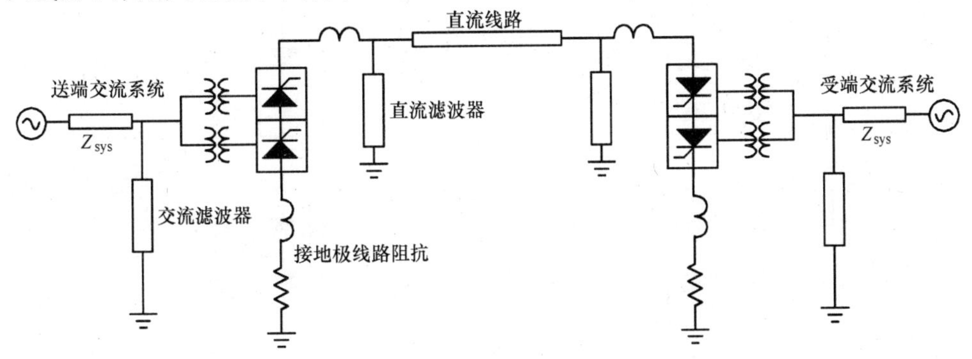

图 1-14　单极 HVDC 系统

双极 HVDC 系统。这种系统包含两个极，一个正极，一个负极，而它们的中性点接地。稳态运行时，流过每个极的电流相同，因此大地回线中没有电流流过。这两个极可以独立运行，如果任意一极故障，那么另外一极可以通过大地回线输送功率。双极系统与单极系统相比，输送功率提高了 1 倍。正常运行时，与单极系统相比，谐波也较小。通过改变两个极的电压极性，潮流可以反转。双极系统结构如图 1-15 和图 1-16 所示。

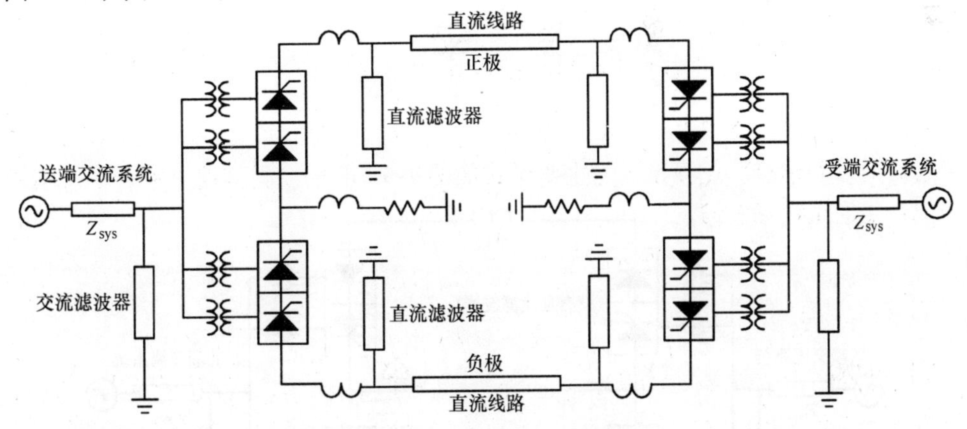

图 1-15　双极 HVDC 系统

背靠背系统。对于这种系统，整流器和逆变器安装在同一个站中。一般来说，它用来异步连接两个交流系统。其直流电压通常较小，一般在 150kV 左右，以优化阀的成本。其结构如图 1-17 所示。

多端 HVDC 系统。指的是包含三个或以上换流站的 HVDC 系统。与点对点的

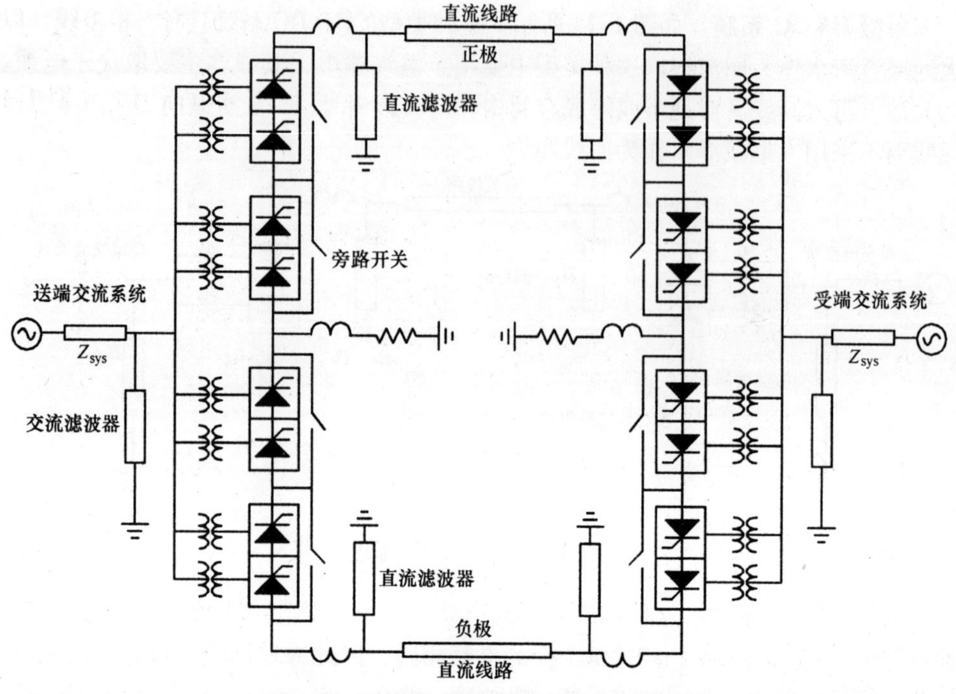

图1-16　带有旁路开关的双极 HVDC 系统

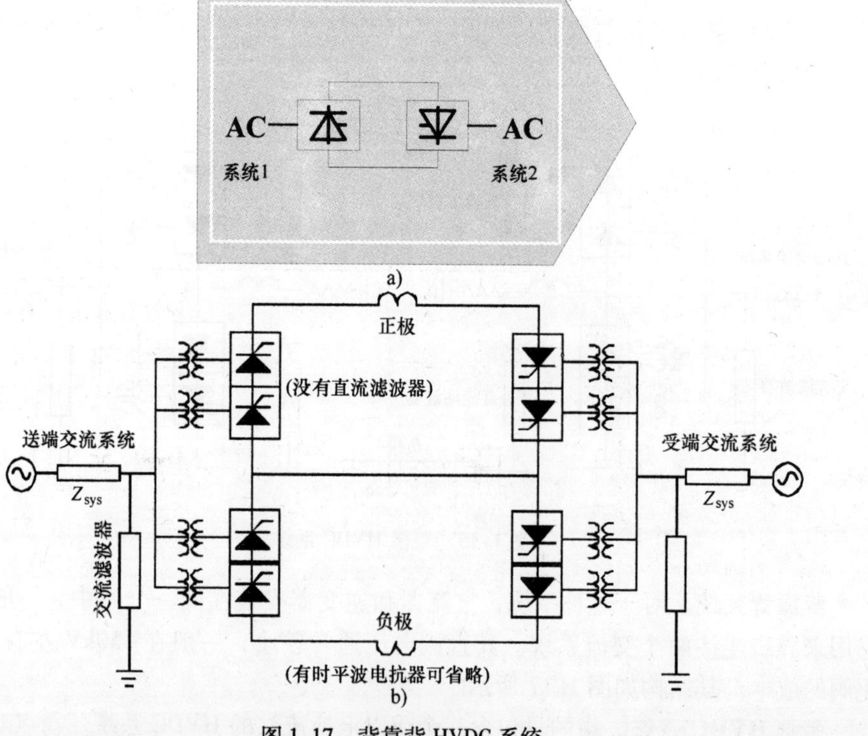

图1-17　背靠背 HVDC 系统

两端系统相比，它的结构更加复杂。且为了保证各端之间的通信和控制，控制和通信系统也复杂得多。但是，多端 HVDC 技术被认为是相对较新的技术，且在将来具有广泛的应用前景。有两种类型的多端系统，即并联型和串联型，如图 1-18 所示。

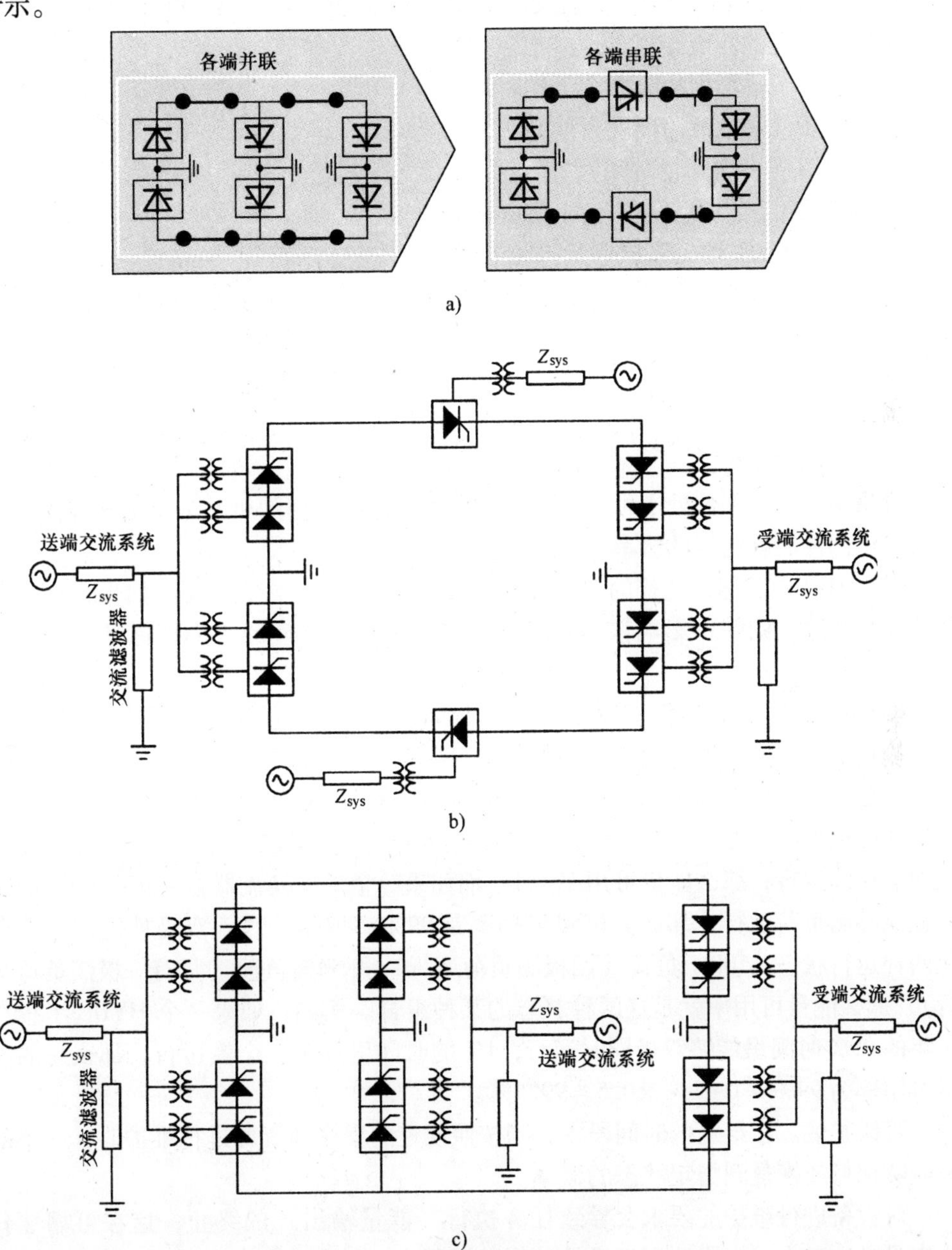

图 1-18　多端 HVDC 系统

1.5　HVDC 系统可靠性概述

可靠性和可用率描述系统性能受系统故障限制的程度。存在多种简单的模型来计算 HVDC 系统的性能指标，这些指标列举如下：

1）MTTF（平均无故障持续工作时间）；

2）MTBF（平均故障间隔时间）；

3）MTTR（平均修复时间）；

4）MTBSD（平均系统停运间隔时间）；

5）MTTSD（平均无系统停运持续工作时间）。

可靠性。在规定的条件和特定的时间段内，一个部件完成其预期功能的概率。

一般地，这指的是在正常运行条件下，所考察工程能够输送额定功率到任何地点的概率。特别地，对于 HVDC 工程，可靠性是用所考察工程每年的强迫停运次数来描述的，通常被称为“强迫停运率”。强迫停运后，需要进行紧急维修，以将设备恢复到正常运行。

可用率。一个部件处于可运行状态的程度，即在任何随机时刻要求该部件投入运行时该部件能够运行的概率。

对于 HVDC 工程，纯粹的“可用率”在商业上并不重要，因为如果一个设备在空载时故障，则并不影响该工程输送的总能量。更合理的一个指标是“能量可用率”。

能量可用率。除了由于工程内部设备故障造成输送容量受到限制外，工程最大可以输送的能量的一种量度。

这是该工程能够输送的能量的最大值，用功率 - 时间的面积来表示，以一年能够输送的最大能量作基准，单位为百分比或标幺值。如果该工程能够在一年内按额定功率连续运行，那么能量可用率为 1；而如果一个单极换流器在一年的 99% 的时间里能够满负荷运行，那么其能量可用率是 99%。但是，对于双极换流器，就存在两种运行状态，100% 负荷（两极满负荷运行）和 50% 负荷（只有一极满负荷运行），那么能量可用率就是这两种状态的某种组合。例如，如果一个 HVDC 工程在一年的 99% 时间里能够双极同时运行，1% 的时间里只有一个极运行，那么总的能量可用率为 $99\% \times 1 + 1\% \times 0.5 = 99.5\%$。

可维护性。在给定的时间段内，当按照规定的程序和资源进行维护时，一个部件能够保持或恢复到指定状态的概率。

对设备进行维护的要求会导致任务执行（能量输出）的终止，这在可靠性分析中是必须考虑的，因此用于维护的停运被称为“计划停运”。在维护时段内，必须完成所有的离线预防、诊断、校正工作。通常，可以安排 HVDC 两端换流站同时维护，以减少该工程总的停运时间。但是，在如此短的时间内拥有两组熟练的维护队伍同时进行维修，在经济上可能是不现实的，因而就需要更长的维护停运时间。

RAM 分析的两个主要参数。所有上述参数（可靠性、可用率、可维护性），可以缩减成两个主要参数，通过这两个参数可以对输电设施的性能进行评估。

能量可用率。这个指标影响待评估工程所产生的收益。

强迫停运率。这个指标影响到对用户供电的连续性，同时影响到工程维护的成本。

可靠性研究的模型。通过将被称为“子系统”的较小的模型组合起来，就构成了用于可靠性分析的模型。子系统是元件或更小的子系统的集合，根据这些元件本身的可靠性数据以及这些元件的连接关系或依赖特性，可以计算出整个子系统的可靠性。然后，该子系统可以作为具有自身故障和修复特性的单个元件。这样，可靠性研究的模型可以按照模块化的方式进行简化。如何将元件组合起来构成子系统，并没有固定的规则，通常需要依据待研究系统的性质以及已有系统的经验进行选择。

子系统的例子列举如下：

1）换流阀，包括晶闸管、触发单元、监视单元、地电位电子设备、冷却部件等。

2）谐波滤波器，包括电感器、电容器、电阻器、电流互感器、绝缘子、交流断路器等。

整个系统的可靠性研究模型是通过将所有子系统的可靠性模型在保留其相互影响关系的基础上组合构成的。例如，晶闸管阀冷却系统中一个泵的故障会影响到该阀所在换流器的可靠性。受影响的子系统之间的关系被称为“依赖性”。

依赖性的种类。两个或多个元件之间的依赖关系通常可以用两种方式来表达。

1）串联性依赖。串联性依赖的概念可以用熔丝串联在电路中来类比，这种情况下，电路的连续性依赖于各个元件和各个熔丝的健康运行，一个或多个熔丝的故障会导致电流不能流通。同理，从可靠性的角度来看，一个或多个串联性依赖的元件的故障会导致整个装置（子系统）的完全故障。例如，一个极中的换流变压器或晶闸管阀故障就会导致一个极的完全停运。因此换流变压器和阀被认为具有串联性依赖关系。

2）并联性依赖。并联性依赖的概念可以用熔丝并联在电路中来类比，一个熔丝的故障不会导致整个电路的电流中断，尽管电流的承载能力可能会下降。类似地，从可靠性的角度来看，一个或多个并联性依赖的元件的故障不会导致整个装置的故障，但可能会使该装置的额定容量或额定功能降低。例如，如果某工程具有两组谐波滤波器，那么一组滤波器的故障可能不会导致整个换流器的停运，因为在只有一组滤波器的情况下，换流器可能还能运行，尽管在某些情况下可能是降额运行。因此，滤波器可以被认为是具有并联性依赖关系。

3）**冗余**。这是并联性依赖的一种版本，但这种情况下并联的元件数多于达到设备额定性能所要求的元件数。因此，一个或多个元件的故障并不会导致设备额定容量或额定功能的下降。

平均无故障持续工作时间（MTTF）的实例。为了检验某 HVDC 系统的可靠性，设主要部件的故障发生率如表 1-5 所示，包括阀、换流器、控制器、保护电路、滤波器等。

表 1-5 某 HVDC 系统的部件及其故障发生率

阀	λ_1
换流器	λ_2
控制器	λ_3
交流保护装置	λ_4
直流保护装置	λ_5
滤波器	λ_6

故障发生率 λ 与可靠性之间的关系如图 1-19a 所示，其中 $R_i(t)$ 表示可靠性。为方便起见，假定 $\lambda_1=\lambda_4=\lambda_5=\lambda_6$，$\lambda_2=\lambda_3$，可以导出如下的方程：

$$R_{\text{sys1}} = \exp[-(4\lambda_1+2\lambda_2)t] \tag{1-1}$$

这种情况下，MTTF 可以用下式来表示：

$$\text{MTTF} = \frac{1}{4\lambda_1+2\lambda_2} \tag{1-2}$$

如果假定 λ_1和 λ_2之间的关系为（λ_2/λ_1）k_1，那么为了提高 MTTF，只要降低 λ_2就可以了。为了比较并说明乘法的概念，考察一个系统，R_{sys} 由两个并联元件 λ_1 和 λ_2构成，则 MTTF 可以用下式来表达：

$$R_{\text{sys}}(t) = \exp(-\lambda_1 t)\cdot\exp(-\lambda_2 t) \tag{1-3}$$

$$\text{MTTF} = \frac{1}{\lambda_1+\lambda_2} \tag{1-4}$$

这种情况下，使 MTTF 最小化的决定性因素是 λ_1。因此，为了提升 MTTF，λ_1应当减小。

如果在图 1-19b 中只有一个乘子 λ_1是正常的，那么假定系统在正常条件下运行，并设 $R_1(t)=\exp(-\lambda_1 t), R_2(t)=\exp(-\lambda_2 t)$。这样，对应的表达式变为

$$R_{\text{sys2}}(t) = [1-(1-\exp(-\lambda_1 t))^2]\cdot\exp(-\lambda_2 t) = [2R_1(t)-R_1^2(t)]R_2(t) \tag{1-5}$$

$$\begin{aligned} R_{\text{sys3}}(t) &= [1-(1-\exp(-\lambda_1 t))^3]\cdot\exp(-\lambda_2 t) \\ &= [3R_1(t)-3R_1^2(t)+R_1^3(t)]R_2(t) \end{aligned} \tag{1-6}$$

设 $\lambda_1=2.1831\times10^{-5}$（故障单位/小时），$\lambda_2=1.0\times10^{-6}$（故障单位/小时），这样，上述方程变为

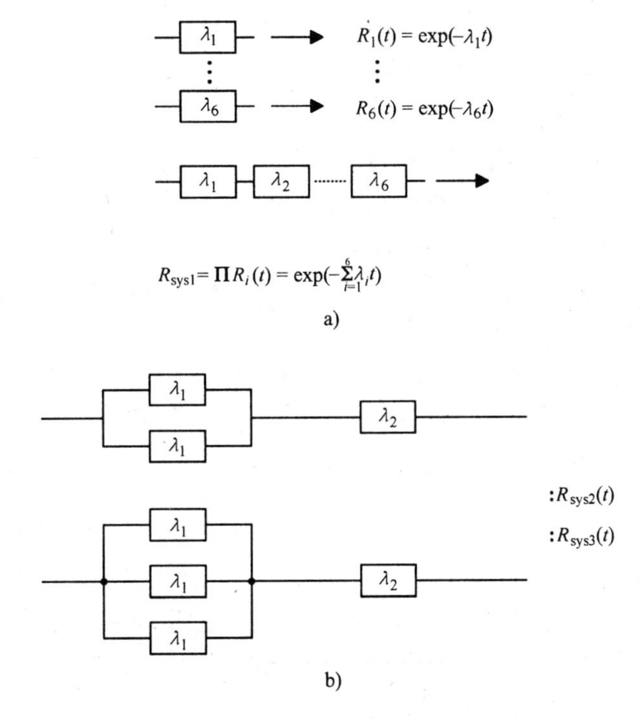

图 1-19　故障发生率与可靠性之间的关系

$$R_{sys}(t) = \exp(-2.2831 \times 10^{-5} t) \tag{1-7}$$

而 MTTF 为

$$\text{MTTF}_{sys} = 43800\text{h} = 5\text{ 年} \tag{1-8}$$

可靠性/可用率的计算[3]。存在多种方法来估算可靠性和可用率。一种比较流行的方法是随机抽样的“蒙特卡罗”法。这种方法的缺点是，当故障率很低时，有限数量的随机抽样可能会导致故障发生次数为零，因此，不能精确地描述具有很低故障率的元件。正在使用的可靠性软件是基于“连续马尔可夫”方法开发的。这种方法将所有元件考虑成在“工作”和“故障”两种状态之间连续地转换。由于所有状态之间的转换不是时变的，因此它们可以用一组线性方程来表示，并且可以用矩阵算法来求解。

案例分析。在发电厂和负荷中心之间需要建一个 100MW 的 HVDC 连接工程，设发电厂与负荷中心之间隔了一片水体。由于该工程需要为关键性负荷供电，因此给出了如下的换流站设计目标：

1）双换流站的能量可用率（除去电缆）为 99.5%。

2）5 年的强迫停运次数为 1。

允许将水体作为该工程的中性线。已经进行了成本的最优化计算，并且确定了经济最优的方案是采用 100kV 直流。此外，为了维护需要，允许每年一次的计划停运。

步骤1：单极情况。如果首先仅仅考虑满足如上所述的输电要求，那么就可以得出如图1-20所示的基本方案，基本方案的每一端包括：

1）一个12脉波的换流器，其中每个阀包含14个串联运行的晶闸管，相关的控制和辅助设备也归结到这个子系统中。

2）一个与交流母线相连接的交流谐波滤波器。

3）一套直流场设备，包括平波电抗器、直流测量设备等。

这个系统可以用图1-20所示的简化依赖性框图来描述，注意忽略了HVDC电缆。采用标准软件对上述系统进行可靠性评估，得到的结果见表1-6和表1-7。可以看到，这个设计方案是不够充分的，因为在5年的时间段里这个方案预计的跳闸次数（即突然停止输送功率）超过26次。因此，必须提高这个方案的冗余性。

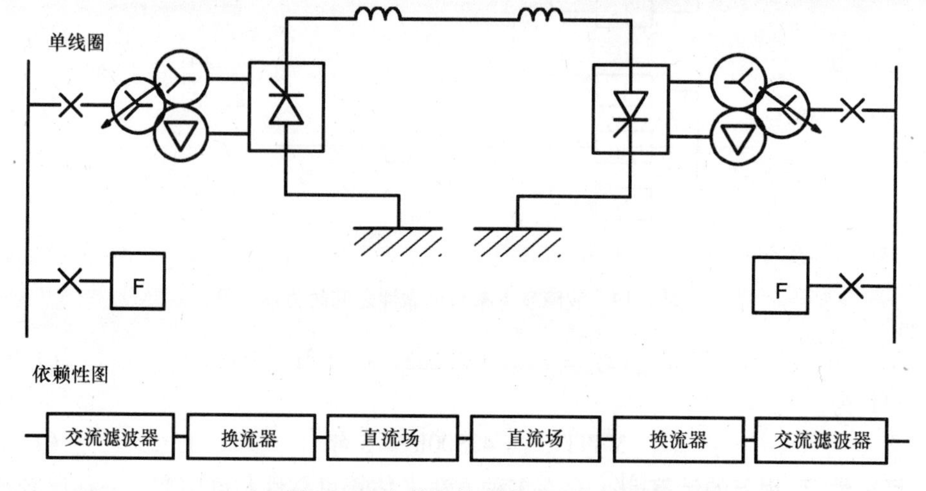

图1-20　由单极构成的HVDC系统

表1-6　计算得到的强迫停运率和能量可用率

步骤	5年里的强迫停运次数	能量可用率（%）	投资成本（%）
1—单极	26	98.26	100
2—滤波器具有冗余	8	99.64	104
3—100%额定功率的双极	1	99.38	156

表1-7　由单极构成的HVDC系统的可靠性指标（5年跳闸26次）

	强迫停运率	能量不可用率	能量可用率
交流滤波器	0.848800	0.640173	99.3598
换流器	1.730681	0.196532	99.8035
直流场	0.067643	0.038882	99.9611

（续）

	强迫停运率	能量不可用率	能量可用率
直流场	0.067643	0.038882	99.9611
换流器	1.730681	0.196532	99.8035
交流滤波器	0.848800	0.640173	99.3598
单极	5.294249	1.740369	98.2596

步骤 2：采用具有冗余的滤波器。考察采用冗余滤波器后的结果（见表 1-8），可以发现对强迫停运率和能量可用率的最大贡献来自每个交流母线上的一组交流滤波器。增加一组并联的滤波器意味着一组滤波器故障时不需要整个 HVDC 工程停运。增加第二组滤波器的额外好处是正常运行时交流滤波器的损耗（I^2R 损耗）下降为原来的 1/4。从表 1-8 中可以看出，交流谐波滤波器的双重化（见图 1-21），对强迫停运次数和能量可用率只有很小的贡献。

表 1-8 由单极和冗余滤波器构成的 HVDC 系统的可靠性指标（5 年跳闸 8 次）

	强迫停运率	能量不可用率	能量可用率
双重化滤波器	0.010798	0.004098	99.9959
换流器	0.731940	0.138605	99.8614
直流场	0.067643	0.038882	99.9611
直流场	0.067643	0.038882	99.9611
换流器	0.731940	0.138605	99.8614
双重化滤波器	0.010798	0.004098	99.9959
单极	1.620764	0.362717	99.6373

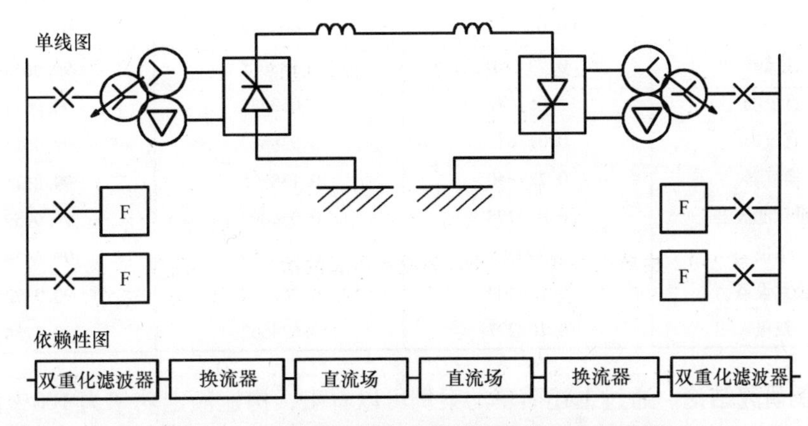

图 1-21 由单极和冗余滤波器构成的 HVDC 系统

步骤 3：100% 额定功率的双极。为了使可靠性得到实质性的改善，必须将直流工程本身双重化，这种情况下的系统单线图和依赖性图如图 1-22 所示。考虑两个极串联连接构成一个双极系统，每个极按 50% 额定功率（50MW）考虑。单极强迫停运将会使输送功率下降到 50% 而不是以前的 0%。考察表 1-9 的结果可以看出，极的双重化对强迫停运率具有巨大的作用，现在的结果已经好于每 5 年一次强迫停运的预设指标；但是，能量可用率指标仍然没有达到，见表 1-9。

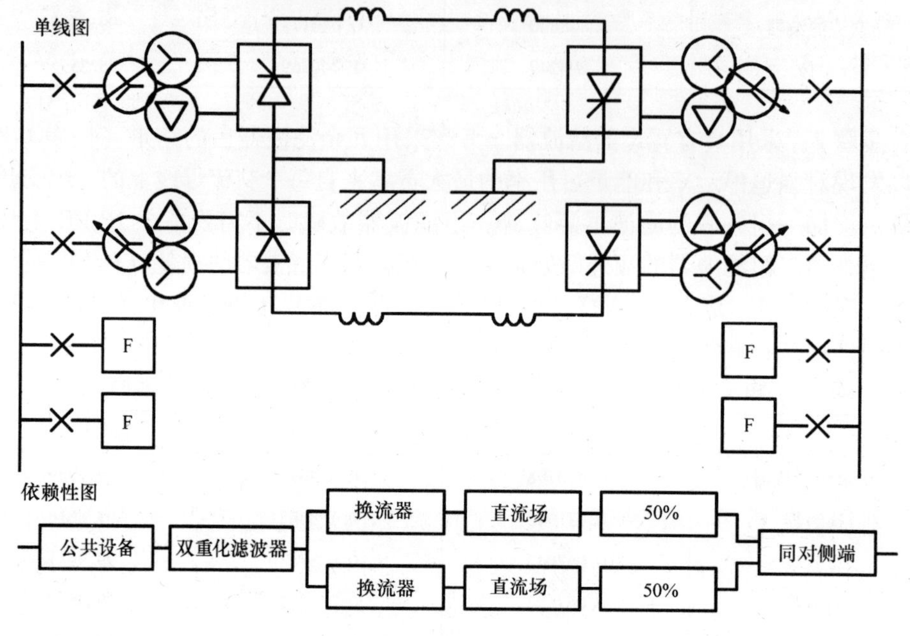

图 1-22　双极 HVDC 系统

表 1-9　由双极构成的 HVDC 系统的可靠性指标（5 年跳闸 1 次）

	强迫停运率	能量不可用率	能量可用率
双重化滤波器	0.010798	0.004098	99.9959
换流器	0.731940	0.138605	99.8614
直流场	0.067643	0.038882	99.9611
直流场	0.067643	0.038882	99.9611
换流器	0.731940	0.138605	99.8614
双重化滤波器	0.010798	0.004098	99.9959
单极	1.599167	0.354550	99.6454
公共设备	0.169400	0.262838	99.7372
双极	0.202297	0.624602	99.3754

案例研究结论。通过上述简单的案例可以看出，构建额定功率为 100% 的双极系统[⊖]以达到既定的可靠性目标是可能的：

⊖ 原文这里表述有错。——译者注

1）99.5% 能量可用率；

2）5 年里强迫停运次数为 1。

从计算结果可以看出，可靠性指标具有巨大的经济影响。例如，用户可以放宽能量可用率指标 0.12%，这样步骤 3 提出的方案就可以采用了，从而降低了换流站的投资成本。

表 1-6 对上述三种方案的强迫停运率和能量可用率进行了比较，并以步骤 1 中的最简单方案作为基本方案，考虑了三种方案的成本比例。针对某个具体工程，通过生成此种表格，用户可以根据设备的投资成本与损失 HVDC 系统输电能力导致的费用之间的关系，给出该工程的优化方案。

对上述 HVDC 系统方案可靠性的评估：

方案 1：整个系统由一个单极构成，5 年内强迫停运次数为 26 次。

方案 2：整个系统由一个单极和考虑了冗余的两组滤波器构成，5 年内强迫停运次数为 8 次。

方案 3：整个系统由一个双极构成，5 年内强迫停运次数为 1 次。

1.6　HVDC 系统的特性和经济性

联网的效益。归纳一下，两个或多个电力系统互联的主要效益如下：

1）规模经济效益。一般来说，大容量发电机比小容量发电机效率更高。但是，容量太大的发电机如果发生故障的话会引起大扰动的风险。互联的电网越大，越容易承受失去大容量发电机的冲击。

2）燃料的经济性。对发电厂进行调度的目标是利用高效率的发电厂供电给连续负荷，而利用低效率的发电厂进行调峰。互联电网具有广泛的燃料选择，因而具有更多的电厂类型，通过对不同类型电厂的优化调度可以降低供电成本。

3）降低备用容量。任何电力系统的运行都必须保留一定的备用容量，以应对发电厂的维修或故障。两个或多个孤立电网的互联，使备用容量的需求可以得到延迟，或者某些备用容量可以被释放出来。

4）负荷的多样性。不同类型用户的混合，东部和西部时区的差异，南部和北部季节的差异，甚至不同的宗教仪式（穆斯林星期五，基督教星期日和其他节日）等因素会导致系统高峰负荷的不重合，使得互联系统的最大峰荷大大低于各孤立系统的峰荷之和。

5）燃料资源的多样性。不同类型的发电厂具有不同的运行特点。大型燃煤电厂、混合循环燃气电厂和核电厂连续运行时效率高。水轮机和燃气轮机更适合于调峰和作备用。前者发电厂比例高的系统可以与后者发电厂比例高的系统互联，通过能量交换，火力发电厂可以达到更高的负荷因子，而洪水期本来多余的水能也可以得到充分利用，从而节省火电厂的燃料。一个系统可以利用相邻系统不同类型的燃料还具有战略方面的优势。

6）供电的可靠性和安全性。通过利用区外不同种类的发电厂和备用容量，既有电网的可靠性和安全性可以得到提升。

7）环境效益。上述的很多因素都具有相应的环境效益，而能量输送效率的提高是最明显的。与水电相关的一个特殊效益是，互联电网运行后可以减少化石燃料释放到大气层中的二氧化碳量并节省了化石燃料。此外，互联后径流电厂和抽水蓄能电厂的联合运行可以大大提升一个水电基地的发电量。这一条也适用于单河流系统或跨河流系统，还可以将水存储起来用于干旱季节等。互联电网还可以降低新建抽水蓄能电厂的规模，从而限制了土地的淹没和栖息地的破坏。

8）财务参与效益。互联电网的拥有者可以分担大型工程的成本和效益，例如一个大型水电工程，如果不考虑电网互联的话可能在经济性上是不可行的。

9）技术交流效益。共有系统更倾向于系统内设计和运行的标准化以及信息的相互交流。

10）联营的机会效益。1997 年世界上出现了多个电力公司进行联营的协议和指令，从非正式的到正式的，以实现联网的效益。大多数采用传统的集中计划方式来作为获取效益的机制。但是，目前存在另外一种机制，就是批发竞争市场，第三方可以进入输电系统进行能源投标以决定系统调度的边际价格。与能源系统一样，在备用容量、频率控制、黑启动容量以及电压控制方面也存在市场。这些变化对电力系统运行和控制的精确性提出了更高的要求，电网规划人员已经注意到在这方面直流优于交流。在电网调度人员控制下的不受限制的开放，对当今世界是至关重要的。

只要以最小的系统总成本来满足负荷的需求，上述效益就适用于整个系统。但是，这些效益通常只能在联营电网的框架下才能获得，因为需要在规划和运行上进行协调以实现规模的经济性和可靠性的提升以及其他的系统效益。

技术方面的因素。当独立的非同步系统需要互联时，有些情况下直流是唯一的选择或者至少是一个有价值的方案，比如采用海底电缆进行电网互联。通常，对于大容量输电，不管是否联网，存在交流与直流的选择问题，在有些情况下起决定作用的是经济性。对于直流来说，换流站设备的投资很大，并且与输电线路长度没有大的关系。但是，对于相同的输送功率，直流架空线路比交流架空线路便宜，而且直流线路的损耗也比交流线路的损耗小。目前的趋势表明，架空线路成本比换流站设备成本增长得快，这意味着等价距离将会减小，等价距离表示在该输电距离下交流方案与直流方案的总成本（包括损耗费用）相等。但是，存在另外两个重要因素会影响等价距离。一个是串联补偿可以减小线路的有效长度（针对稳定性），另一个是 FACTS 装置（用于控制电压和潮流的电力电子装置）可以扩大交流系统的容量范围。还有一个因素是交流紧凑型线路，三相导线之间的距离进一步缩小，从而使线路电抗降低而并联电容增大，使交流系统的输送容量得到提升。

交流输电与直流输电的等价距离考虑了投资的成本与运行的损耗，它对损耗的估计非常敏感。从技术的角度来看，采用直流输电，不管是输电距离还是输电容量，都不受限制。

直流输电相比于交流输电的优势可以概括如下：

1）**线路的绝缘等级较低，因而更经济**。有效值相同时，直流电压的最大值只有交流电压最大值的$1/\sqrt{2}$，因此，就绝缘来说，直流有很大的优势。支持绝缘子和导线的数量可以大大减少，甚至铁塔的高度也可以降低，因此总的经济效益是非常可观的，如图1-23所示。

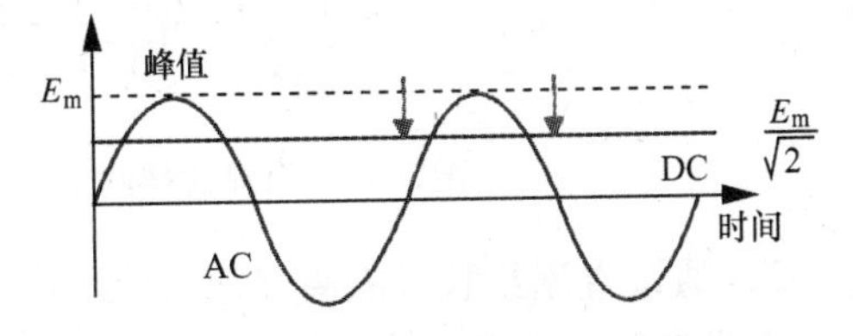

图1-23 交流与直流电压最大值的比较

2）**在直流情况下，功率因数总是1**。直流情况下，输电效率更高，如图1-24所示。直流功率不像交流功率那样有一个交变的虚部（无功部分），因而没有电抗产生无功功率。由于直流输电比交流输电输送更大的用于实际消耗的有功功率，所以直流输电的效率更高。

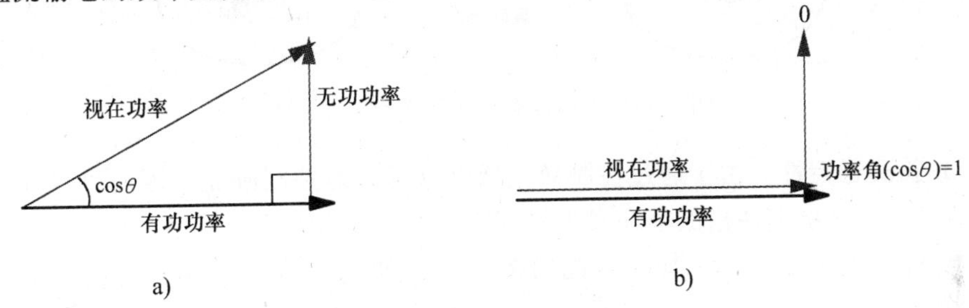

图1-24 直流与交流的功率因数比较㊀

3）**直流输电可以利用大地作为导体**。这与交流输电相比更为经济，交流输电需要至少两根及以上的导线。如果通过大地回流是可能的，直流输电就可以省去回流的导线，这个特性在要求采用线路走廊（即铁塔通道）的地区特别有用，如图1-25所示。

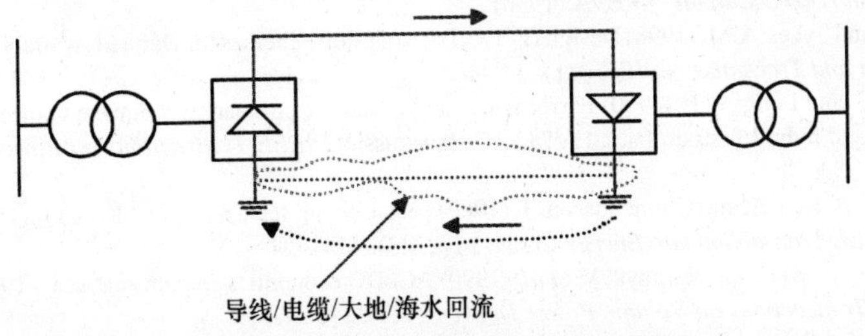

图1-25 采用单根回流线的单极系统

㊀ 原图有小错，此处已改正过来。——译者注

4）**电力交换**。背靠背直流输电系统已经在具有不同额定频率的交流系统互联中得到应用，一个例子是日本佐久间的50Hz/60Hz变频站。孤立的发电系统可以通过HVDC系统与受端交流系统异步连接，此外，分布式的发电系统一般通过集电系统为HVDC系统供电，如图1-26所示。

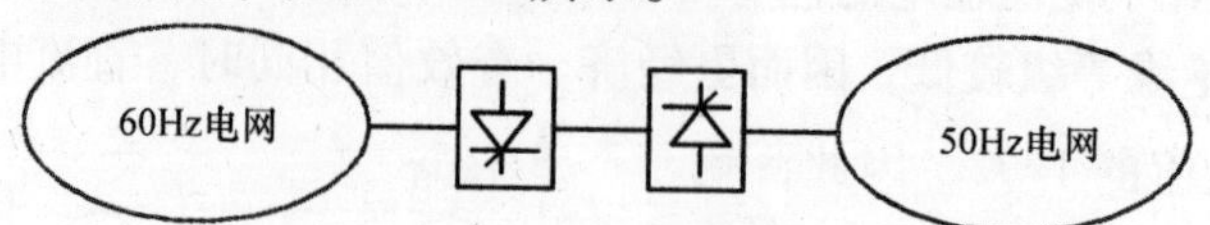

图1-26　直流连接两个具有不同额定频率的系统

5）**通过直流互联来隔离交流系统**。由于直流输电系统为对侧系统提供有功功率，而没有无功功率，当交流系统故障时从邻近系统流入的电流不会增加。因此，它具有隔离两个系统的虚拟效果。所以，通过将既有的交流系统分割成合适大小的系统，并用直流线路连接起来，可以有效地抑制短路电流并能平稳地运行整个系统，如图1-27所示。

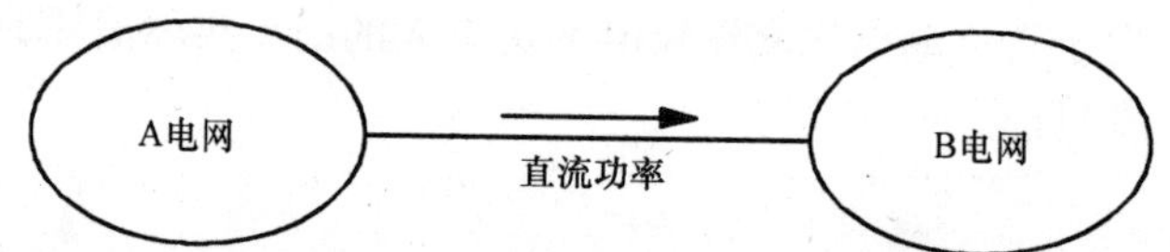

图1-27　采用直流互联分隔系统的效果

6）**提高稳定性**。由于通过控制换流器可以迅速地控制潮流，因而可以提高暂态稳定性。暂态稳定性指的是在发生外部扰动时，电力系统维持稳定状态并继续正常输电的能力的大小。所谓外部扰动指的是诸如输电线路开路、短路、接地等故障。

参考文献

[1] *HVDC Systems and their Planning*, Siemens (1999).
[2] *Economic Assessment of HVDC links*, ELT_196_4, ELECTRA.
[3] *Cheju-Haenam HVDC Manual*, AREVA (1996).
[4] Barker, C.D. and Sykes, A.M. (1998) Design HVDC Transmission Schemes for Defined Availability. *Proceedings of Generation and Transmission, IEE*, **1**(1), 4/1–4/11.
[5] Hammad, A.E. and Long, W.F. (1990) Performance and economic comparisons between point-to-point HVDC transmission and hybrid back-to-back HVDC/AC transmission. *IEEE Transactions on Power Delivery*, **5**(2), 1137–1144.
[6] Hammons, T.J., Olsen, A. and Gudnundsson, T. (1989) Feasibility of Iceland/United Kingdom HVDC submarine cable link. *IEEE Transactions on Energy Conversion*, **4**(3), 414–424.
[7] Diemond, C.C., Bowles, J.P., Burtnyk, V. *et al.* (1990) AC–DC economics and alternatives – 1987 panel session report. *IEEE Transactions on Volume Power Delivery*, **5**(4), 1956–1979.
[8] Andersen, B. and Barker, C. (2000) A new era in HVDC? *IEE Review*, **46**(2), 33–39.
[9] Bakken, B.H. and Faanes, H.H. (1997) Technical and economic aspects of using a long submarine HVDC connection for frequency control. *IEEE Transactions on Power Systems*, **12**(3), 1252–1258.

[10] Povh, D. (2000) Use of HVDC and FACTS. *Proceedings of the IEEE*, **88**(2), 235–245.
[11] Kuruganty, S. (1995) Comparison of reliability performance of group connected and conventional HV DC transmission systems. *IEEE Transactions on Power Delivery*, **10**(4), 1889–1895.
[12] Billinton, R., Fotuhi-Firuzabad, M. and Faried, S.O. (2002) Reliability evaluation of multiterminal HVDC subtransmission systems. *Generation, Transmission and Distribution, IEE Proceedings*, **149**(5), 571–577.
[13] Hingorani, N.G. (1996) High-voltage DC transmission: a power electronics workhorse. *Spectrum, IEEE*, **33**(4), 63–72.
[14] Dialynas, E.N., Koskolos, N.C. and Agoris, D. (1996) Reliability assessment of autonomous power systems incorporating HVDC interconnection links. *IEEE Transactions on Power Delivery*, **11**(1), 519–525.
[15] Kuruganty, S. (1994) Effect of HVDC component enhancement on the overall system reliability performance. *IEEE Transactions on Power Delivery*, **9**(1), 343–351.
[16] Dialynas, E.N. and Koskolos, N.C. (1994) Reliability modeling and evaluation of HVDC power transmission systems. *IEEE Transactions on Power Delivery*, **9**(2), 872–878.
[17] Melvold, D.J. (1992) HVDC converter terminal maintenance/spare parts philosophy and comparison with performance. *IEEE Transactions on Power Delivery*, **7**(2), 869–875.
[18] Baker, A.C., Zaffanella, L.E., Anzivino, L.D. *et al.* (1989) A comparison of HVAC and HVDC contamination performance of station post insulators. *IEEE Transactions on Power Delivery*, **4**(2), 1486–1491.
[19] Kuruganty, P.R.S. and Woodford, D.A. (1988) A reliability cost-benefit analysis for HVDC transmission expansion planning. *IEEE Transactions on Power Delivery*, **3**(3), 1241–1248.
[20] Hingorani, N.G. (1988) Power electronics in electric utilities: role of power electronics in future power systems. *Proceedings of the IEEE*, **76**(4), 481–482.
[21] El-Amin, I.M., Yacamini, R. and Brameller, A. (1979) AC–HVDC solution and security assessment using a diakoptical method. *International Journal of Electrical Power and Energy Systems*, **1**(3), 175–179.
[22] Kalra, P.K. (1987) Feasibility study for development of expert systems for power system control. *Electric Power Systems Research*, **12**(2), 125–130.
[23] Sood, V.K. (2007) *HVDC Transmission*, Power Electronics Handbook, 2nd Edn, pp. 769–795.
[24] Cochrane, J.J., Emerson, M.P., Donahue, J.A. *et al.* (1996) A survey of HVDC operating and maintenance practices and their impact on reliability and performance. *IEEE Transactions on Power Delivery*, **11**(1), 514–518.
[25] Kunder, P. (1996) *Power System Stability and Control*, McGraw-Hill, New York.
[26] *High-Voltage Direct Current Handbook* (1994) EPRI TR-104166S.

第 2 章　功 率 变 换

自从 20 世纪 50 年代在瑞典 Gotland 岛建成世界上第一个高压直流（HVDC）输电系统以来，将 HVDC 系统应用于交流系统已成为电力系统规划的一个重要方面。目前，由于半导体器件的极大进步，关于柔性交流输电系统（FACTS）也在进行大量的研究，FACTS 通过控制有功功率和无功功率来保持系统的稳定性。HVDC 系统主要用于解决大容量输电和交流系统互联。由于大多数 HVDC 系统的容量在数百 MW 范围，因此晶闸管被认为是目前主要采用的半导体器件。在 HVDC 系统中采用晶闸管主要有两个原因：第一，适用于 HVDC 系统的大功率晶闸管经济可靠；第二，与具有导通/关断控制能力的其他种类强制换相半导体器件相比，晶闸管具有非常好的开关损耗性能。晶闸管不但能够通过门极电流来触发导通，也可以通过光触发而导通。光触发晶闸管（LTT）就是基此而发明的，LTT 可以通过由光纤传导的光脉冲来触发。光脉冲是通过一个光耦合器来产生的，该光耦合器由一个红外光发射二极管和一个硅光晶体管构成。使用此种光晶体管的一个优点是其上升和下降时间很短。

图 2-1 展示了传统晶闸管目前的发展趋势。至 2003 年，一种被称为光触发晶闸管的新型晶闸管已经可用了。该 LTT 的运行电流为 4kA，阻断电压为 8kV，可以通过光信号进行触发和控制。开发具有更大容量的此种晶闸管可以使 HVDC 系统的

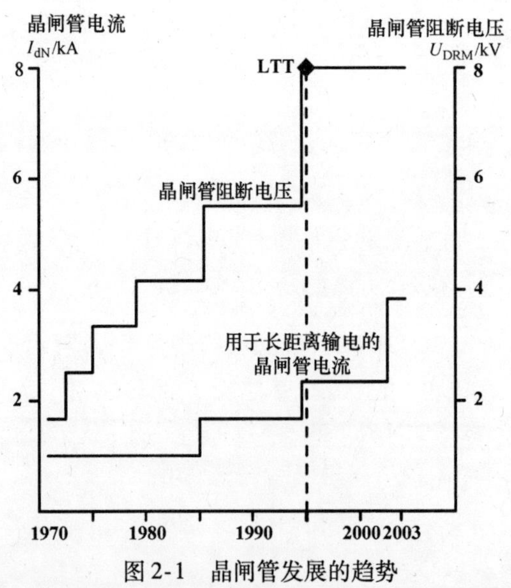

图 2-1　晶闸管发展的趋势

控制更加方便，并提高 HVDC 系统的可靠性，因此，光触发晶闸管特别适合应用于 HVDC 系统。

2.1　晶闸管

1967 年晶闸管阀的引入可以说是使 HVDC 系统成为一种被广泛接受的输电技术的关键性因素。晶闸管使得换流阀的特性变得可靠，即使在其第一次商业化应用中就证实了这一点。事实上，值得注意的是，在晶闸管上的许多技术突破首先被应用于相对容量等级最高的输电系统，而对该系统的可靠性和可用率没有构成任何负面的影响。

晶闸管由一个 PNPN 结构构成，即一个 NPN 型晶体管和一个 PNP 型晶体管组合而成。它是一个单方向导通的开关，可以通过一个触发脉冲使其导通，但没有关断能力。在晶闸管的阳极与阴极之间施加足够大的正向偏压，再在门极施加触发脉冲就能使晶闸管导通。但是，要使晶闸管关断，必须通过外部电路给晶闸管施加一个反向偏压。

双晶体管理论。晶闸管运行的原理通常用经典的双晶体管等效原理来解释，如图 2-2 所示。如果将该器件斜向切开，一个晶闸管可以用具有再生反馈的一个 NPN 型晶体管和一个 PNP 型晶体管来表示。

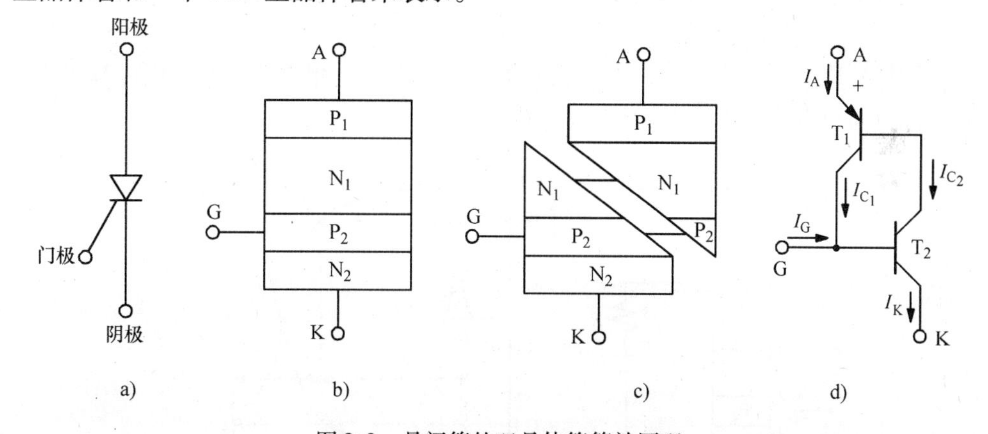

图 2-2　晶闸管的双晶体管等效原理

如果门极电流 I_G 注入到晶体管 T_2 的基极，则 T_2 的集电极电流 I_{C2} 就会被放大，而 I_{C2} 就是晶体管 T_1 的基极电流，因而晶体管 T_1 的集电极电流 I_{C1} 就被放大，从而进一步加强了原先的门极电流 I_G。最终，T_1 管和 T_2 管进入完全饱和，所有的 PN 结都变为正向偏置。在关断状态下，可以写出如下的方程：

$$I_{C1} = \alpha_1 I_A + I_{CBO1} \tag{2-1}$$

$$I_{C2} = \alpha_2 + I_K + I_{CBO2} \tag{2-2}$$

$$I_K = I_A + I_G \tag{2-3}$$

式中，α_1、α_2是共基极电流增益；I_{CBO1}和I_{CBO2}分别是T_1管和T_2管的共基极漏电流。由式（2-1）~式（2-3）可得

$$I_A = \frac{\alpha_2 I_G - I_{CBO1} + I_{CBO2}}{1 - (\alpha_1 + \alpha_2)} \tag{2-4}$$

硅晶体管具有一个共同特性，当发射极电流很小时，其电流增益α也很小，而当发射极电流变大时，α会快速变大。在正常关断状态下，$I_G = 0$并且$\alpha_1 + \alpha_2$很小，因此该漏电流会比两个晶体管的漏电流之和高一些。如果通过某种机制，两个晶体管的发射极电流能够增大，使得$\alpha_1 + \alpha_2$接近1，那么I_A就会接近无穷大，晶体管就会进入饱和状态。物理上，在器件进入导通过程中，外部负载限制了阳极电流的上升幅度。存在多种机理使得晶闸管被触发而导通，这些机理将在下面介绍。

开通时间t_{on}：当晶闸管处于正向阻断状态时，对门极发送一个触发脉冲，施加在晶闸管上的正向偏置电压就会下降到1.5V左右。但该电压不是瞬间跌落的，而是以一种平滑的方式下降的，如图2-3所示。开通时间指的是触发脉冲电流达到其峰值的10%到晶闸管极间电压V下降到其峰值的10%之间的时间长度，如图2-3b所示，开通时间一般在2~3μs之间。开通时间t_{on}被定义为

$$t_{on} = t_d + t_r$$

这里，t_d表示延迟时间，指的是晶闸管极间电压V下降到其峰值的90%所需的时间；t_r表示上升时间，指的是晶闸管极间电压V从其峰值的90%下降到10%所需的时间。

如果负载是纯电阻性的，那么电压下降时，电流会相应地上升，因而延迟时间和上升时间与电流的上升相对应。

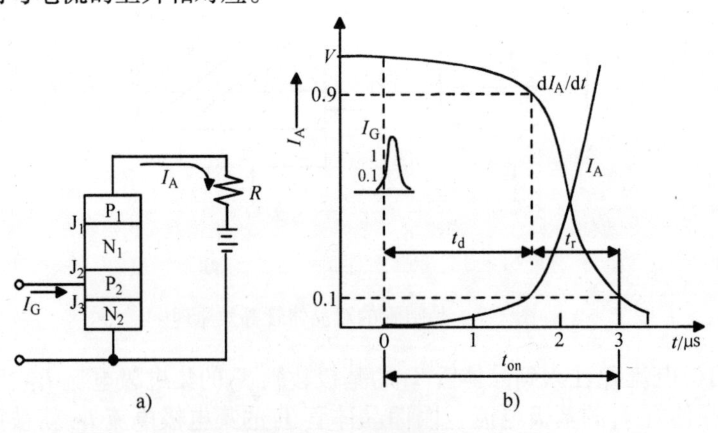

图2-3　开通时间

关断时间t_{off}：为了关断处于导通状态的晶闸管，如图2-4b所示，必须施加一个反向偏置电压$-E_r$，如图2-4a所示。此电压对于J_2来说是正向偏置的，而对于J_1和J_3来说是反向偏置的，如图2-4c所示。这样，在外部电路中就会流过一个瞬时的反向电流，以消除P_1中的电子和N_2中的空穴，从而在J_1和J_3中建立耗尽层。

此时，N_1和P_2中电子和空穴的分布类似于图 2-4c 所示的情况。如图 2-4a 所示，电流 i_A开始下降直到零，并出现一个短时的反向电流，然后再次到零。i_A过零点到反向电流接近于零所经历的时间称为反向恢复时间 t_{rr}，通常为数微秒[⊖]。

如果晶闸管处于图 2-4c 所示的状态，此时再次施加正向偏置电压，如图 2-4a 中的虚线①，那么晶闸管会再次进入导通状态。相对于J_1和J_3来说，该正向偏置电压是正向的，而相对于J_2来说，该正向偏置电压是反向的。但是实际上，电子和空穴仍然混合在一起，因而晶闸管不可能阻断正向电压。对应图 2-4a 中直线②，即使在晶闸管上施加了正向偏置电压，只要没有门极触发脉冲，晶闸管仍然处于阻断状态，要实现上述要求，必须有足够的时间让J_2两侧的电子和空穴以及N_1中的空穴和P_2中的电子重组，如图 2-4c 所示。

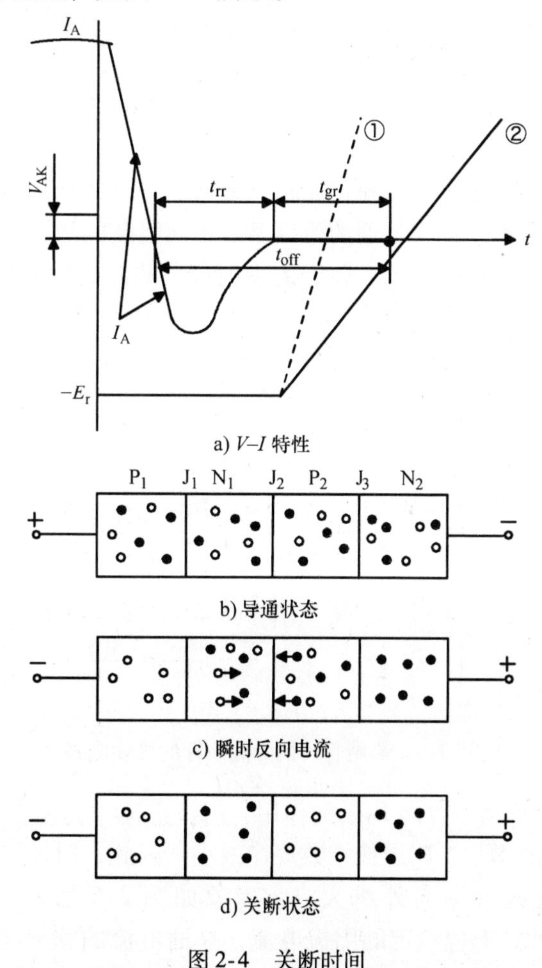

图 2-4　关断时间

⊖ 此处原文误为“several seconds”。——译者注

换句话说，当晶闸管回到如图 2-4d 所示的状态时，它就能恢复其正向阻断能力，这段时间被称为门极恢复时间 t_{gr}。

关断时间 $t_{off}=(t_{rr}+t_{gr})$，指的是晶闸管在正向导通状态下正向电流过零点到晶闸管恢复其正向电压阻断能力所需的时间。在实际测量时，必须在晶闸管处于正向导通状态时施加一个反向偏置电压，然后再施加一个正向偏置电压，并使该正向偏置电压的值逐步增加，直到晶闸管再次导通。

门极电流：当注入门极电流时，对应晶体管的发射极电流就会通过正常的晶体管效应而增加，该器件就会进入饱和导通状态。一旦器件进入导通状态，门极电流就失去对晶闸管的控制能力，除非是门极关断晶闸管，这将在后面讨论。

电压效应：如果正向阻断电压缓慢增加到一个很高的值，中间结上的少数载流子漏电流，同时也是相应晶体管的集电极电流，就会由于雪崩效应而增大。这种再生效应引起的漏电流增大，最终会导致晶闸管开关状态的改变。

d*v*/d*t* 效应：假设处于关断状态的晶闸管所承受的电压是 v，且该电压关于时间的导数为 dv/dt，则晶闸管处于关断状态而不被触发的最大电压上升率称为断态电压临界上升率。当电压上升率超过此临界值时，半导体结的耗尽层就会产生电荷电流而导致误导通。产生此误导通的原因是，正向阻断的结 J_2 的电荷 C_{j2} 受到 dv/dt 的触发而构成电流 i_C，i_C 流过了 J_1 和 J_2 的发射极，从而使得电流放大倍数 α_1 和 α_2 增大，如图 2-5 所示。

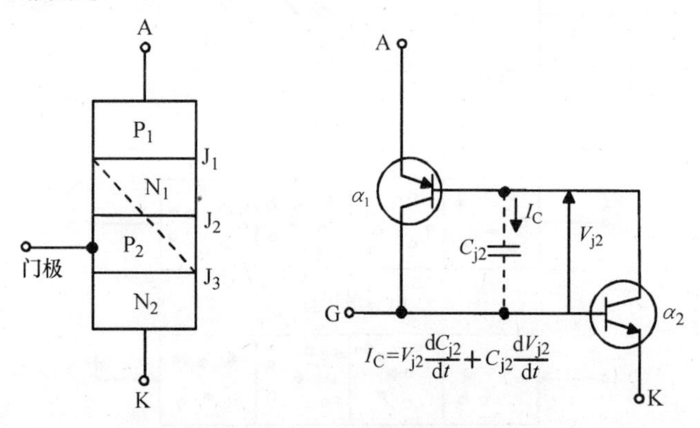

图 2-5 晶闸管转换为晶体管的等效电路

d*i*/d*t* 效应：由于水平方向 P_2 层的作用，门极电流大部分在门极附近流动，随着与门极之间距离的增加，P_2 层按指数规律减小。因此，门极附近的阳极电流首先流动，随后，导通区逐渐向外扩大，此现象如图 2-6 所示。扩散速度一般在 0.1mm/μs 级。因此，对应给定的阳极电流，导通电流的临界上升率 di/dt 指的是晶闸管不致损坏的导通电流的最大上升率。当电流上升率超过此临界值时，即使极间电压还未充分下降，电流 i_A 也会开始流动；这样，器件中的损耗 $v_{AK}i_A$ 就会变得相对较大，而开通损耗 P_S 被归结为开关损耗。这种情况下，门极附近积聚的电流产生的热量就会引起晶闸管热击穿。

这个问题对于大功率晶闸管来说特别明显，因为其结面积更大。为了使器件的开通电流的临界上升率最大化，晶闸管的设计必须允许较大的结面积能被同时触发。

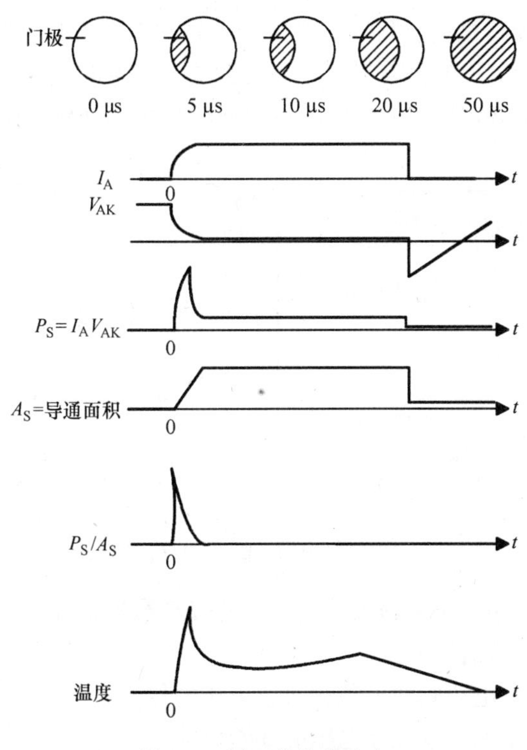

图2-6　导通的扩散速度

温度效应：在结温较高时，对应的晶体管的漏电流会增加，并最终导致开关状态变化。

光触发：光直接照射到硅上，会产生电子空穴对，电子空穴对在电场的作用下，会形成电流而触发晶闸管。

尽管实际上，前述的多个效应会综合作用影响器件的开关状态，但触发晶闸管的最主要方式是门极触发。应用于HVDC系统的光触发晶闸管已经被开发出来，通常采用多个器件的串并联组合。光触发的优点是可以在控制电路与功率电路之间提供电气隔离。

开关特性：随着电压V的增加，电流增加得很少。但是，当电压达到V_{BR}时，极间电流突然开始快速上升，这个电压被称为正向转折电压，这个电压与晶闸管的反向击穿电压（PIV）几乎相等。达到正向转折电压后，电压开始迅速下降，相应的$V-I$曲线转换到图2-7所示的①。此外，通过施加不同的门极电流I_G，也可以将$V-I$曲线转换到②和③，这种情况下电流在较低的电压下就开始变化。即使晶闸管经历了转折电压，也不一定会造成永久性的损坏。但是一般来说，晶闸管应运行于 V_{BR} 电压以下。在门极开路的条件下，在晶闸管两端施加一个反向的直流电压 E，该电压与图 2-7a 中的 E 的方向相反，即给晶闸管施加一个反向偏压；使晶闸管反向导通的最小反向偏压被称为击穿电压，其值与转折电压相近。由于器件制造工艺的原因，N_1 基极特别宽，其特征阻抗特别高，因而击穿电压主要由 J_1 结决定。当器件承受超过击穿电压的反向电压时，就会流过过大的反向电流，会造成器件永久性损坏。为了防止这种情况的发生，可以串联一个相同额定值的整流二极管，以提高击穿电压。

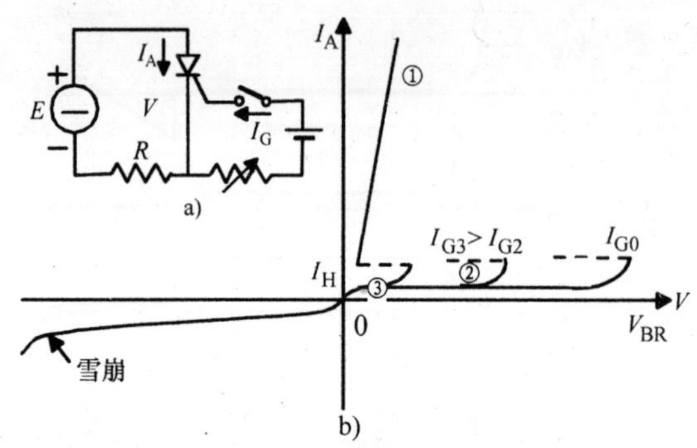

图 2-7　门极触发电流与转折电压之间的关系

缓冲电路：在半导体功率器件上跨接一个 RC 缓冲回路，一般来说是必要的。缓冲电路的作用可以归纳如下：

1）保护器件不受电源侧和负载侧暂态电压的侵害；

2）降低断态电压和重复施加电压的 dv/dt；

3）降低恢复电压的峰值；

4）降低器件的开关损耗。

图 2-8 展示了一个具有缓冲电路的晶闸管。其中，串联电感 L_S 可以是杂散电感，也可以是为限制器件开通时 di/dt 值而特意增加的电感。如果在断态下施加正向电压 V_S，可以得到如下的微分方程：

$$L_S \frac{di}{dt} + iR_S + \frac{1}{C_S}\int i dt = V_S \qquad (2\text{-}5)$$

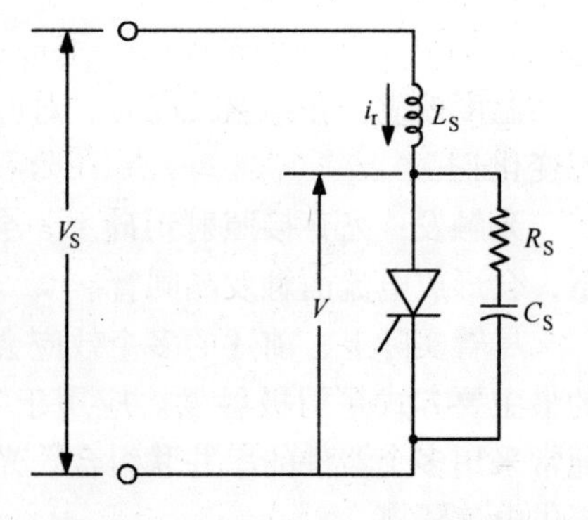

图 2-8　具有缓冲电路的晶闸管

在欠阻尼条件下，可解得 v 和 dv/dt 为

$$v = V_S\left[1 - \left(\cos\omega t - \frac{\alpha}{\omega}\sin\omega t\right)e^{-\alpha t}\right] \qquad (2\text{-}6)$$

$$\frac{dv}{dt} = V_S\left(2\alpha\cos\omega t + \frac{\omega^2 - \alpha_2}{\omega}\sin\omega t\right)e^{-\alpha t} \qquad (2\text{-}7)$$

式中，$\omega = \sqrt{(1/L_S C_S) - \alpha^2}$，$\alpha = R_S/2L_S$。器件电压 v 根据阻尼因数 $\xi = R_S/2\sqrt{C_S/L_S}$ 的不同而有不同程度的过冲。电容器 C_S最终会充电到全电压 V_S。当晶闸管开通时，电容器会通过晶闸管放电，其初始电流为 V_S/R_S，使得开通时的 $\mathrm{d}i/\mathrm{d}t$ 变得非常高。幸运的是，由于该电流的性质，器件可以承受如此高的 $\mathrm{d}i/\mathrm{d}t$ 值。

假定对该器件施加一个同样大小的反向电压，该器件随后就被关断。正向电流按照斜率 V_S/L_S衰减，并达到反向恢复峰值电流 I_{RM}，如图 2-8 所示。然后，由于 I_{RM}迅速减小，由缓冲电路作用而产生的恢复电压峰值为

$$V_{RRM} = V_S\left(1 + \exp\left\{-\frac{\xi}{\sqrt{1-\xi_2}}\arctan\left[-\frac{(2\xi - 4\xi^2 x + x)\sqrt{1-\xi_2}}{-13\xi x - 2\xi^2 + 4\xi^3 x}\right]\right\}\right) \times \sqrt{1 - 2\xi x + x^2} \tag{2-8}$$

式中，$x = (I_{RM}/V_S)\sqrt{L_S/C_S}$。

在器件处于关断时间间隔的末尾时，再一次对器件施加正向电压，可以导出重复施加的 $\mathrm{d}v/\mathrm{d}t$ 为

$$\left(\frac{\mathrm{d}v}{\mathrm{d}t}\right)_{重复} = 2V_S \leqslant \left(2\alpha\cos\omega t + \frac{\omega^2 - \alpha^2}{\omega}\sin\omega t\right)\mathrm{e}^{-\alpha t} \tag{2-9}$$

为了得到较小的 $\mathrm{d}v/\mathrm{d}t$ 值，要求缓冲电阻较小，但会导致阻尼因数较小，从而会增大电压过冲。较小的缓冲电容可以降低缓冲电路的损耗，但会对 $\mathrm{d}v/\mathrm{d}t$ 值产生不利影响。重要的是，所用的元件必须无电感的，且缓冲电路中所用的导线应具有最小的漏电感。

功率损耗：正常运行时，晶闸管具有数种类型的损耗，包括通态损耗、开关损耗、断态损耗和门极驱动损耗。在应用于 60Hz 频率的系统中时，通态损耗是主导性的；而对于高频开关应用，开关损耗是主导性的。平均的功率损耗可以通过将瞬时电压和瞬时电流波形相乘，然后相对于时间进行积分，再取平均值得到。

热阻抗：虽然在半导体结附近耗散的热量可以传递到外壳，然后通过外部安装的散热片散发到大气中，但仍然会引起半导体结的温度升高。器件的最高结温应当受到限制，因为会对器件的漏电流、转折电压、关断时间、热稳定性和长期可靠性产生不良影响。

光触发晶闸管（LTT）[4-6]：德国已生产出可以商业化应用的光直接触发晶闸管，该种晶闸管集成了一个击穿二极管，如图 2-9 所示。该器件是一个直径为 100mm 的晶圆，阻断电压峰值为 8kV，电流容量与电触发晶闸管相当，但具有更高的 $\mathrm{d}i/\mathrm{d}t$ 值。对于高压换流阀，LTT 具有广泛的应用前景。

LTT 技术中，门极触发脉冲是通过光纤传送到晶闸管的外壳的，然后，门极触发脉冲被直接加到晶闸管的晶圆上。因此，在高电位上不需要任何复杂的电路和辅助电源。LTT 的优势在于即使在黑启动条件下也能够被触发。而对于电触发晶闸管（ETT），此种优势仅仅在晶闸管中的电子具有足够的触发能量时才存在。图 2-9 展

示了门极触发信号是如何通过光纤被传送到晶闸管的晶圆上的。

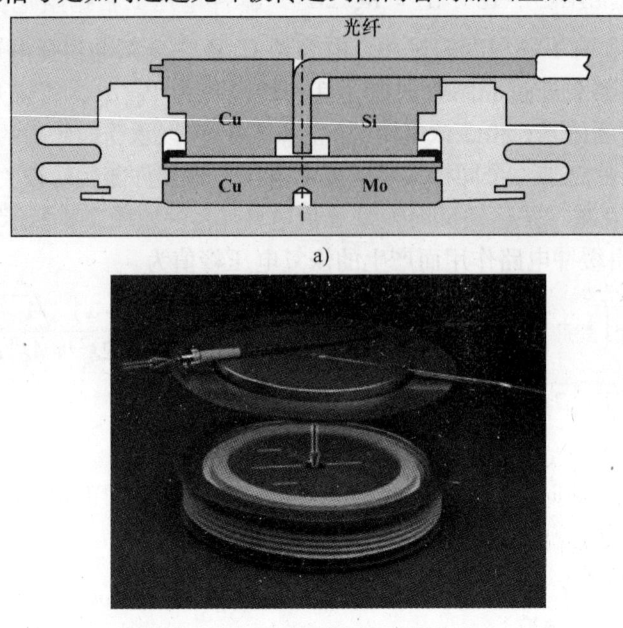

a)

b)

图 2-9　光触发晶闸管

设计与制造工艺：光直接触发晶闸管具有不对称结构，它具有一个常规的无电场层，使得 n″基底的厚度比相同电压等级的对称结构晶闸管大大减小。不对称结构晶闸管的中心区域如图 2-10 所示。它包括一个 4 级的放大门（AG）结构，在第 2 级与第 3 级 AG 之间集成了一个电阻，而在器件的中心集成了一个击穿二极管（BOD）。该击穿二极管提供了有效而可靠的过电压保护，4 级放大门以击穿二极管为圆心成同心圆结构。

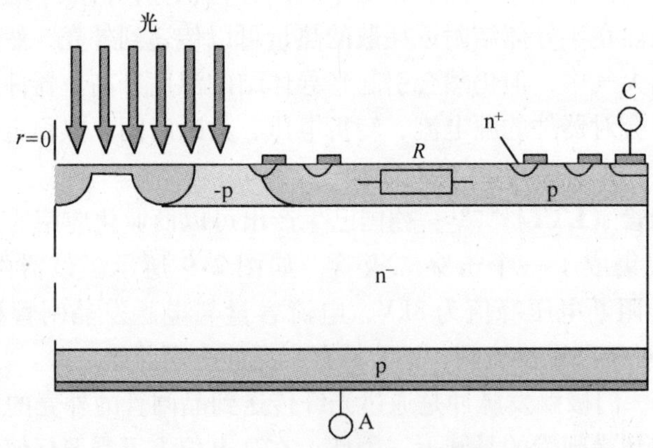

图 2-10　LTT 门极区域的截面图

通过照射器件中心的光敏区域，可以实现光直接触发。感生的光电流驱动 4 级放大门结构，并能够保证以最小的光能（典型值40mW）实现快速触发。集成的电阻器保护最内层的2个放大门，使其不会因为晶闸管开通时的高电流上升率 di/dt 而损坏。

最内层放大门 n^+ 发射极下面的掺杂了少量 p^- 的区域被用来调节此放大门 p 基极的并联电阻，因而其 dV/dt 耐受值低于其他3个放大门和阴极主区域。通过这种方式，可以很容易将 dV/dt 保护集成到晶闸管中，当电压上升率高于最大可耐受的 dV/dt 值时，通过最内层的放大门能够确保晶闸管的安全导通。

制造晶闸管的最初的晶圆特性与前述的制造13kV二极管的晶圆特性是一样的。p 基极的成形是通过连续两次铝真空预沉积来实现的，每次铝真空预沉积后，再对预沉积层进行掩蔽腐蚀和刻入处理。为了构造击穿二极管（BOD）和最内层 p 环之间的 p^1 层，采用了硼植入后继刻入的方法。n^1 发射极和场阻断层是通过两种不同的 $POCl_3$ 扩散来实现的。为了确保关断期间载流子的有效耗尽，阳极和阴极都配备了发射极短接电路。经过完整处理的晶圆，其载流子的典型寿命超过1ms，而最终的载流子寿命可以通过电子照射来调节。

为了减小晶闸管边沿在正向电压偏置下的电场强度，晶闸管中结之间的连接都采用了标准的负斜角。结的边沿采用一层半绝缘的非晶氢化碳来钝化。与13kV的二极管一样，采用了低温连接技术来将硅晶圆连接到钼基底上。

如图2-11所示，采用LTT的晶闸管组件比采用ETT的晶闸管组件在结构上要简单得多。

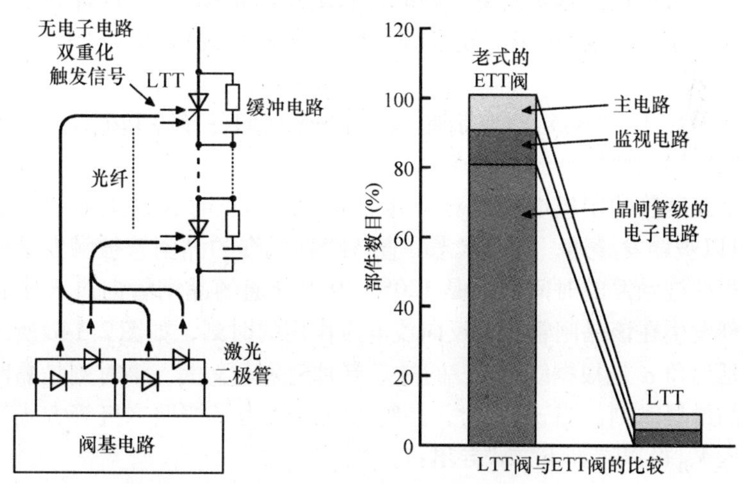

图2-11 LTT的设计和制造

2.2 三相换流器

三相半波换流器。在众多应用于不同场合的换流器结构中，高压直流输电技术只使用三相桥式电路，如图2-12所示，因为这种换流器结构在很多方面都具有最佳的性能。

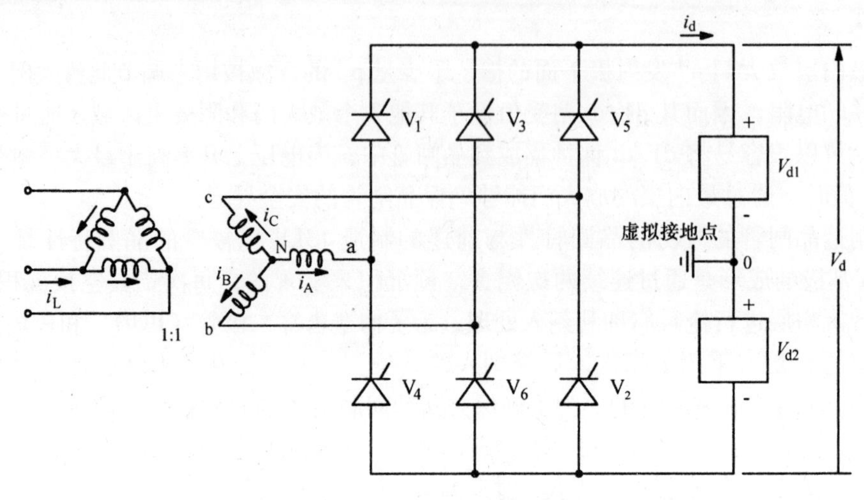

图2-12　三相桥式换流器

三相桥式换流器由6个晶闸管构成，6个晶闸管组成3个相单元，每个相单元的中点引出连接三相交流电源。换流变压器的联结方式是可选的，但可以用来串联级联一个三相半波正向换流器和一个三相半波反向换流器，如图2-13所示。这两个半波换流器的运行方式是完全相同的，只是相位相差60°。因此，这里只分析正向换流器的运行原理。同样，分析时假定了导通是连续的，并且直流电流是平直的。

晶闸管V_1、V_3和V_5对称地导通，因而每个周期各导通120°，电流通过负载和公共的中性线回到变压器的中性点N。

当一个晶闸管的阳极电压相对于其阴极电压为正时（这里即相对于负载电压为正），可以被触发导通，导通状态一直持续到后继的晶闸管被触发导通为止，两个晶闸管相继被触发的时间间隔是120°。退出导通的晶闸管向进入导通的晶闸管换相的时刻发生在该晶闸管受到反向线电压作用的时刻，如图2-14c所示。

触发延迟角α是根据线电压㊀的过零点时刻来定义的，该时刻是晶闸管可以被触发导通的最早时刻。当$\alpha=0$时，晶闸管可以认为是按照二极管方式运行的。直流负载电压V_{d1}可以按如下方式导出：

$$V_{d1} = \frac{3}{2\pi}\int_{(\pi/6)+\alpha}^{[(\pi/6)+\alpha]+2\pi/3} \sqrt{2}V \sin \omega t \, \mathrm{d}\, \omega t = V_{d10}\cos \alpha \tag{2-10}$$

式中，$V_{d1} = (3\sqrt{3}/\sqrt{2})(V/\pi) = 0.675V_L$，$V_L$为相电压有效值。直流电压$V_{d1}$可以通过控制触发延迟角$\alpha$来调节。直到$\alpha=30°$，负载的瞬时电压总是正的，因而如

㊀　原文误为相电压。——译者注

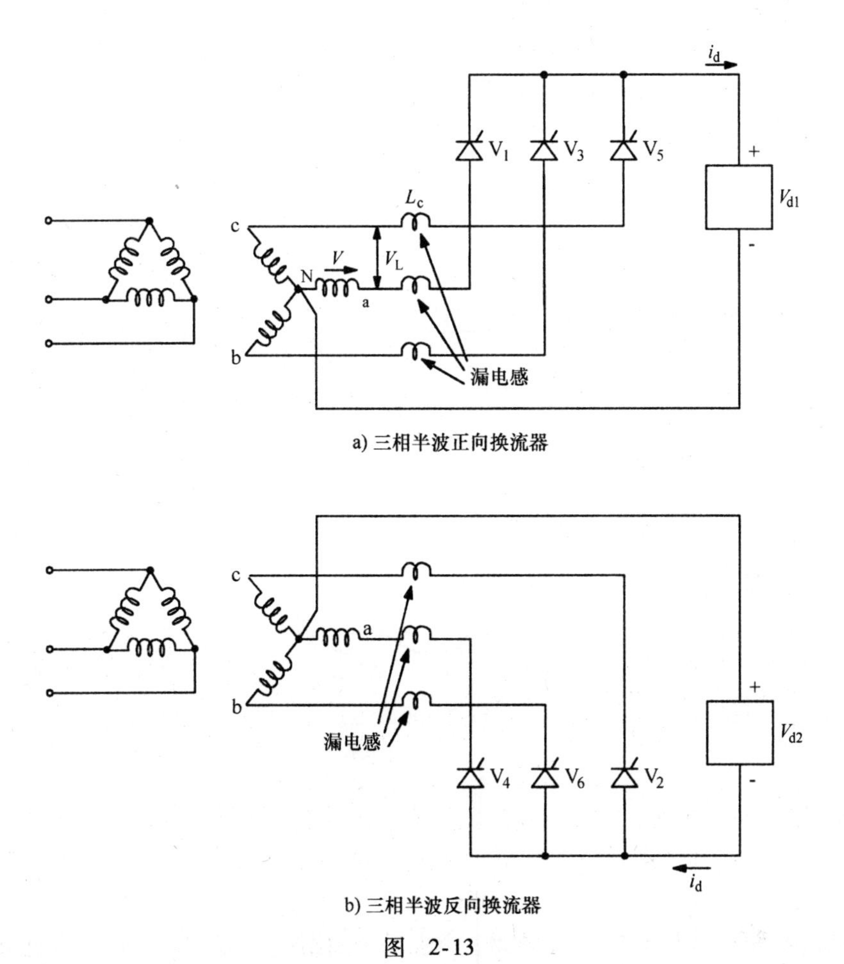

a) 三相半波正向换流器

b) 三相半波反向换流器

图　2-13

果负载不包含反向电动势的话，总能确保晶闸管导通。当 $\alpha=90°$ 时，直流电压 V_{d1} 变为 0（零电压运行）。如果 α 继续增大，V_{d1} 将变为负（逆变器运行）。图 2-15 展示了当 $\alpha=150°$ 换流器按逆变器运行时的电压波形。角度 β，被称为触发超前角，对换相来说是很重要的，因为如图 2-15 中阴影部分所示的反向电压是施加在退出导通的晶闸管上的，典型情况下，β 角被限制在 10° ~ 15°之间[㊀]。

检查负载电压波形可以发现，该波形包含三倍数次谐波（3 次、6 次、9 次等）。将脉波数从 2 增加到 3，提高了直流电压的输出。在一个三相换流器中，每个晶闸管导通 1/3 周期，因此承受电流的平均值为 $I_d/3$，对应的有效值为 $I_d/\sqrt{3}$。变压器阀侧绕组中每个周期 120° 的单向电流脉冲对变压器来说是不利的，因为这样会引起铁心的直流饱和。这个问题也许可以通过将阀侧绕组进行曲折连接来避免。虽然图 2-13a 所示电路并不应用于实际，但对这个电路的分析是重要的，因为这个电路是所有多相换流器和变频器中的一个基本功能模块。

㊀ 这里是不考虑换相过程时的情况，考虑换相过程后 β 角的典型值要大得多。——译者注

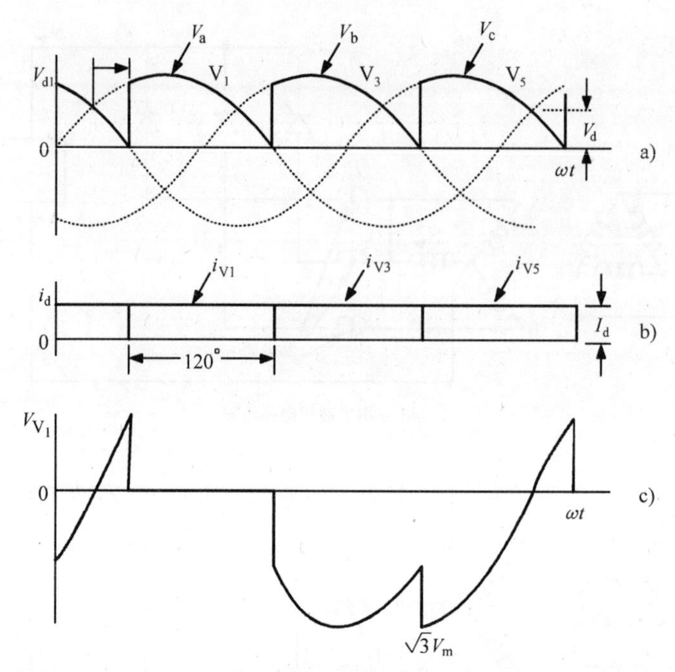

图 2-14 三相半波换流器按整流模式运行（$\alpha=30°$）时的波形

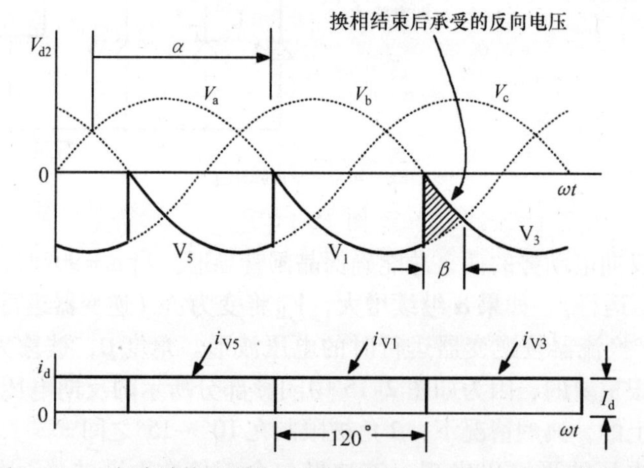

图 2-15 三相半波换流器按逆变模式运行（$\alpha=150°$）时的波形

变压器漏电感的作用。到目前为止，一直假定了电流是从一个阀突然转移到下一个阀的。实际上，这种直流电流的转移需要一定的时间。因为换流变压器的漏电感只允许一定陡度的电流变化 di/dt。因此，在一个很短的时间段内，退出导通的阀与开始导通的阀会同时承载电流。这段时间被称为换相重叠时间，用换相角μ来表示。如图 2-16 所示，在换相时间段μ内，线电压被短接，电源的伏-秒面积由串联连接的两个漏电感L_c来分担，直到电流转移完成。在换相时间段内，负载电压落在两个相电压的中间水平上。考察图 2-13a 中 V_1 向 V_3 换相的过程，有如下方程：

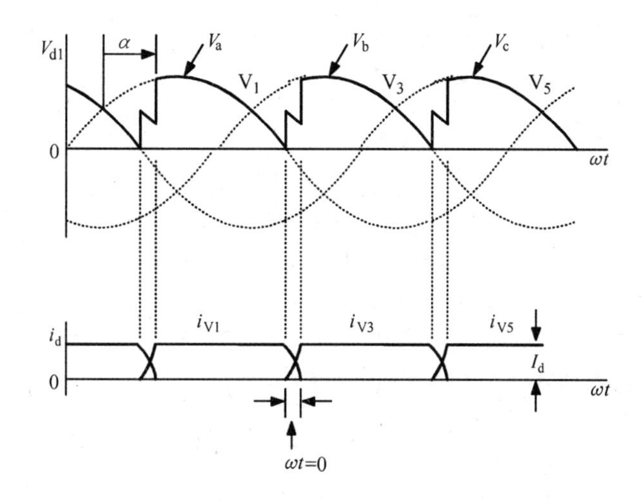

图2-16　整流器运行方式下的换相重叠过程（正向换流器）

$$v_a = L_c \frac{di_{V1}}{dt} + v_{d1} \tag{2-11}$$

$$v_b = L_c \frac{di_{V3}}{dt} + v_{d1} \tag{2-12}$$

因为换相期间仍然假设负载电流 I_d 为常值，因此有

$$i_{V1} + i_{V3} = I_d \tag{2-13}$$

即

$$\frac{di_{V1}}{dt} + \frac{di_{V3}}{dt} = 0 \tag{2-14}$$

结合式（2-11）和式（2-12），可得

$$v_{d1} = \frac{v_a + v_b}{2} \tag{2-15}$$

即负载电压等于两个相电压的平均值。从图2-16可以看出，每隔120°会在换相期间损失掉一些伏-秒面积，从而导致直流电压 v_{d1} 的下降。结合式（2-11）和式（2-15），可得

$$\frac{di_{V1}}{dt} = -\frac{1}{2L_c}(v_b - v_a) \tag{2-16}$$

或

$$i_{V1} = -\frac{1}{2L_c}\int (v_b - v_a)\,d\,\omega t \tag{2-17}$$

将线电压㊀ $v_{ba} = v_b - v_a = \sqrt{3}\sqrt{2}V\sin(\omega t + \alpha)$ 代入到式（2-17）中，可得

㊀ 原文此处公式中少了 V。——译者注

$$i_{V1} = \frac{\sqrt{6}V}{2\omega L_c}\cos(\omega t + \alpha) + A \tag{2-18}$$

设换相开始时 $\omega t = 0$，此时 $i_{V1} = I_d$，这样可以得到常数 A 为

$$A = I_d - \frac{\sqrt{6}V}{2\omega L_c}\cos\alpha \tag{2-19}$$

将其代入到式（2-18）中，可得

$$i_{V1} = I_d - \frac{\sqrt{6}V}{2\omega L_c}[\cos\alpha - \cos(\omega t + \alpha)] \tag{2-20}$$

将式（2-20）代入到式（2-13）中，可得

$$i_{V3} = \frac{\sqrt{6}V}{2\omega L_c}[\cos\alpha - \cos(\omega t + \alpha)] \tag{2-21}$$

再将 $i_{V3} = I_d$ 和 $\omega t = \mu$ 代入到式（2-21）中，可得

$$\cos\alpha - \cos(\mu + \alpha) = \frac{2\omega L_c I_d}{\sqrt{6}V} \tag{2-22}$$

因此，换相角 μ 可以表示为

$$\mu = \arccos\left(\cos\alpha - \frac{2\omega L_c I_d}{\sqrt{6}V}\right) - \alpha \tag{2-23}$$

式（2-23）表明，换相角 μ 随 L_c 或 I_d 的增大而增大，随 α 偏离 90 °的距离而增大。由于换相齿而损失的直流电压可以用下式给出：

$$V_x = \frac{3}{2\pi}\int_0^{\mu}\frac{1}{2}(v_b - v_a)\,\mathrm{d}\,\omega t = \frac{3}{4\pi}\int_0^{\mu}\sqrt{3}\sqrt{2}V\sin(\omega t + \alpha)\,\mathrm{d}\,\omega t$$

$$= -\frac{3\sqrt{3}\sqrt{2}V}{4\pi}[\cos(\mu + \alpha) - \cos\alpha)] \tag{2-24}$$

将式（2-22）代入到式（2-24）中，可得

$$V_x - L_c I_d \frac{3\omega}{2\pi} = 3L_c I_d f \tag{2-25}$$

式中，f 为电源频率，单位为 Hz。因此，在存在负载的情况下，直流电压 V_{d1} 为

$$V_{d1} = V'_d - V_x = \frac{3\sqrt{3}}{\sqrt{2}}\frac{V}{\pi}\cos\alpha - 3L_c I_d f \tag{2-26}$$

式（2-26）表明，负载电压随直流电流的增大而线性下降，换流器的 Thevenin 等效电阻 $R_{TH} = 3L_c f$。图 2-17 给出了三相半波正向换流器作为逆变器运行时的波形，这样的换相过程使得直流电压变负。如图 2-17 所示，为了使晶闸管重新获得正向阻断的能力，换相过程必须在电压交叉之前结束。因此，换相角在逆变器运行时的意义更大，因为它决定了 α 角还能增加多少（即为了安全换相，触发超前角 β 的最小值）。

在图 2-17 中，有

$$\beta = \mu + \gamma \tag{2-27}$$

式中，γ是关断角，如图2-17所示。将$\alpha = 180° - (\mu + \gamma)$代入到式（2-23）中，可得

$$\cos\gamma - \cos(\mu + \gamma) = \frac{2\omega L_c I_d}{\sqrt{6}V} \tag{2-28}$$

为了成功换相，晶闸管需要最小的关断时间t_{off}，相应地就决定了最小的关断角$\gamma = \omega t_{off}$。

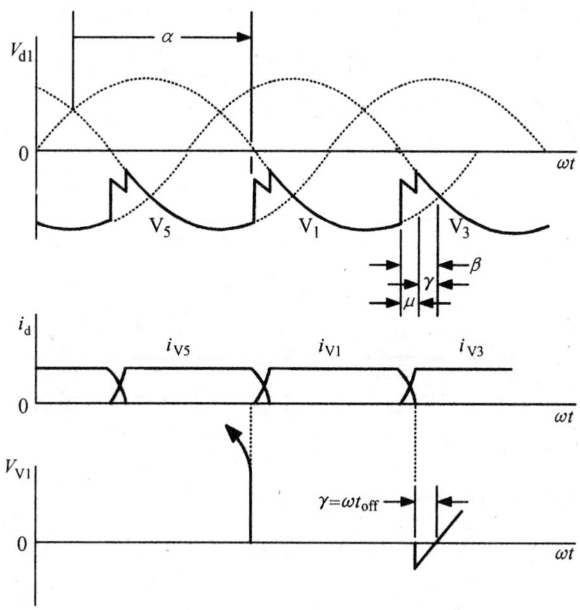

图2-17　逆变器运行方式下的换相重叠过程（正向换流器）

2.3　三相全桥换流器

三相全桥换流器的运行可以通过将正向半波换流器和反向半波换流器的波形进行叠加来分析。图2-18展示了当触发延迟角$\alpha = 45°$时的全桥换流器波形。反向换流器由V_4、V_6和V_2构成，每隔120°对称触发，除了相位移动了60°之外，其他都与正向换流器一样。负载电压V_d，其包络线就是两个半波换流器的波形，是一个6脉波的波形，如图2-18b所示。为了与负载构成一个完整的电路，正向换流器和反向换流器中必须同时有一个晶闸管是导通的。直流负载电压V_d是半波换流器的两倍，可以根据式（2-29）导出

$$V_d = 2V_{d1} = 1.35V_L \cos\alpha \tag{2-29}$$

为了调节直流电压V_d，两个半波换流器中的α角可以对称地进行控制，其触

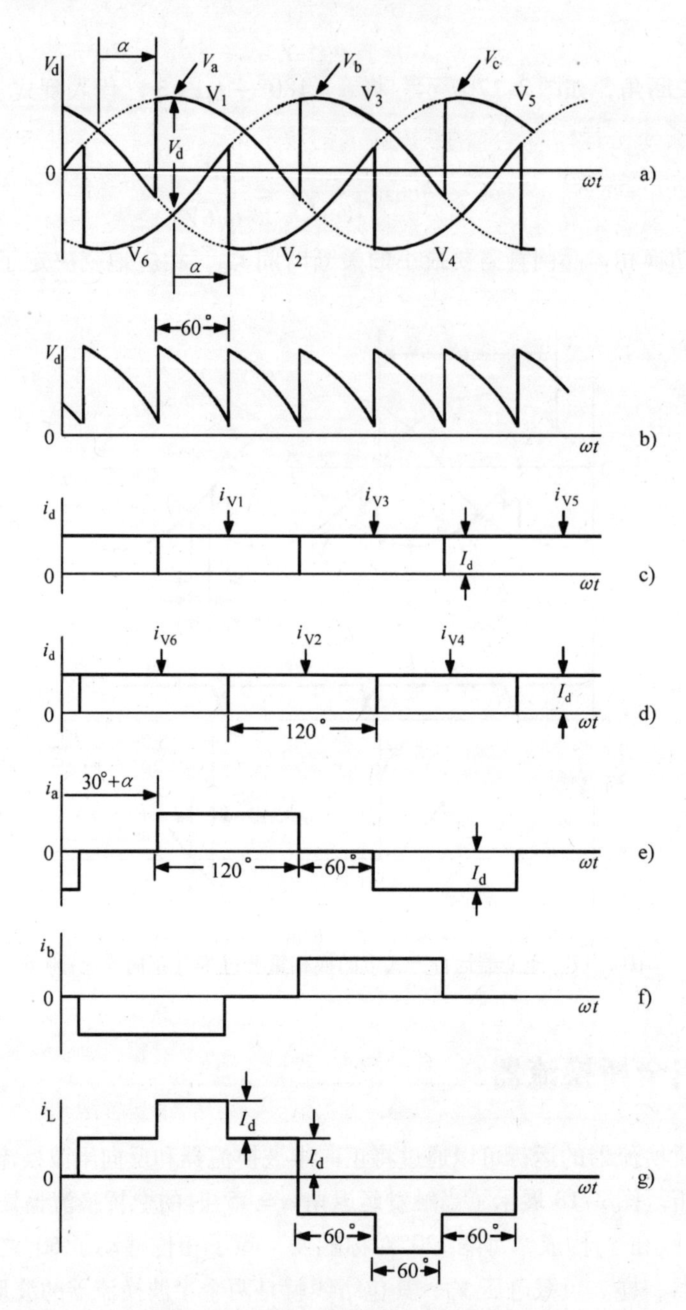

图 2-18　三相全桥换流器按整流器方式运行时的波形（$\alpha=45°$）

发次序为 V_1—V_2—V_3—V_4—V_5—V_6。

对 V_d 波形进行傅里叶分析，可以看出其包含 $6n$ 次谐波，这里 $n=1$、2、3…等。脉波数越多的波形越容易滤除谐波，一个典型值的电感就能使 i_d 变得平直。相电流 i_a 和 i_b 可以通过将晶闸管的电流进行叠加来得到，其中 i_L 电流波形具有 6 个阶梯，电流波形包含的谐波次数为 $6n \pm 1$，即包含有5次、7次、11次、13次等谐波。如果没有输入变压器，i_a和i_b就构成了线电流波形。当存在一个单位电压比的星－三角联结变压器时，输入的线电流i_L的波形可以通过i_a和i_b的叠加得到，如图2-18所示。该变压器并不会发生直流饱和问题，因为磁动势是平衡的，并且输入电流的谐波次数与i_a和i_b波形的谐波次数是相同的。如果触发延迟角进一步滞后到$90° < \alpha < 180°$，可以证明换流器将以逆变方式运行，如图2-19所示。图2-20给出了输入电压与输入电流波形的相位关系。图2-21所示的一般性的二象限特性，对于三相全桥换流器来说也是成立的。

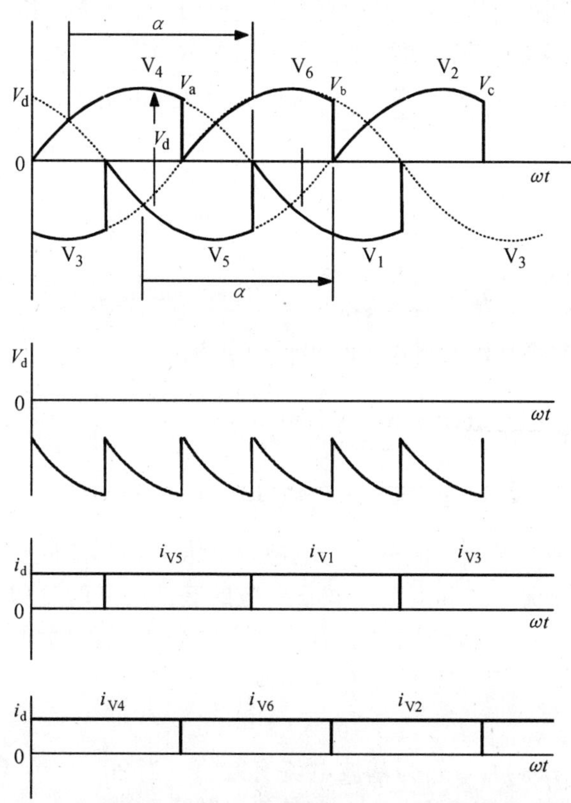

图2-19　三相全桥换流器按逆变器方式运行时的波形（$\alpha = 150°$）

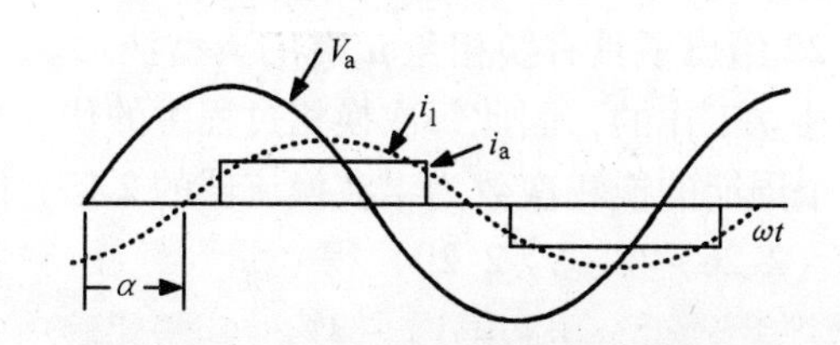

图2-20　输入电压与输入电流波形的相位关系

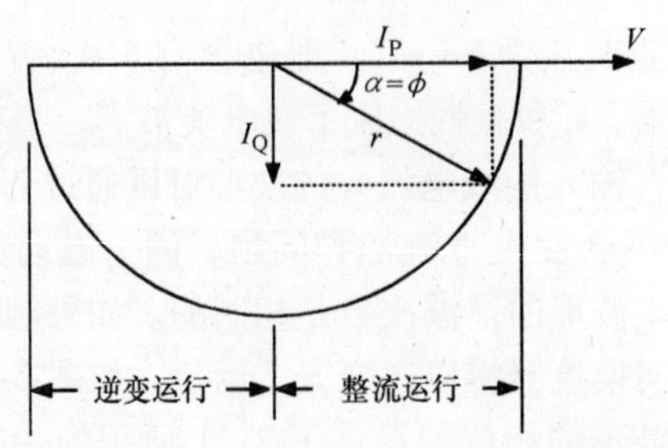

图 2-21　二象限换流器的输入有功电流和无功电流特性（I_d为常数）

谐波和位移因数。假定换流器没有输入变压器，则电流 i_a和 i_b等就直接构成了输入的线电流。线电流只包含奇次谐波，可以表示为

$$i_a = \sum_{n=1,3,5,\cdots} a_n \cos n\omega t + b_n \sin n\omega t \tag{2-30}$$

其中

$$a_n = \frac{2}{\pi}\int_{\pi/6+\alpha}^{(\pi/6+\alpha)+2\pi/3} I_d \cos n\omega t \, d\, \omega t$$

$$b_n = \frac{2}{\pi}\int_{\pi/6+\alpha}^{(\pi/6+\alpha)+2\pi/3} I_d \sin n\omega t \, d\, \omega t$$

计算 a_n和 b_n并将其代入到式（2-30）中可得

$$i_a = \frac{2\sqrt{3}}{\pi}I_d\Big[\sin(\omega t-\alpha) - \frac{1}{5}\sin 5(\omega t-\alpha) - \frac{1}{7}\sin 7(\omega t-\alpha) + \frac{1}{11}\sin 11(\omega t-\alpha) + \frac{1}{13}\sin 13(\omega t-\alpha)\cdots\Big] \tag{2-31}$$

图 2-20 为 i_a波形及其基波分量与电源相电压 V_a波形之间正确的相位关系图。图 2-21 给出了在整流方式和逆变方式下对应的基波电流的有功分量和无功分量，输入的位移角 Φ 等于触发延迟角 α，有功电流和无功电流分量可以表示为

$$I_P = r\cos\alpha \tag{2-32}$$

$$I_Q = r\sin\alpha \tag{2-33}$$

式中，$r = (2\sqrt{3}/\sqrt{2}\pi)I_d$，$I_d$为基波电流有效值。当 $90° < \alpha < 180°$（逆变方式）时，有功电流 I_P变负，而无功电流 I_Q仍然保持滞后。

换相重叠。到目前为止，所考虑的电压和电流波形都是理想的，并且忽略了换相的重叠过程。图 2-22 给出了具有换相角 μ 时的典型波形。因为正向半波换流器和反向半波换流器是独立工作的，因此每次换相过程中的伏－秒面积损失与半波换流器相同。又因为每个周期的换相次数为半波换流器的 2 倍，因此直流电压损失也为 2 倍。因而根据式（2-26）和式（2-29）得

$$V_{dl} = V_d - 2V_x \tag{2-34}$$

再次说明，换相角在逆变运行时是特别重要的，因为在最不利的负载条件下也要维持安全的最小关断角 γ。

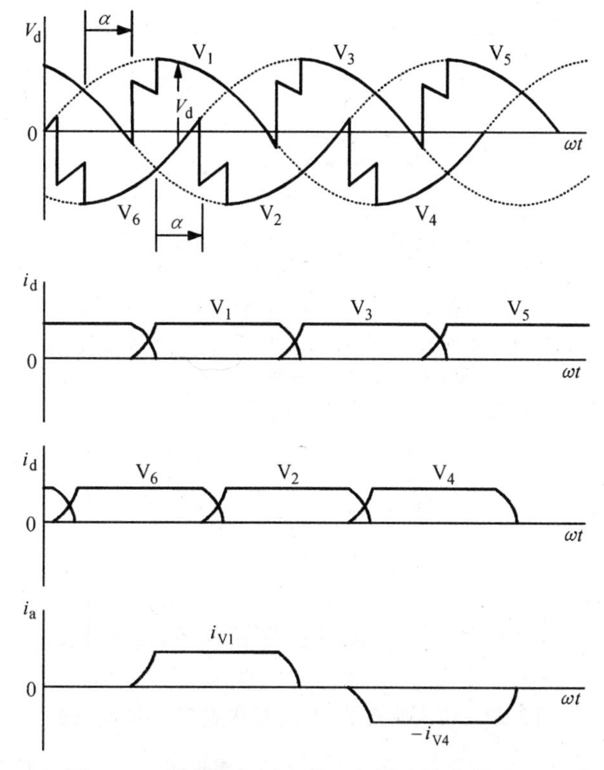

图 2-22 具有换相过程的三相桥式换流器波形

2.4 12 脉波换流器

如果换流器的电流或电压额定值很高，采用单个晶闸管器件不够时，就需要采用多个晶闸管器件进行并联或串联连接。由于存在静态和开关状态下的均流问题，器件的并联连接是特别困难的。相反，换流器采用移相变压器进行串联或并联运行是特别有利的，因为可以在负载侧和电源侧减少谐波，尽管变压器的成本会有额外的增加。图 2-23 给出了一个采用移相变压器将两个桥式换流器串联连接的例子。单个桥式换流器是 6 脉波运行，当两个桥进行串联连接后，设变压器的两个阀侧绕组相位相差 30°，则串联后构成的整个换流器就是 12 脉波运行。

图 2-24 给出了一个 12 脉波 HVDC 系统的电压波形，可以看出电压谐波的次数为 12 次、24 次、36 次等。

图 2-25 画出了一个 12 脉波换流器的电路，同时给出了实际 HVDC 阀和阀塔的结构。HVDC 阀塔可以分为直立式和悬挂式（一般悬挂在天花板上）。出于经济性以及发生地震时的安全性考虑，悬挂式使用得更广泛，并且悬挂式的耐久性也高。阀组件是 HVDC 阀塔的最小单元，一般需要多个阀组件来构成一个阀。在一个 12 脉波换流器中，四个阀构成一个四重阀。关于阀的更深入的信息请参见本书第 6 章。

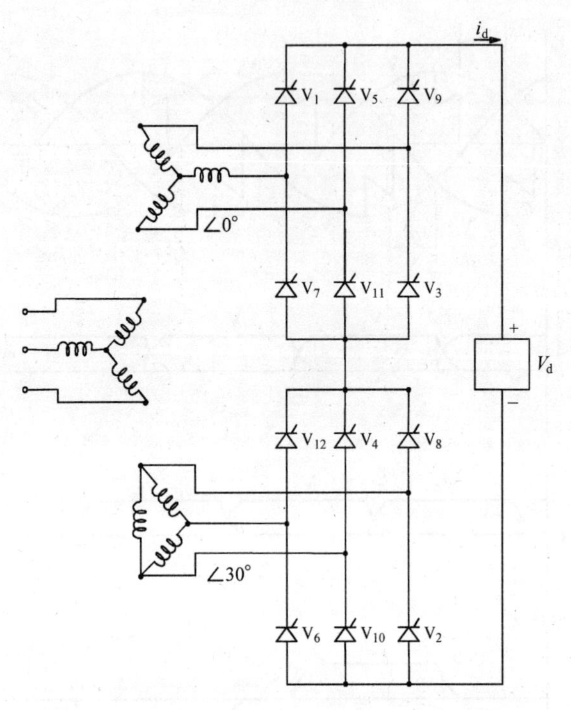

图 2-23　桥式换流器串联连接构成 12 脉波换流器

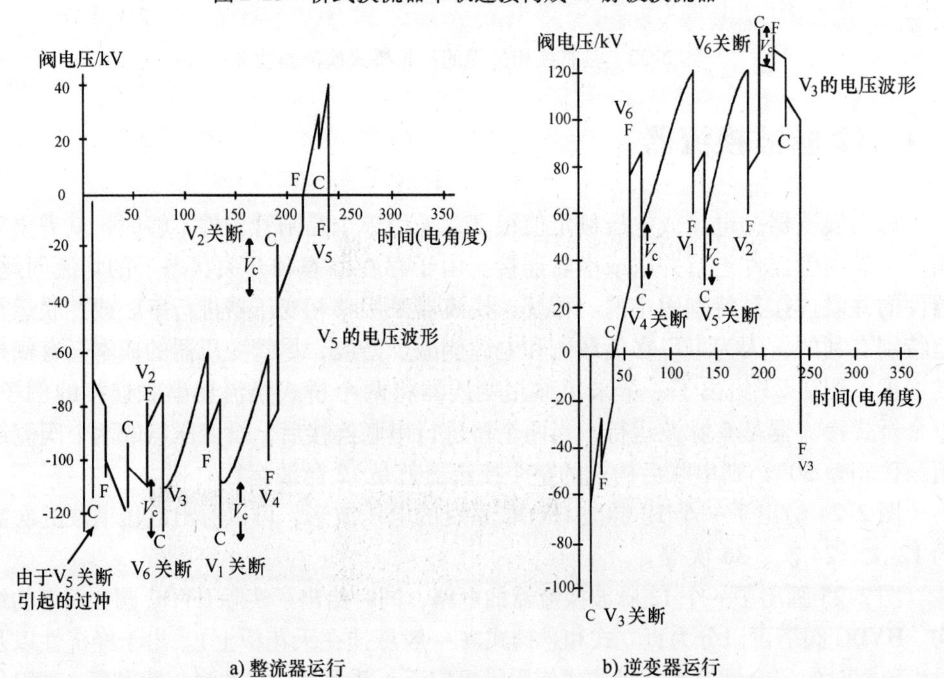

F—触发换相开始　C—换相结束时的恢复电压　V_c—换相恢复电压过冲

图 2-24　12 脉波换流器的波形

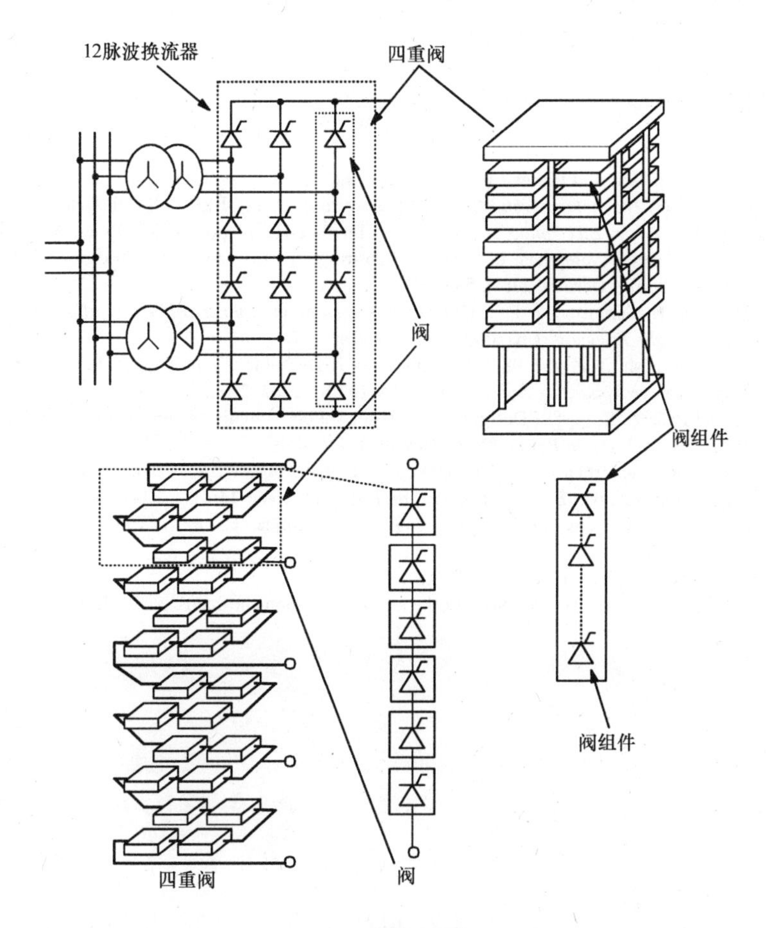

a) HVDC阀塔的构成

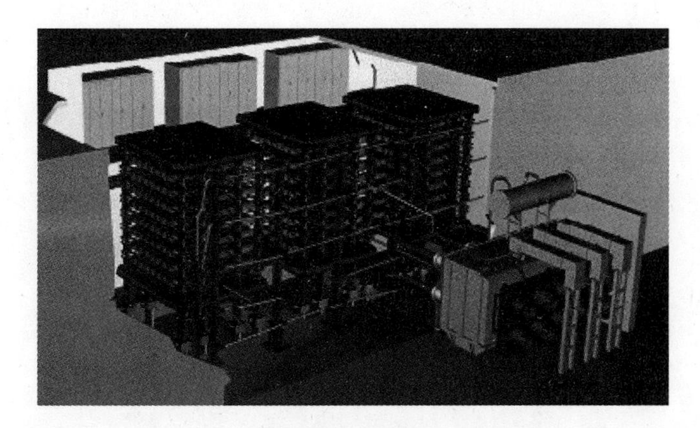

b) 换流站中的阀厅

图 2-25　串联构成的 12 脉波换流器

参考文献

[1] Kim, C.K. (2006) *HVDC and Power Electronics*, Life and Power Press, Korea.
[2] Peter Lips, H. (1998) *Technology Trends for HVDC Thyristor Valves*, IEEE PES Conference, pp. 451–455.
[3] Bose, B.K. (1987) *Power Electronics and AC Drives*, Prentice-Hall, Upper Saddle River, NJ, p. 07632.
[4] Temple, V.A.K. (1980) Development of a 2.6-kV light-triggered thyristor for electric power systems. *IEEE Transactions on Electron Devices*, **27**(3), 583–591.
[5] Schulze, H.-.J. and Niedernostheide, F.-.J. (2005) *Experimental and Numerical Investigations of 13-kV Diodes and Asymmetric Light-Triggered Thyristors*, EPE Dresden, 1–7.
[6] Kobayashi, S., Takahashi, T. *et al.* (1983) Performance of High Voltage Light-Triggered Thyristor Valve. *IEEE Transactions on Power Apparatus and Systems*, **PAS-102**(8), 2784–2792.
[7] Lee, C.-W. and Park, S.-B. (1988) Design of a thyristor snubber circuit by considering the reverse recovery process. *IEEE Transactions on Power Electronics*, **3**(4), 440–446.
[8] Hasegawa, T., Yamaji, K., Irokawa, H. *et al.* (1996) Development of a thyristor valve for next generation 500 kV HVDC transmission systems. *IEEE Transactions on Power Delivery*, **11**(4), 1783–1788.
[9] Carroll, E.I. (1999) Power electronics for very high power applications. *Power Engineering Journal*, **13**(2), 81–87.
[10] *Moyle Project Manual*, Siemens (2001), Erlangen.
[11] Lescale, V.F. (1998) Modern HVDC: State of the art and development trends. *IEEE*, **1**, 446–450.

第3章　高压直流输电系统的谐波及滤波

3.1　概述

换流器的脉波数与谐波次数之间的关系表明两者之间是成正比的。由于使用过多脉波数的换流器存在不少缺点，现代直流输电系统通常采用12脉波换流器，即通过2个6脉波换流桥连接而成。从交流侧看，HVDC换流器相当于一个谐波电流源，而从直流侧看，HVDC换流器相当于一个谐波电压源。由于过高的谐波电流会导致电压波形畸变，产生附加损耗，引发设备过热以及产生电磁干扰，因此必须对其加以限制。

直流电压和交流电流。现代直流输电系统的换流站由12脉波换流器构成，如图3-1所示。从图中可以看出，12脉波阀组是由两个6脉波桥构成的，其中一个桥的换流变压器为Y–Y联结，而另一个桥的换流变压器为Y–D联结。两个6脉波桥相串联构成一个12脉波阀组。

一个6脉波桥的直流侧电压含有6倍基频的纹波分量。2个6脉波桥在直流侧相串联，而它们的阀侧交流电源具有30°的相位差。图3-1a展示了直流侧电压是如何相加并抵消大部分纹波的，两个桥的直流侧电压相加后仅剩每个周期重复12次的纹波分量。

换流变压器交流侧绕组中的电流波形是非正弦的，如图3-1b所示，如果换流变压器阀侧绕组为Y联结，则电流为方波。方波包含有基频分量和谐波分量。基频分量为一正弦波，如图3-1b所示。12脉波换流器由2个6脉波换流桥在直流侧相串联、在交流侧通过换流变压器绕组相并联构成。2个6脉波桥都按照相同的触发延迟角运行。如图3-1所示，一个6脉波桥由Y联结的变压器阀侧绕组供电，而另一个6脉波桥由D联结的变压器阀侧绕组供电。12脉波换流器网侧的电流就是这两个6脉波变压器的网侧绕组电流之和。合成的基波电流是任一6脉波桥网侧基波电流的2倍。

连接在直流输电系统两端的交流滤波器有两大主要功能：第一是补偿换流器消耗的部分或全部无功功率；第二是将换流器产生的谐波电流限制在一个合理的水平。然而，由于滤波器的阻抗相对较低，并且是由在指定频率下谐振的电感和电容元件组成的，因此，滤波器对交流母线暂态过电压的大小和波形也具有主导性的影响。由于触发和换相的延迟，换流器的固有特性就是产生非正弦波形的电流。对直流电流的平滑是由直流侧的平波电抗器和线路阻抗来实现的。直流电流几乎不受交流侧较小的谐波电压畸变的影响。HVDC 换流器在直流侧产生谐波电压，在交流侧产生谐波电流。为方便分析，可以将换流器的谐波分为特征谐波和非特征谐波。

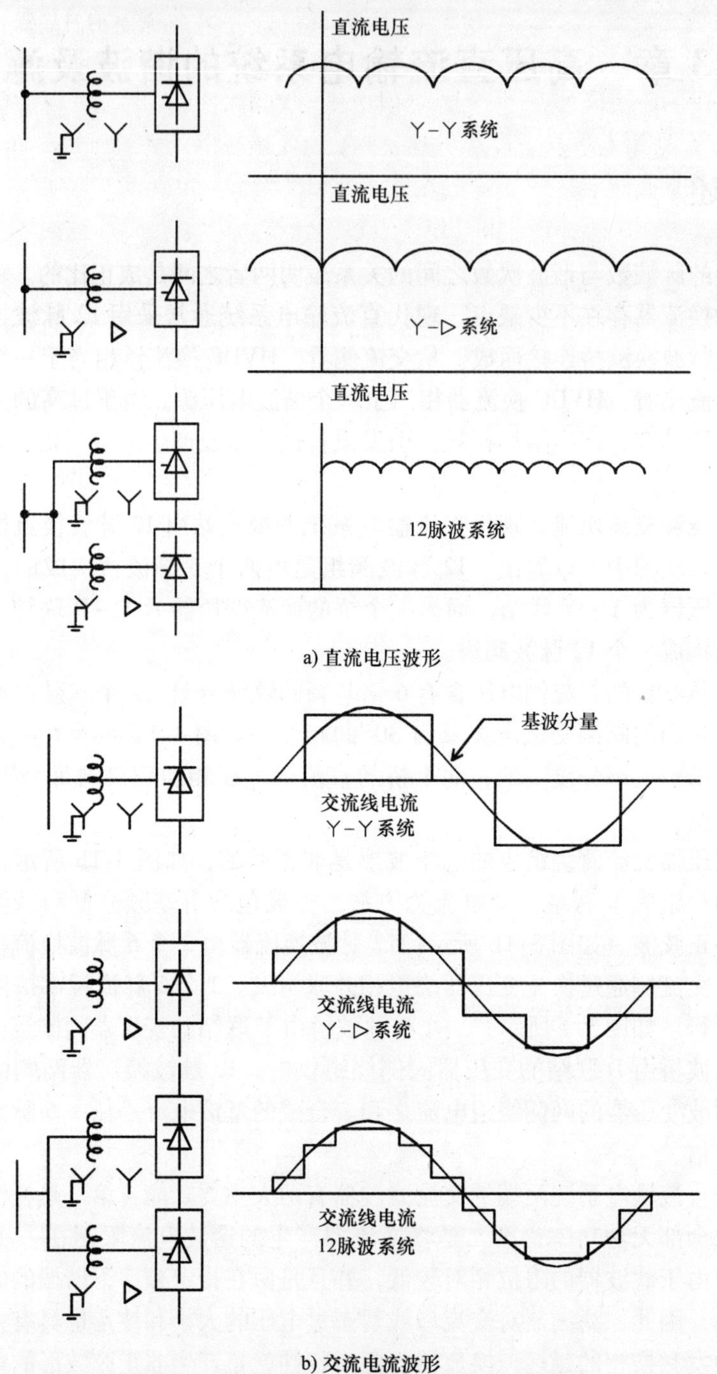

图 3-1　12 脉波换流器的电压和电流波形

特征谐波。一般地，换流器的特征谐波次数是与换流器的脉波数相关的。交流侧特征谐波次数为 $Kp \pm 1$ 次，直流侧特征谐波次数为 Kp 次，其中 p 为换流器的脉波数，K 为任意正整数。因此对于 12 脉波换流器，交流侧含有 11 次、13 次、23 次、25 次等次数的特征谐波，而直流侧含有 12 次、24 次等次数的特征谐波。图 3-2给出了 HVDC 换流器的典型谐波频谱。可以清楚地看出，尽管波形是周期性的，但在交流侧除了基波分量外还有谐波，在直流侧除了直流分量外还有谐波。图 3-1 所给出的交流侧电流波形是在理想条件下的情况，即不考虑换相角，直流侧电流没有纹波，换相电压为三相平衡的标准正弦波，换流器的各阀触发脉冲是等间隔的。

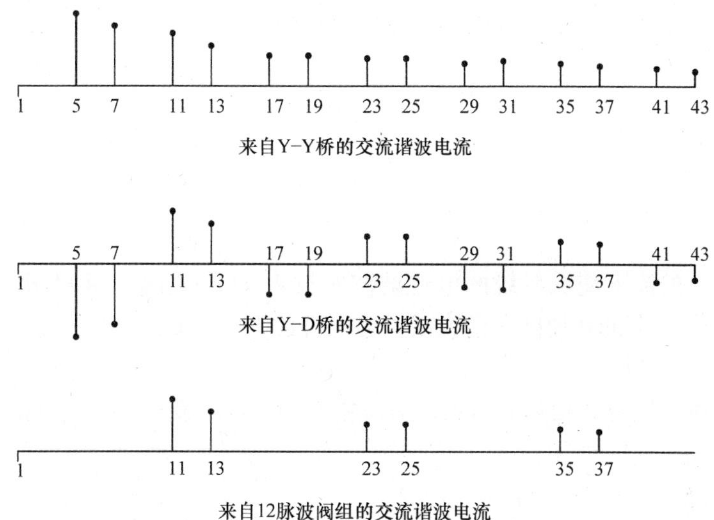

图 3-2 12 脉波换流器的谐波电流频谱

电流可以用傅里叶级数来表示。对于一个换流变压器为 Y－Y 联结的 6 脉波桥，交流电流的傅里叶级数展开式为

$$F(\omega t) = \frac{A_0}{2} + \sum_{n=1}^{\infty}[A_n\cos(n\omega t) + B_n\sin(n\omega t)] \tag{3-1}$$

$$A_0 = \frac{1}{\pi}\int_{\sigma}^{\sigma+2\pi}F(\omega t)\mathrm{d}(\omega t) \tag{3-2}$$

$$A_n = \frac{1}{\pi}\int_{\sigma}^{\sigma+2\pi}F(\omega t)\cos(n\omega t)\mathrm{d}(\omega t) \tag{3-3}$$

$$B_n = \frac{1}{\pi}\int_{\sigma}^{\sigma+2\pi}F(\omega t)\sin(n\omega t)\mathrm{d}(\omega t) \tag{3-4}$$

式中，ω 为基波角频率，单位 rad/s；σ 为某一角度；$A_0/2$ 为函数 $F(\omega t)$的平均值；A_n和 B_n为方波的 n 次谐波幅值。

对于 D－Y 联结的变压器，电流为

$$i = \frac{2\sqrt{3}}{\pi}I_{\mathrm{d}}\left(\sin \omega t - \frac{1}{5}\sin 5\omega t - \frac{1}{7}\sin 7\omega t + \frac{1}{11}\sin 11\omega t + \frac{1}{13}\sin 13\omega t - \cdots\right) \tag{3-5}$$

对于 Y－Y 联结的变压器，电流为

$$i = \frac{2\sqrt{3}}{\pi}I_{\mathrm{d}}\left(\sin \omega t + \frac{1}{5}\sin 5\omega t + \frac{1}{7}\sin 7\omega t + \frac{1}{11}\sin 11\omega t + \frac{1}{13}\sin 13\omega t + \cdots\right) \tag{3-6}$$

由于电流波形在一个周期内正负对称，因此不含 2 次谐波和偶数次谐波。由于每个电流脉波的宽度为 1/3 周期，因此也不含 3 次和 3 倍数次谐波。因此剩余的谐波次数为 $6n \pm 1$ 次，其中 n 为任意正整数。对于一个 12 脉波阀组，包含了具有不同变压器联结的 2 个 6 脉波桥，一个为 Y－Y 联结，另一个为 Y－D 联结，因而 n 为奇数的谐波刚好抵消：

$$i = \frac{2\sqrt{3}}{\pi}2I_{\mathrm{d}}\left(\sin \omega t + \frac{1}{11}\sin 11\omega t + \frac{1}{13}\sin 13\omega t + \frac{1}{23}\sin 23\omega t + \frac{1}{25}\sin 25\omega t + \cdots\right) \tag{3-7}$$

于是剩下的流入交流系统的电流谐波次数为 $12n \pm 1$ 次，即 11 次、13 次、23 次、25 次等。它们的幅值随着谐波次数的上升而下降，h 次谐波的幅值为基波幅值的 $1/h$。

一般来说，随着换相角的增大，谐波幅值会下降。换相角变化对谐波电流的影响如图 3-3 ~ 图 3-11 所示。

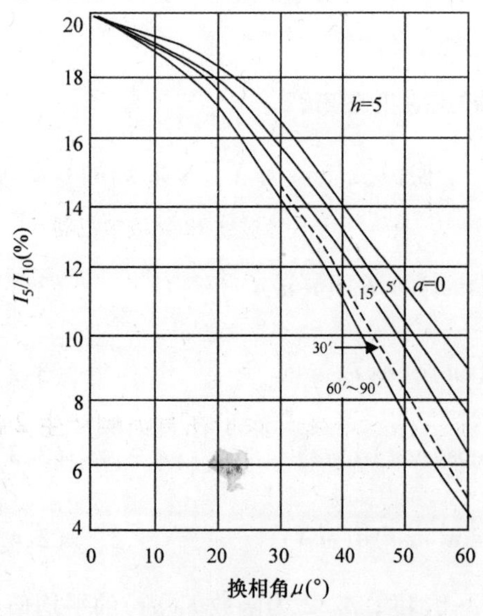

图 3-3　6 脉波换流器的 5 次谐波电流

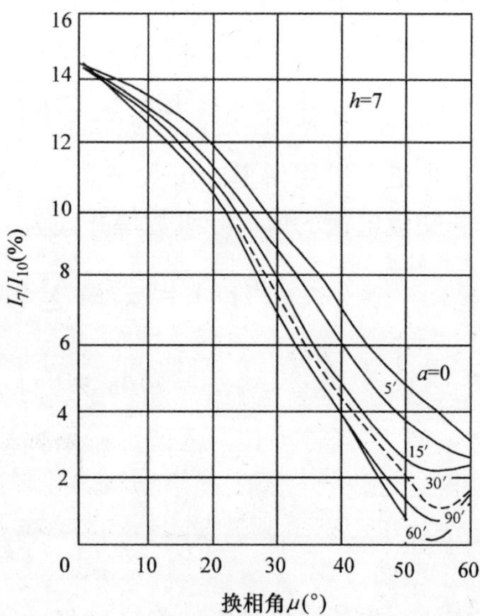

图 3-4　6 脉波换流器的 7 次谐波电流

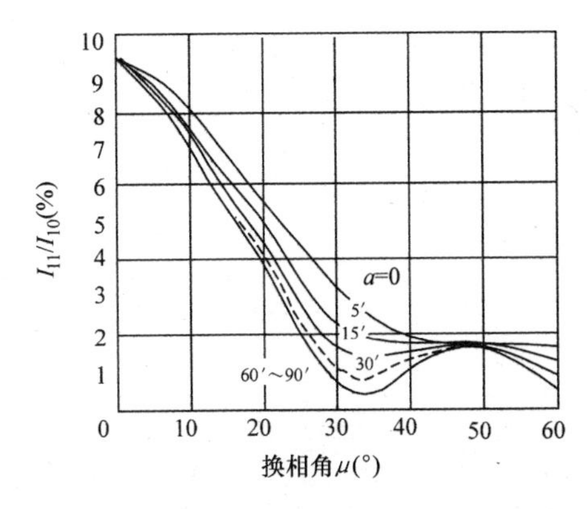

图 3-5　6 或 12 脉波换流器的 11 次谐波电流

图 3-6　6 或 12 脉波换流器的 13 次谐波电流

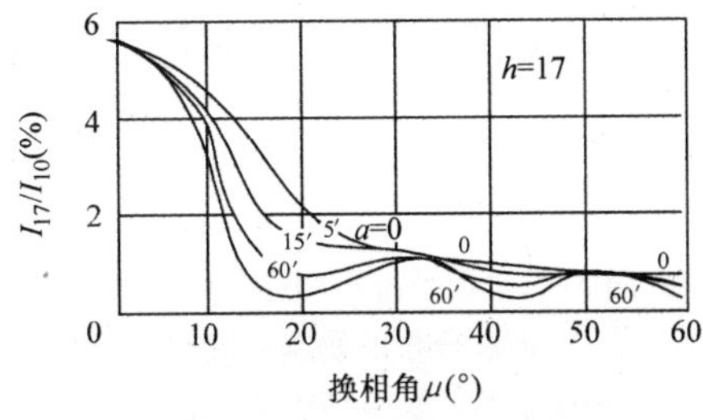

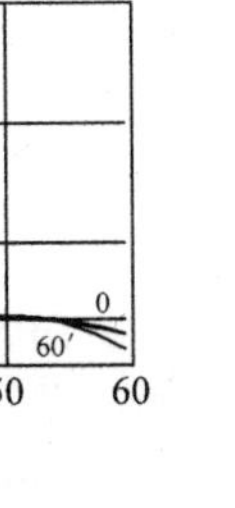

图 3-7　6 脉波换流器的 17 次谐波电流

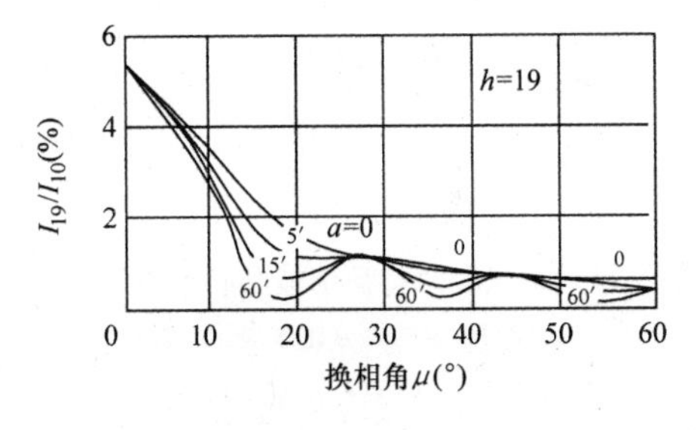

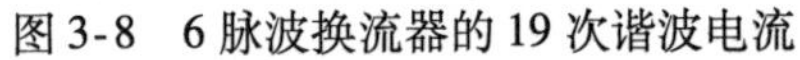

图 3-8　6 脉波换流器的 19 次谐波电流

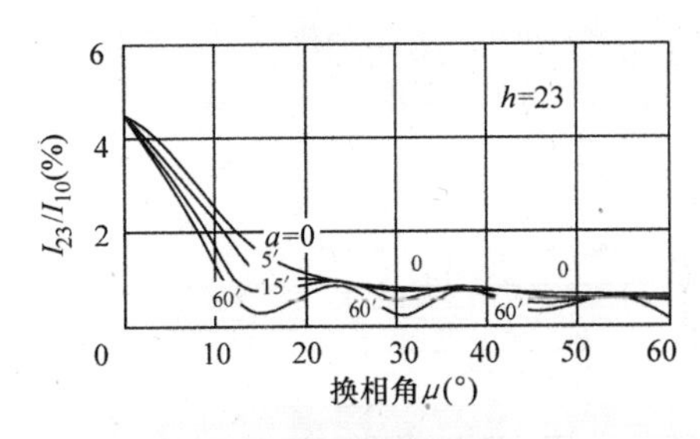

图 3-9　6 或 12 脉波换流器的 23 次谐波电流

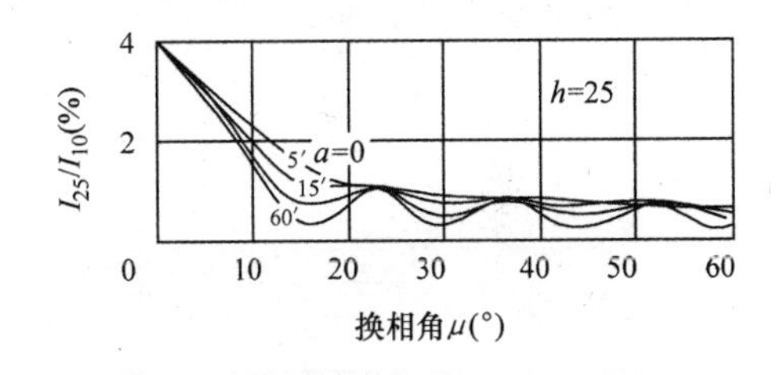

图 3-10　6 脉波或 12 脉波换流器的 25 次谐波电流

非特征谐波。系统的不平衡除了会产生特征次谐波外，还会产生低幅值的非特征次谐波。在直流输电系统中，交流侧非特征谐波的来源有：

1）由负序电压表述的交流系统基波电压三相不平衡。除了在直流侧产生 2 次谐波外，由于直流系统换流器的控制，还会放大交流侧的 3 倍数次奇次谐波。此类谐波还可以通过直流线路的纹波电流而传递到对侧交流系统中，引起对侧交流系统的不平衡。

2）两个 6 脉波桥之间的换相电抗的不平衡。

3）同一个 6 脉波桥中各相之间换相电抗的不平衡。

4）同一个 12 脉波阀组中触发延迟角的抖动。

图3-12和图3-13给出了几种引起非特征谐波的因素。这两张图展示了如前所述的交流侧不平衡的相关根源。计算时可以考虑的因素包括：

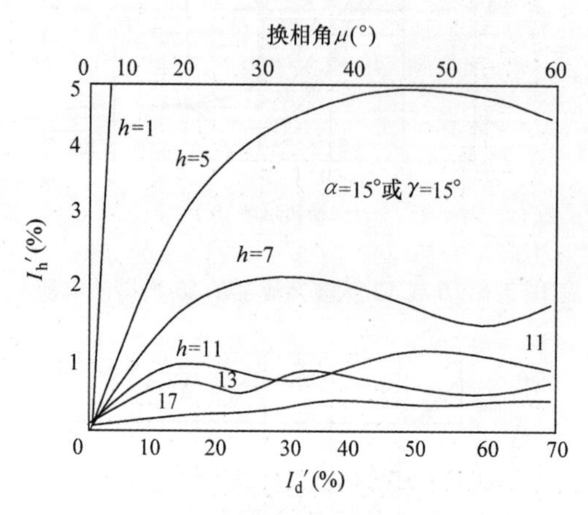

图3-11　$\alpha=15°$时特征谐波和直流电流的关系（I_d'用I_{se}的百分比来表示，I_h'用I_{base}的百分比来表示）

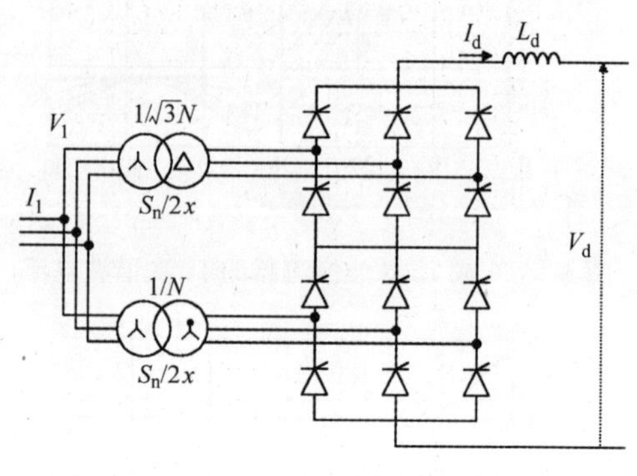

图3-12　在系统不对称条件下进行谐波分析的换流器模型

α—触发延迟角　1/N—变压器电压比

x—漏抗（pu）　变压器容量 $S_n=\sqrt{3}U_{1n}I_{1n}$

I_1—基波电流　V_1—基波电压　I_d—直流电流

V_d—直流电压　$I_d=\pi/2\sqrt{6}NI_1$；

$V_d=2\ (3\sqrt{2}/\pi V_1\cos\alpha-x/\sqrt{2}NU_{1n}I_1/I_{1n})$

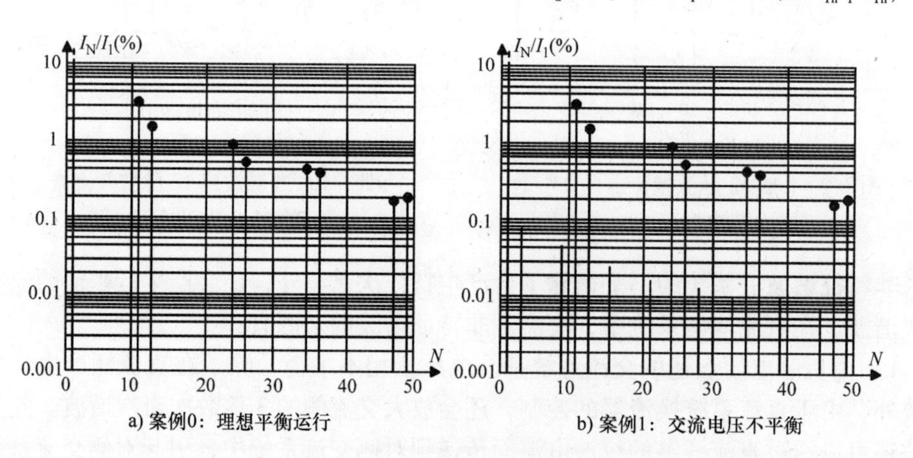

图3-13　各种不平衡源下12脉波阀组的典型电流频谱

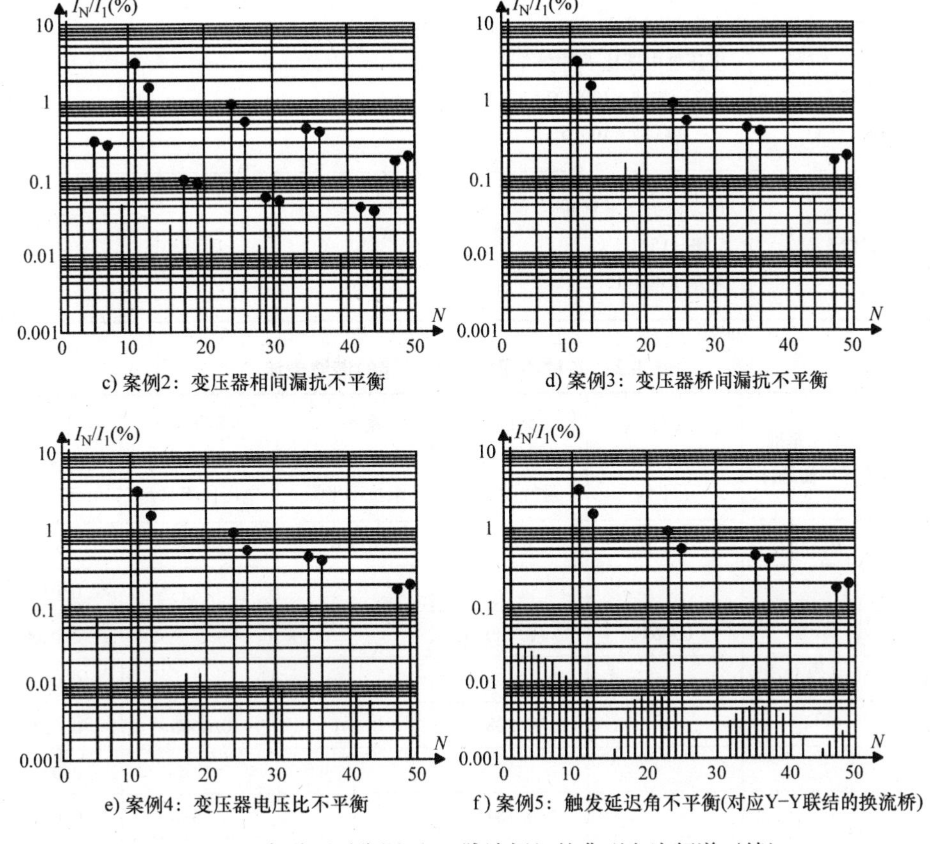

图 3-13　各种不平衡源下 12 脉波阀组的典型电流频谱（续）

1）整流器定电流控制。

2）逆变器定关断角 γ 控制（通过平衡控制进行改进的定关断角控制）。

3）直流侧平波电抗器和直流线路阻抗。

4）1% 的负序基波电压。

进行计算时，所采用的参数见表 3-1 和表 3-2。

表 3-1　不平衡条件表

案例 1	交流电压不平衡
案例 2	变压器相间漏抗不平衡 5 相 = 20% 剩余 1 相 = 21%
案例 3	变压器桥间漏抗不平衡 3 相 Y - Y 联结 = 20% 3 相 Y - D 联结 = 21%

（续）

案例4	变压器电压比不平衡 Y－Y联结＝100.0% Y－D联结＝100.5%
案例5	触发延迟角不平衡 5阀＝15° 剩余1阀＝15.2°

表3-2 各种不平衡因素引起的谐波电流

谐波次数	案例0（基准）理想平衡条件	案例1 交流电压不平衡	案例2 变压器相间漏抗不平衡	案例3 变压器桥间漏抗不平衡	案例4 变压器电压比不平衡	案例5 触发延迟角不平衡
1	100.0	100.0	100.0	100.0	100.0	100.0
2						0.0279
3		0.069	0.130			0.0268
4						0.0253
5			0.208	0.141	0.0666	0.0234
6						0.0213
7			0.184	0.366	0.0516	0.0189
8						0.0163
9		0.043	0.0904			0.0136
10						0.0109
11	3.09	3.10	3.08	2.94	3.08	3.09
12						0.0056
13	1.49	1.50	1.49	1.39	1.49	1.49
14						0.0009
15		0.0225	0.0472			0.0011
16			0.0683	0.135	0.0133	0.0028
17						0.0041
18			0.0617	0.122	0.0172	0.0032
19						0.0058
20						0.0062

（续）

谐波次数	案例 0（基准）理想平衡条件	案例 1 交流电压不平衡	案例 2 变压器相间漏抗不平衡	案例 3 变压器桥间漏抗不平衡	案例 4 变压器电压比不平衡	案例 5 触发延迟角不平衡
21		0.0136	0.0339			0.0062
22						0.0060
23	0.842	0.851	0.848	0.801	0.843	0.845
24						0.0048
25	0.597	0.602	0.596	0.542	0.596	0.598
26						0.0030
27		0.0134	0.0274			0.0019
28						0.0009
29			0.0426	0.0832	0.0087	0.0001
30						0.0011
31			0.0387	0.0757	0.0077	0.0019
32						0.0026
33		0.0094	0.0210			0.0031
34						0.0035
35	0.363	0.370	0.372	0.354	0.362	0.364
36						0.0037
37	0.328	0.334	0.332	0.304	0.328	0.330
38						0.0032
39		0.0091	0.0190			0.0027
40						0.0022
41			0.0309	0.0601	0.0065	0.0015
42						0.0009
43			0.0288	0.0558	0.0059	0.0002
44						0.0005
45		0.0070	0.0155			0.0011
46						0.0016
47	0.161	0.166	0.170	0.166	0.161	0.161
48						0.0024
49	0.181	0.187	0.185	0.175	0.182	0.182
50						0.0026

谐波畸变的限制标准。未被交流滤波器滤除的谐波电流，会流入到交流电网中并引起电压降落，进而引起换流站交流母线电压的畸变。通过交流架空线路流入到交流电网中的谐波电流还会在与架空线路并行或交叉的通信线路上产生电话干扰，参见图 3-14。

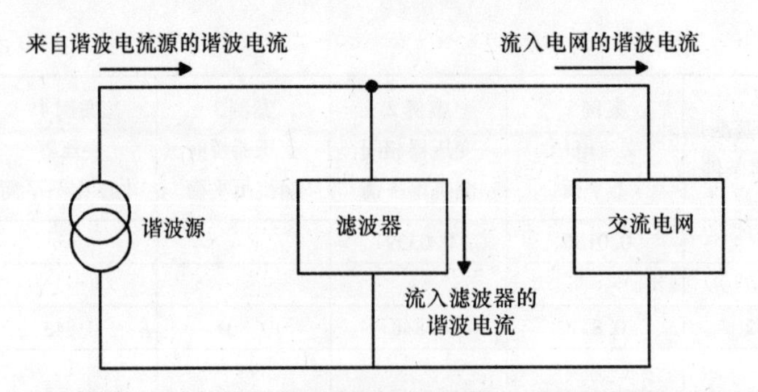

图 3-14 谐波源、滤波器和交流系统阻抗的等效电路图

谐波畸变现象可以用多个指标来描述：

（1）单次谐波畸变率 D_v。定义为单次谐波电压 U_v 与基波电压 U_1 之比，即

$$D_v = \frac{U_v}{U_1} \times 100(\%)$$

D_v 的限制标准为不大于 1%（根据国际大电网会议 CIGRE WG 36－05）。

（2）总谐波畸变率 D_{tot}。定义为单次谐波畸变率的几何和，即

$$D_{tot} = \sqrt{\sum_{v=2}^{\infty} D_v^2}(\%)$$

其中通常取求和上限为 $v=50$。

D_{tot} 的限制标准为不大于 2%～5%（根据国际大电网会议 CIGRE WG 36－05）。

（3）电话干扰系数（TIF）或其他类似系数。

TIF 的限制标准为不大于 25～50（根据国际大电网会议 CIGRE WG 36－05）。

（4）电话谐波波形系数（THFF）。定义为全部谐波电压乘上听力加权系数后的几何和除以总电压。

THFF 的限制标准为不大于 0.6%～1.25%（根据国际大电网会议 CIGRE WG 36－05）。

（5）IT 积。定义为从换流站交流母线流入到相连的交流系统的全部各次谐波电流乘上 TIF 系数 F_v 之后的几何和，即

$$\mathrm{IT} = \sqrt{\sum_{v=1}^{\infty} (I_v \times F_v)^2}(\mathrm{A})$$

IT 的限制标准为不大于 25000～50000A 每导体（根据国际大电网会议 CIGRE WG 36－05）。

交流滤波器设计。有两种方法可以用来滤除交流系统中的高次谐波电流。第一种是采用串联连接的阻波器，该阻波器对应于某次谐波的阻抗特别大，从而能够阻塞该高次谐波电流流入系统。第二种是采用并联连接的滤波器，该滤波器在某次谐波下具有很低的阻抗，以吸收高次谐波电流。相比于串联型阻波器来说，并联型滤

波器经济性更佳，而且还能补偿基频无功功率，因此它的使用更为广泛。无源滤波器的设计步骤如下：

1）确定需要滤除的电流的量。

2）根据需要滤除的谐波电流的量值，确定所需电容器的无功功率和电容值。

3）根据需要滤除的谐波电流的量值，确定所需电抗器的电感值。

4）校核滤波器的响应特性，因为滤波器的带宽要求会影响滤波器的容量以及是否需要附加电阻。

5）校核稳态下由基波电流和谐波电流在电容器上产生的电压峰值。

6）校核滤波器安装后它和系统的相互作用情况。

对于稳态性能相同的滤波器，即所设计的滤波器可以满足相同的谐波抑制标准和无功补偿要求，其暂态性能可以相差很大。例如，当换流器退出运行时，阻尼型滤波器所产生的暂态过电压与调谐型滤波器所产生的暂态过电压有很大的不同。下面讨论具有相同稳态性能的两种不同设计类型的滤波器。

调谐型滤波器。单调谐滤波器是一个 *RLC* 串联电路，在某一特定谐波频率（一般为低次特征谐波）下发生谐振。其阻抗由式（3-8）给出。其在谐振频率下的阻抗为一小电阻。

$$Z_{\mathrm{f}} = R + \mathrm{j}\left(\omega L - \frac{1}{\omega C}\right) \tag{3-8}$$

第一种滤波器设计采用调谐滤波器和高通滤波器的组合，其成本（投资成本和功率损耗成本）最低。调谐滤波器可以有效抑制选定的单次谐波，但对其他次谐波的抑制作用很小。对于这里所讨论的工程，假定调谐滤波器用来抑制 3 次、11 次和 13 次谐波。为了使成本最小化，设 11 次和 13 次滤波器被设计成一个双调谐滤波器。为满足 TIF 方面的要求，采用一个高通滤波器来限制 23 次及以上次的谐波电压畸变，参见图 3-15。

阻尼型滤波器。第二种滤波器设计方案采用阻尼型滤波器来同时抑制特征和非特征谐波。采用 C 型滤波器来抑制低次谐波，因为其基频损耗很低。对于 11 次、13 次、23 次以及更高次的谐波电流，采用双阻尼滤波器来进行最大限度的抑制，双阻尼滤波器相当于结合了两个阻尼滤波器的特性。此外，这种滤波器设计方案对于所有频率的谐波电流都有一定的阻尼作用。

阻尼型滤波器与调谐型滤波器稳态性能的比较。用来比较交流滤波器性能的假设系统的基本参数如下：

直流功率为 1500MW，直流电压为 ±500kV，直流线路为双极架空线路，输电距离为 900km，平波电抗器为 335mH，每极为 1 个 12 脉波阀组，整流器触发延迟角 α 为 6°~15°，逆变器关断角 γ 为 15°，换相电抗为 15%，交流线电压为 400kV，交流线电压变化范围为 ±10%，交流系统频率为 50Hz，交流系统频率的连续变化范围为 +0.5 ~ −1.5Hz，极端变化范围为 +1.5 ~ −2.5Hz，两端的最小短路比

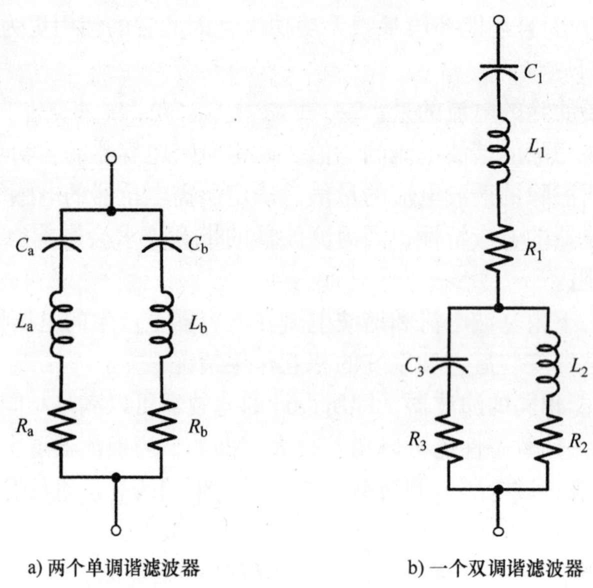

a) 两个单调谐滤波器　　b) 一个双调谐滤波器

图 3-15

（SCR）均为2.88，滤波器投切时允许的最大电压变化为3%。

阻尼滤波器方案：滤波器和并联电容器接在交流母线上，C型滤波器为1×107Mvar，双阻尼滤波器为5×107Mvar，并联电容器为1×107Mvar。

调谐滤波器方案：滤波器和并联电容器接在交流母线上，3次谐波调谐滤波器为1×81Mvar，11/13次双调谐滤波器为3×91Mvar，带通滤波器为2×105Mvar，并联电容器为2×105Mvar。

当换流器注入交流母线给定谐波次数的单位大小谐波电流后，对于这两种不同的滤波器配置方案，在交流母线上所产生的谐波电压大小是不同的，特别是当谐波次数较低的时候，见表3-3。

表3-3　两种滤波器配置方案性能的比较（对应低次谐波）

谐波次数	阻尼型（%）	调谐型（%）
2	0.36	0.5
3	0.03	0.02
4	0.09	0.5
5	0.11	0.31
6	0.1	0.22
7	0.08	0.16
8	0.06	0.11
9	0.03	0.07
10	0.02	0.03

如果由于额外的非线性负载引起谐波畸变率上升，导致换流器产生的非特征谐波幅值超出了设计时的计算值，那么，采用阻尼型滤波器方案所造成的谐波畸变相对较小。而另一方面，尽管需要多加一组滤波器，但调谐型滤波器方案的总成本仍

低于阻尼型滤波器方案。对于这里讨论的特定案例，采用阻尼型滤波器方案时，换流站的总成本增加不到2%。由于调谐型滤波器的成本较低，因而得到了广泛的应用。除了直流输电系统之外，交流系统中还有许多其他的谐波源，因此，即使在直流系统投运之前，对交流母线电压进行测量就会发现早已存在谐波畸变。换流站交流滤波器的接入改变了交流母线上的谐波畸变程度。早已存在的谐波畸变效应通常用一个畸变电动势串联一个系统阻抗来表示，而系统阻抗可以采用交流系统的等效阻抗来表示，包含阻抗的模值和阻抗的相角。表3-4给出了早已存在的畸变被放大的情况。

表3-4　对早已存在的畸变的放大倍数

谐波次数	阻尼型	调谐型
2	8.6	10.7
3	1.0	2.9
4	2.3	9.8
5	4.3	10.3
6	5.2	10.1
7	5.2	9.7
8	4.8	9.1
9	3.9	8.1

一般认为，上述的计算方法是偏于悲观的，因为大部分谐波源可以被视为电流源。精确确定由其他谐波源导致的换流站交流母线谐波畸变率是困难的，因为需要辨识此种谐波源并确定此种谐波源与换流站之间的等效阻抗。但是，上面给出的放大倍数表明，阻尼型滤波器的放大效应要小一些。

暂态性能。交流滤波器对换流站交流母线上的操作过电压的大小和波形具有决定性的影响。很多专家认为，暂态性能是滤波器设计的一个组成部分。滤波器对换流站和交流系统影响的评估是滤波器设计整个过程中的一个环节。

故障恢复。所讨论的故障为整流站交流系统三相接地短路后的恢复情况，当换流器闭锁时，这种故障会产生最高的过电压。对采用阻尼型滤波器和调谐型滤波器时交流电网的恢复过电压进行比较，设交流系统的阻抗角为85°，SCR为2.9。

在最小直流负荷工况下，采用阻尼型滤波器时需要320Mvar容量才能满足性能要求，而采用调谐型滤波器时，需要280Mvar容量就可以满足性能要求。增加的无功功率并不是所期望的，需要通过换流器增大触发延迟角或关断角并降低直流电压来吸收这部分无功功率。应当指出，如果采用增大触发延迟角的运行措施，谐波电流的幅值会受到影响，有可能需要修正滤波器的设计。在直流满负荷工况下，阻尼型滤波器的基波损耗比调谐型滤波器大约要高150kW。这一数据假定了所有滤波器均可运行（并联电容器组投入最少），并考虑了滤波器参数的合理误差。图3-16和图3-17给出了故障前满负荷运行时的情况，此时有一组低次滤波器停运，这种情况对故障恢复来说是最不利的。

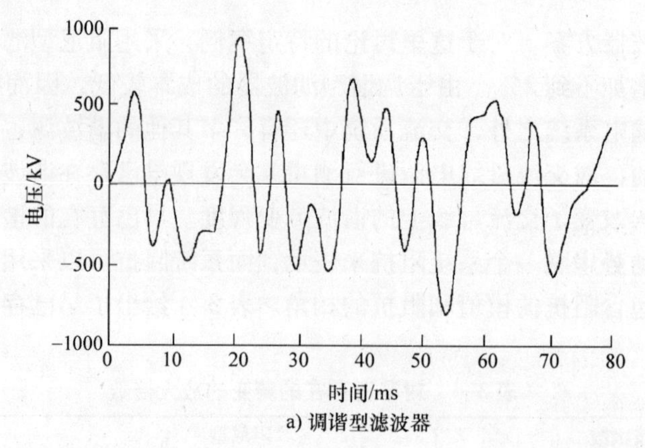

a) 调谐型滤波器

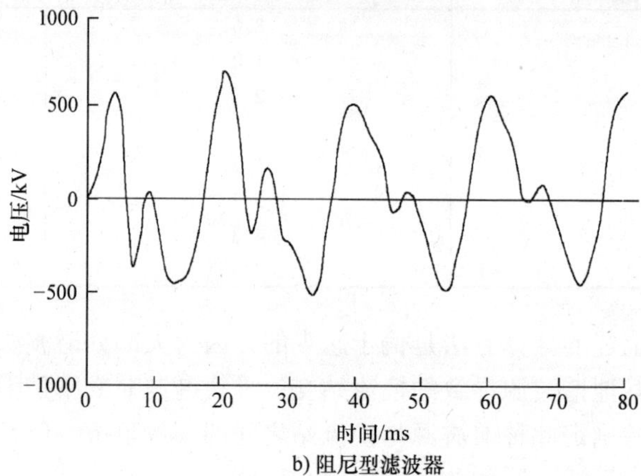

b) 阻尼型滤波器

图 3-16　调谐滤波器和阻尼滤波器的特性比较

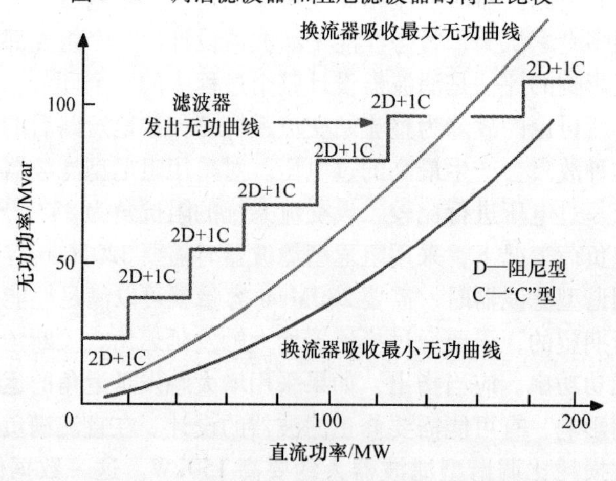

图 3-17　直流输电系统滤波器投切顺序[⊖]

⊖ 此图中的滤波器发出无功曲线可能有误。——译者注

从图3-16可以看出，调谐型滤波器方案的过电压峰值超出了交流母线避雷器的保护水平，另外对暂态过程的阻尼作用也很弱。相反，采用阻尼型滤波器方案时，过电压峰值没有超出避雷器的保护水平，并且很快衰减到接近于正弦波形，此波形仅由于交流母线电压升高引起换流变压器饱和而略有畸变。自然地，以上没有加以模拟的母线对地避雷器会限制由调谐型滤波器所引起的过电压峰值。但这样做时，避雷器会吸收相当大的能量，因而比采用阻尼型滤波器方案时需要更大的能量等级。这一优势被认为可以弥补阻尼型滤波器方案所需的更多的成本。根据上述换流站交流系统三相接地短路后的恢复特性分析，表明阻尼型滤波器方案的过电压水平比调谐型滤波器方案低得多。由于阻尼型滤波器对一定频率范围内的谐波均有抑制作用，因此能更好地适应非特征谐波略有增加时的情形。而对于调谐型滤波器方案来说，由于其只能滤除特定频率的谐波，因此应对上述情况时还需要额外增添滤波器。

确定电网阻抗。确定电网阻抗有两种基本方法：

（1）对实际系统进行仿真。

（2）以一个圆或一个圆的部分扇区将阻抗进行等效。

对实际电网进行仿真时需要对网络结构有精确的了解。在所有谐波频率下计算电网阻抗是复杂而耗时的。在大多数情况下，需要针对多个运行方式进行计算，这些运行方式考虑了网络结构、发电机开机情况和负荷变化情况等。每个元件的频率-阻抗特性应当是已知的，且有可能的话需要直到5kHz频率范围内的数据。如果做不到的话，需要进行假设，在德国北部高压电网上的实际测量结果表明，在轻载时段和重载时段，谐波阻抗与基波阻抗之间的关系是完全不同的。仿真方法不仅繁琐而且受很多不确定性因素的影响，只能应用于简单结构的网络中。即使如此，也仅仅在临界满足特定的谐波畸变值时才使用。

图3-18展示了计算所得的某一高压电网的阻抗-频率曲线。

采用系统阻抗等效的方法可以避免上述问题，该方法确定所有运行方式下系统阻抗变化的边界，该边界被称为谐振圆。图3-19给出了这样一个谐振圆，其中R_{max}对应于电网的第一个并联谐振点，R_{min}对应于电网的一个串联谐振点。两个阻抗角ϕ_1、ϕ_2位于经过原点的两条直线上，可用来衡量系统在基频下的品质因数。

$$X/R = \tan\phi_1 = G_1\text{（基频下的品质因数）}$$

如图3-19所示，如果对所有的谐波次数都取同样的R_{max}和R_{min}，经常会产生不利的结果。对于不同的谐波次数，通常取不同的R_{max}和R_{min}值，这样做的主要原因是为了避免采用实际上永远不可能出现的阻抗值，从而避免由于不合实际的假设而导致不合理的滤波器设计。

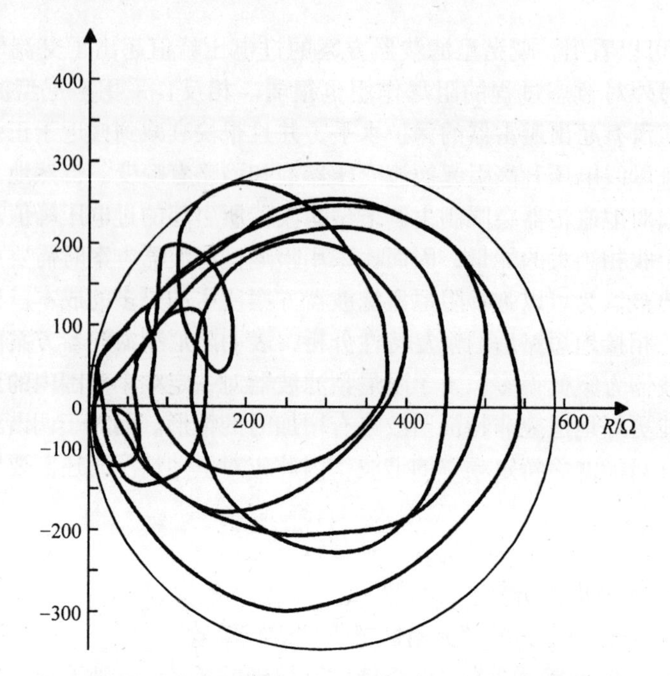

图 3-18　计算得到的某一交流电网在各频率下的阻抗

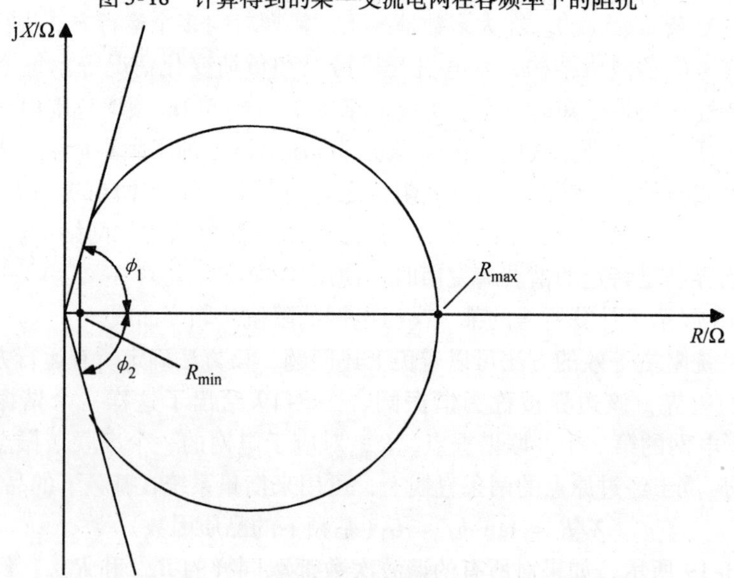

图 3-19　某一交流电网的谐振圆

3.2　确定合成的谐波阻抗

电压畸变的计算必须各次谐波单独进行。因此，首先需要确定电网阻抗与各种滤波器组合相并联后的合成阻抗。这个合成阻抗再乘上计算所得的谐波电流就是电压畸变。如果可以得到实际电网阻抗的仿真结果，这一工作是比较简单的。但是，当采用系统阻抗等效法时，必须在以下几种方法中选择一种方法。

1）确定各个单次谐波的最大阻抗（谐振法）。

2）假设电网阻抗非常大，即滤波器通路起主导性作用（电网开路法）。

3）上述两种方法的结合，在很少几个谐波频率上（通常为两个）采用谐振的假设，而对所有的其他次谐波认为电网阻抗为无穷大（选择谐振法）。

在谐振法中，需要将谐振圆从阻抗平面（Z 平面）变换到导纳平面（Y 平面）。对某个确定的谐波次数 n，将滤波器的阻抗矢量也变换到 Y 平面，如图3-20所示。

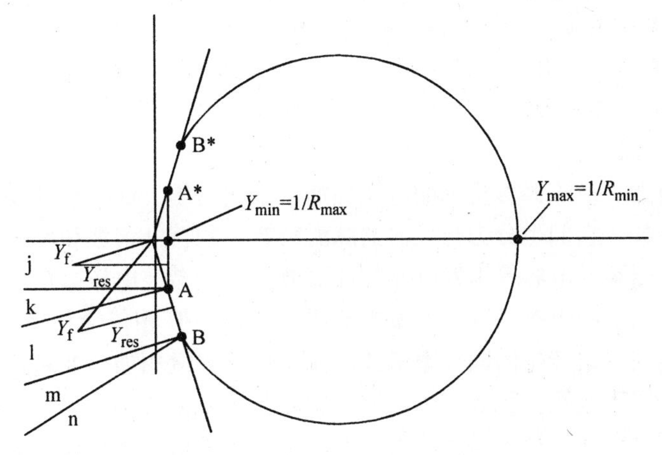

滤波器导纳 Y_f 的变化范围	与交流电网的谐振点
①	直线AA*
②	点A或A*
③	直线AB或A*B*
④	点B或B*
⑤	圆周B–B*

图3-20　电网的导纳圆和谐振条件

当将电网阻抗和滤波器阻抗同时画在导纳平面上时，连接滤波器导纳点与电网导纳边界之间的最短矢量即为电网与滤波器并联连接所可能达到的最小导纳。将这个最小导纳再变换回 Z 平面，便代表了此次谐波电流需要流过的最大阻抗，因而也产生了此次谐波下的最大谐波电压。

电网开路法所得到的电压畸变通常对于大部分谐波次数是安全的，此时仅仅滤波器阻抗本身对谐波电压畸变起作用。但是，如果电网阻抗与滤波器阻抗在某一谐波频率下发生并联谐振，可能会发生大大超出可接受范围的电压畸变。由于这个原因，电网开路法就不再被采用。

选择谐振法代表了一种合理的折中。它考虑了由于交流电网与滤波器发生并联谐振而产生的最大电压畸变。但是，假定在所有谐波频率下都会发生这种并联谐振是不现实的。通常在计算总谐波畸变和 TIF 值时，只对两个谐波电压畸变最大的谐波次数采用谐振法计算就已足够，而其余的谐波次数则采用交流电网开路法。

在计算谐波畸变和设计滤波器的元件时，必须考虑滤波器的任何可能的失谐。以下因素会引起滤波器失谐：

1）交流电网的频率发生偏移 Δf_N。

2）由于温度的变化导致元件参数偏离额定值。

3）由于制造误差和元件老化导致元件参数偏离额定值。

4）由于电容器单元中熔丝动作（达到触发告警灯的程度），导致滤波器容量偏离初始值。

直流侧谐波。换流器直流侧的电压叠加了谐波电压，而这些谐波电压与控制角以及换相角有关。它们也分为与换流器脉波数有关的特征谐波和由于交流侧三相不对称以及换流器杂散电容等引发的非特征谐波。这些谐波电压会在直流线路上产生谐波电流，从而引起干扰。这些谐波电流沿着线路，其相位会移动并会形成驻波，因此线路两端换流站产生的同频率谐波电流应进行矢量相加。如果直流线路两端的交流电网是非同步电网，就会产生谐波波动和非谐波振荡。

干扰的限制标准。换流器直流侧的谐波电压可以很容易计算出来，谐波电压本身并不会产生任何干扰。同样，由谐波电压引起的谐波电流，可以根据换流站和线路的数据以及交流系统的结构进行可靠的计算，谐波电流本身也不能作为干扰的衡量标准。谐波电流只有通过与通信线路及其他金属体之间的感性耦合，才会产生干扰电压和电流。除了依赖于局部条件和环境的耦合因素，屏蔽作用也具有关键性的影响。直流线路采用电缆时不会对外界产生任何干扰，而通信线路如果采用电缆也不会受到直流线路的干扰，参见图 3-21。

目前公认的干扰限制标准有 2 个，都与特定的谐波频率或谐波次数有关：

1）危险的接触电压，谐波次数 =1，…，6。

2）电话干扰，谐波次数 =7，…，48。

频率低于 300Hz 或 360Hz（6 次谐波）的谐波电流会引起电话干扰，而频率高于 300Hz 的感应干扰电压会引起危险，这一划分已经得到了普遍的接受。

接触电压。1 ~ 6 次谐波对于直流输电系统来说都是非特征谐波。即使交流系统完全对称且触发脉冲完全等间隔，3 次和 3 倍数次谐波也是可能出现的。这是由 12 脉波换流器中串联连接的 3 脉波换流组的对地杂散电容引起的。

这些低次谐波能在直流输电架空线路附近的护栏、管道等金属体内感应出电

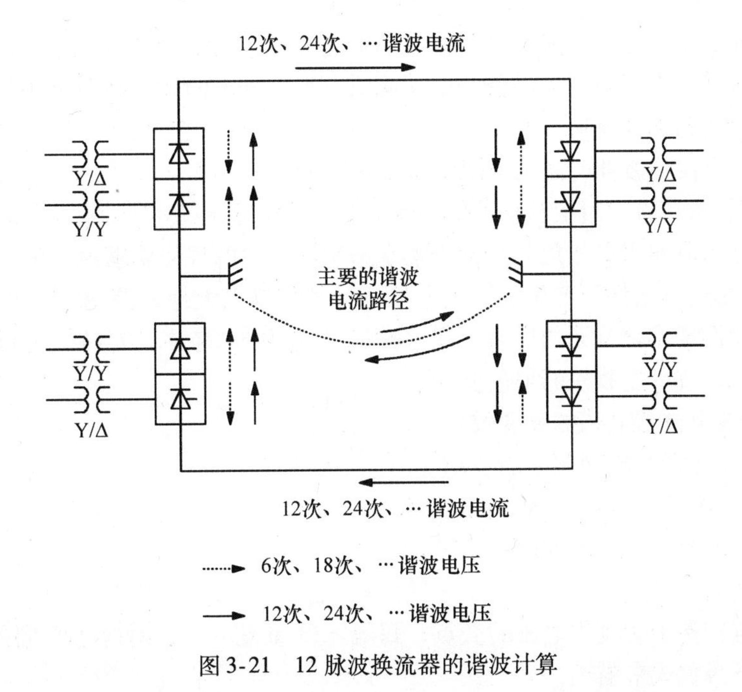

图 3-21　12 脉波换流器的谐波计算

压，这一电压有可能对人类和动物的安全造成威胁，也有可能损坏精密仪器。

电话干扰。7 ~48 次谐波主要由 HVDC 换流器的特征谐波构成。各次谐波电流的合成幅值必须加以限制，使其在与 HVDC 线路平行或交叉的通信线路上所感应出来的电压（mV/km）满足干扰的限值要求。

$$V_{in(x)} = ZI_{eq}$$

根据此式，x 处的干扰电压取决于此处通信线路和直流线路之间的耦合阻抗 Z 以及等效干扰电流 I_{eq}。x 处的等效干扰电流 I_{eq} 等于所有各次谐波电流乘上对应的听力权重系数（即 C - 信息系数），再乘上与频率有关的耦合因数，这个耦合因数与该处的大地电阻和其他因素有关。

干扰电流和电压的限制值。特定国家的国家标准规定了由低次谐波感应的接触电压的限制值。IEC 919 引用了 CCIT 和 AT&T 规定的限制值如下：50Hz 时，60V；60Hz 时，50V。

到目前为止，还没有针对其他频率下的相关规定和标准。而对于电话干扰，通常由通信管理部门或企业制定通信电路中感应电压的限制值。计算感应电压需要精确获知当地的具体情况。因此，对于实际的工程设计，此类限制值是否有用是有疑问的。因此，在近期的工程中，通常采用等效干扰电流流过一条虚拟的通信线路作为衡量的依据，该虚拟的通信线路长度为 1km，与直流输电线路平行，距离直流线路 1km。等效干扰电流 I_{eq} 的限制值为：双极运行时，$I_{eq} \leqslant 500\text{mA}$；暂时性的单极大地回路运行时，$I_{eq} \leqslant 800\text{mA}$。

直流滤波器的作用。某段直流输电线路中允许流过的最大谐波电流可根据上述的干扰标准得出，进而可以计算出线路两端允许产生的最大谐波电压，也就是说可以确定换流器在直流侧产生的谐波电压限值，如果超出的话，必须设法降低，这便是直流滤波器的设计准则。直流滤波器与平波电抗器一起实现对直流侧谐波的限制。在设计直流滤波器时还需考虑如下的因素：

1）从轻负荷直至过负荷极限的整个负荷范围内，需要考虑线路两端各次谐波可能的电压幅值和相对相角，使得干扰水平满足相关的规程要求。

2）极端运行条件下产生的谐波电压，特别是单极大地回路运行、直流线路降压运行以及换流器调节无功运行。在这种情况下，必须考虑针对特殊运行工况的功率变化范围以及可能放松的限值要求。

3）平波电抗器电感的频变效应。

4）稳态运行时电网频率的波动范围。

5）需要考虑滤波器电路的初始失谐、一定数目的电容器单元或电感线圈的退出运行以及电容值会随温度而变化等因素。

直流谐波电压。考虑一个三相6脉波换流桥，它含有6倍数次直流电压谐波。直流侧的电压基于交流相电压的交点，每隔 $\pi/3$ 重复一次，对应于不同的时间段，可以用如下函数式来描述：

当 $0<\omega t<\alpha$ 时，

$$V_{\mathrm{d}}=\sqrt{2}V_{\mathrm{c}}\cos\left(\omega t+\frac{\pi}{6}\right) \tag{3-9}$$

当 $\alpha<\omega t<\alpha+\mu$ 时，

$$V_{\mathrm{d}}=\sqrt{2}V_{\mathrm{c}}\cos\left(\omega t+\frac{\pi}{6}\right)+\frac{1}{2}\sqrt{2}V_{\mathrm{c}}\sin\omega t=\frac{\sqrt{6}}{2}V_{\mathrm{c}}\cos\omega t \tag{3-10}$$

当 $\alpha<\mu<\omega t<\frac{\pi}{3}$ 时，

$$V_{\mathrm{d}}=\sqrt{2}V_{\mathrm{c}}\cos\left(\omega t+\frac{\pi}{6}\right) \tag{3-11}$$

对其进行傅里叶分解，可以得到谐波电压的有效值为

$$V_n=\frac{V_{\mathrm{c0}}}{\sqrt{2}(n^2-1)}\left\{(n-1)^2\cos^2\left[(n+1)\frac{\mu}{2}\right]+(n+2)^2\cos^2\left[(n-1)\frac{\mu}{2}\right]\right.$$
$$\left.-2(n-1)(n+1)\cos\left[(n+1)\frac{\mu}{2}\right]\cos\left[(n-1)\frac{\mu}{2}\right]\cos^2(2\alpha+\mu)\right\}^{1/2} \tag{3-12}$$

图3-22和图3-23为6次和12次谐波电压的百分比，其中 $V_{\mathrm{c0}}=3\sqrt{2}V_{\mathrm{c}}/\pi$。这些曲线和公式显示了一些有趣的现象。首先，由式（3-12），当 $\alpha=0$ 和 $\mu=0$ 时，6次、12次和18次谐波分别降低到4.04%、0.99%、0.44%。

$$V_{n0}=\sqrt{2}V_{\mathrm{c0}}/(n^2-1) \tag{3-13}$$

即

$$\frac{V_{n0}}{V_{c0}} = \sqrt{2}/(n^2 - 1) \approx \sqrt{2}/n^2 \tag{3-14}$$ [⊖]

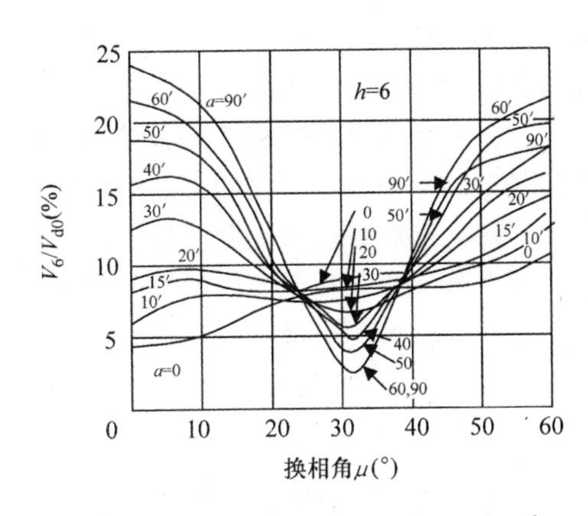

图 3-22　6 脉波换流器直流侧 6 次谐波电压随换相角的变化特性

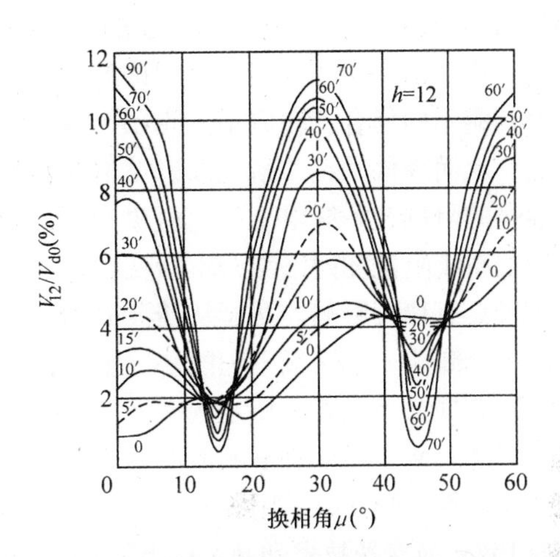

图 3-23　6 脉波或 12 脉波换流器直流侧 12 次谐波电压随换相角的变化特性

一般来说，α 增加时，谐波幅值也增加。当 $\alpha = \pi/2$ 和 $\mu = 0$ 时，n 次谐波的关系式为

$$\frac{V_n}{V_{c0}} = \sqrt{2}n/(n^2 - 1) \approx \sqrt{2}/n \tag{3-15}$$

这说明随着 α 的增大，高次谐波的增大速度更快。式（3-12）还显示了系统谐波何时达到最大，特别是当 $\alpha = 90°$，而 μ 很小时，如图 3-24 和图 3-25 所示。

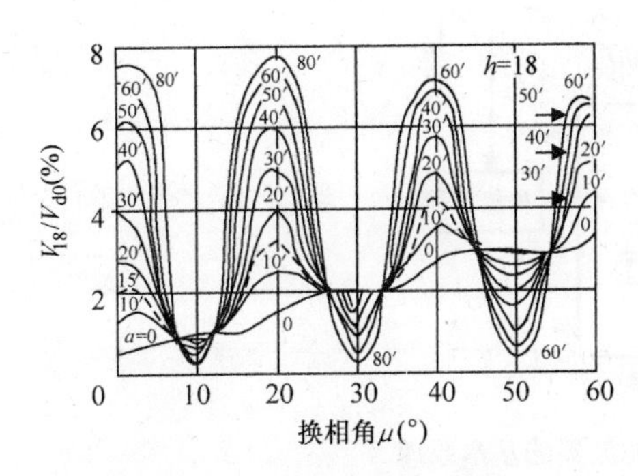

图 3-24　6 脉波换流器直流侧 18 次谐波电压随换相角的变化特性

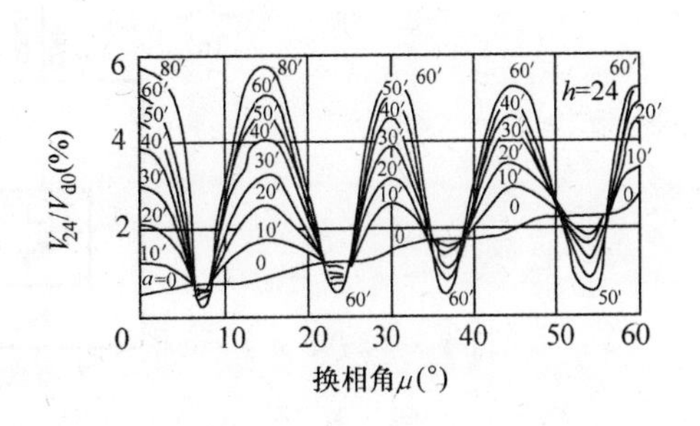

图 3-25　6 脉波或 12 脉波换流器直流侧 24 次谐波电压随换相角的变化特性

⊖ 此公式最右侧项，原书误为$\sqrt{2}n^2$。——译者注

3.3 有源滤波器

由调谐型 *LC* 滤波器和高通滤波器构成的并联型无源滤波器已经被用于电力系统，用来提高功率因数并抑制谐波。然而，并联型无源滤波器存在的一些问题限制了其应用的场合。在调谐的谐波频率下，并联型无源滤波器的阻抗比系统的阻抗低，从而降低了流入系统的谐波电流。原理上，并联型无源滤波器的滤波效果由其本身的阻抗与系统阻抗的比值决定。因此，并联型无源滤波器存在如下的问题。

系统阻抗随网络结构不断变化，无法精确了解，但对并联型无源滤波器的滤波效果具有很大影响。对于从谐波源中流出的谐波电流，并联型无源滤波器的作用就像一个漏斗。但在最不利的情况下，该并联型无源滤波器的阻抗会与系统阻抗发生串联谐振。而在某一特定频率下，系统阻抗会与并联型无源滤波器阻抗发生并联谐振，这时便会发生所谓的谐波放大作用。在过去的 20 年里，IGBT 等快速开关器件迅速发展，激发了采用并联或串联有源滤波器来进行谐波补偿的研究热情。而复杂的 PWM 逆变器技术和 d－q 理论的发展为有源滤波器的工业应用提供了可能。

图 3-26 给出了并联型有源滤波器的基本原理，它采用闭环控制的方式来主动地将电源电流整形成正弦波。

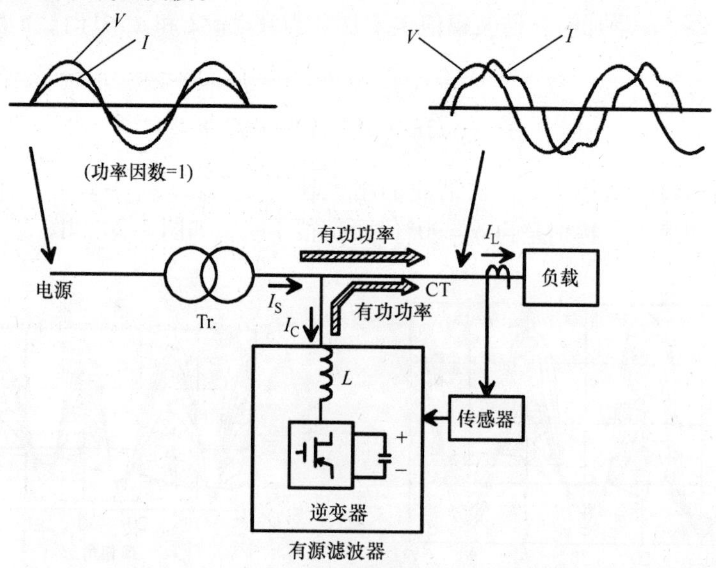

图 3-26　并联型有源滤波器的基本原理

图 3-27 展示了当谐波源为带感性负载的三相二极管整流器时的各个变量的波形。并联型有源滤波器向系统注入一个补偿电流 i_C 来抵消负载电流 i_L 中的谐波。因此，通常为感性的且数值有限的系统阻抗几乎不会对滤波效果产生什么影响，因为由于二极管或晶闸管整流器的直流侧有一个足够大的电感，因而产生谐波的负载可

以被看作为一个谐波电流源。

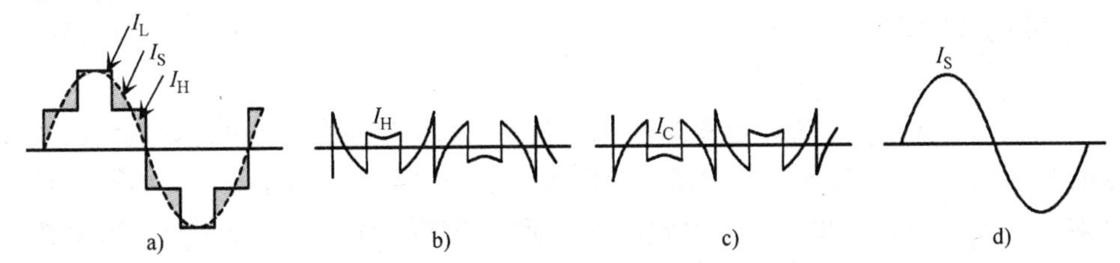

图3-27　有源滤波器的运行波形

并联型有源滤波器有两种主电路类型，这类似于交流传动中所采用的电流源型PWM逆变器和电压源型PWM逆变器，但它们的工作方式是不同的，因为有源滤波器被用作为一个非正弦电流发生器。作为并联型有源滤波器使用的电流源或电压源型PWM逆变器，分别需要一个直流电抗器或直流电容器作为储能元件，但在直流侧并不需要电源，因为可以控制并联型有源滤波器以在交流侧供给PWM逆变器的损耗。由于电压源型PWM逆变器的效率更高而投资较低，因而电压源型PWM逆变器比电流源型PWM逆变器更受青睐。

有源滤波器的主电路是一个三相结构，由IGBT和二极管开关组成，如图3-28所示。功率源采用一个电压源换流器（VSC）。基于PWM技术可以产生任意波形的电压。希望产生的波形（图示为正弦波，但可以是其他任意的波形）与一个高频三角波（或称载波）进行比较。当目标波形值大于载波值时，VSC将输出端连接至直流电压的正端，反之则连接至直流电压的负端。因此，目标波形在一个载波周期中的平均值可以通过输出波形的脉宽反映出来。并且载波频率越高，这种反映就越加精确。这一方面是因为原始波形的取样频率很高，另一方面是因为高频分量可以很容易被系统元件的自然低通滤波效应所滤除。但是，较高的载波频率意味着较高的开关损耗，因此对于目前的大功率开关器件，载波频率一般限制在10kHz以内。

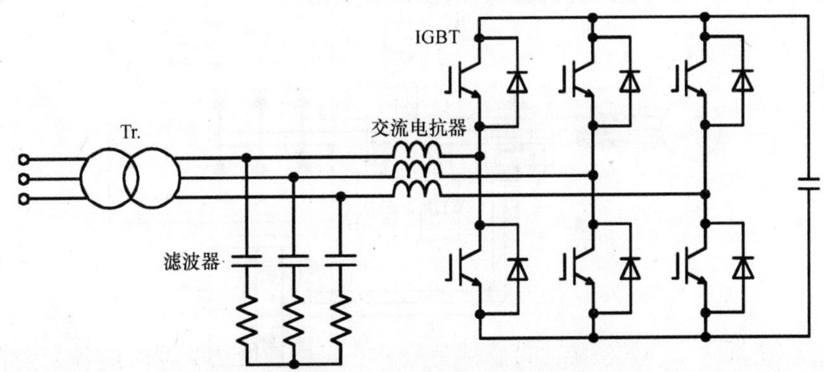

图3-28　一个有源滤波器的主电路

有如下三种类型的有源滤波器，可以克服无源滤波器的缺点，并能解决高压直流输电系统的非理想特性问题。

并联型有源滤波器。这种有源滤波器可使用控制器进行连续调节，以向换流器母线注入谐波补偿电流，从而消除该母线电压波形中的低次特征谐波。

在低压场合，通常使用电流源换流器而不是电压源换流器。但是，以电流为参考的PWM换流器会随着负载工况的变化而改变开关频率，因此一般认为不大适合于大功率应用场合。可以控制有源滤波器同时滤除多次谐波，但这意味着开关频率必须很高，因为可以滤除的谐波的频率上限受制于允许的最大开关频率。

如图3-29所示，该并联型有源滤波器通过变压器连接到交流电网。根据其运行模式，该滤波器既能进行无功补偿，又能滤除无源滤波器所能滤除的各次谐波。因此，目前这种类型的有源滤波器得到了最广泛的应用。

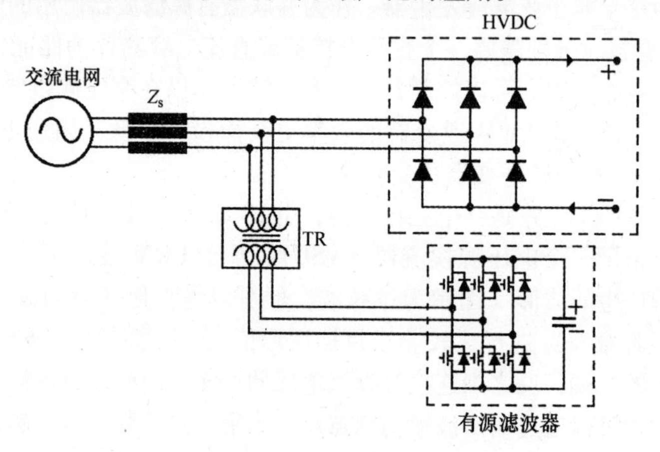

图3-29 并联型有源滤波器

串联型有源滤波器。其结构如图3-30所示。不同于并联型有源滤波器直接从系统中除去谐波，串联型有源滤波器实际上将无源滤波器与交流系统相隔离，从而使系统的功率因数和无源滤波器的滤波效果最大化。

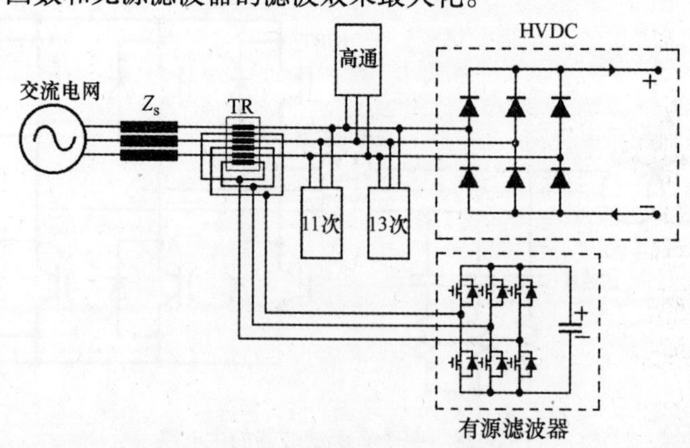

图3-30 串联型有源滤波器

使用耦合滤波器的有源滤波器[12]。如图 3-31 所示，这种有源滤波器与 11 次和 13 次无源滤波器相连接，再并联接入交流系统和直流输电系统。这种情况下，有源滤波器本身并不滤除 11 次和 13 次谐波，但它可以有效地加强 11 次和 13 次无源滤波器的性能。可以采用单调谐型的无源滤波器作为耦合滤波器与交流系统相连接，由于使用了变压器，所以不需要提高有源滤波器的电压。此外，由于这种类型的耦合滤波器在特征谐波频率下的阻抗很低，但在基波频率下的阻抗很高，因此只有少量基波电流流入交流系统。因此，对应需要滤除的特征谐波频率，这种滤波器向系统注入补偿电流，且使接入母线的谐波电压变为零。换言之，这种滤波器具有损耗很低的优点。

对应采用耦合滤波器的有源滤波器，图 3-31c 给出了产生电压指令信号的控制算法，用于控制 A 相的开关器件。此有源滤波器根据将谐波电压矢量的实部和虚部都降为零的要求控制其输出电压。A 相母线电压的测量值被送入到快速傅里叶变换（FFT）模块，它将 11 次和 13 次谐波的幅值和相角提取出来。

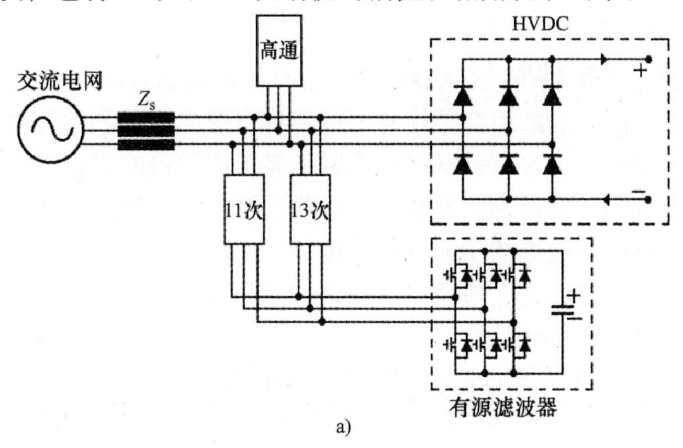

a)

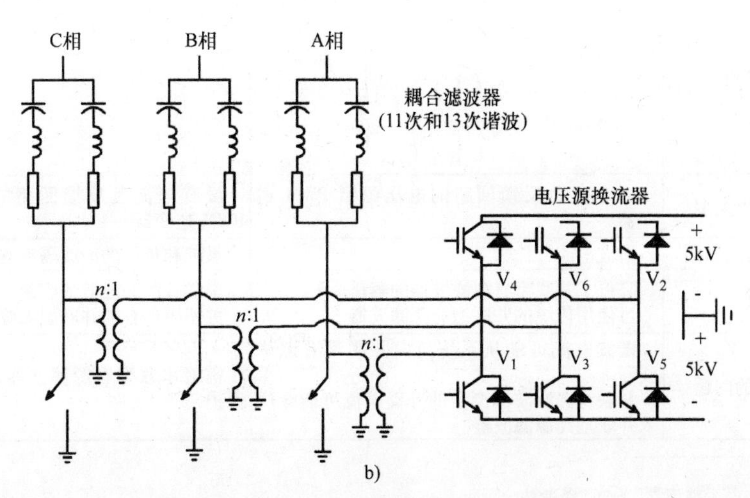

b)

图 3-31 使用耦合滤波器的有源滤波器，其中图 c 所示为 A 相的控制系统

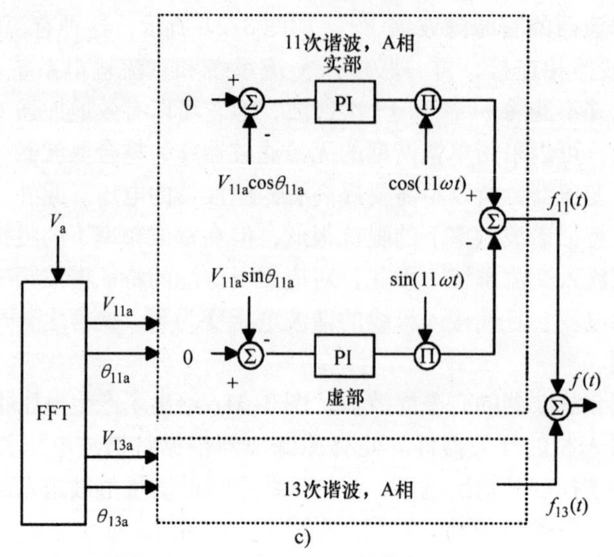

图 3-31　使用耦合滤波器的有源滤波器，其中图 c 所示为 A 相的控制系统（续）

组合型系统。含有 PWM 逆变器的并联型有源滤波器在成本和效率上都不如并联型无源滤波器。因此自然地会把注意力放到将有源滤波器和无源滤波器的结合上来，这种系统可以归类为含有并联型或串联型有源滤波器的组合型系统。表 3-5 给出了这两种组合型系统的差别。并联型与串联型有源滤波器的功能或作用是有很大不同的。串联型有源滤波器的功能并非直接补偿换流器㊀的谐波，而是提高并联型无源滤波器的性能。换言之，串联型有源滤波器并非谐波补偿器，而是晶闸管换流器㊁与交流系统间的谐波隔离器。

表 3-5　并联型无源滤波器与有源滤波器的组合系统

特征	与并联型有源滤波器组合	与串联型有源滤波器组合
电路结构	i_C	+ v_C -
有源滤波器类型	有电流负反馈回路的电压源型 PWM 逆变器	没有电流负反馈回路的电压源型 PWM 逆变器
有源滤波器的作用	谐波电流补偿器	系统和负荷的谐波隔离器
优点	降低了并联型有源滤波器的容量 可使用传统的并联型有源滤波器	串联有源滤波器的容量可大大降低 可使用现有的并联型无源滤波器
有待解决的问题	谐波电流可能从系统流向并联型有源滤波器 并联有源滤波器产生的补偿电流可能会注入并联型无源滤波器	需对串联型有源滤波器进行绝缘和保护

㊀ 原文误为整流器。——译者注
㊁ 原文误为整流器。——译者注

Lindome 直流侧有源滤波器。图 3-32 给出了瑞典 Gothenberg 附近的 Lindome 换流站直流侧的有源、无源滤波器混合系统的简化电路图。由 HVDC 换流器产生的谐波电流 i_h 首先由平波电抗器进行限制，之后被直流无源滤波器短路。由于滤波器调谐的频率个数是有限的，加之制造误差和环境因素对滤波器元件的影响，滤波器会发生失谐，因此 i_h 中的一大部分还是会进入到直流输电线路。

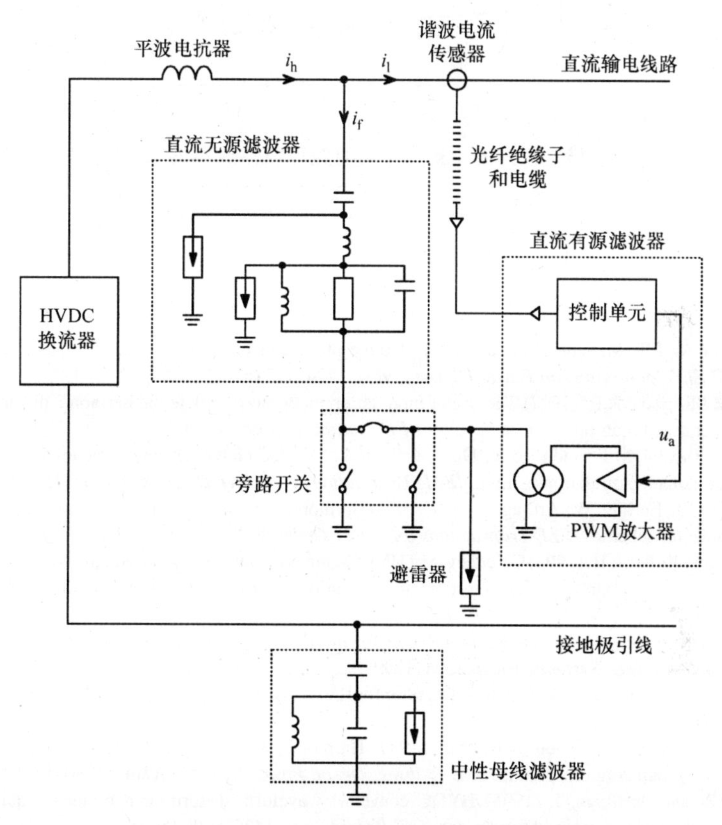

图 3-32　Lindome 换流站直流侧的简化主电路图

不是采用安装更多的并联型滤波器，而是采用安装一台有源滤波器来处理这些剩余的线路谐波电流。谐波电流 i_h 通过一个互感器来进行测量，然后这一测量信号经光缆绝缘子和电缆被送到基于 DSP 的控制单元。该有源滤波器的主电路部分包括一个高频变压器和一个 PWM 功率放大器，该 PWM 功率放大器是由控制单元进行控制的，并起谐波电压源的作用。这个谐波电压源通过旁路开关和既有的无源滤波器向直流线路送入谐波电流。由有源滤波器产生的谐波电流被控制成与 HVDC 换流器产生的谐波相位相反。这样，线路中的谐波电流就被补偿掉了。图 3-33 展示了允许的干扰水平与直流滤波器成本的大致关系。

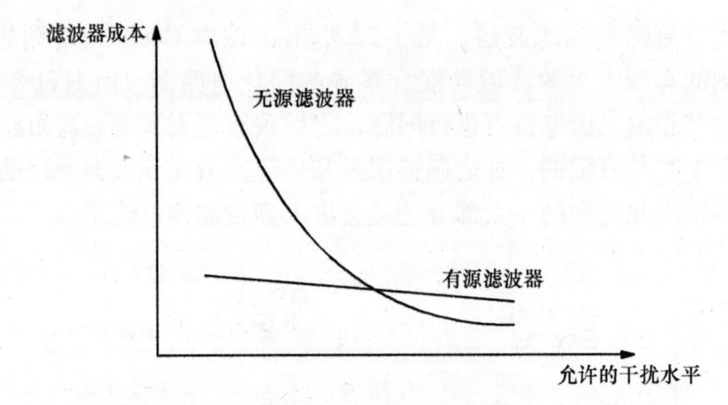

图3-33 允许的干扰水平与直流滤波器成本的大致关系

参考文献

[1] Xu, W., Drakos, J.E., Mansour, Y. *et al.* (1994) A three-phase converter model for harmonic analysis of HVDC systems. *IEEE Transactions on Power Delivery*, **9**(3), 1724–1731.

[2] Hu, L. and Morrison, R.E. (1997) The use of modulation theory to calculate the harmonic distortion in HVDC systems operating on an unbalanced supply. *IEEE Transactions on Power Delivery*, **12**(2), 973–980.

[3] Sarshar, A., Iravani, M.R. and Li, J. (1996) Calculation of HVDC converter noncharacteristic harmonics using digital time-domain simulation method. *IEEE Transactions on Power Delivery*, **11**(1), 335–344.

[4] Macdonald, S.J., Enright, W., Arillaga, J. *et al.* (1995) Harmonic measurements from a group connected generator HVDC converter scheme. *IEEE Transactions on Power Delivery*, **10**(4), 1937–1943.

[5] Rittiger, J. and Kulicke, B. (1995) Calculation of HVDC-converter harmonics in frequency domain with regard to asymmetries and comparison with time domain simulations. *IEEE Transactions on Power Delivery*, **10**(4), 1944–1949.

[6] Sadek, K. and Pereira, M. (1999) Harmonic transfer in HVDC systems under unbalanced conditions. *IEEE Transactions on Power Systems*, **14**(4), 1394–1399.

[7] Zhang, W. and Asplund, G. (1994) Active DC filter for HVDC systems. *Computer Applications in Power, IEEE*, **7**(1), 40–44.

[8] Dinh, Q.N., Arrillaga, J., Wood, A.R. *et al.* (1997) Harmonic evaluation of Benmore converter station when operated as a group connected unit. *IEEE Transactions on Power Delivery*, **12**(4), 1730–1735.

[9] Wood, A.R. and Arrillaga, J. (1995) HVDC convertor waveform distortion: a frequency-domain analysis. *Generation, Transmission and Distribution, IEE Proceedings*, **142**(1), 88–96.

[10] Hu, L. and Yacamini, R. (1993) Calculation of harmonics and interharmonics in HVDC schemes with low DC side impedance. *Generation, Transmission and Distribution, IEE Proceedings C*, **140**(6), 469–476.

[11] Shore, N.L., Adamson, K., Bard, P. *et al.* (1996) DC side filters for multiterminal HVDC systems. *IEEE Transactions on Power Delivery*, **11**(4), 1970–1984.

[12] Gole, A.M. and Meisingset, M. (2001) An AC active filter for use at capacitor commutated HVDC converters. *IEEE Transactions on Power Delivery*, **16**(2), 335–341.

[13] Riedel, P. (2005) Harmonic voltage and current transfer, and AC- and DC-side impedances of HVDC converters. *IEEE Transactions on Power Delivery*, **20**(3), 2095–2099.

[14] Wong, C., Mohan, N., Wright, S.E. *et al.* (1989) Feasibility study of AC- and DC-side active filters for HVDC converter terminals. *IEEE Transactions on Power Delivery*, **4**(4), 2067–2075.

[15] Ooi, H., Irokawa, H., Ejiri, H. *et al.* (1989) Development of compact 250 kV DC filter for HVDC converter station. *IEEE Transactions on Power Delivery*, **4**(1), 428–436.

[16] Farret, F.A. and Freris, L.L. (1990) Minimisation of uncharacteristic harmonics in HVDC convertors through firing angle modulation. *Generation, Transmission and Distribution, IEE Proceedings C*, **137**(1), 45–52.

[17] Plaisant, A. and Reeve, J. (1999) An active filter for AC harmonics from HVDC converters. Basic concepts and design principles, Power Engineering Society Summer Meeting, 1999. *IEEE*, **1**, 395–400.

[18] Seifossadat, G. and Shoulaie, A. (2006) A linearised small-signal model of an HVDC converter for harmonic calculation. *Electric Power Systems Research*, **76**(6–7), 567–581.

[19] Hume, D.J., Wood, A.R. and Osauskas, C.M. (2003) Frequency-domain modelling of interharmonics in HVDC systems. *Generation, Transmission and Distribution, IEE Proceedings*, **150**(1), 41–48.

[20] Garrity, T.F., Hassan, I.D., Adamson, K.A. *et al.* (1989) Measurement of harmonic currents and evaluation of the DC filter performance of the New England-Hydro-Quebec Phase I HVDC project. *IEEE Transactions on Power Delivery*, **4**(1), 779–786.

[21] Yacamini, R. and Resende, J.W. (1996) Harmonic generation by HVDC schemes involving converters and static VAr compensators. *Generation, Transmission and Distribution, IEE Proceedings*, **143**(1), 66–74.

[22] Zhao, H., Zhao, M. and Wang, Y. (1999) Computer simulation and measurements of HVDC harmonics. *Generation, Transmission and Distribution, IEE Proceedings*, **146**(2), 131–136.

[23] Bathurst, G.N., Smith, B.C., Watson, N.R. *et al.* (1999) Modelling of HVDC transmission systems in the harmonic domain. *IEEE Transactions on Power Delivery*, **14**(3), 1075–1080.

[24] Zhang, W., Isaksson, A.J. and Ekstrom, A. (1998) Analysis on the control principle of the active DC filter in the Lindome converter station of the Konti-Skan HVDC link. *IEEE Transactions on Power Systems*, **13**(2), 374–381.

[25] Enright, W., Arrillaga, J., Wood, A.R. *et al.* (1996) The smoothing transformer, a new concept in DC side harmonic reduction of HVDC schemes. *IEEE Transactions on Power Delivery*, **11**(4), 1941–1947.

[26] Hu, L. and Ran, L. (2000) Direct method for calculation of AC side harmonics and interharmonics in an HVDC system. *Generation, Transmission and Distribution, IEE Proceedings*, **147**(6), 329–335.

[27] Xiao, I.J. and Zhang, L. (2000) Harmonic cancellation for HVDC systems using a notch-filter controlled active DC filter. *Generation, Transmission and Distribution, IEE Proceedings*, **147**(3), 176–181.

[28] Yu, K., Boyarsky, A. and Yu, K. (1994) The third harmonic in the DC Russia–Finland interconnection. *IEEE Transactions on Power Delivery*, **9**(4), 2009–2017.

[29] Zhang, W., Asplund, G., Aberg, A. *et al.* (1993) Active DC filter for HVDC system – a test installation in the Konti–Skan DC link at Lindome converter station. *IEEE Transactions on Power Delivery*, **8**(3), 1599–1606.

[30] Sood, V.K., Gole, A.M., Farret, F.A. *et al.* (1991) Comments on minimisation of uncharacteristic harmonics in HVDC convertors through firing angle modulation (and reply). *Generation, Transmission and Distribution, IEE Proceedings C*, **138**(6), 567–568.

[31] Smith, B.C. and Arrillaga, J. (1999) Power flow constrained harmonic analysis in AC-DC power systems. *IEEE Transactions on Power Systems*, **14**(4), 1251–1261.

[32] Jiang, H. and Ekstrom, A. (1998) Harmonic cancellation of a hybrid converter. *IEEE Transactions on Power Delivery*, **13**(4), 1291–1296.

[33] Rastogi, M., Mohan, N. and Edris, A.-A. (1995) Hybrid-active filtering of harmonic currents in power systems. *IEEE Transactions on Power Delivery*, **10**(4), 1994–2000.

第 4 章　高压直流换流器和系统的控制

4.1　高压直流输电系统中的换流器控制

一个理想的高压直流换流器控制系统需满足如下的要求：

1）运行状态到达稳态后，阀的触发延迟角是对称的。

2）具有利用换相电压和换相裕度角确定触发延迟角的能力，但要求同时满足换流器消耗的无功功率最小并且不引起换相失败。

3）对交流系统的电压和频率的变化不敏感。

4）能够基于系统实际电压和直流电流来预测最优的触发时刻，避免换相失败。

5）电流控制器具有足够的速度裕度和稳定裕度，以应对电流参考值的改变或者系统的扰动。

有很多方法用来控制晶闸管的触发延迟角，其中，分相控制（IPC）方法与等间隔脉冲控制（EPC）方法是最常用的两种方法。IPC 方法是早期直流输电系统常用的方法，用来确定晶闸管的触发延迟角，但现在已被 EPC 方法所取代。

分相控制（IPC）方法。早期的直流输电系统采用 IPC 方法，它独立地为三相中的每一相产生一个控制信号。IPC 方法又可以被分为两种类型：线性触发方法和 $\cos^{-1}$ 触发方法。下面将针对一个单相换流器描述每一种控制方法的原理，这种单相换流器的参考点刚好等于其供电电压的过零点时刻。

线性触发方法。在线性触发方法中，控制电压 E_c 随触发角 α 线性变化来实现最佳控制的目的，如图 4-1 所示。图 4-1 中，通过一个同步变换器来对信号 v_1 和 v_2 进行变换，电压 v_1 首先被变换成方波电压 e_1，然后将 e_1 变换成斜坡电压 e_2。

如图 4-1 所示，控制信号 e_α 是通过将电压信号 e_2 与控制电压 E_c ⊖ 相比较而得到的。当电压 $e_2 \geqslant E_c$ 时，比较器输出 e_α。

每个变量之间的数学关系式如下：

$$\alpha = k_1 E_c \tag{4-1}$$

$$E_0 = \frac{1}{\pi}\int_{\alpha}^{\pi+\alpha} E_{max}\sin\theta \mathrm{d}\theta = \frac{2E_{max}}{\pi}\cos\alpha = \frac{2E_{max}}{\pi}\cos(k_1 E_c) \tag{4-2}$$

⊖ 原文误为 e_c。——译者注

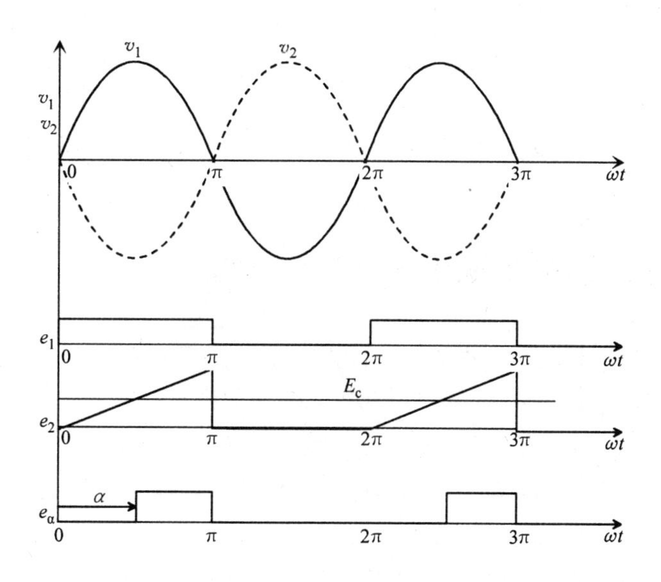

图 4-1　线性触发方法

在图 4-1 中，就信号 e_2 与控制电压 E_c 相比较来产生触发信号 e_α 来说，相互之间的关系是线性的。但是，对于换流器的输出电压 E_0，正如方程式（4-2）所示，E_0 与 E_c 之间的关系却是非线性的。

$\cos^{-1}$触发方法。 $\cos^{-1}$触发方法检测供电电压并将其相位延时 90°，所产生的波形与控制器的误差信号相比较以产生触发角 α，其实现流程如图 4-2 所示。

$\cos^{-1}$触发方法的数学表达式如式（4-3）和式（4-4）所示。

$$\alpha = \cos^{-1}\left[\frac{E_c}{e_{max}}\right] \tag{4-3}$$

$$\begin{aligned} E_0 &= \frac{1}{\pi}\int_{\alpha}^{\pi+\alpha} E_{max}\sin\theta \mathrm{d}\theta = \frac{2E_{max}}{\pi}\cos\alpha \\ &= \frac{2E_{max}}{\pi}\cos\left[\cos^{-1}\left(\frac{E_c}{e_{max}}\right)\right] = \frac{2E_{max}}{\pi}\frac{E_c}{e_{max}} = k_2 E_c \end{aligned} \tag{4-4}$$

如式（4-4）所示，在 $\cos^{-1}$触发方法中，控制电压 E_c 和换流器输出电压 E_0 之间存在着一种线性关系，使得控制关系变得简单。

等间隔脉冲控制（EPC）方法。[⊖]等间隔脉冲控制方法采用一个锁相振荡器来产生具有固定时间间隔的脉冲序列。这里主要有三种方法，即脉冲频率控制（PFC）、脉冲周期控制和脉冲相位控制（PPC）。

⊖ 此部分到图 4-7 为止，图形和符号相当混乱，有大量错误，无法一一在译者注中标出，译者将直接在图注和文字中标出或改正。

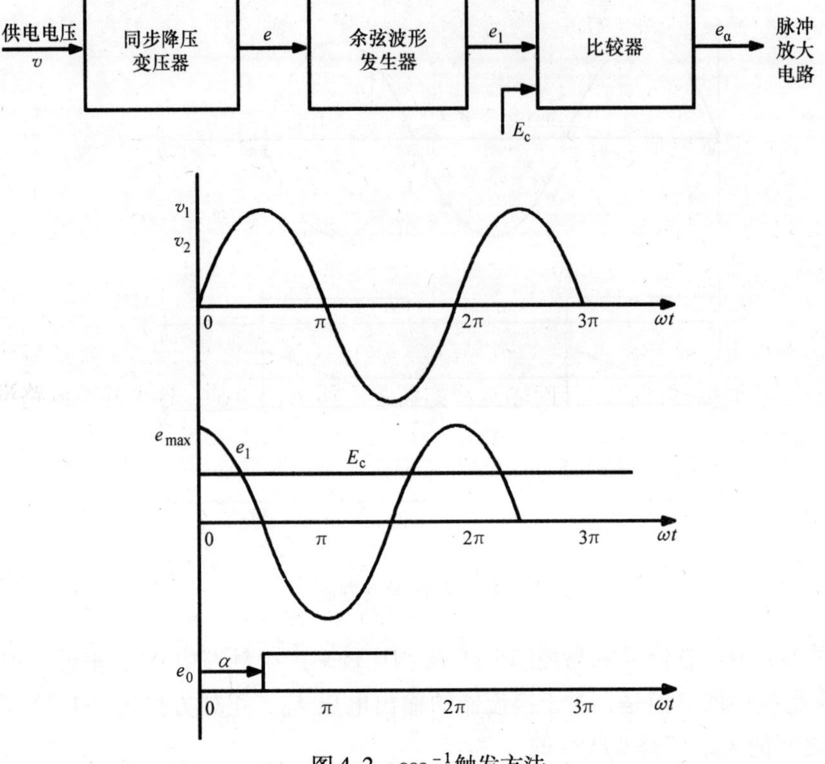

图 4-2　$\cos^{-1}$触发方法

等间隔脉冲控制方法采用一个输出脉冲频率随输入电压而变化的电压控制振荡器。即采用控制电压 V_c来控制输出的晶闸管触发脉冲频率，而 V_c是由被控量导出的，例如电流、关断角和直流电压等。

图 4-3 给出了描述 EPC 系统运行原理的简单框图。其中，压控振荡器（VCO）由积分器、比较器和脉冲发生器构成。

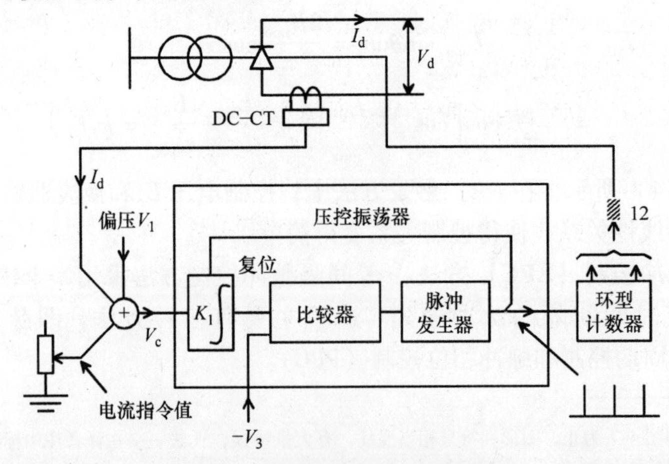

图 4-3　锁相振荡器的控制

脉冲发生器的输出脉冲使积分器复位，并通过环型计数器来触发晶闸管。产生触发脉冲的时刻 t_n，可以用下式来表达：

$$\int_{t_{n-1}}^{t_n} K_1(V_c + V_1)\,dt = V_3 \tag{4-5}$$

式中，V_1表示偏置电压，该电压与系统周期成正比，是恒定值。稳态时，有

$$K_1 V_1 \ (t_n - t_{n-1}) = V_3 \tag{4-6}$$

采用12脉冲输出时，$t_n - t_{n-1} = 1/(12f_0)$，其中$f_0$是系统频率。因此，在稳态下积分器的增益$K_1$可以表达为

$$K_1 = 12f_0 V_3/V_1 \tag{4-7}$$

图4-3给出了锁相振荡器的运行原理，该振荡器在EPC方法中起着基础性的作用。由压控振荡器产生的等间隔脉冲如图4-4所示。但是，这个基本电路没有任何频率校正的功能，而这种功能是必须的，因为输入的系统频率会偏离系统的额定频率f_0。根据实现频率校正功能的方法不同，EPC方法还可以进一步分类为PFC和PPC两种方法。

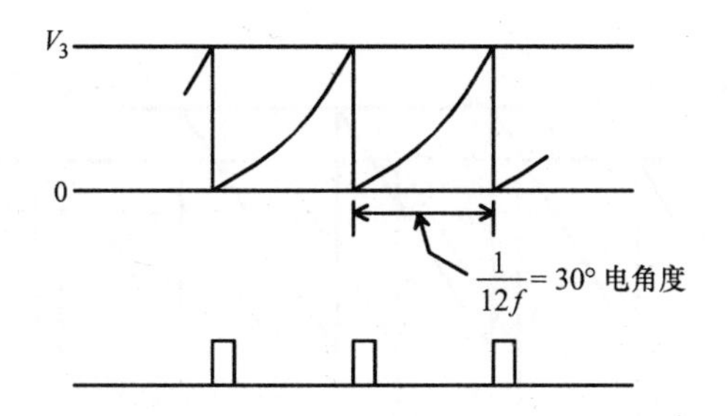

图4-4　通过将积分器的输出电压与控制电压V_3相比较而产生输出脉冲

脉冲频率控制（PFC）触发方法。PFC触发控制方法具有变频率的输出。它在图4-3所示的基本压控振荡器电路基础上增加一个频率校正电路。总体上，它的形式如图4-4所示，所添加的电路用于改变控制电压V_3以校正频率的变化。

图4-3所添加的电路的表达式可以用式（4-8）来表示，见图4-5，所产生的输出脉冲的周期随控制电压V_3而变化，而这里的控制电压V_3实际上决定于V_1。

$$V_3 = V_2/(1 + sT_1),\ V_2 = K_1 V_1 \ (t_{n-1} - t_{n-2}) \tag{4-8}$$

脉冲频率控制（PFC）触发方法的输出脉冲波形如图4-6所示。

脉冲周期控制（PPC）触发方法。脉冲周期控制方法与脉冲频率控制方法类似，不同之处是控制电压V_3是由电流、关断角和直流电压等被控量导出的，而不是由V_1导出的，这种方法的控制器也由基本电路加频率校正电路构成。

触发脉冲产生的时刻t_n由下式给出：

$$\int_{t_{n-1}}^{t_n} K_1 V_1\,dt = V_3 + V_c \tag{4-9}$$

式中，V_1表示偏置（恒定值）电压；V_3表示与系统周期成正比的电压。

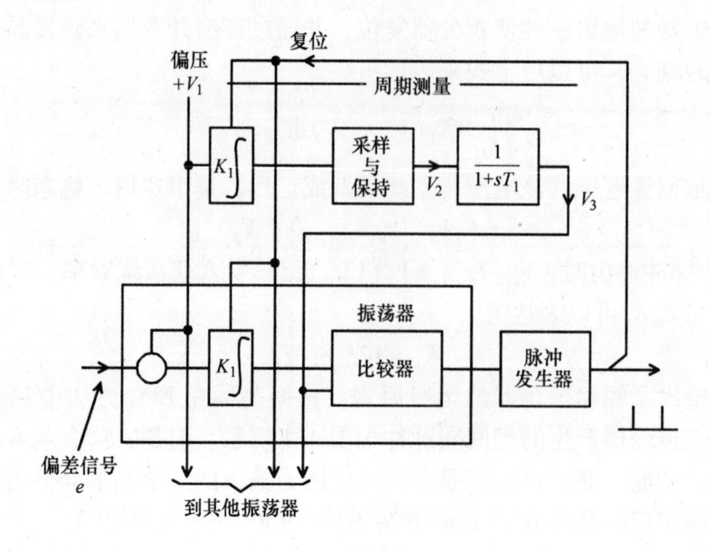

图 4-5　频率校正

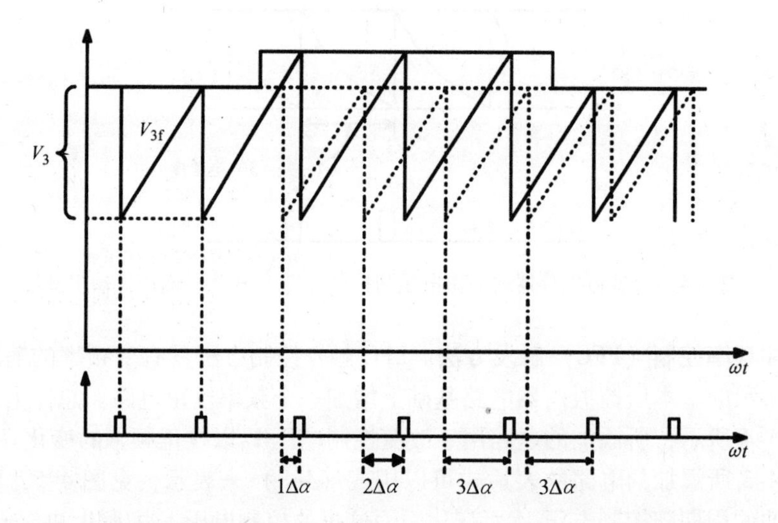

图 4-6　脉冲频率控制（PFC）触发方法的输出脉冲波形

$$K_1 V_1 \ (t_n - t_{n-1}) = V_3 + V_c \tag{4-10}$$

稳态时，$V_c=0$，输出脉冲的间隔严格等于 $1/(12f_0)$。如图 4-7 所示，当 V_3 在 $t=t_1$ 时刻开始按指数规律减小时，介于 $t=t_1$ 和 $t=t_2$ 之间的脉冲周期也开始减小。这样，触发延迟角的位置就会移动。此种频率校正方法通过更新电压 V_1 或者频率变化系统的某种响应来实现，包括定电流控制器（CC）或定关断角控制器（CEA）中的积分器。在概念上它类似于 PFC 触发方法，因为也采用了积分特性，如图 4-7 所示。

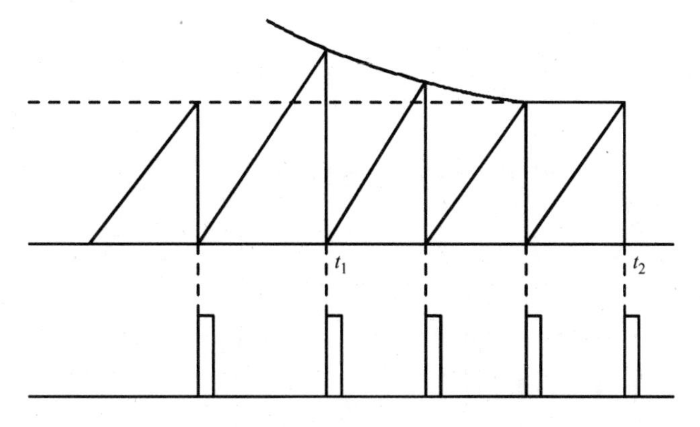

图 4-7　脉冲周期控制（PPC）触发方法的输出波形

EPC 和 IPC 的比较。由于等间隔脉冲控制（EPC）方法能够抑制非正常谐波的产生，因此它比分相控制（IPC）方法得到更多的使用。

如果三相换流桥的供电电压是不平衡的，那么当采用 IPC 控制器时，换流器注入到交流系统的电流波形如图 4-8a 所示。可见，电流方波将偏离正常的 120°持续时间，并因此包含有 $n=6k\pm1$ 次以外的谐波，这种情况下，电流中的 3 次谐波将会很大。虽然没有给出波形，但是可以想象出如果畸变是由谐波引起而不是基波引起时的场景，这种情况下，电压的相交点将会受到干扰，从而使电流方波变得不规则，有可能使得同一相中的正半波和负半波的宽度不一致。这样一来，除了正常工况下的谐波外，将会出现所有次数的谐波，这就会导致所谓的谐波不稳定现象。

如果同样的换流器是由 EPC 控制器来控制的，所产生的电流波形将如图 4-8b 所示。这种情况下，如果不计换相角并忽略直流侧的纹波，电流方波将每隔 120°对称地产生，即只会产生特征谐波而不会引起谐波不稳定。

直流输电控制器的设计。直流输电系统的整流器侧包含有一个电流控制器、一个电压控制器和一个 α_{min} 控制器，如图 4-9 所示。相对应地，直流输电系统的逆变器侧包含有一个电流控制器、一个电压控制器、一个 γ_{min} 控制器和一个 β 控制器。应当指出的是，整流侧控制器和逆变侧控制器必须互异且成对运行，具体地说，如果整流侧控制器和逆变侧控制器同时采用电流控制或者同时采用电压控制，即控制模式不是互异而是相同的，那么两种控制之间将没有公共的相交点，因而无法建立起运行点，这样，直流输电系统就无法稳定运行。因此，为了控制直流输电系统，逆变器的控制曲线与整流器的控制曲线必须有相交叠的部分，以产生一个运行点，如图 4-9[㊀] 所示，这是直流输电系统控制的基本原理。

㊀ 原文误为图 4-10。——译者注

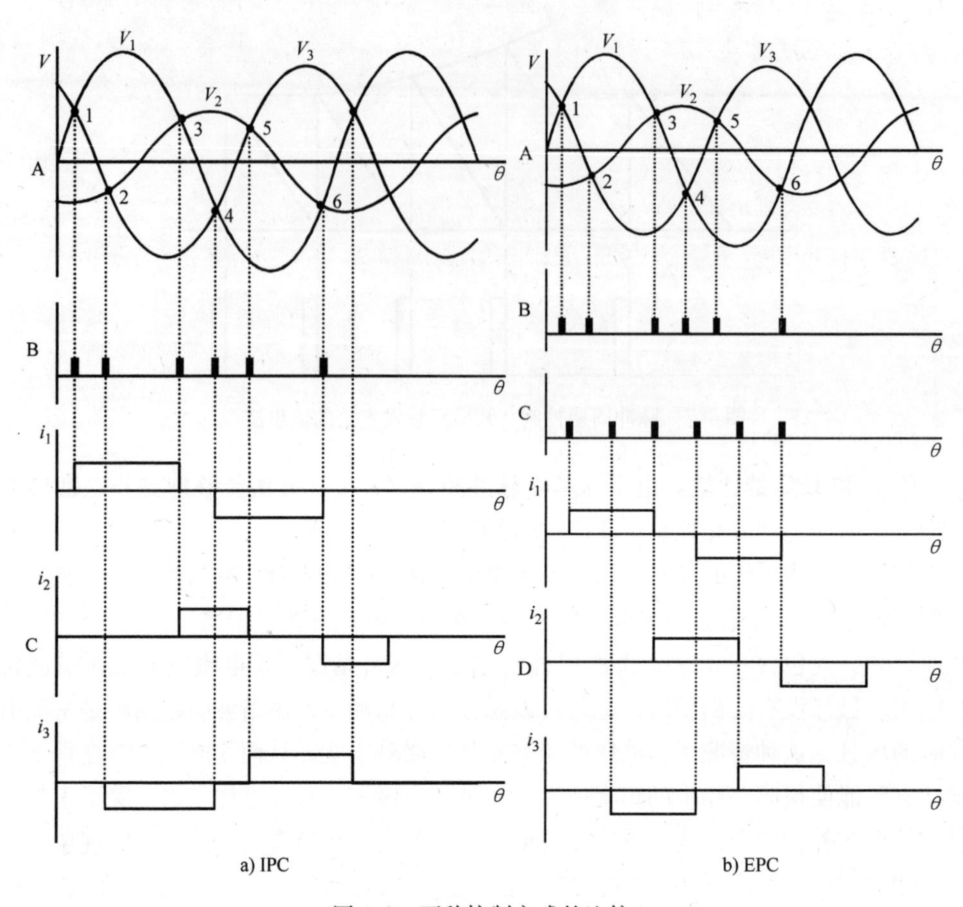

a) IPC　　b) EPC

图 4-8　两种控制方式的比较

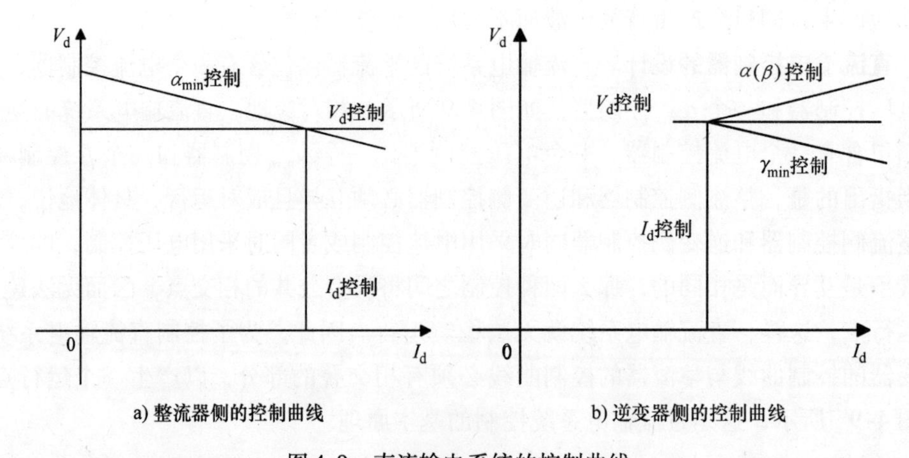

a) 整流器侧的控制曲线　　b) 逆变器侧的控制曲线

图 4-9　直流输电系统的控制曲线

图 4-10 中的 α_{min} 控制器和 γ_{min} 控制器是经常使用的，因为它们实现简单，并可以使无功功率的影响最小化，因为无功功率在弱交流系统中会引起很多问题。如图 4-10a 所示，α_{min} 控制器的实现不需要附加的控制器，它只要在控制器的输出中设置一个限值 α_{min} 就可以了。

图 4-10 给出的控制器结构可以提供图 4-9 所示的多种控制模式。图 4-10d 给出了一个 β（α）控制器，可以被安装在直流输电系统的逆变侧。这种属于逆变侧的控制器并不经常使用，因为它会引起控制不稳定。一般来说，推荐使用这种控制

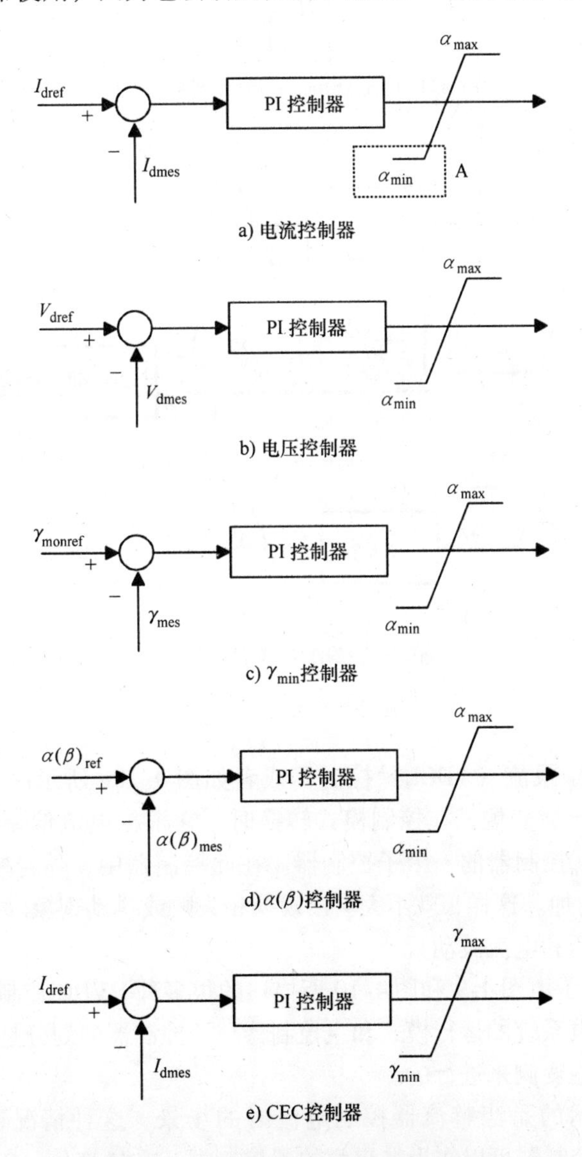

图 4-10　直流输电系统中控制器的结构

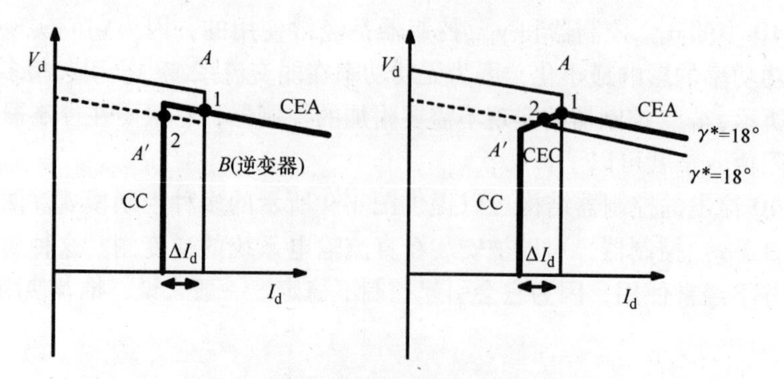

f) 带CEC的直流输电系统控制特性曲线

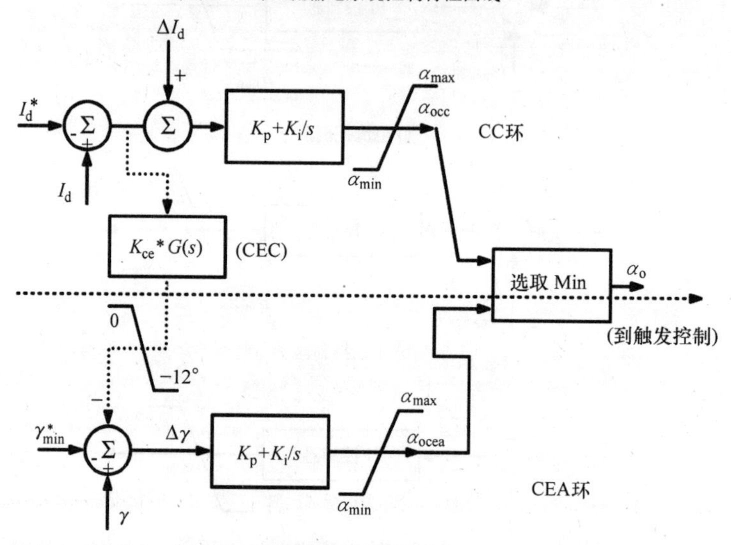

g) CEC控制器的实际结构

图 4-10　直流输电系统中控制器的结构（续）

器来部分替代低压限流（VDCL）控制器或者如图 4-10e 所示的电流偏差控制器（CEC）。CEC 用于逆变侧，在控制模式转换时，它根据电流偏差增大 γ_{min} 的设定值，通常用作 γ_{min} 控制器的一个子控制器。在此控制器中，随着控制模式的转换，γ_{min} 的设定值将增加。这样，就不大会出现换相失败或抖动现象（即由于控制模式转换而造成的电压和电流波动）。

图 4-11 给出了由图 4-9 和图 4-10 所描述的很多种 HVDC 控制器相配合后的控制特性。直流输电系统的运行模式和主控制器与子控制器的划分是基于电流控制器处在整流侧还是逆变侧来进行的。

图 4-11a 表示的是当整流器控制电流时的场景。这种情况下，电压控制器（VC）或者 α_{min} 控制器可以作为整流侧的子控制器。在逆变侧，β 控制器、γ 控制器或者电压控制器都可以作为主控制器，而电流控制器可以作为子控制器。另一方

面，图 4-11b 给出了一个逆变器控制电流的场景。这种情况下，β 控制器、γ_{min} 控制器或者电压控制器可被选为逆变器的子控制器用。在整流侧，电压控制器或者 α_{min} 控制器可以作为主控制器，而电流控制器可以作为子控制器。

这里，必须指出的是，图 4-11a 中的 γ 控制器使用的是一个 γ_{min} 控制器，用来控制所有阀的最小 γ 值。而图 4-11b 中的 γ 控制器使用的是 $\gamma_{平均}$ 控制器，用来控制所有阀的平均 γ 值。

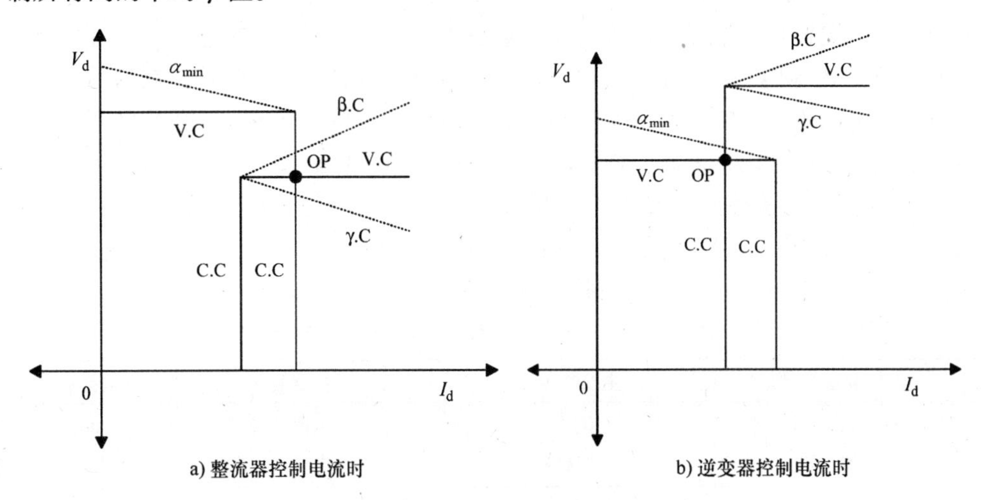

图 4-11 直流输电系统的控制特性

（β. C 表示定 β 控制；V. C 表示定电压控制；γ. C 表示定 γ 控制；C. C 表示定电流控制）

图 4-12 给出了直流输电系统电压和电流控制器的一种框图，这两个控制器确定了图 4-11 所示的控制模式。而图 4-10 所示的控制器则基于选择电压/电流控制器输出中的最大值或最小值而运行的，如图 4-12 所示。

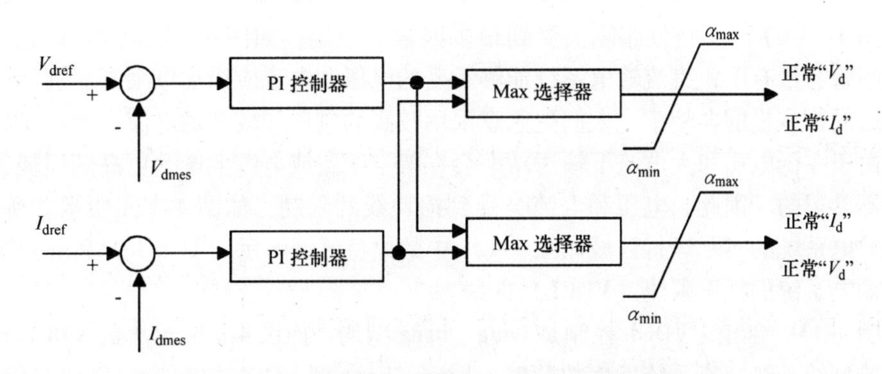

图 4-12 直流输电系统中控制输出的选择器

例如，如果电压/电流控制器输出采用 Max 选择器，那么稳态下整流侧被选中的将是电压，见表 4-1。这种情况下，如果由于外部原因导致控制模式转换，例如整流侧交流系统电压下降，那么，电流控制器将会自动被选中。基于图4-11中的多种类型控制器，可以构造出多种控制模式。表4-1给出了最常采用的主控制器和子控制器组合下Max/Min选择器的使用情况，此时的主控制器为电流控制器。表4-1给出了图4-11的控制特性。在表4-1中，α_{min}控制器、γ_{min}控制器或电压控制器仅仅是电流控制器的辅助控制器。在用于大容量输电的直流系统中，控制器的选择是相对简单的。但是，如果直流系统用于连接一个弱交流系统，例如一个孤立区域或岛屿，选择合适的控制模式就非常重要了。例如，用于连接意大利本土和Sardinia岛的直流输电系统，电力是从Sardinia岛向大陆输送的。此外，在韩国的济州岛直流输电系统中，电力是从大陆向岛上输送的。不管是Sardinia还是济州岛，其电力系统都是弱系统，因此，在岛侧，电流控制器必须被选为主控制器。因此，在Sardinia岛上，电流控制器是主控制器，而α_{min}控制器是子控制器，因为Sardinia岛是整流侧，如图4-11a所示。而在济州岛直流输电系统中，济州岛是逆变侧，电流控制器是主控制器，γ_{min}控制器是子控制器，如图4-11b所示。

表4-1　不同类型控制器的Max/Min选择器

整流器/逆变器	主控制器	子控制器	选择器
整流器（1）	电压	电流	Min
逆变器（1）	电流	电压	Min
整流器（2）	电流	电压	Min
逆变器（2）	电压	电流	Max
整流器（3）	电压	电流	Min
逆变器（3）	电流	γ_{min}	Max
整流器（4）	电流	α_{min}	无
逆变器（4）	γ_{min}	电流	Max

图4-11的$V-I$特性实际上受到很多因素的限制，如图4-13所示。首先，由于晶闸管容量有限，直流输电系统能够承受的电压和电流应该加以限制。其次，为了输送同样容量的电功率，人们更愿意采用较高的电压和较低的电流，而不是反过来。由于在低电压和大电流下输送功率会在架空线路或电缆上产生更高的损耗，因而是不希望的。因此，电压和电流会受到损耗线的限制，如图4-13a所示。所以，直流输电系统的实际运行区域如图4-13a中的黑色区域所示。图4-13b和c给出了直流输电系统的低压限流（VDCL）曲线。

图4-13b给出的VDCL控制是bang-bang型的，而图4-13c给出的VDCL控制是斜坡型的。在交流系统发生故障时，bang-bang型VDCL控制响应更快。但是，它会产生更多的谐波并导致交流系统不稳定。因此，它通常应用于短路比（SCR）大的系统中。图4-13c所示的斜坡型VDCL控制在交流系统故障时，其响应速度相对较慢，但它产生的谐波较少，过电压和过电流也较小，因此在弱交流系统中它被

用作主 VDCL。在图 4-13c 中，采用的电流限制值是 0.3pu，以防止断流现象的发生。斜坡函数中的斜率取决于所连接交流系统的时间常数和动态特性。

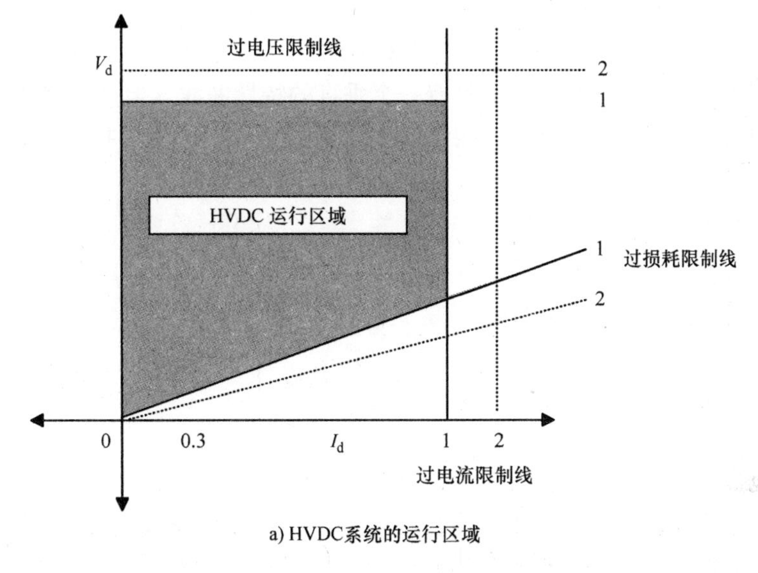

a) HVDC系统的运行区域

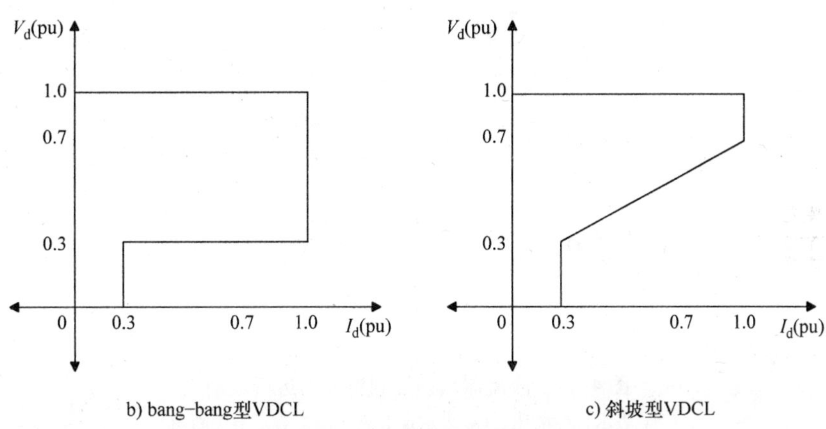

b) bang-bang型VDCL　　c) 斜坡型VDCL

图 4-13　低压限流控制的类型

直流潮流的特性和方向。在大多数系统中，直流潮流的方向希望是双向的，此种特性在交流输电系统中是固有的。交流输电系统中的有功潮流方向取决于输电线路两端电压相位差的符号，而与电压的实际幅值无关。

相反，在直流输电系统中，潮流方向取决于两侧直流电压的相对大小。两侧交流系统电压的相对相位差并不影响 HVDC 系统的潮流方向。在 HVDC 系统中，通过触发延迟角控制，可以使得潮流方向与交流系统电压幅值无关。换流器从逆变运行到整流运行的基本特性如图 4-14 所示。当 $\alpha=0$（即整流器按二极管桥运行）时的自然电压特性曲线可以通过调节变压器的分接头来进行调整，这种情况下，所产生的直流电压可以用下式表示：

$$V_{\mathrm{d}}=V_{\mathrm{o}0}-\frac{3X_0}{\pi}I_{\mathrm{d}} \tag{4-11}$$

当触发延迟角 α 大于0°时，整流器能够保持定电流控制。为了维持电流在一个指定的水平（I_{ds}），它实际上具有一个垂直的特性曲线。但是，最终它受到维持最小 γ 角运行的限制，当达到最小 γ 角时，换流器就失去其可控的能力。

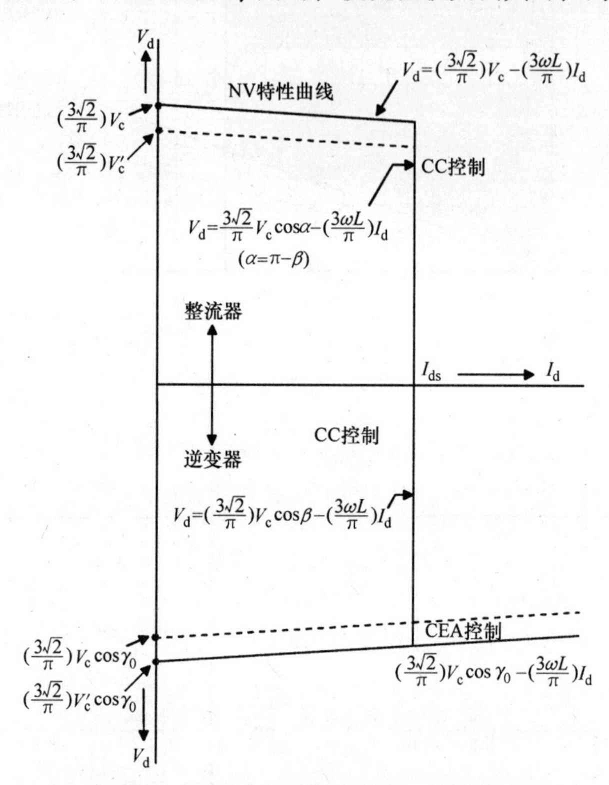

图4-14　换流器从逆变到整流的运行限制

（NV表示自然电压；CC表示定电流；CEA表示定关断角）

4.2　换相失败

对基于晶闸管的任何类型直流输电系统，换相失败是一个不可避免的问题。换相失败所造成的影响涉及阀、直流系统的无功功率以及继电保护装置等。因此，在系统设计之前，应该对换相失败问题进行透彻的研究。晶闸管具有单向可控的能力，即可以控制开通，但不能控制关断，使晶闸管关断的唯一方法是施加一个反向电压。

三相接地故障下的换相失败。图4-15展示了逆变器的换相过程以及换相电压突然下降时的影响。图 4-15 所示的换相开始到换相结束的电压 - 时间面积 A 可以用式（4-12）表示（$\alpha+\mu=180°-\gamma$）：

$$A=\int_{\alpha}^{\alpha+\mu}\frac{\sqrt{2}E}{2}\sin(\omega t)\mathrm{d}\omega t=\frac{\sqrt{2}E}{2}\left[-\cos(\omega t)\Big|_{\alpha}^{\alpha=\mu}\right]$$

$$=\frac{\sqrt{2}E}{2}[\cos\alpha-\cos(\alpha+\mu)]=\frac{E}{\sqrt{2}}(\cos\alpha+\cos\gamma)\tag{4-12}$$

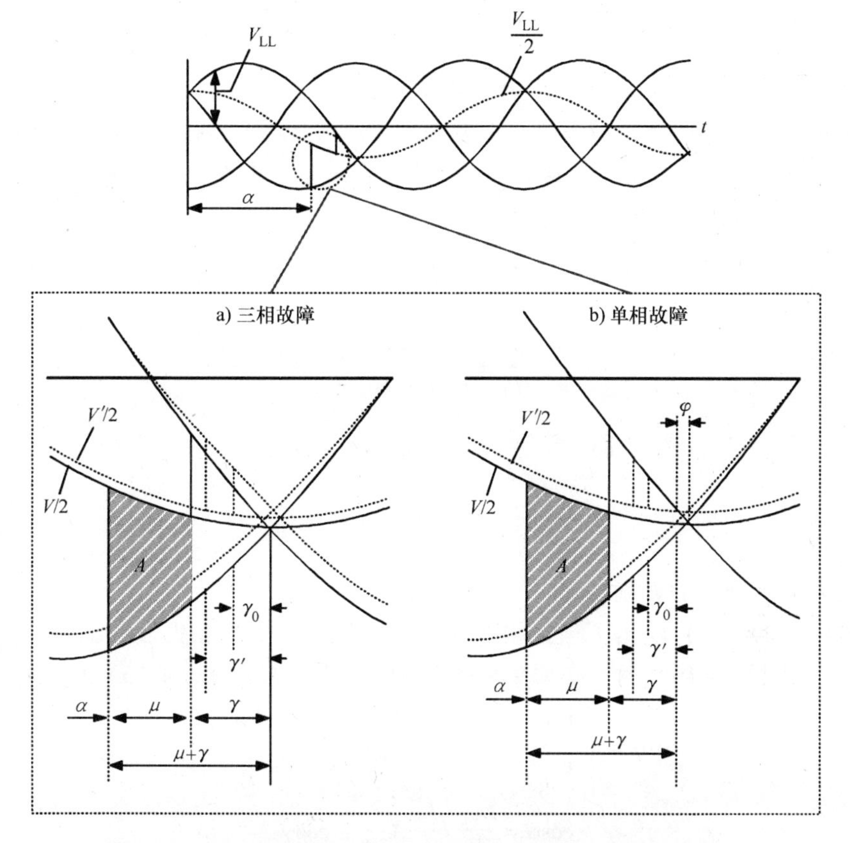

图 4-15　由于逆变器换相电压下降导致的晶闸管关断角的改变

因为完成换相所需要的电压 - 时间面积是一个固定值，如果三相换相电压突然对称地下降，那么完成换相所需要的电压 - 时间面积就可能不够，这就意味着换相结束的时间会延迟到对应于正常换相时的裕度时间。

$$\frac{E}{\sqrt{2}}(\cos\alpha+\cos\gamma)=\frac{E'}{\sqrt{2}}(\cos\alpha+\cos\gamma')，\frac{E'}{E}=\frac{\cos\alpha+\cos\gamma}{\cos\alpha+\cos\gamma'}\tag{4-13}$$

式中，E'是换相电压下降后的值；γ'是换相电压下降后的关断角。方程式（4-13）基本决定了换相失败发生时的临界关断时间和临界电压下降率（E'/E）。

下面讨论换相失败发生时，触发延迟角保持不变而直流电流增大时的情况。描

述直流电流的基本方程式为

$$I_d = \frac{E}{\sqrt{2}X_c} \left[\cos\alpha - \cos(\alpha + \mu) \right]$$

$$I_d = \frac{E}{\sqrt{2}X_c} \left[\cos\alpha + \cos\gamma \right] \tag{4-14}$$

式中，X_c 为换相电抗；$\alpha + \mu = \pi - \gamma$。

如果电压下降时，直流电流保持不变，则方程式（4-14）可以改写为

$$I_d = \frac{E'}{\sqrt{2}X_c} (\cos\alpha + \cos\gamma') \tag{4-15}$$

现在，式（4-15）可以用临界关断角（γ_0）来描述，所谓临界关断角就是由于电压下降和电流上升而刚好导致换相失败发生时的关断角。在此条件下，可以对上述方程做重新整理，得到与式（4-13）相同形式的方程：

$$I'_d = \frac{E'}{\sqrt{2}X_c} (\cos\alpha + \cos\gamma_0)$$

$$\frac{I'_d}{I_d} = \frac{\cos\alpha + \cos\gamma_0}{\cos\alpha + \cos\gamma'}$$

$$\cos\gamma' = \frac{I_d}{I'_d} (\cos\alpha + \cos\gamma_0) - \cos\alpha$$

$$\frac{E'}{E} = \frac{I'_d}{I_d} \frac{\cos\alpha + \cos\gamma}{\cos\alpha + \cos\gamma_0} \tag{4-16}$$

这里的 I'_d 是上升后的直流电流。

方程式（4-16）给出了当三相电压对称下降时发生换相失败的临界点。在实际应用方程式（4-16）时，必须注意逆变器的 $\cos\alpha$。根据式（4-15）可以推得：

$$\cos\alpha = \frac{\sqrt{2}I_d X_c}{E} - \cos\gamma \frac{X_c \sqrt{2} E_{FL} I_{dFL}}{E_{FL}^2} = \frac{\sqrt{2} I_{dFL}}{E_{FL}} X_c$$

$$\cos\alpha = \frac{E_{FL}}{E} \frac{I_d}{I_{dFL}} X_{cpu} - \cos\gamma$$

这里，$X_{cpu} = \frac{X_c}{Z_b} = \frac{X_c \mathrm{MVA_b}}{E_{FL}^2}$，$E_{FL}$ 为额定电压，I_{dFL} 为额定电流。

稳态下 E_{FL}/E 近似等于 1pu，因此可以推得

$$\cos\alpha = \frac{I_d}{I_{dFL}} X_{cpu} - \cos\gamma \tag{4-17}$$

利用式（4-17），式（4-16）可以被改写为

$$\frac{E'}{E} = \frac{I'_d}{I_d} \frac{I_d X_{cpu}}{I_d X_{cpu} + I_{dFL}(\cos\gamma_0 - \cos\gamma)}$$

如果上述方程用换相电压突然下降率 ΔV 来表示，理论上发生换相失败的电压下降

幅度为

$$\Delta V=1-\frac{I'_{\mathrm{d}}}{I_{\mathrm{d}}}\frac{(I_{\mathrm{d}}/I_{\mathrm{dFL}})\ X_{\mathrm{cpu}}}{(I_{\mathrm{d}}/I_{\mathrm{dFL}})\ X_{\mathrm{cpu}}+\cos\gamma_0-\cos\gamma} \tag{4-18}$$

单相接地故障下的换相失败。如图 4-15 所示，如果三相电压对称性地下降，那么三相电压波形的相位仍然保持不变。但是，如果电压不对称地下降（单相接地故障），逆变器单相电压的下降会导致线电压的下降。结果，换相电压的过零点时刻就会改变。由于此种相位移动会导致换流阀关断角的减小，因此，换相失败就由两个因素造成，一个是电压幅值的下降，另一个是相位移动。图 4-15b 给出了用 φ 表示的相位移动，它使得临界关断角 γ_0减小。如果换相失败的发生条件与无相位移动时一样，那么，临界关断角就等于 γ_0加上此相位移动角。因此，理论上的表达式为

$$\Delta V=1-\frac{I'_{\mathrm{d}}}{I_{\mathrm{d}}}\frac{(I_{\mathrm{d}}/I_{\mathrm{dFL}})\ X_{\mathrm{cpu}}}{(I_{\mathrm{d}}/I_{\mathrm{dFL}})\ X_{\mathrm{cpu}}+\cos\ (\gamma_0+\varphi)-\cos\gamma} \tag{4-19}$$

在图 4-15 中，如果将 A 相电压相位移动 30°，那么就可以得到如下的三相电压表达式：

$$E_{\mathrm{a}}=\frac{\sqrt{2}E}{\sqrt{3}}\sin\ (\omega t)\ 1;\ E_{\mathrm{b}}=\frac{\sqrt{2}E}{\sqrt{3}}\sin\ (\omega t+120°);\ E_{\mathrm{c}}=\frac{\sqrt{2}E}{\sqrt{3}}\sin\ (\omega t-120°) \tag{4-20}$$

A 相电压和 B 相电压通常在 30°和 210°处相交。但是，设 B 相电压有下降，下降率为 ΔV，那么这种情况下的电压相交点为

$$\begin{aligned}\sin\omega t&=(1-\Delta V)\ (\sin\ (\omega t+120°)=(1-\Delta V)\ (\cos120°\sin\omega t+\sin120°\cos\omega t)\\&=(1-\Delta V)\ \left(-\frac{1}{2}\sin\omega t+\frac{\sqrt{3}}{2}\cos\omega t\right)\end{aligned}$$

得到 $\omega t=\arctan\left[\frac{\sqrt{3}/2}{1/2+1/(1-\Delta V)}\right]$。

因此，造成的换相线电压过零点的相位移动为

$$\varphi=30°-\arctan\left[\frac{\sqrt{3}/2}{1/2+1/(1-\Delta V)}\right] \tag{4-21}$$

图 4-16 展示了电压下降和其他相关参数变化对换相失败的影响。从图中可以看出，影响换相失败的最重要因素是换流变压器的漏抗；如果漏抗比较小，那么发生换相失败的可能性就会减小。影响换相失败的第二个重要因素是电流变化率。剩下的影响因素中，按照重要性排列依次为直流输电系统的容量、控制角和临界关断角 γ_0。

直流输电系统关断角 γ 的典型值为：60Hz 系统下为 18°，50Hz 系统下为 15°，两者的差别基本可以忽略。但是，由于晶闸管的临界关断时间是常值，因此，实际运行中，50Hz 系统的性能会比类似的 60Hz 系统差。

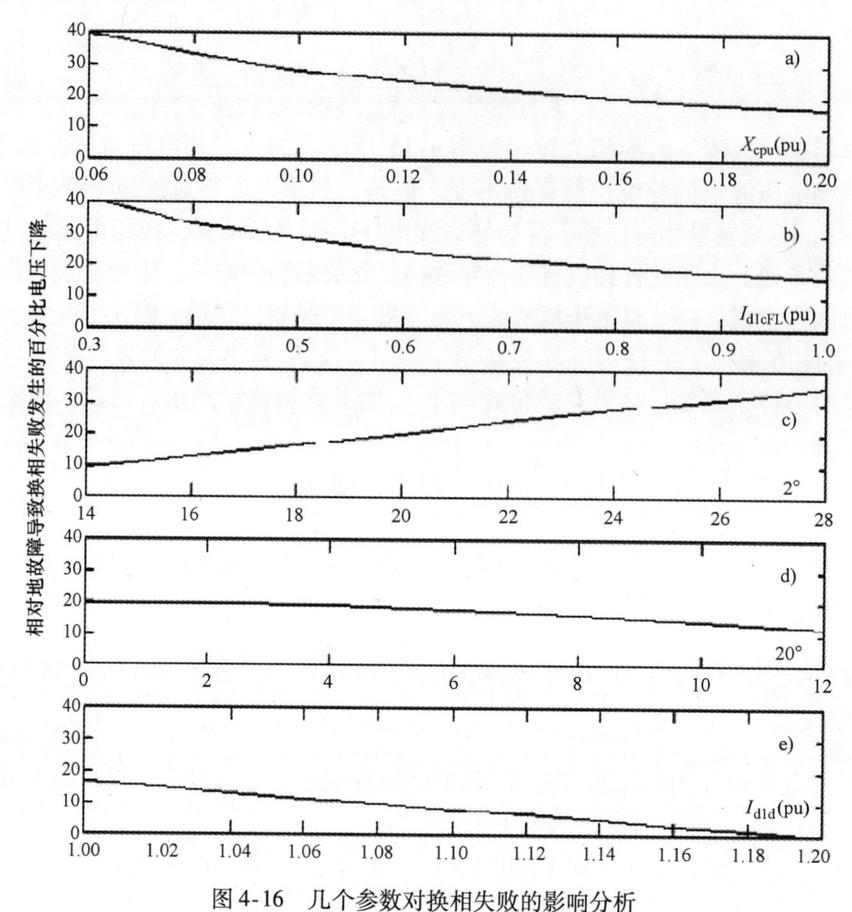

图 4-16 几个参数对换相失败的影响分析

a）换流变压器漏抗 b）直流电流 c）运行的关断角 d）临界关断角 e）电流变化率

单相故障与三相故障的比较。如式（4-19）和式（4-20）所示，单相接地故障和三相接地故障的差别仅仅在于相位移动的特性不同。但实际上，两者的差别还是多方面的，其主要差别如下：

（1）Y－Y 联结和 Y－D 联结变压器的差别。当换流变压器的网侧和阀侧绕组采用 Y－Y 和 Y－D 联结时，如果远方电网发生单相接地故障，那么阀侧换相电压中有两相会下降，而另外一相会增加。因此，换相失败发生在两相上。另一方面，如果换流变压器的网侧和阀侧绕组都采用 Y－Y 联结，那么发生单相接地故障时，只有一相电压受影响而另外两相保持不变，因此，换相失败仅仅发生在一相上。图 4-17 画出了变压器联结如何影响换相失败的相量图，如果一相电压下降，由于星形联结和三角形联结的不同会产生一个附加的相位移动，该附加的相位移动用 $\Delta\theta$（$\theta-\theta'$）来表示。

（2）单相接地故障和三相接地故障在引起电流上升率上的差别。表达式（4-19）表明，由于相位移动的原因，单相接地故障在理论上比相应的三相接地故障

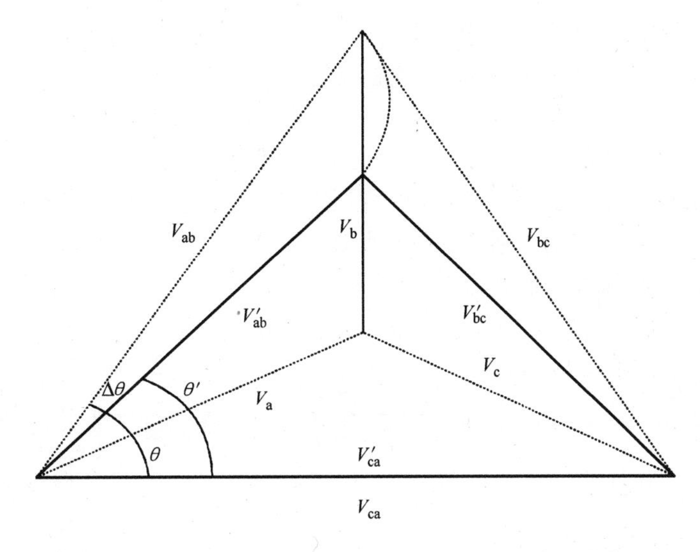

图 4-17　由于换相电压下降引起的触发延迟角的改变

对直流系统更危险。但是，如果考虑故障后的电流相对于稳态电流的上升率，那么区分是单相接地故障还是三相接地故障就没有意义了。因此，减少换相失败的一种方法是使直流系统控制器的响应时间尽可能快。如果直流系统控制器的响应足够快，那么单相接地故障引起的电流上升率会小于三相接地故障，因为控制器能够利用非故障相的电压来补偿降低的电压。这个事实表明单相接地故障引起换相失败的可能性比三相接地故障小。但是，由于直流系统中的电流控制器比其他控制器响应快得多，所以当扰动发生时，它更趋向于瞬时补偿所减少的电压。因此，电流控制器的运行特性必须通过大量的此类实验来确定。

4.3　高压直流输电系统的控制及其设计

传统的 HVDC 控制。常规的 HVDC 控制采用整流器控制功率、逆变器控制关断角的结构。功率控制采用分层结构，功率控制器为下属的电流控制器提供直流电流设定值。

当整流侧交流电压下降时，为了达到一个新的运行点，传统直流控制方案在逆变器上引入了一个电流裕度控制，即在由功率控制器确定的直流电流设定值上减去一个“电流裕度”。另外，逆变器也可以具有直流电压控制功能。但是，逆变器的三种控制模式不会在同一个时刻起作用。换句话说，关断角控制、电流裕度控制和直流电压控制任何时刻仅仅一个在起作用，决不会同时起作用。图 4-18 展示了传统直流输电控制方案的原理框图。逆变器采用了选中最大（Max）函数来确定运行模式。整流器和逆变器都配置了低压限流控制器（VDCOL），该控制器用于确定故障和恢复期间整流器和逆变器的直流电流设定值。传统直流输电控制器的稳态特性如图4-19所示，图中的运行点是两条曲线的交点，一条是整流器直流电流控制器的设定值曲线，另一条是逆变器直流电压控制器的设定值曲线。运行点（OP）被故意选择在逆变器直流电压控制模式和关断角控制模式的交叉点上。

传统HVDC控制方案的特点是功率控制响应慢、逆变器控制不协调和故障恢复速度受限等，此外，对于逆变侧低短路比（SCR）的场合，更倾向于采用逆变器控制直流电压、整流器控制直流电流的方案。

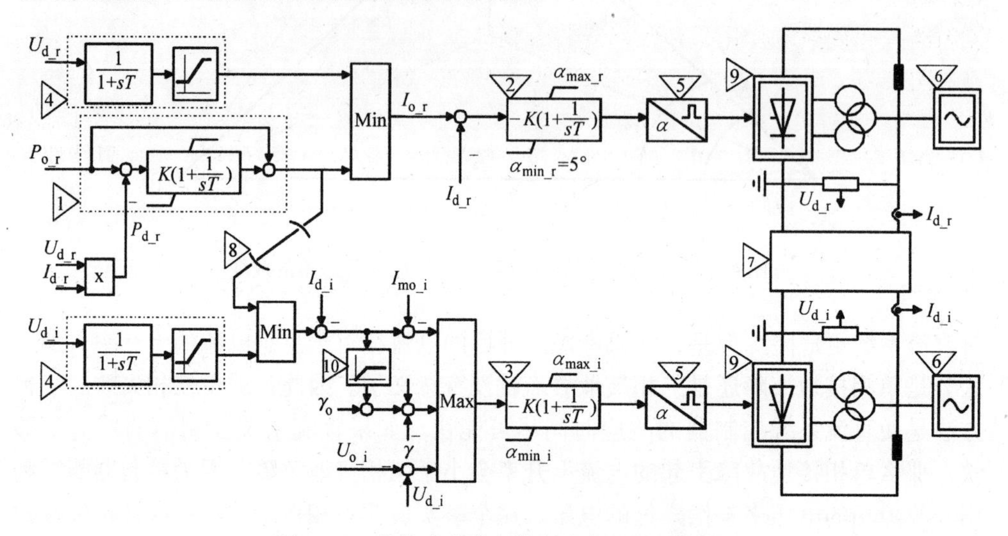

图4-18　传统直流输电控制方案的原理框图

1—功率控制器　2—电流控制器　3—关断角或直流电压或电流裕度控制器　4—带有平滑功能的VDCOL　5—触发单元　6—交流网络　7—直流线路　8—通信　9—换流器　10—电流组合

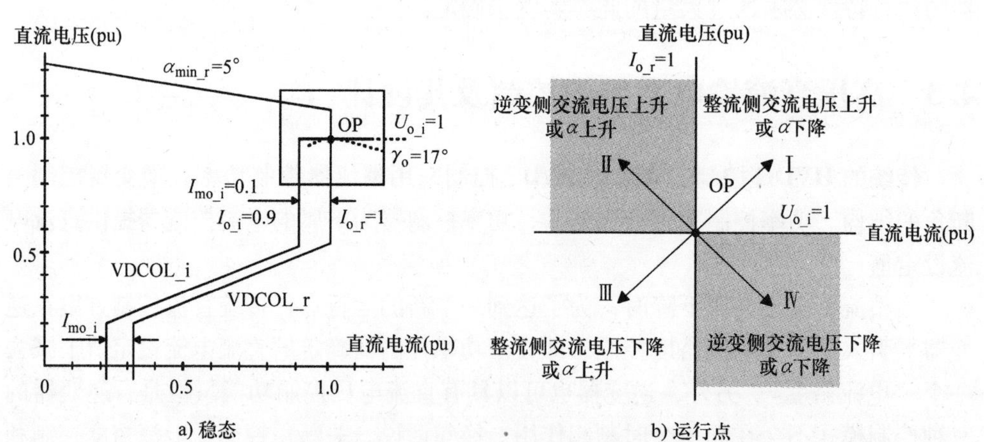

图4-19　传统HVDC控制方案的特性

图4-19b是图4-19a的放大版，其中穿过运行点的水平线和垂直线分别表示直流电流和直流电压的设定值线。这两条设定值线可以理解为构成4个象限的坐标

轴，如图4-19b所示。当整流侧的交流电压上升时，直流电压和直流电流也会上升。这就意味着实际的运行点进入第Ⅰ象限。类似地，当整流器的触发延迟角下降时，直流电压和直流电流也会上升。当逆变侧的交流电压下降时，直流电压会下降，而直流电流会上升，实际的运行点就进入第Ⅳ象限。同样的情况发生在逆变器触发延迟角减小的时候。可以看出，整流侧的每个改变会将运行点移动到第Ⅰ或第Ⅲ象限，而逆变侧的每个改变会将运行点移动到第Ⅱ或第Ⅳ象限。当偏离此运行点时，传统直流输电控制系统的两侧控制器（整流侧的电流控制器和逆变侧的电压控制器）会同时起作用，以消除这种偏离。

图4-20a给出了整流侧功率双曲线的特性，图中还画出了一条斜率为正的穿过运行点OP的直线。该功率双曲线代表了所述的整流侧功率控制器的定功率特性，而所画的直线则代表了逆变侧与整流侧控制器相补充的电阻控制器的定电阻特性。

整流侧功率控制器的轨迹完全落在第Ⅱ和第Ⅳ象限，而逆变侧电阻控制器的轨迹则完全落在第Ⅰ和第Ⅲ象限。如果整流侧沿着逆变侧电阻控制器的轨迹从运行点OP移动至新的运行点NP，就像图4-20b所示的那样，那么，通过减小控制角逆变侧的电阻控制器，将不会对整流侧的控制造成干扰。

同样地，当逆变侧沿着整流侧功率控制器的轨迹移动其运行点，整流侧的功率控制器也不会对逆变侧的控制造成干扰，就像图4-20c所示的那样。当整流侧和逆变侧的控制目标是同一个运行点时，就达到了解耦和协调控制的理想情形。

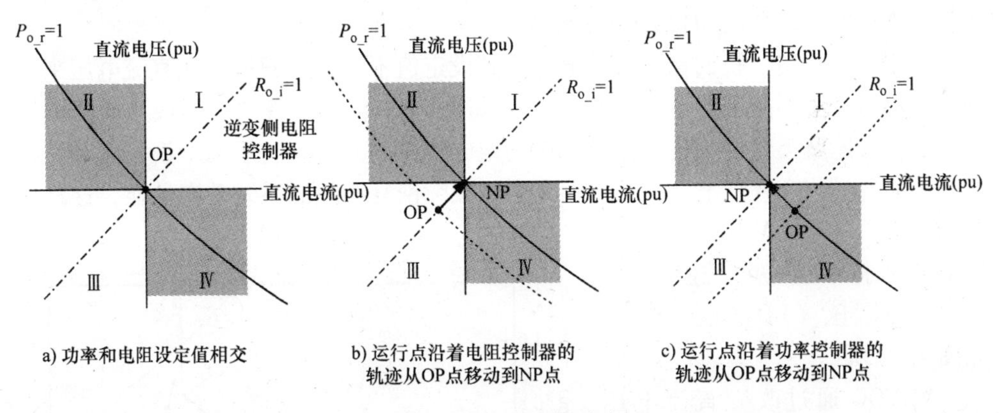

图4-20　运行点的改变

联合与协调控制方法（CCCM）。联合与协调控制方法（CCCM）是由西门子公司的F. Karlecik提出的[19]。该方法利用每个换流站可得到的就地信息，进行联合和协调控制，其目标是改善系统故障后恢复过程的动态特性。这种控制方法在弱系统情况下特别有益，因为这种情况下为了系统稳定不但需要功率快速恢复，而且还要求有最高的效率（关断角控制）。

整流侧控制的实现。CCCM在直流输电系统分层控制的层级中与传统HVDC控制的定电流控制在一个层级，但CCCM是一种将直流电压与直流电流进行联合控制的方法。直流电压和直流电流控制器的输入误差信号分别如式（4-22）和式（4-23）所示：

$$U_{\varepsilon\_r}=U_{o\_r}-U_{d\_r} \tag{4-22}$$

$$I_{\varepsilon\_r}=I_{o\_r}-I_{d\_r} \tag{4-23}$$

而相应的功率设定值和测量值分别为

$$P_{o\_r}=U_{o\_r}I_{o\_r} \tag{4-24}$$

$$P_{d\_r}=U_{d\_r}I_{d\_r} \tag{4-25}$$

用来控制上述两个误差［即式（4-24）和式（4-25）］之和的功率控制器的轨迹是功率双曲线上的一条切线，该切线的切点就是由直流电压和直流电流设定值所确定的点：

$$U_{o\_r}-U_{d\_r}+I_{o\_r}-I_{d\_r}=0 \tag{4-26}$$

可以看出，该切线能够很好地近似工作点附近的直流电压双曲线，如图4-21所示。

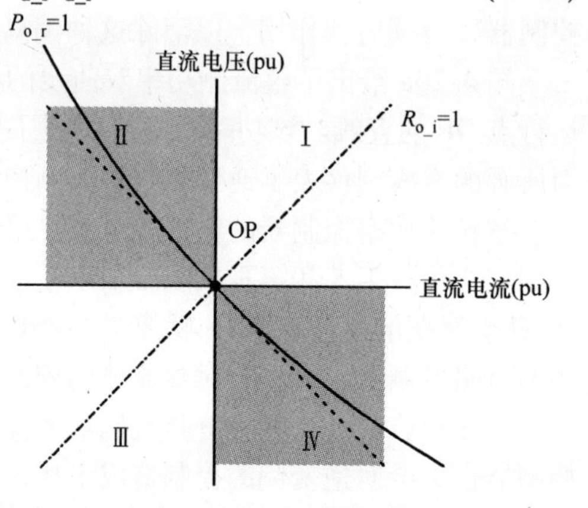

图4-21　设定值固定时功率控制器的切线

通过对触发延迟角进行控制可以直接改变直流电压，从而间接影响直流电流。根据这个事实，我们保持直流电流为其设定值不变，而通过改变直流电压来达到功率双曲线而不是运行点附近的切线。采用CCCM，可以得到一种快速的功率控制方法，其速度类似于传统直流控制中的定电流控制方法。利用两个误差之和，我们有可能通过改变直流电压的设定值来影响故障恢复期间的系统动态性能，这是除已知的低压限流（VDCOL）方法（改变电流设定值）之外的方法。在CCCM中，VDCOL保持不变，并且还引入了一个低压限压（VDVOC）特性，如图4-22所示。

VDVOC通过改变直流电压的设定值以达到期望的整流侧控制特性，该特性如图4-22所示。其中，线段（h－l）是正常运行范围内的功率双曲线，线段（l－m）是最大允许的直流电流，线段（m－n）是低压限流曲线，而线段（n－o）是VDCOL的最小电流。当设定值与VDCOL相

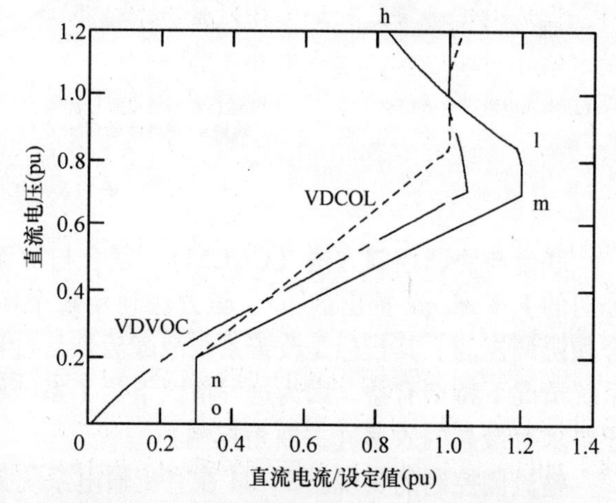

图4-22　设定值固定时功率控制器的切线

对应时，整流侧的控制特性（h－l－m－n－o）是满足式（4-26）的点集。线段h－l是已知的传统换流器的控制特性。CCCM 不同于慢速的传统 HVDC 控制的分层结构，它将带有 VDCOL 功能的直流电流控制器叠加在带有 VDVOC 功能的直流电压控制器上，用于改善故障或扰动后恢复过程中整流器控制的动态性能。

逆变侧控制的实现。当两者的控制目标是同一个运行点时，逆变侧的电阻控制与整流侧的功率控制是相互解耦和相互协调的。与上述整流侧的控制类似，逆变侧的电阻控制也是直流电压和直流电流的联合控制，只是这种情况下误差是相减的，即

$$I_{o\_i} - I_{d\_i} - U_{o\_i} + U_{d\_i} = 0 \tag{4-27}$$

为了使逆变侧的控制与整流侧的控制相协调，逆变侧的直流电压和直流电流设定值需要同时满足控制关断角并保持功率恒定的要求。稳态下，逆变侧的控制特性曲线和关断角特性曲线在$U'_d - I'_d$平面上是固定的，其中 U'_d和 I'_d是以理想空载直流电压和两相短路电流为基准值的标幺值。由于这个原因，逆变侧的每一个运行点都被明确定义为 $U'_d - I'_d$平面上控制特性曲线与关断角特性曲线的交点。因此，电压设定值的计算可以通过在此平面上确定功率双曲线和最小关断角线的交点来实现。

$$U'_o = \frac{\cos\gamma_o + \sqrt{\cos^2(\gamma_o) - 2P'_o}}{2}$$

然后将上述解转换到基于额定值的公共控制平面上。对于理想无损耗直流线路，成对的设定值如下：

$$U'_o = \frac{\cos(\gamma_o) + \sqrt{\cos^2(\gamma_o) - [\cos^2(\gamma) - \cos^2(\beta)]\dfrac{P_{o\_r}}{P_{d\_r}}}}{\cos(\gamma) + \cos(\beta)} \tag{4-28}$$

$$I_{o\_i} = P_{o\_r}/U_{o\_i} \tag{4-29}$$

上述设定值可以通过测量值以及关断角设定值、功率设定值、直流电压设定值、直流电流设定值和触发延迟角设定值事先计算出来。当逆变器达到稳态时，与设定值相对应的实测功率值和关断角值为

$$P_{o\_r} = P_{d\_i} \text{和} \gamma_o = \gamma$$

这种情况下式（4-28）和式（4-29）给出的结果是：

$$U_{o\_i} = U_{d\_i} \text{和} I_{o\_i} = I_{d\_i}$$

此结果满足式（4-27）所示的电阻控制器方程。逆变侧的电阻控制根据式（4-28）和式（4-29），并采用功率和关断角的全局设定值以及逆变站的实测值，计算其自身的直流电压设定值和直流电流设定值。

当采用与整流侧相同的 VDCOL 和 VDVOC 设定值，并且使用与图 4-22 整流侧特性曲线相对应的直流电流测量值时，根据式（4-27）可以得到逆变侧的特性曲线，如图 4-23a 所示。整流侧特性曲线和逆变侧特性曲线的交点就是运行点，该运行点也可以通过整流侧功率控制（功率双曲型）与逆变侧电阻控制（关断角控制）

来确定。由于实际系统中存在损耗，式（4-28）中的整流侧功率设定值采用逆变侧的功率设定值来替代，而逆变侧的功率设定值可基于逆变侧的长期功率测量值进行计算，如图 4-24 所示。

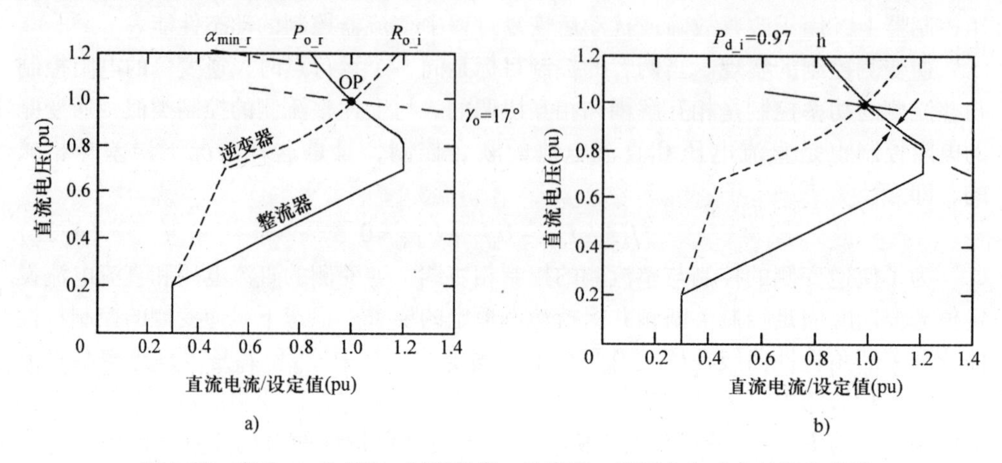

图 4-23　当 $P_{d_i}=0.97P_{o_r}$时逆变器、整流器、关断角和功率的轨迹曲线

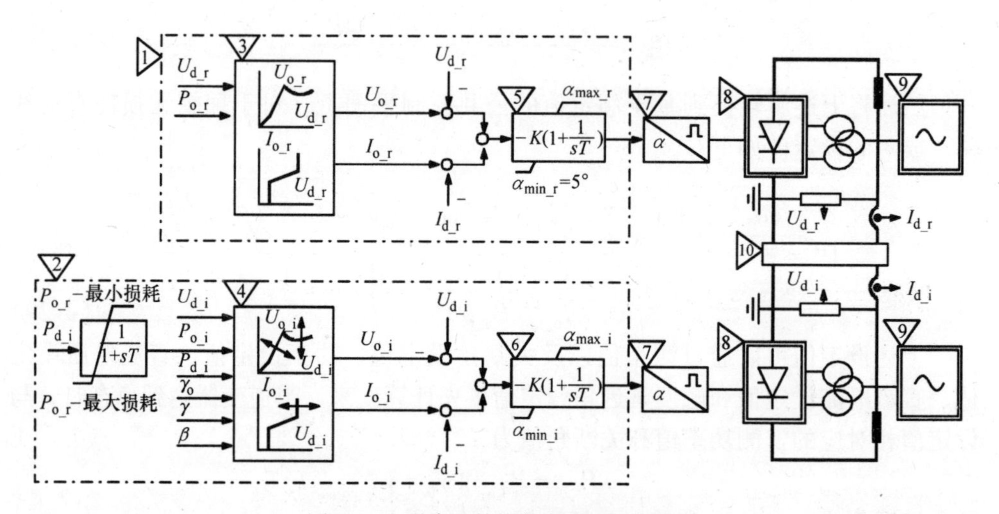

图 4-24　联合和协调控制的原理框图

1—整流侧功率控制器　2—逆变侧电阻控制　3—VDVOC 与 VDCOL　4—可变 VDVOC 和 VDCOL　5—PI 控制器　6—PI 控制器　7—触发单元　8—换流器　9—交流电网　10—直流线路

HVDC 系统的模糊控制[44]。在模糊控制算法中，状态变量是与 $\Delta\omega$ 和 $\Delta\dot{\omega}$ 相关的模糊集，其中，$\Delta\omega$ 是发电机的转速偏差信号，用于整流侧直流调节器中的辅助稳定控制，而 $\Delta\dot{\omega}$ 是 $\Delta\omega$ 的导数。如图 4-25 所示，模糊逻辑控制器的输入为

$$\Delta\omega(nT)=\omega(nT)-\omega_0$$

$$\Delta\dot{\omega}(nT)=[\Delta\omega(nT)-\Delta\omega(nT-T)]/T \tag{4-30}$$

这里的 T 是采样周期，n 是正整数。选择正常数 G_e 和 G_r，使误差及其变化率满足 $-L\leqslant G_e\Delta\omega\ (nT)\leqslant L$ 和 $-L\leqslant G_r\Delta\dot{\omega}\ (nT)\leqslant L$。

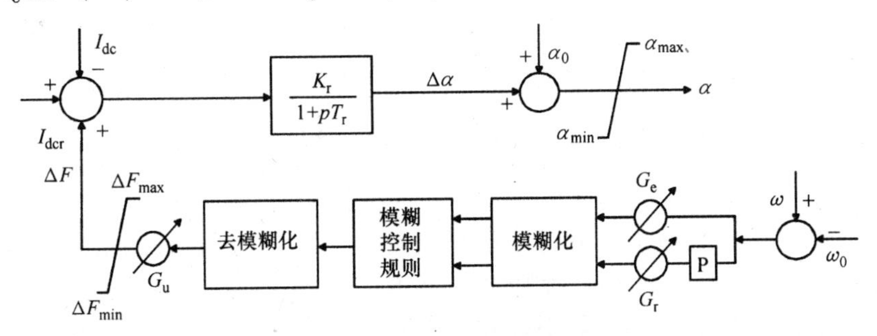

图 4-25　模糊逻辑控制器结构

对于规格化后的误差及其变化率，其线性模糊化算法如图 4-26 所示。图中，L 既表示 $\Delta\omega$ 的最大值与增益 G_e的乘积，也表示 $\Delta\dot{\omega}$的最大值与增益 G_r的乘积。误差模糊集（e）有两个成员，即正误差（e_p）和负误差（e_n）；误差变化率模糊集（ce）也有两个成员，即正误差变化率（r_p）和负误差变化率（r_n）。输出模糊集（用于控制）ΔF 有三个成员，即正输出（op）、负输出（on）和零输出（0z）。控制程序采用了如下的模糊控制规则：

规则 1：IF e 是 e_p AND ce 是 r_n Then dF 是 0z

规则 2：IF e 是 e_p AND ce 是 r_p Then dF 是 op

规则 3：IF e 是 e_n AND ce 是 r_n Then dF 是 on

规则 4：IF e 是 e_n AND ce 是 r_p Then dF 是 0z

误差模糊集 e 和误差变化率模糊集 ce 的成员函数可根据图 4-26a 得出

$$\mu_{ep}\ (e)=\frac{L+G_e e}{2L},\ \mu_{ep}\ (e)=\frac{L-G_e e}{2L}$$

$$\mu_{rp}\ (e)=\frac{L+G_r ce}{2L},\ \mu_{rn}\ (e)=\frac{L-G_r ce}{2L} \tag{4-31}$$

用类似的方式，根据图 4-26b 可以得到控制输出的成员函数为

$$\mu_{op}\ (\mathrm{d}F)=\frac{\mathrm{d}F}{L},\ \mu_{on}\ (\mathrm{d}F)=\frac{-\mathrm{d}F}{L},\ \mu_{0z}\ (\mathrm{d}F)=0 \tag{4-32}$$

规则 1：IF e 是 e_p AND ce 是 r_n Then dF 是 0z

规则 2：IF e 是 e_p AND ce 是 r_p Then dF 是 op

规则 3：IF e 是 e_n AND ce 是 r_n Then dF 是 on

规则 4：IF e 是 e_n AND ce 是 r_p Then dF 是 0z

为了使模糊控制器在任意给定的输入下能够工作，需要利用推理的组合规则：

$$\mathrm{d}F=(e\times ce)\ \mathrm{o}R \tag{4-33}$$

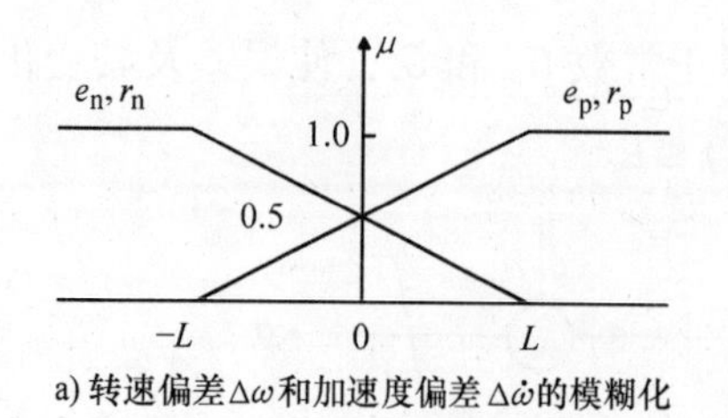

a) 转速偏差$\Delta\omega$和加速度偏差$\Delta\dot{\omega}$的模糊化

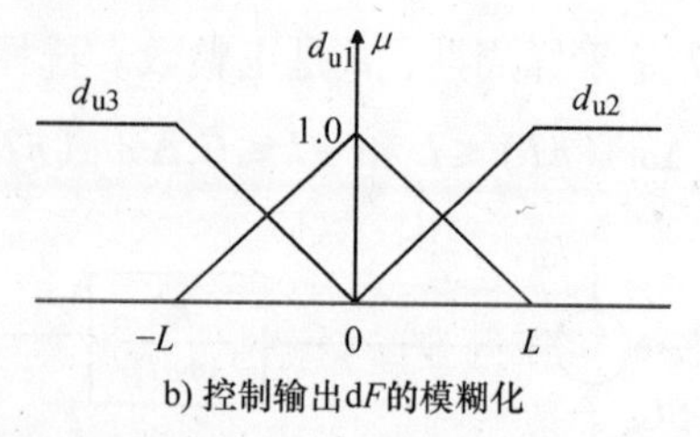

b) 控制输出dF的模糊化

图4-26 模糊化规则

一般地，式中“o”表示最大—最小乘积。但是，为了得到更好的结果，这里采用最大—最大乘积。为了对控制规则进行评估，使用了以 Zadeh 命名的 AND 和以 Lukasiewicz 命名的 OR。对于单个规则，希望使用 Zadeh 的 AND，而对于规则 1 到规则 4 之间的暗指“or”，则采用 Lukasiewicz 的 OR。

模糊逻辑控制器的推理引擎将模糊规则库中各种规则的前提条件与输入状态的语义项相互匹配，并得出其含义。例如，对于一个给定的误差及其变化率，根据规则 1 到规则 4 得到的触发延迟角 α_1、α_2、α_3和 α_4如下：

$$\alpha_1=\mu_{ep}(e)\wedge\mu_{rp}(ce),\ \alpha_2=\mu_{en}(e)\wedge\mu_{rp}(ce)$$
$$\alpha_3=\mu_{en}(e)\wedge\mu_{rn}(ce),\ \alpha_4=\mu_{en}(e)\wedge\mu_{rn}(ce) \tag{4-34}$$

式中的“∧”是模糊 AND 操作，表示两个量的最小值。因为规则 1 和规则 4 具有相同的输出集，Lukasiewicz 的 OR 或 Zadeh 的 AND 两者中的任意一个都可以用来评估两个规则的输出决策：

$$\alpha_0=\min[1,(\alpha_1+\alpha_4)]\ \text{或者}\ \max(\alpha_1,\alpha_4) \tag{4-35}$$

经过一个去模糊化过程（对准备去模糊化的模糊集的所有成员进行规格化，使其和等于 1)，得到去模糊化的输出为

$$\mathrm{d}F=\frac{\alpha_2\mathrm{d}F_2+\alpha_3\mathrm{d}F_3}{\alpha_0+\alpha_2+\alpha_3} \tag{4-36}$$

式中，dF_2 和 dF_3 是控制输出的值，其成员值为 1。这种经过某些简化的非线性去模糊化算法（采用 Lukasiewicz 的 OR 或 Zadeh 的 AND）产生的控制为

$$\Delta F=\frac{0.5LG_u(G_e e+G_r ce)}{(2L-G_e|e|)}\text{或}\frac{0.5LU_u(G_e+G_r ce)}{(1.5L-0.5G_e|ce|)} \tag{4-37}$$

对于 $G_r|ce|\leqslant G_e|e|\leqslant L$($G_u$ 是控制输出 $\Delta\mu$ 的规格化比例系数）的情况，有

$$\Delta F=\frac{0.5LG_u(G_e e+G_r ce)}{(2L-G_r|ce|)}\text{或}\frac{0.5LU_u(G_e+G_r ce)}{(0.5L-G_r|ce|)} \tag{4-38}$$

另一方面，如果采用加权平均方法来去模糊化，那么对于 $G_e|e|\leqslant G_r|ce|\leqslant L$ 的情况，控制器的输出将会是

$$\Delta F=\frac{0.25[(L+G_r ce)^2-(L-G_e e)^2]}{(2L-G_r|ce|)}$$

而对于 $G_r|ce|\leqslant G_e|e|\leqslant$ L 的情况，控制器的输出为

$$\Delta F=\frac{0.25\ [(L+G_{\mathrm{r}}ce)^2]-(L-G_{\mathrm{e}}e)^2]}{(2L-G_{\mathrm{r}}\mid ce\mid)} \tag{4-39}$$

从式（4-37）~式（4-39）可以看出，控制器的输出 ΔF 是发电机的速度偏差和加速偏差的非线性函数。

HVDC 系统的变结构控制。变结构（VSS）控制器具有多个有吸引力的特性，例如，快速响应特性，良好的暂态性能，对系统参数变化和外部扰动的不敏感性等。此外，变结构控制将系统的运动轨迹限制在滑模面上，能够比传统控制策略提供更好的鲁棒性。

为了设计一个直流输电系统的变结构电流调节器（见图 4-27），需要在工作点上对系统进行线性化处理，即忽略非线性动态部分，建立线性化的动态方程。因为直流线路的时间常数很小，这种处理方法是可以成立的。通过这种简化，可以得到线性化方程的矩阵形式为

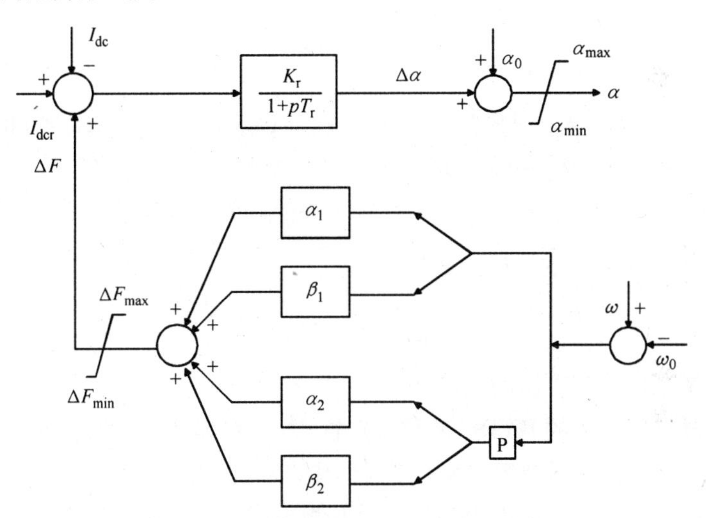

图 4-27　直流输电系统的辅助变结构控制器

$$\begin{bmatrix}\Delta\dot{\delta}\\ \Delta\dot{\omega}\\ \Delta\dot{\alpha}\end{bmatrix}=\begin{bmatrix}0&1&0\\ G_1&0&G_2\\ G_3&0&G_4\end{bmatrix}\begin{bmatrix}\Delta\delta\\ \Delta\omega\\ \Delta\alpha\end{bmatrix}+\begin{bmatrix}0\\ 0\\ G_5\end{bmatrix}\Delta F \tag{4-40}$$

式中，常数 G_1 到 G_5 是通过线性化后的方程得到的。因而切换超平面为

$$\sigma=c_1\Delta\delta+c_2\Delta\omega+\Delta\alpha \tag{4-41}$$

式中，参数 c_1 和 c_2 根据所期望的系统性能进行选取。能够进入滑模面 $\sigma=0$ 的充分必要条件为 $\sigma\dot{\sigma}<0$，这里的 $\dot{\sigma}$ 是 σ 的导数。从式（4-41）中消去 $\Delta\alpha$（利用 $\sigma=0$），得到在滑模面上的系统特征矩阵为

$$A=\begin{bmatrix}0 & 1\\ G_1-c_1G_2 & -c_2G_2\end{bmatrix} \tag{4-42}$$

矩阵 $\boldsymbol{A}$ 的特征方程是 $s^2+s\,(c_2G_2)+(c_1G_2-G_1)=0$，存在两根为 $-a\pm \mathrm{j}b$，其中 $a=0.5c_2G_2$，$b=0.5\sqrt{[(c_2G_2)^2-4\,(c_1G_2-G_1)^2]}$。为了使该系统稳定，$c_2>0$。辅助控制 ΔF 的表达式为 $\Delta F=-\psi_1\Delta\omega-\psi_2\Delta\dot{\omega}$。趋近滑模面的条件 $\sigma\dot{\sigma}<0$ 可以由式（4-40）和式（4-41）得到

$$\sigma\dot{\sigma}=(G_3-c_1G_4)\ \sigma\Delta\delta+(c_1-G_4c_2-G_3\psi_1)\ \sigma\Delta\omega+(c_2-G_5\psi_2)\ \sigma\Delta\dot{\omega} \tag{4-43}$$

当选取 $c_1=G_3/G_4$ 时，$\sigma\dot{\sigma}$的值变为

$$\sigma\dot{\sigma}=(c_1-G_4c_2-G_5\psi_1)\ \sigma\Delta\omega+(c_2-G_5\psi_2)\ \sigma\Delta\dot{\omega} \tag{4-44}$$

其中的 ψ_1 和 ψ_2 为

$$\psi_1=\begin{cases}G_1+h_e & 当\ \sigma\Delta\omega>0\ 时\\ G_1-h_e & 当\ \sigma\Delta\omega<0\ 时\end{cases},\quad \psi_2=\begin{cases}G_2+h_e & 当\ \sigma\Delta\dot{\omega}>0\ 时\\ G_2-h_e & 当\ \sigma\Delta\dot{\omega}<0\ 时\end{cases} \tag{4-45}$$

$$\begin{aligned}&G_1=(c_1-G_4c_2)/G_5\\&G_2=c_2/G_5,\ h_e\ 为可选的常数，h_e>0\end{aligned} \tag{4-46}$$

这里 h_e的选择是使如下的目标函数最小化：

$$J=\int_0^t(\Delta V_t^2+\Delta\omega^2)\,\mathrm{d}t \tag{4-47}$$

其中 ΔV_t 是发电机机端电压的偏差。

与控制器类型相关的 HVDC 系统稳定性[14]。在评估控制器类型对 HVDC 系统稳定性影响之前，首先需要考虑采用哪个指标来刻画稳定性。对于图 4-28 所示的控制特性，整流侧采用定电流控制，而逆变侧采用定β控制或者定γ控制或者定电压控制。因此，HVDC 系统的稳定性是与逆变侧所采用的控制器类型相关的，相应地刻画 HVDC 系统稳定性的指标可以是 $\mathrm{d}\gamma/\mathrm{d}\alpha$、$\mathrm{d}V_d/\mathrm{d}\alpha$ 或者 $\mathrm{d}P/\mathrm{d}I$。

根据图 4-28 所附的方程式，系统变量可以采用式（4-48）所示的变量。精简后的变量由潮流计算决定，如式（4-49）所示。

$$\boldsymbol{X}^{\mathrm{T}}=(V_t,\ I_d,\ \alpha,\ \gamma,\ \phi,\ T,\ V_d,\ E_s,\ \delta,\ P_d,\ B_f) \tag{4-48}$$

$$\boldsymbol{X}_r^{\mathrm{T}}=(\alpha,\ \phi,\ V_d,\ E_s,\ \delta,\ P_d) \tag{4-49}$$

图 4-28 中的所有方程可以用式（4-50）和式（4-51）来表达，其中，$\boldsymbol{F}(\boldsymbol{X}_0)$ 是稳态下的解。而且，估计的解 $\boldsymbol{X}$ 与稳态下的解 $\boldsymbol{X}_0$ 之间的关系如式（4-52）所示。

$$\boldsymbol{F}(\boldsymbol{X}_0)=[0] \tag{4-50}$$

$$\boldsymbol{F}(\boldsymbol{X}_0)=\boldsymbol{F}(\boldsymbol{X})+\Delta\boldsymbol{F}(\boldsymbol{X}) \tag{4-51}$$

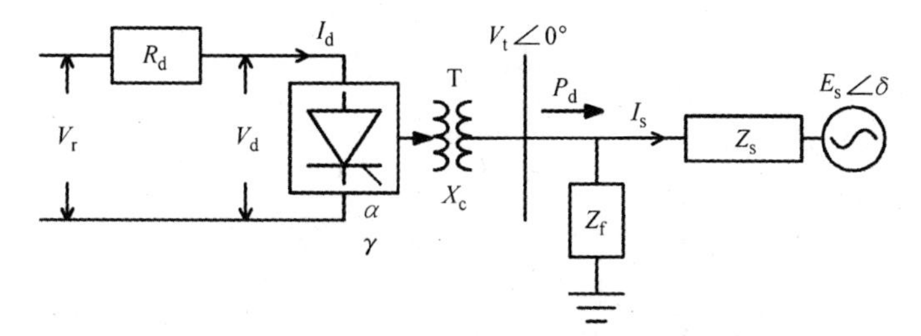

图 4-28　与交流系统相连的逆变器[㊀]

$$V_t - \frac{\sqrt{2}X_cI_d}{T\ (\cos\alpha + \cos\gamma)} = 0,\ \cos\phi - \left(\frac{\cos\alpha - \cos\gamma}{2}\right) = 0,\ V_d - \frac{3\sqrt{2}}{\pi}TV_t\cos\gamma + \frac{3}{\pi}X_cI_d = 0$$

$$\left(V_t - \frac{R_sV_dI_d}{V_t} + R_sV_tG_f + \frac{X_sV_dI_d\tan\phi}{V_t} - X_sV_tB_f - E_s\cos\delta\right) = 0$$

$$\left(-\frac{X_sV_dI_d}{V_t} + X_sV_tG_f - \frac{R_sV_dI_d\tan\phi}{V_t} - R_sV_tB_f - E_s\sin\delta\right) = 0$$

$$P_d = V_dI_d = 0$$

V_t 是交流母线的线电压；X_c 是换相阻抗；I_d是直流电流；T 是变压器电压比；α 是逆变器触发延迟角；γ 是逆变器关断角；ϕ 是逆变器交流功率因数角；V_d是逆变侧直流电压；P_d是逆变侧直流功率；Z_f是交流滤波器阻抗，$Z_f = (G_f + jB_f)^{-1}$；E_s 是交流系统电压源的模值；δ 是 E_s 与 V_t 之间的相角；Z_s 是交流系统阻抗，$Z_s = (R_s + jX_s)$。

$$\boldsymbol{F}(\boldsymbol{X}) = -\Delta\boldsymbol{F}(\boldsymbol{X}),\ \Delta\boldsymbol{F}(\boldsymbol{X}) = \left[\frac{\partial\ \boldsymbol{F}(\boldsymbol{X})}{\partial\ \boldsymbol{X}}\right]\Delta\boldsymbol{X} \tag{4-52}$$

这里的$\left[\frac{\partial\boldsymbol{F}(\boldsymbol{X})}{\partial\boldsymbol{X}}\right]$是雅克比矩阵 $\boldsymbol{F}$ 的元素，$\Delta\boldsymbol{X} = \boldsymbol{X}_0 - \boldsymbol{X}$，故 $\boldsymbol{F}(\boldsymbol{X}) = -\boldsymbol{J}\Delta\boldsymbol{X}$。

与变量集 $\boldsymbol{X}_r$对应的雅克比矩阵为 $\boldsymbol{J}_r$，从而有

$$\boldsymbol{F}(\boldsymbol{X}_r) = -\boldsymbol{J}_r\Delta\boldsymbol{X}_r \text{ 和 } \Delta\boldsymbol{X}_r = -\boldsymbol{J}_r^{-1}\boldsymbol{F}(\boldsymbol{X}_r) \tag{4-53}$$
[㊁]

$$\boldsymbol{X}_r^{(1)} = \boldsymbol{X}_r^{(0)} + \Delta\boldsymbol{X}_r \tag{4-54}$$

利用上面的方程式可以得到稳态解。为了基于上面的方程式评估不同类型控制器下的 HVDC 系统的稳定性，必须首先引入控制变量和间接控制变量的概念。在式（4-49）的变量中，有些变量是可以被直接控制的，因而被称为控制变量；而余下的变量就是间接控制变量，它们能被控制变量间接控制。将所有变量分为控制变量和间接控制变量，可以比较容易地获得描述 HVDC 系统在不同控制模式下稳定特性的指标，这些控制模式包括定 γ 控制模式、定电压控制模式和定功率控制模式。方程式 $\boldsymbol{F}(\boldsymbol{X}) = -\boldsymbol{J}\Delta\boldsymbol{X}$ 的右端项可以被写为

$$\boldsymbol{J}\Delta\boldsymbol{X} = \boldsymbol{J}_v\Delta\boldsymbol{X}_v + \boldsymbol{J}_y\mathrm{d}y \tag{4-55}$$

式中，$\boldsymbol{X}_v$ 表示除控制变量之外的运行变量；$\boldsymbol{J}_y$ 表示 $\boldsymbol{J}$ 矩阵中与控制变量 y 相对应的一列，$\boldsymbol{J}_v$ 是一个方阵，由 $\boldsymbol{J}$ 中与 $\boldsymbol{X}_v$ 相对应的各列组成。式（4-55）可以被重写为式（4-56）：

㊀ 原文图中没有标出 V_t，现图中已标出。——译者注

㊁ 原文误为 $\Delta\boldsymbol{X}_r = -\boldsymbol{J}_r^{-1}F\ (\boldsymbol{X})$。——译者注

$$\frac{1}{\mathrm{d}\gamma}\Delta \boldsymbol{X}_{\mathrm{v}} = -\boldsymbol{J}_{\mathrm{v}}^{-1}\boldsymbol{J}_{\mathrm{y}} \tag{4-56}$$

对于待研究的控制器 x，其控制灵敏度指标用 CSI_x 来表示，它等于式（4-52）中的两个元素之比 $\mathrm{d}x/\mathrm{d}\gamma$。例如，如果在逆变侧采用定 γ 控制器，CSI_γ 就等于 $\mathrm{d}\gamma/\mathrm{d}\alpha$；如果在逆变侧采用定电压控制器，则相应的指标为 $\mathrm{d}V_\mathrm{d}/\mathrm{d}\alpha$；而如果在逆变侧采用定功率控制器，则对应的指标为 $\mathrm{d}P/\mathrm{d}I$。

图 4-29 给出了当逆变侧采用定 $\gamma_{\min}$ 控制时 $\mathrm{d}\gamma/\mathrm{d}\alpha$ 随短路比（SCR）变化的分析结果。当 SCR 等于 0.75 时，该 HVDC 系统是最不稳定的。从图 4-29 可以清楚地看出，采用控制稳定性指标比采用最大可送功率（MAP）方法可以更全面和精确地来评估 HVDC 系统的稳定性。

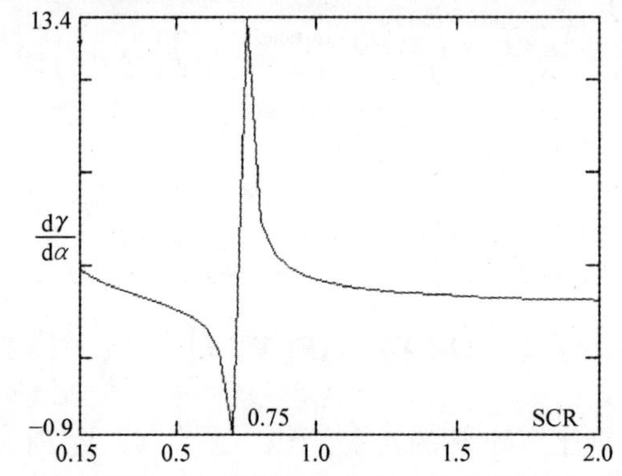

图 4-29　SCR 变化时控制灵敏度指标 dγ/dα 的计算结果（阻抗角 =75°）

当逆变侧采用定功率控制时，HVDC 系统的稳定特性如图 4-30 所示。这种情况下，当功率增大时，逆变器必须增大电流。因此，可接受的稳定性可以用 $\mathrm{d}P/\mathrm{d}I$ 为正来表示。在图 4-30 中，当 SCR≥2 时，$\mathrm{d}P/\mathrm{d}I$ 为正。图中，dPdI _ 90、dPdI _ 75、dPdI _ 65 分别表示交流系统等效阻抗角为 90 °、75 °和 65°时的情况。

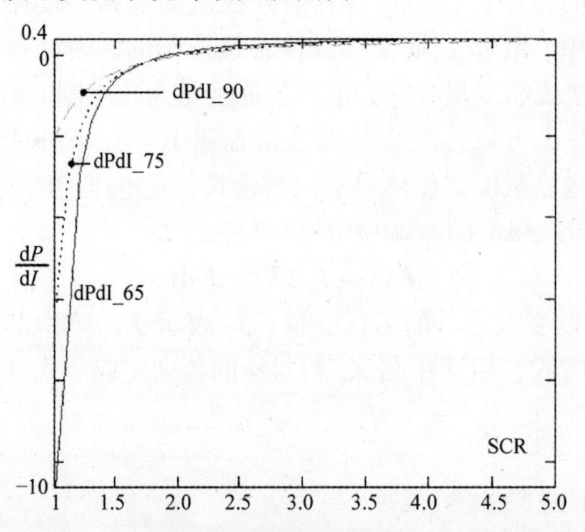

图 4-30　SCR 变化时控制灵敏度指标 dP/dI 的计算结果

当逆变侧采用定电压控制时，HVDC 系统的稳定特性如图 4-31 所示，其稳定特性比定功率控制和定 γ_{min} 控制好得多。当 SCR = 0.75 时，这种类型控制器开始进入不稳定区域；而当 SCR = 0.7 时，达到最坏的情况。正如图中所示，就稳定性而言，定电压控制器具有非常好的性能。因此，在背靠背 HVDC 系统中，它被经常用作基本控制器。然而，其主要的缺点是运行范围非常宽，因而这种控制模式下的系统容量比采用其他控制模式时要大得多。

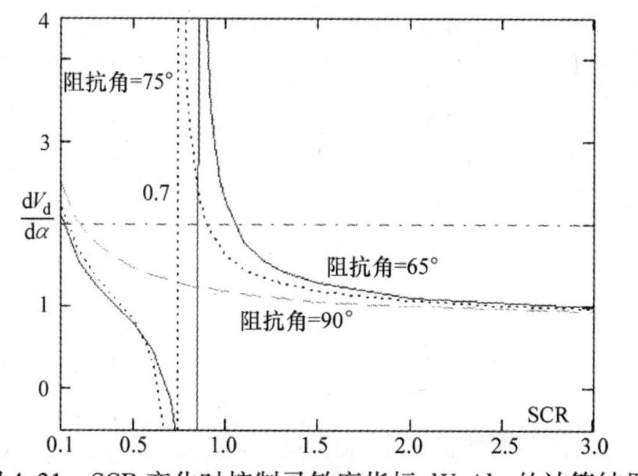

图 4-31　SCR 变化时控制灵敏度指标 $dV_d/d\alpha$ 的计算结果

4.4　高压直流输电系统控制功能

图 4-32 给出了传统 HVDC 系统的控制系统的框图，而图 4-33 给出了 HVDC 换流站的主要元件以及换流站部件的划分，包括换流器组、极和整个换流站。根据这个框架结构，可以基于所采用的执行元件来安排不同的控制功能。

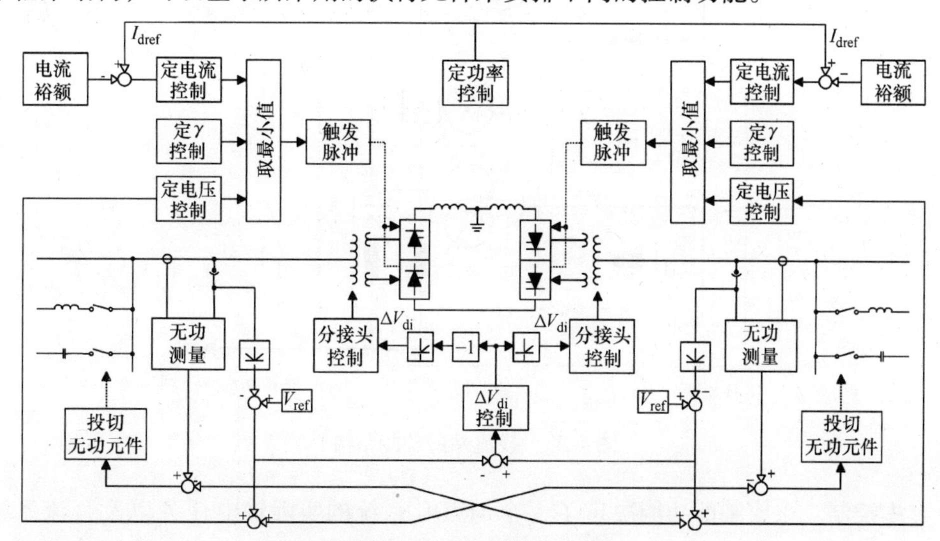

图 4-32　一个传统 HVDC 系统的控制系统框图（Sidney 换流站）

因此，HVDC 系统是由主控制、极控制和相位控制构成的。那些采用 HVDC 系统主要变量——直流电压和直流电流作为控制变量的控制功能，可以被归到更高的系统层级。但是，它们的硬件实现总是采用本换流站的控制设备。例如，在每极具有两个换流器组相串联的 HVDC 换流站中，定电流控制是由极层级（图 4-33 中的上半部分）来完成的；但是，对于每极具有两个换流器组相并联的 HVDC 换流站，定电流控制是由换流器组层级（图 4-33 中的下半部分）来完成的。

就控制的层级而言，主控制是 HVDC 系统的最高层级控制，它决定了无功控制的滤波器投切模式以及交流电网的频率控制和动态控制，如图 4-34 所示。

极控制从主控制层接受控制模式和功率输送方向的信号，然后将相应的控制信号发送到相位控制层。极控制包括电流控制、电压控制和功率控制。

相位控制层用于控制 HVDC 系统的换流器，它产生控制角 α。对应 12 脉波的换流器组，触发装置的功能是将控制角转化成 12 个触发脉冲。

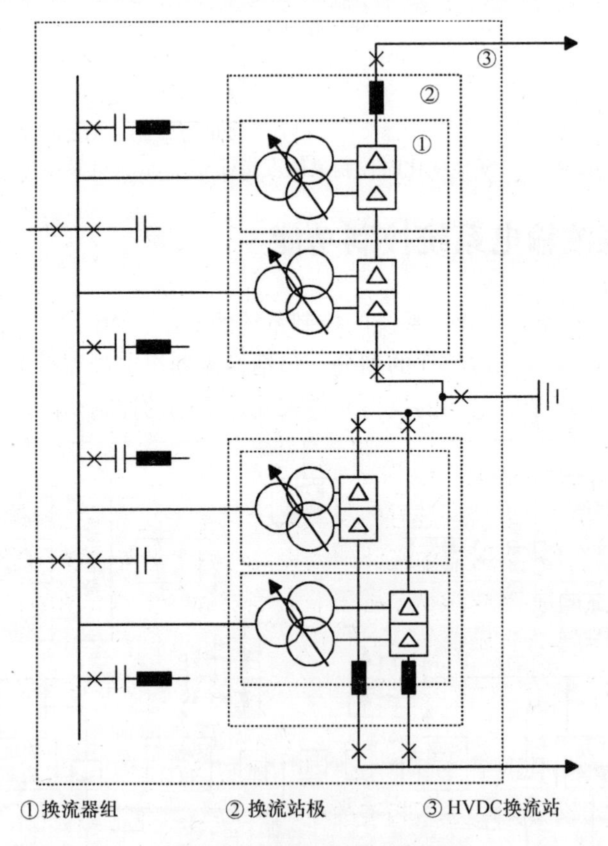

图 4-33　换流站的功能结构

主控制。主控制的功能决定了一个 HVDC 系统的实际输电任务以及直流系统与交流系统之间的接口。

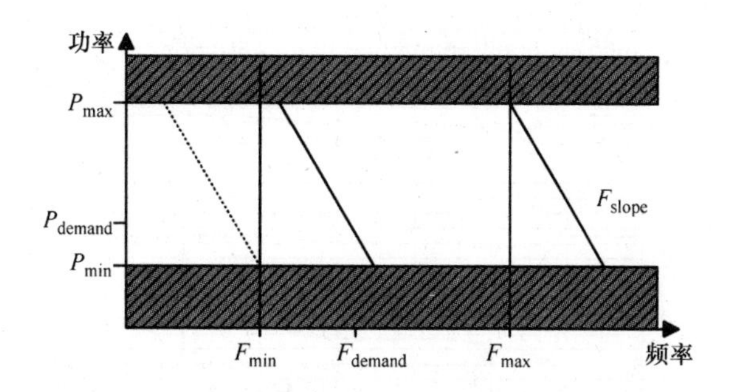

图 4-34　用于频率控制的 HVDC 系统的频率 - 功率特性

功率控制。考虑到所连交流系统的强度，输送功率的变化必须慢慢地执行。因此，功率控制的设定值处理环节必须包含一个爬坡功能，且爬坡的速度可以调节，一般在 1 ~ 100MW/s 之间。这个爬坡速度对于两个极之间的功率补偿必须是有效的，其目的是两个极之间的功率转换不会干扰所连的交流电网。

频率控制。当一个 HVDC 系统连接两个异步的交流电网时，它可以被用来控制其中一个电网的频率。如图 4-35 所示，所输送的功率可以按照设定的频率 - 功率特性曲线进行控制。当用作频率控制时，HVDC 系统可以看作为受控交流电网中的一台发电机。但是，如果 HVDC 系统是一个岛上的唯一电源或者主要电源，它可能承担频率控制的任务，这种情况下频率控制器的输出就是功率控制器的设定值。

无功功率控制。尽管直流输电系统两侧的有功功率是相同的，但直流系统终端与所连交流电网之间交换的无功功率两侧之间可以不同，且该无功功率在很大程度上决定了交直流系统之间接口的特性。对于两端 HVDC 系统，无功功率两侧之间可以独立控制；对于多端 HVDC 系统，各端的无功功率可以独立控制。无功功率控制的独立性与 HVDC 系统所连接的交流系统是否是同步系统没有关系。

对无功功率流向产生影响的有两个因素：①滤波电路和电容器组中发出的无功功率（特殊情况下包括有连续调节的静止补偿器和同步调相机）；②换流器消耗的无功功率，它随触发延迟角的变化而变化。无功功率调节的精度受无功功率单元容量的影响，也受变压器分接头档距的影响，变压器分接头档距的调节速度典型值是 10 ~ 20s 调节一档。

只有在极少数的情况下，主要是 HVDC 终端容量特别巨大时，HVDC 终端所连接的交流母线才会分成两个互不相连的段。换流站的交流出线一般在经过几个网络节点后保持相对远的距离。这种情况下，拥有两个无功功率控制电路是有意义的，并且这种情况下控制器被分配到极控制层。

交流电压控制。偶尔，HVDC 终端被要求用来控制所连接的交流母线电压。由于交流电网电压主要取决于无功功率的平衡，上述无功功率控制方法可以用来控制

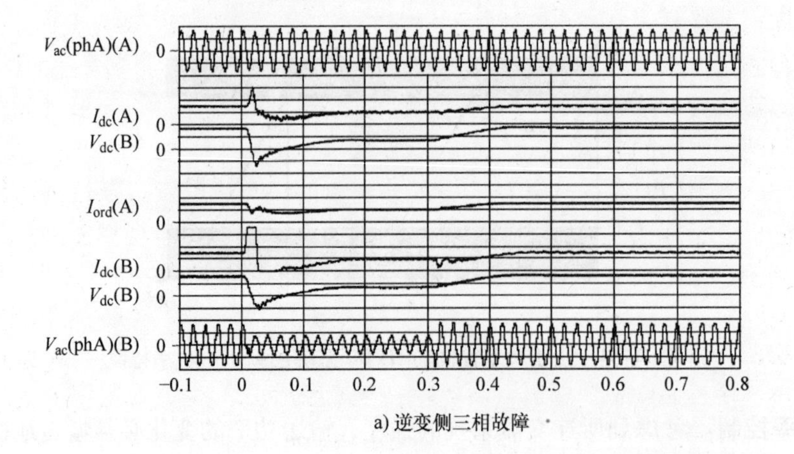

a) 逆变侧三相故障

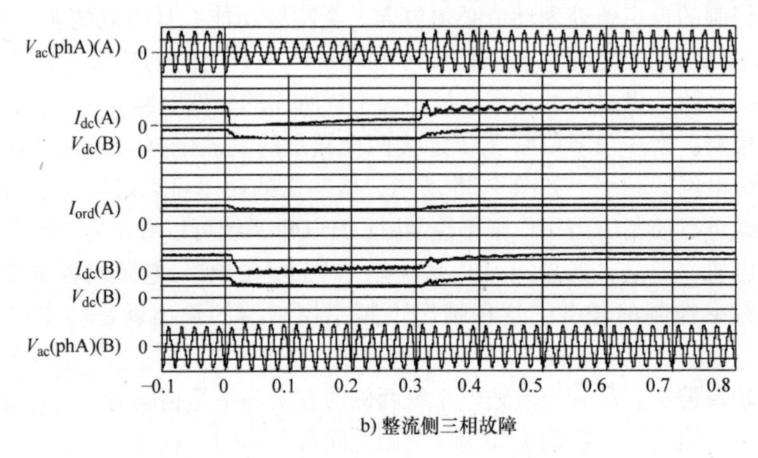

b) 整流侧三相故障

图 4-35　济州 - 汉南 HVDC 系统控制特性

换流变压器网侧交流母线的电压。

如果要求进行动态交流电压控制，即对暂态事件作出响应以改善电压稳定性，就需要采用电子型的无功功率控制，这种情况的一个前提条件是对侧终端所连接的电网能够承受由这种控制引起的无功功率波动，同时两侧交流电网都能够承受由此引起的不可避免的有功功率波动。其他唯一的解决方案是在 HVDC 的终端安装静止补偿器或者同步调相机，并由这些装置来承担动态电压调节的任务。

主控制层面的动态控制功能。换流器控制变量（直流电压和直流电流）的快速可调性，使利用 HVDC 系统进行动态控制成为可能，这可以有效改善 HVDC 系统与交流电网之间的相互作用特性。

阻尼机电振荡。如果一个 HVDC 系统嵌入在一个同步交流系统中，它可以被用来阻尼电网中区域（换流器接入的区域）间的机电振荡，或者与直流线路并列的交流架空线路上的机电振荡。通过对输送功率进行调制，只需要 HVDC 系统额定功率的一个很小百分比，就能对电力系统的机电振荡进行有效阻尼。但是，这里的一个前提条件是调制功率需要根据振荡频率、相位和幅值等事先设计好。

这种阻尼控制的关键问题是如何根据测量到的电网参数导出合适的调制信号。对于感兴趣的频率范围 0.1 ~ 2.0Hz，对输送功率进行调制本身不是个问题，即使必须采用两端之间的通信。

此外，当 HVDC 系统连接两个非同步电网时，利用 HVDC 系统阻尼其中一个电网中的机电振荡也是可能的，只要另一侧的电网能够容忍功率波动。这种情况下，调制功率参与到了发电与负荷的平衡控制，而导出合适的调制信号是特别关键和存在问题的。

在多端 HVDC 系统中，阻尼相连交流系统中的机电振荡可以通过对其中一端的功率进行适当调制来达到。这种情况下，可能需要对本地功率设定值和全系统功率设定值进行调制。对于本地控制，调节电压的换流站必须接受调制功率；对于全系统功率控制，将通过通信将调制功率分配到所有的换流站上。

电流补偿控制。当不允许电流流入大地时，电流补偿控制具有特别重要的意义。通过测量两极电流之差或者直接测量接地极电流，该控制器可以检测细微的入地电流。两个极的电流控制器都附加了一个额外的电流设定值，该额外的电流设定值大小相等、方向相反，从而可以消除地中电流。每一端只有一个电流补偿控制器，并且对该端中的其他公共变量没有影响。

系统的起停控制。除背靠背系统之外，换流站之间的长距离在系统起停时会造成一些协调上的问题。此外，需要仔细设计和协调的问题还包括交流系统的要求以及直流线路的对地电容问题，当采用长距离海缆时，直流线路对地电容问题更加突出。系统起停时需要一个自动的控制顺序。该控制顺序由一系列步骤组成，步骤之间需要进行测试和监视。这些步骤包括如下方面：

（1）通过激活电源和其他所有辅助系统，使两端换流站处于就绪状态：激活所有控制、调节和保护系统，执行测试程序，将变压器分接头位置调到最低档。

（2）依次合上换流变压器开关。对阀进行检查，主要是晶闸管的控制电路；起动逆变站的阀控制系统，设定 β_{min} 限制；发送“就绪状态”信号。

1）起动整流站的阀控系统，在直流电压处于额定值的情况下使直流电流快速爬坡到确定的最小直流电流值；将变压器的分接头投入到工作位置；报告运行开始。在双极系统中，两极的爬坡过程可以相互独立并相隔数秒。

2）在满足规定的爬坡速度的条件下，将输送功率提升到主控制规定的功率水平，并按照已激活的控制功能进行运行。

极控制。当换流站中的一个极只包含一个换流器组时，即较新的 HVDC 系统中最常见的情况，换流器组控制的层级就被消除了。前面章节中提到的控制功能以及后面章节中将描述的控制功能都属于极控制层级。

电流控制。每一个换流站的极都配备有电流控制。大多数系统中，正常运行时，电流控制是由整流器来实施的，并决定了系统输电的性能。只有在交流系统故障导致交流电压暂态跌落时，电流控制才会由逆变器承担。

电流控制的设定值通常由主控制提供或者由功率控制提供。在故障情况下，电流设定值需通过低压限流（VDCOL）环节或者电流偏差控制（CEC）环节进行调整。电流控制器的输出被送到相应换流器组的触发装置上，用来决定控制角 α。

原理上，双极 HVDC 系统两个极的电流控制是相互独立的。但是，可以有附加的功能，比如当一个极出现故障时，提高另一个极的电流设定值；当然，这受制于直流系统的暂时过负荷能力。此外，如果地中电流的允许流动时间已经用尽，那么当一个极出现故障时，保护功能就会将健全极的电流降低到零。

由于电流控制对 HVDC 系统运行与保护的重要性，此控制电路的实现必须考虑充分的冗余性，包括设定值的形成电路以及测量电路和处理电路等。在出现任何形式的故障时，监视和转接装置会将控制转接到冗余电路上。

直流电压控制。直流电压控制由极控制层来实施，在大多数情况下直流电压控制由逆变器来完成。直流电压控制可以通过变压器分接头的调节来实现，或者在较新的系统中，通过对换流器阀进行电子控制来实现。

为了保证直流输电线路上的电压不超过额定电压，同时，又能充分利用允许的线路电压以降低直流电流，从而使损耗尽量小，整流侧的直流电压必须保持恒定。当逆变器用于调节直流电压时，其设定值必须加以调整，以考虑沿线路的电压降落（$U_{d*WR}=U_{dN}-I_dR_L$）。

为了补偿线路电阻 R_L 随温度和风速变化而引起的误差，推荐采用通信的方式将整流站的电压实测值送到逆变站，以校正电压设定值。

还有一些由直流电压控制执行的附加功能，在设定值计算时必须加以考虑：

1）系统降压运行（在不利天气条件下，防止污秽绝缘子发生闪络）。

2）电缆减载控制（通过降功率，防止固体电缆中的介质气穴）。

3）根据事先确定的控制顺序，执行电压爬坡（系统起停和潮流反转）。

功率控制。当一个 HVDC 系统不包含功率控制而使用功率控制时，功率控制必属于极控制层级。输送功率设定值被平分送到两个极的控制装置，输送功率除以该极的直流电压实测值就得到电流控制的设定值。可以通过属于主控制层的“允许负荷计算机”改变功率设定值在两个极之间的分配比例。例如，对于一个由双换流器组串联构成的双极直流系统，当一个换流器组必须退出运行时就需要采用上述功能。

图 4-32[㊀]展示了济州岛 – 韩楠 HVDC 系统的特性，该系统的电流控制和 VDCL 特性属于极控制层。

相位控制。诸如电流控制和电子式电压控制等换流器控制过程的控制变量是触发延迟角 α。对于 12 脉波换流器组，触发装置的功能是将触发延迟角转换成 12 个

㊀ 原文误为图 4-35。——译者注

触发脉冲。为此，首先要与电网电压同步，其次，每一个阀需要有一个参考相位。但是，控制脉冲不应该无时延地跟踪母线电压的每个快速相位变化，而需要一个合适的转换功能；此外，对阀电压的相位参考点也要进行相应的限制。为了防止非特征电流谐波，即使对于不对称的交流系统，换流器组 12 个触发脉冲的等间隔距离也要保证在 30°±0. 1°范围内。等间隔触发允许的 0. 1°的偏差是考虑了整个控制链的，包括了换流器阀本身，因此，触发装置本身允许的最大偏差大约为 0. 02°，大约相当于 1μs。为了满足这些相当高而有时又相互矛盾的要求，需要采用一个“锁相振荡器”，它是一个与电网电压相同步并调谐于 12 倍电网频率的谐振电路，实现同步的方法是采用带有可调特性的相位转换器。

该谐振电路与积分器一起提供一个锯齿电压波。该锯齿电压波与每个阀的触发电压相比较来产生实际的触发脉冲，如图 4-36 所示。

对触发装置的附加要求有：①触发延迟角具有可调的限制值，以永远保持 $\alpha_{min} < \alpha < \alpha_{max}$；②能够发出特殊模式的触发脉冲，以在最短的时间内建立阀的辅助通路或再次释放。

对于现代的数字式触发装置，上述功能是由软件来实现的，稳态下所需要的等间隔触发脉冲可以很容易由等间隔控制来替代。对于非对称的电网条件，这有一个好处，那就是总能获得理论上的直流电压，并且直流输电线路本身故障以及对对侧交流系统的影响可以最小化。

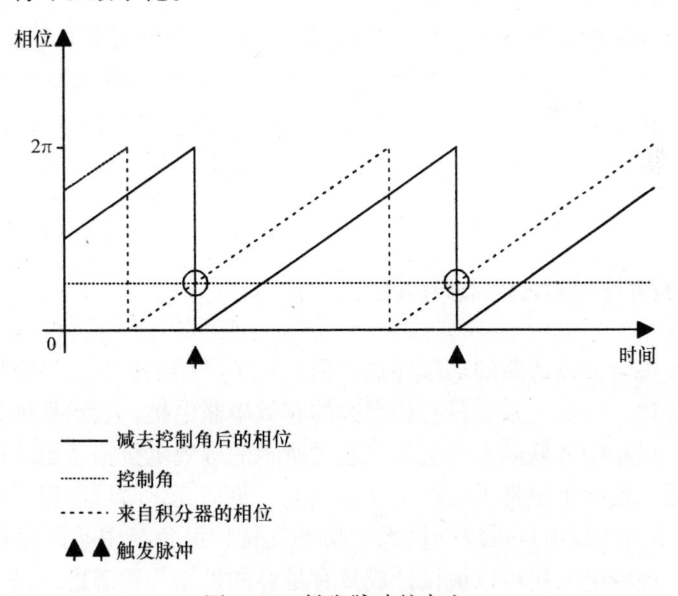

图 4-36　触发脉冲的产生

关断角控制。关断角实际上是每个阀上的变量。在交流系统对称，且换流变压器漏抗在三相间以及在星形绕组与三角形绕组之间都相同的情况下（HVDC 系统稳态运行条件下通常满足），关断角可以被认为是一个 12 脉波换流器的公共变量。相应地，关断角控制被划归为换流器组层级，即每个换流器组具有一个它自己的关断角控制器。

在稳态运行时，关断角的实际值取自具有最小关断角的阀臂，这在可能存在的不对称条件下可以提供一个安全裕度。

关断角通过检测阀电流过零时刻以及阀电压从负变正的过零时刻来获得，由于晶闸管载流子的存贮效应，阀电流会瞬间从正突变到负。

这种检测关断角实际值的方法意味着一个周波的死区时间，为了在暂态过程中抵御逆变器的换相失败，关断角控制器将立刻采用所显示的阀臂的最小关断角。

电流控制。如果换流站的一个极是由两个或更多的换流器组串联连接而成，直流电流就是它们的公共变量，电流控制就在极控制层级。另一方面，当两个或更多的换流器组并联构成一个极时，每个换流器组必须执行其自身的电流控制，这样，换流器组的电流控制就是换流器组控制的一个组成部分。

直流电压控制。与电流控制类似的一些特性也适用于电子式直流电压控制。通常，直流电压控制属于极控制层；但当每个极由两个或更多个换流器组并联构成时，例如在多端 HVDC 系统中，直流电压控制就是换流器组控制的一个部分。但是，由于直流电压是同一极中所有这些换流器组的公共变量，因而只有其中一个换流器可以用来调节直流电压。

变压器分接头的控制功能。变压器分接头控制作为换流器组控制的一个部分，承担触发延迟角控制的功能。因而变压器分接头控制在各换流器组中是相互独立的，包括进行换流器组投入和退出操作的分接头控制。当直流电压控制功能被分配给变压器分接头控制时，情况是不一样的，这种情况下变压器分接头控制属于极控制层。

4.5 无功功率与电压稳定性

电压稳定性与交流线路的功率输送极限。图 4-37 给出了一个长距离交流输电系统的简化描述，该输电系统具有相当大的有效串联电抗，表示从远方发电厂向负荷中心送电。线路的并联电容效应仅仅通过所示的等效电抗来考虑。该系统在没有故障的正常运行情况下通常不会产生什么问题，负荷变化时可以保持电压为额定值 1.0pu，因为本地的发电厂可以提供无功功率支持，而负荷中心区存在校正功率因数的电容器。该输电系统可以被设计成具有足够的稳态与暂态稳定裕度，以保持远方发电机与负荷中心区发电机的同步性；如果需要，还可以采用串联电容器补偿和电力系统稳定器。

为了供电的安全性，一般电网设计时需要考虑故障情况，例如其中一回线路处于检修状态，即所谓的 $N-1$ 条件。如果在这种 $N-1$ 的条件下，再发生一个严重

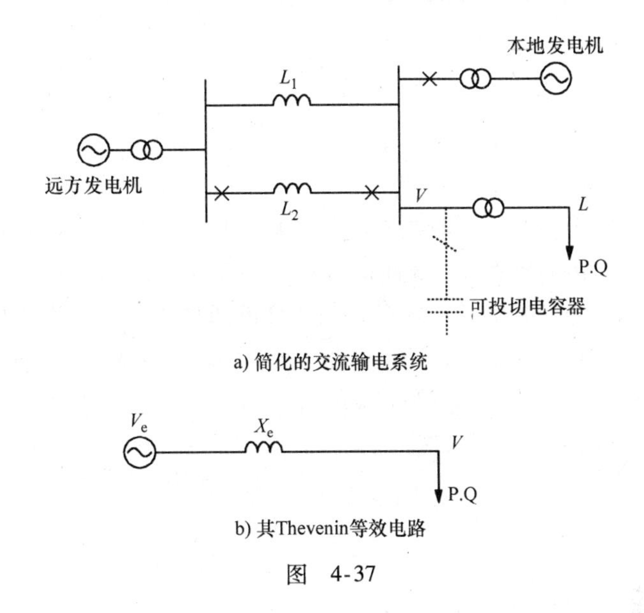

a) 简化的交流输电系统

b) 其Thevenin等效电路

图　4-37

故障，导致失去所有本地发电机或大部分本地发电机，那么维持负荷中心区的电压稳定性就成为了设计和运行的一个主要问题，因为余下的输电线路可能不足以承担所有的负荷。

直到负荷点的输电网络和电源系统可以用一个 Thevenin 等效电抗 X_e 和一个 Thevenin 等效电势 V_e 来表示，如图 4-37 所示（忽略相对较小的线路电阻）。而连接在供电点的所有负荷可以被处理成功率因数为 1 或滞后的集中负荷，这取决于本地发电机的无功输出情况以及在失去本地发电机情况下是否有足够的可以快速投切的并联电容器。

对于功率因数为 1 的负荷，图 4-38 给出了负荷电压 V 随不同功率水平 P 变化的趋势曲线，所针对的是图 4-37 中的系统当一回线路退出运行时的情况。在空负荷时，V 就是电源电压 V_e，它通常比额定电压 1pu 要大。当负荷增加时，由于在等效电抗上的无功功率消耗 I^2X，负荷电压 V 将下降，设当功率水平为 P_I 时，电压为 1pu。

在本地发电机存在的情况下，让 P_I 等于额定负荷 1pu 并没有什么困难，就像图 4-38 曲线（a）上的 B 点那样。超出 B 点后，随着功率的增加，电压降低得很快，电流模值比功率值增加得快，即电压的下降率大。当到达一个临界功率水平 P_m 时（本例为 1.25pu，对应曲线（a）所用的 X_e 为 0.5pu），电压的降低量超出了电流的增加量，因而输送功率不可能再继续增加，此时即到达了电压不稳定点，即电压崩溃点，即曲线（a）上的 C 点，对应的临界电压为 V_c。极限功率水平 P_m 被称为该输电线路的最大可送功率。

对等效电路进行分析可以证明，对于单位功率因数的负荷，极限功率和临界电压的表达式为

$$P_{\mathrm{m}}=\frac{V_{\mathrm{e}}^{2}}{2X_{\mathrm{e}}}\text{和 } V_{\mathrm{c}}=\frac{V_{\mathrm{e}}}{\sqrt{2}}$$

这个结果从系统规划的角度来看是有意义的，其中的 $V_{\mathrm{e}}^{2}/X_{\mathrm{e}}$ 是与系统的短路容量相关的，而输送功率 P 与短路容量之比被称为短路比。因此，当这个指标小时，意味着最大可送功率小，即系统具有较大的电抗和较小的短路比。在极端情况下，系统可以运行在临界点 C，从而使得额定负荷等于最大可送功率（即 $P_{\mathrm{m}}=1$），并且临界电压等于额定电压（$V_{\mathrm{c}}=1$）。在这样的条件下，一旦发生甩负荷的故障，线路上的暂时过电压水平将等于 Thevenin 等效电势 V_{e}（A 点），即等于$\sqrt{2}V_{\mathrm{c}}$ 或$\sqrt{2}$ pu。但是，一般情况下额定运行点不是 C 点而是 B 点。对于图 4-38 中的曲线（a），电压 - 功率的完整关系式为

$$\frac{V}{V_{\mathrm{e}}}=\frac{1}{\sqrt{2}}\left[1+\sqrt{1-\left(\frac{P}{P_{\mathrm{m}}}\right)^{2}}\right]^{1/2}$$

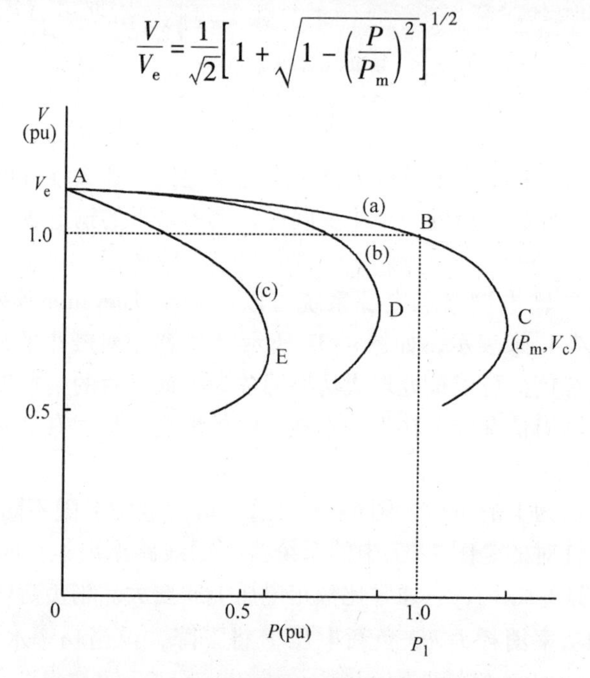

图 4-38 交流系统在不同运行条件下的特性

图 4-38 中的曲线（b）描述的是在上述运行条件下系统发生进一步故障时的情况，这里假定的故障是失去部分本地发电机，从而导致等效阻抗 X_{e}变得更大（假定为 0.7pu）。但是，如图 4-39 虚线所示的额外的并联电容器可以快速投入，从而维持输电线路上的负荷功率因数为 1。曲线（b）上的 D 点是临界点，对应的最大可送功率 P_{m}为 0.89pu，小于实际的总负荷 1.0pu。因此，这会引起电压崩溃，导致不可控的停电，即使采用快速投入大量并联电容器也无济于事，除非同时采取切负荷措施。

如果不存在上面提到的快速投切并联电容器，实际情况可能比曲线（b）更

糟。这种情况下，原来由本地发电机提供给负荷的大量无功功率必须通过输电线路进行输送，因而会引起更大的电压降落，最大可送功率也会大大下降。如图 4-38 的曲线（c）所示，这里的曲线（c）假定了线路上的负荷功率因数为0.9。功率因数角 ϕ 通过 $\tan\phi = Q/P$ 来定义，分析表明，对于临界点 E 存在如下关系：

$$P_{m} = \frac{V_{e}^{2}}{2X_{e}} \frac{(1-\sin\phi)}{\cos\phi} \text{和} V_{c} = \frac{V_{e}}{\sqrt{2}} \frac{\sqrt{1-\sin\phi}}{\cos\phi}$$

在图 4-38 曲线（c）中，最大可送功率只有总负荷的一半左右，所导致的电压崩溃可以在 1s 之内发生，通常在切除足够的负荷之前就已发生。随着交流线路输送功率的增加，在发生严重故障后，如果采用机械开关投切的电容器来为负荷提供无功功率，通常速度是不够的。因此，所有或者部分电容器应该采用晶闸管来投切，如图 4-38 的虚线所示，这就是所谓的静止无功补偿器了，其响应时间通常在数个周波之内。

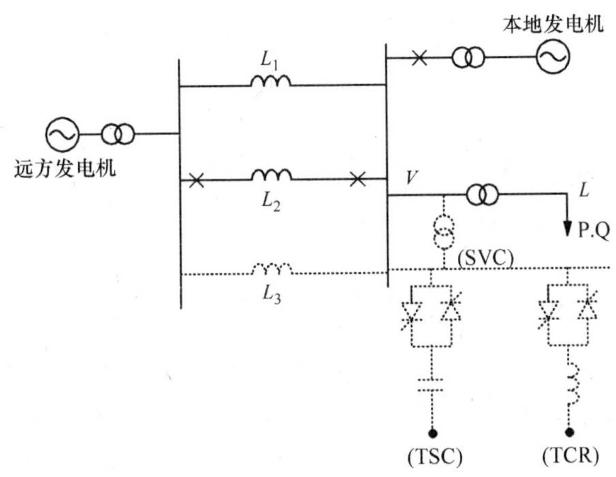

图 4-39　提高交流系统最大可送功率的方法

如果不能通过增加串联电容器补偿来进一步减小线路电抗，另一个选项就是再增加输电线路，如图 4-39 的虚线所示，这种情况下意味着有三回输电线路。这样，在严重故障导致失去本地发电机后，实际的最大可送功率可以比没有第三回线路时增加 1 倍，因此，失去一回线路不会导致供电安全性的降低。但是，这种解决方案是昂贵的，由于环境保护方面的限制甚至是不可接受的。

采用静止无功补偿器的方案通常更便宜，它不仅被用来补偿负荷无功，而且可用来补偿线路中的有功潮流。实际工程中，如图 4-39 所示的晶闸管投切电容器加晶闸管控制电抗器所组成的静止无功补偿器方案，通过快速而平滑地改变其无功输出，可以在负荷变化或故障发生时，保持负荷电压基本恒定。

实际应用中，静止无功补偿器的电压 - 无功特性或 $V-I$ 特性，通常采用3% ~ 5% 的调差率。当静止无功补偿器的容量足够大时，其作用可以使图 4-37 中的等效电抗在失去本地发电机时基本保持不变。这样，即使在严重故障情况下，其 $P-V$

曲线还会像图4-38的曲线（a）那样，甚至更好，而不会像曲线（b）和（c）那样。因而1pu的负荷点就会与最大可送功率点之间存在一个实际期望的距离，而这个距离正是衡量系统电压灵敏度的一个指标。

图4-40给出了逆变器将直流功率馈入交流系统的一个基本电路，而直流系统可以是连接远方发电厂的长距离直流线路，也可以是连接临近电力系统的背靠背直流系统。换流桥通过改变阀的触发时刻来控制直流电压，从而控制直流电流以及直流功率。

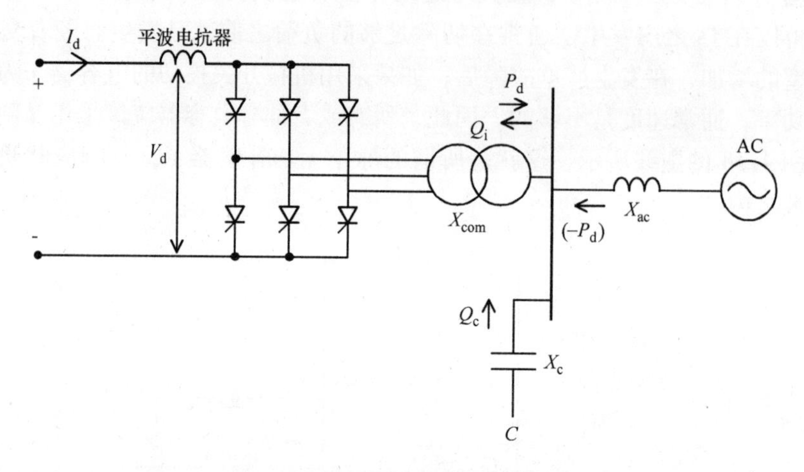

图4-40　直流输电系统逆变侧的基本电路结构

为了避免幅度不大的交流电压突然下降而导致换相失败，逆变器的触发时刻是按照维持关断角γ在其最小值15°~18°以上来控制的。由于这个原因以及换流变压器换相电抗X_{com}（典型值为0.15~0.2pu）的作用，交流相电流总是滞后于交流相电压，因此逆变器总消耗无功功率，尽管它向交流系统提供有功功率。

这样，逆变器可以作为交流系统的一个PQ负荷，其中直流功率P_d是负的，无功功率Q_i为P_d的0.5~0.6pu（即功率因数小于0.9）。Q_i与P_d之间有一近似关系式为

$$Q_i = P_d\sqrt{\left[\frac{(1+0.5X_{com}P_d)}{\cos\gamma}\right]^2-1}$$

在额定负荷条件下，大部分的无功功率是由连接在换流站交流母线上的并联电容器/滤波器（即图4-40中的C）提供的，换流站交流母线的电压为1pu，与交流系统交换潮流的功率因数为1。由于通常交流系统的电阻很小，因此，电压主要降落在电抗X_{ac}上，并且是由无功潮流引起的。

P_d及相应的Q_i变化时的电压控制特性与图4-38所示的交流系统电压-功率特性是类似的。等效电势V_e是这样确定的，在逆变器额定负荷下，$V-P_d$的稳态运行点在1.0pu。以直流功率为基准，X_{ac}取值0.5pu，C取值0.57pu（即X_c为

1.75pu)，X_e取值 0.7pu，这种情况下，所得到的曲线与图 4-38 中的曲线（a）类似。

以往，对直流输电换流器的无功功率计算，以及无功功率与所输送的有功功率及其他参数的关系早已进行过研究。图 4-41 给出了无功功率随直流有功功率变化的关系。图 4-42 展示了济州岛直流输电系统无功功率与有功功率之间的关系。

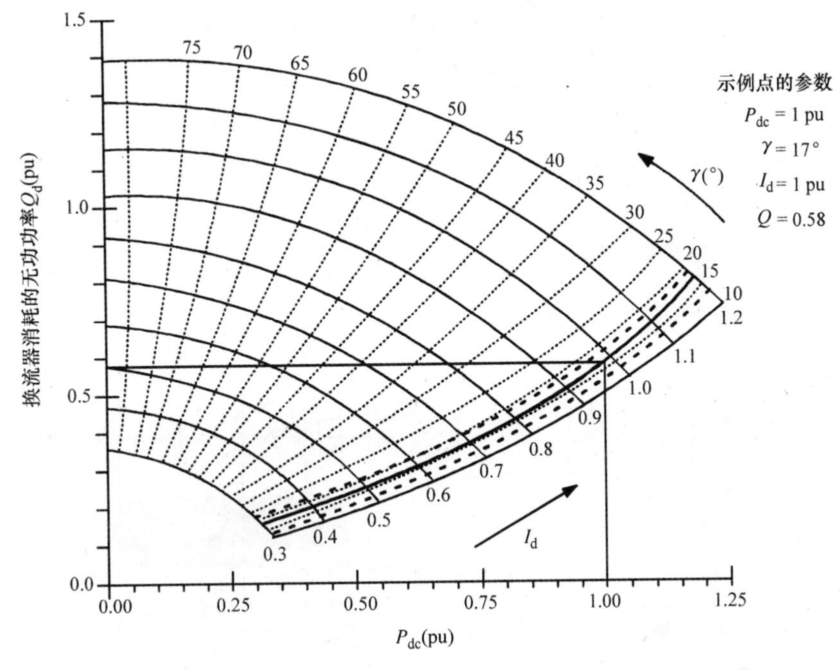

图 4-41　有功功率变化时的无功功率需求

无功补偿。直流输电系统的无功补偿装置采用的是电容器组，以达到经济性和响应的快速性。但是，当负荷增加时，采用具有时滞的开关来投切电容器会引起交流电压瞬时值的不规则，并且电容器组对无功功率的补偿是离散性的而不是连续性的。这样的运行性能对 SCR 很高的系统来说不会产生明显的影响，但对于 SCR 较小的系统来说，它会导致交流电压严重不平衡。因此，对于低 SCR 的系统，瞬时无功功率补偿装置是不可缺少的。

另一方面，当 HVDC 系统处于正常运行状态而突然遭遇扰动时，例如直流系统发生输送功率中断或交流系统发生接地故障等，就会产生过电压问题。故障时，由于直流系统可能不能工作，因此与正常工况下的输送功率相比，总的交流有功功率会下降。但是，电容器投切的时延大于上述扰动发生的时间，因此，交流电压一般会上升到 1.5 ~2pu。这种情况下，要求无功功率补偿装置以比电容器投切快得多的速度吸收无功功率，才能将交流系统的过电压降下来。

图 4-43 展示了用于确定无功补偿装置容量与响应时间的过电压特性。当逆变

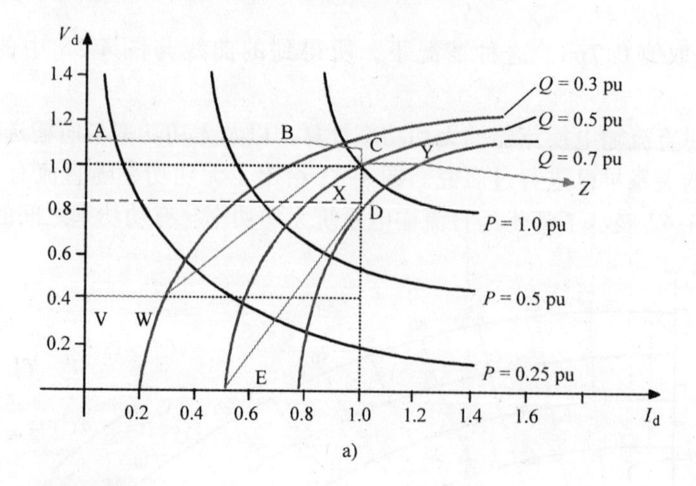

a)

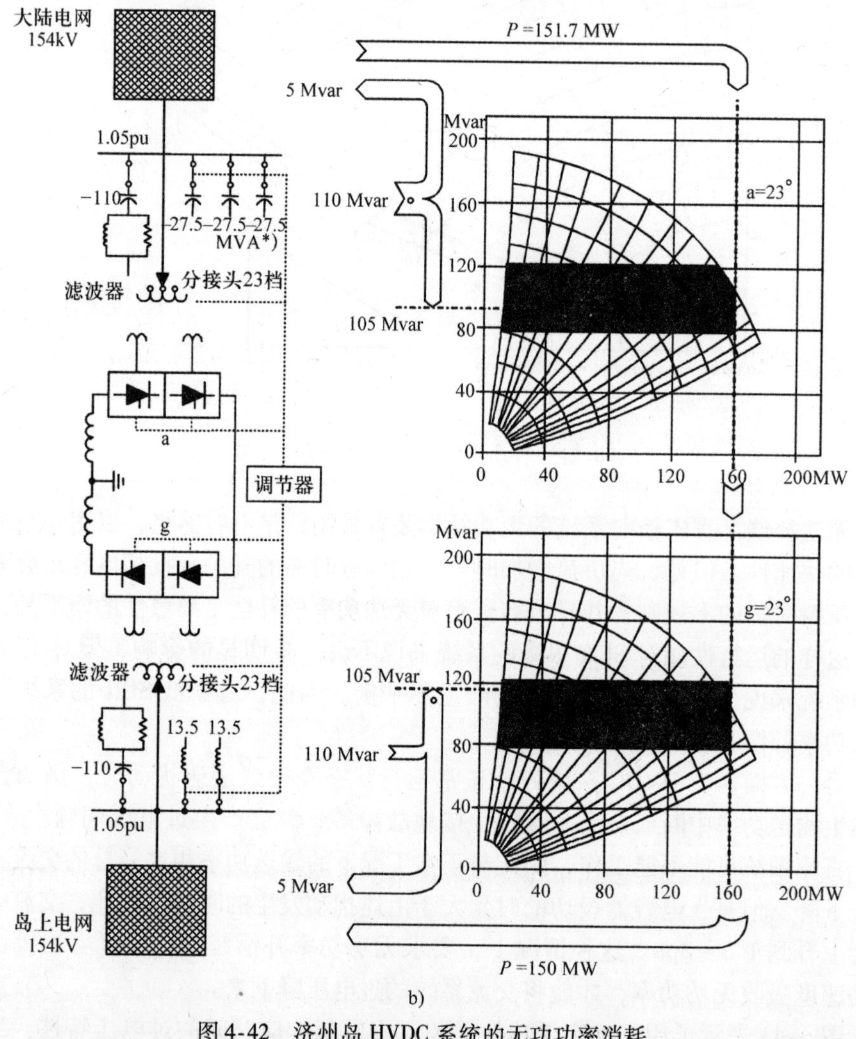

b)

图 4-42　济州岛 HVDC 系统的无功功率消耗

侧发生三相接地故障时，“电容器”将交流系统电压增加到了1.4倍的值（无控制），如果补偿装置合理运行并吸收了足够的无功功率，交流电压将会下降到标有“具有动态控制”的曲线，如图4-43所示。

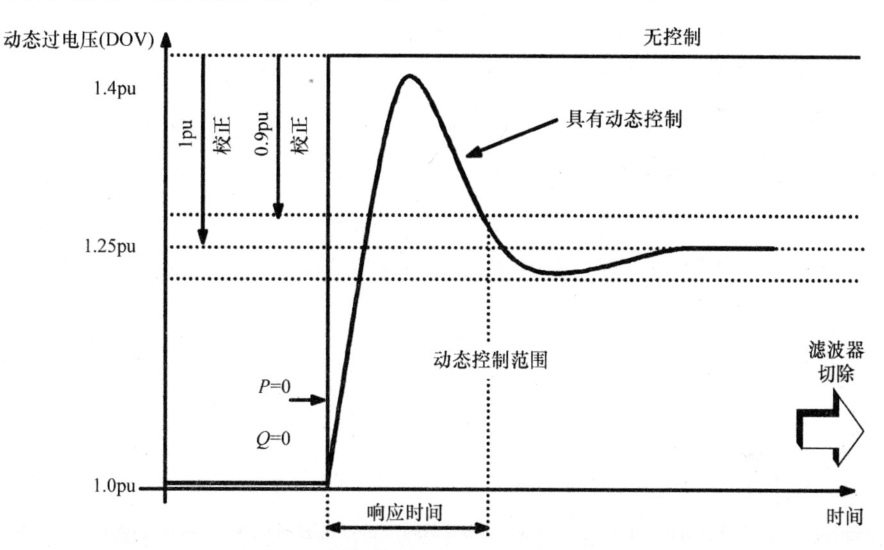

图4-43　确定无功补偿装置容量与响应时间的过电压特性

无功补偿装置的最佳容量和响应时间取决于电网公司如何处理图4-43所示的最大峰值电压和响应时间。由于采用电容器投切的无功补偿装置在正常运行时所发出或吸收的无功功率小于上述的动态无功补偿装置的容量，因此大多数电网公司根据此图所示的方法来确定采用哪种补偿器。

无功补偿装置可以被分类为无源装置和有源装置，无源装置的例子有电力电容器等，有源装置的例子有STATCOM和同步调相机等。表4-2给出了STATCOM、同步调相机和SVC各自的优势比较。

表4-2　不同类型无功补偿装置的比较

补偿器	响应时间	暂时过电压的首个峰值	容量
同步调相机（SC）	慢	中等	大
静止无功补偿器（SVC）	中等	高	中等
SC + SVC	中等（与SVC相当）	中等（与SC相当）	—
静止同步补偿器（STATCOM）	快	低	小

如表4-2所示，同步调相机作为必要的辅助设备被用于HVDC系统的原因是它能够实现黑起动，尽管它不能发电和抑制过电压。SVC是由晶闸管投切电容器（TSC）和晶闸管控制电抗器（TCR）构成的，尽管它不能控制过电压的峰值，但它经常被使用，因为成本低。当SVC与同步调相机联合使用时，两者的主要优势可以发挥出来，利用同步调相机来控制过电压，而SVC具有快速的响应速度。

STATCOM 作为电力系统的新技术正在被开发和研究。STATCOM 具有极好的响应速度，能较好地抑制过电压。由于 STATCOM 必须借助于 GTO 或者 IGBT 的高速串联运行，它与 SVC 和同步调相机相比的缺点是设计成大容量系统比较困难。

由于 HVDC 系统换相失败大多发生在电压跌落到某个值以下时，因此，通过在逆变侧交流系统中加装辅助设备，系统可以更加稳定地运行。

4.6 总结

本章在假定交流系统为无穷大（零阻抗）的条件下，讨论了电网换相换流器换相失败发生和发展的机理。对其他方面的内容给出了理论推导和参数分析。

参考文献

[1] Pilotto, L.A.S., Roitman, M. and Alves, J.E.R. (1989) Digital control of HVDC converters. *IEEE Transactions on Power Systems*, **4**(2), 704–711.

[2] Johnson, B.K. (1989) HVDC models used in stability studies. *IEEE Transactions on Power Delivery*, **4**(2), 1153–1163.

[3] Padiyar, K.R., Sachchidanand, Kothari, A.G. *et al.* (1989) Study of HVDC controls through efficient dynamic digital simulation of converters. *IEEE Transactions on Power Delivery*, **4**(4), 2171–2178.

[4] Hauer, J.F. (1989) Robust damping controls for large power systems. *IEEE Control Systems Magazine*, **9**(1), 12–18.

[5] Kristmundsson, G.M. and Carroll, D.P. (1990) The effect of AC system frequency spectrum on commutation failure in HVDC inverters. *IEEE Transactions on Power Delivery*, **5**(2), 1121–1128.

[6] Ainsworth, J.D. (1988) Phase-locked oscillator control system for thyristor-controlled reactors. *Generation, Transmission and Distribution, IEE Proceedings C*, **135**(2), 146–156.

[7] Jovcic, D., Pahalawaththa, N. and Zavahir, M. (1999) Inverter controller for HVDC systems connected to weak AC systems. *Generation, Transmission and Distribution, IEE Proceedings*, **146**(3), 235–240.

[8] Perkins, B.K. (1999) Steady-state solution of the HVDC converter including AC/DC system interaction by a direct method. *IEEE Transactions on Power Delivery*, **14**(4), 1454–1460.

[9] Lee Hau Aik, D. and Andersson, G. (1998) Influence of load characteristics on the power/voltage stability of HVDC systems. I. Basic Equations and relationships. *IEEE Transactions on Power Delivery*, **13**(4), 1437–1444.

[10] Lee Hau Aik, D. and Andersson, G. (1998) Influence of load characteristics on the power/voltage stability of HVDC systems. II. Stability margin sensitivity. *IEEE Transactions on Power Delivery*, **13**(4), 1445–1452.

[11] Hammad, A.E. (1999) Stability and control of HVDC and AC transmissions in parallel. *IEEE Transactions on Power Delivery*, **14**(4), 1545–1554.

[12] Chand, J. (1992) Auxiliary power controls on the Nelson River HVDC scheme. *IEEE Transactions on Power Systems*, **7**(1), 398–402.

[13] Sato, N., Honjo, N., Yamaji, K. *et al.* (1997) HVDC converter control for fast power recovery after AC system fault. *IEEE Transactions on Power Delivery*, **12**(3), 1319–1326.

[14] Nayak, O.B., Gole, A.M., Chapman, D.G. *et al.* (1995) Control sensitivity indices for stability analysis of HVDC systems. *IEEE Transactions on Power Delivery*, **10**(4), 2054–2060.

[15] Jovcic, D., Pahalawaththa, N. and Zavahir, M. (1999) Stability analysis of HVDC control loops. *Generation, Transmission and, Distribution, IEE Proceedings*, **146**(2), 143–148.

[16] Sato, M., Yamaji, K., Sekita, M. *et al.* (1996) Development of a hybrid margin angle controller for HVDC continuous operation. *IEEE Transactions on Power Systems*, **11**(4), 1792–1798.

[17] Venkataraman, S., Khammash, M.H. and Vittal, V. (1995) Analysis and synthesis of HVDC controls for robust stability of power systems. *IEEE Transactions on Power Systems*, **10**(4), 1933–1938.

[18] Bunch, R. and Kosterev, D. (2000) Design and implementation of AC voltage dependent current order limiter at Pacific HVDC Intertie. *IEEE Transactions on Power Delivery*, **15**(1), 293–299.

[19] Karlecik-Maier, F. (1996) A new closed loop control method for HVDC transmission. *IEEE Transactions on Power Delivery*, **11**(4), 1955–1960.
[20] Zhuang, Y., Menzies, R.W., Nayak, O.B. *et al.* (1996) Dynamic performance of a STATCON at an HVDC inverter feeding a very weak AC system. *IEEE Transactions on Power Delivery*, **11**(2), 958–964.
[21] Rostamkolai, N., Wegner, C.A., Piwko, R.J. *et al.* (1993) Control design of Santo Tome Back-to-Back HVDC link. *IEEE Transactions on Power Systems*, **8**(3), 1250–1256.
[22] Johansson, L., Magnuson, B. and Riffon, P. (1993) Loading capability of HVDC transformer bushings with restricted oil circulation for use in HVDC valve halls. *IEEE Transactions on Power Delivery*, **8**(3), 1607–1614.
[23] Taylor, C.W. and Lefebvre, S. (1991) HVDC controls for system dynamic performance. *IEEE Transactions on Power Systems*, **6**(2), 743–752.
[24] Narendra, K.G., Khorasani, K.K., Sood, V.K. *et al.* (1998) Intelligent current controller for an HVDC transmission link. *IEEE Transactions on Power Systems*, **13**(3), 1076–1083.
[25] Xiao, J. and Gole, A.M. (1995) A frequency scanning method for the identification of harmonic instabilities in HVDC systems. *IEEE Transactions on Power Delivery*, **10**(4), 1875–1881.
[26] Enblom, R., Coad, J.N.O. and Berggren, S. (1993) Design of HVDC converter station equipment subject to severe seismic performance requirements. *IEEE Transactions on Power Delivery*, **8**(4), 1766–1772.
[27] Xiao-ming, M., Yao, Z., Lin, G. *et al.* (2006) Coordinated Control of Interarea Oscillation in the China Southern Power Grid. *IEEE Transactions on Power Systems*, **21**(2), 845–852.
[28] Franken, B. and Andersson, G. (1990) Analysis of HVDC converters connected to weak AC systems. *IEEE Transactions on Power Systems*, **5**(1), 235–242.
[29] Al-Majali, Hussein D. and Al-Dhalaan, Sulaiman M. (2007) Transient of modified HVDC converters. *Electric Power Systems Research*, **77**(10), 1329–1336.
[30] Kim, C.-K., Jang, G. and Yang, B.-M. (2002) Dynamic performance of HVDC system according to exciter characteristics of synchronous compensator in a weak AC system. *Electric Power Systems Research*, **63**(3), 203–211.
[31] Tam, K.S., Long, W.F. and Lasseter, R.H. (1988) Interconnecting a weak AC system to an HVDC link with a hybrid inverter. *Electric Power Systems Research*, **14**(2), 121–128.
[32] Padiyar, K.R. and Kalyana Raman, V. (1993) Study of voltage collapse at converter bus in asynchronous MTDC-AC systems. *International Journal of Electrical Power and Energy Systems*, **15**(1), 45–53.
[33] Padiyar, K.R. and Rao, S.S. (1996) Dynamic analysis of voltage instability in AC–DC systems. *International Journal of Electrical Power and Energy Systems*, **18**(1), 11–18.
[34] Karimi-Ghartemani, M. (2007) A distortion-free phase-locked loop system for FACTS and power electronic controllers. *Electric Power Systems Research*, **77**(8), 1095–1100.
[35] Rostamkolai, N. and Phadke, A.G. (1989) A predictive control strategy for improving HVDC converter voltage profile. *IEEE Transactions on Power Systems*, **4**(1), 37–43.
[36] Nayak, O.B., Gole, A.M., Chapman, D.G. *et al.* (1994) Dynamic performance of static and synchronous compensators at an HVDC inverter bus in a very weak AC system. *IEEE Transactions on Power Systems*, **9**(3), 1350–1358.
[37] Sampei, M., Magoroku, H. and Hatano, M. (1997) Operating experience of Hokkaido–Honshu high voltage direct current link. *IEEE Transactions on Power Delivery*, **12**(3), 1362–1367.
[38] Thio, C.V., Davies, J.B. and Kent, K.L. (1996) Commutation failures in HVDC transmission systems. *IEEE Transactions on Power Delivery*, **11**(2), 946–957.
[39] Pilotto, L.A.S., Szechtman, M. and Hammad, A.E. (1992) Transient AC voltage related phenomena for HVDC schemes connected to weak AC systems. *IEEE Transactions on Power Delivery*, **7**(3), 1396–1404.
[40] *HVDC Systems and their Planning*, Siemens (1999).
[41] Dash, P.K. (1994) High-performance controllers for HVDC transmission links. *Generation Transmission and Distribution, IEE Proceedings*, **141**(5), 422–428.
[42] *Cheju–Haenam HVDC Manual*, AREVA (1998).
[43] Thio, C.V., Davies, J.B. and Kent, K.L. (1996) Commutation failures in HVDC transmission systems. *IEEE Transactions on Power Delivery*, **11**(2), 946–957.
[44] Dash, P.K., Liew, A.C. and Routray, A. (1994) High-performance controllers for HVDC transmission links. *Generation, Transmission and Distribution, IEE Proceedings*, **141**(5), 422–428.

第 5 章　交流系统与直流系统之间的相互作用

发生在交流系统与直流系统之间的相互作用非常复杂并且本质上是变化的。可以采用一种简化的方法对上述相互作用的某些方面进行评估，这种简化方法基于一种被称为短路比（SCR）的专门指标及其派生指标，下面的章节将对这些指标作进一步的介绍。

5.1　短路比和有效短路比的定义

短路比（SCR）指标是由从换流站交流母线看出去的交流等效系统的 Thevenin 等效阻抗决定的，交直流系统的接口电路如图 5-1 所示。对于 Thevenin 等效阻抗较小的系统，即强交流系统，交流系统的电压变化相对较小，直流系统的换相失败也很少发生。如果 Thevenin 等效阻抗很大，即交流系统为弱系统，那就可能产生诸如谐波谐振、谐波不稳定以及经常性的换相失败等问题。交流系统强度是与 Thevenin 等效阻抗相关联的，可以用 SCR 来表示。SCR 被定义为交流系统短路容量（SCL）与直流系统额定功率之比，SCL 的单位为 MVA。

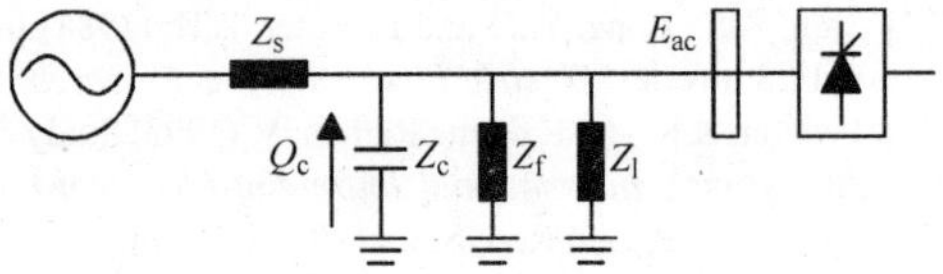

图 5-1　换流站与交流系统示意

$$\mathrm{SCL}=\frac{E_{ac}^{2}}{Z_{ac}}$$

$$\begin{aligned}\mathrm{SCR}&=\frac{\text{短路容量 SCL（MVA）}}{\text{直流功率 }P_{d}\text{（MW）}}\\&=\frac{\mathrm{SCL}}{P_{d}}=\frac{E_{ac}^{2}}{P_{d}Z_{ac}}\qquad(5\text{-}1)\\&=\frac{1}{Z_{ac}}Z_{base}=\left(\frac{1}{Z_{s}}+\frac{1}{Z_{l}}\right)Z_{base}\qquad(5\text{-}2)\end{aligned}$$

SCR 是一个相对指标，其定义见式（5-2），它是一个与 Z_{ac} 的倒数成正比的复数。如果 Z_{ac} 是高度感性的，则 SCR 几乎是一个纯虚数。因此，为了了解系统特性，通常忽略 SCR 的相位而只考虑其模值。在大多数情况下，还采用另外一个被称为有效短路比（ESCR）的指标，ESCR 考虑了换流站交流母线上的并联电容器和滤波器组提供的无功功率，见式（5-4）和图 5-1。

交流系统等效阻抗的特性如图 5-2a 所示，该图给出了三种常用于仿真研究的典型表示方式。应特别关注等效阻抗随频率变化的特性，主要是谐振特性，在基波和 3 次谐波附近的谐振是应当避免的。另外，等效阻抗在特定谐波次数处的阻尼也是应当关注的。图 5-2b 给出了 SCR 的模值和相位与动态过电压（DOV）的关系。显然，当 SCR >10 时，交流系统很强，动态过电压很低；而当 SCR =2 时，即对应典型的弱系统时，可能会产生 2pu 左右的过电压。

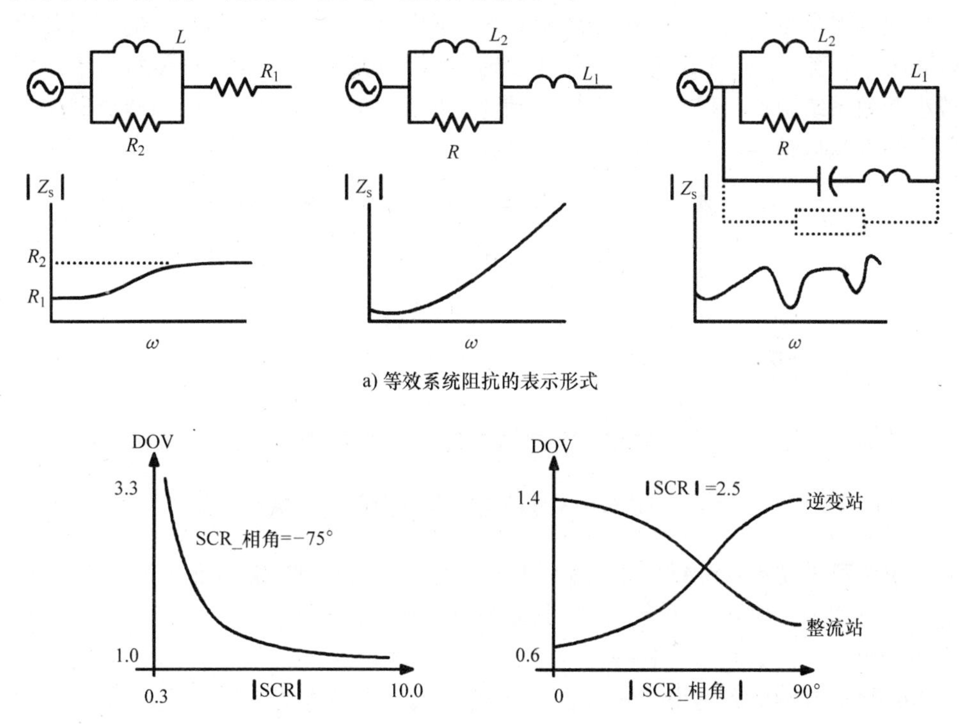

a) 等效系统阻抗的表示形式

b) 交流系统过电压与SCR相位和模值的关系

图 5-2　HVDC 系统的 SCR

$$Q_c = \frac{E_{ac}^2}{\frac{1}{Z_f} + \frac{1}{Z_c}} \tag{5-3}$$

$$\begin{aligned} \text{ESCR} &= \frac{\text{SCL} - Q_c}{P_d} = \frac{1}{Z_c} Z_{base} \\ &= \left(\frac{1}{Z_s} + \frac{1}{Z_l} + \frac{1}{Z_f} + \frac{1}{Z_c} \right) Z_{base} \end{aligned} \tag{5-4}$$

最大功率曲线（MPC）。直流输电的运行原则是：直流电压运行在最大设计值，通过改变直流电流来控制输送的功率。因此画出如图 5-3 所示的直流功率与直流电流的关系曲线具有指导性意义。在逆变侧，最大直流电压是通过将逆变器运行在允许的最小关断角 γ 上来得到的，对应于这种条件下的功率曲线称为最大功率曲线（MPC）。

在计算功率曲线时，交流母线电压是不控制的，即假设自动电压调节器、变压器分接头、并联电容器和并联电抗器是固定不变的，这是暂态扰动发生后最初100~300ms内的实际情况。最大功率曲线的意义是，直流功率不可能高于MPC曲线，除非增加换流站交流母线的电压（例如通过调节变压器分接头，增加并联电容器或其他类似的方法）；但低于MPC曲线的任何功率都是可以达到的，只要增大γ角就行。当一个或多个系统参数改变时，可以得到高于MPC曲线的功率，例如减小等效系统阻抗、提高等效系统电动势、增加并联电容器组等。当整流器运行在最小触发延迟角α时，可以得到类似的MPC曲线。

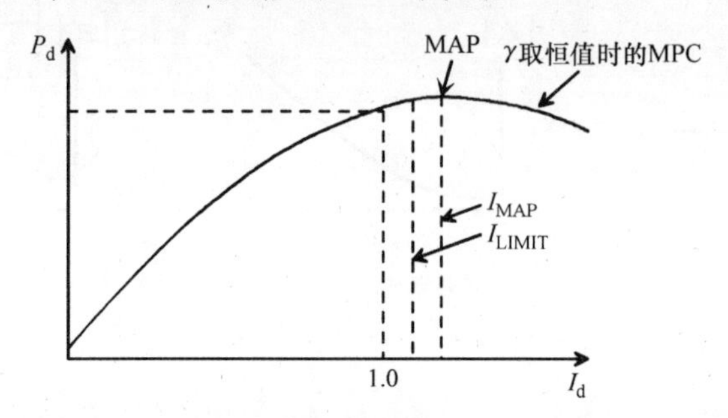

图5-3　对应最小γ角的直流功率－直流电流关系曲线

最大可送功率（MAP）。从图5-3可以看出，功率到达最大值点后，尽管直流电流继续增加，但功率开始下降。其原因是逆变器消耗的无功功率随着直流电流的增加而增加，而交流母线电压随着无功功率的增加而减小，并且电压下降的速率还大于直流电流增加的速率。MPC曲线上的最大值点被称为最大可送功率（MAP）。对于给定的交流系统阻抗SCR，MAP取决于如下因素：①换相电抗X_c，通常等于换流变压器的漏抗；②最小关断角γ的值；③换流站并联电容器的容量。图5-4给出了逆变侧四种不同SCR值下的MPC曲线，这些曲线均假设了送端整流侧系统可以不受限制地提供逆变侧所需要的功率。当然，如果将最小γ角用最小α角来替代，也可以得到适合于整流器的类似的MPC曲线。但是对于整流器，暂态下的直流功率可能会受到限制，取决于送端交流系统的强度，以及交直流系统本身的设计原则，即电压控制策略和α的运行原则等。

SCR的典型值。在规划的初始阶段，电力公司可能只知道系统的短路容量（MVA）和所需的HVDC系统容量（MW）。以下的指标基于SCR来近似描述交直流系统的强度。

对于一个高SCR的系统（SCR>3.0），通常不需要任何特殊措施就可以接入HVDC系统。但是，如图5-4中的交流电压曲线所示，甩负荷（$I_d=0$）时的暂时过电压（TOV）值V_L，当SCR减小到接近于3时已变得相对较高，并且当SCR在此范围时需要采用一些交流电压的控制措施。

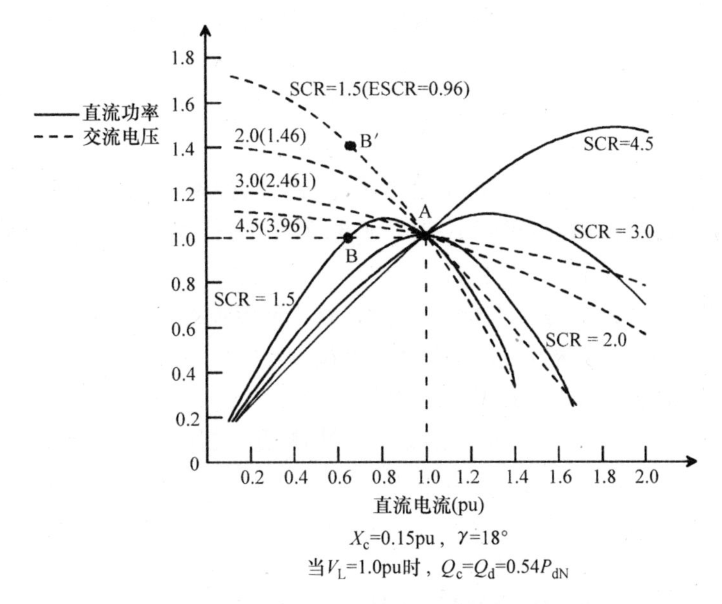

图 5-4 逆变侧交流电压和直流功率随直流电流的变化关系

对于 SCR 较低（2 < SCR < 3）的系统，应用 HVDC 时可能需要增加额外的控制措施，以抑制潜在的 2 次和 3 次谐波谐振，这些额外的控制措施中也包括换流器本身的控制措施。

如果 SCR 值小于 2，系统成为一个低短路比系统，采用“变 γ 控制策略”可能是必须的。如果采用了快速交流电压控制，定 γ 角运行也是可能的。这种情况下可能需要特殊的措施来控制交流过电压和低次谐波。

运行短路比（OSCR）。当考虑的运行条件不同于额定负荷，通常是低于额定负荷时，必须使用相应的运行短路比（OSCR，OESCR）。

SCL/P_d 的值实际上是变化的，它随交流系统的结构和输送的直流功率水平而变。因此应当记住，对交直流系统相互作用来说，运行短路比（OSCR）是重要的，它指的是实际短路容量与实际直流输送功率之比。通常 OSCR 大于额定功率下的 SCR，特别是在低于额定输送功率的运行工况下。但是，OSCR 的最小值并不一定与额定功率下的 SCR 一致。例如，当直流输送功率处于较低水平时，交流系统的等效阻抗可能比额定输送功率时高很多。应该指出，只有当 OSCR 比正常直流电流下的最小 SCR 大时，才可能在低电流下达到满意的运行状态。

换流器无功消耗的影响和 RESCR。SCR 只能给出一个近似的指标，不同系统之间仅仅通过比较其短路比也只能给出相对的趋势。具有相同 SCR 或 ESCR 的 HVDC 系统，其性能可以有很大差别的一个主要原因是，两个系统之间换流器消耗的无功功率可能有很大差别。换流器消耗的无功（Q_d）可以变化很大，这取决于运行的 α 角和 γ 角以及换相电抗的值（通常等于换流变压器漏抗）。Q_d 的值对运行性能可以有很大的影响，特别是输送功率极限和暂时过电压。无功有效短路比（RESCR）的定义如下：

$$\mathrm{RESCR}=\frac{\mathrm{SCL}-Q_{\mathrm{c}}}{P_{\mathrm{d}}+Q_{\mathrm{d}}} \tag{5-5}$$

临界短路比（CSCR）。图5-4给出了连接到四种不同强度交流系统的逆变器的最大功率曲线。可以看出对应不同的SCR，额定运行点A位于MPC曲线的不同部分。

对于SCR=4.5，运行点A低于MAP，且1pu电流远小于$I_{\mathrm{MAP}}=1.8\mathrm{pu}$。

对于SCR=3，A点较为靠近MAP，且$I_{\mathrm{MAP}}=1.4\mathrm{pu}$。

在这两种情况下，$\mathrm{d}P_{\mathrm{d}}/\mathrm{d}I_{\mathrm{d}}$均大于0。

对于SCR=1.5，运行点A"越过"了MAP点，相应的$I_{\mathrm{MAP}}=0.8\mathrm{pu}$（以额定电流$I_{\mathrm{dN}}$为基准）。这种情况下，$\mathrm{d}P_{\mathrm{d}}/\mathrm{d}I_{\mathrm{d}}$的值为负。看起来当SCR=1.5时，似乎在MAP的左侧有另一个可行的运行点，即B点；但是，根据图5-4可以发现，当SCR=1.5时，相应于B点的电压太高了，如B′点所示。

当P_{d}、I_{d}、V_{d}及V_{L}均为额定值（都是1.0pu）的运行点与运行在最小γ角的MPC曲线的MAP点重合时，相应的短路比称为临界短路比（CSCR，CESCR，CRESCR）。在图5-4中，临界短路比（CSCR）等于2，运行点A与SCR=2时的MAP重合。但是，CSCR的值依赖于逆变器消耗的无功功率，即取决于换相电抗X_{c}和关断角γ。显然，临界短路比表示了一个边界，当按定γ角运行时，$\mathrm{d}P_{\mathrm{d}}/\mathrm{d}I_{\mathrm{d}}$会改变符号。如图5-4所示，当SCR=2时，运行点与MAP点重合，对应的短路比就被称为CSCR和CESCR。CESCR的简化计算公式如式（5-6）所示。

$$\mathrm{CESCR}=\frac{1}{V^2}\left[-Q_{\mathrm{d}}+P_{\mathrm{d}}\mathrm{cotan}1/2\ (90^\circ-\gamma-\mu)\right] \tag{5-6}$$

式中，V是换流站交流母线电压标幺值；P_{d}为逆变器供给的有功功率标幺值；μ为逆变器换相角；γ是逆变器的关断角；Q_{d}为逆变器消耗的无功功率。

在图5-5中，ϕ角表示系统阻尼，如图所示，当ϕ在70°~90°范围内时，其对CESCR几乎没有影响，因此在简化公式中仅仅给出了$\phi=90°$时的情况。

对于给定的P_{d}和V_{L}，CESCR取决于γ和μ。又因为μ是γ和换相电抗X的函数，所以CESCR是X和γ的函数。图5-6给出了CESCR和CSCR与X_{c}的关系，其中γ的变化范围为15°~20°，ϕ分别为70°和90°，$Q_{\mathrm{c}}/Q_{\mathrm{d}}$分别为1和1.5。CESCR通过在CSCR中扣除并联电容Q_{c}相对于P_{d}的标幺值得到。在整个X_{c}的变化范围内，CSCR的变化范围刚刚超过50%，而CESCR的变化范围为27%。

在直流输电工程的早期规划阶段，可能的已知数据仅仅是交流系统的短路容量、输送的直流功率和需要补偿的无功容量，这些数据与临界短路比是有关系的。根据式（5-6）并通过假定CRESCR=1，可以快速得到CSCR的近似值：

1）对于$X_{\mathrm{c}}=15\%$，$\gamma=18°$（平均值$Q_{\mathrm{d}}=0.5$）的情况，$\mathrm{CSCR}=1.5+0.5Q_{\mathrm{c}}/$

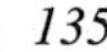

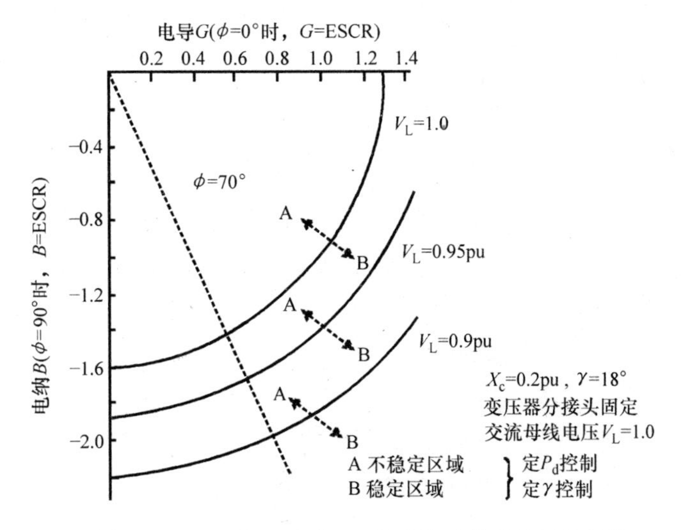

图 5-5　MAP 为 1 时对应不同交流系统导纳下的曲线

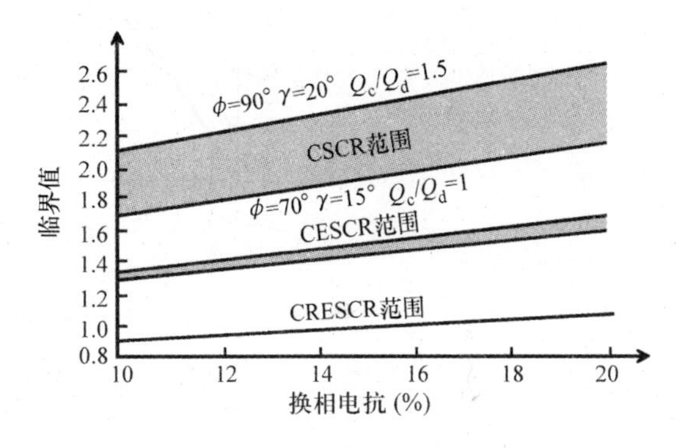

图 5-6　临界短路比的灵敏度

Q_d，当 $Q_c/Q_d=1$ 时，CSCR = 2。

2）对于 $X_c=20\%$，$\gamma=20°$（假设 $Q_d=0.5$）的情况，CSCR = $1.6+0.6Q_c/Q_d$，当 $Q_c/Q_d=1.5$ 时，CSCR = 2.58。

将上述计算得到的 CSCR 与实际的 SCR 做比较，可以较好地评估待研究的交直流系统的强度。

高短路比系统。图 5-7 给出了这样一个系统，逆变站通过两回并联的交流线路连接到交流系统。假设初始的 SCR 为 4.5，当其中一回交流线路跳开后，SCR 下降为 3。

对于这个例子，如图 5-8[㊀] 所示，尽管 SCR 下降后，MAP 会减小，但直流功率仍然可以维持在额定值（1pu）。在整个运行范围内直流电流都比 MAP 点对应的直流电流小，即 $I_d<I_{MAP}$。假设的系统扰动会导致 MAP 的下降，但新的最大可送功率 MAP - 2 仍然大于额定功率。所有的运行状态均可以保持 γ 角为恒定且最小，对应于 SCR > CSCR 的情况。

低短路比系统。这种情况下，正常运行时 $I_d<I_{MAP}$，但系统发生扰动后，有可能使 MAP 低于额定功率；这样，系统也许会在定电流控制下，降功率继续运行，此时 I_d 可能大于 I_{MAP}；也可能在定功率控制模式下，按降低的功率设定值运行。正

㊀　原文误为图 5-7。——译者注

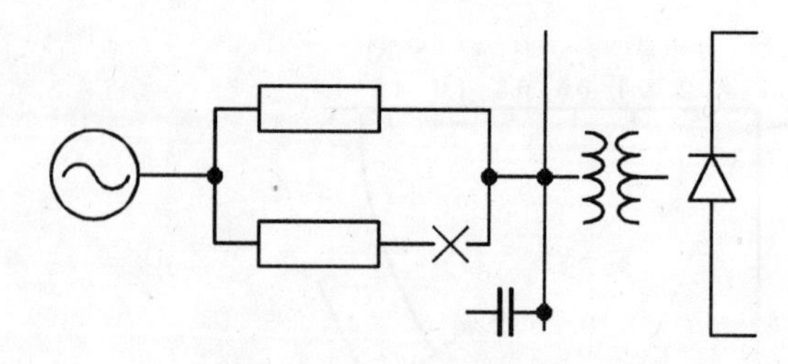

图 5-7　逆变站通过两回并联交流线路连接到交流系统

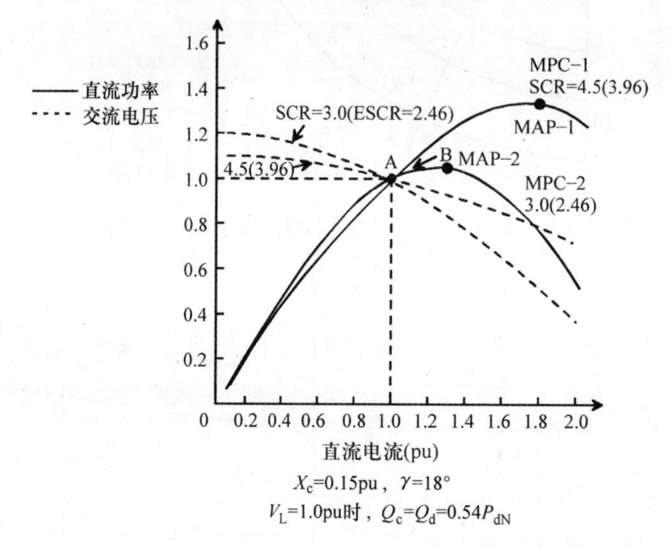

图 5-8　高 SCR 系统——SCR 突然从 4.5 变化到 3.0 时的直流功率和交流电压曲线

常情况下运行在 SCR > CSCR 状态，并且保持最小 γ 角运行；但扰动发生后，会暂时运行在 SCR < CSCR 状态，并且功率水平低于额定值。

这种情况下的功率曲线如图 5-9 所示，这里假定了图 5-7 系统因一回线路跳闸而使 SCR 从 3 降低到了 2。SCR 降低后的最大可送功率 MAP－2 小于额定功率点 A。超过 1pu 的任何电流的增加都反而会使功率降得更低。需要指出的是，图 5-4 和图 5-9 中 SCR＝2 时的系统阻抗是相等的，但是图 5-9 中 MAP－2 的值低于图 5-4 中 MAP（SCR＝2）的值。原因是初始交流端电压 V_L 在图 5-4 中均调整为 1pu（对所有 SCR 而言），而在图 5-9 中，V_L 在初始条件 SCR＝3 时调整为 1pu，在一回线路跳闸后，由于系统阻抗的增大，V_L 降低至了 0.93pu（V_{LN}为基准），而功率降低至了 0.92pu（P_{dN}为基准）。这些值代表 MAP－2 的运行状态。

极低短路比系统。如果正常情况下的运行点在功率曲线的不稳定区域，即在 MAP 的右侧，如图 5-4 中对应于 SCR＝1.5 的功率曲线，这样的系统被称为极低短路比系统。看起来在 MAP 的左侧有一个运行点 B，对应于额定功率及较小的直流电流，但进一步检查可以发现，该运行点对应的交流电压（B′点）大大高于额定

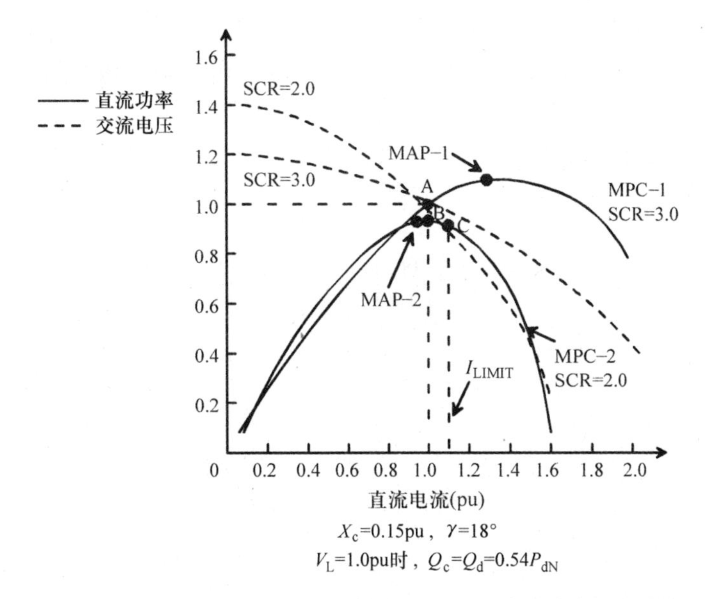

图 5-9　低 SCR 系统——SCR 突然从 3 变化到 2 时的直流功率和交流电压曲线

电压，根本不可能采用。

从图 5-4 还可以看出，在 SCR = 1.5 时完全甩负荷，那么交流电压的工频暂时过电压（TOV_{fc}）水平，在忽略变压器饱和的情况下可以达到 1.7pu 左右。采用同步调相机来降低换流站出口交流系统等效阻抗时，其主要的设计准则就是将 TOV_{fc}（过去称为动态过电压）限制到可接受的值。实际上，这种做法最终是将极低短路比系统转变成了低短路比系统，并且将正常运行点转移到了功率曲线的“稳定”部分。但是，氧化锌避雷器的使用使得可以不采用同步调相机或静止同步补偿器来控制 TOV 成为可能。

对于极低短路比的系统，有两种可能的运行方式：

1）交流电压通过快速静止无功补偿器（SVC）和静止同步补偿器（STATCOM）进行控制。只要 SVC 的调节是连续的并且控制速度快于直流功率控制回路，这将是一种令人满意的解决方法。为了使 SVC 的晶闸管控制电抗器（TCR）和饱和电抗器（SR）在可调范围内，可能需要采用自动可投切并联电容器组。

2）如图 5-10 所示那样，通过逆变器来控制电压，这是一种更为经济的方法。通过改变 γ 来控制直流电压，使得 A 点附近正常运行范围内的 dP/dI 大于 0，保证定功率控制模式的稳定性。在定 γ 角运行时，dP/dI 小于 0（B 点），并且电流增加时会导致功率下降。逆变器需要按照大于 γ_{min} 的运行方式进行设计，在图 5-10 的例子中，额定运行点（A 点）的 γ 角假定为 24°。通过控制直流电压恒定，运行点 A 附近交流电压变化就会减小。稳态下，通过电容器投切和变压器分接头调节来控制交流电压，保持 γ 在 24°附近要求的范围内，例如 30°到最小值 18°。交流电压通过并联电容器投切来加以控制所产生的影响，以及将逆变器按 TCR 模式运行来控制交流过电压，图中没有给出说明。对于图 5-10，如果将直流电流从 1pu 开始增加，并且使 γ 角从 24°降低至 18°，直流功率将会增大到最大值 1.07pu（B点）。采用如上的方式，只要能够恢复交流电压，就能够得到更大的功率。上述方法已经被应用于数个最新的 HVDC 工程中。

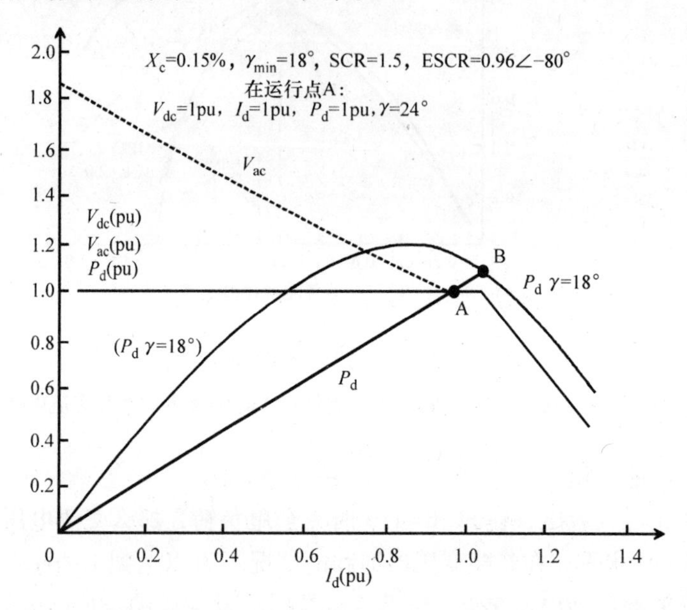

图 5-10　采用变 γ 角控制来保持直流电压恒定

交流系统扰动的本质。交流系统强度还依赖于给定系统的运行状态。例如，有些电力公司将上述扰动看作是例外事件，而更一般性的、相对频繁的扰动可能不会导致最大可送功率（MAP－2）降到额定功率以下。

电力公司通常采用交流母线电压下降的程度来描述扰动的大小，而不涉及交流系统阻抗的变化，即交流母线电压下降仅仅是由于交流系统电压下降而引起。对应交流系统阻抗是否变化，同样的交流母线电压下降程度对直流功率的影响是不同的。在图 5-9 中，MPC－2 对应于交流系统阻抗增加 1/3，即 SCR 从 3 降低到 2；在 I_d = 1.0 的条件下，这导致交流母线电压从 1pu（A 点）下降至 0.93pu（B 点）；而直流功率从 1pu 下降到 0.92pu，该值已接近于 MAP－2。

在图 5-11 中，MPC－3 对应于交流母线电压从 1.0pu 下降到 0.93pu，而系统阻抗保持不变。与 MPC－2 类似，直流功率也会下降。但是，由于 MAP－3 比 MAP－2 大，因此通过增大直流电流到 1.25pu，直流功率可以提高到 0.98pu（MAP－3）。这说明两种情况下扰动后的可送功率水平将相差 6.5%。

暂时过电压（TOV）。当考虑功率输送极限时，MAP 在 P_d/I_d 曲线上表示了一个明显的变化点。此外，当运行电流高于 I_{MAP} 时，在定功率控制模式下，基于恒

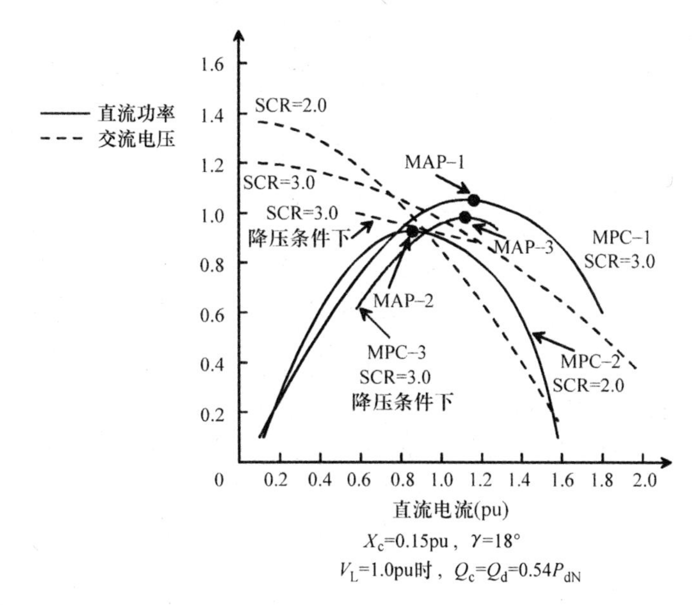

图 5-11　低 SCR 系统——交流母线电压突然变化而 SCR 不变时的直流功率和交流电压曲线

定 γ 角运行的控制策略是不能采用的。当考虑 TOV 的值时，并没有类似于 MAP 的明确的“转折点”。此外，取决于换流站的位置和电力公司的运行规程，可接受的 TOV 的值在不同工程之间是不同的。在换流站附近具有很多发电机的高度密集的系统中，根据次暂态电抗计算得到的 SCR 来确定的有效短路阻抗，仅适用于故障后的第一个周期，随后的 TOV 值将更高，因为此时是暂态电抗而非次暂态值影响过电压。工频 TOV 的值存在如下的近似关系：

高短路比系统（SCR > 3），TOV 小于 1.25pu。

低短路比系统（2 < SCR < 3），TOV 大于 1.25pu，但小于 1.4pu。

极低短路比系统（SCR < 2），TOV 大于 1.4pu。

应该指出的是，从功率输送的角度来看，低短路比系统的运行并不构成特别的困难，因为偶尔的暂时功率降低是可以接受的。但是，所对应的 TOV 却总是不可接受的。

5.2　高压直流系统与交流系统之间的相互作用

5.2.1　高压直流系统与交流系统之间的相互作用

在一个由电容和电感构成的电气系统中会存在谐振现象。如果谐振频率很高，通常不会引起什么问题，因为在这些谐振频率下，一般系统内部就具有足够的阻尼，不会出现不利的后果。但是，HVDC 换流站包含有并联无功装置，如交流滤波器、并联电容器组和并联电抗器等，所产生的无功功率很大，典型值为直流系统额定功率的一半，这导致谐振频率可能很低。由换流变压器饱和所产生的谐波电流可能会使这种谐振情况恶化。当谐振频率低于5次谐波频率时，需要对这些谐振问题引起注意。

包含有附近发电机的交流系统阻抗与换流站的并联无功补偿元件一起会构成并联谐振电路，有可能将低次谐波电流放大到不可接受的水平。用于近似估计谐振频率的公式如下：

$$\omega_{res} = \omega_0 \sqrt{\frac{\text{SCL}}{Q_c}} \tag{5-7}$$

式中，SCL是HVDC换流站交流母线的短路容量；Q_c为连接到换流站的所有并联电容器的容量（Mvar）。如果需要精确确定谐振频率，必须考虑并联元件和交流系统的频变特性。式（5-7）用于评估低于5次的低次谐振是很有效的。假定在额定负荷时$Q_c = kP_d$，则式（5-7）可以写为

$$\omega_{res} = \omega_0 \sqrt{\frac{\text{SCR}}{k}} \tag{5-8}$$

式（5-8）给出了额定负荷下谐振频率的一个估计。对很多HVDC系统来说，额定负荷时k约为0.6。

如式（5-1）和式（5-8）所描述的，连接到HVDC换流站的交流系统电感（L）和用于补偿无功的电容器的电容量（C）可以用下面的式子进行计算。用电感和电容表示的谐振频率如式（5-12）所示。

$$Q_c = 0.6P_d = \omega_0 E_{ac}^2 C,\quad C = \frac{0.6P_d}{\omega_0 E_{ac}^2} \tag{5-9}$$

$$L = \frac{Z_{ac}}{\omega_0} = \frac{E_{ac}^2}{\omega_0(\text{SCR}\ P_d)} \tag{5-10}$$

$$\omega_r\text{（谐振频率）} = \frac{1}{\sqrt{LC}} = \omega_0 \sqrt{\frac{\text{SCR}}{0.6}} \tag{5-11}$$

$$\frac{\omega_r}{\omega_0} = \sqrt{\frac{\text{SCR}}{0.6}} = 2\text{（如果 SCR = 2.5）} \tag{5-12}$$

由式（5-12）可以看出，若SCR = 2.5，则谐振频率等于2次谐波频率。

由于变压器饱和时励磁电流含有较大幅值的奇次谐波，因而这些谐波是需要特别关注的。在图5-12中，为了描述换流变压器铁心饱和所产生的谐波，首先考虑直流电流对变压器励磁电流的影响。最好的方式是在换流变压器的阀侧考虑直流电流，而在换流变压器的网侧考虑励磁电流。这里首先以单相变压器为例进行分析。

在最不利的条件下，假定变压器的交流磁通已经达到了磁化特性非饱和部分的上限，如图5-12所示。在这种情况下，即使一个微小的直流偏置也会造成不对称的励磁电流，导致变压器在基波的半个周波中发生饱和。其次，假定最不利的磁化特性，即在饱和区域励磁电流/磁通为无穷大，这导致饱和电流具有尖峰脉冲形状，

如图5-12所示。在稳态下，网侧励磁电流中没有直流分量，所以励磁电流正半周的面积与负半周的面积相等。因此，饱和电流脉冲的时间积分与阀侧等效直流偏置电流的时间积分相等，但符号相反，如图5-12中的阴影区域。当假定饱和区域励磁电流/磁通为无穷大时，饱和电流脉冲的持续时间无限短，可以认为是一个周期性的脉冲系列，因此可以用傅里叶级数展开来近似分析直流饱和所引起的谐波问题。在本图中，仅考虑了傅里叶级数中的二次谐波项，而其他可能通过直流换流器和交流系统反馈回路而形成二次谐波的项被忽略。

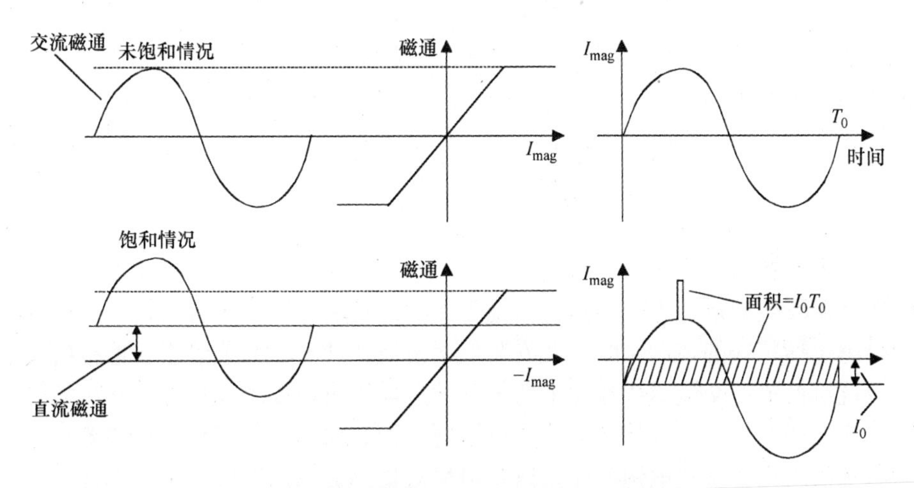

图5-12 对称饱和时磁通与励磁电流的关系

HVDC系统及其控制也能影响谐振电路。高压直流换流器的行为基本上是一个调制器/解调器，因而交流侧和直流侧之间会产生非常复杂的相互作用。应当特别关注这样的情况：交流侧阻抗在二次谐波处很大，而直流侧阻抗在基波频率下很小，导致所谓的互补谐振问题。在某些条件下，换流变压器的饱和会加剧此种谐振，这就是通常所称的“铁心饱和不稳定”。一个交流系统中的谐波可以通过HVDC系统传递到另一个交流系统，这种现象通常被称为交叉调制，在此过程中，换流器的行为就像一个调制器/解调器，依据所连接的交流系统的频率不同，有可能产生非常复杂的相互作用。

上述现象的机理可以用图5-13所示的框图来说明。如果换流器的交流侧存在一个小幅值的正序二次谐波电压，在直流侧就会出现一个基波电压。该电压作用于直流侧的阻抗就会产生一个基波电流，该电流在交流侧产生一个正序二次谐波电流和直流电流。交流侧的直流电流会使换流变压器饱和，导致产生许多谐波电流，包括正序的二次谐波电流。这个电流加强了已存在的正序二次谐波电压，从而构成了一个反馈的回路。而系统的稳定性就由这个反馈回路的特性决定。

这里描述的谐振可以导致设备承受很高的电压和电流应力，甚至使系统不稳定，因此在设计系统时必须考虑这种情况发生的可能性。

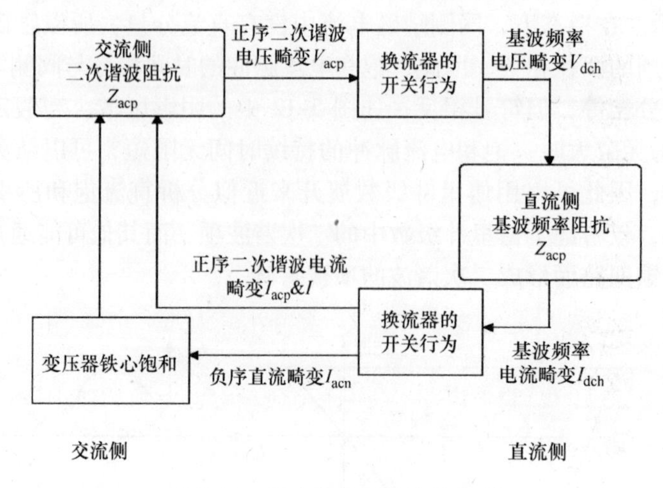

图 5-13　铁心饱和不稳定的机理

可以采用多种措施来避免低次谐振的不利影响。首先，如果可能的话，避免导致低次谐振发生的运行方式，这种措施需要对系统运行状态进行监视；其他可以采用的措施包括特殊的控制策略以及安装低次谐波滤波器。与换流站相连接的交流电网的阻抗对换流站交流母线在如下情况下的过电压有重要的作用，即交流故障清除瞬间，换流器输送功率为零而换流变压器处于饱和状态。除了根据短路容量导出的网络阻抗值之外，交流电网的序量以及阻尼对最终波形的谐波含量也有影响。

地模电压对最终波形的影响取决于故障回路的零序阻抗，而这又依次取决于交流电网的 X_0/X_1 和 R_0/R_1 的值。这里，用下标 0 表示零序量，用下标 1 表示正序量。一般情况下电网的 X_0/X_1 之值在 3 ~ 4 之间，根据电网类型不同而有所变化，例如电网主要是由输电线路和远方机组构成，还是由近处紧密连接的发电机构成。对于采用 Y - D 联结的升压变压器和发电机，X_0/X_1 的值可以小于 1。交流系统的零序阻抗、换流变压器的星 - 三角绕组以及并联连接的交流滤波器，根据其阻抗取值的不同，可以产生介于二次谐波和三次谐波之间的谐振频率。零序系统中的谐振频率可近似由下式计算：

$$n = \frac{f_{res}}{f_0} = \frac{\frac{1}{2\pi\sqrt{LC}}}{f_0} = \sqrt{\frac{\frac{SCL}{Z_0/Z_1} + \frac{S_N}{X_1}}{Q_c}} \tag{5-13}$$

式中，SCL 为短路容量（MVA）；Z_0 为交流系统零序阻抗（pu）；Z_1 为交流系统正序阻抗（pu）；S_N为中性点接地的 Y - D 联结的换流变压器的容量（MVA）；X_1 为变压器漏抗（pu）；Q_c 为包括中性点接地的交流滤波器的并联补偿的总容量。

如果零序系统中的谐振频率接近二次谐波或三次谐波，在单相接地短路或三相接地短路被清除瞬间，可能会产生很高的零序过电压。如果电阻较小，对此过电压，阻尼也就较低，可能会出现多个过电压尖峰，从而导致很高的避雷器泄放能量。

高压直流系统中的铁磁谐振。铁磁谐振现象最早是在 20 世纪 20 年代被观察到的。在过去的多年中，采用了多种方法来模拟、理解和分析铁磁谐振。最近，数字时域仿真可以做到显式地描述非线性电路元件，如图 5-14 所示，因而提供了一种简单地确定特定运行结构（或扰动）是否会引起铁磁谐振的方法。数字仿真也展示了铁磁谐振的混沌性质，即初始参数的微小改变可以导致运行状态的巨大变化。这种根本性的混沌性质使得在测试某种具体的铁磁谐振缓解方案时，需要进行大量的仿真计算。为了将上述大量的仿真输出结果整理成条理一致的运行状态展示图，已从混沌研究的文献中借用分岔图作为工具。不幸的是，传统的一维分岔图不能用来描述铁磁谐振电路的全局行为，因为对于任何包含多于一个可变参数的系统，可以存在无数个此类分岔图。

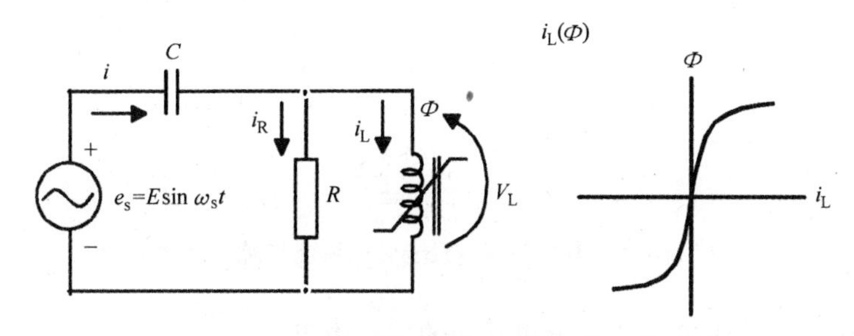

图 5-14　仿真变压器铁磁谐振的等效模型

铁磁谐振案例 1。如图 5-15 所示，Dorsey 高压直流换流站的 230kV 交流母线是由四个分段构成的，分别连接了换流器和输电线路。在 1995 年 5 月 20 日的 22:04，母线 A2 退出运行，以更换断路器、电流互感器并做跳闸测试等。

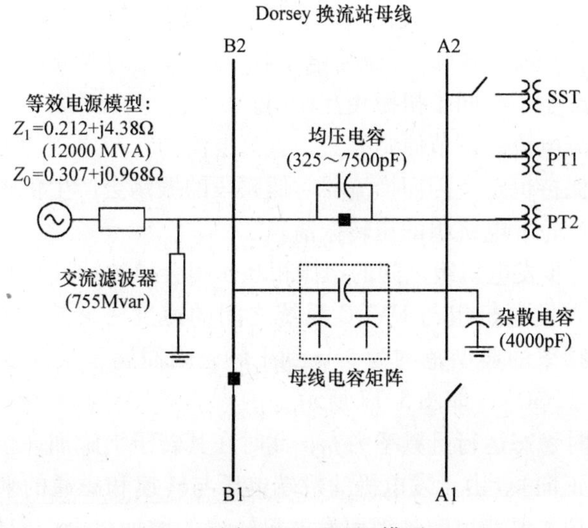

图 5-15　EMTP 模型

在22:30左右，一个电压互感器（PT）灾难性地故障，使得30m内设备遭到损坏。切换过程导致上述不带电的母线（A2）及其相关的电压互感器通过9个已开路的230kV断路器的均压电容（5061pF）连接到有电的母线B2上。另外，正常情况下连接到母线A2的一个站用变压器事先已经被断开。此铁磁谐振导致了该电压互感器的故障。

铁磁谐振案例2。图5-16给出了一个带有串联电容器的高压直流输电系统。图中，受关注的铁磁谐振可能按如下方式发生，串联电容器与换流变压器的饱和励磁支路之间在次同步频率上产生不衰减的能量交换。

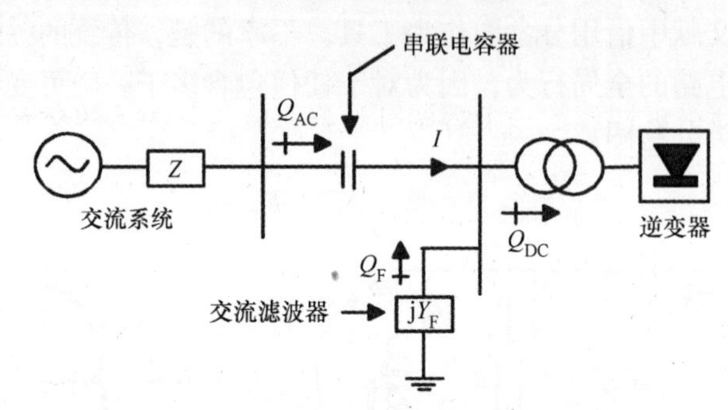

图5-16　将串联电容器置于交流系统与逆变器之间

5.2.2　高压直流输电系统与发电机之间的相互作用

HVDC换流站与附近的同步发电机通过多种不同的方式发生相互作用。这些相互作用不仅可以通过电气系统发生，也可以通过电气设备的非电气部分发生。例如，汽轮机或汽轮机-发电机轴系能在不同频率下参与电气系统与非电气部分之间的能量交换。

扭振相互作用。由HVDC引发的次同步扭振相互作用（SSTI）现象自1976年起就已熟知，当时，Square Butte直流输电工程与其邻近的Milton Young发电厂的汽轮发电机组之间产生了次同步扭振相互作用。

上述现象与直流电流的调节原则有关，直流电流的调节原则为不管电网电压是否变动，直流电流保持恒定。因而换流器对低频段的振荡会产生负阻尼作用，特别是对换流器附近的汽轮发电机组的扭转振荡。

HVDC系统与同步发电机组之间的扭振相互作用会导致轴系承受扭转应力，这种现象可以通过检查发电机组与HVDC系统之间的速度-转矩关系来得到解释。受关注的轴系扭振频率的典型范围为5Hz到工频，因而属于次同步频率范围，故称之为次同步振荡（SSO），如图5-17所示。

设发电机初始时稳态运行且频率为f_0，此时在其转子上施加一个与其旋转方向相同的微小扰动（正向）。由于发电机的机端电压与转速和磁通的乘积成正比，而磁通在扰动过程中基本保持恒定，因而发电机转速的增加将会引起机端电压V_G的

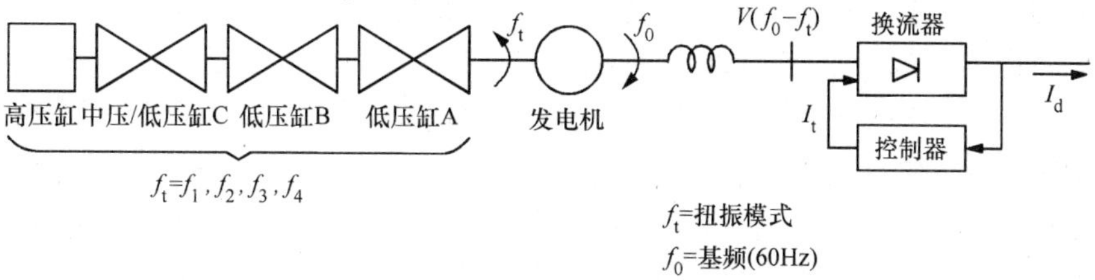

图 5-17 HVDC 定电流控制引起的扭振相互作用

变化，并通过交流线路作用于 HVDC 换流站交流母线，引起其上交流电压的变化。在幅值和相位上被自然扭振频率f_t调制后的交流电压包含有边带频率成分（例如f_0-f_t）。交直流转换过程就像一个解调制过程，将基频为f_0的交流量转换为直流且叠加有f_t频率成分的量。当换流器稳态运行在定电流控制模式时，直流侧的f_t频率分量在直流电流调节器的反馈回路中表现为电流偏差，并产生一个触发延迟角α的相应变化，进而引起交流侧电流的变化。交流电流的改变通过交流线路引起发电机电流I_G与电磁转矩T_e变化。这样，通过交流系统与 HVDC 控制系统的共同作用，转速扰动引起了发电机的电磁转矩的改变。如果电磁转矩增量与初始的转速增量方向相反，则该转矩为阻尼转矩，因为其阻碍转速的变化；如果转矩增量与初始转矩增量方向相同，则该转矩为负阻尼转矩，因为它会助增初始的转子扰动。

另外，HVDC 系统中采用的等间隔触发方案比跟踪电压过零点的分相触发方案，会产生更严重的扭振相互作用。但是，包含有同步锁相电路以对交流电压波形进行跟踪的等间隔触发方案可以接近分相触发方案的特性。

放大的转速扰动会引起发电机组轴系的扭转振荡，导致发电机组轴系的扭振应力和疲劳损耗。当疲劳损耗累积而超过限度时，机轴将损坏。如果发生扭振相互作用，应对控制系统进行调整以抵消负阻尼作用。

次同步阻尼控制。在所有的扭振阻尼效应中，HVDC 对扭振阻尼的贡献是极其重要的。各种控制模式和各控制模式的参数构成了 HVDC 系统的主要阻尼源。扭振对发电机的电压调节器非常敏感，特别是当其包含多个反馈回路时。同样，扭振对各个回路的敏感程度也有很大程度的不同。

发电机轴系上的扭振现象发生在发电机承受电磁转矩与机械转矩时。原理上，所考察系统中的所有部件都会或多或少地为发电机组的扭振提供阻尼（正阻尼或负阻尼）。次同步阻尼通常将各个扭振模式分开来单独进行研究，对于模式n，其阻尼可以通过对数衰减系数δ_n、模态阻尼系数σ_n或者标幺化阻尼D_n来描述。

$$D_n = 4H_n\sigma_n = 4H_nf_n\delta_n \tag{5-14}$$

发电机组所具有的总次同步振荡阻尼σ_{n_total}可以分为两个部分，分别为机械阻尼σ_{n_mech}和电气阻尼σ_{n_elec}。

$$\sigma_{n\_total} = \sigma_{n\_mech} + \sigma_{n\_elec} \tag{5-15}$$

电气阻尼。作用于发电机与励磁机转子上的电磁转矩主要由发电机、交流网络、直流输电系统、电压调节器等决定。无功补偿装置，特别是串联电容器，还有并联电容器和静止补偿器等，对交流系统的扭振稳定性也有巨大影响。当然，电网结构与负荷也是影响系统扭振稳定性的重要因素。

机械阻尼。机械阻尼主要是由进入涡轮机的汽流或水流决定的，摩擦损耗和风阻损耗是决定机械阻尼的较小的因素。除了轴系的自然阻尼之外，机械阻尼主要由调速过程引起的进汽动作产生，因此，调速器对扭振也有一定的影响，甚至调速器的转速测量点位置也会影响轴系的扭振行为。

次同步阻尼控制（SSDC）设计方法。次同步频率范围的电气阻尼同样会受到多个与电力系统结构和元件相关的参数的影响。与机械阻尼不同的是，这些影响因素可以在合理的精度内进行模拟。然而，由于某些电力系统元件结构的复杂性，例如对次同步阻尼构成影响的 HVDC 系统，用解析方法分析其次同步阻尼是相当费力的。因此通常采用通用的传递函数描述来进行分析，如图 5-18 所示。基于这种传递函数描述，利用发电机角速度增量 $\Delta\omega_G$ 与对应的电磁转矩增量 ΔT_e 之间的关系，就能给出次同步电气阻尼 D_{en} 的一般性描述。

图 5-18 给出了从发电机轴系转速到电磁转矩的传递路径。该路径可以被分为两条支路，一条支路用于表示除去 SSDC 外的系统的贡献（TWI），另一条支路用于表示 SSDC 的作用。输入增益 XWI 几乎就是频率传感器的特性，输出增益 TRI 则是 HVDC 控制特性与运行点的函数。SSDC 反馈增益 XRI 表示在无发电机轴系运动的情况下，SSDC 的输出变化对 SSDC 输入变化的影响。对于交流母线的频率输入，XRI 在 HVDC 滤波器与线路导纳的第一个反谐振频率附近有一个谐振尖峰。对于架空线路，其典型值介于 60～100Hz 之间，而对于电缆线路，其值可低至 30Hz。此谐振为宽频带输入的 SSDC 提供了增益裕量。

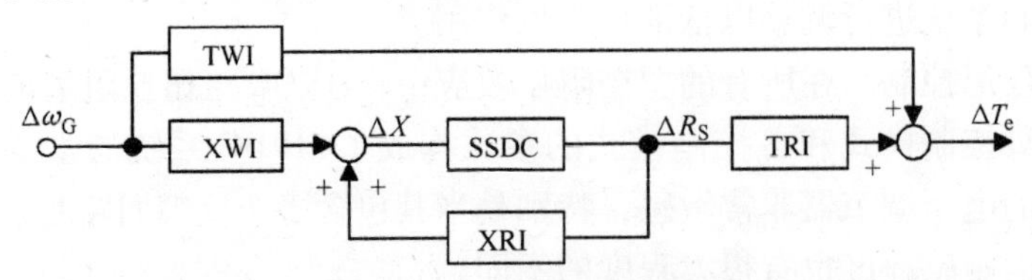

图 5-18 带 SSDC 时的转速 - 转矩传递函数

TWI = ($\Delta T_e/\omega_G$); XWI = ($\Delta X/\omega_G$); TRI = ($\Delta T_e/R_S$); XRI = ($\Delta X/R_S$); X 为 SSDC 输入信号，R_S 为 SSDC 输出信号，ω_G 为发电机转子角速度，T_e 为发电机电磁转矩

系统阻尼由转速 - 转矩的传递函数的实部给出，如式（5-16）所示：

$$D_{NET} = \text{Re}\{\text{TWI} + \text{XWI} * \text{SSDC}/(1 - \text{GHS})\}\ \text{pu} \tag{5-16}$$

其中：

$$\text{GHS} = \text{XRI} * \text{SSDC} = \text{SSDC}\ (\text{内环增益}) \tag{5-17}$$

上述理想的 SSDC 特性可通过求解描述 SSDC 传递函数的式（5-16）得到，假设D_{NET}为$+1$pu。但是，具有上述特性的传递函数不可能用硬件实现；此外，只需要在5Hz以上的频段产生正阻尼就可以了。核电机组的扭振频率典型值在7Hz以上，而火电机组则通常在10Hz以上。因此，实际SSDC设计时，仅仅在负阻尼最严重的频段内近似理想的SSDC特性，其增益在该频段之外取很低的值，以尽量减小与其他HVDC控制器的相互作用，并使对谐波的影响最小化。

加入SSDC后，可以提供有用的正阻尼。汽轮机组中的机械阻尼与风阻损耗、轴承摩擦以及材料阻尼有关，而蒸汽作用于汽轮机叶片引起的机械阻尼被认为是主导性的，因此机械阻尼随着负荷的增加而增加。在较低的扭振频率下，发电机组的机械阻尼较小，因此，在此频段上电气阻尼成为决定系统稳定性的主要因素，故需要将研究的重点放在电气系统对阻尼的贡献上。机械阻尼通常随着扭振频率的增加而增加，因此，扭振相互作用主要表现在次同步频段上。对于一个稳定的系统，下式成立：

$$D_e + D_m \geqslant 0 \tag{5-18}$$

式中，D_e为电气阻尼；D_m为机械阻尼。电气阻尼D_e为发电机转速－转矩复传递函数的实部，即

$$D_e = \mathrm{Re}\left(\frac{\Delta T_e}{\Delta \omega_G}\right) \tag{5-19}$$

如果上述传递函数的实部在某个给定的扭振频率下为正，则电气系统为轴系扭振提供正阻尼；如果上述传递函数的实部在某个给定的扭振频率下为负，则在该扭振频率下轴系所受到的阻尼为固有机械阻尼减去电气系统的阻尼。在此种总阻尼下降的情况下，发电机组轴系容易发生扭振不稳定，从而导致扭振应力与疲劳损伤。汽轮发电机组轴系比水轮发电机组轴系更容易发生扭振相互作用，其原因如下：

1）汽轮发电机组在次同步频段内存在多个扭振频率，而水轮发电机组在此频段内通常只有一个扭振频率。

2）由于较高的H_{gen}/H_{turb}值，水轮发电机组在其轴系扭振频率下具有高得多的模态机械阻尼。

下列因素对发电机组与HVDC系统之间的扭振相互作用有影响：

1）HVDC系统的触发延迟角α。按定触发延迟角控制的HVDC系统提供正阻尼，因而不会对发电机组的扭振应力产生影响。触发延迟角增大时，电气阻尼变负。当SSDC投入时，电气阻尼在整个次同步扭振频段内为正，并且对触发延迟角的变化不敏感。这其中的部分原因是SSDC通过整流器的触发延迟角来工作的，当触发延迟角大时，SSDC具有更大的增益。SSDC的有效增益近似地与触发延迟角的正弦成正比。这种效应在40Hz附近特别明显，在该频率范围，如果没有SSDC，触发延迟角越大，电气阻尼越负；而如果投入SSDC，则触发延迟角越大，电气阻尼越正。

2）交流系统强度。分析SSDC性能相对于交流系统强度的灵敏度表明，当交流

系统阻抗很小时，SSDC 的作用较小。这是因为这种情况下，汽轮发电机组与 HVDC 系统之间的相互作用系数减小了。但另一方面，当交流系统较强时，对 SSDC 提供正阻尼的要求也降低，因此，这两者之间趋向于相互平衡。

3）HVDC 的控制模式。在设计条件中，假定了 HVDC 系统的控制模式为整流侧定电流控制、逆变侧定电压控制；然而，HVDC 系统可以有多种不同的控制模式，例如需要考虑如下的控制模式组合：

- 整流侧定电流控制，逆变侧定关断角控制；
- 整流侧定电流控制，逆变侧定 β 角控制；
- 整流侧定 α 角控制，逆变侧定电流控制；
- 整流侧定电压控制，逆变侧定电流控制。

当整流侧采用定电流控制时，SSDC 性能对逆变侧的控制模式相对不敏感。而当逆变侧闭环电流调节器的特性与整流侧没有本质差别时，SSDC 的性能也类似。不管是整流侧还是逆变侧采用电流闭环控制，SSDC 的设计都对电流控制环的特性敏感。但是，如果逆变侧电流控制环特性与整流侧不同，那么这种控制模式下 SSDC 的性能需要进行仔细分析。

HVDC 系统的电流与功率控制是电气负阻尼的主要原因，这可以理解为由于定电流和定功率控制，对交流系统来说直流输电系统表现为一个恒功率负荷，而恒功率负荷对于任意的发电机轴转速扰动都具有负阻尼特性：

$$\frac{\Delta T_{\mathrm{e}}}{\Delta\omega_{\mathrm{G}}} = -P_0 + \frac{\Delta P}{\Delta\omega_{\mathrm{G}}} \tag{5-20}$$

对于恒定功率负载，式（5-20）中的 $\Delta P = 0$，因而存在一个与功率水平 P_0 成正比的负阻尼。要在整个扭振频段内获得正阻尼是不可能的，但通过修改控制系统特性，在特定频率范围内获得正阻尼通常是可以达到的。

HVDC 系统的功率水平。对 SSDC 在不同直流功率水平下的性能评估表明，当直流系统轻负荷时，电气阻尼在较高的扭振频段内可能会变小，从而成为限制 SSDC 设计的一种运行条件。因此在设计 SSDC 时，对直流系统低功率水平下的稳定运行必须进行严格的测试：

1）当发电机连接于整流站时，扭振相互作用比连接到逆变站要大得多，还没有关于发电机组连接到逆变站而发生有害相互作用的报告。

2）当无串联补偿的交流线路连接到换流站交流母线时，发电机与 HVDC 换流站之间的相互作用相对于发电机直接连接到换流站时有所减小。如果交流系统中含有串联补偿线路，则需要进行专门的研究来确定最坏的情况。

发电机与直流系统之间的相互作用也是该机组相对于其他机组与 HVDC 换流站之间电气距离的函数。显然，当汽轮发电机组呈辐射状向 HVDC 系统供电而没有并联运行的交流线路时，将发生最严重的扭振相互作用。作为极端的反例，机组通过数百英里长的交流线路向 HVDC 换流站供电则不大可能发生任何相互作用。

在扭振相互作用强度与交流系统强度之间已经建立了一种近似的关系式，此关系式可以作为一种定量筛选的工具来确定需要进行详细研究的发电机组和系统故障方式。该关系式为

$$\mathrm{UIF}_i = \frac{\mathrm{MVA_{HVDC}}}{\mathrm{MVA}_i}\left(1 - \frac{\overline{\mathrm{SC}_i}}{\mathrm{SC_{TOT}}}\right)^2 \tag{5-21}$$

式中，UIF_i为第 i 台机组的机组相互作用系数；MVA 表示其下标的容量（HVDC 系统或第 i 台机组）；$\mathrm{SC_{TOT}}$为包括第 i 台机组在内的 HVDC 换流站交流母线短路容量；$\overline{\mathrm{SC}_i}$ 为除去第 i 台机组后的 HVDC 换流站交流母线的短路容量。

大量敏感性研究的结果表明，当机组相互作用系数 UIF_i小于 0.1 时，不会出现明显的扭振相互作用，在之后的研究中可以不再对该机组进行研究。另外已经确认这样一个事实，若设计的 HVDC 控制器能够为扭振相互作用系数最大的机组提供正阻尼，那么可以确保其也能为其他机组提供正阻尼。这个结论的依据是，给定机组与直流系统之间的相互作用的幅值是随交流系统强度而变化的，但其相位却保持相对固定。因此，针对辐射状供电的 HVDC 换流站进行的控制器设计是最严苛运行条件下的设计，可以完全应对交流电网变化时的所有情况。

当系统中两台完全相同的发电机与直流换流站相连时，其负阻尼小于系统中仅有一台发电机（其容量为两台发电机之和）与直流换流站相连时，这是因为其固有阻尼被分摊了。相同发电机之间的阻尼效应随着发电机之间电气距离的增大而减小。

为了防止有害的 SSO 相互作用，HVDC 的控制系统应配备一个被称为附加次同步阻尼控制器（SSDC）的附加稳定控制器，其对电气距离临近的发电机组轴系运动敏感，并能够为发电机组提供足够的阻尼，否则的话该发电机组可能不能稳定运行。SSDC 通过调制直流系统的触发延迟角为扭振相互作用提供阻尼。

汽轮机与 HVDC 控制之间的相互作用。直流系统具有在数十毫秒的时间内改变其输送功率水平的能力，其响应时间由直流线路（或电缆）的分布电容与通信延迟决定。

例如，一个长距离直流输电系统，可能配备有受端系统频率控制和快速功率振荡阻尼控制。通过主控制，它可以为送端系统或受端系统的扰动提供阻尼。送端系统的频率控制在较慢的时间尺度上还能够用于孤岛发电厂，只要在主功率设定值上叠加一个频率信号。直流输电系统常用的恒功率特性会消除常规大型交流系统为发电机调速器响应提供的稳定化作用。送端的频率或转速信号可以使调速器稳定甚至提供额外的阻尼，这对于原动机/功率源系统是有益的。对于汽轮机的情况，其调速器针对窄频带和宽频带具有完全不同的控制，如图 5-19 所示。

窄频带调速器使发电机容易参与负荷频率控制，在没有实施负荷频率控制的电力系统中，此种汽轮机控制模式被禁用。如果 HVDC 系统在送端孤岛模式下需要按窄频带要求控制发电机，那么 HVDC 系统需要承担窄频带调速器的任务。这样，

HVDC 的控制特性（增益与时间常数）必须与发电机的窄频带调速器特性相配合，以使控制平稳且不影响汽轮机的性能。对一个 HVDC 系统加入多种稳定信号是完全可能的，因为在很大程度上它们会按照不同的频率运行，例如摇摆阻尼的频率为 0.1～2Hz，频率控制的频率为 0.01～0.2Hz，而主频率控制则持续数分钟。

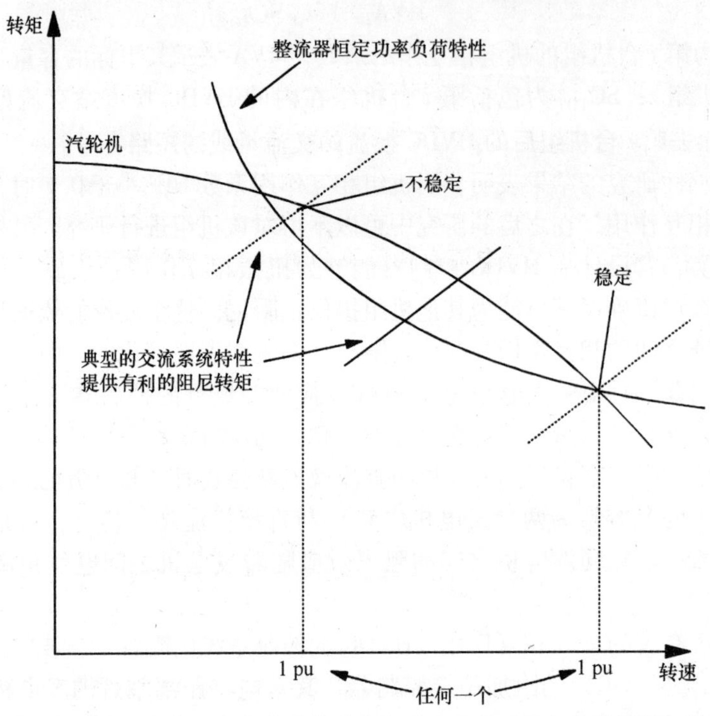

图 5-19　典型的汽轮机、交流系统负荷与恒功率直流系统负荷的转矩－转速曲线

与汽轮发电机组的旋转动能相比，HVDC 系统的能量存储是相当小的。因此，由 HVDC 系统实施的使一端功率变化的控制行为必然对另一端构成功率扰动。因此，在设计受端频率控制系统时，必须避免送端与受端频率控制之间的相互干扰。通常此种控制器被设计成将频率维持在目标值附近较窄的范围内，或者采用频率调差特性。此外，HVDC 系统所具有的快速连续脉冲式控制能力不仅能对系统中慢速的调速器控制做出反应，而且能对快得多的汽轮发电机组轴系扭振做出反应，并且能够影响次同步频率范围内的转矩。次同步频率范围内的扭振相互作用是受监视的，如果存在任何有害的影响，将采用独立的次同步振荡阻尼功能加以防止。

HVDV 系统通过快速功率调节可以帮助送端发电机进行频率控制。但是，在部分甩负荷的情况下，例如在双极 HVDC 系统中发生单极闭锁，汽轮发电机组的直接反应将是转速快速上升。如果 HVDC 系统的健全部分具有短时过负荷能力，就可以用来控制发电机转速的过快上升，然后原动机与调速器的控制就会发生作用。但是，如果 HVDC 系统没有过负荷能力，那么就需要快速切机，这种情况下就需要注意轴系所承受的暂态转矩。短时间（5～10s）内明显高于额定频率的运行条件将会导致交流和直流滤波器的性能下降。因此滤波器设计时，必须考虑短时的谐波抑制和谐振性能，并满足谐波电流和谐波电压过负荷应力的要求。短时频率偏移的大小随系统不同而不同，对由汽轮发电机组构成的系统过频率可以达到 10%，而对由水轮发电机组构成的系统在完全甩负荷时过频率可以达到 50%。在频率偏移期间，应当特别注意的是发生电气谐振的风险。最终的保护措施将是切除滤波器和 HVDC 换流器，但这将会导致单极甩负荷发展成双极甩负荷。同样的考虑也适用于受端为孤岛运行的情况，此时直流系统故障时会出现系统频率下降的问题。

谐波相互作用。由 HVDC 换流器产生的谐波电流大部分是由交流滤波器吸收的，少量谐波电流会流入同步发电机。谐波电流对发电机及其辅助系统具有如下的影响：

1）使电流有效值增大，因为定子和转子绕组中的谐波电流会导致发电机过热。在正常连续运行条件下，电流有效值不会超过发电机的额定电流 I_n。定子电流短时过载是可能的，例如 2.0 倍额定电流可以运行 10s，1.3 倍额定电流可以运行 60s。发电机允许的谐波电流总和大约为额定电流的 3% ~5%。发电机定子中较大的谐波电流还会导致发电机转子表面产生涡流，并可能使转子表面过热。当一台同步发电机与一个 12 脉波换流器相连接时，其定子电流将包含 $12n \pm 1$ 次谐波电流（n 为正整数）。这些谐波电流的效应可以通过等效负序电流 I_{2eq} 来衡量，其表达式为

$$I_{2eq} = \sqrt{\sum_n \left[\sqrt[4]{\frac{12n}{2}} (I_{12n+1} + I_{12n-1}) \right]^2} \tag{5-22}$$

其中，n 为整数，I_{12n+1} 和 I_{12n-1} 为同步发电机定子绕组中的谐波电流，单位 pu。

允许的总负序电流的典型值：对于 950MVA 等级的汽轮发电机为 0.06pu，对于水轮发电机为 0.08pu。定子绕组与转子绕组中允许的谐波电流大小应得到同步发电机制造商的确认。

2）水轮发电机组与汽轮发电机组的振动，由发电机的气隙谐波转矩引起。气隙谐波转矩是由定子绕组中的谐波电流引起的。若气隙谐波转矩与发电机组机械结构的谐振频率相同，就会引起发电机组的剧烈振动。

3）励磁系统可能会运行不正常。采用整流桥的静止励磁系统，其馈电与测量电路对谐波非常敏感。谐波的影响可以通过在测量电路中加入谐波滤波器或重新设计整流桥的触发控制系统来降低。

4）发电机升压变压器保护装置误动作。如果该保护装置对谐波敏感，那么测量电路中的谐波电流就会使其误动。如果存在误动的风险，修改保护装置的设计或者在测量电路中增加谐波滤波器将是有效的改进措施。

自励磁问题。关于自励磁的实用判断准则可以简单表述如下：设 X_c 为从发电机机端看出去的充电电容容抗，则当 $X_c < X_d$ 时，发电机 d 轴发生自励磁；当 $X_c < X_q$ [㊀] 时，发电机 q 轴发生自励磁。在 d 轴上，该准则对应于励磁电流从正变负。自

㊀ 原文误为 $X_c < X_d$。——译者注

励磁的物理解释为：当上述准则满足时，决定磁通动态的时间常数将变为负值。d 轴和 q 轴的时间常数可用下式表述：

$$T_{\mathrm{d}}=T_{\mathrm{d0}}\frac{X_{\mathrm{c}}-X'_{\mathrm{d}}}{X_{\mathrm{c}}-X_{\mathrm{d}}},\ T_{\mathrm{q}}=T_{\mathrm{q0}}\frac{X_{\mathrm{c}}-X'_{\mathrm{q}}}{X_{\mathrm{c}}-X_{\mathrm{q}}}$$

当上述时间常数为正时，任何磁通突变都会衰减。而当上述时间常数为负时，任何磁通突变都会导致磁通以指数方式增长，引起系统电压上升，最终受变压器饱和的限制。

换流站的滤波器或电容器可以激发附近发电机的自励磁。只有当发电机接入的系统中包含有并联电容器时才可能发生自励磁。自励磁取决于如下几个因素：换流站容性无功的量，发电机的电抗，发电机组的调速器特性，发电机励磁系统与电压调节器特性。发电机中的磁通可以被分为两个分量，分别为直轴（d 轴）磁通与交轴（q 轴）磁通。直轴磁通是励磁磁通，并由电压调节器控制；交轴磁通仅仅在发电机负荷具有阻性或容性分量时才存在，对于感性负荷，交轴磁通是不存在的。在发电机负荷变为容性负荷后引起的过电压特征如下：负荷改变瞬间，电压瞬时上升，继而缓慢上升。在上述电压变化过程中，发电机电压调节器减小励磁电流，以阻止机端电压的上升。在此暂态过程中，只要从发电机机端看出去的等效系统容抗 X_{c}（包含发电机升压变压器和电网）大于发电机交轴电抗 ωL_{q}，交轴磁通就会衰减。若 $X_{\mathrm{c}}<\omega L_{\mathrm{q}}$，交轴磁通就会增大，自励磁的条件就满足了。发电机与变压器电抗的饱和减小了自励磁容抗的限制值。由于自励磁作用，交轴磁通会上升，此时直轴磁通会由于电压调节器的作用而下降，其合成效应为由直轴与交轴磁通共同构成的机端电压在一段时间内保持恒定。当直轴磁通下降不再能维持机端电压恒定时，就到达了最终点，造成这种状况的原因是交轴磁通迅速上升而通过降低直轴磁通的效果已不大。当在电压调节器作用下，直轴磁通反向时，将失去对总磁通的控制，机端电压将迅速上升并变得不可控制。发电机的励磁系统可以被设计成具有或不具有负励磁电流的能力。负励磁电流能力能够对自励磁极限产生影响。如果不具有负励磁电流能力，不管电压调节器如何动作，自励磁将在 $X_{\mathrm{c}}<\omega L_{\mathrm{d}}$时发生，其中 ωL_{d}为发电机的直轴电抗。当允许负励磁电流流通时，自励磁将在 $X_{\mathrm{c}}<\omega L_{\mathrm{q}}$时发生。当发生自励磁时，自励磁电压会迅速建立起来，并且没有时间采取校正措施，发电机的行为就像没有配备电压调节器一样。在 $\omega L_{\mathrm{q}}<X_{\mathrm{c}}<\omega L_{\mathrm{d}}$范围内，若励磁系统能够提供负励磁电流，则电压上升可以被控制。能够防止系统进入自励磁状态的滤波器与其他并联无功装置的容性无功容量 Q_{c}可以用下式来估算：

$$Q_{\mathrm{c}}<\frac{S_{\mathrm{gen}}}{\omega_{\mathrm{pu}}^{2}(X_{\mathrm{d}}+X_{\mathrm{t}})} \tag{5-23}$$

式（5-23）给出了无控制参与下的稳定条件。如果式（5-23）不满足，但励磁系统能够提供负励磁电流，则在如下条件下电压上升也能够得到控制：

$$Q_{\mathrm{c}}<\frac{S_{\mathrm{gen}}}{\omega_{\mathrm{pu}}^{2}(X_{\mathrm{q}}+X_{\mathrm{t}})} \tag{5-24}$$

这样，就为切除滤波器提供了所需的时间裕量，从而使式（5-23）得到满足。在式（5-23）和式（5-24）中，S_{gen}为发电机的额定容量，ω_{pu}为角速度标幺值，X_d为发电机直轴电抗标幺值，X_q为发电机交轴电抗标幺值，X_t为变压器电抗标幺值。式（5-23）和式（5-24）适用于发电机带纯容性负荷时的情况。并列运行的交流电网或有功负荷会使发电机的自励磁极限提高。应当注意，同步调相机也可以在滤波器和电容器组的作用下发生自励磁，特别是当所连接的线路跳闸使其趋于孤立运行时。从避免发生自励磁的角度来看，第一道防线是尽可能使同步发电机远离大电容装置，另外预防自励磁的技术可以通过如下的两种方法之一实现。

第一种方法本质上是预测性的。通过评估同步发电机和滤波器的状态以及系统的其他量来辨识当前系统结构是否存在发生自励磁的风险，然后采取合适的控制措施，包括切除滤波器、电容器或者输电线路等。当用来定义系统状态所需要的输入量较少或者系统状态很容易被定义的情况下，例如孤立发电厂为整流器供电并且涉及的装置很少时，这种方法非常具有吸引力。

第二种方法通过对同步发电机本身的状态进行监视，以确定是否有自励磁发生的前兆，所采用的控制措施包括切除滤波器、电容器或线路。此类方法适用于系统拓扑结构复杂，确定系统状态需要众多输入量，并且这些输入量需要频繁检查和更新的情况。当然，这种方法也同样适用于结构较简单的系统，如图5-20所示。

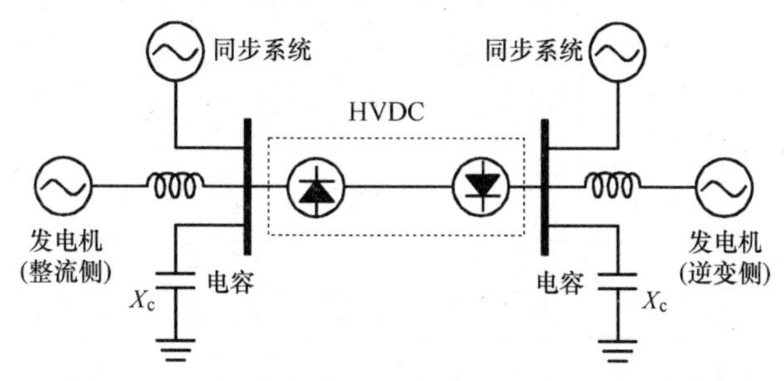

图5-20　用于解释发电机自励磁的HVDC系统模型

另一个与自励磁相关的现象是发电机的励磁系统有可能被损坏。当直流换流器突然闭锁时，如果余下的滤波器与发电机电抗之间发生频率为f_s的低次谐波谐振，那么反映到转子侧就会有互补频率（$f_r = f_0 \pm f_s$）的电流。高频的转子暂态电流的尖峰可能会使转子电流反向，如果发电机所配的励磁系统不具有流过反向励磁电流的能力，那么在励磁电路上就会感应出非常高的电压应力。这个问题在如下情况下特别严重，设交流滤波器连接在孤立运行的两台发电机上，而其中一台发电机由于过电压先被切除，然后剩下的那台发电机就会承受极其严重的励磁电压振荡，包括极高的 dv/dt 和超过120pu的过电压幅值（1pu的励磁电压可以使发电机机端开路时发出额定电压）。通过在励磁回路中设计合理的跨接器或者采用合理的浪涌抑制器，能够避免励磁系统被损坏。图5-21展示了一台发电机的自励磁现象，其中，V_t为交流电网电压，I_f为励磁电流，f为交流系统频率，V_f为励磁电压。

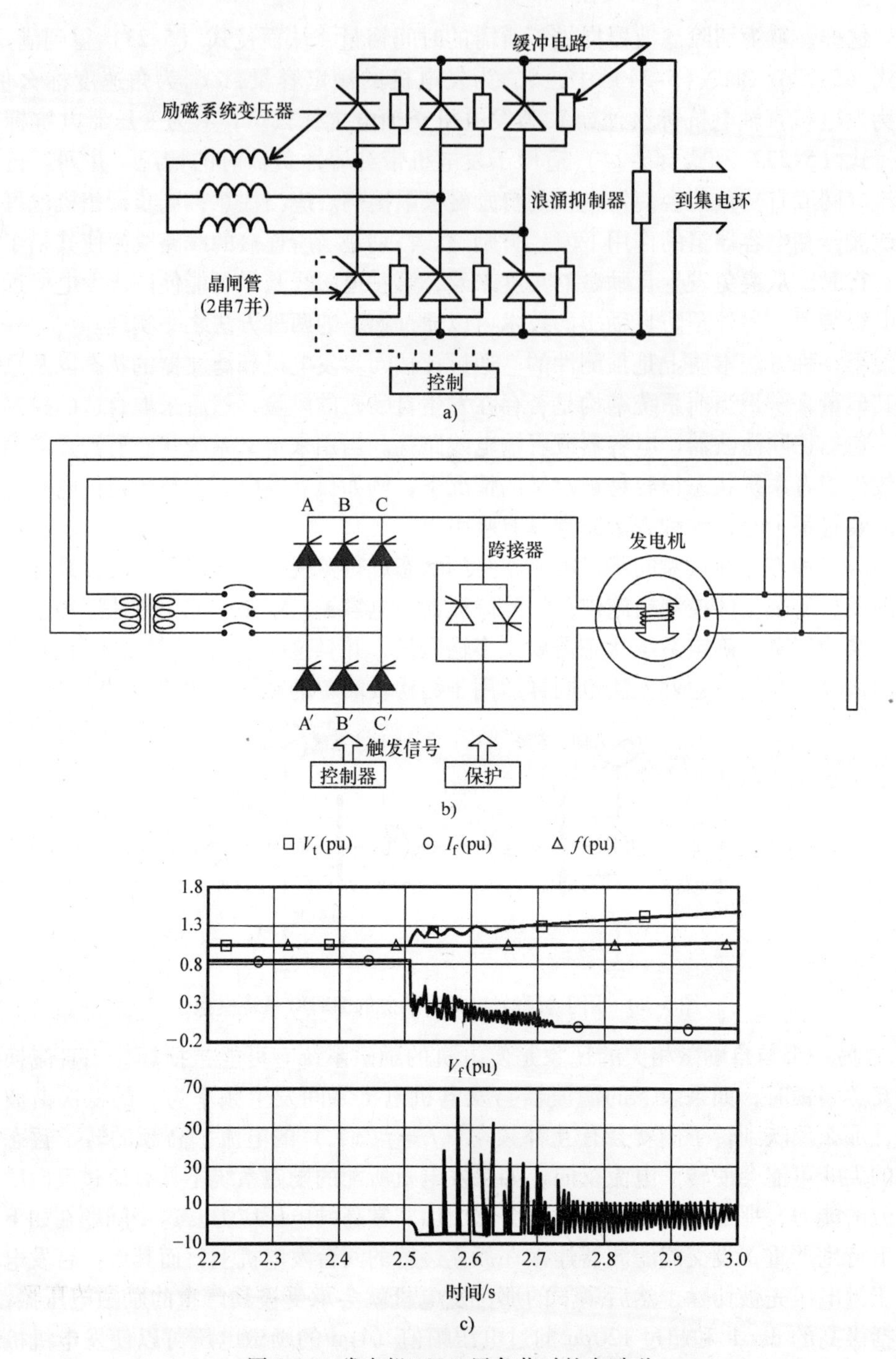

图 5-21 发电机 100% 甩负荷时的自励磁

5.2.3 HVDC 系统与 FACTS 装置之间的相互作用

经常与 HVDC 系统接在同一条交流母线上的 FACTS 装置有 SVC 和 STATCOM。

这些装置能够控制流入HVDC系统的无功功率，其控制结构必须与HVDC系统的控制与运行紧密协调。与换流站交流母线连接的交流线路或者围绕换流站交流母线的交流电网，可能会包含各种类型的FACTS装置。在这种情况下，FACTS装置与HVDC控制与运行之间的相互作用，以及在多大程度上两者之间必须进行协调，取决于FACTS装置与换流站交流母线之间的电气距离，以及FACTS装置所在交流电网的拓扑结构。

HVDC系统与FACTS装置之间控制的相互作用。一般来说，HVDC系统与FACTS装置控制之间的相互作用包含有多个方面，包括稳态和暂态下的相互作用以及不同频段下的相互作用：

1）接近0Hz：稳态控制、响应与指标；

2）0～3Hz/5Hz：机电振荡；

3）2～15Hz或更高频率：小信号或控制振荡；

4）10～50Hz/60Hz：次同步谐振；

5）>15Hz：电磁暂态、高频或谐波谐振、直流换相失败效应。

稳态控制下的相互作用。FACTS装置与HVDC系统稳态控制之间的相互作用层级通常处在分层控制层级的外层或涉及系统控制的层面。这些控制之间的相互作用必须在设计时进行协调，特别是当装置间电气距离很近时，因为这些控制代表了这些装置的基本控制。此种场合应用FACTS装置的理由可能是提供无功功率、控制稳态电压或提升稳态输送能力。由于HVDC换流器也可以配备附加的系统控制，例如交流电压控制，因此，某些情况下可能需要采用集中控制的方式或者就地和集中控制相结合的方式。图5-22展示了HVDC系统与FACTS装置之间稳态相互作用的概念。在图5-22中，HVDC换流站的电容器和电抗器必须与FACTS装置相协调，以交换无功功率。

机电振荡相互作用（0～3Hz/5Hz）。与稳态控制下的相互作用类似，此类别的相互作用通常也涉及系统层面的控制，但不同FACTS装置、HVDC系统与交流系统之间的相互作用在此种情况下会更复杂，将会牵涉到发电机、调相机及其附属的电力系统稳定器的控制。

低频机电振荡模式是由发电机之间的功率交换引起的。低频振荡模式可以分为本地振荡模式和区域间振荡模式。

本地振荡模式可以在同一发电厂内或者邻近少量发电厂内的发电机之间发生，其典型振荡频率范围为0.8～2Hz。直流系统控制与附近发电机或调相机之间的相互作用也会激发起本地振荡模式，此种情况下，振荡频率通常在此范围的高段。区域间振荡模式是由弱联系的两群内部强耦合机组之间交换功率而引起的，其典型振荡频率范围为0.2～0.8Hz㊀。不管是本地振荡模式还是区域间振荡模式，都可以由

㊀ 原文误为0.2～8Hz。——译者注

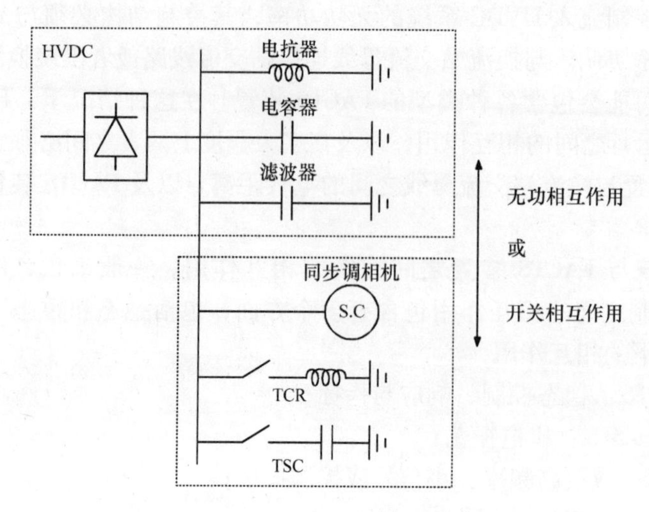

图 5-22　HVDC 系统与 FACTS 装置间稳态相互作用的概念

大扰动或小扰动激发。诸如晶闸管控制制动电阻器、相位调节器、TCSC、STATCOM、UPFC 等 HVDC 或 FACTS 装置的控制，都可以被用于改善机电振荡的阻尼。由于所有这些快速控制的装置都没有惯性，如果协调适当，其控制也能对故障后的振荡产生作用，如图 5-23 所示。

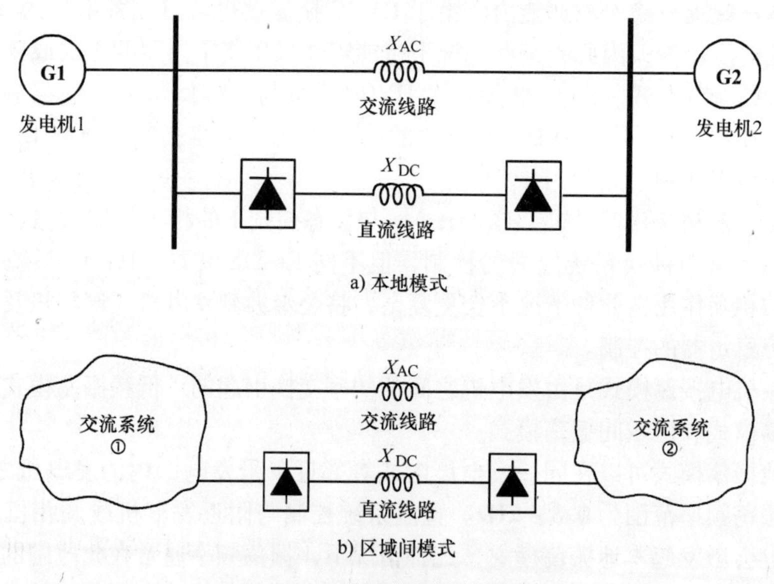

图 5-23　机电振荡相互作用

在存在多个 FACTS/HVDC 装置的网络中进行协调控制具有潜在的效益，不但能够使性能提高，而且能够避免有害的相互作用。例如，每个 FACTS 装置或

HVDC 系统可以被设计成阻尼某一特定模式的机电振荡。如果需要附加首摆稳定性控制或小信号稳定性控制，则为了获取最优性能，可能需要采用集中控制结构。

小信号振荡或控制相互作用（2～15Hz 或更高）。当存在很多 FACTS 装置和 HVDC 系统时，通过网络的连接，FACTS 装置之间以及 FACTS 装置与 HVDC 系统之间，其控制会发生相互作用，可能会产生有害的振荡，这些振荡通常在较低的频段内，但在某些控制和网络状态下可能会高过 30Hz。在一个电网中需要多个 FACTS 装置和多回 HVDC 线路的情况在现实情况下并不是很多，最有可能发生的情况是单个 FACTS 装置与电网之间的相互作用，并且只涉及本地的控制器。同时涉及电网和其他多个 FACTS 装置的振荡比较少见，但如果 FACTS 装置之间比较接近并且控制参数配合不当时，这种振荡还是可能发生的，如图 5-24 所示。

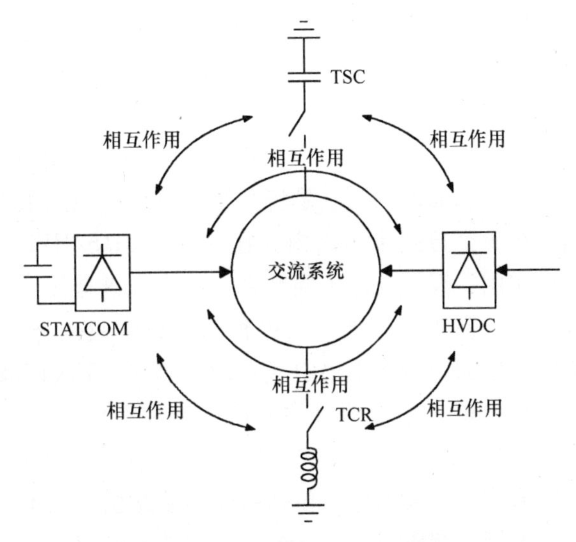

图 5-24　HVDC 系统与 FACTS 装置之间的控制相互作用

这些振荡通常受到如下因素的影响，如互联电网的强度和拓扑结构，控制器的相关参数（如调谐、增益、滤波与断点）等。当电网阻抗变化时，如果对控制系统的整定不够充分的话，有可能引起在较高频率段的不稳定振荡。

某些实例表明，多个 SVC 电压控制环之间的相互作用以及 SVC 与弱电网控制之间的相互作用会引起不稳定的振荡，其频率的典型值在 10～30Hz 之间。并联电抗器与串补电容器所构成的组合电路的谐振频率在 4～12Hz 范围，此频率段是 SVC 电压调节器的敏感频段，容易发生相互作用。在某些 FACTS 装置中，可以设置增益监视器，监测由控制模式不稳定引起的振荡，然后降低增益直到振荡平息。

次同步谐振相互作用（10～50Hz/60Hz）。次同步扭转振荡可以在如下情况下被激发，包括汽轮发电机组轴系与串补线路、发电机励磁控制、HVDC 系统以及 FACTS 装置（至少包括 SVC）之间发生相互作用。通常可以通过改变控制方案来

缓解此问题。在涉及 HVDC 系统的情况下，扭振不稳定可能由附加阻尼控制或换流器电流控制与发电机组之间的相互作用所引起，如图 5-25 所示。

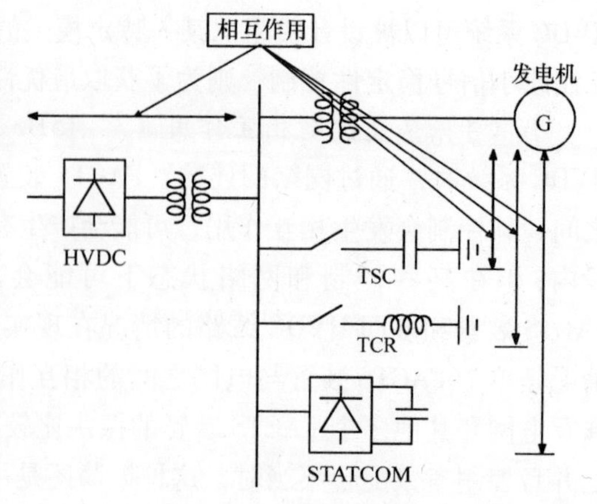

图 5-25　包含有 HVDC 系统与 FACTS 装置的交流网络中的次同步谐振相互作用

电磁暂态、高频或谐波谐振相互作用（>15Hz）。电磁暂态相互作用与非线性大扰动和交直流系统非正常行为有关。当发生电抗器、电容器、滤波器或变压器投切时，可能会产生不期望的过程，这种情况如涉及 HVDC 系统，就可能发生换相失败及其后续的恢复问题，特别是在多直流馈入的情况下。

电磁暂态的一个特性是其通常被限定在系统中一个相对较小的区域内。当研究开关操作的暂态过程时，一般性的做法是将待研究系统模拟到距离操作母线 2 个母线距离的范围。如果在 3 个母线距离之内存在多个 FACTS/HVDC 装置，可能存在需要协调控制的相互作用，但是，这个问题在业界尚未进行深入的研究。

谐波不稳定是由谐波放大引起的，而这种谐波放大是由 HVDC 系统或 FACTS 装置控制的相互作用产生的，谐波不稳定通常限定在 2～5 次谐波范围。直流系统与交流系统的相互作用可以一般性地分类为铁心饱和不稳定、互补谐振和交叉调制，这些相互作用会影响附近的 FACTS 装置，也会受附近 FACTS 装置的影响。

已被发现的其他形式的谐波不稳定包括由同步系统引起的不稳定、由电压测量系统引起的不稳定、由耦合变压器不对称饱和引起的不稳定，最后一种情况通常发生在变压器带大量剩磁充电时。

5.2.4　HVDC 系统与 HVDC 系统之间的相互作用

如果存在多个直流输电系统的话，它们之间可能会发生相互作用。最极端的例子是多个双极直流输电系统不但落点在同一个交流电网中，而且落点在该交流电网的同一个地方。多个双极系统的逆变器共用一个换流母线时，显然逆变器之间存在相互作用，当交流电网扰动使一个双极系统发生换相失败时也会使其他双极系统发生换相失败。一般来说，这些工程能够很好地运行，但需要关注直流系统之间的相互作用，特别是当交流系统或直流系统扩建时，不能使系统性能下降。

存在多种直流系统之间相互作用的机理，一种是由控制引起的相互作用，如一回直流线路的小扰动或功率改变引起另一回直流线路的共振响应。当交流系统扰动导致直流系统换相失败时，直流系统之间的相互作用可能会延迟故障后的功率恢复。直流系统之间有害相互作用的最终结果表现为系统的输送容量受到限制，这在当下努力将现有输电设施发挥最大效用的背景下是绝对不能容忍的。图 5-26 展示了 HVDC 系统之间相互作用的概念。

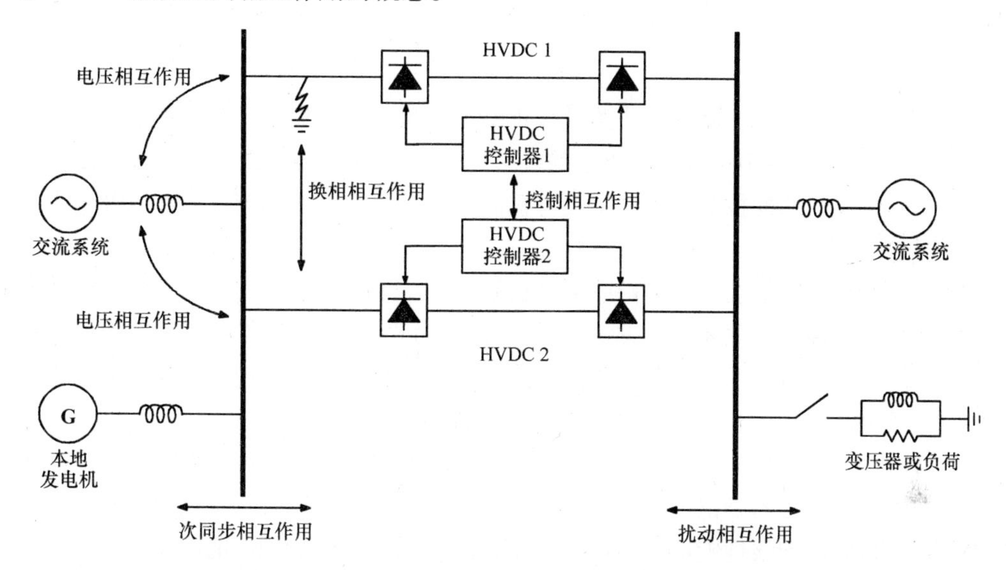

图 5-26　HVDC 系统间的相互作用

直流系统间相互作用的类型。尽管图 5-26 描述的各种相互作用结构是通过互联的交流系统实现的，但存在这样的情况，直流系统之间的相互作用是直接通过直流架空线路或者直流电缆之间的耦合达到的。例如，当两回直流输电线路共用线路走廊或者同塔一定长度时，一回直流输电架空线路上的负阻尼振荡可能会耦合到另一回直流输电的架空线路上。当多回直流线路的控制系统之间互相敏感时，其相互作用可以通过共用的交流系统表现出来，也可以通过并联运行的直流线路表现出来。对多回直流线路的控制系统进行协调以保证使上述的相互作用最小化或者是衰减的，是首先应当考虑的高性价比方案。同一区域中多回直流线路之间的协调控制的实现通常需要解决以下问题：

1）静态电压稳定性和功率稳定性问题。当交流系统相对于直流输电换流站容量比较弱时，稳定极限值是首要关注的因素。对于单个 HVDC 换流站接入交流系统的情况，关于电压或功率不稳定性的风险已进行过充分的研究，为此，定义了电压敏感性因数（VSF），且该指标可以扩展到直流多馈入系统。因为存在静态稳定极限，直流系统的运行模式（如定电流或定功率控制）、网络强度以及功率水平设定值等都对电压稳定和功率稳定水平有影响。

2）换相失败相互作用。当存在多回直流输电线路时，第二个主要关注的问题是一回直流线路的换相失败是否会影响另一回直流线路的换相失败。这个问题还包括扰动后直流系统的恢复，以及后续的换相失败是否会导致多回直流线路延迟恢复或不能恢复。

此外，还存在多种发生可能性相对较小的控制相互作用，都应当进行研究，以确保直流系统及所连接的交流系统具有满意的运行性能。

1）机电稳定性相互作用。电网中由于发电机暂态功角摇摆引起的机电振荡，可以通过该电网中存在的直流线路进行正阻尼或负阻尼。通常，电力系统中振荡与摇摆的频率在0.1～5Hz之间，阻尼的效果取决于直流线路所连接的交流系统的负荷水平、直流线路的控制器设计、发电机的励磁系统、电力系统稳定器以及发电机调速器的性能等。

2）控制模式稳定性相互作用。当交流系统运行状况改变时，直流系统的控制环可能会发生控制模式不稳定现象，通常表现为直流电流与电压在5～20Hz的频率范围内振荡，振荡的幅值及其阻尼取决于直流系统某个特定控制环的增益、电网结构以及负荷水平等，调低增益往往能消除此类振荡。

3）电磁稳定性与非线性相互作用。暂态扰动可能会激发直流系统和交流系统中的谐振，而变压器励磁涌流的持续注入会使振荡持续。暂态扰动还会引起换相失败等直流系统的非线性响应。由电磁相互作用引起的直流电压或电流振荡的频率通常在10～120Hz之间。

直流换流站的控制结构。若直流系统的控制器之间设计和配合合理，能够极大地提高整个系统的性能。对大多数直流输电系统来说，存在一些共同的基本功能，即使对于多回相互接近、存在相互作用的直流输电线路也是如此。图5-27给出了直流输电系统控制器的基本功能，任何直流输电系统都会包含部分或全部图5-27中的控制功能。

图5-27同样给出了辅助控制信号加入的位置，附加控制信号用于阻尼机电小信号振荡（低于5Hz）或较高频率的振荡（高于5Hz的振荡，包括扭转振荡）。

任何需要阻尼的小信号振荡可能是由与另一回直流线路的控制相互作用所引起，也可能是与同一区域中的快速响应装置相互作用所引起。当直流输电系统的基本控制功能，例如定电流控制或定关断角控制，不能被设计来阻尼上述的小信号振荡时，就需要采用辅助控制器和附加控制信号。

导致交流系统故障后直流系统延迟恢复的相互作用可能不受图5-27中所示的附加控制信号的影响。交流系统扰动导致直流系统换相失败，或临近直流线路故障导致换相失败，以及在交流系统故障切除后的恢复过程，都对直流系统控制器的设计有影响。例如，增大直流输电系统逆变站的交流系统短路容量具有很好的效果，但成本很高。

图5-27展示了控制系统中附加信号注入的三个位置。机电振荡可以通过在直流系统主功率控制器的功率指令P_0上叠加该信号进行阻尼。此外还可以将信号叠加到电流控制器的电流指令I_0中，这是阻尼高于机电振荡频率的振荡的最佳位置，

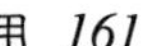

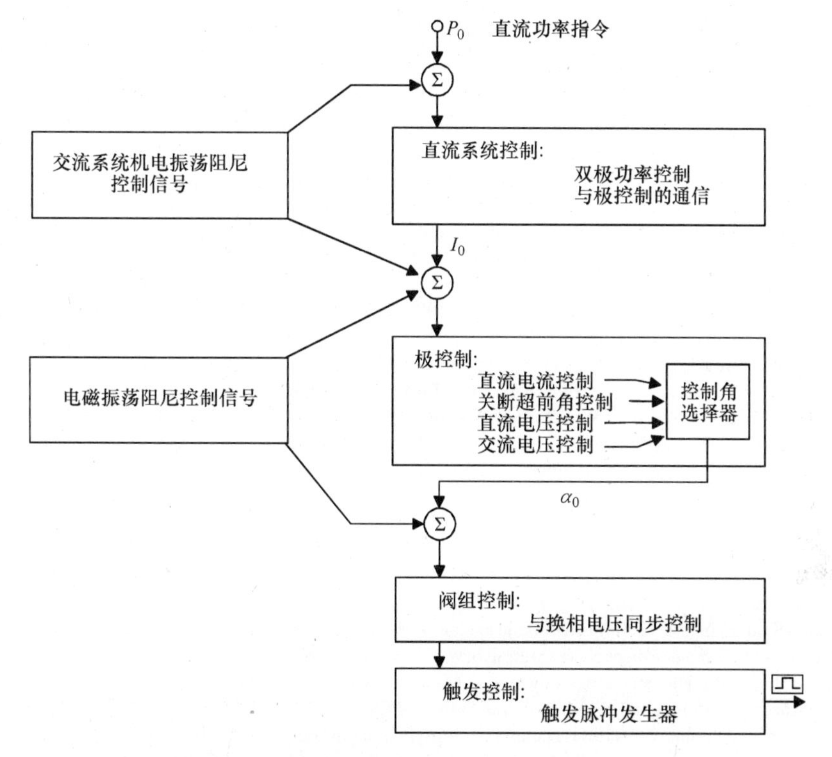

图 5-27　直流输电控制的基本分层结构及其阻尼信号输入

因为电流控制回路的响应速度高于功率控制回路。加入电流控制器的信号同样可以加在电流指令之后的环节，其主要的限制是注入信号的幅值不能超过该换流站的电流裕量，这样注入的信号就直接参与换流器的电流控制。

更高频率的振荡以及电磁相互作用的响应可以通过直接在触发延迟角控制中注入信号进行阻尼，如图 5-27 所示，这是响应最快的控制环，其有效作用范围包含了低次谐波。有些形式的电磁暂态信号阻尼需要通过触发延迟角的小扰动（小于电角度 1°）来实现，扭转振荡的阻尼就是这样一个例子。

参考文献

[1] Yamaji, K., Sato, M., Kato, K. *et al.* (1999) Cooperative control between large capacity HVDC system and thermal power plant. *IEEE Transactions on Power Systems*, **14**(2), 629–634.

[2] Jovcic, D., Pahalawaththa, N. and Zavahir, M. (1999) Small signal analysis of HVDC-HVAC interactions. *IEEE Transactions on Power Delivery*, **14**(2), 525–530.

[3] Smith, B.C., Watson, N.R., Wood, A.R. and Arrillaga, J. (1998) Harmonic tensor linearisation of HVDC converters. *IEEE Transactions on Power Delivery*, **13**(4), 1244–1250.

[4] Sultan, M., Reeve, J. and Adapa, R. (1998) Combined transient and dynamic analysis of HVDC and FACTS systems. *IEEE Transactions on Power Delivery*, **13**(4), 1271–1277.

[5] Faried, S.O. and El-Serafi, A.M. (1997) Effect of HVDC converter station faults on turbine-generator shaft torsional torques. *IEEE Transactions on Power Systems*, **12**(2), 875–881.

[6] Hammons, T.J., Tay, B.W. and Kok, K.L. (1995) Power links with Ireland-excitation of turbine-generator shaft torsional vibrations by variable frequency currents superimposed on DC currents in asynchronous HVDC links. *IEEE Transactions on Power Systems*, **10**(3), 1572–1579.

[7] Arrillaga, J., Macdonald, S.J., Watson, N.R. *et al.* (1993) Direct connection of series self-excited generators and HVDC converters. *IEEE Transactions on Power Delivery*, **8**(4), 1860–1866.

[8] Roy, S. (1998) An approximate steady-state characteristic for HVDC converters connected to alternators. *IEEE Transactions on Power Delivery*, **13**(3), 917–922.

[9] Wood, A.R. and Arrillaga, J. (1995) Composite resonance; a circuit approach to the waveform distortion dynamics of an HVDC converter. *IEEE Transactions on Power Delivery*, **10**(4), 1882–1888.

[10] Smed, T. and Andersson, G. (1993) Utilizing HVDC to damp power oscillations. *IEEE Transactions on Power Delivery*, **8**(2), 620–627.

[11] Rostamkolai, N., Piwko, R.J., Larsen, E.V. *et al.* (1991) Subsynchronous torsional interactions with static VAR compensators-influence of HVDC. *IEEE Transactions on Power Systems*, **6**(1), 255–261.

[12] Hu, Y., McLaren, P.G., Gole, A.M. *et al.* (1999) Self-excitation operating constraint for generators connected to DC lines. *IEEE Transactions on Power Systems*, **14**(3), 1003–1009.

[13] Burton, R.S., Fuchshuber, C.F., Woodford, D.A. *et al.* (1996) Prediction of core saturation instability at an HVDC converter. *IEEE Transactions on Power Delivery*, **11**(4), 1961–1969.

[14] Yu, C., Cai, Z., Ni, Y. *et al.* (2006) Generalised eigenvalue and complex-torque-coefficient analysis for SSR study based on LDAE model. *Generation, Transmission and Distribution, IEE Proceedings*, **153**(1), 25–34.

[15] Kaul, N. and Mathur, R.M. (1990) Solution to the problem of low order harmonic resonance from HVDC converters. *IEEE Transactions on Power Systems*, **5**(4), 1160–1167.

[16] Larsen, E.V., Baker, D.H. and McIver, J.C. (1989) Low-order harmonic interactions on AC/DC systems. *IEEE Transactions on Power Delivery*, **4**(1), 493–501.

[17] Kim, C.-K. and Jang, G. (2007) Effect of an excitation system on turbine-generator torsional stress in an HVDC power system. *Electric Power Systems Research*, **77**(8), 926–935.

[18] Lin, C.-H. (2005) The effect of converter configurations of HVDC links on sub- and super-synchronous disturbances to turbine units. *Electric Power Systems Research*, **74**(3), 427–433.

[19] Yadav, R.A. and Verma, V.K. (1984) Damping of subsynchronous oscillations in EHV series-compensated ACDC transmission system. *International Journal of Electrical Power and Energy Systems*, **6**(1), 44–50.

[20] Sharaf, A.M., Mathur, R.M., Takasaki, M. *et al.* (1987) Damping torsional oscillations of nuclear generators by using firing delay angle modulation of HVDC schemes. *Electric Power Systems Research*, **13**(1), 11–20.

[21] Dash, P.K., Panigrahi, A.K. and Sharaf, A.M. (1989) Analysis and damping of subsynchronous oscillations in AC–HVDC power systems. *International Journal of Electrical Power and Energy Systems*, **11**(1), 27–38.

[22] Liu, G., Xu, Z., Huang, Y. *et al.* (2004) Analysis of inter-area oscillations in the South China Interconnected Power System. *Electric Power Systems Research*, **70**(1), 38–45.

[23] Hamouda, R.M., Iravani, M.R. and Hackam, R. (1989) Torsional oscillations of series capacitor compensated AC/DC systems. *IEEE Transactions on Power Systems*, **4**(3), 889–896.

[24] Hu, L. and Yacamini, R. (1992) Harmonic transfer through converters and HVDC links. *IEEE Transactions on Power Electronics*, **7**(3), 514–525.

第 6 章 主电路设计

6.1 换流器的电路和元件

图 6-1 给出了一个现代 HVDC 换流站布置的单线图。图中，线上一横表示隔离开关，而线上一叉表示断路器。换流站中每个极的主要电气元件在图中有较完整的描述，处于阀厅内的每个元件都用粗线矩形框围起来。

在此系统的每一端，都包含有 2 个阀组。每个阀组由 2 个串联连接的 6 脉波桥构成，这 2 个 6 脉波桥分别由 2 个换流变压器供电。两个换流变压器分别采用 Y－Y 联结和 Y－D 联结，以提供 12 脉波运行所必需的 30°相位移，如图 6-2 所示。

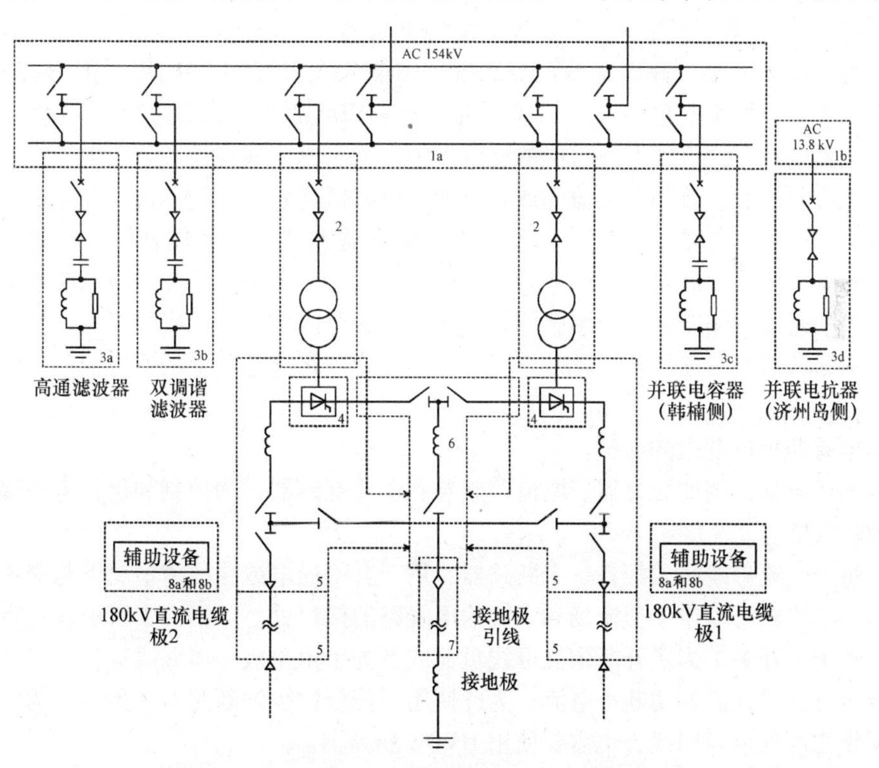

图 6-1 济州岛高压直流输电系统的主电路接线图

1—交流母线 2—换流变压器 3—交流滤波器 4—晶闸管阀 5—中性区域 6—共用区域 7—接地极引线 8—辅助设备

此 HVDC 系统的每端有 2 套谐波滤波器。它们由 11 次与 13 次谐波滤波器和一个调谐在 24 次谐波的高通滤波器组成。谐波滤波器按照双极满功率运行设计，考虑了连续过载和短时过载因素。此外，在直流侧安装了一个调谐在 12 次谐波的高通滤波器。由于济州岛（逆变侧）上的发电机有可能提供额外的无功功率，因此，额外的并联电容器仅仅安装在韩楠换流站（整流侧）。为了限制变压器合闸通电时的涌流和过电压，两侧换流站的换流器断路器上都安装了预插入式电阻器。

图 6-2 济州岛换流站

在一个 HVDC 系统中，有多种类型的电抗器。平波电抗器是与 HVDC 输电线路串联连接的，对于背靠背 HVDC 系统，则插入在直流回路中间，用于降低由于直流系统故障而引起的电流上升率，并提高 HVDC 系统的动态稳定性。用于滤波的电抗器安装在交流侧和直流侧的滤波器中。用于电力线载波和无线电干扰滤波的电抗器被安装在换流站的交流侧或直流侧，以降低高频噪声的传播。并联电抗器有时是 HVDC 换流站的一个组成部分，它为交流滤波器提供感性补偿，特别是在轻载条件下，当为了满足谐波性能要求而必须投入某个最小数量的谐波滤波器时。

相间避雷器用于保护晶闸管阀。最上层的 3 个阀是与极母线相连的，暴露在由故障引起的最高过电压下。此外，所有的阀还受到跨接在其上的避雷器的进一步保护。电抗器受到户内避雷器的保护，该避雷器接在阀的低电压侧。极线和接地极避雷器也有助于过电压的保护。

测量设备，例如分压器、电流传感器和电流互感器，为控制和保护电路提供必要的输入信号。

每个交流母线必须配备一个断路器，用于合闸通电或在故障情况下与交流系统隔离。断路器可以位于交流场和直流输电线路的接口处。如图 6-1 所示，在直流侧也有若干个开关。为了开断中性母线负荷或者为了由单极金属回线运行方式切换到双极运行方式，需要切断小电流，为此使用了传统的少油断路器。另外，为了从大地回线切换到金属回线，也需要使用 HVDC 断路器。

晶闸管阀。用于 HVDC 的现代晶闸管，其阻断电压的最大值为 5 ~ 8kV。将这些晶闸管用于一个 250kV 的交流桥时，要求由晶闸管串联构成的阀具有 250kV 的阻断电压，这意味着一个阀可能需要 100 个晶闸管。另外，阀是由封闭冷却系统进行水冷的，该冷却系统要对纯水冷却剂的电导率进行连续的监视和控制，而晶闸管阀产生的热量则通过户外的蒸发冷却器释放到空气中，如图 6-3 所示。

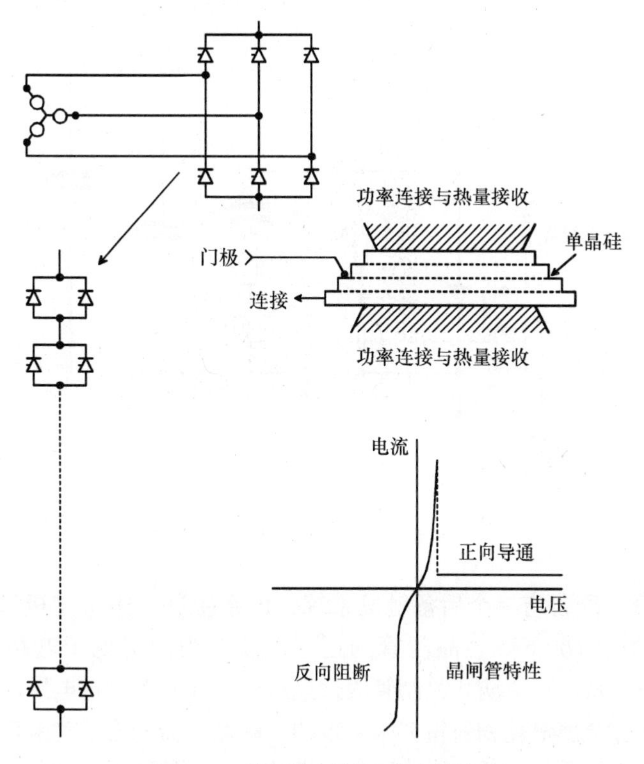

图 6-3　晶闸管阀的组成及其符号

由于晶闸管不是一个理想开关，多个串联时会出现额外的困难。因此，每个阀都包含一个电触发系统，该系统包含了单个晶闸管的过电压保护、晶闸管监视以及晶闸管门极触发电源。

图 6-4 展示了一个晶闸管级的电路。图 6-4 中，饱和电抗器的作用是提供一个与外部电路杂散电容相串联的大电感，以保护晶闸管免受阀刚被触发时的涌流侵害，此饱和电抗器仅仅在小电流时呈现出大电感。直流电压在晶闸管级上的平均分配采用一个直流均压电阻器（R_G）来实现，这个电阻器同时被用作为分压器，用于控制的目的。正常频率下的电压分布是由一对互补的均压电路来控制的，对于最高频率下的均压，例如换流器内绝缘故障时的情况，采用的是“快变均压电容器”来实现的。

触发阀的指令来自于阀基电子电路（VBE）柜，该指令以单个光纤信号的形式被送到各个晶闸管的与其本身邻近的门极电子电路上，然后，该门极电子电路产生一个电流脉冲用于触发该晶闸管。门极电子电路运行所需要的能量取自于均压电路在阀关断期间的位移电流。门极控制单元还包含了一个正向恢复和正向过电压保护系统，其动作阈值是连续调整的，以反映主导性的运行状态。

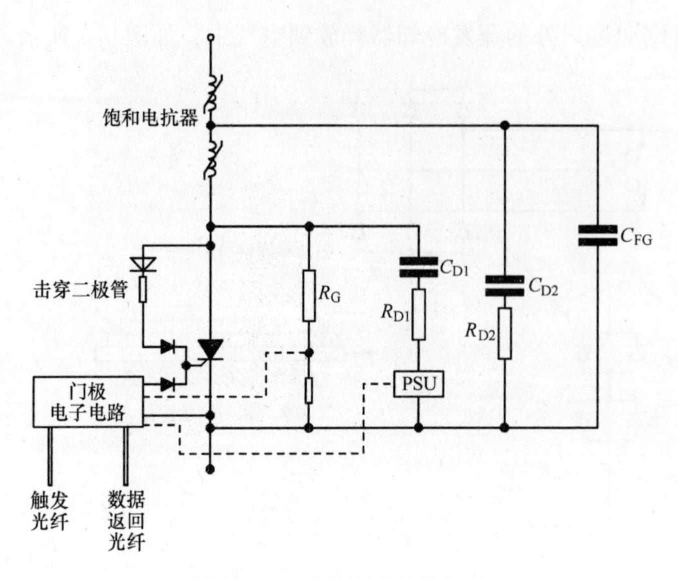

图 6-4　一个晶闸管级的电路

每个晶闸管还配备有一个后备触发系统，该系统基于击穿二极管（BOD），在阀处于部分闭锁的情况下减轻晶闸管的正向电压。当门极电子电路故障时，BOD 可以重复地工作，从而可以防止晶闸管因过电压而损坏。阀的过电压保护是采用在阀的两端跨接无间隙金属氧化物避雷器来实现的。阀避雷器构成了对来自外部的过电压的主保护。图 6-5 展示了阀的门极电路和阀塔的一层。从图 6-5 可以看出，采用直接光触发（DLT）的阀组件具有非常简单的结构，另外，就维护来说，也具有优势。

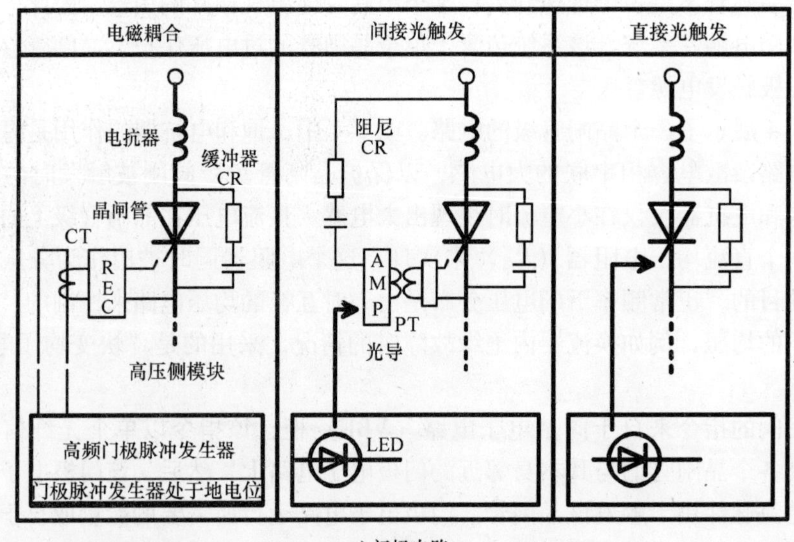

a) 门极电路

图 6-5　HVDC 系统的门极电路和阀塔的一层

b) 阀塔的一层

图 6-5　HVDC 系统的门极电路和阀塔的一层（续）

要求的串联晶闸管数目。对于 HVDC 系统，一旦稳态下的直流电压和触发延迟角确定，那么避雷器的保护水平也就确定了。这样，要求的晶闸管数目可以按如下方式确定，即串联连接的晶闸管数目可以根据操作冲击水平（SIWL）和雷电冲击水平（LIWL）确定，如图 6-6 所示。

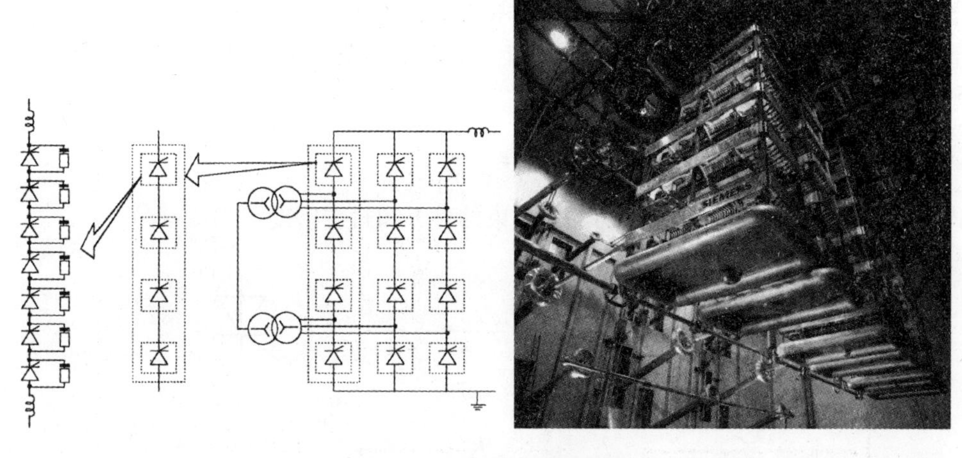

图 6-6　悬挂式的 HVDC 阀

要求的串联晶闸管数目 N 根据式（6-1）和式（6-2）确定，取两式中的大者为 N 的值。

（1）基于雷电冲击水平（LIWL）可得

$$N_1 = \frac{\text{LIWL} \times k_1}{v_1} \tag{6-1}$$

式中，k_1表示施加雷电冲击时的电压不均衡系数；v_1表示一个晶闸管的非重复性断态电压。

（2）在操作冲击水平（SIWL）下导通（高电压导通），可得

$$N_2 = \frac{\text{SIWL} \times k_2}{v_2} \tag{6-2}$$

式中，k_2表示晶闸管阀在基本操作冲击水平（BSIL）下导通时的电压不均衡系数；v_2表示晶闸管可能导通的最小㊀电压。

考虑由阀避雷器保护水平V_p得出的高电压导通条件，冗余晶闸管的数目N_r由下式表示：

$$N_r = N_2 - \frac{V_p k_2 k_3}{v_2} \tag{6-3}$$

式中，k_3表示考虑了测量误差和各种元器件老化的裕度指标，通常取7%。

晶闸管的光信号。在图6-7中，设n_2㊁表示通过光导的传送效率，n_3表示输入到晶闸管门极的光功率与从光导中输出的光功率之比。令P_1为LED的光输出功率，P_3为输入到光触发晶闸管（LTT）门极的光功率，那么

$$P_3 = P_1 n_1 n_2 n_3 \tag{6-4}$$

相对于LTT的最小光触发功率P_{LT}^*，P_3的值必须足够大。此外，定义F_{0D}为P_3/P_{LT}^*，并称为过驱动因数。为了缩短晶闸管的导通时间，并使所有串联晶闸管的导通延迟保持在一个规定的范围内，要求F_{0D}的值越大越好，但考虑到光发射源的能力，F_{0D}通常设置在5或更高的值上。这样，所需的LED输出功率P_1由式（6-5）给出：

$$P_1 = \frac{P_{LT}^* F_{0D}}{n_1 n_2 n_3} \tag{6-5}$$

式（6-5）中，n_1与LED的方向、光导束的直径和封装密度（PD）有关。

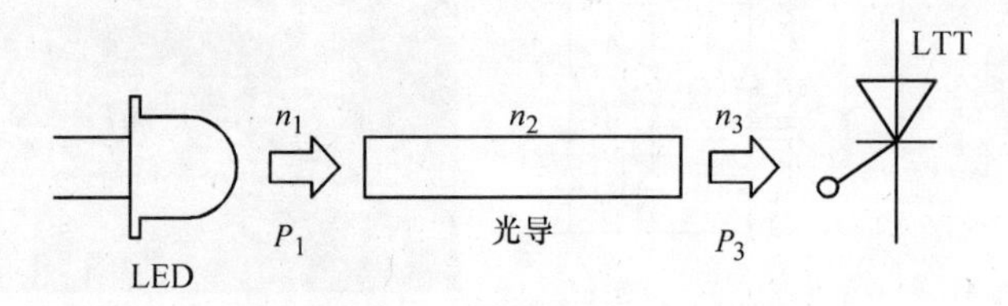

图6-7　光信号传送电路

㊀ 原文误为最大。——译者注

㊁ 原文误为n_1。——译者注

6.2　换流变压器

HVDC 换流站中的换流变压器几乎总是配备了有载调压分接头的，以在每个负荷点提供所要求的正确阀电压。它们不但用于补偿 HVDC 换流器的内部压降，而且还用于补偿交流母线电压相对于设计值的偏移。换流变压器的另一个重要的功能是限制短路电流。

电流和电压额定值。尽管可以认为 HVDC 换流站中的换流变压器承受的电压是正弦波形的，但其电流波形绝对不是正弦的，通常畸变严重。如果假定直流电流完全平直并忽略换相角，那么变压器的阀侧线电流是一系列 120°宽的、幅值等于直流电流的、极性交变的方波。这个电流的有效值为

$$I_{\mathrm{L}}=\sqrt{\frac{2}{3}}I_{\mathrm{d}} \tag{6-6}$$

在 I_{d}确定的条件下，换相角增大时，I_{L} 的有效值减小，但一般习惯上将此影响忽略。

由于第 2 章中的式（2-29）仍然成立，所以有

$$V_{\mathrm{L}}=\frac{V_{\mathrm{d1}}}{1.35} \tag{6-7}$$

因此，变压器的视在功率为

$$S=\sqrt{3}I_{\mathrm{L}}V_{\mathrm{L}}=1.05V_{\mathrm{d1}}I_{\mathrm{d}} \tag{6-8}$$

变压器制造商需要谐波电流数据，而谐波电流实际上在整个负荷范围都是存在的，其频率可以达到 5kHz。必须记住，6 脉波运行时的谐波（$n=5$，7，11，13，17，19 等）也会流入 12 脉波换流阀组的阀侧变压器绕组。12 脉波换流器频谱中不存在的谐波电流是在变压器的网侧绕组中发生抵消的。在三绕组变压器中，这样的抵消发生在变压器的主磁通中，这意味着三绕组变压器的网侧绕组仅仅流过 12 脉波运行时的谐波电流。

考虑阀侧电流中的直流分量对于确定换流变压器的容量和损耗也是十分重要的。此直流分量是由于控制脉冲偏离了 30°等距间隔而引起的。

阻抗电压的选择。HVDC 换流站工程设计中的一个重要任务是选择最佳的变压器阻抗电压 V_{k}。在这里，变压器制造商的意见仅仅是，当阻抗电压超过大约 22%或者低于大约 12%时，制造成本一定会上升。V_{k}值的选择决定了如下的参数：

1）漏感 L_{c}：根据第 2 章的式（2-17），L_{c}决定了晶闸管的短路电流。此外，L_{c}是直流侧电感的一个部分，它可以使平波电抗器的电感值小一些。

2）相对直流电压变化 dx：根据式（6-9），dx 是换流器的内部压降。在 HVDC 系统额定功率给定的情况下，换流器的内部压降越大，换流阀和换流变压器的额定功率就越大。

$$dx = \frac{1}{2} V_k \frac{I_d}{I_{dN}} \frac{V_{LN}}{V_L} \tag{6-9}$$

3）换相角μ：见第2章的式（2-27），逆变器运行时，μ会影响所需要的触发超前角。

4）换流器的无功消耗Q：见第4章的式（4-46），Q值会影响所需要的补偿设备的容量，如滤波电路和电容器组等。

5）谐波电流的幅值I_h：见第3章的式（3-10），它对滤波器电路的品质因数有影响。

图6-8给出了上述这些关系的图形形式。

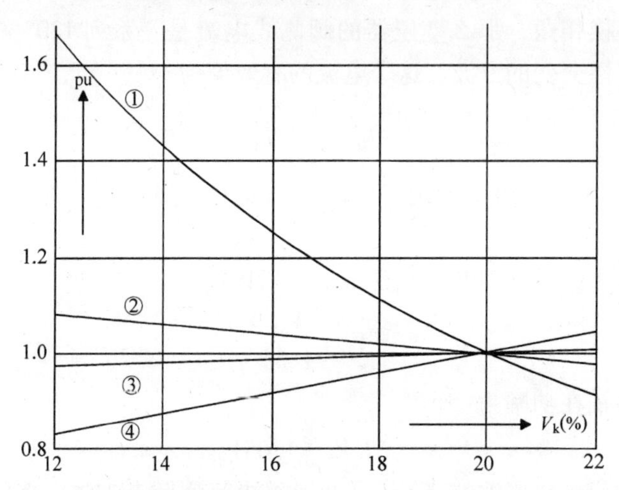

图6-8 HVDC换流站中重要参数与换流变压器阻抗电压之间的关系

①—晶闸管短路涌流 ②—所需要的平波电抗器电感 ③—阀和换流变压器额定功率 ④—换流器的无功需求

只有当各个技术参数对换流站总体成本的影响已知时，才能对各技术参数进行优化。图6-9给出了换流变压器阻抗电压对HVDC换流站总体成本的影响曲线。

如果由曲线①表示的晶闸管涌流对成本的影响确实存在，那么由曲线⑤表示的换流站总体成本是随着阻抗电压V_k的上升而下降的。这对于背靠背直流系统是毫无疑问的，因为其额定直流电流已接近晶闸管的极限值，这个极限值通常是短路电流。在一个完整的周期以后，阻断能力是仍然要求的。如果选择的V_k较小，就会导致短路电流上升，从而要求降低直流电流的额定值，这样就会要求提升直流电压的额定值，因而会对成本产生明显的影响。但是，这种对成本的影响，对于电流相对较小的长距离HVDC输电系统，可能要小得多，或者根本不存在。因为在此类系统中应用的晶闸管，就其电流处理能力来说通常是过设计的，因此，在这种情况下，允许短路电流上升而不会有任何问题。这种情况下，因素③和④就是主导性的，从而倾向于选择较小的短路电压V_k。

这就解释了为什么在背靠背直流系统中V_k值通常在20%左右，而在功率相对较小的长距离 HVDC 系统中 V_k 的值通常在 14% 左右的原因。

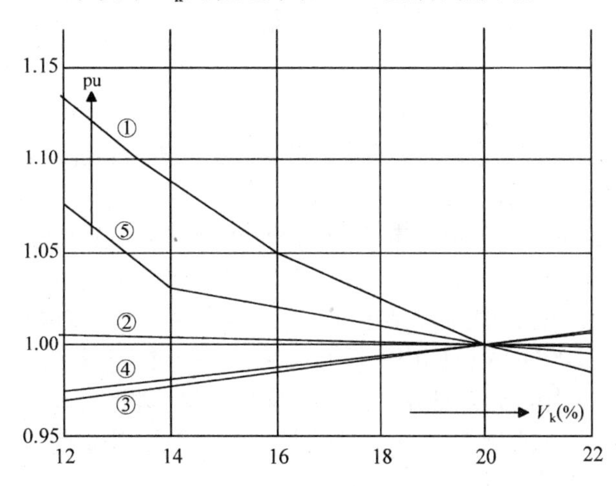

图 6-9　HVDC 换流站总体成本与分量成本与换流变压器阻抗电压之间的关系

一般来说，在传统设计中换流变压器是简单的。采用如下的任何一种变压器结构都可以得到标准的 12 脉波换流器：

1）6 个单相、双绕组变压器；

2）三相[一]、三绕组变压器；

3）2 个三相、双绕组变压器。

在上述结构中，只采用星形或三角形联结。由于接近于地电位的绕组部分被安装在靠近轭的地方，因此在常规变压器中，绕组和轭之间的绝缘强度相对较小。对于换流变压器，这是不大可能做到的，因为绕组的电位水平是由特定时间导通阀的组合决定的。另外，绕组应当全额绝缘。由于绝缘强度增加，绕组末端的径向漏磁通会增加。换流变压器的漏磁通中包含了大量的谐波，因此，它会在变压器箱壳上产生大量的涡流损耗和热点。换流变压器如图 6-10 所示。

图 6-10　换流变压器

通常采用有载调压分接头来降低稳态时的无功需求。对于不同类型的应用，变压器分接头的变化范围有很大的不同。

[一] 原文误为单相。——译者注

HVDC 换流变压器与常规交流变压器的基本差别如下：

1）HVDC 换流变压器的对地绝缘设计以及交流侧与阀侧绕组之间的绝缘设计，必须考虑交流和直流应力的混合作用；

2）HVDC 换流变压器中的阀侧绕组，特别是对大多数的相对匝数较少的星形联结阀绕组，必须采用由直流侧保护水平决定的电压进行试验，此试验电压与交流侧的额定电压无关；

3）HVDC 换流变压器的谐波电流会在不同的部件上引起损耗；

4）直流电流影响铁心的运行，对 HVDC 换流变压器也是一样的。

大型 HVDC 换流变压器通常是单相变压器。取决于额定电压和运输的限制，每柱的功率水平在 200MVA 范围内。铁心由两个柱构成，2 个相同的阀侧绕组并联连接，或者一个柱采用三角形联结，另一个柱采用星形联结。铁心材料通常采用晶粒取向硅钢片。一些人喜欢表面处理过的钢，例如采用激光刻线或者等离子体侵蚀，主要为了保持空载损耗较小。

铁心的堆叠方法与交流变压器不同，当前的技术是逐层交迭堆叠法，然而，铁心的冷却需要更多的注意。由于换流器的不对称性以及对流过绕组的剩余直流电流控制的技术限制，铁心的饱和不总是能避免的。几个安培的直流电流可以使空载损耗上升约 20%，噪声水平增加约 22dB。

HVDC 换流变压器的交流侧绕组与常规变压器的绕组没有什么不同。绕组被设计成能够承受交流电网的应力。交流侧与阀侧绕组之间的绝缘当然是不同的，因为必须考虑所有与直流相关的应力。阀侧绕组，特别是处于换流器高压端的绕组，是特殊的，通常星形联结的绕组需要特别关注。对于一个直流电压为 500kV 的直流系统，阀侧绕组的交流额定电压在 200kV 以内，但这些绕组的试验电压与 500kV 直流系统的保护水平相关，比根据交流电压确定的试验电压要高得多。需要在绕组的两端分别施加冲击电压（另一端接地），有时连接线也要接受对地冲击试验（电位冲击试验），这种试验产生的绕组内部的电压分布与加在端口与地之间的试验完全不同。另外，由于阀侧绕组中的谐波电流产生附加损耗，所以最好采用连续换位的导体（CTC）。

为了防止雷电的高冲击电压应力，一种典型的解决方法是采用交叉绕组。这种类型绕组的主要缺点是焊接需要额外的功夫，且由于采用扁平导体而引起相对较高的额外损耗。更好的解决方法是采用 CTC 与一个特殊的绕组入口（见图 6-11）或采用屏蔽绕组（见图 6-12）。上述两种设计都是西门子的专利。这些设计在主导体上只有几个焊接头或者没有焊接头，制造所需时间相对较短，并使由谐波引起的附加损耗最小化。设计时对所有绕组的容许偏差必须给予特殊考虑，因为 HVDC 换流变压器的阻抗电压只容许很小的偏差，所以，在制造这些绕组时，其长度和直径方面的容许偏差必须控制在 +0mm ~ -2mm 之间。

绕组的末端必须与套管相连接。根据变压器的类型以及变压器相对于阀厅的位置，存在不同的设计。对于设计者而言，引导线的几何形状总是不同的。三维形状的铜管的绝缘层是由变压器用纸板构成的。引导线的绕组端必须适合于绕组端的屏障系统，而引导线的套管端必须适合于 HVDC 套管的油部分。变压器纸板屏障的布置和厚度必须按照交流电压、雷电冲击电压（LI）、操作冲击电压（SI）以及直流电压和直流电压极性翻转的要求来设计。

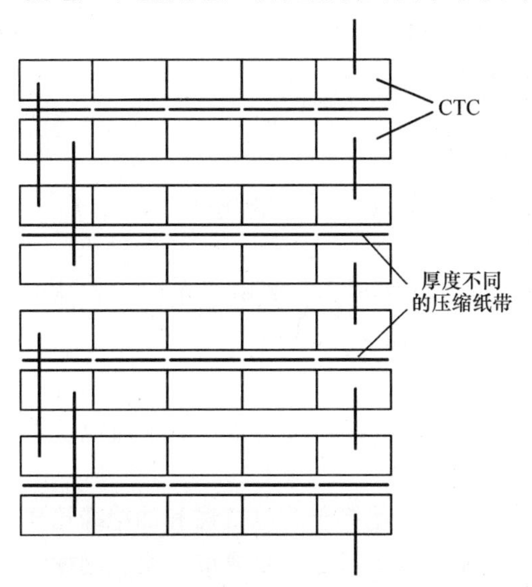

图 6-11　径向交叉的 CTC 绕组

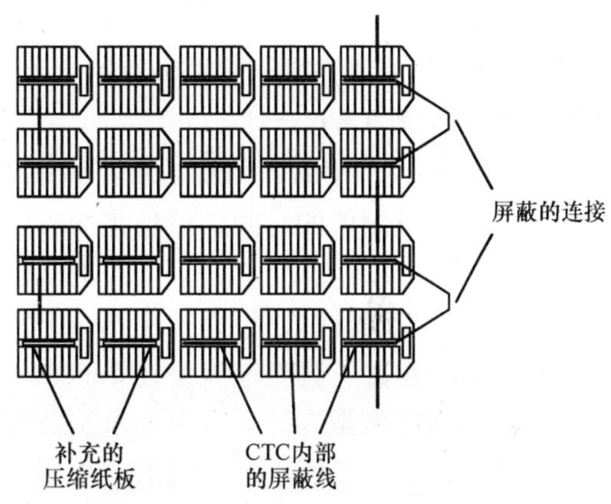

图 6-12　CTC 中的屏蔽导线

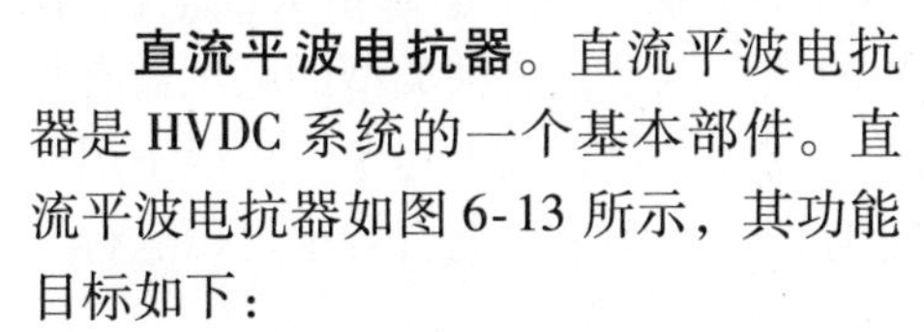

直流平波电抗器。直流平波电抗器是 HVDC 系统的一个基本部件。直流平波电抗器如图 6-13 所示，其功能目标如下：

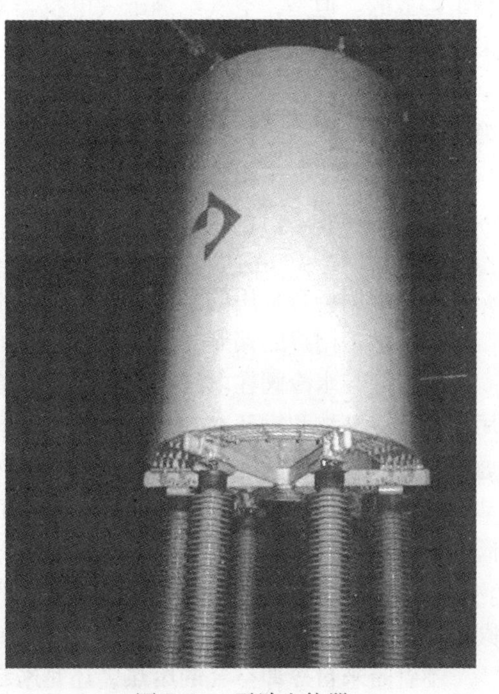

图 6-13　平波电抗器

（1）直流侧故障时限制直流电流的上升速度。直流侧故障包括直流线路对地短路故障和逆变站的换相失败故障等，直流电流的上升速度除受到平波电抗器的影响外，还受到整流器定电流控制的死区时间和调节速度的影响。限制直流电流的上升速度对故障后直流输电系统的恢复至关重要。将直流电流限制得越低，30°后的下一次换相成功的可能性就越大。

（2）避免电话干扰。直流平波电抗器作为串联滤波器对抑制由直流架空线路产生的电话干扰具有重要的作用。如果需要对阀进行保护使其免受来自于直流线路或直流场由行波引起的陡波过电压，那么还需要一个附加的小型直流阻塞电抗器，此直流阻塞电抗器的电感值通常为5~10mH左右，为空心电抗器。

（3）避免直流侧谐振。直流侧在基频下的谐振是必须要避免的，对于海底电缆的应用场合，这种现象通常发生在长度为30~80km之间。

为了确定平波电抗器的大小，先定义电流斜率因数S_i（单位ms^{-1}）如下：

$$S_i = \frac{V_{dN}}{L_d I_{dN}} \tag{6-10}$$

式中，V_{dN}是直流输电工程每极额定直流电压（kV）；L_d是直流侧电感（H）；I_{dN}是额定直流电流（A）。

式（6-10）中的S_i的意义是，当额定直流电压加到直流侧电感上时，直流电流上升到其额定值的时间，单位是ms^{-1}。S_i的范围如下：

$$0.22 < S_i < 1 \tag{6-11}$$

在换流站设计时，推荐采用$S_i = 0.5$。这个值意味着如果在整流侧平波电抗器后发生直流短路，直流电流会在5ms内上升$2.5I_{dN}$。

电抗器的类型设计。有两种电抗器类型，即空气绝缘干式电抗器和油绝缘箱式电抗器。对于电感值小的电抗器，采用空气绝缘干式电抗器是合算的。空气绝缘干式电抗器的优点是维护一个备件的成本不高，因为平波电抗器通常是由若干个部分绕组构成的。但是，空气绝缘干式电抗器对污秽很敏感。对于电感值大的电抗器，采用油绝缘电抗器是经济的，并且能有效地抗地震。但是，这种类型的电抗器有几个缺点，如套管容易受到污秽，维护成本很高。在背靠背直流工程中，可以不用油绝缘电抗器，因为电抗器故障的概率很低，并且即使没有平波电抗器也可以运行。

6.3 冷却系统

特定应用场合采用的晶闸管阀冷却技术受到多种因素的影响，包括技术的适用性、经济性、用户的偏好，以及维修是否方便等。

空冷阀与水冷阀在电气特性方面并没有差别，差别在于阀本身的物理尺寸以及用来冷却、清洁和循环冷却水的设备的物理尺寸。晶闸管是阀内主要的发热元件，通过将晶闸管夹在高效率的散热片中，其热量被传递到冷却水中。对于空冷阀，冷却空气被强迫在一个中心槽中流通，该中心槽从下往上通过阀，而冷却空气在进入阀厅之前会吹过散热片，如图6-14a所示。

在水冷阀中，冷却水直接通过管子进入散热片，如图6-14b所示，因此，水冷阀可以达到更紧凑的结构。

不管是来自冷却空气的废热，还是来自冷却水的废热，首先被排放到一个水或乙二醇的二次回路中，然后通过空气冷却塔被排放到空气中。采用软化水冷却的系

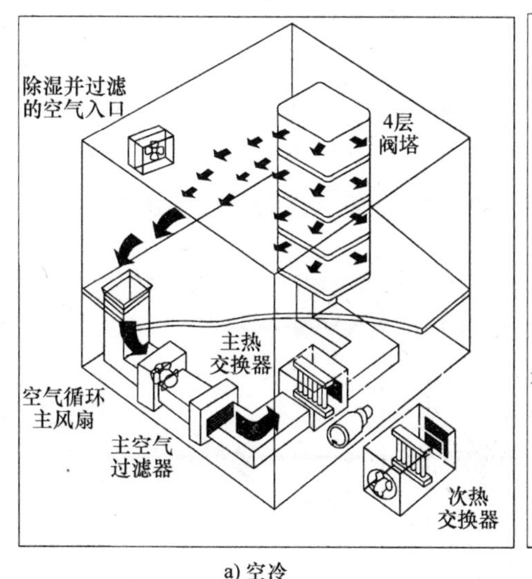

a) 空冷

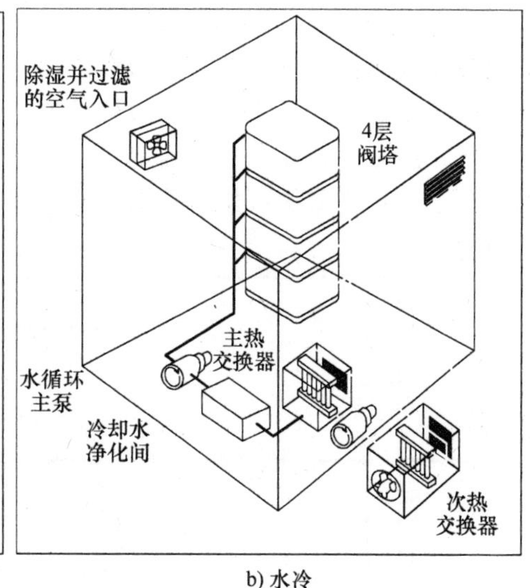

b) 水冷

图 6-14 晶闸管阀的冷却方法

统与空冷系统相比，安装设备所要求的空间较小，投资成本较低，运行所需的功率也较低。

晶闸管与散热片之间的热阻模拟。为了使功率器件可靠运行，设计时应当保证任何时候运行温度都在制造商规定的范围内，以防止由于器件表面温度上升过快而导致的热失控。如果功率器件中有过多的热损耗，其发热就会增加，而性能则逐渐降低，极端情况下甚至会导致爆炸。通常，功率器件能够承受的临界温度在 120 ~ 150℃之间，但是在 90℃以下时可以安全运行。功率器件冷却系统的种类包括自然空气冷却系统、强迫空气冷却系统和液体冷却系统。在这些冷却系统中，工业上空气冷却系统用得最多，因为其结构简单、维修简便。尽管如此，对于大容量系统因需要采用大尺寸的散热片，而散热片在超过一定尺寸后其容量会饱和，所以在这种情况下，应当采用水冷系统而不用空冷系统。

图 6-15 给出了换流器冷却系统的热阻模型。热阻模型将环境温度与热源之间的热阻联系起来。热阻 Ⅰ 表示半导体结与半导体器件表面之间的热阻，热阻 Ⅱ 表示半导体器件表面与散热片之间的热阻，热阻 Ⅲ 表示散热片与环境温度之间的热阻，而热阻 Ⅳ 表示半导体器件表面与环境温度之间的热阻。热阻 Ⅳ 实际上很小，通常可以忽略。此外，C_{JC} 表示半导体结与半导体器件表面之间的热容，C_{CS} 表示半导体器件表面与散热片之间的热容，而 C_{SA} 表示散热片和空气之间的热容。在设计一个实际的散热片时，这样的热容模型并没有很大意义，但在测试散热片性能时，它却是一个决定器件需要暴露于热量中多久的一个重要因素。另外，热阻 Ⅱ 被认为是可变的，因为它取决于加在散热片与器件之间的压力、粘合剂及散热片与器件之间的间隙热阻。

此外，热阻Ⅲ也被认为是可变的，因为它表示散热片与空气之间的热阻，其性能取决于散热片形状或者空气的性质以及风速等。在图6-15中，热量通过热阻Ⅰ和Ⅱ的传递大部分是热传导，而热量通过热阻Ⅲ的传递大部分是对流。对于功率变换器件，热阻Ⅰ和Ⅱ几乎是确定的。对于热阻Ⅲ，如果采用自然空气冷却方法，它取决于散热片的形状，如果采用强迫空气冷却方法，那么它是对流的函数，即取决于风速。

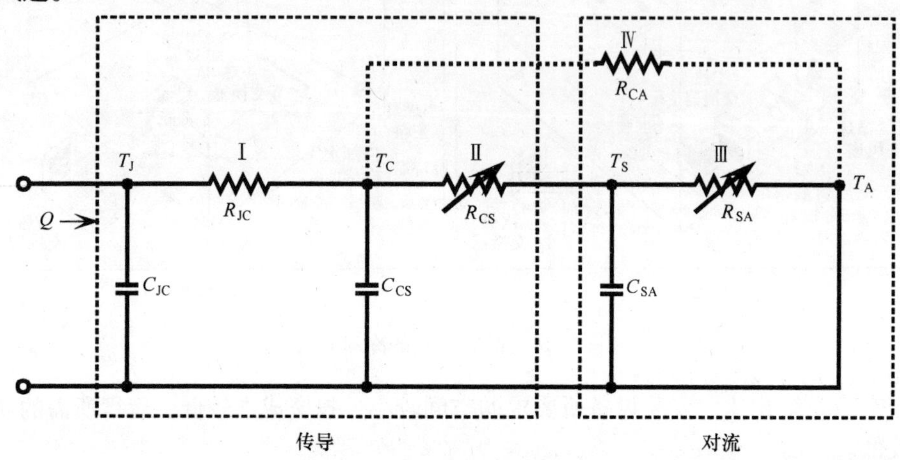

图6-15 换流器的热阻模拟方法

散热片设计的数学背景。图6-15中，半导体结的温度T_J、环境温度T_A、传递的热量Q和热阻之间的关系式如下：

$$T_J = Q(R_{JC} + R_{CS} + R_{SA}) + T_A \tag{6-12}$$

$$R_{JC} = \frac{L_1}{k_1 A_{JC}} \tag{6-13}$$

$$R_{CS} = \frac{L_2}{k_2 A_{CS}} \tag{6-14}$$

$$R_{SA} = \frac{1}{k_3 A_{SA}} \tag{6-15}$$

式中，A_{JC}表示从半导体结到器件表面的接触面积，A_{CS}表示从器件表面到散热片之间的接触面积，A_{SA}表示散热片到空气之间的接触面积；L_1表示半导体结到器件表面之间的厚度，L_2表示从器件表面到散热片之间的厚度；k_3表示由对流而引起的热辐射系数，k_1表示从半导体结到器件表面的热传导系数，k_2表示从器件表面到散热片的热传导系数。在图6-15中，R_{CA}表示器件表面与空气之间的热阻，通常可忽略。

晶闸管热阻（R_{JC}）和耦合热阻（R_{CS}）的计算。R_{JC}表示晶闸管的自热阻，它可以采用式（6-13）或者由制造商提供的数据进行计算。但是，对于不同的产品，此值似乎是变化的，因此更好的方法是采用图 6-16 所示的试验方法来获得更加准确的热阻值。

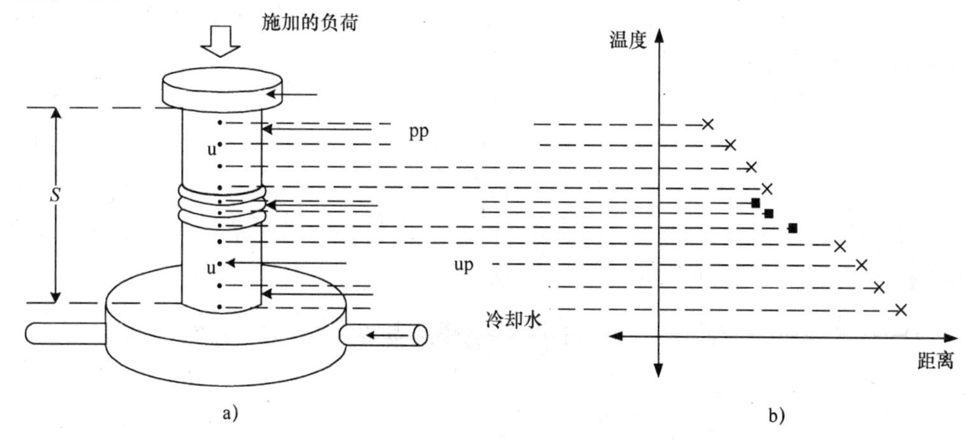

图 6-16　晶闸管热阻的测量方法

现在对图 6-16 所示装置的各个部分进行说明。首先，一个晶闸管插入到两个铜圆柱之间，然后，沿着上铜圆柱到下铜圆柱的表面，以固定的间距放置热电偶。如果在上铜圆柱上施加热量和压力，那么热量就会传递到下铜圆柱。可以测量铜和晶闸管的温度变化，然后分析温度分布，就可得到晶闸管热阻。这种装置也被用来计算压力变化时的热阻值。

在图 6-17 中，R_{CS}表示功率器件与散热片之间的热阻，它的近似值可以采用式（6-14）计算得到。但是，由于加在功率器件上的压力、表面的粗糙程度以及器件与散热片之间间隙热阻的变化，导致其值会有很大的变化，目前全世界的很多研究人员都在对这些问题进行研究。

图 6-17 给出了一个热阻模型。R_{CS}由间隙热阻 R_{CSZ}、接触热阻 R_{CSC}和散热片热阻 R_{CSS}组成。

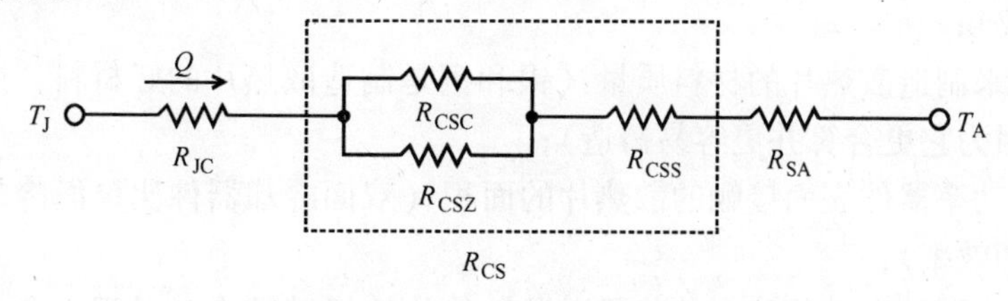

图 6-17　晶闸管与散热片之间热阻的详细模型

热耦合传导系数 h_j等于热接触传导系数 h_c与热间隙传导系数 h_g之和，即

$$h_j = h_c + h_g \tag{6-16}$$

热接触传导系数 h_c的表达式如下：

$$h_c = 1.25\left(\frac{m}{\sigma}\right)k_S\ (p/H_c)^{0.95} \tag{6-17}$$

式中，p 表示接触压力；H_c表示接触强度；m/σ 是一个表示表面粗糙度和倾斜度的参数；k_S是谐波热传导系数。

表面粗糙度和倾斜度 σ 与 m 的定义如下：

$$\sigma^2 = \sigma_A^2 + \sigma_B^2 \tag{6-18}$$

$$m^2 = m_A^2 + m_B^2 \tag{6-19}$$

所有的变量 σ_A、σ_B、m_A和 m_B都是实际测量值。另外，对于给定的接触压力和表面参数，相对的接触压力如式（6-20）所示：

$$\frac{p}{H_c} = \left[\frac{p}{C_1}\ (1.62\sigma/m)^{c_2}\right]^{\frac{1}{1+0.071C_2}} \tag{6-20}$$

式中，C_1和 C_2是 Vickers 相关系数。

谐波热传导系数 k_S 可以通过式（6-21）得到：

$$k_S = \frac{2k_A k_B}{k_A + k_B} \tag{6-21}$$

间隙热传导系数 h_g表示两个金属表面（散热片）之间空气的热传导能力，它可以通过式（6-22）得到：

$$h_g = \frac{k_{go}}{(Y+M)} \tag{6-22}$$

式中，k_{go}表示空气的热传导系数；Y 表示散热片之间的分布。

最后，通过式（6-14）和式（6-15）可以得到 R_{CS}和 R_{SA}。根据以上的讨论，可以得出决定散热片性能的因素如下：

1）散热片附近的环境温度；

2）暴露在冷却空气中的散热片的表面积；

3）散热片的形状（如果散热片面积相同，那么椭圆形、三角形或者矩形的热辐射最有效）；

4）用来制造散热片的材料质量（银和铜是制造散热片的好材料，然而，更喜好用铝，因为它更合算并更容易铸造）；

5）与功率器件表面接触的散热片的面积（双面冷却器件比单面冷却器件具有更高的冷却效率）；

6）功率器件在散热片中的位置以及散热片的相对尺寸（对于一个过大的散热片，当它移离功率器件时，热传递的速度大大降低）；

7）包围散热片的空气的量；

8）在散热片周围循环的空气的流动类型（湍流型空气比层流型空气冷却效率更高）；

9）散热片和功率器件之间的压力和粗糙度。

在以上决定散热片性能的因素中，对于自然冷却系统，环境温度和散热片的面积是主导性的因素；而对于强迫冷却系统，风速以及前面提到的2个因素是主导性的因素；但对于水冷却系统，将功率器件内部的热量传递到外部散热片的冷却水的流速、冷却水的热传导率，以及将积聚在冷却水中的热量排放到外部空气中的热交换器的风速及其环境温度是主导性的因素。

水冷却散热片的类型。水冷系统比空冷系统有更高的效率，配备水冷系统的功率变换装置其尺寸可以更小，同时，水冷系统的热交换器可以独立安装或者安装在远离功率器件的地方。但是，水冷系统的主要缺点[㊀]有电蚀、水凝结以及复杂的外围设备安装。一般来说，水冷系统可以按照如下三种方法进行设计：

（1）将一个功率器件固定在水冷散热片上，该散热片与水管相连；

（2）将很多个功率器件固定在水冷散热片上；

（3）将功率器件浸在冷却水中。

在上述方法中，方法（3）从未用于以水作为冷却剂的系统中；方法（2）简单，但其缺陷是维修相当困难并且冷却效率低；因此，一般喜好采用方法（1）。

为了优化冷却能力，功率器件大多采用双面冷却的器件。所以，冷却系统要么由一个独立结构组成，要么由一个堆状结构组成，如图6-18所示。图6-18展示了两种完全不同的热辐射系统结构，其差别在于散热片与水管的连接方式不同。管子的连接方式可以分为串联型（见图6-19a）和并联型（见图6-19b）。

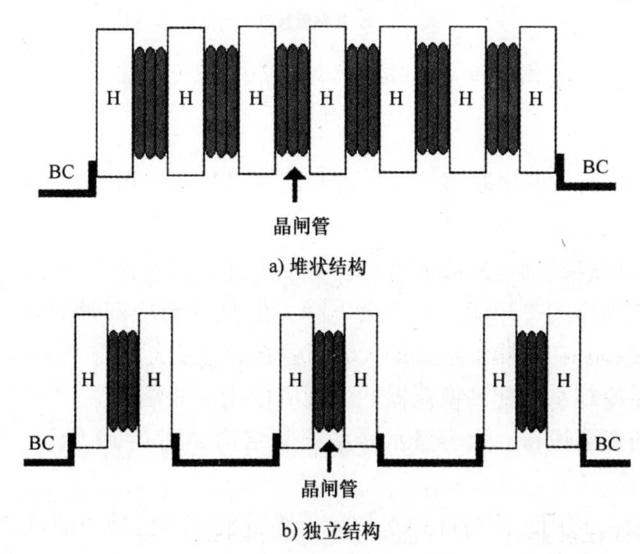

图6-18　水冷系统

BC—电气母线连接　H—散热片

㊀ 原文误为优点。——译者注

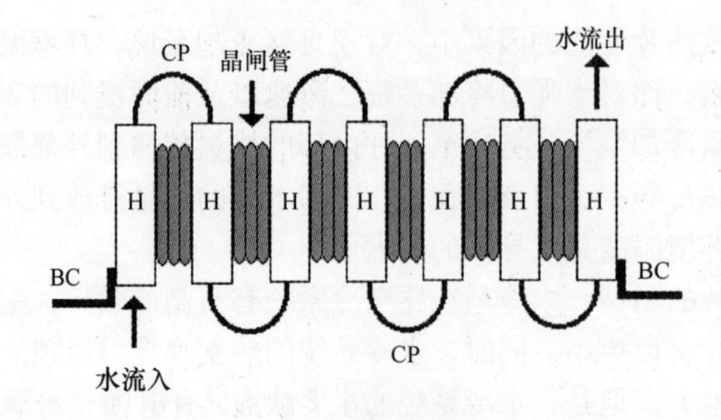

a) 串联管接法

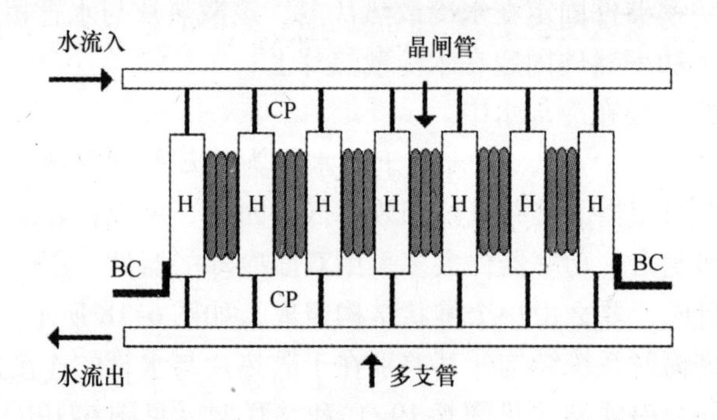

b) 并联管接法

图 6-19　堆状结构冷却回路中的管子接法

CP—连接管

对于图 6-19a 所示的串联型接法，冷却水每经过一个散热片，其温度就上升一次，使得位于系统末端的散热片冷却效率非常低。然而。其优点是当冷却水中的杂质堵塞管子时，很容易确定故障的位置。另一方面，对于图 6-19b 所示的并联型接法，系统末端散热片的冷却能力并不会下降，但是发现冷却管的堵塞位置很困难。因此，对于由数百个功率器件组成的大容量系统，在由粗管子构成的区域中应使用并联结构，而在冷却水分配到换流器的区域应使用串联结构。

水冷系统的主要设备。大容量水冷系统的结构如图 6-20 所示，以下对各元件进行描述。

（1）膨胀箱：它用来测量冷却水的量，并重新注入已漏掉部分的冷却水。

（2）主泵：它使冷却水循环，采用双重化结构以提高系统的可靠性。

（3）热交换器：它用来冷却流入管子中的冷却水，热交换器的基本原理与强迫空气冷却系统中的散热片相同。

（4）用于冷却功率半导体器件的散热片。

（5）去离子器：由于功率器件只有单向电位，它可能会使冷却水电离，而电离后的冷却水转而会腐蚀散热片，去离子器的目的是消除这些离子。

（6）主过滤器：除了去离子器外，主过滤器用来除去冷却水中的杂质。

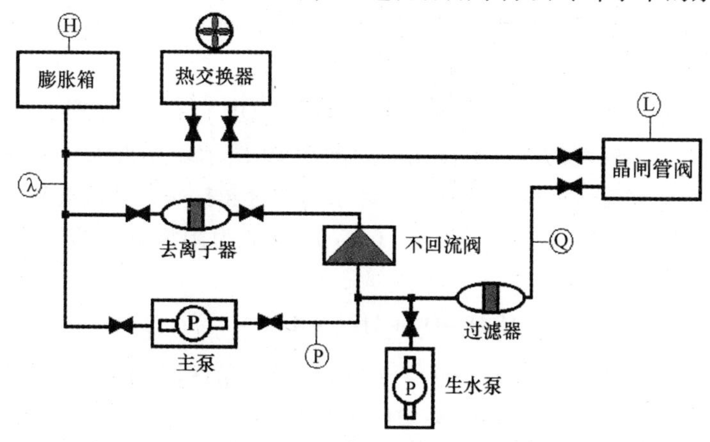

图 6-20　热辐射式水冷系统的结构

水冷系统的露点温度控制。与强迫空气冷却系统不同，水冷系统必须控制露点温度。强迫空气冷却系统用空气来冷却散热片，所以在它的功率变换系统中不会形成露。但是在水冷系统中，由于水冷系统的温度与周围环境温度不同及相对湿度的作用，会形成露，从而有可能导致功率变换装置的绝缘层被破坏。因此，必须计算露点温度，并防止功率变换系统的绝缘层被破坏。式（6-23）给出露点温度 T_d 的计算表达式：

$$T_d = \frac{K}{(1/X - 1)}$$

$$X = \frac{\log(RH/100)}{17.27} + \frac{T_a}{T_a + K} \tag{6-23}$$

式中，$K = 238.3$；RH 是相对湿度；T_a 是空气温度。

冷却剂的比较。由于水具有很高的液体流速，所以它的冷却效率很好。但是，由于大多数电路中的功率器件具有不同的电位，使电流可以通过水流动，因而由于电解质的原因产生腐蚀和冻结。为此，建议只使用去离子的蒸馏水，而水冷散热片应该使用诸如铜或青铜这样的金属材料来制造。如果加入糖原而不是使用常规的水，就能使水的冷冻点降低，从而避免冷冻的危险。另一方面，油比水安全，但是它的粘性系数高，导致冷却效率低；但它没有电解质形成电流的问题，也没有冷冻点的问题；然而它是可燃的，因此使用时必须小心。另外，不可燃油是有毒性的。式（6-24）和式（6-25）给出了由于冷却剂流动和散热导致温度变化的表达式：

$$\text{水}(K°C) = \frac{\text{瓦特}}{70L/min(\text{流速})} \tag{6-24}$$

$$\text{油}(K°C) = \frac{\text{瓦特}}{28.6L/min(\text{流速})} \tag{6-25}$$

对于大容量水冷系统，如果用纯水和诸如糖原类的防冻液混合物取代纯水，其冷冻点会降低到纯水的冷冻点以下，并且在冷却剂中不会形成其他的物质。

水冷系统中电解质的影响。与其他类型的冷却剂不同，水是一种由电解质组成的导体，这意味着当电流流过水时会发生化学反应。在水冷系统中，必须考虑此种电化学反应。导致水中电流的电荷是 H^+ 离子和 OH^- 离子。此外，如果有其他物质溶解在水中，水就起到溶剂的作用。如图 6-19 所示，如果水冷系统采用堆状结构，泄漏电流就会流过晶闸管两端的冷却水管的金属接头，此电流就会引起金属表面发生化学腐蚀。式（6-26）和式（6-27）分别为阳极和阴极上的化学反应方程式。

$$\begin{gathered}\text{阳极：} 2H_2O \rightarrow O_2 + 4H^+ + 4e^- \\ Fe(Cr, Ni) \rightarrow Fe^{2+} + (Cr^{3+}, Ni^{2+}) + 2(3)e^-\end{gathered} \tag{6-26}$$

$$\begin{gathered}\text{阴极：} 2H^+ + 2e^- \rightarrow H_2 \\ 2H_2O + O_2 + 4e^- \rightarrow 4OH^-\end{gathered} \tag{6-27}$$

因此，需要周期性地运行去离子器。

大容量换流器的热损耗。在设计大容量换流器使用的晶闸管阀时，不仅要考虑晶闸管本身的冷却，还要考虑晶闸管保护电路中的热损耗，而要求大功率换流器的尺寸尽可能做得小。因此，在计算晶闸管阀的损耗时，必须考虑所有元器件的损耗。

图 6-21 给出了 HVDC 系统中使用的晶闸管阀的结构，晶闸管阀的损耗可以通过如下途径得到。

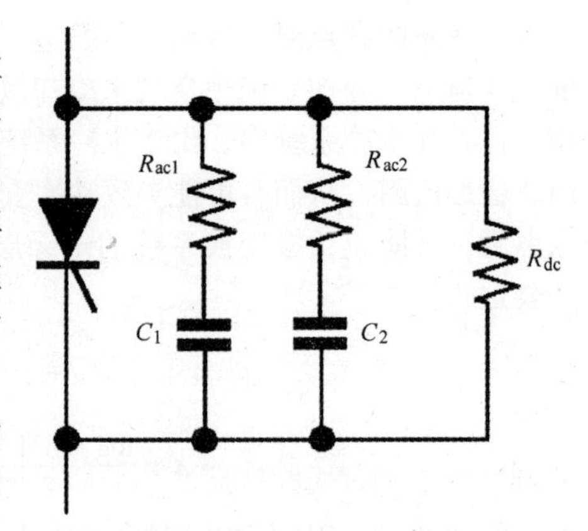

图 6-21　直流输电系统用阀的结构

（1）通态损耗（W_{TH}）：

$$W_{TH} = \frac{nI}{3}\left[V_t + RI\left(\frac{2\pi - \mu}{2\pi}\right)\right] \tag{6-28}$$

（2）开通损耗（W_{ON}）：

$$W_{ON} = F_{GVI} f \tag{6-29}$$

式中，F_{GVI}表示门极电流和电压的正向偏移系数。一般地，开通损耗估计小于通态损耗的 10%，其更精确的值与系统的运行状态有关，即与 f、μ 和 α 等有关。

（3）直流均压电阻损耗（W_{DC}）：

$$\begin{aligned} W_{DC} = \frac{V_L^2}{2\pi n R_{dc}} \Big\{ & \frac{4\pi}{3} + \frac{\sqrt{3}}{4}\left[\cos 2\alpha + \cos(2\alpha + 2\mu)\right] \\ & - \left(\frac{7}{8} + \frac{3m(2-m)}{4}\right)\left[2\mu + \sin 2\alpha - \sin(2\alpha + 2\mu)\right]\Big\} \end{aligned} \tag{6-30}$$

（4）阻尼电阻损耗（W_{LF}）：

$$W_{LF}=V_L^2 2\pi f^2 C^2 \frac{R_{ac}}{n}\left[\frac{4\pi}{3}-\frac{\sqrt{3}}{2}+\frac{\sqrt{3}m^2}{8}+(6m^2-12m-7)\frac{\mu}{4}\right.$$
$$+\left(\frac{7}{8}+\frac{9m}{4}-\frac{39m^2}{32}\right)\sin 2\alpha+\left(\frac{7}{8}+\frac{3m}{4}+\frac{3m^2}{32}\right)\sin(2\alpha+2\mu)$$
$$\left.-\left(\frac{\sqrt{3m}}{16}+\frac{3\sqrt{3m^2}}{8}\right)\cos 2\alpha+\frac{\sqrt{3m}}{16}\cos(2\alpha+2\mu)\right] \tag{6-31}$$

（5）阻尼电容损耗（W_{HF}）：

$$W_{HF}=\frac{fC_{HF}}{n}V_L^2\frac{(7+6m^2)}{4}[\sin^2\alpha+\sin^2(\alpha+\mu)] \tag{6-32}$$

（6）关断损耗（W_{OF}）：

$$W_{OF}=\sqrt{2}V_L Q_r f\sin\left(\alpha+\mu+2\pi f\sqrt{\frac{Q_r}{di/dt}}\right) \tag{6-33}$$

（7）饱和电抗器中的磁滞损耗（W_{SR}）：

$$W_{SR}=n_{st}fk_{sr}M \tag{6-34}$$

因此，晶闸管阀中的总损耗可以用式（6-35）来表示：

$$W_T=W_{TH}+W_{ON}+W_{DG}+W_{OF}+W_{SR} \tag{6-35}$$

其中，$W_{DG}=W_{DC}+W_{LF}+W_{HF}$。

晶闸管阀的结构。图 6-22 展示了高压直流输电系统中一个晶闸管层的冷却回路，其中，H、F 和 R 分别表示散热片、冷却剂的出口管和进口管。伴随晶闸管阀的所有发热元器件，包括晶闸管阻尼电路和缓冲回路中的电阻器和电抗器，都配备有散热片，统一用 H 来表示，它们与晶闸管一起被冷却。此外，散热片的内部结构是螺旋圆柱形，使冷却剂冷却散热片时具有最优的单位面积冷却效率。

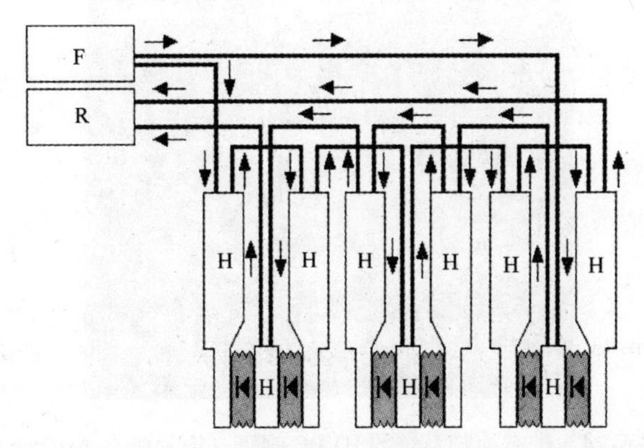

图 6-22 晶闸管层的冷却回路

图 6-23 展示了一个实际高压直流输电系统中的晶闸管阀，晶闸管和缓冲器都

贴装在同一块冷却板上[⊖]。图6-24展示了一个带有冷却回路的HVDC阀塔，此HVDC阀具有多层结构。图6-25说明热交换器如何将积累在晶闸管中的热量传递到空气中去。

虽然晶闸管的温度水平取决于各制造商的设计标准，但最终由晶闸管的老化因素决定，晶闸管的老化取决于流过电流的大小。在图6-26中，晶闸管结温T_J的参考值被设置为55℃，这样，晶闸管可以无故障运行30年。如果晶闸管的温度水平设得太低，冷却系统的成本就太高；而如果晶闸管的温度水平设得太高，那么在夏天当T_A很高时，冷却系统就难以处理这些热量，这样，晶闸管就会加速老化。

图6-23　实际冷却设备（图片源自AREVA）

图6-24　带有冷却系统的HVDC阀塔（图片源自AREVA）

⊖　此处文字与图不符。——译者注

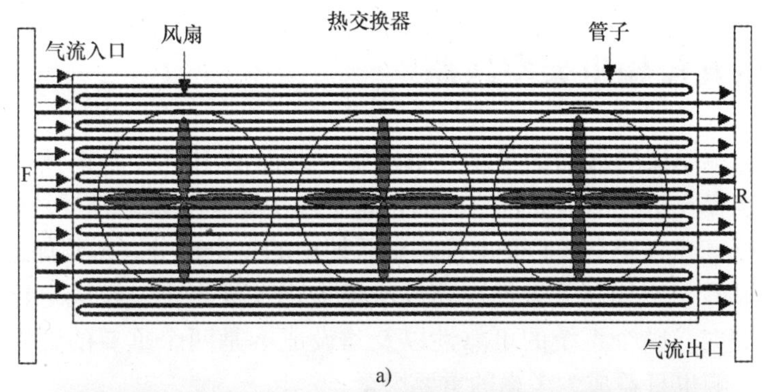

a)

b)

图 6-25　热交换器的辐射器

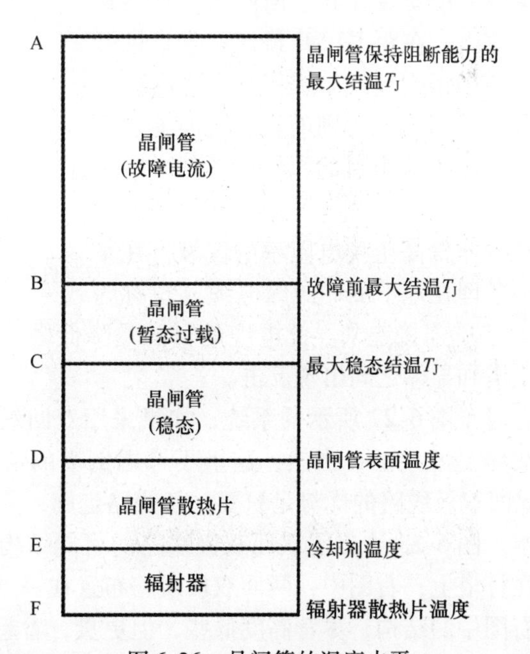

图 6-26　晶闸管的温度水平

6.4 高压直流输电架空线路

高压直流输电架空线路的类型。采用架空线路的 HVDC 系统几乎都是双极系统。但是，也存在这样的可能，系统的初始阶段按照单极系统运行，最终阶段按照双极系统运行，或者架空线路是电缆输电系统中的一个部分。尽管如此，仍然有很多类型的 HVDC 架空线路系统已经建成或至少正在规划中。在决定建造某种类型的 HVDC 线路时，整个系统的可靠性以及建设成本是两个重要的因素，而架空线路对环境的影响也日益成为考虑的重要因素。

双极线路。图 6-27 给出了典型双极架空线路的杆塔结构。杆塔设计中的最重要的因素是所要求的最小间隙。

在确定对塔身的最小间隙时，必须考虑最大风荷载下绝缘子串摇摆的宽度，如图 6-27 左半部分所标示的。如果导线采用 V 型绝缘子串悬挂，如图 6-27 右半部分所示的那样，则摇摆幅度可以减小，因此横担就可以缩短。通过这种方法，所要求的输电走廊宽度就可以缩小，但是导体间的间隙也缩短了，所造成的不利影响包括导体表面电位梯度增加以及由此造成的其他效应。传统上，HVDC 架空线路采用安装在其上面的架空地线进行保护，以防止直接雷击。在距 HVDC 换流站最近的几个档距内，有时采用两根架空地线来提供绝对可靠的雷击保护，使这些线段免受雷击。否则的话，陡波前过电压就可能进入换流站。出于这个目的，杆塔顶部有一个 Y 型分叉的小横担。

图 6-27　双极 HVDC 线路

如果线路穿越具有非常高土壤电阻率的区域，在某些条件下需要通过一条埋在地下的非绝缘电缆（也称为接地极线）将杆塔的基础连接起来。此电缆的目的是降低塔基电阻，并在雷击塔顶或周边土壤时防止塔和导体之间出现反击。

双回双极线路。对于图 6-27 所示的系统，如果采用双回双极线路，进行开关切换的话就有一回线路是冗余的；当然，这里不考虑倒塔的情况，在倒塔时整个 HVDC 系统崩溃。双回双极线路的优势是只要一条线路走廊，其建造成本大大低于建造两个单回的成本。图 6-28 给出了双回双极线路的可能结构；左图中，两回双极线路分两层布置在杆塔上；右图中，两回双极线路布置在一层上，分别位于杆塔的左右两边。对于右图中的结构，尽管高度低些，但更贵，看起来更刺眼，走廊宽度更大。但另一方面，采用右图中的结构，在后期建造第 2 回系统时，如果第 1 回系统已运行的话，会更方便一些。相关结构如图 6-29 和图 6-30 所示。

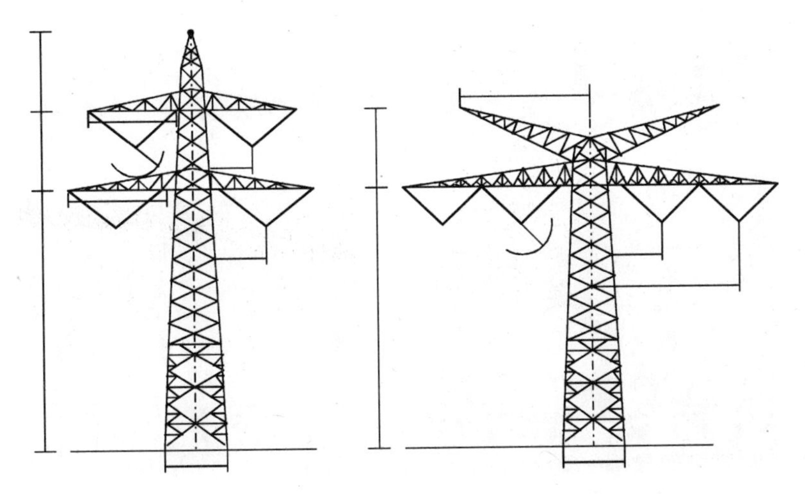

图 6-28　具有单横担和双横担的 HVDC 双回同塔结构

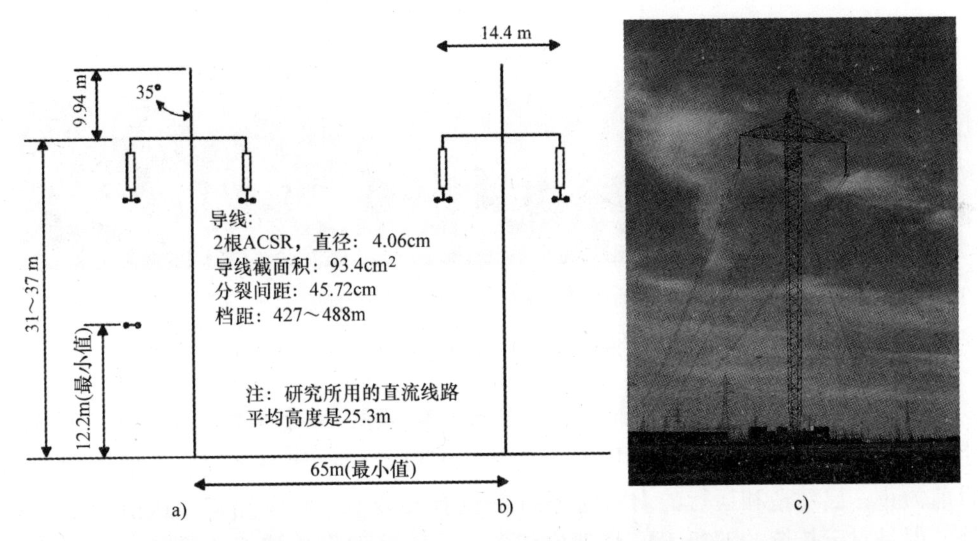

图 6-29　加拿大 Manitoba 水电局双回 ±500kV HVDC 的基本杆塔结构

具有中性回流线的线路。对于一个 HVDC 系统，很短时间的入地电流都是不允许的，可以通过在两个换流站的中性母线之间架设第三条导线来提高系统的可用率。这种情况下，如果一个极发生故障的话，可以无限期地输送 50% 的额定功率。中性回流线的截面积可以设计成极线的一半，即对应于热极限电流，因为在紧急情况下运行时可以不考虑输电线路的损耗，并且该导线不存在与导体表面电位梯度相关的问题。采用这种结构，接地极和接地极引线都可以省掉，尽管如此，所增加的费用仍是巨大的。如果将中性回流线悬挂在塔顶上，并作为架空地线使用，那么额外的费用可以降低。具有中性回流线的线路在多端 HVDC 系统中可能是需要的，因为如果不允许大地回流的话，一个站中一个极的故障必将导致该站第 2 个极的关闭。

a) 巴西±600kV自支持直流线路杆塔

b) Rihand–Delhi ± 500kV直流线路杆塔

c) 魁北克–新英格兰±450kV直流线路杆塔

图 6-30　HVDC 线路结构

最小间隙。与额定电压 >300kV 的交流线路一样，操作冲击过电压的大小是最小间隙（闪络距离）的决定性因素，这对于 HVDC 架空线路来说也是成立的。到目前为止，已建造和运行的 HVDC 系统都没有安装 HVDC 断路器，这似乎令人意外。但是对于传统的双极 HVDC 架空线路，一极线路发生接地故障时，由于两极之间的电容耦合会影响另一个健全极的电位。由于运行电压的极性不同，操作冲击与运行电压叠加构成的过电压倍数为 1.5 ~ 1.8pu（峰值电压）。

当两个极之间的间隙非常大以至于形成单极线路时，极间的电容耦合要么完全没有，要么非常小；从而上文所述现象要么不存在，要么减弱很多。对于同极性线路，这个过电压也不会发生，因为健全极的运行电压与操作冲击过电压的极性是相反的。这种情况下，可以考虑降低操作冲击过电压的额定值，但是仍然建议保持谨慎，因为存在一系列内部和外部的异常情况，会导致直流侧的过电压。任何情况下，在降低操作冲击过电压额定值并降低最小间隙之前，必须进行绝缘配合的基本研究。操作冲击过电压额定值与最小间隙之间的关系是复杂的，决定性因素不但包括操作冲击的波形和接地极的形状与位置，而且还包括大气和气候条件，且这些因素的影响与极性有关。

如果假定一个 HVDC 系统的额定直流电压与一回交流线路的额定对地电压峰值相等，那么按交流线路规则所得到的最小间隙值就太大了，这是因为交流线路中考虑的过电压倍数要高得多。自然地，导线对地的最小间隙必须考虑由国家标准规定的安全间隙，此安全间隙与线路穿越的地域、线路与道路的交叉以及线路与交通线的交叉情况等有关。必须考虑在允许最大连续电流和最不利环境条件下的最大导线垂度。特别地，当存在一条冗余线路时，如果一回线发生故障，那么余下的非故障线路中的电流就可能接近线路的热稳定极限，导致很大的垂度。最小空气间隙见表 6-1。

表 6-1 最小空气间隙与过电压倍数的关系

过电压倍数（pu）	额定电压下的最小间隙/m			
	250kV	400kV	500kV	750kV
≤1.5	0.91	1.37	1.83	3.35
1.6	0.91	1.37	1.98	3.66
1.7	0.91	1.52	2.13	4.11
1.8	1.07	1.62	2.20	4.57

注：数据来自美国 EPRI 编写的《直到 ±600kV 的 HVDC 输电线路手册》。

*导体表面电位梯度和电晕。*电晕被定义为伴随有发光现象的放电过程，它是由导体周围的空气被电离造成的。当电场强度超出某个临界值时，这种现象就会发生。导体周围可以分为两个区域：电离区和空间电荷区。

电离区是围绕导体的一个薄层，其厚度在两根极线之间距离千分之一的数量级范围。在这个区域，很高的电场强度导致带电粒子以很高的速度与空气分子碰撞并使之电离。释放的电子被加速，离开负极，奔向正极；并再次与空气分子相撞，导致雪崩效应发生。有些带电粒子进入到了导线与大地之间的区域，即进入到了空间电荷区，在那里这些带电粒子被减速并最终重新复合。由于这些带电粒子总是源源不断地来自电离区，因而就产生了离子电流和相关的电晕损耗。电离开始产生的临界电场强度已经确定为 29.8kV/cm。但在测试工业化生产的电缆导体时，发现当电场强度达到约 15kV/cm 时就会发生电晕效应。在如此低的电场强度下发生电晕效应的原因是导体表面存在小的缺陷和不规则，使得局部区域中的电场强度已经超出了临界电场强度。如果已知如下的参数，那么可以计算出导体表面的最大电场强度：

（1）导体对地电压；

（2）分裂导线中子导体的直径；

（3）分裂导线中子导体的根数；

（4）子导体之间的距离；

(5) 档距中间导线距地面的高度；

(6) 导线之间距离。

文献中给出的公式，有些尽管相当复杂，但只能给出近似的结果。一个原因是随着电压的上升，电离区扩大，以至于导体束最终呈现为一条具有相对应直径的电缆。

电晕损耗。HVDC 输电线路的电晕损耗基本上由导体表面的电位梯度决定，即主要取决于输电线路的参数。同样，电晕损耗值的变化范围晴天比雨天大很多，而雨天电晕损耗的平均值比晴天高 3～5 倍。而对于交流线路，不同天气导致的电晕损耗可以相差 50 倍或者更高。电晕损耗大致上与表面电位梯度的二次方成正比。其他对电晕损耗有明显影响的大气条件是风速。显然地，离子会被风吹走，离开电离区，然后被更强的电离取代，从而导致电晕损耗增加。为了对其数量级大小有一个了解，可以参考下面的经验法则：

$$P_c = 1.6 + 0.44V_w \qquad (\text{在} \pm 600\text{kV 时}) \tag{6-36}$$

式中，P_c为每极的电晕损耗（kW/km）；V_w 为风速（m/s）。

无线电干扰。电晕效应会引起一个宽频带的电磁辐射，从而造成干扰，特别是对调幅（AM）无线电传输。这些辐射的源是非常不同的，在负极导体上存在 Trichel 脉冲，它们近似地均匀分布于导体的表面，并且对测量到的无线电干扰影响很小。在正极导体上，可以观察到若干种机理。对双极线路高频干扰产生主要作用的是“流注”，它的分布是比较随机的。

在一个关于环境影响因素的调查中，发现无线电干扰在雨天会减小；这是一个不同寻常的事实，因为在雨天交流线路产生的无线电噪声更高。另外，季节性的影响也很明显，冬天时无线电干扰水平更低；其原因是温度和绝对湿度都比较低，尽管冬季的相对湿度通常比夏季高。对于 HVDC 输电线路产生的无线电干扰频率，10∶1 的信噪比是可以接受的，而对于交流线路，要求的值是 15∶1～25∶1。由于没有与线路频率发生调制，因此很可能意味着关于 HVDC 干扰噪声的主观印象是小的。

当然，在电视频率范围的干扰理论上是可以想到的，但是测量结果显示，在此频段内的噪声水平非常低，不在 HVDC 输电线路走廊范围内的地方根本不用担心。

可闻噪声。电晕产生的电离表示了空气的部分击穿，这种高能量的局部放电引起了空气的局部压缩和解压，并以声波的形式在空气介质中传播。

离子流。在电离区内部，电晕电流是由电子形成的；但在导体与导体之间以及导体与大地之间的电流是通过离子和其他带电粒子形成的。非常值得注意的是，对于交流线路，这种效应是不存在的，因为在前半个周波朝一个方向加速的载荷子在后半个周波会朝相反方向加速，仅有少量逃逸到开放的空间。另一方面，电流是由导电体之间的电容耦合感应的，在电场强度为 1kV/m 时，其值达到 16μA。如果一个人站在交流线路下，该处的电场强度为 5kV/m，则感应电流达到 80μA；因此在

讨论 HVDC 线路下由离子流所引起的效应时，记住这个值是很重要的。

如果研究电流流过人体时的生理效应，对应“刚刚能感觉到”到“痛苦的休克”的电流的阈值，直流电流比交流电流要高出 5 倍。更进一步，如果考虑到直流和交流架空线路下流过人体的电流大小的差别，3μA 对 80μA，那么可以得出结论，直流线路引起的生理效应比交流线路要小得多。

离子流引起的另一个效应是对直流线路下物体的充电，当然，该物体是与大地绝缘的。例如，曾经对线路下停放的大型车辆的充电情况进行过测试，考察一个与大地电气接触良好的个人触碰该车辆时的放电现象；确定的最不利情况下的效应是放电电流峰值 670mA，该电流在 200μs 内降低到小于 1mA；而 1300mA 电流持续 30ms 才被认为是临界值。因此所讨论的放电现象与临界值相比还差几个数量级，这个效应与一个人走过毛毯时产生的火花效应相当。

绝缘良好的铁栅栏是应当引起关注的，已经得出这样一个结果，与 HVDC 线路距离 10m 的平行栅栏，如果长度达到数千米，那么会引起让人不舒服的电击。这种理论上的情况可以很容易被消除掉，只要在栅栏上每隔一定距离安装绝缘子，同时将栅栏接地即可。

由于放电引起燃料点燃的问题是更加关键的，假设的情况是 HVDC 线路下的车辆注满了燃料并被火花放电击中。在最不利的情况下，所释放的能量可以达到 5~10mJ。尽管在实验室条件下，空气和汽油的理想混合物在 1.2mJ 时可以被点燃，但在与现场接近的实际情况下，对应的值大于 100mJ。如此高的值永远不会达到，即使是非常大的车辆并且对地绝缘非常良好，同时在 HVDC 线路下停放很长的时间。

线路类型的比较。为了了解导体表面电位梯度引起的现象及电晕效应与所选线路类型之间的关系，特选择一个电压为 ±500kV、电流 I_{dN} 为 1800A 的 HVDC 系统进行对比研究。假设该系统采用不同的线路方案，同时出于可靠性考虑，该线路的 2 根导线相互间是独立的，考察的线路方案如下（参见表 6-2 中的图）：

1）单极两根导线；

2）双极各一根导线，但极性相同；

3）双极各一根导线，但其中一极是接地的；

4）双极各一根导线，但极性相反。

对于方案 1）中的两根导线，合在一起采用一根四分裂导线来表示，其单根子导线的直径 $d=3.18\text{cm}$[⊖]；而对于其他三种方案的导线，采用二分裂导线或者四分裂导线，二分裂导线对应的子导线直径 $d=3.18\text{cm}$，而四分裂导线对应的子导线直径 $d=2.25\text{cm}$。按照这种方式，所有方案都具有相同的导体截面积。通常，档距中间的导线离地高度是 15m，对于双极线路，两极线之间的距离为 12m。

⊖ 原文误为 mm。——译者注

为了进行对比，分别对如下参数进行了计算：

1）对每根子导线，计算了其表面的最大电位梯度 E_{max}[㊀]，单位为 kV/cm；

2）无线电干扰电场强度 F_0，单位是基于 1 μV/m 的 dB 数[㊁]，测点在距离为 30m 处，频率为 1MHz；

3）电晕损耗 P_c，单位是线路长度上的 kW/km。

所有的值都对应于好天气；然而，在雨天和雾天，无线电干扰水平是下降的，而电晕损耗增加明显。由于电晕损耗仅仅在很小的程度上与极性有关，而无线电干扰主要来自于正极导线，因此对于单极性和同极性方案，只计算了正极性时的数值。导体表面电位梯度的一般性关系式如下所示：

$$E = \frac{\dfrac{U_d}{r}}{\ln\dfrac{2H}{r} + (m-1)\ln\dfrac{2H}{s'} + x\dfrac{m}{2}\ln\left[1+\left(\dfrac{2H}{A}\right)^2\right]} \tag{6-37}$$ [㊂]

式中，$r=0.5d$，d 为子导线直径；$s'=s$（对于 $m=2$）或 $1.123s$（对于 $m=4$），s 为导线分裂间距；m 为导线分裂根数；$x=+1$（对于同极性导线）或 0（对于单极性导线）或 -1（对于双极性导线）或 -0.5（双极性导线中一根极线接地）；U_d 为导线对地电压；H 为导线平均离地高度；A 为极与极之间的距离。

分裂导线的导体表面电位梯度最大值是

$$E_{max} = E\left[1+(m-1)\frac{r}{R}\right]$$

$$R = 0.5s(\text{对于 } m=4)\text{或}\frac{1}{\sqrt{2}}s(\text{对于 } m=2) \tag{6-38}$$

从架空线路上发射的无线电干扰水平可以采用下面的公式确定：

$$F_0 = 25 + 10\lg m + 20\lg r + 1.5(E_{max} - 22) \tag{6-39}$$

无线电干扰定义为电场强度的测量值 F_0，其测量条件为频率 1MHz、带宽 9kHz、距离最近导体的水平距离为 30m，F_0 的单位是基于 1μV/m 的 dB 数。根据现场测试的经验，确定此式最大导体表面电位梯度的参考点为 $E_{max}=22$kV/cm。电晕损耗由架空导线上发射的电晕电流（A/km）确定，即

$$I_c = cm2^{0.25(E_{max}-22)}10^{-3} \tag{6-40}$$

同样地，根据现场测试经验，确定此式最大导体表面电位梯度的参考点为 22kV/cm。每千米长线路的电晕损耗确定为

$$P_c = \lambda I_c U_d \tag{6-41}$$

㊀ 原文误为 X_{max}。——译者注

㊁ 无线电干扰的单位是以 dB 表示的电场强度 = 20lg（以 μV/m 表示的场强），原文此处误为 1mV/m。——译者注

㊂ 此公式引自 E. Uhlmann 的著作《Power Transmission by Direct Current》，Spring－Verlag，1975。

式中，$\lambda=1$（单极线路），$\lambda=2$（同极线路），$\lambda=(1+k)$（双极线路）和1（单极接地）。

$$k=\left(\frac{2}{\pi}\right)\arctan\left(\frac{2H}{A}\right) \tag{6-42}$$

根据上述公式计算得到的结果见表6-2。显然，方案4）几乎是不可行的，因为无线电干扰太大。在同极线路中，应该选择具有四分裂导线的方案，因为它能将干扰场强维持在45dB以下，即使出现一根导线退出并接地的情况。

本算例中条件是非常不利的，因为每根导线的额定输送功率仅仅是900MW；如果输送功率更高的话，更高的额定电流就会要求有更大的截面积，从而使导体表面电位梯度下降。出于对比的目的，列出一个额定电流为1800A的双极线路的特性如下，该线路为四分裂导线，子导线直径为3.18[⊖]cm，而其他所有尺寸同上：

$$\begin{cases} E_{max}=28.3\text{kV/cm} \\ F_0=44.5\text{dB} \\ P_c=1.6\text{kW/km} \end{cases} \tag{6-43}$$

表6-2　具有相同输送容量和线路冗余的±500kV HVDC系统线路类型的比较

方案	$U_d=500\text{kV}$，$d=3.18\text{cm}$	$U_d=500\text{kV}$，$d=2.25\text{cm}$
1）	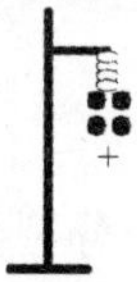 + $E_{max}=18.7\text{kV/cm}$ $F_0=30.0\text{dB}$ $P_c=0.3\text{kW/km}$	
2）	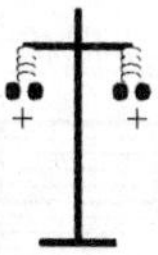 + + $E_{max}=25.1\text{kV/cm}$ $F_0=36.6\text{dB}$ $P_c=1.0\text{kW/km}$	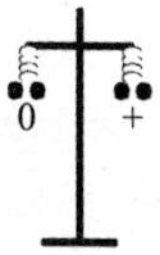 0 + $E_{max}=20.6\text{kV/cm}$ $F_0=29.9\text{dB}$ $P_c=0.94\text{kW/km}$
3）	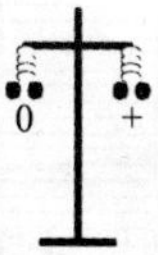 0 + $E_{max}=31.9\text{kV/cm}$ $F_0=47.0\text{dB}$ $P_c=1.7\text{kW/km}$	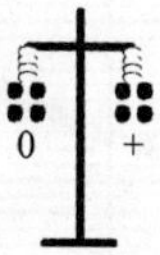 0 + $E_{max}=27.4\text{kV/cm}$ $F_0=40.0\text{dB}$ $P_c=1.5\text{kV/cm}$
4）	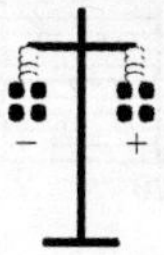 − + $E_{max}=35.2\text{kV/cm}$ $F_0=51.8\text{dB}$ $P_c=10.4\text{kW/km}$	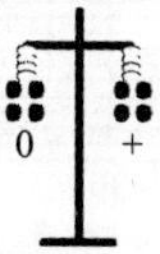 0 + $E_{max}=30.7\text{kV/cm}$ $F_0=45.1\text{dB}$ $P_c=9.5\text{kW/km}$

注：E_{max}为最大表面电位梯度；F_0为无线电干扰（场强）；P_c为电晕损耗。

⊖ 原文误为3018。——译者注

电场与磁场。高压直流输电架空线同样产生电场和磁场，但是它们是直流场，其生物效应比交流场小很多。

静电场。如果不存在来自载荷子的干扰，那么在带电导体与大地之间的空间中就会形成静电场。地面上的电场强度可以用如下公式进行足够精确的计算[⊖]：

单极线路：$E=\dfrac{U}{H}\dfrac{2}{\ln\left(\dfrac{2H}{R}\right)}\dfrac{H^2}{H^2+X^2}$

双极线路：$E=\dfrac{U}{H}\dfrac{2}{(1-K)\ln\left(\dfrac{2H}{R}\right)}\left[\dfrac{H^2}{H^2+X^2}-\dfrac{H^2}{H^2+(X-S)^2}\right]$

式中，U 为导体对地电压（kV）；H 为导体离地距离（m）；R 为分裂导线的等效半径（m）；S 为导体间的距离（m）；X 为与导体之间的水平距离（m）；K 为耦合系数，按照下式计算：

$$K=\frac{\ln\left[\dfrac{\sqrt{(2H)^2+S^2}}{S}\right]}{\ln\left(\dfrac{2H}{R}\right)}$$

分裂导线等效半径 R 按照下式计算：

$$R=\frac{D}{2}n\sqrt{\frac{nd}{D}}$$

式中，D 为分裂导线的直径；d 为单个子导线的直径；n 为分裂数。

计算的结果是离导线水平距离为 X 处的静电场强度（kV/m）。作为典型例子，图 6-31 给出了某 600kV HVDC 线路在单极和双极下的电场强度剖面图。

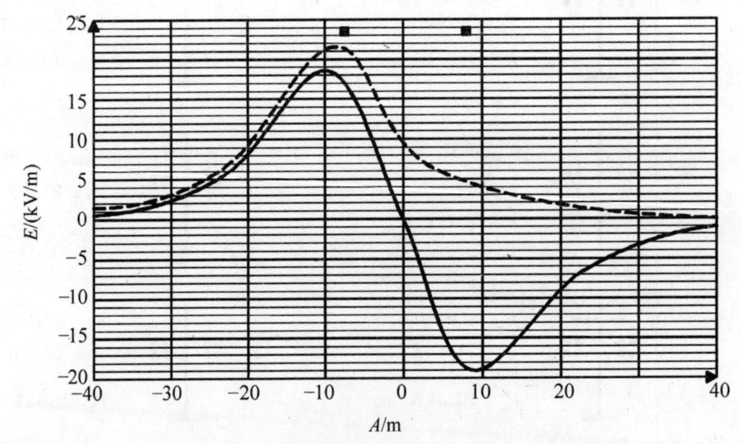

图 6-31　HVDC 架空线下的地面场强剖面图

实线表示双极线路，±600kV；虚线表示单极线路，600kV；A 表示离开线路中心的距离

⊖ 这里引用了 N. Knudsen 给出的公式。

空间电荷引起的电场变化。如果导体表面电位梯度很高引起了电晕，由电离产生的载荷子可以引起导体直径视在增加以及导体表面电位梯度降低；但同时，地面场强会有所增加。地面场强的增加效应不能进行精确的计算，因为受天气条件影响明显，特别是风向和风速。

磁场。带有电流的 HVDC 架空线与所有带电导线一样，被一个磁场所包围。但是，因为线路电流不是很大（通常 ≤2kA[㊀]），并且导线离地高度通常较大（≥10m），结果，地面上的磁通密度仅仅为几十 μT，与地球的自然地磁场在同一个数量级上。很难想象这么低的磁场水平会造成任何不利的影响或者对健康造成损害。图 6-32 给出了线路电流为 1kA 时地面上的磁通密度分布。

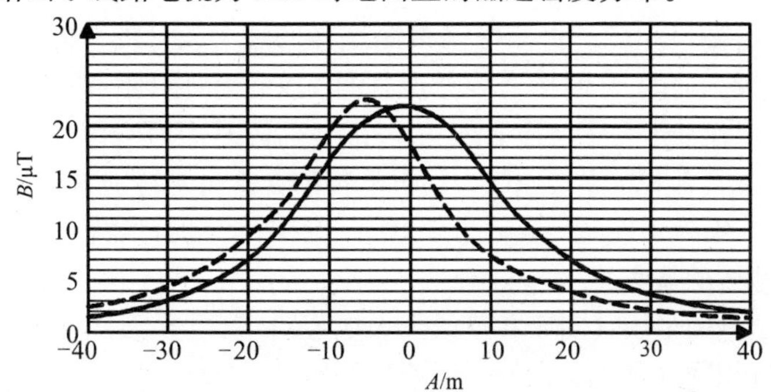

图 6-32　HVDC 架空线下的磁通密度

实线表示双极线路，±600kV，1kA；虚线表示单极线路，600kV，1kA

HVDC 架空线路的绝缘水平。架空线路的绝缘水平决定了统计意义上的闪络次数，从而决定了 HVDC 系统的可靠性。绝缘水平的正确选择依赖于在技术性能与成本之间做出恰当的平衡。线路路径上的环境条件对其可靠性具有决定性的影响。在线路绝缘水平给定的条件下，影响闪络频率的主要因素包括，当地的落雷频率（雷暴水平），连续存在的空气污秽程度，以及空气湿度，特别是露水和大雾。但是，如果一年内可接受的闪络次数给定，那么在选择线路的绝缘水平时，就必须考虑所有这些影响。

闪络机制。如下事件可能导致绝缘子的闪络，也就是架空线路的对地短路：

1）直接雷击；

2）反击闪络；

3）操作冲击；

4）绝缘子污秽；

5）绝缘缺陷；

6）线路下面着火。

㊀ 原文误为 2kV。——译者注

虽然500kV HVDC架空线路绝缘子的雷击耐受电压与雷电压的数量级相当，但直接雷击通常导致绝缘子瞬间闪络。如果HVDC架空线路通过的是雷闪高发区，那么必须安装架空地线。通常，换流站出线的前面几个档距需要安装两根架空地线，以保护这些线段免遭直接雷击，从而防止陡波前雷电波进入换流站。如果架空线路通过大地电阻率很高的地区，绝缘子可能会发生反击闪络；即雷电击中杆塔或线路附近的大地时，杆塔的电位可以上升到使绝缘子发生闪络的水平。保护措施包括在地下布设一条非绝缘的电缆，将杆塔的基础连接起来，该地下电缆被称为接地极线。由于电容耦合的原因，健全极的电势也会上升，导致类似于操作冲击的过电压，其峰值为1.4~1.9pu。在任何情况下，此种过电压都不允许引起绝缘子闪络，因为双极HVDC输电系统的可靠性是按照这样的理念设计的，即任何直流侧的故障只能影响一极，而50%的输送容量应保持完好。相应地，在最不利的条件下，线路绝缘子的操作冲击耐受电压必须>1.9pu。污闪是HVDC线路固有的一个特殊问题。空气污秽具有非常多的原因，而沉积物的含盐量是特别关键的，因为盐与湿气相结合就会在绝缘子表面形成一个导电膜。需要考虑的污秽物包括：

1）沿海地区的盐雾；

2）包含盐分的尘埃（对于沙漠或干燥地区）；

3）农业沉积物（如化肥、燃烧残留物等）；

4）工业污秽（如煤矿、盐矿、水泥厂和化工厂等）；

5）机动车污秽（如高速公路、非电气化铁路等）。

绝缘子表面污秽本身并不是关键性的，只有当存在潮气时，如露、雾和细雨等，导致表面形成导电膜才是关键性的。沿绝缘子的表面会形成泄漏电流，其值很容易高达数百mA。由于泄漏电流产生的热量，一些区域烘干了。先前均匀分布的电压会施加在这些干燥的区域上，导致局部闪络。这种效应，同样出现在交流情况下，对直流来说却是特别关键的，因为直流电压不存在过零点以使电弧电流熄灭。因此，如果局部闪络发展为全局闪络，就会十分有害。

绝缘缺陷可能会出现在盘形悬式绝缘子上，这种绝缘子几乎只在HVDC系统中应用。通常一个盘形绝缘子先发生损坏，随后一个绝缘子串中的多个发生损坏。此类缺陷很难检测。关于玻璃帽和瓷帽哪个更优的问题，工业界一直存在着争论，但在存在缺陷方面，两者是等价的。一般认为，对于玻璃绝缘子，如果存在缺陷的话，就会立刻粉碎，因而直升机很容易发现故障点。但对于瓷绝缘子，故障的渗透却是看不到的；检测此种缺陷的唯一方法就是在巡检的时候对每个绝缘子串进行测量。不过，玻璃盘形悬式绝缘子具有一定的自然粉碎率，要求更频繁的巡检和维修。

线路下的着火现象在非洲是非常普遍的，这导致Cabora - Bassa线路每年数百次的闪络。升到高处的火焰使空气电离，导致高压导线直接对地闪络。产生此问题的一个前提条件是线路下的杂草和灌木长得很高，并且经常出现灌木着火。另一个类似的现象是广泛采用的甘蔗地燃烧叶枝做法。因此，输电线路的路径必须仔细考虑，同时线路走廊的定期维护和清理必须在合同中规定。

污闪的参数。由污秽引起的闪络是关键性的，特别是这种现象发生在正常运行的系统额定电压下。因此，对影响闪络概率的各个参数应给予适当的关注：

1）绝缘子污秽的程度；

2）污秽的类型；

3）沿绝缘子串污秽分布的不均匀性；

4）绝缘子帽顶部和底部污秽程度的不同；

5）湿润的类型；

6）电压的极性。

绝缘子表面污秽程度的衡量单位是“等值盐沉积密度”（ESDD），简称等值盐密。等值盐密指的是按此密度构成的盐覆盖层，在其完全湿润后，与实际污秽层产生的电导率相同，ESDD 的单位是 mg/cm^2。由于通常 HVDC 输电线路的污秽程度不高，因此采用 $\mu g/cm^2$ 作为 ESDD 的衡量单位更加合适。

沿绝缘子串污秽物的不均匀分布是由电场强度曲线决定的，该电场强度分布使得绝缘子串顶端和底端累积的带电粒子更多。然而，这种分布对闪络电压的影响完全不是负面的。如果一个绝缘子串被分成三段，每段具有不同的 ESDD，如果对三段分别测量三个临界闪络电压，那么三个临界闪络电压之和比采用三个单一 ESDD 的整串绝缘子高大约 20%。尽管从这个现象中很难得出有用的结论，但这个结果仍然是令人鼓舞的。

湿润的性质对污秽的作用具有很大影响。并不是每次大雾和露水都会导致污秽层的全部湿润以及临界闪络电压的降低。只有在湿度为 100%、无风且有效时间大于 1h 的条件下才能达到完全湿透。与雾室中的试验作对比，户外试验得到的临界闪络电压结果往往要高出 20%。极性对污秽的作用有影响，负极性下的临界闪络电压比正极性下的临界闪络电压低几个百分点，但是，其差别很小，即使线路两极采用不同的绝缘水平，其得到的效益也非常小。但是，负极的临界闪络电压应当被看作为参考值。

绝缘子设计。HVDC 架空线路几乎只采用玻璃或陶瓷的盘形悬式绝缘子。图 6-33给出了一个典型的 HVDC 绝缘子，其爬电距离与绝缘子高度之比值很大。当然，决定闪络性能的还有其他多个几何参数，比如盘子的直径、裙边的数量和高度、倾斜角等。

杆塔上绝缘子串布置的几何方式有：

1）单串悬挂式（I 型）；

2）双串悬挂式（II 型）；

3）V 型串（V 型）；

4）Y 型串（Y 型）。

在相同等值盐密条件下，水平布置的绝缘子与悬挂式绝缘子串相比，临界闪络电压仅仅低6%。然而必须考虑到，水平布置的绝缘子串更容易受到冲刷，因而其等值盐密比悬挂式绝缘子串低。具有硅橡胶护套的复合绝缘子将来可能会在HVDC输电线路绝缘方面起到特别的作用。图6-34展示了一个典型的长棒形复合绝缘子剖面图。

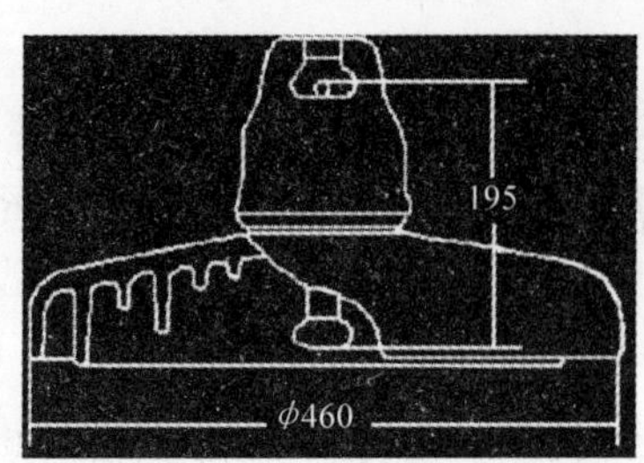

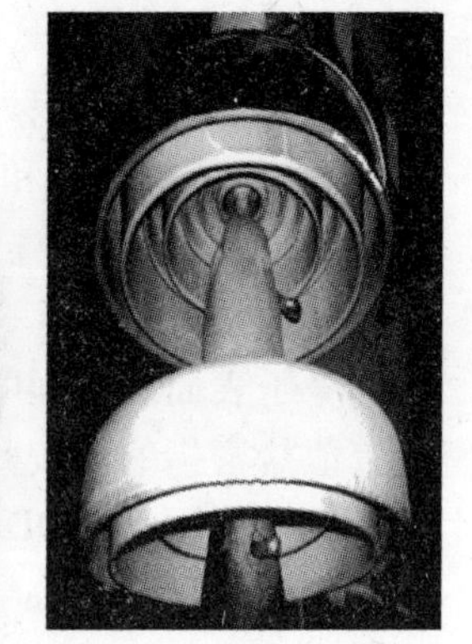

图6-33 用于HVDC线路的盘形悬式绝缘子

在太平洋直流联络线从±400kV提升到±500kV时，复合绝缘子被用于该线路南端的关键性50km线路上；该线路段先前需要定期对绝缘子进行冲洗，以防止由污秽引起的闪络，但在换上复合绝缘子以后，就不需要冲洗了。复合绝缘子的最卓越特性是其表面的憎水性，湿气积累成水滴，但是不会形成水膜，因此污秽层就会完全湿透。令人吃惊的是，即使绝缘子表面存在有大量污秽时，憎水特性仍然保留，而在大雨将污秽冲刷完后该特性会完全恢复。

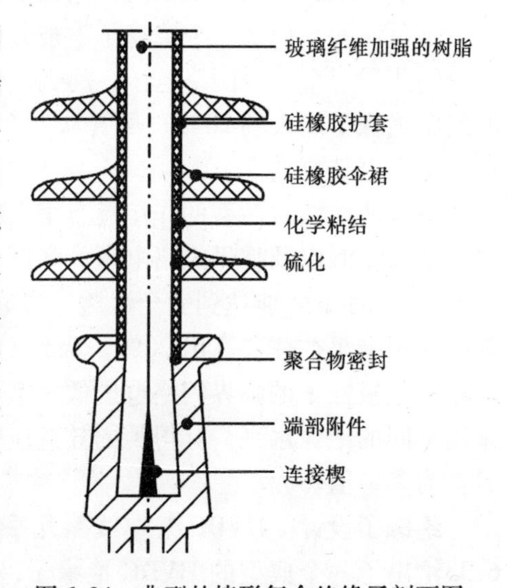

图6-34 典型的棒形复合绝缘子剖面图

复合绝缘子的寿命现在认为还是个问题。太阳紫外线辐射的作用，由沙尘暴引起的灰尘颗粒对绝缘子表面的损坏，以及内部复合物的不够稳定等，都会引起复合绝缘子的提前老化。尽管如此，复合绝缘子已用于HVDC系统超过10年。当HVDC线路采用传统绝缘子会引起污秽问题（ESDD $>20\mu g/cm^2$）时，采用复合绝缘子是合适的，即使用了10年或15年后可能要作更换。

绝缘等级。尽管具有大量的试验结果，确定HVDC架空线路的绝缘等级仍然是一个困难的问题。显然，直流相对于交流来说，绝缘子污秽和潮湿程度对绝缘等级的确定具有更大的影响。因此，与交流线路相比，确定直流线路绝缘等级时，需要对当地的污秽程度和气候条件有更多的了解。事实上，这些信息对于选择 HVDC 输电线路的合适路径都是至关重要的。对于输电线路的每一段，必须知道以下信息：

1）绝缘子底面的预期污秽程度，用等值盐密（ESDD）表示，单位为 μg/cm²；

2）污秽物沿绝缘子偏离平均值的预期值；

3）绝缘子顶面与底面污秽程度的预期差别；

4）污秽物中可溶解物与不可溶解物的类型和数量；

5）统计预测的潮湿周期、持续时间、强度和频率。

为了达到这个目的，在关键的区域，具有长期的现场实测值是很关键的，理想的做法是采用原型绝缘子并暴露在等效的直流电压下进行长期测量。

为了确定绝缘等级，首先要确定每年可接受的污闪次数，而污闪次数的计算方法是基于统计方法的预测。如果线路通过条件不同的区域，就应将线路进行相应的分段。

预测的闪络次数等于一个绝缘子串在一个潮湿时段内的闪络概率乘以预测的每年潮湿时段数再乘以线路或线路段中绝缘子串的总数。

图 6-35 说明了如何应用这些结果来根据不同的绝缘子污秽程度（ESDD）确定绝缘等级的具体做法。

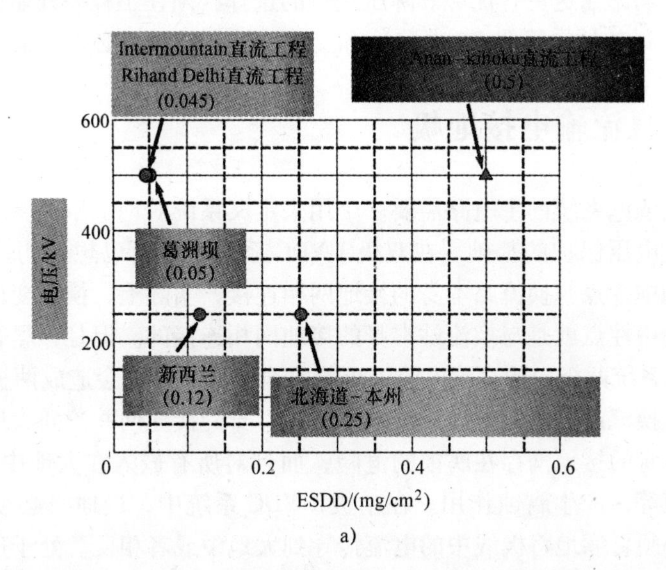

a)

图 6-35　绝缘等级［所需的爬电比距（SLD）］与绝缘子污秽程度 ESDD 的关系

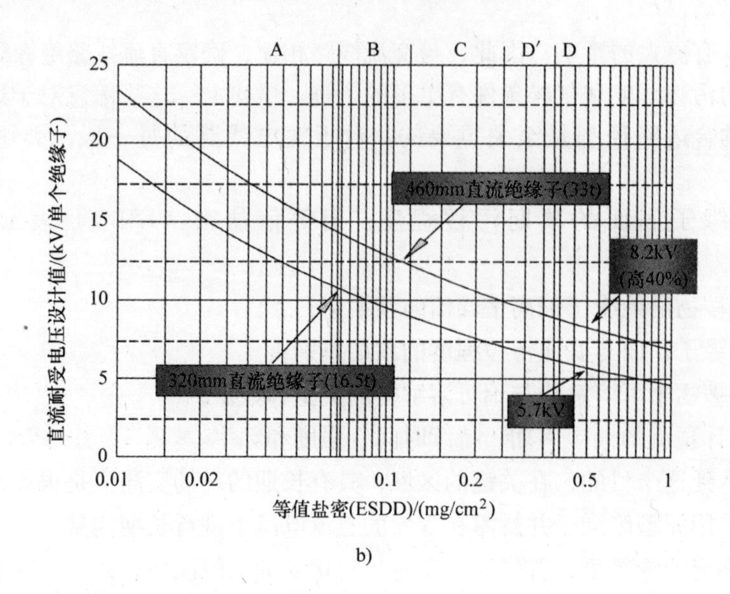

b)

图 6-35 绝缘等级［所需的爬电比距（SLD）］与绝缘子污秽程度 ESDD 的关系（续）

降压运行。本章开头时就阐述过 HVDC 架空线路的绝缘等级是成本与可靠性折中的结果。问题出现在绝缘等级是否真的必须按照最不利的情况进行确定，例如极少出现的浓雾天气。与交流输电系统相反，HVDC 系统具有降压运行的能力，例如额定电压的 80% 或 70% 下运行。也许无故障地输送降额的功率比经常出现短时功率中断的全功率输送更有优势。降压运行的选择必须在工程一开始就进行规划和确定，因为在阀（晶闸管的 *RC* 电路）和交流滤波器设计时必须考虑此选项。

6.5 高压直流输电接地极

高压直流输电系统的主电路需要一个用来定义系统对地电压的参考点，以作为绝缘配合和过电压保护的基础。在双极 HVDC 系统中，可以想到的一种方式是将换流站直流侧中性点与换流站本身的接地网相连接，实际上，换流变压器的网侧星形联结绕组的中性点就是与换流站本身的接地网相连接的。但是，尽管有电流平衡控制，HVDC 系统两极中的直流电流不可能完全相等，因而会造成两极的偏差电流源源不断地从换流站直流侧中性点流入换流站本身的接地网并流向大地。因而，不仅对换流站本身的接地网存在腐蚀的危险，而且对所有嵌入在大地中的金属结构，如电缆和管道等，产生腐蚀作用。在单极 HVDC 系统中，接地极必须连续地承载极电流，即必须可靠地将极线中的电流传导到大地中或者相反。处于这种运行方式期间，接地极周围区域的土壤决不能变得过热导致水汽通过渗透而过度地析出。这两种情况都会引起土壤不可逆转地干燥。此外，接地极的运行决不能对动物和人类有害，也不能对附近的设施引起任何干扰，如对电信系统、信号系统和安全系统等的干扰。接地极必须按照系统全电流进行设计，即使对于双极系统也是如此。当发生一极故障时，不管是由于换流站原因还是线路原因，由于电流可以通过大地流通，系统仍然可以维持一半的功率运行，这对于双极 HVDC 系统的可用率具有重要的作用。

载流容量。在单极系统中，接地极必须按系统的额定电流（包括长期过负荷电流）进行设计，短时过负荷电流和暂态过电流可以忽略。在双极系统中，决定性的因素是要求接地极能承载系统全电流（包括长期过负荷电流）多长时间；如果具有极线并联开关，那么需要考虑两倍的额定电流。起决定作用的是阳极运行工况。其他很重要的因素有，在第一次过负荷以后，是否容许紧接着第二次过负荷；或者在一次过负荷以后，是否可以无电流停运数周。入地电流大小和时间的确定对于陆地接地极是特别重要的，因为土壤的热时间常数通常是几个月。在温度上升到极限之前，通过土壤耗散能够允许的功率损耗（连续运行模式）或者能量损耗（周期运行模式）是由如下与极址所在地相关的大地参数决定的：

1）热传导率；

2）热容量；

3）热时间常数。

电流密度。电流密度定义为接地极本身与周围介质交接面上的电流，它与接地极的外表面（大多数情况下是焦炭床的外表面）有关。

为了防止对周围土壤产生过大的应力，特别是由于电渗透而引起土壤干燥化，电流密度值不应当超过 $1A/m^2$，此经验极限值通常是设计陆地接地极的决定性因素。对于短时段（几个小时）的入地电流，可以超出上述值；但是如果电流密度长期超出此值，周围土壤就存在不可逆转干燥化的危险，导致起初具有很好导电率的土壤最终变为绝缘的陶瓷。

接地极电阻。接地极电阻被定义为如下几个电阻之和：接地极本身的电阻，接地极与周围土壤之间的过渡电阻，电流流过各层大地达到假想电势参考点（无穷远大地）的电阻。电流在大地中的进一步流动被认为是没有损耗的，这个假设的有效性在于直流电流会寻找电阻最小的路径流动并渗透到很深的地层中。因此，该电流所流过的导体实际上具有无穷大的截面积。在确定大地损耗时，接地极电阻是一个决定性的因素。由于电流密度在均质土壤中随距离的二次方递减，因此几乎所有的损耗都发生在接地极的附近区域。根据要求的载流容量不同，推荐的接地极电阻在 50～200mΩ之间。

接地极电压。由于要求的接地极电阻取决于额定电流，将接地极电压作为一个设计准则可能更合适。接地极电压定义为额定电流与接地极电阻的乘积，其推荐值在 100～200V 之间。

跨步电压。入地电流在接地极周围向大地的扩散形成了一个电压凹凸口，围绕接地极周围的等电势面就像一个半球的壳。由于电流密度随离开接地极的距离增加而下降，因而等电势面之间的距离会随着与接地极之间的距离的增加而增加，也就是最大场强出现在离接地极最近的地方。

为了防止对人类和动物构成危险，出现在地面的电场强度不应该大于5V/m。此值距离允许的20V/m的跨步电压还有很大的安全裕度。

在计算跨步电压时，必须考虑可能出现的最大短时入地电流，而暂态过电流可以忽略。

对海底电极需要特别关注，如果游泳者和潜水者可以接近的话，场强必须限制到3V/m。

接触电压。如果在接地极附近存在农村的篱笆，就可能产生危险的接触电压。因为此类篱笆可能用木桩来固定，它们与大地之间具有足够大的绝缘电阻，因而与大地的偶然接触所导致的电位差可能是长距离上的电位差，从而形成有危险性的接触电压。类似的效应可以由农业生产中使用的可移动灌溉管道引起，将灌溉管道连接或者拆开会是特别有危险性的。接触电压的限值可以考虑为20V左右，但一般性的公用规则允许直流电流引起的接触电压为60V或75V。

尽管如此，接触电压并不作为接地极尺寸选择的一个准则。这种现象必须根据工程的具体情况进行仔细考虑。如果篱笆或者灌溉管道跨接的电位差可能造成大于20V的接触电压，就需要插入纵向的绝缘子或者绝缘法兰作为预防措施。

腐蚀的危险。一般来说，在接地极附近很大的圆形区域内，埋在地下的金属结构存在被腐蚀的危险。这是反对单极高压直流输电系统的主要论点之一（采用海底电缆的输电系统除外），而对于双极高压直流输电系统，对大地回流运行方式具有严格的时间限制。

上述的担心通常被夸大了。在大城市的附近，地铁、市铁、有轨电车引起的直流电流通常在大地中消散得很好，尽管这些系统涉及大量的电缆和管道。尽管如此，必须仔细考虑安全规范中对这些问题所做出的规定。

以下的数字可以用来更好地评估由离子电流进入周围电解质而引起的电化学腐蚀的现象。

对于1mm厚的埋在地下的金属体（电缆外护套、管道等），如果附近接地极连续运行35年后，其材料的80%仍然存在，则要求的限值如下：

铅的表面电流小于$0.2\mu A/cm^2$；

铁的表面电流小于$0.5\mu A/cm^2$。

这些数值仅适用于埋在地下的无绝缘金属体。如果电缆外护套或者管道是绝缘的，并且存在局部的绝缘故障，那么在这些绝缘故障点就会出现高得多的电流密度，并可能在很短的时间内引起严重的腐蚀损坏。因此，在这些情况下，必须采用阴极保护措施。阴极保护措施降低了金属体的电势并防止阳离子流动，或者将其转变为由电子传导而形成的阴极电流，这对于腐蚀来说是可以接受的。但是电势不能降低到0.85V以下（对于铁而言）。

最近的几年中，对于埋在地下的非绝缘金属结构，见到过 0.1 ~ 20μA/cm² 电流密度的报道，具体取值决定于接地极的运行方式和载流持续时间。降低腐蚀的措施包括：

1）对电缆外护套和管道进行绝缘处理，结合使用阴极保护；

2）在管道中插入绝缘法兰；

3）在架空线路中对屏蔽线进行绝缘处理；

4）在低压配电系统中安装隔离变压器。

最有效的保护措施是使接地极距离有腐蚀危险的设备数千米（导则要求是大于 10km）。

对交流系统的影响。当交流系统在两个地方接地并且由于 HVDC 系统运行而有电流流过大地时，在两个接地点之间就会有电位差，因而就会有直流电流通过交流网络中的变压器和输电线路，结果导致变压器中存在直流磁通。这会引起很大的不对称磁化电流，并使噪声增加。感性的电压互感器也会带有此种直流电流，有可能导致误动跳闸。

上述效应也会对 HVDC 换流站本身造成影响，但一般来说，上述效应产生的影响有点被夸大，实际上很少经历上述问题。选择接地极的极址使其远离交流变电站是很重要的，例如不小于 10km。如果这个问题确实发生了，那么可以采取如下措施解决，在变压器中性点与接地网之间加入一个接地电阻，其阻值为数欧姆，并且在该接地电阻两端跨接一个具有低箝位电压的避雷器。

对于直流输电接地极附近的交流变电站，只有当直流输电系统以单极大地回路方式运行才会出现较高的直流电压水平。通过接地极入地的一部分直流电流会以交流系统作为回流的路径，即通过变压器和并联电抗器的接地中心点回流，导致变压器发生部分饱和。此种饱和会产生谐波并在主网中传播。为了避免这种现象，已提出了数种方法，其中的大多数基于如下的原理，即使用一个大电容器插入到变压器中性点与其接地网之间，这种方法可能很贵并需要很大的空间。加拿大 Quebec 水电局提出了一种去除直流电流的方法，如图 6-36 所示，该方法采用一个阻塞器件来阻塞直流电流。

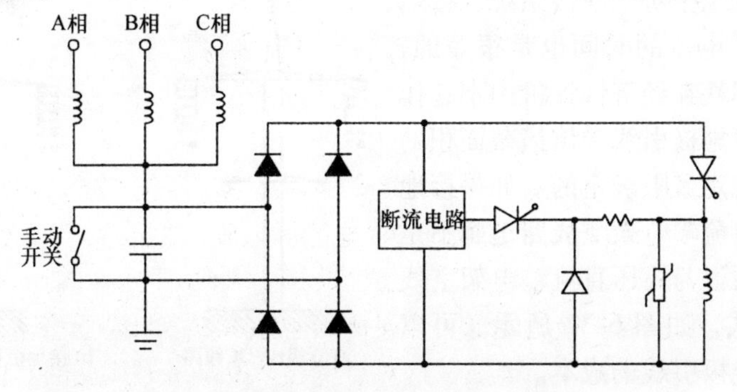

图 6-36　采用电力电子装置来去除变压器中性点的直流电流

阳极材料。对于仅仅以阴极运行的接地极，其材料的选择是没有问题的。但是，对于按阳极运行或者阳极和阴极交替运行的接地极，电极材料的选择就极为重要了。接地极由于腐蚀而导致的电极材料损耗是以千克每安培年（kg/A·a）来衡量的，这里 a=1 表示运行一年。

铁。铁很便宜，机械强度高，容易加工、敷设和焊接，将它作为接地极的导体时，其电导率足够高。但由于其在阳极运行时很容易被腐蚀，其材料损耗为 9.13（kg/A·a），上述的优点在一定程度上被抵消了。假定接地阳极按 1000A 电流连续运行，那么由腐蚀引起的损耗为 9.13t/年。尽管如此，在水平敷设的陆地接地极中，还是经常使用铁作为导体，但总是嵌入在焦炭床中。由于从铁流入焦炭的电流主要是由电子形成的，铁的腐蚀损耗被降低到 0.09~0.45（kg/A·a）。

硅铁。含有很高硅成分并加入铬的硅铁在阳极运行时，其腐蚀损耗比纯铁低得多，它具有抗氯气的能力，因此适合用于海底电极或者海岸电极。与海水接触后，腐蚀损耗是 0.25~1.0（kg/A·a）。但是，由于该材料的脆性，不能用作长导体。因此通常采用彼此连接的铸造条或铸造板，而铁导体通常嵌入在焦炭床中。

镀钛的铂。此种材料非常适合作为海底电极，且阳极运行，但是很贵，迄今为止，其腐蚀率 $(6\sim9)\times10^{-6}$（kg/A·a）是最小的，即可以用于具有长寿命期的设计中。

石墨。由于其电气特性，石墨作为阳极接地极是十分优越的，其腐蚀损耗仅仅为 0.05~0.2（kg/A·a）。石墨能抗海水并且氯气不能渗透，其缺点是易碎和机械强度低。尽管如此，已经证明该材料适合用于垂直电极，在 Apollo 已经用过，垂直电极深度为 130m，采用直径为 30cm、长度为数米的石墨棒拧合在一起构成。

焦炭。对于大多数陆地电极和部分海岸电极，与周围介质相接触的材料实际上是焦炭床。自然地，在阳极运行时，焦炭也会受到腐蚀，其腐蚀损耗为 0.5~2.0（kg/A·a）。焦炭不贵，随处可得，易于运输，并且容易放入预先挖好的坑中。为了达到长的使用寿命，焦炭床的尺寸可以取得很宽大。

作为独立架空线的接地极引线。由于接地极引线与直流输电架空线相比总是很短的，同时，至少对于双极系统，接地极引线中传导电流的时间也是很短的，因此，线路损耗在经济性评价中不起作用。这样，接地极引线导体横截面积的选择是由热稳定极限确定的。如果接地极离开高压直流输电架空线路走廊不是很远，那么通过与高压直流输电架空线路同塔的方式，如图 6-37 所示，可以大大降低接地极引线的成本。

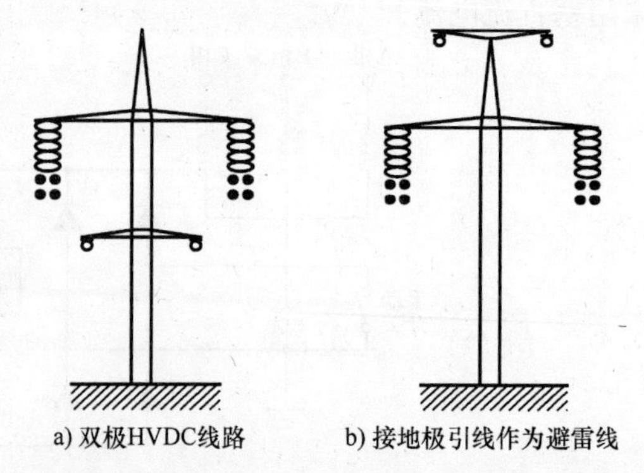

图 6-37　HVDC 架空线路与接地极引线同塔

如果将接地极引线用作避雷线，如

图6-37所展示的那样，高压直流架空线路与接地极引线同塔的方案可以变得更有吸引力。两根同极性的接地极引线导体为直流输电线路防直接雷击提供了高性能的保护，而这种保护对于换流站附近的直流输电线路是必须的。由于接地极引线的绝缘水平低，因此不会对屏蔽效果产生任何负面影响。

接地极引线的绝缘。当接地极引线按照热稳定极限电流运行时，沿接地极引线的电压降落大约为50V/km，因此换流站的中性母线电位不会超过数千伏，即使接地极引线很长也是如此。因此，采用一个玻璃或瓷的盘形悬式绝缘子作为接地极引线的绝缘就已足够，而这种绝缘子在直流输电架空线路中是很常用的。

当雷电直接击中导线或者雷电击中杆塔或附近物体引起反击时，绝缘子会闪络，这仍然是一个问题。由于接地极引线绝缘水平低，实际上不可能防止这些闪络的发生。但是，与直流输电架空线路的绝缘子闪络不同，接地极引线绝缘子闪络不会起动换流器闭锁，因为接地极引线发生闪络的频率可能较高。

因为存在由直流电流连续流通而导致稳态电弧的危险，上述问题变得复杂了，此危险对于双极运行的直流线路也同样存在。两极之间即使几安培的电流偏差就足以维持电弧不灭，而此种电弧可以快速损毁绝缘子的玻璃帽或瓷帽。因此，必须采取自动熄弧措施来消除电弧。

实验室试验表明，数安培电流的磁场力可以忽略不计，并且热动力也很小；因此，自动熄弧只能采取一系列的措施来实现：

（1）闪络路径必须是水平的，以使得电弧的本体可以移动到角形避雷器的尖端；

（2）角形避雷器必须用不锈钢制成，如果使用镀锌钢，电弧的底部就会通过蒸发材料而维持；

（3）角形避雷器的形状必须能够保证在闪络路径上水滴不能保持，否则的话也会导致电弧的底部得到维持；

（4）角形避雷器的电气连接必须具有很小的电感，满足即使对于5000kV/μs的极陡波前冲击电压，也不会使绝缘子击穿，而只会产生外部闪络。

海岸接地极与HVDC换流站之间的连接理论上可以采用架空线，但是由于海岸地区总是存在盐雾污秽，有可能造成绝缘子闪络，因此通常更倾向于采用陆地电缆进行连接。与海底接地极连接时，需要采用海底电缆，这种情况下，一个特殊问题是当电极作为阳极运行时会释放出氯气，因此在电缆的绝缘结构设计和与沙土连接时必须考虑这个因素。

6.6 高压直流电缆

理论上，高压直流（HVDC）电缆的结构与单芯的高压交流（HVAC）电缆结构没有什么不同。但是，存在这样的情况，有些现象对于HVAC电缆是至关重要的，但对于 HVDC 电缆是无关紧要的；反过来也一样。

1）对于 HVAC 电缆，其电容会产生一个充电电流。例如，对于 400kV 交流电缆，当长度约等于 50km 时，此充电电流就达到该电缆的额定电流水平；而对于 220kV 交流电缆，当长度约等于 80km 时，此充电电流也达到该电缆的额定电流水平。增加导体的截面积对解决此问题作用很小，因为随着电缆直径的增加，电缆的电容也会增加。这种现象在 HVDC 电缆中不会发生，或者说它仅仅发生在起动过程和停机过程中，此时存在充电电流和放电电流。另一方面，在 HVDC 系统中，电缆电容与直流侧的电感相结合会形成串联谐振回路。此谐振回路的谐振频率决不能与交流系统的基波频率和 2 次谐波频率相重合。

2）趋肤效应仅仅对 HVAC 电缆是一个重要因素。对于 HVDC 电缆，趋肤效应仅仅对电流暂态过程以及直流侧谐波有作用，其作用是增加阻尼。

3）由于极性不断改变而导致的绝缘材料的介质损耗和老化仅仅在 HVAC 电缆中发生。因此，对于 HVDC 电缆，绝缘材料中的电场强度可以取高得多的值。

4）电缆护套中的涡流损耗只在 HVAC 电缆中才会遇到。

5）绝缘材料的电导率随温度的变化而变化，这个特性只对 HVDC 电缆来说是重要的，因为它决定了 HVDC 电缆的运行特性和设计极限。这种现象将在下面的章节中作详细讨论。

尽管存在最后一条的缺点，但总体上说 HVDC 电缆比 HVAC 电缆的优点多得多。对于相同的材料开销，HVDC 电缆的输送能力是 HVAC 电缆的 3 倍。

粘性浸渍纸绝缘电缆。此种电缆通常用于 HVDC 系统。其绝缘由多层浸渍于粘性绝缘混合物中的专用纸缠绕构成。可以认为绝缘介质会跟随由温度改变而导致的体积变化，因而实际上不存在浸渍剂的移动。这样，理论上此种电缆的长度是无限制的。海底电缆被敷设在水下 500m 处是没有问题的。应当注意的是，电流密度随着电压的升高而下降，即随着电缆绝缘层厚度的增加而下降。其原因是电场强度的分布与绝缘介质的温度梯度有关，这将在下节中讨论。尽管如此，对粘性浸渍纸绝缘 HVDC 电缆的开发还没有到达技术的极限。

气体绝缘内压力电缆。在粘性浸渍纸绝缘电缆中，当温度快速变化时，绝缘介质中存在形成空穴的风险，这些空穴可能导致局部放电并因此使电缆过早老化。通过采用一定压力下的绝缘气体，通常是氮气，大体上可以消除这一风险。绝缘气体通过导体中的一个中空通道引入。新西兰库克海峡直流输电工程中所采用的 HVDC 电缆，就使用了气体绝缘内压力电缆。

充油电缆。通过使用加压的低粘度绝缘油，纸绝缘电缆的质量可以大大提高。在确定的电压下，绝缘层的厚度可以降低，因而也同时改善了散热的条件。如果绝缘层厚度给定，那么运行电压就可以提高，达到 ±600kV 的额定电压被认为是可行的。对于此种电缆，随温度变化的体积平衡被认为是一个问题，因此，这种电缆的长度相对较短。由于这个原因，英法海峡直流输电工程中，英国侧 18km 陆地电缆被分成了 3 段。

一个非常有意义的解决方案是“双芯扁平充油电缆”，这种电缆早在 1965 年已经用于 Kontiskan 直流输电工程的第一期中，该直流工程西段的 23km 电缆就采用了此种电缆。更近一些时候，这种电缆被选作 KONTEC 直流输电工程的电缆，该工程连接德国和丹麦，包括德国侧的 55km 长海底电缆和丹麦侧的 120km 陆地电缆。通过此工程的实践，双芯扁平充油电缆已可以认为是 HVDC 电缆的一个可选方案。KONTEC 直流工程所用的电缆与跨越波罗的海直流工程所用的油浸纸绝缘电缆具有相同的传输容量，都是 600MW。KONTEC 工程所用电缆的额定电压为 400kV，额定电流为 1500A；而跨越波罗的海直流工程所用电缆的相应数据是 450kV 和 1330A。

扁平电缆有 2 根缆芯，每根缆芯都按全电压绝缘。基本上它可以作为双极电缆用，其额定电流为两根缆芯作为一极使用时的一半。两根缆芯都被包裹在公用的铅护套和外部铠装中，从而构成了横截面为扁椭圆形的电缆。这种设计可以达到一种补偿效果。在活动材料受热膨胀时，横截面会发生变形，成为圆形，因而为绝缘油提供了更大的体积。反过来，在冷却时，横截面恢复到原先扁椭圆形。油的压力维持在 6bar[⊖]，可以可靠地防止绝缘介质中形成空穴，并且绝缘油的移动不会产生影响。

对于此种电缆，海底敷设时长度没有限制，敷设深度可以达到 150m；陆地敷设时，受运输条件限制，电缆分段敷设，每段长度约 1000m。

交联聚乙烯（XLPE）电缆。交联聚乙烯（XLPE）电缆已经成功地应用于地下交流输配电领域。XLPE 很长时间以来一直是绝缘材料的首选，因为该材料具有很好的电气和机械特性，成本低，可靠性高，加工方便。但是，目前世界范围内大多数的 HVDC 工程使用的是充油纸绝缘电缆，其主要原因是不能将用于交流的 XLPE 电缆技术直接转换用于直流，另外，过去 HVDC 电缆需求较少，主要是海底电缆工程。对于电缆制造商来说，只有当 HVDC 电缆工程大幅增加，使研发成本可以回收时，采用聚乙烯制造直流电缆才有吸引力。用于 HVDC 时的特殊问题是绝缘介质中的空间电荷会导致电场强度分布不均，从而引起局部场强增加和局部击穿。工业界目前认为已对此现象有所了解并能解决相关的问题，但到目前为止还没有将塑料绝缘电缆应用于 HVDC 系统的实例。

目前广泛的共识是挤出式 XLPE HVDC 电缆与传统的纸绝缘电缆相比有很多优势，例如：

1）导体的温度可以更高，使得相同容量下的电缆结构更紧凑；

2）可以使用更轻的防水层，使得电缆更轻；

3）挤出式电缆的连接要简单得多，不需要太多技巧，可以有效避免因绝缘油泄漏带来的长期环境危害。

⊖ $1bar = 10^5 Pa$。——译者注

空间电荷。术语空间电荷原先是用来描述由于电子从阴极发射而积聚在真空二极管阴极与阳极之间的电荷的。这种电荷使二极管中的电场分布畸变，并影响从阴极到阳极的稳态电流。当直流电压施加在固体介质上时，空间电荷也可能会积聚在固体介质中，导致电场分布也发生畸变。如果空间电荷密度非常高，局部电场强度可能会超过介质的击穿强度，导致介质损坏。数量上，泊松方程指出，在一个平面XLPE 样品上，每 $1\mu C/cm^3$ 的空间电荷密度会导致 50kV/mm 的电场强度改变。

超导电缆。超导电缆是否有朝一日能用于电力工程还不确定，热绝缘和冷却系统的成本太高。1986 年，Bednorz 和 Muller 发现了高温超导（HTS）材料，它能够在液氮的温度水平下运行。这重新刺激起了超导电力传输的兴趣，研发高温超导电缆以作为常规输电电缆的替代品。这些导体对磁场极其敏感，并由于其陶瓷结构，很难加工成柔性的导体。

尽管如此，还是可以断言，如果超导电缆被使用，那一定是高压直流电缆。目前的技术在电缆终端和换流站内还不能处理 10kA 或 100kA 的电流，如此高的电流同时也导致了强磁场问题。

介质中的电场强度分布。沿 HVDC 电缆绝缘层方向的直流电压降落取决于绝缘材料的电导率。对于粘性浸渍纸绝缘电缆，绝缘层上的电压降落基本上取决于绝缘纸的电导率。在冷态下，绝缘介质中纸的电导率是一致的。

因此，介质中半径为 r 处给定点的电场强度可用下式来表示：

$$\frac{E_r}{E_0}=\frac{r_0}{r} \tag{6-44}$$

式中，r_0 是电缆导体的半径。

上述的电场强度分布与在交流电缆中的情况是一致的，而交流电缆的电场强度分布取决于电容值。这个事实是重要的，至少 HVDC 电缆中的暂态电压遵循上述的电场强度分布。

当电缆载流以后，从中心导体到外部铠装之间存在一个温度梯度。因此，绝缘介质中各层纸的电导率是不一样的。这种情况下电场强度分布可以用下式来描述：

$$\frac{E_r}{E_0}=\frac{\rho_r}{\rho_0}\frac{r_0}{r} \tag{6-45}$$

式中，ρ_0 是贴近导体处绝缘纸的电阻率。

电缆绝缘纸的电阻率随温度变化的关系可用下式表示：

$$\rho_2=\rho_1 e^{-\alpha(\vartheta 1-\vartheta 2)} \tag{6-46}$$

式中，α 为 $0.1K^{-1}$。

式（6-46）表明，当温度上升 23K 时，电阻率 ρ_2 下降到初始值 ρ_1 的约 10%；而当温度上升 46K 时，电阻率 ρ_2 下降到仅仅为初始值 ρ_1 的 1%。

在电缆运行时，阻性损耗产生的热量必须透过绝缘纸散发出去，紧贴导体的绝缘介质的温度就是导体温度。而电缆外层的温度取决于周围媒介的温度和电缆外层的热阻，电缆外层常见的有塑料护套、铅护套、钢铠装等。

图 6-38 展示了稳态运行条件下，纸绝缘电缆绝缘介质中的电场强度分布，温度差分别为 0K、10K 和 20K。如果出现一个暂态（过）电压，那么它所引起的“容性”电压分布将叠加在稳态“阻性”电压分布特性上。这种效应在带电高压直流电缆电压极性翻转时最为明显，这个过程对高压直流电缆运行是非常重要的。

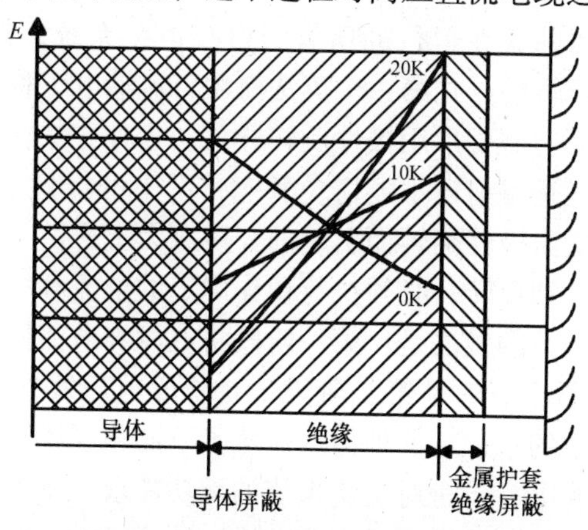

图 6-38　HVDC 电缆绝缘介质中的电场强度分布

图 6-39 展示了 3 种情况下的绝缘层的电压分布，情况 K 为电缆处于冷态，情况 W 为电缆处于热态，情况 U 为刚刚发生过电压极性翻转。

电场强度 E，可以理解为上述曲线的斜率，冷态下在内径 r_0 处（导体）为最大，热态下在外护套处 r_a 为最大，而在热态下极性翻转时，最高电场强度也发生在内径 r_0 处，但其值比冷态下约高 50%。

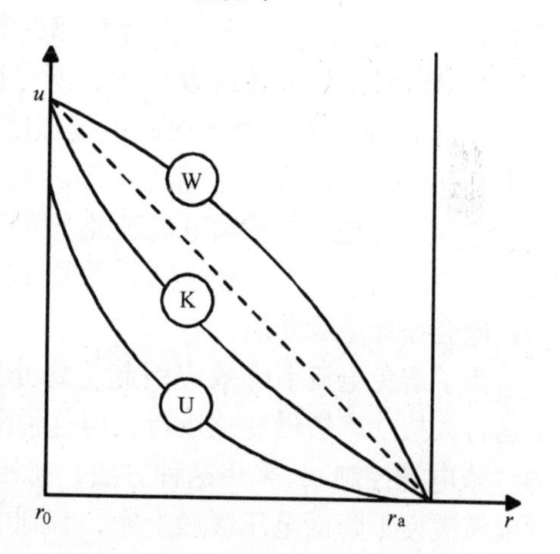

图 6-39　绝缘介质中的电压分布

与取决于单位长度电容和电导的常数相对应，电压分布曲线（U）会向电压分布曲线（W）转变，转变的时间常数是温度的函数，并且各点是不相同的，例如在电缆内侧可能是数分钟，而在电缆外侧可能会到 1h。

HVDC 电缆运行中的特殊问题。HVDC 电缆在运行中会产生多个问题，这在 HVDC 系统设计时就必须加以考虑，特别是在定义控制和保护功能时必须加以考虑。

电缆的合闸通电。对于采用电缆的 HVDC 系统，与采用架空线的 HVDC 系统相比，对施加电压必须缓慢上升的要求更高，因为只有这样，才能防止线路开路端的过电压。正常带有逆变器的起动过程必须十分小心，以防止由换流站电感和电缆电容构成串联谐振回路而产生振荡。

电缆的电容值大约为0.3～0.4μF/km，对电缆电容的充电过程最好采用电压线性上升的方式。

潮流方向反转。目前正在运行的所有HVDC电缆系统，都是通过电压极性翻转来实现潮流方向的反转的。在第一个英法海峡直流输电工程中，潮流反转通过电流方向反转来实现，而这需要采用极性反转开关。这种方法在后续的工程中再也没有被采用过，原因可能是目前还不能避免暂态情况下的极性反转。因此不管怎样，电缆要设计得能够耐受由极性翻转而引起的介质应力上升。

对于潮流方向的计划反转，必须执行预先确定的电流和电压变化率，以使电缆上的应力尽可能低。有益的做法是：第一阶段将电压和电流同时降低，当电流降低到40%时保持恒定；紧跟着的是第二阶段，此阶段电压线性翻转；第三阶段电压和电流同时上升到期望的水平。这种做法避免了下面将要描述的电流下降效应，可以防止电缆中的局部放电，同时对交流系统的无功需求也基本上是恒定的。

电流降低效应。粘性浸渍纸绝缘直流电缆被认为具有很长的使用寿命，这已在很多运行了数十年的系统中得到展示。达到长使用寿命的一项要求自然是在电缆绝缘介质中不发生局部放电，因为局部放电会导致绝缘破损并慢慢地完全毁坏。

在HVDC电缆的传统设计中，所考虑的边界条件为连续运行时的最大电场强度为250kV/cm，极性翻转时的电场强度应小于400kV/cm。因此，只要电缆绝缘介质中不存在空穴，就不用担心局部放电。但是，最近发现的一种效应值得密切关注。这种效应是，当传输电流迅速下降时，电缆内的压力可能会快速降低，从而导致空穴的产生。一旦存在空穴，即使在额定电压下，也存在局部放电的危险，而局部放电会损坏绝缘介质。

为了避免电流下降效应引起绝缘介质中产生空穴，要求HVDC系统按恒定功率运行或按功率缓慢变化运行，但这种限制是不可接受的。一种补救方法就是所谓的“依电缆控制”，采用这种方法，初始功率下降是由电压降低20%来实现的，然后电流缓慢下降而电压缓慢上升，直到电压再次达到额定值。

这种降功率的方法具有正面意义，因为从交流系统来看，当通过增大触发延迟角而使电压降低时，通常由于电流下降而引起的额外容性无功刚好被换流器增加的无功需求所吸收掉。

基于触发延迟角控制来调节电压并实现功率控制的能力，本身并不需要改变换流器的设计，如果暂时轻微的电压畸变上升可以接受的话，它不会增加成本。因为当电流基波分量下降时，谐波电流的绝对值会有轻微上升。这种做法的一个条件是阀允许在大触发延迟角下运行，因为大触发延迟角运行意味着在导通和关断时阀上的电压阶跃更大，从而使晶闸管上的*RC*缓冲电路应力上升。

谐振振荡。直流电缆输电系统中的直流回路是一个易受谐振振荡影响的电路，而且其阻尼很弱。对于换流器的特征谐波，电缆表现为一个几乎短路的通路，因此，在纯电缆系统中，并不需要直流滤波器。

由于故障的原因，交流电压可能出现在直流侧，如果直流侧存在同频率的串联谐振，这种情况就会很有害。直流侧的串联谐振回路可能是由平波电抗器电感和电缆电容构成的。

低频分量产生的一种可能原因是换流器阀的周期性触发失败，这会引起一个严重畸变的交流电压叠加在直流电压上，该交流电压的基波分量频率就是系统频率，而其幅值大约为额定直流电压的 20% ~30%。在谐振条件下，电缆上可能会产生很高的电压。周期性触发失败必须采用专门的保护功能进行快速检测，并通过闭锁换流器来消除其危险。

调谐于基波频率的直流侧谐振回路，也可以在交流侧对其进行激发。换流站交流母线短路比（SCR）低时，有可能发生 2 次谐波谐振。经验已经证明，抑制交流电流中的 2 次谐波不是总能实现的，因为交流侧的 2 次谐波必然会在直流侧产生一个基波电压。如果出现下面的情况：换流站交流母线短路比很低而电缆长度中等，那么必须进行仔细的仿真器仿真，并且可能需要安装额外的滤波器，或者改变平波电抗器的参数来使谐振回路失谐。

对于较短的电缆系统，直流侧发生 2 次谐波谐振是可能的，但其后果也是不利的，因为在很多交流网络中存在 3 次谐波电压。这里同样地，失谐调节是必要的，措施仍然是改变平波电抗器的参数。但是如果这样的措施不可能实现或者过分昂贵，那么可以在直流回路中安装阻塞滤波器，首选是安装在换流站的中性母线上。

最后应当指出，对于较长的直流电缆，直流侧回路的谐振频率落在次同步频率范围内。如果整流站靠近火电厂，并且该火电厂与交流网络的连接又比较弱，那么这个问题就应该进行仔细研究。

过电压应力。高压直流电缆，特别是粘性浸渍纸绝缘电缆，是设计成能够耐受高的过电压的。此项性能是必须要检测的，通常针对预制的一段电缆进行测试，测试的方式是长期试验加特定类型的试验。尽管如此，仍然不能排除超出电缆介质强度的过电压发生。加性或减性的暂态电压冲击会叠加在电缆的直流电压上，而由于电缆的电容相对较大，因此直流电压可以被看作是一个恒定电压源。

根据如图 6-39 所示的施加在电缆绝缘层上的电压的分布特性，对于冷态电缆，最高电压应力在加性电压冲击下产生；而对于热态电缆，最高电压应力在减性电压冲击下产生。这个冲击电压总是作用在内直径侧，也就是导体的表面上。

以下我们只讨论由冲击电压引起的应力，包括雷电冲击和操作冲击。采用现代直流输电系统所配置的控制和保护设备，完全防止直流过电压是可能的。

雷电引起的冲击电压。电缆终端上遭受直接雷击总是致命性的，因此，在该点必须配备有效的雷电保护系统，包括架空地线或者避雷针，保护设备的额定值必须选择为具有很大的安全裕度。同样的道理也适用于电缆入口的直流开关设备，即从架空线路转接到电缆的开关设备，以及电缆出口的最初数千米架空线路，可以采用配备双架空地线等。采用这种方式，有可能防止电缆遭受直接雷击，至少可以防止产生数千安电流的雷电冲击。在雷电击中架空地线或杆塔时，还必须防止产生反击，因此，对于电缆附近的架空线路段，杆塔底部的接地电阻必须很低，小于10Ω是绝对必要的。

对于远离换流站的架空线路段，在合理的成本下防止其遭受直接雷击或者反击是不可能的。当雷电击中远离换流站的架空线路时，雷电冲击波向电缆方向前进时会遇到很大的阻尼，特别是在杆塔上产生闪络的情况下；通过与电缆电容的相互作用，雷电冲击电压呈现出操作冲击电压的形式，类似于早期高压直流系统架空线路上使用的雷电冲击电容器。

对于上升沿相对缓慢的冲击电压，只要在电缆终端上安装金属氧化物避雷器，就可以很容易将冲击电压限制到远低于电缆耐受电压的水平。

操作引起的冲击电压。直流输电系统中不存在可能引起操作冲击电压的开关过程，当然这里不包括多端直流输电系统和具有直流开关的双回路直流输电系统。

起源于交流侧的操作冲击电压能够传递到直流侧，并且通过直流侧串联的换流器桥而得到累加，但是它们总被金属氧化物避雷器限制在安全范围内，这就是直流电缆的初始输入电压。现代 HVDC 系统中，单阀和换流器组上都配置了与其并联的金属氧化物避雷器，特别需要指出的是，正是基于这一点，直流输电系统的绝缘配合总是从阀开始，即阀上的耐受电压是最低的。

如果一个受到限幅的冲击电压沿着直流电缆传播，在电缆的末端它会遇到平波电抗器或者高波阻抗的架空线路。因此，该电压波就会出现反射，但电压不会明显上升。因为该冲击电压波沿着电缆传播时会受到明显的阻尼，即电压波会被进一步拉平。此外，在电缆的末端还有一个金属氧化物避雷器，能限制由反射引起的电压上升。

由快速电压变化引起的应力。所谓快速电压变化指的是电压幅值变化明显的暂态电压，即其幅值改变的数量级与额定直流电压相当但不超过额定直流电压的暂态电压，这种电压变化不包括由阀触发和关断所产生的无害电压阶跃。因此，下面的电压快速变化是需要考虑的：直流电压极性翻转和直流电压崩溃。

一旦发生逆变器故障导致直流电压崩溃时，整流器都会以电压极性翻转作为其响应，逆变器故障可以是由换流站附近交流系统故障引起的换相失败，也可以是由于保护目的而投入旁通对。这种情况下，整流器暂时转换成逆变器运行，其目的是将由于故障而已经上升了的直流电流抑制到设定值或抑制到零。术语“快速”必须理解为是一个相对术语，因为电压极性翻转的过程，即使是“强制移相”过程，也需要 10ms 以上的时间。但是这个时间与电缆的时间常数相比仍然是很短的。电压极性翻转是 HVDC 系统设计功能中的一个部分，电缆必须能够承受相关的应力，实际上要求电压极性翻转次数无限而电缆绝缘性能没有退化。

另外，还存在其他以直流电压崩溃形式发生的非常快速的电压变化；例如，由于换流站绝缘子污秽和潮湿引起闪络而造成的故障。在海底电缆输电系统中，系统中的一部分总是邻近海岸，在特定的大气条件下，即使没有出现过电压也不能排除闪络的发生。同样地，或者说更有可能地，电缆终端的绝缘子由于其直径较大，对污秽引起的闪络特别敏感。根据目前得到的信息，即使采用特别长的爬电距离也不能防止闪络的发生。目前正在试验的采用硅橡胶涂层是否能够改变这一境况尚待分晓。绝缘闪络的结果在电缆中是一个陡波前的减性行波。

更加不利的情况是，在电缆入口附近的架空线路杆塔上出现雷电反击，因为就在此点上入射波会产生一个极性翻转。如果所涉及的电缆段较短，反射波可以达到两倍的额定电压（反极性）。直流电缆如图6-40所示。

a) 粘性浸渍纸绝缘电缆

b) 交联聚乙烯电缆

图6-40 直流电缆

6.7 高压直流输电的通信系统

除了背靠背直流系统，直流输电系统的换流站之间是隔得很远的，可能数百千米，有时甚至超过1000 km。由于HVDC系统的控制功能涉及所有的换流器，因此换流站与换流站之间的通信系统是非常必要的。

设定值的传递。HVDC系统的所有换流器都配备有电流调节器。此外，通常还配备有电压调节器，其目的一是在暂态过程中起到缓冲的作用，二是实现潮流反转的功能。在任何时刻，一个站执行对某个量的调节而另一个站保持不变。这种方式所达到的结果是，非主动型调节器的设定值与主动型调节器的设定值之间存在一个偏差（ΔU或者ΔI），这个偏差就是设定值裕量。当设定值改变时，不管是由于手动操作还是通过更高层级的调节或控制功能实现，所有换流站必须同步执行，这是很重要的。这种同步性会受到通信系统特性的限制，因而需要制定特殊的指令流计划。下面以点对点 HVDC 系统的电流调节为例来对这种指令流计划进行说明。当要求电流设定值上升时，上升后的电流设定值立刻在整流侧得到执行，同时，此电流上升指令也被传递到逆变侧，但具有一定的通信延迟，在通信延迟的这段时间内，逆变侧的电流裕量实际上是增大的，只是当指令到达逆变侧并得到执行后，逆变侧的电流裕量才回到原来的值。当要求电流设定值下降时，首先设定值下降指令被传递到逆变侧并得到执行，这样，与整流侧的电流设定值相比，逆变侧的电流裕量增加了，同时，通过通信向整流侧确认指令已在逆变侧得到执行，这种情况下整流侧才开始减小电流设定值，实际直流电流将跟踪整流侧的电流设定值并趋于稳定，这样逆变侧的电流裕量就回到了调节前的值。

一般来说，由通信系统传递的所有设定值都存储在接收站，这样即使短时失去通信系统，也不会影响直流系统的连续运行。

HVDC 系统稳态运行时对通信系统的信息传递速度并没有什么要求。当考虑了所连接的交流电网的特性后，输送功率变化的速度是很慢的，即使按步进式变化，对通信系统来说也具有足够的时间来传递设定值的改变。

动态控制信号的传递。如果 HVDC 系统被用来阻尼机电振荡，并且调制功率超过额定功率一个小的百分数，那么整流侧和逆变侧的控制必须进行协调，即两侧换流站的电流设定值必须进行调制。1Hz 数量级的调制频率决定了通信系统需要达到的传输速率，许多已知的通信手段因不能达到此要求而被排除在外。

控制信号的传递。高压直流输电系统的起停操作、阀组的连接和断开以及直流侧结构的改变等都要求两侧换流站进行协调配合，因而需要通过通信系统传递控制信号。命令的执行是一步一步完成的，如前面已介绍过的那样。在这个过程中，执行第一步操作的换流站只有当得到了对侧换流站的应答信号后才能进行第二步的操作。

扰动信号的传递。HVDC 系统换流站就其保护功能来说基本上是自治的。除了用于切除高阻接地故障的纵联差动保护，触发换流站内的其他保护功能并不需要通信系统。尽管如此，就传递操作信号来说，比如换流器阀组的断开等，高速通信也是非常重要的。有了这种高速通信，对侧换流站就能进行相应的操作，有利于保障整个系统的连续运行，即使是在功率降低情况下运行。

在多端 HVDC 系统中，对扰动信号传递的要求是完全不同的。当一个阀组丢失时，必须快速报告给中央设定值计算器，该计算器将计算出新系统的修正后的电流设定值，然后传递给其他换流站。这种信息交换必须足够快，才能防止单个换流器的过载以及系统崩溃。因此，采用目前最高性能的通信手段（光纤通信）是很必要的。

状态信号的传递。状态信号的传递保证了换流站实际状态的信息交换。此类信号包括：

1）隔离开关、接地开关和断路器的位置；
2）动作或操作是否就位；
3）子系统或设备受故障影响的不可用性；
4）重要运行参数的测量值；
5）可用的过载容量。

大量信号和以数字形式表示的测量值通常打包成信息块，周期性地按多路进程传递到对侧站，并更新早先已存储的状态信号。

无通信运行。如前面讲到的，两站之间暂时失去通信系统后，维持HVDC系统的连续运行一般包括在性能要求中。即使通信系统具有冗余甚至具有备用系统，情况也是如此。与上述要求相协调，对通信系统失去或者通信系统暂时不可用的情况，必须加以报告，以便起动应急控制模式。

无通信情况下的稳态运行。在无通信的情况下，控制设定值不能进行传递，因而采用已存储的设定值继续运行，也就是说以恒定功率运行。如果失去通信系统的时间较长，输送功率需要改变，就需要自动调整设定值的裕量。例如，如果逆变站发现直流电流偏离了其存储的设定值2%，且持续了一定的时间，那么逆变站电流调节器的设定值就调整2%，从而使电流裕量回复到原来的值。采用这种方式就可以达到整流侧所期望的输送功率。如果改变功率的要求来自逆变侧，那么逆变侧首先改变直流电压，例如2%，当整流侧记录到这种电压偏移已持续了一定时间段以后，就按照相同方向调整电流设定值2%，然后逆变侧的电压就回复到原来的值。采用这种方式，在整个功率范围内几乎所有运行方式都是可以实现的，尽管调节的速度比较慢。

无通信情况下的动态运行。在通信系统失去的情况下，直流输电系统闭锁其动态调节功能在大多数情况下是可以接受的。但是，如果这些功能对交流系统的稳定运行是必须的，那就要采用不同的解决方案。如果整流侧的交流系统需要±20%的功率调制来阻尼振荡，那么在失去通信的情况下逆变侧就需要增大其电流设定值裕量大约30%。当功率调制的要求来自逆变侧的交流系统时，问题就更加复杂。一种可能的方法是利用逆变侧的电子式电压调节功能，直流电压在一个较低的平均值上跟踪调制信号，而整流侧保持直流电流不变且容许直流电压变化。

无通信情况下的控制时序。在失去通信系统的情况下，换流站之间用于相互协调的控制信号无法传递，因而重要的控制时序，如系统起停、金属－大地回线转换等，必须由某种事先设定好的运行条件来触发，而这些运行条件只保持一定的时间段。其他不很重要的控制时序将会被闭锁，直到通信系统恢复为止。

通信系统。直流输电系统可以采用多种不同性质的通信系统，不同的通信系统采用的传输媒介不同。在选择通信系统的种类时，考虑的因素包括需要传递的信息的数量以及通信的速度、可靠性、可用性和成本等。对通信系统的不同要求罗列如下：

1）用于调节和保护的对延时敏感的信号；

2）对延时不大敏感的控制、运行和测量信号（状态信号）；

3）对延时不敏感的信息，例如对话、故障录波数据和故障位置等。

对通信系统的选择还取决于工程特定的数据和当地的条件，并非所有期望的方案都是可行的。

在既有的交流电网中，电力公司通常采用内部的专用通信系统，通信方式包括电力线载波、定向无线电和光纤等，其中光纤通常集成在架空导线的地线中或地下电缆中。

除了这些电力公司自己拥有的专用通信系统外，也可能租用第三方的专用电话或数据线路。如果一个 HVDC 系统嵌入在一个交流电网中，此类通信系统可以共享，只要该通信系统具有足够的传输容量。在所有其他情况下，直流输电系统必须采用专用通信系统。

图 6-41 给出了上述通信系统的大致容量及其传输速率和无中继站时的传输距离，这些数据都是典型值。由此可以看出，电力线载波的传输距离大致上依赖于载波频率，这在后面还会说明。当采用光纤传输时，考虑到一根避雷线中会包含多根光纤，因而其容量大大超出 HVDC 系统所要求的容量。

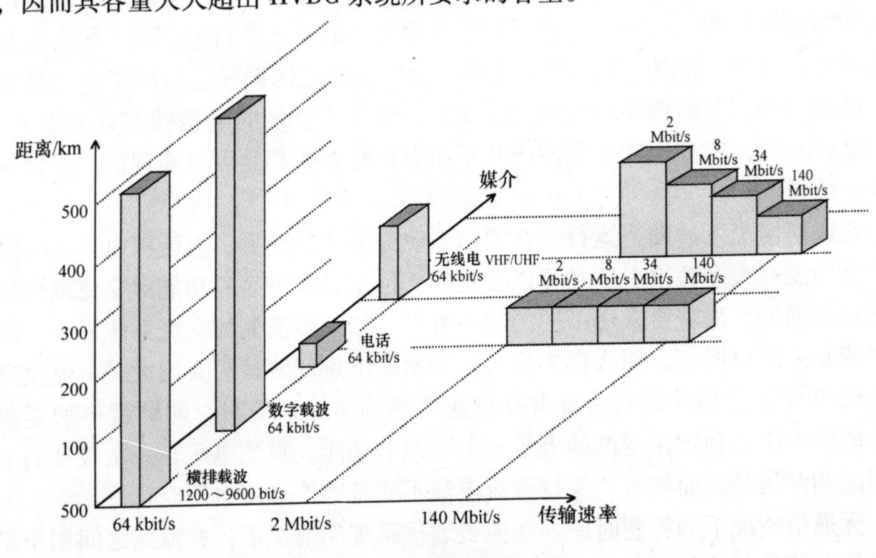

图 6-41　通信系统的容量

采用高压输电线路传输信息的 25～500kHz 范围载波通信几十年来证明是有效的信息传输媒介。每个系统包括多个固定频段的信道。影响信道数量的因素包括耦合元件干扰的频带宽度（必须在合理的性价比内解决）以及传输性能和对干扰的敏感性，其中对干扰的敏感性取决于载波频率。为了避免或降低相邻高压线路载波通信的相互干扰，有可能选不出合适的载波频率。另外，为了防止线路谐振，某些频段是不可用的。

耦合元件，特别是耦合电容器，承受了输电线路的电压。线路末端的陷波器用于防止载波频率的能量流到变电站中，对于架空地线，则防止载波频率的能量流入到大地中。载波通信系统采用高压线路的避雷线也是可行的，这可以大大降低耦合电容器和陷波器的成本，但避雷线本身需要加强绝缘性能而成本有所增加。对于单极直流输电线路，采用避雷线作为载波通信的媒介是唯一选择，因为极线到地的耦合呈现出巨大的衰减作用，使得载波通信的距离不能超过100km。当然，如果采用极线作为载波通信的媒介，对于架空线路－海缆混合的短距离直流输电系统还是可行的。

传输质量与天气有关。大气干扰（雷电）和极强的电晕（如起雾的时候）会导致信号受干扰。

传输速率通常为2.4kbit/s，即很有限，只能安排6～10个全双工的信道。在特殊情况下并且距离小于150km时，传输速率可以达到9.6kbit/s。允许双向同时传输信号的一个全双工信道要求的频带宽度为2×4kHz，这样一个频带宽度适合用于如下场合：

1）一个通话频道，0.3～2.0kHz；

2）两路保护信号；

3）一路1200bit/s的数据信号。

未来基于电力线载波进行数字信号传输将是可能的。采用频带宽度为8kHz而不是4kHz的信道，可以达到64kbit/s的传输速率。由于输电线路随频率而变化的衰减特性，载波通信所能传输的距离取决于载波频率。当载波频率为300kHz时，在架空线路上可以传输约300km；而当载波频率为60kHz时，在架空线路上可以传输约800km。对于更长的传输距离，需要采用中继放大器，而中继放大器是由耦合元件、陷波器和电源等构成的。

定向无线电通信。定向无线电通信的特点是具有很高的传输速率（64kbit/s及以上）和很大的传输容量。极高的传输速率使得只能在看得见的距离内通过发射器和接收器进行通信。因此，对于一般输电距离的高压直流系统，需要安装大量的中继站。定向无线电通信的传输距离大约为40km，取决于特定的地形学条件。

无线电波容易受到干扰，如果采用频率多样性和空间多样性技术，也就是采用两个不同频率的信道来传输一个相同的信号以及一个信道的信号通过两个不同地点的接收器来接收，那么可以将误码率降低10～100倍。

实现定向无线电通信的成本相对较高，但新增一个信道的成本较低，通常在既有的定向无线电通信系统中存在空闲的信道。

光纤通信。光纤通信的特点是高传输速率（2Mbit/s）和大容量，信息是按数字方式传输的。光缆可以被安装在架空输电线路的地线中。对于电缆输电系统，光缆可以集成到电力电缆中，也可以平行敷设。由于对电磁场不敏感，光纤通信注定了会在电力系统中得到广泛应用。

光纤通信的成本仍然较高，对于跨距很大的光纤通信系统，主要的成本是光缆和放大器，至今每隔100~200km仍然需要一个放大器。此领域发展很快，在可预见的将来，典型直流输电系统的输送距离内，可能不再需要中间放大器。对于动态调节要求高的直流输电系统和多端直流输电系统，即使今天光纤通信已经是解决问题的方案。

卫星通信。通过卫星来传输信息是非常有效的。但由于极高的租用成本，只有在需要传输大量信息且需要跨越极大距离的条件下，这种通信系统才是经济的。由于向同步卫星发送信息再返回的总距离非常大，传输时间至少需要240ms。这样，对延时要求高的应用场合就不能得到满足。对延时要求不高的信号可以通过卫星进行传输，但只有在特殊的情况下才具有经济上的可行性。

远程控制。通过远程控制接口从调度中心对系统进行远程运行和监视是可能的。远程控制装置的特点是可以高度可靠地传输事先确定的传输内容，它获得、传输并分发用于运行管理的数据。所有传统的通信途径都可用于远程控制信息的传输，而使用电力公司的专用通信系统则是最为现实的。

6.8 电流互感器

零磁通电流互感器。零磁通电流互感器（ZFCT）是一种无接触的直流电流测量系统，由铁心、线圈和电气模块组成，环绕在载流导体周围以提取电流信号。其测量原理基于铁心和线圈之间完全的安匝平衡，因此其测量精度只取决于电气模块中的负载电阻和输出放大器。

如图6-42所示，铁心和线圈组合包含了3个铁心T1、T2和T3，三个铁心上各有一个辅助线圈，分别为L1、L2和L3；而补偿线圈L4则围绕所有三个铁心。在铁心第三线圈上感应的任何电压都立刻由功率放大器抵消。暂时忽略直流漂移的影响，放大器根据被测量电流的大小调整二次侧的电流，以保持铁心上安匝数完全平衡。铁心T1被用作为磁力平衡检测器，通过持续检测安匝平衡，将功率放大器的漂移抵消掉。这样，该测量系统结合了磁势平衡检测器的长期稳定性和磁通积分器的精度和带宽，负载电阻将二次侧电流转化成电压。

光学电流互感器。光学电流互感器（OCT）是基于光电效应工作的。OCT应用于高电压场合的优势如下：

1）电流互感器与高压系统之间有很好的电气隔离；

2）避免了对电流互感器的电磁干扰；

3）使地电流的影响最小化。

光致发光（PL）二极管是一种专用的光电子器件，由它构成了一个低功率的转换电路。PL二极管具有双重功能：其一是为转换器电路提供能源；其二是传输

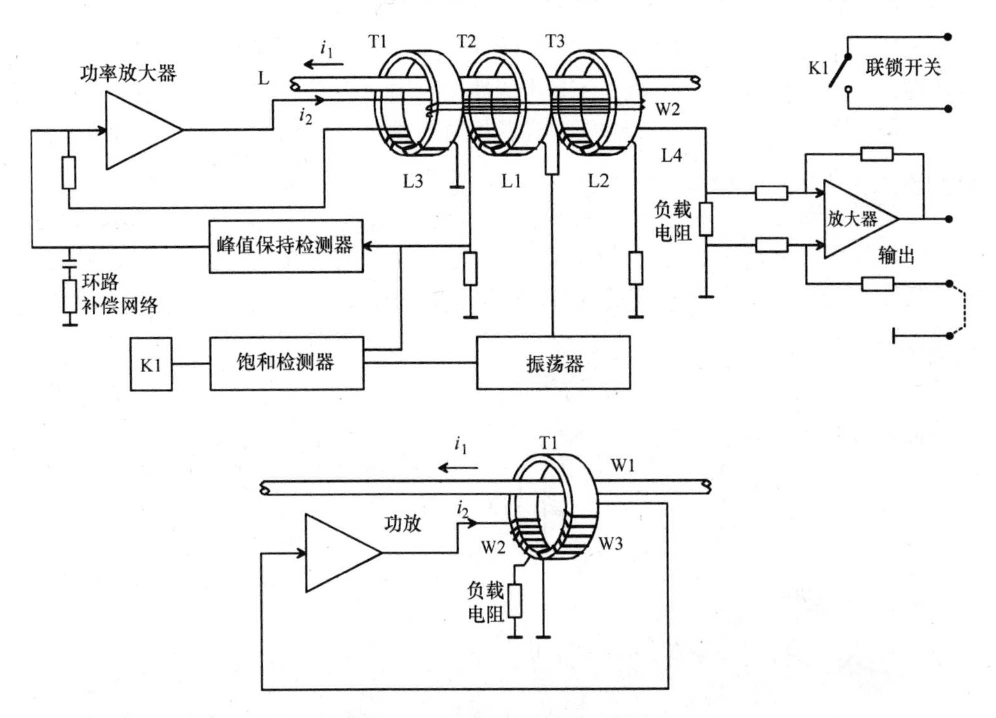

图 6-42　零磁通电流互感器

数字编码的电流信号。不管是向高电压单元传输能量还是将电流测量值按光的形式进行传输，都是通过同一根光缆来实现的。

有些材料具有非常特殊的特性，当接收到线性偏转光时，它会使入射的偏转光沿着偏转的方向旋转一个角度，这种特性被称为旋光性。在图 6-43 中，当光波通过这种材料时，线性偏转是沿着顺时针方向的。一般地，在讨论光的旋转方向时，参考系采用观察者看到的是入射光。这样，对应图 6-43，就被称为左手定则。

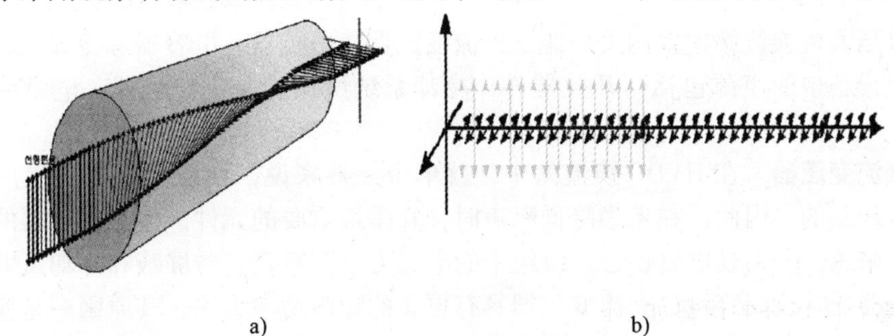

图 6-43　法拉第效应的原理

大多数来自太阳的光是非偏转性的。但是，如果一个人用偏光器观察天空，他会发现光线会随着他的观察方向不同而有部分或线性的偏转。当不同偏转极性的偏转光无序地混合起来时，就构成了非偏转性的光，而偏光器能将线性偏转的光从非偏转性光中分离出来。有很多具有上述特性的材料，但只有具有如下特性的材料才能构成偏光器，它能有选择性地吸收或者折射与透入方向相垂直的线性偏转光，如图 6-44 所示。假设偏光器有选择地吸收具有偏转方向的光，在这种结构下，偏转的方向就是 y 轴方向。

已经发现，透入固定镜片的偏转光的旋转角度是光学媒介长度与平均磁场密度乘积的线性函数。这个线性系数被称为 Verdet 常数，它与光的波长和光学媒介有关。

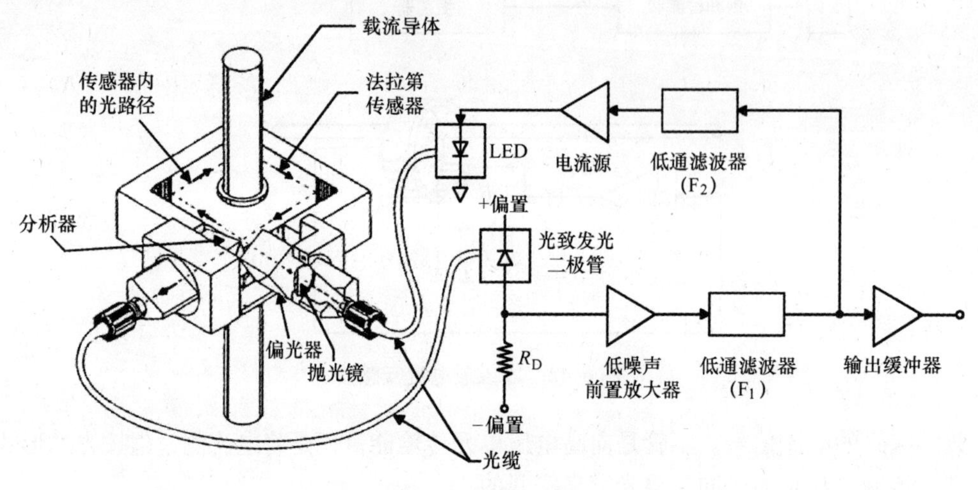

图 6-44　光学电流互感器

6.9　高压直流系统的噪声和振动

高压直流换流站主要的发声源是换流变压器、电抗器、电容器和冷却风扇，其他阀组设备中的声源包括：开关器件，冷却系统所用的泵，空调器，电晕引起的噪声。

换流变压器。在 HVDC 换流站中，就单个元件来说，换流变压器的噪声功率水平是最高的。因此，在考虑降低噪声时，它是最重要的元件。换流变压器的噪声有 3 个来源，分别是电磁铁心、绕组中的电磁力以及箱壳、磁屏蔽和冷却风扇。换流变压器通常比同容量的交流变压器具有更高的噪声功率水平，其原因一是换流变压器的负载电流具有更高的谐波成分，二是换流变压器的阀侧绕组需要承受少量的直流偏磁电流。这些因素导致所产生的噪声功率水平比常规交流变压器高 10dB 以上。由直流偏磁所产生的噪声不直接取决于负载水平，因为少量的直流电流受如下因素的影响：

1）晶闸管阀触发的不对称；

2）换流变压器三相阻抗的差别；

3）单极大地回路运行时接地极电位与换流站内部接地网电位的差别。

换流变压器铁心的直流励磁会增大来自换流变压器的噪声，因为直流励磁增大 50Hz 或者 60Hz 的音调，这取决于基波的频率以及奇数次谐波。此外，直流励磁也会增大偶数次谐波（100Hz 或 120Hz，200Hz 或 240Hz，300Hz 或 360Hz）的噪声。

变压器绕组噪声。当载流的变压器绕组导体暴露在绕组的杂散磁场中时，变压器绕组的电磁力会产生绕组噪声。绕组中的电磁力正比于电流和磁通密度的乘积，而磁通密度与电流成正比，因此有

$$F \sim BI \sim I^2 \tag{6-47}$$

式中，F 是绕组的振动力（N）；B 是绕组的磁通密度（T）；I 是绕组电流（A）。

振动的幅值和速度与振动力成正比，而噪声功率与振动速度的二次方成正比，因此可以推出噪声功率与负载电流的 4 次方成正比，即

$$W \sim v^2 \sim (\omega x)^2 \sim F^2 \sim I^4 \tag{6-48}$$

式中，W 是辐射出去的噪声功率；v 是振动速度；x 是振动幅值；ω 是声波角频率。

电抗器。在 HVDC 系统中，存在多种功能不同的电抗器，如平波电抗器、滤波电抗器和并联电抗器等。对于上述几种电抗器，一般的做法是采用空心干式电抗器。只有在特殊场合，例如在污秽极其严重或者气象条件非常不利的地点，才会采用油浸式铁心平波电抗器。空心干式电抗器产生的噪声主要是由绕组的振动力引起的，而此振动力是由绕组电流与绕组磁场相互作用产生的。对于铁心电抗器，作用在磁场中绕组上的力会产生更大的振动。如果采用带气隙的铁心，需要考虑气隙中的力所产生的噪声，这个噪声通常高于由磁致伸缩引起的噪声。

电容器。直流输电工程中有各种用途的电容器，如应用于直流和交流滤波器、无功补偿、电力线载波（PLC）电路和电容式电压互感器（CVT）等。

应用于滤波器和无功补偿的电容器通常由罐式电容器单元堆积而成，其他采用瓷外套的电容器类型有 PLC 电路中的耦合电容器和 CVT 中所用的电容器。一般来说，需要考虑噪声限制的是罐式电容器。

为了说明噪声产生的机理，需要对电容器的设计和某些术语有所了解。一个电容器堆是由一定数量的罐式电容器构成的。罐式电容器具有钢外壳和套管。每个罐式电容器中装有一个电容器元件捆并在罐中注满了油，一个电容器元件捆是由大量的电容器元件串并联构成的，而每个电容器元件是由两块铝箔及一定数量和一定长度的塑料或纸薄膜卷制而成的，如图 6-45 所示。

对应用于 PLC 电路和 CVT 中的具有瓷外套的电容器，其电容器元件和电容器元件捆的设计是基本相同的，因此下面阐述的噪声产生机理针对所有类型的电容器。

对于带电的电容器元件，大部分带有电荷的铝箔都处于受力平衡状态，因为电容器元件两侧都有一个受吸力的铝箔。处于受力不平衡状态的铝箔有两种：一种是

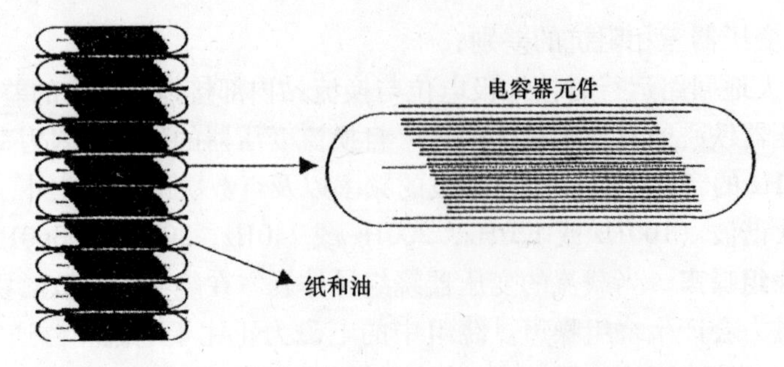

图 6-45 由电容器元件构成的电容器元件捆

在电容器元件边缘的铝箔（力 F_1）；另一种是在电容器元件中间部分的铝箔（力 F_2）。由于在电容器元件中间部分的薄油层硬度高，中间部分的力相互抵消但有一个小的错位，因此，电容器元件的净受力是在边沿上，如图 6-46 所示。

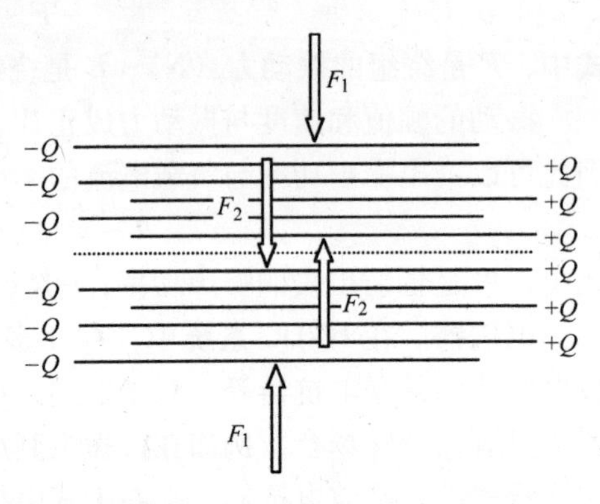

图 6-46 电容器元件上的受力

因此，电容器元件的顶部和底部是最容易产生噪声的。这对于电容器元件捆也是适用的，因此机械响应受捆中第一个纵向谐振频率控制。噪声的产生基本上是一维的，而噪声的发射主要限制在与电容器元件捆纵向垂直的表面上。

力的计算可以根据电容器极板的公式导出，根据虚位移定理，力等于能量相对于极板距离的导数，即

$$F = \frac{\mathrm{d}W}{\mathrm{d}x} \tag{6-49}$$

式中，W 是电容器储存的能量（W）；x 是电容器极板之间的距离（m）。

储存在电容器中的能量为

$$W = \frac{U^2 C}{2} \tag{6-50}$$

式中，U 是电容器上承受的电压有效值（V）；C 是电容值（F）。

因此，可以计算出力为

$$F = -\frac{U^2 C}{2x} \tag{6-51}$$

如果 U 是正弦波电压：

$$U(t) = \sqrt{2}U\sin(\omega t) \tag{6-52}$$

那么力包含两个分量：一个是静态力；另一个是振荡（谐波）力。此外必须指出的是，如果上述电压包含谐波成分，那么噪声水平会大大增加。

从电容器堆发射的噪声功率基本上取决于如下因素：

1）电容器上承受的基波和谐波交流电压；

2）机械硬度；

3）机械谐振频率（包括电容器元件捆、外壳和电容器的堆架）；

4）电容器单元的个数；

5）电容器单元和电容器架的布置方式。

表6-3列出了各元件的噪声功率水平。现代的标准设计包含了采用通用方法来降低内部噪声，例如避免关键性的机械谐振。

表6-3 元件噪声功率水平举例

发声源	元器件噪声功率水平 L_W（A）/dB（A）
HVDC换流变压器	
额定负载时	100~125
空载时	90~110
HVDC平波电抗器	85~100
自调谐滤波电抗器	90~100
交流滤波电抗器	70~90
交流滤波电容器堆（罐式电容器）	60~105
用于阀冷却的冷却风扇	
冷却容量30kW/300kW，转速约300r/min时	约55/85
冷却容量500kW/1300kW，转速约900r/min时	约90/105
开关设备	脉冲噪声
气体断路器	150~160
油浸或六氟化硫断路器	105~130

设备低噪声设计的目标通常是使发射噪声表面的振动幅度最小化。为此，柔性装配技术得到了广泛应用，该技术可以降低多种设备的噪声，其原理是通过振动隔离限制低频噪声的传播。在变压器和电抗器的设计中，很多降噪声的设计是标准化的，包括：

1）采用现代铁心材料；

2）采用较低的磁通水平；

3）采用现代铁心连接技术；

4）避免关键性的机械谐振；

5）在箱体和安装构架中使用机械阻尼器；

6）更好地控制制造公差；

7）采用低噪声风扇；

8）使用独立冷却塔，减少强迫冷却的需要，并简化变压器的围栏。

参考文献

[1] Hammons, T.J. and Goh, M.W. (2000) Turbine, generator, system modeling and impact of variable-frequency ripple currents on torsional stressing of generators in Poland and Sweden: Lithuania/Poland and Sweden/Poland HVDC links. *IEEE Transactions on Energy Conversion*, **15**(4), 384–394.

[2] Aghaebrahimi, M.R. and Menzies, R.W. (1998) A customized air-core transformer for a small power tapping station. *IEEE Transactions on Power Delivery*, **13**(4), 1265–1270.

[3] Jackson, P.O., Abrahamsson, B., Gustavsson, D. *et al.* (1997) Corrosion in HVDC valve cooling systems. *IEEE Transactions on Power Delivery*, **12**(2), 1049–1051.

[4] Bauer, T., Lips, H.P., Thiele, G. *et al.* (1997) Operational tests on HVDC thyristor modules in a synthetic test circuit for the Sylmar East Restoration Project. *IEEE Transactions on Power Delivery*, **12**(3), 1151–1158.

[5] Jing, C., Vittal, V., Ejebe, G.C. *et al.* (1995) Incorporation of HVDC and SVC models in the Northern State Power Co. (NSP) network; for on-line implementation of direct transient stability assessment. *IEEE Transactions on Power Systems*, **10**(2), 898–906.

[6] Lips, H.P. (1994) Water cooling of HVDC thyristor valves. *IEEE Transactions on Power Delivery*, **9**(4), 1830–1837.

[7] Forrest, J.A.C. and Allard, B. (2004) Thermal problems caused by harmonic frequency leakage fluxes in three-phase, three-winding converter transformers. *IEEE Transactions on Power Delivery*, **19**(1), 208–213.

[8] Ohki, Y. (2001) Thyristor valves and GIS in Kii Channel HVDC link. *Electrical Insulation Magazine, IEEE*, **17**(3), 78–79.

[9] Bolduc, L., Granger, M., Pare, G. *et al.* (2005) Development of a DC current-blocking device for transformer neutrals. *IEEE Transactions on Power Delivery*, **20**(1), 163–168.

[10] Wu, C.T., Peterson, K.J., Piwko, R.J. *et al.* (1988) The Intermountain Power Project commissioning-subsynchronous torsional interaction tests. *IEEE Transactions on Power Delivery*, **3**(4), 2030–2036.

[11] Mazzoldi, F., Taisne, J.P., Martin, C.J.B. *et al.* (1989) Adaptation of the control equipment to permit 3-terminal operation of the HVDC link between Sardinia, Corsica and mainland Italy. *IEEE Transactions on Power Delivery*, **4**(2), 1269–1274.

[12] Wu, C.T. (1990) Operating and maintenance experience – Adelanto converter station of the Intermountain Power Project. *IEEE Transactions on Power Delivery*, **5**(4), 1998–2008.

[13] Dickmander, D.L. and Peterson, K.J. (1989) Analysis of DC harmonics using the three-pulse model for the Intermountain Power Project HVDC transmission. *IEEE Transactions on Power Delivery*, **4**(2), 1195–1204.

[14] Adapa, R. and Padiyar, K.R. (1988) Alternative method for evaluation of damping circuit losses in HVDC thyristor valves. *IEEE Transactions on Power Delivery*, **3**(4), 1823–1831.

[15] Lips, H.P. (1988) Loss determination of HVDC thyristor valves. *IEEE Transactions on Power Delivery*, **3**(1), 358–362.

[16] Caroli, C.E., Santos, N., Kovarsky, D. *et al.* (1990) ITAIPU HVDC ground electrodes: interference considerations and potential curve measurements during Bipole II commissioning. *IEEE Transactions on Power Delivery*, **5**(3), 1583–1590.

[17] Larder, R.A., Gallagher, R.P. and Nilsson, B. (1989) Innovative seismic design aspects of the Intermountain Power Project Converter Stations. *IEEE Transactions on Power Delivery*, **4**(3), 1708–1714.

[18] Melvold, D.J. and Long, W.F. (1989) Back-to-back HVDC system performance with different smoothing reactors. *IEEE Transactions on Power Delivery*, **4**(1), 208–215.

[19] Prabhakara, F.S., Torri, J.F., DeCosta, D.M. *et al.* (1988) Design, commissioning and testing of IPP ground electrodes. *IEEE Transactions on Power Delivery*, **3**(4), 2037–2047.

[20] Lips, H.P. and Pauli, M. (1988) Gating systems for high voltage thyristor valves. *IEEE Transactions on Power Delivery*, **3**(3), 978–983.

[21] Wolff, C. and Elberling, T. (2000) The Kontek HVDC link between Denmark and Germany. *Power Engineering Society Winter Meeting, 2000*, IEEE, Vol. 1, 572–574.

[22] Andrulewicz, E., Napierska, D. and Otremba, Z. (2003) The environmental effects of the installation and functioning of the submarine SwePol Link HVDC transmission line: a case study of the Polish Marine Area of the Baltic Sea. *Journal of Sea Research*, **49**(4), 337–345.

[23] Padiyar, K.R. and Kalra, P.K. (1986) Analysis of an HVDC converter with finite smoothing reactor part I. Analysis of a six-pulse converter. *Electric Power Systems Research*, **11**(3), 171–184.

[24] Kalra, P.K. and Padiyar, K.R. (1986) Analysis of an HVDC converter with finite smoothing reactor part II. Analysis of a twelve-pulse converter. *Electric Power Systems Research*, **11**(3), 185–193.
[25] Hussein, D. Al-Majali (1999) Voltage control of modified series-connected HVDC bridges using GTO thyristor by-pass valves. *Electric Power Systems Research*, **49**(2), 79–86.
[26] Hammad, A.E., Gagnon, J. and McCallum, D. (1990) Improving the dynamic performance of a complex AC/DC system by HVDC control modifications. *IEEE Transactions on Power Delivery*, **5**(4), 1934–1943.
[27] Beshir, M.J., Gee, J.H. and Lee, R.L. (1989) Contingency arming system implementation for the Intermountain Power Project HVDC transmission system. *IEEE Transactions on Power Systems*, **4**(2), 434–442.
[28] Hammad, A., Minghetti, R., Hasler, J.-P. *et al.* (1993) Controls modelling and verification for the Pacific Intertie HVDC 4-terminal scheme. *IEEE Transactions on Power Delivery*, **8**(1), 367–375.
[29] Wolf, G., Duane, T. and Martin, D. (1999) Modifying Blackwater HVDC for voltage control capability without power transfers. *IEEE Transactions on Power Delivery*, **14**(4), 1482–1487.
[30] Nyman, A., Jaaskelainen, K., Vaitomaa, M. *et al.* (1994) The Fenno-Skan HVDC link commissioning. *IEEE Transactions on Power Delivery*, **9**(1), 1–9.

第7章 高压直流输电系统的故障特性和保护措施

7.1 阀的保护功能

阀基电子板（VBE）通过光纤为阀上的晶闸管提供触发信号，晶闸管状态的回报信号也通过光纤回送给VBE，采用光纤连接为地电位与阀高电位之间提供了必要的隔离。

控制室中采用微机来处理阀的回报信息，可立刻识别出有缺陷的晶闸管并确定其精确位置。每个阀包含有足够数量的晶闸管并具有冗余，因此一个阀中即使有几个晶闸管被损坏，换流器仍然可以继续运行，直到在未来的定期检查中将损坏的晶闸管更换掉。

如果超出设计极限，晶闸管很容易被损坏。因此，阀设计时包含了多种保护功能，这些保护功能的优先级高于正常的开通控制，以便帮助晶闸管从过应力状态下恢复。HVDC换流阀设计时包括了如下保护功能：

1）并联的2个晶闸管之间的分流保护；

2）正向过电压开通保护；

3）正向 dv/dt 保护；

4）过热保护；

5）正向恢复保护。

图7-1展示了济州岛－韩楠高压直流输电传统阀的基本功能。阀可以被分为独立运行的若干个晶闸管级或组件。因此，某个级上的保护电路的整定值与阀上其他元件保护电路的整定值可能存在很小的差别，这可能导致接续式开通，使得最后开通的晶闸管级所承受的电压比正常开通时承受的电压大。而阀元件的额定值正是按照能够承受此种电压应力来确定的。

如果阀内没有发生接续式开通，那么由于保护动作而开通的晶闸管级会流过阀均压电路的电流。如果扰动导致保护水平将阀电压反转到接近阀避雷器的保护水平，那么那些正在导通的晶闸管级将会被阀均压电路电流驱动到潜在的负电压，且比晶闸管本身的反向电压额定值还大。但是，此工程中的晶闸管具有很高的反向雪崩能力，通过控制阀均压电路的电流按照雪崩方式导通，可以限制反向电压的放大，使得阀电压分布能够比较均匀。

BOD的选择。如果晶闸管不能由触发信号来开通，那么出于保护的原因，会由击穿二极管（BOD）动作进行开通。如图7-2所示，BOD的电压 V_2 应该介于 V_1

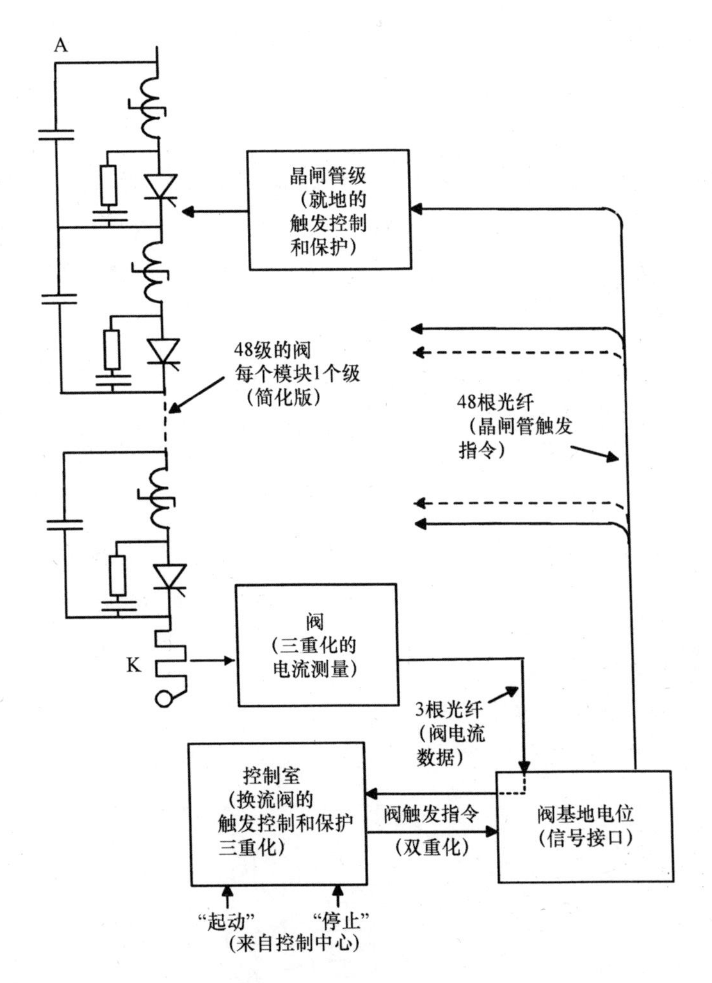

图 7-1　济州岛－韩楠直流输电换流阀的基本结构

和 V_3 之间。BOD 保护可能会不必要地动作，导致阀运行不稳定。

图 7-3 描述了晶闸管的保护水平，以说明晶闸管绝缘配合的设计方法。

冲击电压平衡。沿着阀和阀厅结构分布的杂散电容，如图 7-4 所示，在冲击电压下会使动态电压分布不均匀。

在图 7-5 中，阀电抗器阻挡了来自系统的冲击电压直接加到晶闸管上，使得施加在每个晶闸管上的电压保持较小的值，这样，就不需要其他的电路部件了。图 7-5b 描述了阀塔杂散电容和阀电抗器 L 的作用。

关断时的电压不平衡。某些单个的晶闸管可能没有足够的关断角 γ（保持关断的时间），即使整个阀具有足够的关断角 γ。这种类型的 γ 角不足可能会导致晶闸管阀内的部分换相失败。恢复电荷 Q_r 是晶闸管阀设计中的关键特性之一：

$$dV = dQ_r / C$$

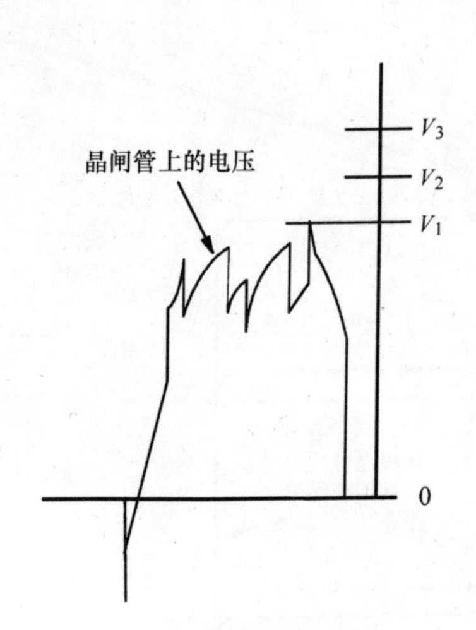

图 7-2　电压绝缘配合设计

V_1—包括了交流动态过电压的正常运行条件下的运行电压峰值　V_2—BOD 的转折电压 V_{BO}　V_3—晶闸管重复开通电压

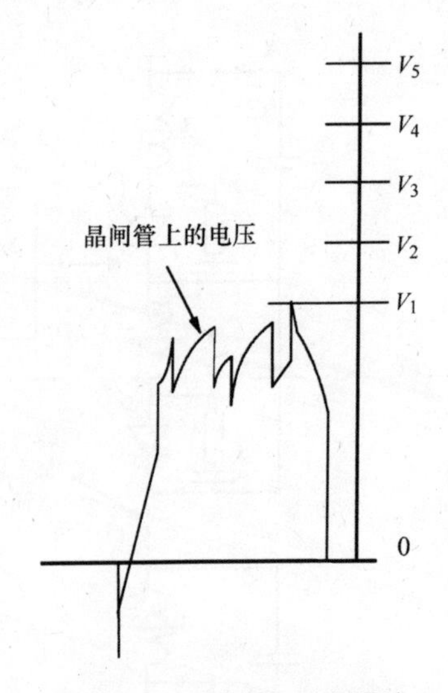

图 7-3　电压绝缘配合设计

V_1—包括了交流动态过电压的正常运行条件下的运行电压峰值　V_2—BOD 的转折电压 V_{BO}　V_3—晶闸管重复开通电压　V_4—考虑了不平衡因素后与晶闸管级对应的避雷器保护水平　V_5—晶闸管非重复性开通电压

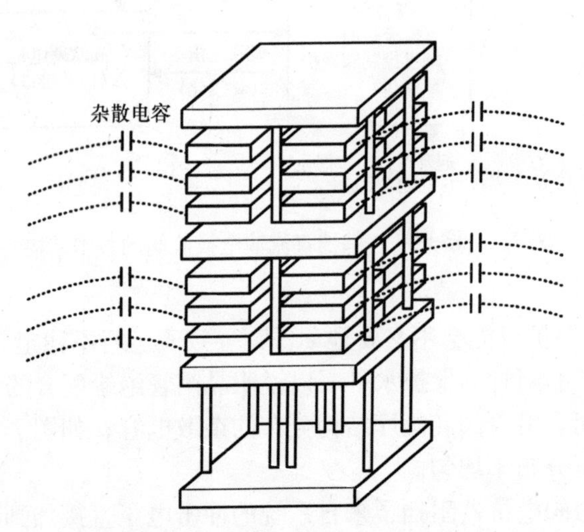

图 7-4　直流输电阀塔的杂散电容

式中，dV 是晶闸管间的电压偏差；dQ_r 是晶闸管间的恢复电荷的变化量；C 是缓冲电路的电容。

为了避免这种情况，应当选择足够大的缓冲电路电容 C 来使 dV 足够小，以避免在阀关断期间阀内晶闸管之间存在大的电压偏差和关断时间偏差。

图 7-6 展示了阀关断期间电压平衡的运行特性。

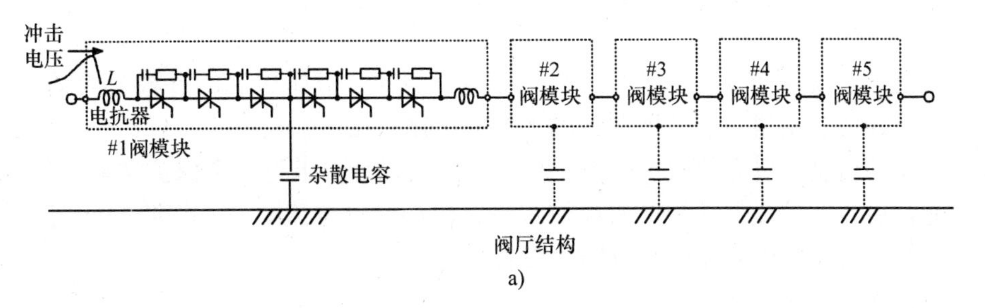

a)

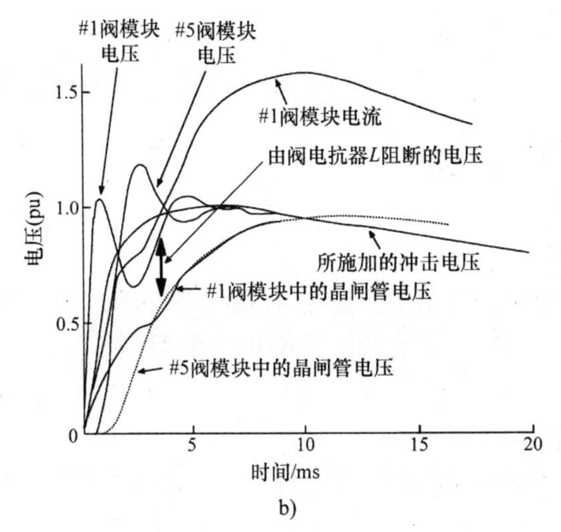

b)

图 7-5　直流输电阀塔中的暂态电压分布

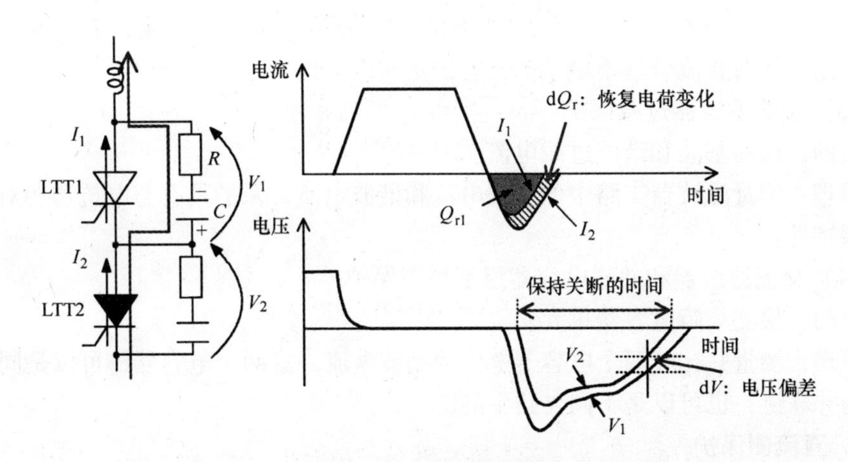

图 7-6　部分换相失败

7.2 高压直流输电系统的保护行为

所谓保护就是使设备不受由于系统故障和切除故障所引起的各种应力的损害。某些保护还应当使暂时扰动所引起的干扰最小化。在发生故障时，保护还应当发出故障定位的信息，以方便故障分析。保护装置的设计要求每一个保护功能都具有后备功能。后备保护提供了较低的保护水平，例如，过电流更大，切除时间更长等，但在主保护装置发生故障时可以防止设备被损坏。

换流器的切除时序如下：

1）闭锁（除去）送到阀上的正常触发脉冲；

2）通过触发一个旁通对来建立一个旁通通路，旁通对在6脉波换流桥中是由2个直接串联的换流阀构成的；

3）跳开换流器交流断路器；

4）断开换流器中性母线上的直流负荷开关。

7.2.1 交流侧保护

交流侧设备的保护包括用于换流变压器保护的传统变压器保护以及专门设计的用于交流滤波器和并联电容器的滤波器和电容器组保护。

（1）变压器差动保护

目的：检测换流变压器的内部故障。

原理：网侧相电流与阀侧相电流进行比较，当两者失去安匝数平衡时，表示存在故障。

（2）交流过电流保护

目的：为变压器差动保护做后备。

原理：测量换流变压器网侧的相电流，如果该相存在过电流，表示发生了故障，采用一个对直流分量不敏感的具有固定时间特性的过电流继电器。

（3）交流滤波器过载保护

目的：检测基波和谐波过载电流。

原理：测量滤波器支路中的基波电流和谐波电流，保护具有与电抗器相对应的反时限特性。

（4）交流滤波器和并联电容器组不平衡保护

目的：检测故障电容器单元。

原理：测量并比较两个电容器链中的基波电流，这两个电容器链可以是同一支路中的并联链，也可以是不同支路中的链。

7.2.2 直流侧保护

直流侧保护是专门为高压直流输电系统设计的。直流侧保护包括如下项目：

1）短路保护（每个换流器一个）；

2）直流过电流保护（每个换流器一个）；

3）换相失败保护（每个换流器一个）；

4）直流谐波保护（每个换流器一个）；

5）电压应力保护（每个换流器一个）；

6）过大触发延迟角保护（每个换流器一个）；

7）直流差动保护；

8）直流过电压保护；

9）最小直流电压保护；

10）直流线路保护；

11）接地极引线开路保护。

下面对上述项目分别说明：

（1）短路保护

目的：检测换流器和阀的短路。

原理：将交流电流与直流电流做比较，当交流电流值比直流电流值大时，表示发生了短路故障。

（2）直流过电流保护

目的：检测会导致阀过应力的过电流，并作为短路保护的后备保护。

原理：该保护对直流电流的最大值和变压器阀侧电流敏感，它具有反时限特性和严重过电流时速跳特性。

（3）换相失败保护

目的：检测换相失败。

原理：将交流电流与直流电流做比较，当直流电流超额时，表示发生了换相失败。

（4）直流谐波保护

目的：换相失败保护的后备保护。

原理：滤出直流电流中的谐波，当存在交流基波电流或2次谐波电流时，表示发生了故障。

（5）电压应力保护

目的：检测换流变压器阀侧交流电压是否过高。

原理：测量换流变压器网侧交流电压，并根据分接头位置进行补偿，所测得的值与参考值进行比较。

（6）过大触发延迟角保护

目的：检测触发延迟角和关断角（α和γ）是否过大。

原理：当触发延迟角和关断角（α和γ）过大时，表示发生了故障。

（7）直流接地故障保护

目的：检测换流器直流侧的接地故障。

原理：在换流器的高压端和低压端同时测量直流电流，如果两个测量值存在差别，表示发生了接地故障。

（8）直流过电压保护

目的：检测直流线路上的过电压。

原理：测量直流线路电压和直流线路电流，当“过电压”和“电流小于最小电流指令值”同时出现时，表示发生了故障。

（9）最小直流电压保护

目的：检测永久性直流电压击穿。

原理：测量直流电压，如果直流电压太低，表示出现了故障。

（10）直流线路保护

目的：检测直流线路上的接地故障。

原理：通过直流电压分压器测量直流电压，当线路电压跌落到低于某个值时，或者当线路电压的下降速度超过某个值并且线路电压又跌落到低于某个值时，表示发生了线路故障，而保护仅仅在作为整流器运行的换流站起作用。

故障一旦被检测到，整流器就被强制移相进入逆变运行状态，从而防止其向故障点提供故障电流。当直流电流停止流动时，逆变器的电流控制系统将降低逆变器的反电压至零，以试图维持电流指令值。这样，直流线路中的电能量就被释放掉了，同时故障点的电离弧道也被清除掉。经过一定时间间隔的零电压和零电流后，整流器再重新起动。如果线路故障已经被消除，功率输送就得到恢复。但是，如果线路故障仍然存在，保护将重新动作。在一定的时间段内，经过数次不成功的重起动努力后，保护将切除受影响的整流器极。电压下降速度保护基本上是瞬时的，但其灵敏度不足以覆盖整个线路长度，因为要求该保护在变化的运行方式下不能误动。因此，电压水平值保护就为电压下降速度保护提供了后备。

（11）接地极引线开路保护

目的：在接地极引线处于开路状态时保护中性母线设备不受过电压的损害，或者避免在中性母线负荷开关打开的情况下解锁换流器。

原理：对用于限制过电压的避雷器进行检测，看它是否流过电流，如果避雷器中流过的电流超出了设定的水平，就表示发生了故障。

高压直流输电系统的保护作用包括了交流系统的保护和直流系统的保护。用于交流系统的常规保护包括换流变压器、交流滤波器、并联电容器和交流母线。直流系统的保护包括直流系统本身的保护以及解决由直流系统引起的发生在交流系统中的问题。由于直流系统的保护作用是在与控制行为相结合的基础上实现的，因此，其技术复杂度很高。直流系统的保护需要如下的控制策略：

1）保护仅仅针对故障部位进行故障诊断与排错，以使对整个系统的影响最小化。

2）对于双极系统，一个极的保护应该与另一个极的保护相互独立。由于所有高压直流输电系统使用对热非常敏感的半导体器件，它需要迅速动作以减小半导体器件（晶闸管）上的应力。

3）高压直流输电系统的部件应受到主保护和备用（第二）保护装置的保护。

4）用于系统特定部件的主保护和备用保护应当采用不同的保护原理来构成。

5）为了在清除交流系统故障后加速直流输电系统的恢复，交流侧和直流侧的保护电路应当以适当的方式相互协调。

6）当高压直流输电系统发生故障时，对交流系统会产生很大的影响。因此，应当对故障的类型进行彻底的分析，以决定是将系统停运还是起动报警。

图7-7联系HVDC系统的框图说明了高压直流输电系统的实际保护方案。下面将对每一个保护功能进行描述。

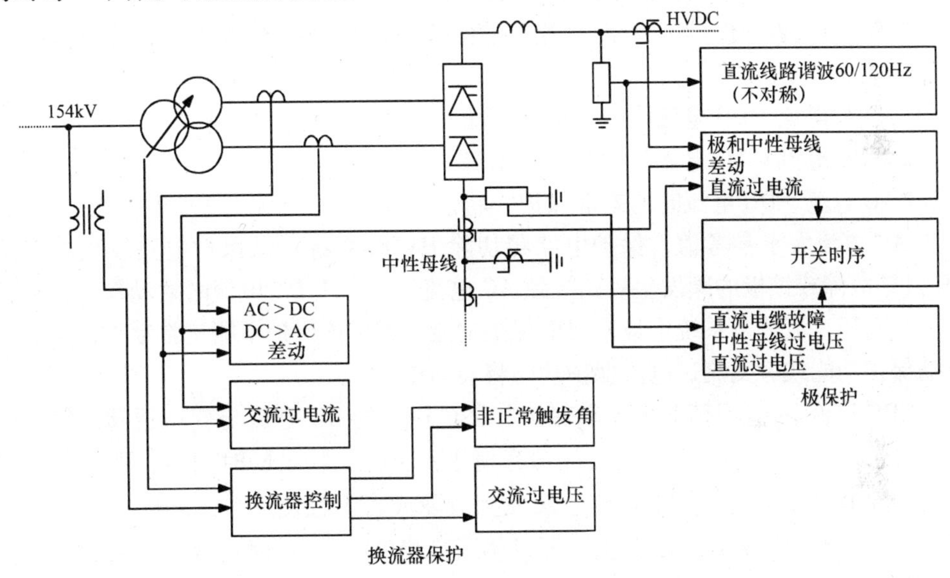

图7-7　高压直流输电系统的保护框图

不对称。不对称保护模块用于防止由交流侧的接地故障和谐振引起的谐波通过换流器并转移到直流侧，它测量直流电压并通过滤波检测任何2次谐波分量，该2次谐波分量被用来衡量系统的不对称程度。如果检测到的2次谐波持续存在一定的时间长度，那么高压直流输电系统将会自动跳闸。

直流过电压/直流过电流保护。直流过电压和直流过电流保护功能用于保护直流输电系统的各极免遭直流过电压和过电流的损害。更具体地说，直流过电压保护功能用于保护高压直流输电系统的电缆和避雷器；直流过电流保护功能用于防止晶闸管阀因过热而损坏。此外，直流过电流保护电路还配备有低电压保护功能。当由于通信线路故障引起逆变器电压异常跌落时，低电压保护功能会起作用，此外，低电压保护功能还作为直流线路持续低电压的后备保护电路。

交流过电流保护。交流过电流保护功能类似于直流过电流保护功能，它保护高压直流输电系统免受交流过电流的损害，其与直流过电流保护的差别在于，它的输入是来自三相星形和三角形联结变压器的电流，并使用其最大值作为过电流保护的判据。

交流过电压保护。交流过电压保护用来防止施加在换流阀上的电压出现过电压，它主要保护换流变压器的阀侧绕组。因为换流变压器有分接头，因此计算阀侧电压时应将网侧电压与分接头位置相结合。换句话说，该保护功能监测变压器网侧绕组的交流电压[㊀]以及分接头的位置，并计算出阀侧绕组在空载条件下的电压。如果阀侧绕组的空载电压超出参考值，它可能会使系统停运。交流过电压保护功能由三个部分组成，下面对各个部分进行描述[㊁]。

交流/直流差动保护。交流/直流差动保护功能用于保护 HVDC 系统，它具有 2 个子功能：

1）AC 电流 > DC 电流时的差动（短路）。

2）DC 电流 > AC 电流时的差动（整流/换相失败）。

“AC 电流 > DC 电流时的差动保护”将该极上的 AC 电流与 DC 电流进行比较，如果 AC 电流大于参考值，保护电路将切除 HVDC 系统。该保护电路仅仅在发生 AC 接地故障或该极的阀发生短路导致 AC 电流大大高于 DC 电流时才动作。该保护功能是高压直流输电系统中最重要的保护功能，如果该保护不能正常动作，那么极差动保护功能或者交流过电流保护功能将会动作。

“DC 电流 > AC 电流时的差动保护”将该极上的 DC 电流与变压器阀侧绕组的 AC 电流进行比较，如果 AC 电流比参考值小并维持一特定的时间段，那么保护电路将切除 HVDC 系统。如果交流系统发生故障或者阀触发失败，高压直流输电系统的功率就不能传输到交流系统（即发生了换相失败），此时逆变器被旁路。这种情况下，“DC 电流 > AC 电流时的差动保护”功能就发生作用。这种保护电路更像是控制器而不是保护器，当 DC 电流 > AC 电流的差动故障发生时，它给当前的触发延迟角 α 一个裕量，以产生一个 α 提前的控制信号。

异常触发保护。当晶闸管在大角度 α 和 γ 下运行时，施加在晶闸管阀缓冲电路上的电压非常高，此时就需要异常触发保护。此外，在大角度 α 和 γ 下运行，会增加无功功率的消耗，会使连接在弱交流系统上的 HVDC 系统运行不稳定。因此，当高压直流输电系统运行在不正常的大角度 α 和 γ 下时，此异常触发保护电路会分辨出是 HVDC 系统的控制系统还是交流系统出现了故障，从而相应地切除 HVDC 系统。

㊀ 原文误为直流电压。——译者注

㊁ 后面并没有给出这部分内容。——译者注

极差动保护。极差动保护检测 HVDC 电缆的电流 I_d和中性母线电流之差，用来确定当中性母线发生闪络或者变压器三角形绕组发生闪络或对地短路时是否停止系统运行。

直流电缆低电压保护。直流电缆低电压保护监视 HVDC 电缆的电压 U_d，可以检测到由于控制系统故障引起的低电压或者由于电缆故障引起的低电压。

中性母线过电压保护。中性母线过电压保护用于防止由于接地极引线开路或者接地极电阻异常高而引起的中性母线过电压。

接地极引线故障保护。接地极引线故障由接地极引线保护电路检测，而相应的命令也被送到极保护电路。如果接地极引线处于工作状态时发生故障，那么双极都得闭锁，并且中性母线接地开关（NBGS）闭合。接地极引线保护与 NBGS 协调动作，以防止接地极引线保护在退出运行时对接地极引线故障的清除造成干扰。

公共中性母线故障。公共中性母线故障根据一个极的中性母线电流 I_d、另一个极的中性母线电流、NBGS 电流和接地极引线电流的总和来检测，该总和应当总是为零，否则，就表示发生了故障。

NBGS 过电流保护。NBGS 过电流保护监视 NBGS 的电流，在紧急运行模式下，由于控制系统故障会导致 NBGS 过电流故障发生。

7.3 由控制行为构成的保护

高压直流输电系统是这样一个系统，它通过诸如晶闸管的半导体器件来变换直流电压和直流电流。因此，这意味着闭锁一个高压直流输电系统最经济的方式是采用控制策略。如果不这样做的话，闭锁直流电压和直流电流就是一项艰巨的任务，并可能对半导体器件造成致命的损害。在高压直流输电系统中通过控制行为来进行保护的概念可以分为正常闭锁、紧急闭锁和非紧急闭锁。

正常闭锁是这样一种闭锁方法，当由于各种原因要求系统停运或者收到对端保护发出的闭锁命令时所进行的操作，它不同于其他类型的闭锁信号，闭锁命令来自于主控制或控制台。

当上述保护机制发生作用时，它发送一个闭锁控制的信号来改变直流输电系统的控制信号。然后，非紧急闭锁信号被发送到交流断路器。逆变器和整流器采用的闭锁机制是不同的。逆变器执行旁路操作，而整流器执行强制滞后移相操作。

当高压直流输电系统出现故障时，紧急闭锁命令立刻闭锁 HVDC 系统，紧急闭锁是由闭锁 D 信号执行的。

图 7-8 展示了 HVDC 系统的闭锁操作。它说明了当一个正常、非紧急或紧急闭锁信号出现在逆变器和整流器上时，关闭 HVDC 系统的控制行为的时序图。图 7-8 中的线路放电运行是这样一种控制行为，它考虑了当系统刚刚起动时直流输电线路的充电电流。

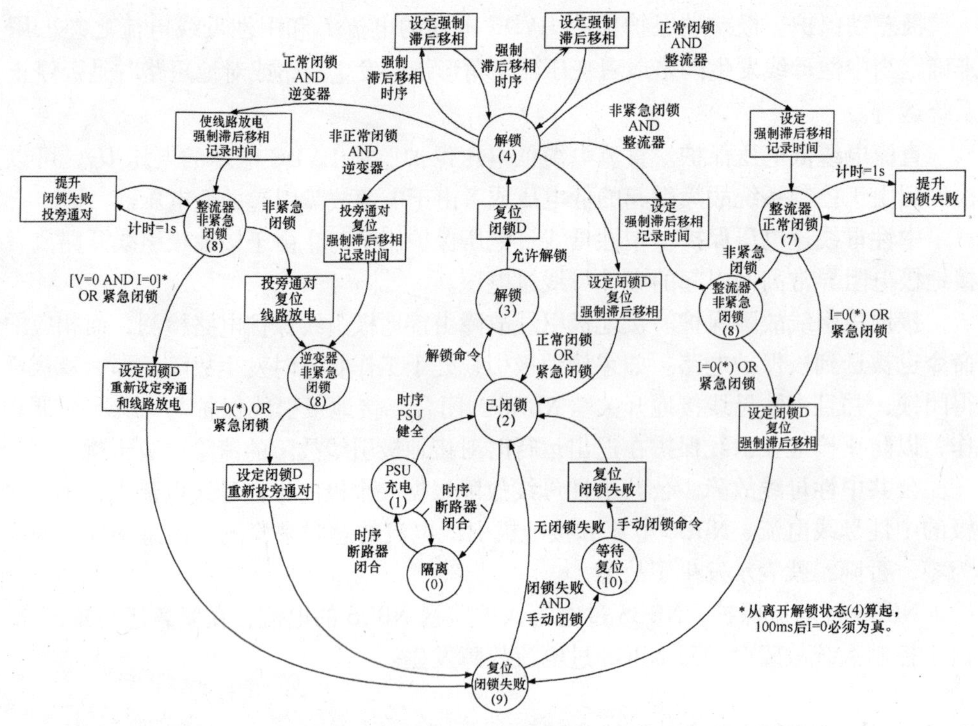

图 7-8　闭锁时序图

如图 7-9 所示，强制滞后移相信号是一个作用于整流器的信号。为了使 HVDC 系统停运，整流器执行强制滞后移相操作，而逆变器执行旁路操作。强制滞后移相信号的作用是将触发延迟角 α 移到逆变运行区域，以使整流器按逆变方式运行。这样，整流器就可以像逆变器那样从 HVDC 系统抽取能量。

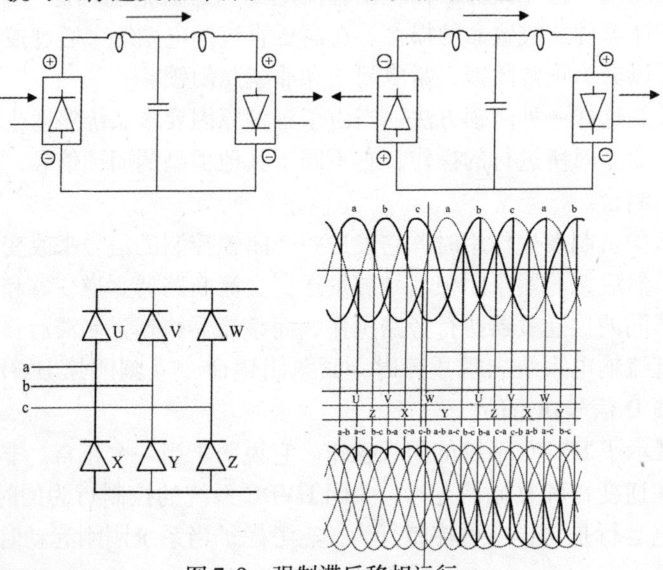

图 7-9　强制滞后移相运行

旁路使逆变器中的电流通过直流线路进行循环，而不是送到交流系统，因此旁路可以看作是人工的换相失败，如图 7-10 所示。

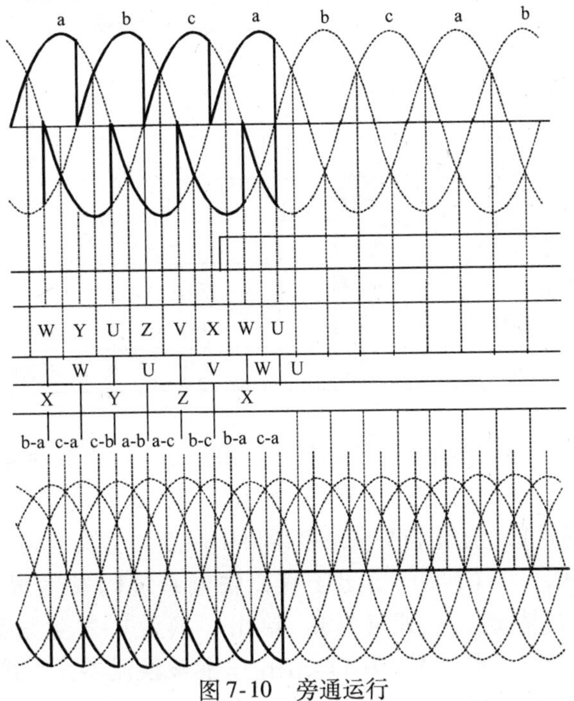

图 7-10　旁通运行

闭锁 D 信号被用来立刻闭锁晶闸管阀。由于整流器的晶闸管阀被闭锁，因此没有功率从该整流器送出。但是，在逆变器侧，电压按 60Hz 频率振荡衰减，如图 7-11 所示。

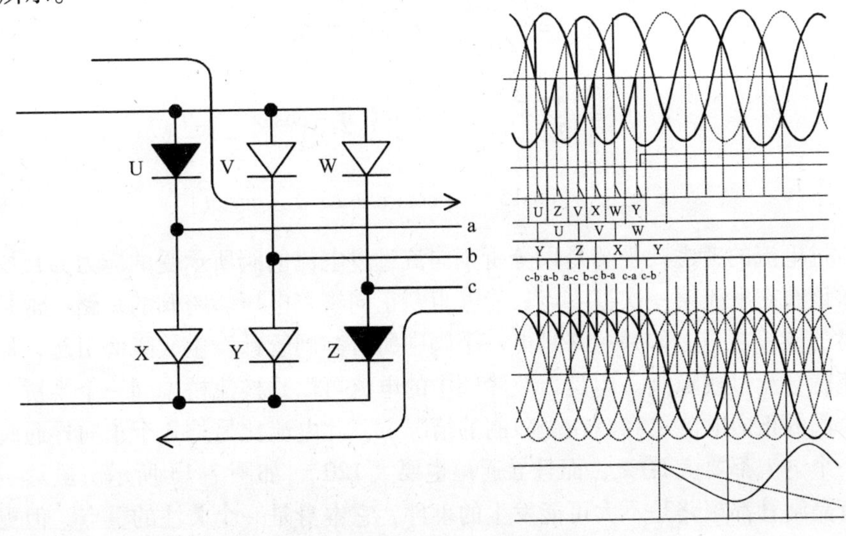

图 7-11　闭锁 D 运行

表7-1给出了由于保护功能的作用而确定的 α 角的最大值 α_{max} 和最小值 α_{min}，分别对应于HVDC系统正常、紧急和非紧急闭锁时的控制行为。

表7-1 由保护功能决定的 α 角的最大/最小值

闭锁D	强制滞后移相	整流器/逆变器	换相失败	线路放电	α_{min} (°)
动作	×	×	×	×	140
不动作	动作	×	×	×	140
不动作	不动作	整流器	×	×	2
不动作	不动作	逆变器	×	动作	80
不动作	不动作	逆变器	不动作	不动作	100
不动作	不动作	逆变器	动作	不动作	70
不动作	不动作	逆变器	动作	不动作	(α_{max}，130)

直流输电系统中的故障电流。当HVDC系统发生短路或接地故障时，系统中流过的故障电流如式（7-1）~式（7-4）所示，且各式对应了图7-12中描述的一种故障类型。式（7-1）给出了Y联结变压器中性点发生接地故障时（见图7-12a）的故障电流表达式；式（7-2）给出了直流输电系统阀发生短路故障时（见图7-12b）的故障电流表达式；式（7-3）给出了换流桥发生短路故障时（见图7-12c）的故障电流表达式；式（7-4）给出12脉波换流器发生接地故障时（见图7-12d）的故障电流表达式。

$$i=\frac{U_{V0}\sqrt{2}}{2X_c\sqrt{3}}[\cos(\alpha+30°)-\cos\omega t] \tag{7-1}$$

$$i=\frac{U_{V0}\sqrt{2}}{2X_c}(\cos\alpha-\cos\omega t) \tag{7-2}$$

$$i=\frac{U_{V0}\sqrt{2}}{2X_c}[\cos(\alpha+60°)-\cos\omega t] \tag{7-3}$$

$$i=\frac{U_{V0}}{2X_c}(\cos15°)[\cos(\alpha+75°)-\cos\omega t] \tag{7-4}$$

对过电流的考虑几乎总是以分析正向流过过电流的阀所承受的应力为目标，因为要求该阀在电流第一次过零点后能够阻断正向恢复电压。跨阀的短路通常是设计所针对的故障之一。如果短路是由一个阀中所有晶闸管都发生故障而引起，那么故障电流就会流过故障阀。但是，故障阀中的电流可以是换流桥中同一个半桥中的另外2个阀的正向电流之和。在受限制的情况下，此电流比另外2个正向导通阀中的任意一个电流都要大50%，而且导通角也要大120°，如图7-13所示。虽然一个阀中所有晶闸管都短路是不大可能发生的事件，它本身是一个关注的重点，但更主要的是，大于正常值3倍的热负载和大于正常值2倍的电动力会导致阀电抗器、主母

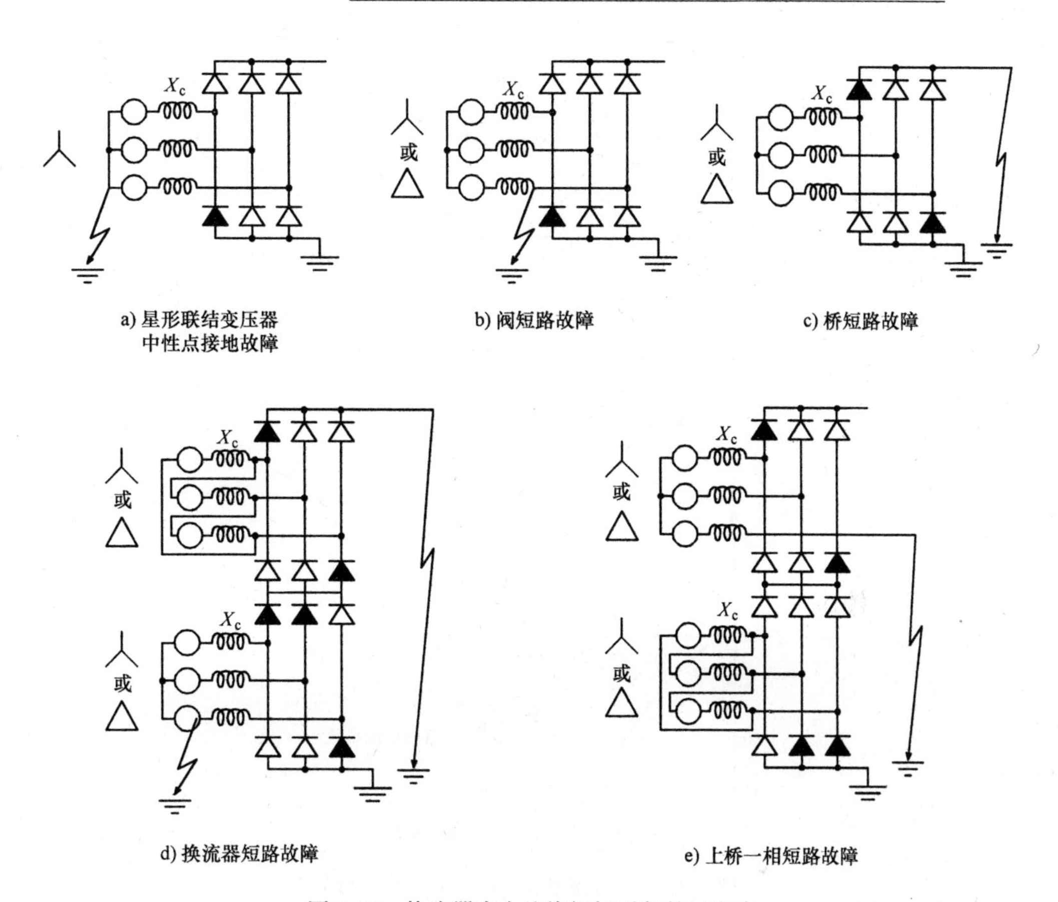

图 7-12　换流器内由绝缘损坏引起的过电流

线、连接件或其他与主电路支撑相关设备的损坏，同时对所有必须承受短路力作用的部件造成损坏，如果这些部件在设计时没有考虑这种情况，如图 7-14 和图 7-15 所示。

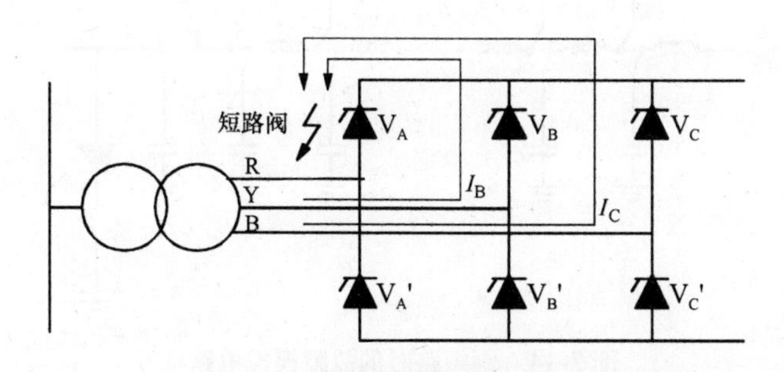

图 7-13　短路阀中典型的故障电流

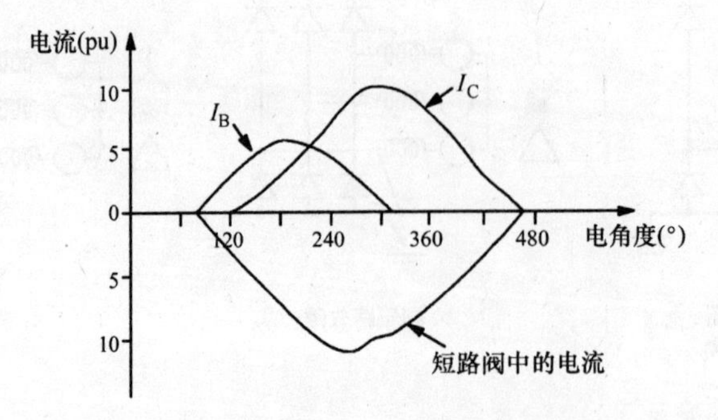

a）正常故障闭锁未能停止阀BC导通

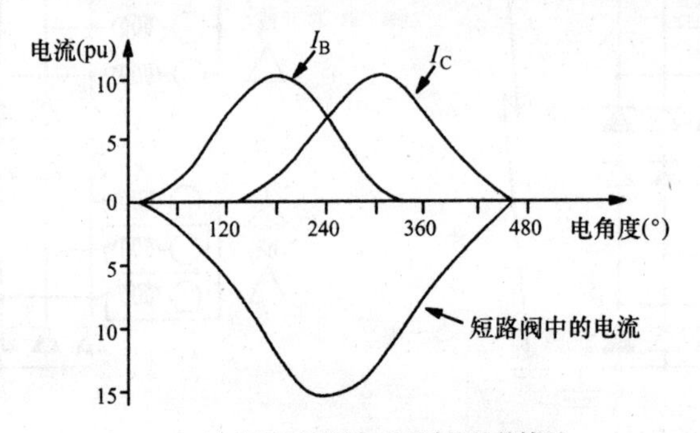

b）阀BC闭锁被延迟时的最差情况

图 7-13　短路阀中典型的故障电流（续）

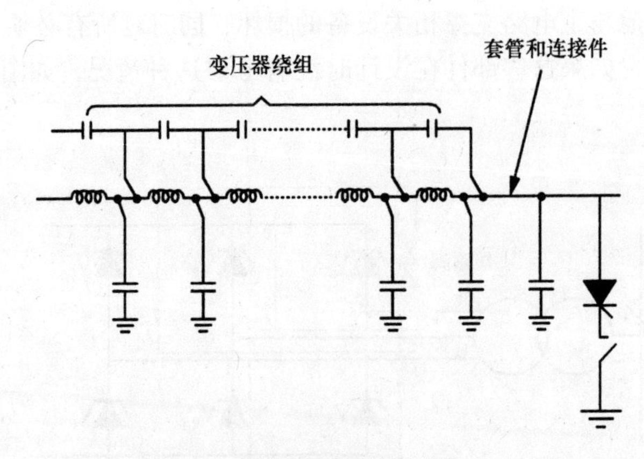

图 7-14　阀短路时的故障模拟电路

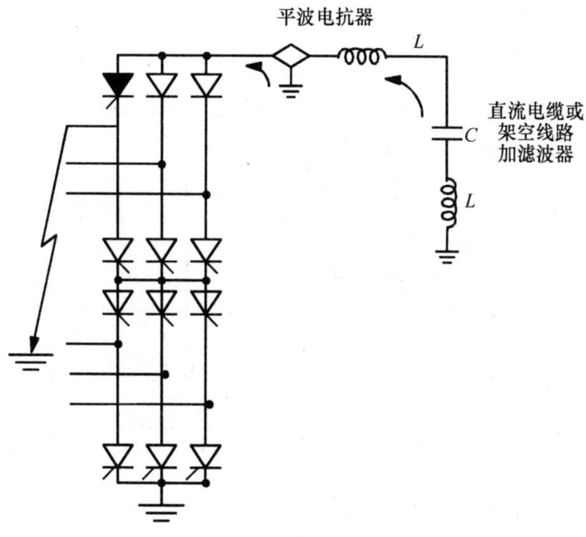

图 7-15　阀短路时的故障现象

7.4　故障分析

12 脉波直流输电系统的触发信号故障。图 7-16 展示了由 12 脉波 HVDC 系统

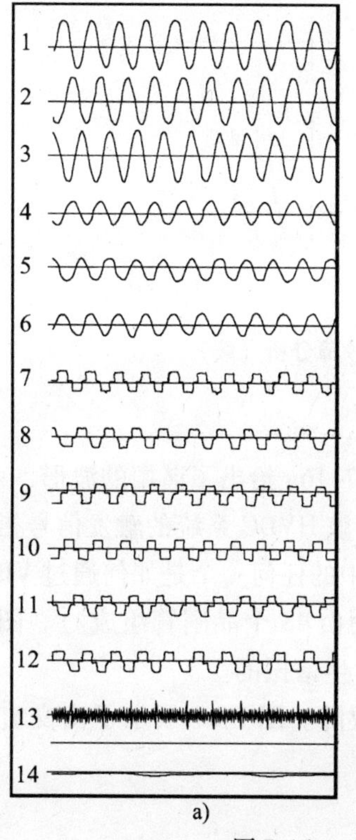

a)

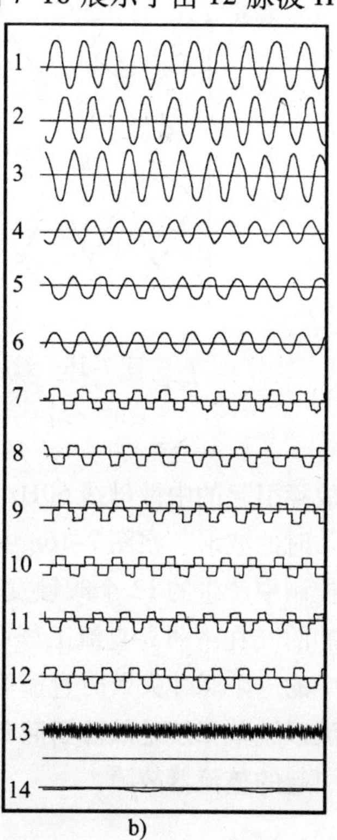

b)

图 7-16　对应阀故障的故障分析

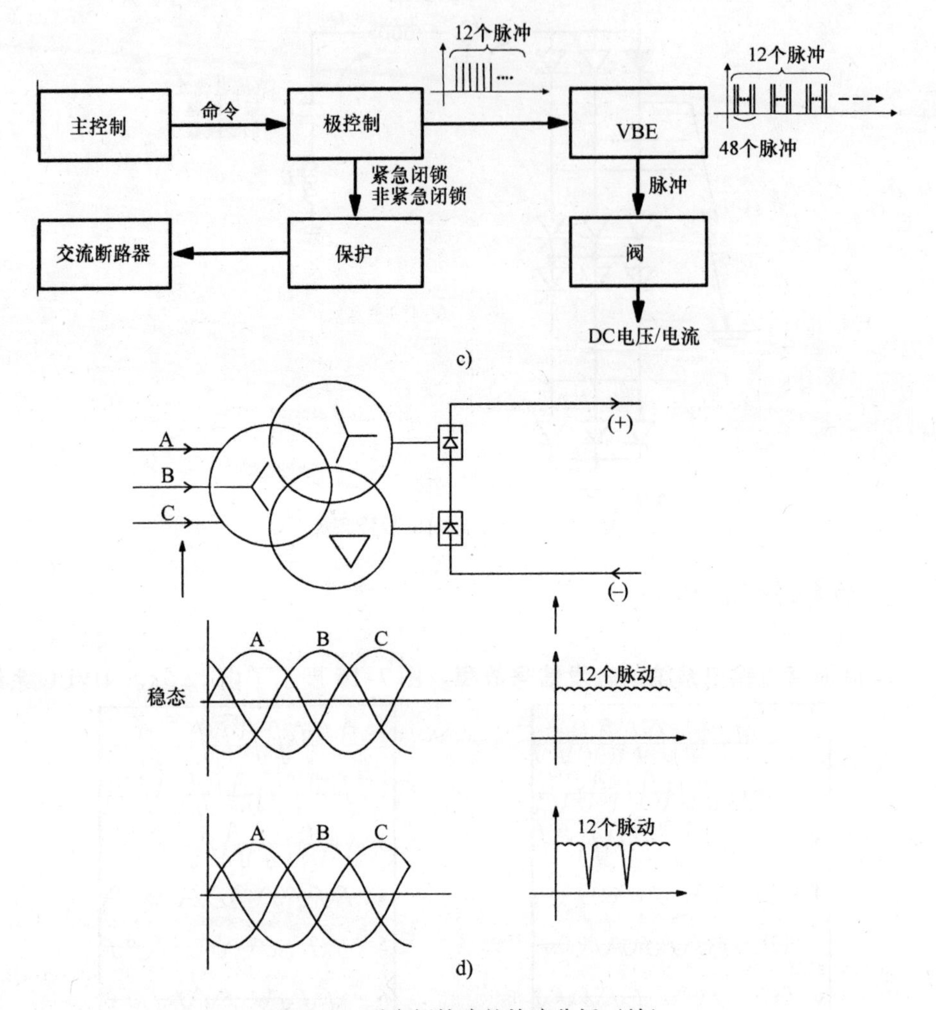

图 7-16 对应阀故障的故障分析（续）

触发信号故障引起的中性母线 60Hz 谐振。图 7-16a 给出了谐振的波形，而图7-16b 给出了正常时的波形。在图 7-16c 中，展示了该 HVDC 系统的触发信号指令，用于说明从极控制中产生的 12 个阀触发脉冲信号中的任何一个是如何通过 VBE 生成 48 个触发脉冲的（在济州岛直流工程中，一个阀由 48 个晶闸管组成。）。图 7-16d 展示了当其中的一个脉冲失效时直流侧是怎样产生谐振的。

由交流系统单相接地故障引起的整流器故障。图 7-17 展示了由交流系统单相接地故障引起的整流器故障。

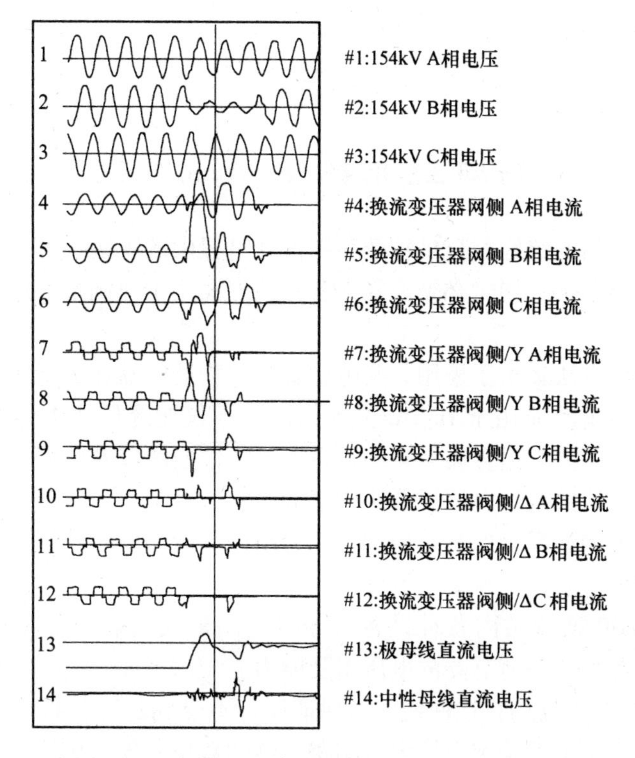

图 7-17　交流电网单相故障时 HVDC 系统特征波形

参考文献

[1] Whitehouse, R.S. (1993) Protecting a HVDC link against accidental isolation from its receiving AC system. *IEEE Transactions on Power Delivery*, **8**(3), 1586–1590.

[2] Hagiwara, M., Fujita, H. and Akagi, H. (2003) Performance of a self-commutated BTB HVDC link system under a single-line-to-ground fault condition. *IEEE Transactions on Power Electronics*, **18**(1), Part 1, 278–285.

[3] Takeda, H., Ayakawa, H., Tsumenaga, M. and Sanpei, M. (1995) New protection method for HVDC lines including cables. *IEEE Transactions on Power Delivery*, **10**(4), 2035–2039.

[4] Shultz, R.D. and Gonzales, R.F. (1986) Operating characteristics of an HVDC multiterminal transmission line under single-pole faulted conditions and high resistance earth return. *Electric Power Systems Research*, **10**(2), 103–111.

[5] Huang, J., Wang, L. and Chi (Q.), Z. (1989) A quasi-steady state model of a DC transmission system under an unsymmetrical fault in the AC system. *International Journal of Electrical Power and Energy Systems*, **11**(4), 293–295.

[6] Arifoglu, U. (2003) The power flow algorithm for balanced and unbalanced bipolar multiterminal ac–dc systems. *Electric Power Systems Research*, **64**(3), 239–246.

[7] Lu, W. and Ooi, B.-T. (2003) DC overvoltage control during loss of converter in multiterminal voltage-source converter-based HVDC (M-VSC-HVDC). *IEEE Transactions on Power Delivery*, **18**(3), 915–920.

[8] Dewe, M.B., Sankar, S. and Arrillaga, J. (1993) The application of satellite time references to HVDC fault location. *IEEE Transactions on Power Delivery*, **8**(3), 1295–1302.

第8章　高压直流输电系统的绝缘配合

高压直流换流站的绝缘配合是整个系统设计过程中的关键一环，系统各部件的绝缘水平必须确定下来，同时必须建立一套保护方案用于对满足上述绝缘水平的设备进行保护。

本章所阐述的方法集中于采用无间隙金属氧化物避雷器作为绝缘保护的主要设备。这种类型的避雷器应用于 HVDC 换流站时，不仅能降低成本，而且能提高性能。本章所述方法需要知道金属氧化物避雷器的特性曲线以及金属氧化物避雷器在从系统电压到过电压的各种电压波形作用下的性能。

高压直流输电绝缘配合的基本原则。作为高压直流输电系统设计过程中的重要一环，进行绝缘配合研究具有 2 个目标：

1）确定 HVDC 换流站内各种设备会经受到的最大稳态、暂时和暂态电压水平，并基此确定各种设备所需要的电压耐受能力。

2）确定保护避雷器的特性曲线，以保证设备不受到超出其特定保护水平的过电压的损害。这不仅涉及确定系统内所用避雷器的数量和安装位置，而且应涉及确定各个避雷器的保护需求和持续时间。

从方法论和原理上来讲，高压直流换流站的绝缘配合与交流变电站的绝缘配合相似。其差别主要在于如下几点：①电路拓扑不同，涉及非接地端子之间避雷器的串联；②HVDC 控制系统与电力系统之间复杂的相互作用；③存在大容量的无功电源和谐波滤波器。结构上的差别加上换流站总体成本对所选定的绝缘水平的高度敏感性，要求我们对整个系统的性能以及避雷器的选择有深度的了解。

8.1　避雷器

金属氧化物避雷器[7]。这种基于锌、铋和钴的氧化物的活性陶瓷材料可以被用来制造在电流大范围变化时具有高度非线性（$I = cV^{\alpha}$，其中 $\alpha > 20$）的电阻器。采用这种电阻器，可以设计出电流 - 电压特性曲线接近于理想的避雷器。此种材料的电气特性使得避雷器可以省去串联连接的电弧间隙，因此能够生产出固态的避雷器，适用于直至最高电压的系统保护。为了增大避雷器的能量吸收容量，也可以将数个盘状避雷器进行并联。这些电阻器的最重要特性是其电流 - 电压特性曲线，图 8-2㊀展示了一个直径为 80mm、厚度为 32mm 的盘状避雷器的电流 - 电压特性曲线。

㊀ 原文误为图 8-1b。——译者注

图 8-1a[⊖]给出了一个现代磁吹式避雷器单元的示意图。其主要部件，即非线性电阻元件 R_a 和火花间隙 E，被置于一个密封的瓷壳中；舌状火花间隙的电极被嵌入到盘状腔体 K 中；受到火花间隙形状影响的电弧起始点的移动，防止了电极的局部过热和严重蚀损。在正常运行条件下，流过均压电阻器 R_s 的控制电流 i_0，保证了电压在避雷器元件上的几乎均匀分布。随着电流的快速变化，放电趋于结束，此时会有一个续流产生，该电流基本上取决于系统电压和放电电阻器的阻值。吹弧线圈对变化缓慢的续流并不表现出大的阻抗，因此该电流会从电阻 R_b 转移到吹弧线圈。当电流流过吹弧线圈时，会产生一个很强的磁场，并且该磁场充满整个火花间隙。这使得电弧 L 被拉住并使其伸长，从而建立起一个很高的弧压 u_L，这个弧压有助于续流的熄灭，甚至不用达到其自然过零点。

在图 8-1 中，（I）是避雷器的电压和电流，（II）和（V）是正常运行状况，（III）是浪涌电流通过，（IV）是续流通过。此外，N_p 为保证的保护水平，U_a 为火花放电电压，U_p 为分流时的残余电压，U_s 为浪涌电压，U 为避雷器组的使用电压，U_{R_a}为熄弧过程中电阻 R_a 两端的压降，U_L 为熄弧过程中电弧电压，i_A 为浪涌电流，i_N 为续流，i_s 为控制电流，R_b 为旁路电阻，R_s 为均压电阻。

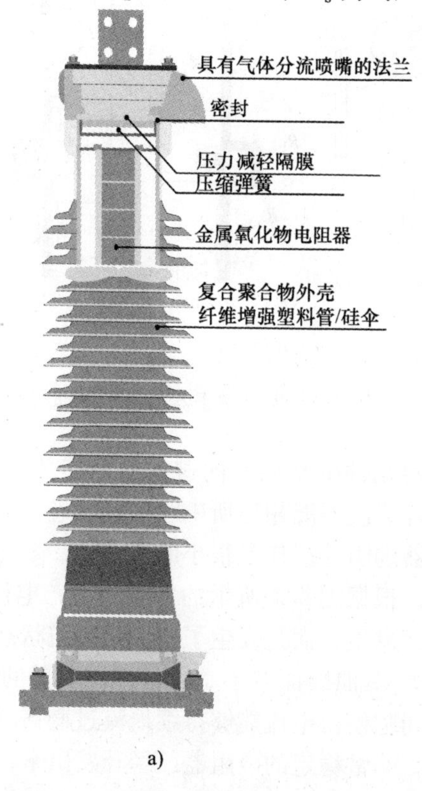

a)

图 8-1　磁吹避雷器的运行原理

⊖ 原文误为图 8-2a。——译者注

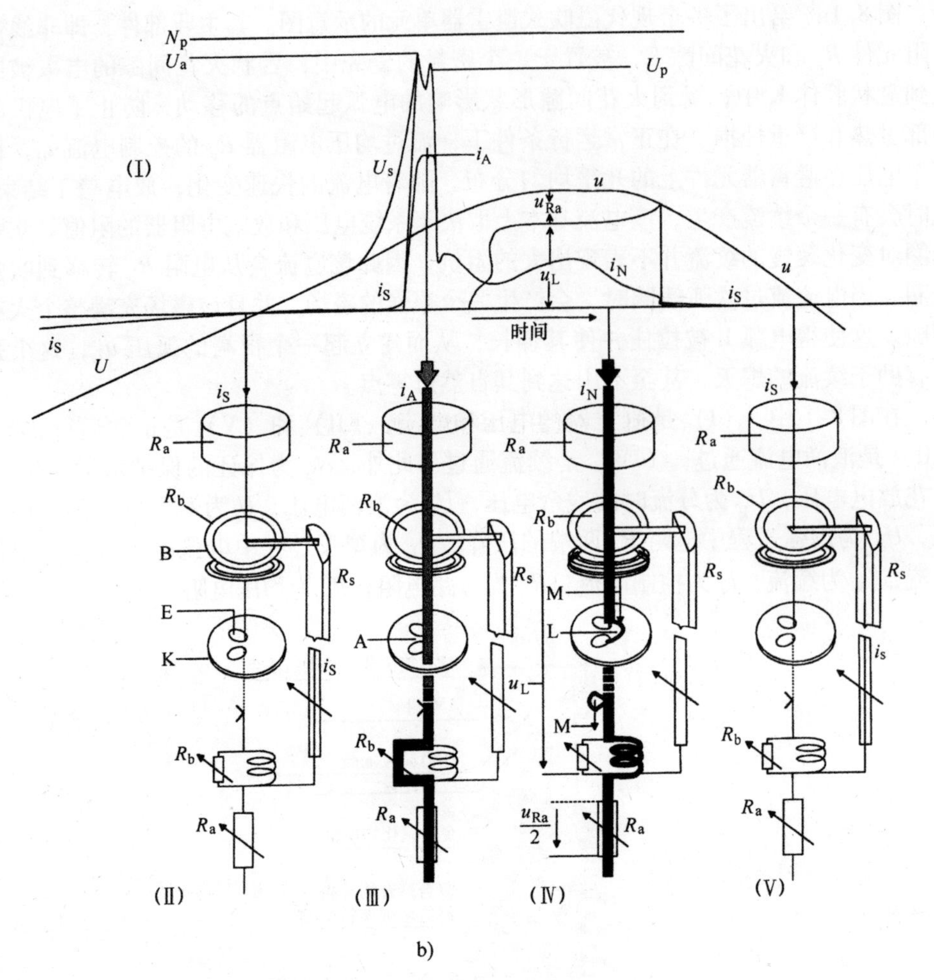

图 8-1　磁吹避雷器的运行原理（续）

由多个盘状避雷器元件串联构成的避雷器，其尺寸是这么确定的，正常运行时，相地之间电压的峰值决不能超出所串联的盘状避雷器元件的参考电压之和。因此，正常运行时避雷器的阻性损耗是很小的。

当过电压发生时，根据图 8-2 所示的特性曲线，电流会随着波前无延迟上升。避雷器内部并没有击穿发生，而是发生了一个向导通状态的持续转移。在电压暂态结束时，电流将按照 $I-V$ 曲线而减小。氧化锌避雷器的一个突出优势是其结构简单，但是，去掉火花间隙使得电流能够持续地流过避雷器，因此，理论上热失控的危险是存在的。然而，非常稳定的电阻器已经开发出来，因此这种担心几乎可以消除。此外，去掉火花间隙使得均压系统不再必要。在正常运行电压下，当流过的电流在 0.5～1mA 范围内时，氧化锌避雷器本身具有自调节能力，因而即使在污秽条件下也能可靠地运行。氧化锌避雷器的 $I-V$ 曲线极其稳定，能够保证其整个寿命期内损耗恒定以及保护水平恒定。

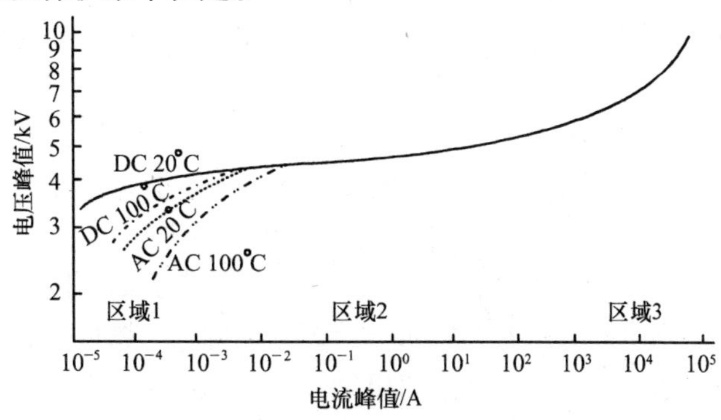

图 8-2　避雷器的电流 - 电压特性曲线

8.2　高压直流换流站内避雷器的功能

为了简化绝缘配合的过程，高压直流输电换流站被分为如下三个区域：

1）交流场：换流站内的交流开关设备，包括换流变压器的电网侧绕组。

2）阀厅：换流站的一个部分，除了阀之外，还包括换流变压器的阀侧绕组、平波电抗器和中性线穿墙套管。

3）直流场：从平波电抗器和中性线穿墙套管向直流线路和接地极引线侧扩展，包括直流开关设备。

交流电网中的暂时过电压是由开关事件触发的，但主要源于故障及其清除，特别是在甩负荷过程中，其幅值取决于多个参数。当换流站交流母线的短路比（SCR）很低时，由于直流输电系统甩负荷引起的暂时过电压特别明显。此种类型的过电压阻尼很轻，可以持续很多个周波甚至数秒，会引起变压器饱和并导致严重的电压波形畸变，当系统存在谐振，例如 2 次谐波谐振时，电压波形畸变会被显著放大。

暂态过电压是由换流站的交流侧或直流侧的暂态事件引起的，典型的形式是操作冲击、雷电冲击和陡波前冲击。

交流母线避雷器。在交流线路离开换流站的点上必须安装避雷器，并且尽量靠近变压器的电网侧套管，其作用是针对雷击过电压和操作过电压进行保护，同时也对“快速暂态”过电压进行保护，“快速暂态”过电压通常出现在 SF_6 绝缘的组合式开关设备中。

持续运行电压。正常运行时交流母线上的电压基本上是正弦交流波形，它们应按照交流技术的相应规则进行计算。

暂时过电压。换流站交流母线上的暂时过电压在直流输电换流器闭锁造成

100%甩负荷时达到其最大值，它是由交流滤波器和并联电容器组的剩余无功功率引起的，特别是在系统短路比很低时，过电压会很高，导致变压器饱和及电压波形畸变。

暂态过电压。交流电网中高压线路的合闸以及故障清除后的重合闸会在线路的开路端造成非常高的过电压，而在电源侧，操作过电压要小得多，通常小于1.8pu。

当交流滤波器或并联电容器组投入时，由于充电电流的原因起先会有一个电压跌落，通常，电压跌落后紧跟着的就是一个振荡过电压，振荡一般会在数个周波后衰减掉。如果电容器的初始状态是已放电的（控制措施必须保证这一点），过电压的峰值通常会小于1.8pu。

在发生单相对地故障的初始瞬间，非故障相上会出现操作过电压。对于直接接地系统，即HVDC换流站通常所接入的交流系统，这种类型的过电压通常保持在1.4pu以下，并且主要发生在零序系统中。

阀避雷器。阀避雷器的主要功能是保护对应的晶闸管阀免受过电压应力的损害，而不管过电压的起源是什么。阀避雷器的保护水平以及阀的保护性触发（在晶闸管导通方向上有效），决定了阀的电压额定值。

阀避雷器的持续运行电压。阀避雷器的持续运行电压由直流电压分量、基频交流电压分量和高频分量组成。在离散时间点上叠加在电压曲线上的换相过冲应特别注意，这些过冲是强阻尼的高频振荡，其振幅在很大程度上取决于触发延迟角 α 和换相角 μ。该电压的幅值（CCOV）与六脉波桥的理想空载直流电压成正比，因此必须考虑运行时的最大桥电压。直流电压分量基本上取决于换流器控制角，即触发延迟角 α；直流电压分量的变化范围在0（当 $\alpha+\mu/2=90^\circ$）和约0.45 CCOV（当 $\alpha=0$）之间。换相时的振荡取决于换相电路的漏电容和缓冲电路的 RC 阻尼以及运行参数（α 和 μ），并在 $\alpha+\mu=90^\circ$ 时，振荡达到最大值。

桥避雷器。此避雷器用于防止下桥的保护水平在空载时攀升到两个串联避雷器的值，在换流器运行时，每个换流组中至少有一个阀是导通的，从而旁通了相对应的V型避雷器。

桥避雷器的持续运行电压。正常运行时六脉波桥直流端口上的电压是很低的，这也是桥避雷器的电压。该避雷器的持续运行电压幅值几乎与阀避雷器的相同，但是其电压曲线是有根本差别的。该电压曲线由直流电压叠加一个高频交流电压分量组成，没有基频分量，而换相过冲幅值是与阀避雷器相同的。

阀组避雷器。阀组避雷器的目的是保护换流站内一个极上的阀组免受来自于直流侧的行波的损害。在很多情况下，阀组避雷器可以省略，特别是当平波电抗器紧靠阀厅时，此时一个穿墙套管伸入阀厅，而平波电抗器上有一个并联的R型避雷器。

阀组避雷器持续运行电压。当直流输电换流站采用两个阀组串联构成一极时，阀组避雷器并联在各阀组的直流端口上。如果换流站仅仅由一个阀组构成一极，阀组避雷器也可以接到换流站的接地网上。高频交流电压分量以及换相过冲与桥避雷器的情况是相同的，但是相对于直流电压分量来说，其幅值减半而发生频率加倍。

直流母线避雷器。直流母线避雷器的目的是保护 HVDC 换流站的直流侧设备免受过电压的损害。对于物理上分散布置的直流开关设备，必须配备空间上分散布置的直流母线避雷器，以确保换流站直流侧雷电保护的可靠性。避雷器的费用可以控制在一定的范围内，因为就操作过电压的能量吸收容量来说，所有直流母线避雷器可以看作是并联连接的，而操作过电压的能量吸收容量是决定避雷器尺寸的主要因素。

直流母线避雷器的暂时过电压。高压直流换流站直流侧的暂时过电压主要由换流器的控制器故障所引起。这至少适用于每个换流器配备有一个直流电压调节器或者准备进行限制调节的情形。这里给出 2 个换流器控制故障的例子：

1）在逆变器阀仍然闭锁的情况下整流站直流电压快速上升，特别对于电缆输电系统，由平波电抗器电感与电缆电容的相互作用会导致大于 2pu 的过电压发生。

2）逆变器的闭锁或失去触发脉冲而伴随着仍然具有直流电流流通，会导致与 1）类似的结果。

直流母线避雷器的暂态过电压。在点对点或背靠背高压直流系统中，没有配置直流断路器。尽管如此，在当前的高压直流系统中，仍然存在由直流侧事件引起的操作过电压，包括如下情况：

1）高压直流输电线路对地故障；
2）换流站一极的接地故障；
3）直流滤波器的投切；
4）换流器故障。

直流线路避雷器。直流线路避雷器保护高压直流换流站的直流部分免受陡波前电压行波的入侵，这些陡波前行波是由雷电直接击中高压直流架空线路或者雷电击中杆塔及附近区域造成的反击闪络所引起。通常假定离开换流站的起初几个档距设置了双避雷线以保护线路不被大电流雷电直接击中，因为来自较远距离的雷击过电压在其抵达换流站时其波前已在一定程度上被削平，采用线路避雷器再结合平波电抗器以及直流滤波器已能保证对雷击过电压进行有效的限制。

直流线路避雷器持续运行电压。直流线路避雷器和直流母线避雷器的持续运行电压可以看作为纯直流电压，其幅值取决于换流器的直流电压调节特性。对于平波电抗器上跨接避雷器的情况，此时存在多频率的交流电压，而以 12 次谐波电压为主，该电压与暂态电压相比（$L\mathrm{d}i/\mathrm{d}t$）是很小的，暂态电压在故障时发生，并决定了该避雷器的尺寸。尽管如此，由于相对较高频率谐波引起的容性避雷器电流的作用，对持续运行电压的定义可能有重大影响。为此，必须分析各种可能的持续运行状态，以确定最不利条件下平波电抗器上会产生的谐波电压。这些谐波电压由如下

2 个因素决定：①作为电压源的换流器；②由平波电抗器电感、直流滤波电路和直流输电线路构成的谐波阻抗。

中性母线避雷器。中性母线避雷器保护接在换流站中性母线上和接地极引线入口处的所有元件，免遭由于各种原因产生的过电压的损害。接地极引线遭受直接雷击必须被考虑成经常发生的事件，特别是当接地极引线被用作为换流站出口若干千米内 HVDC 架空线路的避雷线时。

引起换流站中性母线过电压的另一种故障情况是换流器直流极母线发生接地故障或者阀区域内发生闪络。因为对于毫秒级范围内的事件，接地极引线和接地极与有效地之间的连接阻抗呈现出很高的值，因而如果没有 E 型避雷器保护的话，会导致中性母线的电位达到非常高的值。这样，E 型避雷器的残压就决定了与换流站中性母线相接的所有设备和部件的绝缘水平。

正常运行时，E 型避雷器的电压是很低的，即使在“金属回线”情况下也是如此，但是在故障情况下必须吸收的能量通常是很大的。

与 CB 型避雷器的情况类似，E 型避雷器也可以被划分成数个空间上分离的单元，以保护设备免受陡波前过电压的损害。

中性母线避雷器持续运行电压。中性母线避雷器的持续运行电压可以忽略，并且对其尺寸的确定没有影响。

平波电抗器避雷器。在某些早期的 HVDC 系统中，针对平波电抗器两侧发生的反极性暂态电压，采用 R 型避雷器来限制其绕组上的过电压。但是，由于这样做削弱了对来自 HVDC 架空线路入侵波的保护，因而大多数系统不再采用 R 型避雷器。但这种情况下，平波电抗器绕组上的绝缘水平必须按照 DB 型避雷器和 CB 型避雷器的保护水平之和进行设定。

表 8-1 所示的矩阵总结了 HVDC 系统绝缘配合设计中需要考虑的主要事件，它们按垂直方向排在矩阵的左侧，矩阵的元素表示了特定事件对于特定设备及其对应避雷器的重要性。此外，还给出了采用简化等效电路模型进行仿真或者采用完整系统模型进行仿真的推荐意见。这些意见是指导性的，特定的工程应根据工程的具体需求进行评估。

表 8-1　过电压事件总结

事　件	交流母线	交流滤波器	阀	中性母线	极母线	平波电抗器	直流滤波器	直流线路	研究需用的模型类型
来自交流侧的雷击	×	×	—	—	—	—	—	—	等效
来自交流侧的操作冲击	×	×	×	×	—	—	—	—	等效
交流滤波器投切	×	×	—	—	—	—	—	—	等效
甩负荷	×	×	×	—	—	—	—	—	完整
交流母线故障	—	×	×	—	—	—	×	×	两者皆可

（续）

事　　件	交流母线	交流滤波器	阀	中性母线	极母线	平波电抗器	直流滤波器	直流线路	研究需用的模型类型
变压器阀侧绕组接地故障	—	—	×	×	—	—	—	—	等效
直流母线故障	—	—	—	×	—	—	—	—	等效
来自直流侧的雷击	—	—	—	×	×	×	×	×	等效
来自直流侧的操作冲击	—	—	—	—	×	×	—	×	完整
直流滤波器投切	—	—	—	—	×	×	—	×	等效
直流线路故障	—	—	—	×	—	—	×	×	等效
接地极引线断开	—	—	—	×	—	—	—	—	等效
换相暂态	—	—	×	—	—	—	—	—	等效
逆变器旁通	—	—	—	×	—	—	—	—	完整
感应交流	—	—	—	×	—	—	×	—	等效

基于对各种过电压事件的经验和了解，换流站内避雷器的安装位置已具有相当一致性。图8-3所示的单线图给出了过去20年间HVDC系统中所用避雷器的安装位置。如图8-3所示，每个电压等级以及接在此电压等级上的设备都得到了保护。

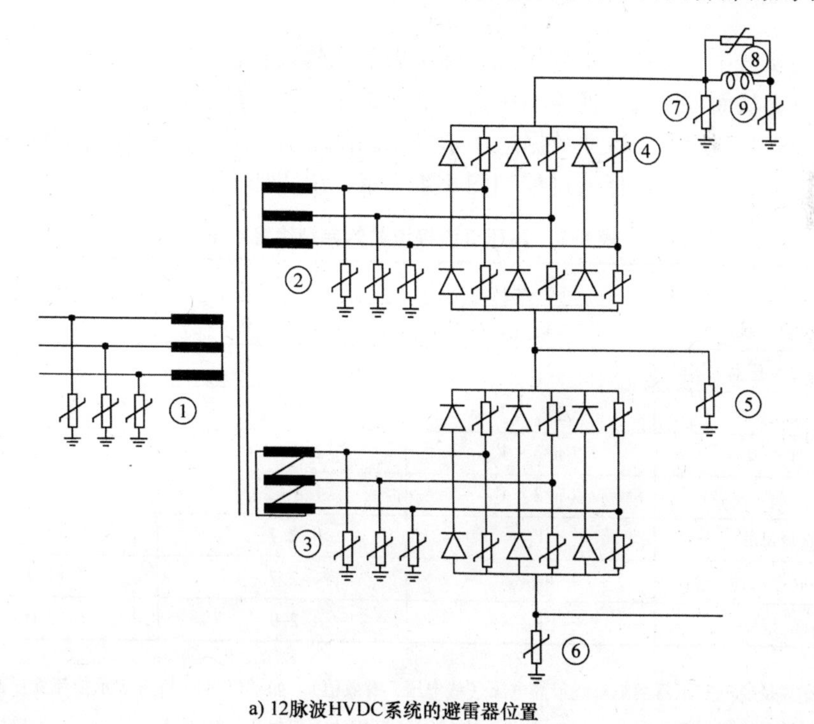

a) 12脉波HVDC系统的避雷器位置

图　8-3

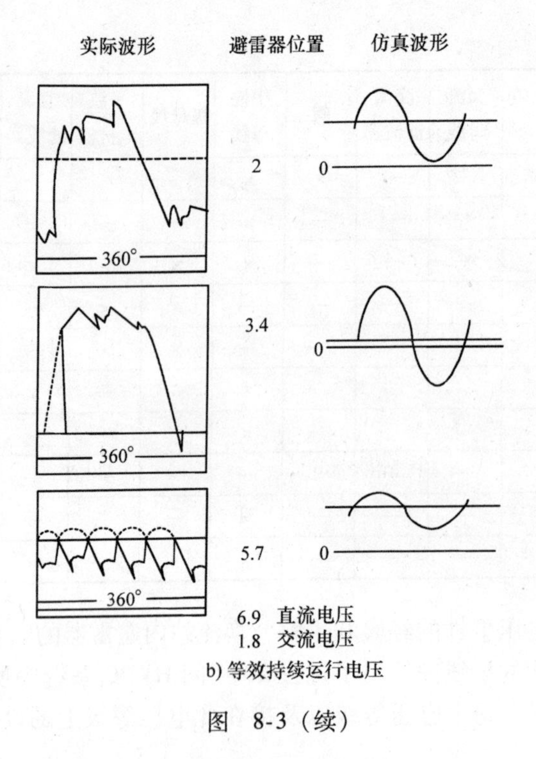

b) 等效持续运行电压

图 8-3（续）

在目前的实践中，设计者正利用无间隙金属氧化物避雷器的优势，将其进行并联或串联运行，从而可以减少换流站中避雷器的数量。典型的避雷器位置和绝缘水平如图 8-3 和表 8-2 所示。这些数据适用于采用晶闸管阀和无间隙金属氧化物避雷器的现代换流站。避雷器选择的过程如图 8-4 所示，说明如下：

表 8-2 高压直流换流站的典型绝缘水平

位置	基准电压	BIL（pu）	BSL（pu）
交流系统	$(\sqrt{2}V_{L-L})/\sqrt{3}$	2.8～4.0	2.4～3.5
换流变压器	—	—	—
交流侧	$(\sqrt{2}V_{L-L})/\sqrt{3}$	2.8～4.0	2.4～3.5
直流侧	$(\pi/3)\ V_{d0}$	2.8～4.0	2.4～3.5
阀	$(\pi/3)\ V_{d0}$	1.8～2.2	1.8～2.2
直流母线	V_{DC}	2.7	2.2
中间点母线	$V_{DC}/2$	2.7	2.2
直流线路	V_{DC}	2.9	2.0

注：V_{L-L}是换流变压器网侧母线最高电压（线电压，有效值）。如果仍然用V_{L-L}表示换流变压器的阀侧线电压，则存在如下关系：$V_{L-L}=\pi V_{d0}/3\sqrt{2}$，其中，$V_{d0}$为桥的空载电压，$V_{d0}=1.2V_{DC}/n$，$n$为单极中 6 脉波桥的个数。

1）决定避雷器的位置；

2）计算绝缘目标设备的参考电压；

3）计算阀的最大持续运行电压（MCOV）；

4）基于计算所得的 MCOV，选择一种类型的避雷器；

5）计算雷电冲击和操作冲击下的电流；

6）计算受保护目标设备的基本绝缘水平（BIL）和基准操作绝缘水平（BSL）；

7）计算雷电冲击和操作冲击的保护裕度。

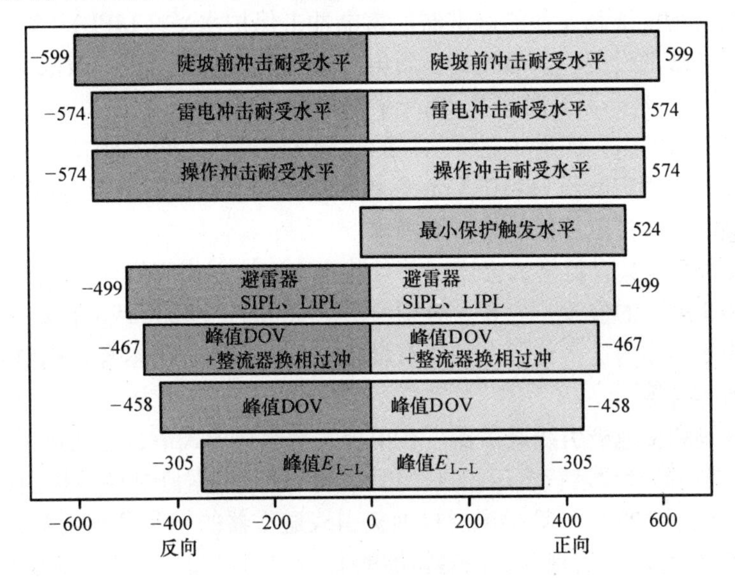

图 8-4　一个 500kV 系统的绝缘水平

8.3　济州岛高压直流系统的绝缘配合

交流设备的耐压能力是用基准雷电冲击绝缘水平（BIL）和基准操作冲击绝缘水平（BSL）这两个参数来定义的。BIL 表示额定雷电冲击耐受电压，BSL 表示额定操作冲击耐受电压。对于交流设备，这两个参数确定了其冲击耐受电压的数值。在考虑了保护裕度之后，上述耐受电压通常决定了所要求的不同避雷器的最大可接受保护水平。对雷电冲击来说，标准的保护裕度是 20%；而对操作冲击来说，标准的保护裕度是 15%。

其他避雷器的选择必须与阀避雷器相配合，这些避雷器的特性由其雷电冲击保护水平（LIPL）和操作冲击保护水平（SIPL）决定。

受避雷器保护的设备的雷电冲击耐受电压（LIWL）和操作冲击耐受电压（SI-

WL）可以这样得到，即将避雷器的雷电冲击保护水平（LIPL）和操作冲击保护水平（SIPL）分别乘以一个系数以获得指定的或标准的保护裕度（即操作冲击为15%，雷电冲击为20%），因此有 LIWL = 1.2LIPL，SIWL = 1.15SIPL。然后，设备的绝缘水平就可以对照相关标准（如 IEC71）给出的标准值确定，这样，BIL 就大于或者等于 LIWL，BSL 就大于或者等于 SIWL。

避雷器的操作冲击保护水平 SIPL㊀一般根据避雷器的特性曲线选择，采用 36/90μs 电流波形或 1ms 波前的电流波形。所计算出的最大暂态峰值电流，对于操作冲击通常为 1kAp，被称为配合电流。同样的 1kAp 的峰值电流水平也被用来确定户内设备或具有雷电屏蔽设备的避雷器的雷电冲击保护水平（LIPL）。对于户外设备或没有雷电屏蔽的设备，如母线等，雷电冲击的配合电流水平一般取 10kAp（采用 8/20μs 波形，即 8μs 上升时间及 20μs 半峰值时间）。

阀避雷器（V）。济州岛直流工程的阀避雷器选择为两个柱并联结构，其中韩楠站阀避雷器的额定电压为 110kVrms，济州岛站阀避雷器的额定电压为 114kVrms，以满足对晶闸管阀过电压保护的所有需求。

BIL 和 BSL 应具有足够的裕度，并且适用于连接在相应位置上的所有设备，例如对于图 8-3 中④的位置，表 8-3 分别给出了 450kVp 和 350kVp 的 BIL 和 BSL 值，这些值适用于阀厅内这个位置上的所有设备，包括晶闸管阀本身、阀电容器、连接件、避雷器本身等。

中性母线和接地极引线避雷器。在单极大地运行模式下，这些避雷器上会有一个 8kVp 的较小的持续运行电压，这个持续运行电压根据流过接地极引线的直流电流全电流（包括谐波）计算得出。接地极引线避雷器的 BIL 已确定为 125kVp（见表 8-3），考虑到 20% 的裕度，该避雷器的 LIPL 小于 100kVp 就能满足要求。

表 8-3 济州岛高压直流系统的绝缘等级

位置	参考电压	BIL	BSL
交流系统	154kV（AC）	650kVp	550kVp
直流系统			
交流侧	154kV（AC）	650kVp	550kVp
直流母线	180kV（DC）	650kVp	550kVp
上桥阀	90kVp（DC）	450kVp	350kVp
下桥阀	90kVp（DC）	450kVp	350kVp
直流电缆	180kVp（DC）	540kVp	450kVp
中性母线	0kVp（DC）	125kVp	125kVp
高频电抗器	10kVp（DC）	250kVp	200kVp
直流中间点	90kVp（DC）	450kVp	350kVp

㊀ 原文误为 SIWL。——译者注

接地极引线避雷器通常可采用相同的设计，但通过将其SIPL值设置得较小有意地使其保护动作电流值较大，这样就可以减轻中性母线避雷器在直流侧故障时的电流负荷水平。而且，对于单极大地回线运行方式下接地极引线被断开的情况，不同的保护水平能够保证大部分的负荷电流流经接地极引线避雷器。

中间点避雷器。下桥没有一个直接与它并联的避雷器，将下桥避雷器从直流中间点直接接到大地而不是接到中性母线，可以得到更好的绝缘保护。该避雷器的持续运行电压是该桥的持续运行电压与中性母线的持续运行电压之和。因此与上桥的避雷器相比，中间点避雷器额定电压要选择得相应大一些。

直流母线避雷器。直流母线避雷器位于平波电抗器的直流电缆侧，用于直流电缆的保护，其BIL和BSL分别设定为540kVp和450kVp。考虑到保护裕度，避雷器的LIPL和SIPL分别选择为450kVp和391kVp，在表8-3中，相对应的配合电流分别为10kAp和1kAp，额定电压为266kV（DC）。避雷器被分成两柱，以在选定的配合电流下达到这些电压水平。

平波电抗器另一端避雷器的位置如图8-3中的位置⑦所示，该点的BIL值和BSL值根据中间点避雷器的LIPL值与上桥避雷器的LIPL值之和确定，分别选择为650kVp和550kVp。

与上桥连接的换流变压器的阀侧绕组（即星形联结绕组）取与直流母线相同（或略低）的BIL和BSL值，即图8-3中位置②和位置⑦具有相同的BIL和BSL值。与下桥连接的换流变压器的阀侧绕组（即三角形联结绕组）的绝缘水平可以取略低的值，基于位置④避雷器的LIPL值与位置⑥避雷器的LIPL值之和，可以确定位置③的BIL和BSL值分别为450kVp和325kVp。同样的考虑适用于图8-3相间和绕组间的BIL和BSL值。

交流母线避雷器。交流母线避雷器必须保护换流变压器的网侧绕组免受操作冲击和雷电冲击的损害。换流变压器网侧绕组的BIL和BSL分别为650kVp和550kVp。该避雷器用来保护连接到交流母线的其他设备，如滤波器等。此外，该避雷器的持续运行电压峰值（CCOV）必须大于换流站的154kV交流母线运行于1.1pu下的稳态“相”对“地”电压，并具有至少1.3pu的暂时过电压（TOV）能力。1.1pu的电压对应于170kVrms线电压。根据IEC标准，对于最高电压有效值为170kV的直接接地系统，取BIL为650kVp。1.3pu的TOV对应于116kVrms的“相”对“地”电压。因此避雷器的选择如下：

10kA下的LIPL≤（650/1.2）kVp=542kVp

1kA下的SIPL≤（550/1.15）kVp=478kVp

上面给出的值允许避雷器的额定电压在一个较大的范围内选择。LIPL和SIPL的值表明，额定电压为240kVrms或更低的避雷器能够满足要求；而CCOV的要求需要选择额定电压为145kVrms或以上的避雷器；因此，最终选择的避雷器的额定电压为161kVrms。

该避雷器提供的保护水平见表 8-3，从表 8-3 可以看出，1kA 下的 SIPL 为 290kVp，与 550kVp 的 BSL 相对照，相应的保护裕度为 90%。这样的选择给出了足够的裕度，即使考虑了避雷器安装的物理位置，实际上变压器和滤波器是通过一小段电缆连接到交流母线的。因此，所选的交流母线避雷器能够提供很好的保护裕度。所选的换流站交流母线避雷器可以将该母线上的操作过电压限制到 290kVp（1kA 下的 SIPL），从而有助于降低阀避雷器上的电压应力。

但在阀避雷器的设计过程中，并不考虑这些额外的保护收益，因而对于阀避雷器和桥避雷器，其吸收能量的能力与实际的能量负荷之间还有额外的裕度。选择交流母线避雷器的 SIPL 较低，亦有助于降低交流滤波设备（如电容器、滤波器、电抗器和电阻器）的暂态过电压。

在济州岛高压直流系统中，换流变压器阀侧绕组电压规定为 154/79.2/79.2kV，并可在超出 79.2kV 的 1% 范围内调节。这样，阀侧绕组的最大电压为 1.01 ×79.2kVrms（80.0kVrms，113kVp）。

8.3.1 阀避雷器保护水平的确定

根据换流变压器阀侧绕组的最大电压确定阀避雷器的 CCOV：

1）阀避雷器 CCOV = 113kVp；

2）1kAp 下避雷器的 SIPL = 1.77CCOV = 200kVp；

3）1kAp 下避雷器的 LIPL = 1.02SIPL = 204kVp。

8.3.2 上桥避雷器保护水平的确定

一个 6 脉波桥每个周波的电压过冲次数是单个阀的 6 倍，因此，桥避雷器的保护水平[⊖]应设置的比阀避雷器的保护水平高 10%：

SIPL = 220kVp，SIPL 为操作冲击保护水平；

LIPL = 224kVp（在 1kAp 下），LIPL 为雷电冲击保护水平。

8.3.3 中性点避雷器保护水平的确定

这种类型避雷器上的电压应力等于单极大地运行模式时中性母线上的稳态电压与上桥避雷器电压应力之和。此电压应力比上桥避雷器的电压应力高 4%，比阀避雷器的电压应力高 14%：

SIPL = 229kVp；

LIPL = 223kVp（在 1kAp 下）。

8.3.4 中性母线避雷器保护水平的确定

当换流变压器阀侧绕组套管的底部发生接地故障时，三角形联结桥的阀侧绕组线电压被施加在中性线母线与接地极引线之间。施加在中性母线上的最大稳态电压 V_{NSA} 如下：

$$V_{NSA} = \sqrt{2} V_{LL} \frac{L_1}{L_1 + L_2}$$

⊖ 原文误为电压额定值。——译者注

这里，L_1 为接地极引线的电感；L_2 为两个变压器绕组的漏感。

计算得出的数值如下：

$$V_{LL} = 80\text{kVrms} \quad L_1 = 40\text{mH} \quad L_2 = 37\text{mH}$$

于是得出结论，$V_{NSA} = \sqrt{2} \times 80 \times 40/77 = 58.8\text{kVp}$

在上述方程中，没有考虑电流波形中存在的轻微不对称和高频暂态分量，如果为了避免过多的能量消耗，在避雷器选择时，将上述因素考虑进去后确定一个 40% 的裕度，那么可以得到如下的保护水平：

SIPL = 1.4 × 58.8kVp = 82kVp；

LIPL = 1.02SIPL = 84kVp。

8.3.5　接地极引线避雷器保护水平的确定

由于接地极引线避雷器的电气位置靠近接地极引线本身，LIPL 值应按照配合电流 10kA 确定。此外，如果采用重载避雷器，因为存在接地极引线在单极大地回路运行期间发生断路的可能性，因此应该允许最大负荷电流流过数毫秒。

这样，接地极引线避雷器在 1kA 下的 LIPL 比 10kA 下的 LIPL 略低。如果 10kA 下确定的多柱式避雷器的峰值电压为 78kVp，那么 1kAp 下的 LIPL 比 10kAp 下的 LIPL 要低约 10%：

LIPL（在 1kA 下）= 78kVp/1.10 = 71kVp；

SIPL（在 1kA 下）= 71kVp/1.02 = 70kVp。

8.3.6　直流母线避雷器保护水平的确定

对于 BIL 给定的高压直流电缆，若 BIL = 540kVp，考虑 20% 的裕度，那么 10kA 的 LIPL 为：

LIPL（在 10kA 下）= 540kVp/1.2 = 450kVp；

SIPL（在 10kA 下）= 389kVp（根据避雷器的特性曲线得到）。

根据图 8-3 所示的济州岛高压直流系统避雷器的配置结构以及表 8-1 和表 8-2 中所示的数据，济州岛高压直流系统的避雷器保护水平就可以确定了。

参考文献

[1] (1991) Bibliography on overvoltage protection and insulation coordination of HVDC converter stations, 1979–1989. *IEEE Transactions on Power Delivery*, **6**(2), 744–753.

[2] Tanabe, S., Kobayashi, S. and Sampei, M. (2000) Study on overvoltage protection in HVDC LTT valve. *IEEE Transactions on Power Delivery*, **15**(2), 545–550.

[3] Nyati, S., Atmuri, S.R., Gordon, D.L. *et al.* (1988) Metal oxide varistor to limit dynamic overvoltages at the terminals of an HVDC converter. *IEEE Transactions on Power Delivery*, **3**(2), 819–827.

[4] Elahi, H., Flugum, R.W., Wright, S.E. *et al.* (1989) Insulation coordination process for HVDC converter stations: preliminary and final designs. *IEEE Transactions on Power Delivery*, **4**(2), 1037–1048.

[5] Horiuchi, S., Ichikawa, F., Mizukoshi, A. *et al.* (1988) Power dissipation characteristics of zinc-oxide arresters for HVDC systems. *IEEE Transactions on Power Delivery*, **3**(4), 1666–1671.

[6] Melvold, D.J. (1991) DC arrester test philosophies on recent HVDC projects as used by various suppliers. *IEEE Transactions on Power Delivery*, **6**(2), 672–679.

[7] Khalifa, M.E. (2000) *High Voltage Engineering –Theory and Practice*, Marcel Dekker, New York, NY.

第9章　高压直流输电系统的一个实际例子

9.1　引言

韩国境内的济州－韩楠（Cheju－Haenam）高压直流输电系统于1998年建成，容量为300MW，如图9-1所示。此系统通过海底直流电缆从韩国大陆的韩楠换流站向济州岛的济州换流站输送相对廉价的电力，线路长度为100km。通常情况下通过该双极12脉波HVDC系统输送的最大功率为150MW，相当于济州岛总负荷需求的60%。济州岛上逆变器的控制方式通常为电流控制（主控制方式），而将γ平均值控制作为第二控制方式。韩楠整流器的主控制方式为直流电压控制，而将直流电流控制作为第二控制方式。世界范围内大多数的HVDC工程，整流器的主控制通常为直流电流控制，而逆变器的主控制通常为直流电压控制。济州－韩楠直流输电工程采用这种非常规控制方式的目的是，能够在失去通信的情况下作为唯一电源向济州岛供电。济州岛侧的无功功率补偿，稳态时用交流谐波滤波器和并联电容器组来实现，暂态时用同步调相机来实现，如图9-2所示。

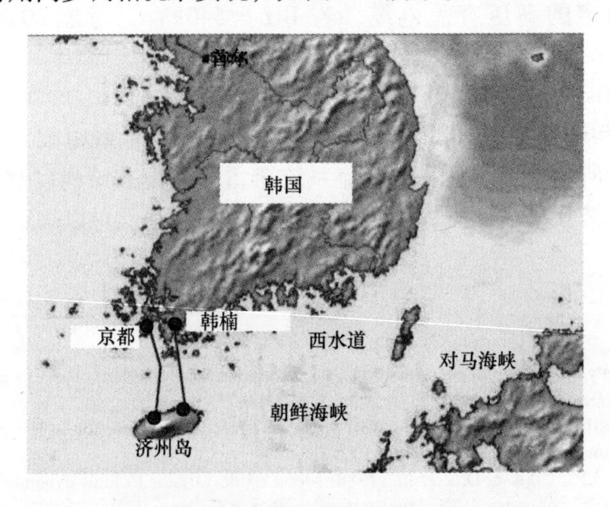

图9-1　济州岛－韩楠高压直流输电系统

目前济州岛上电力负荷的年增长率为7%。为了满足日益增长的负荷需求，正计划再建一个HVDC系统，同时在济州岛交流电网上增加约100MW的可再生能源。

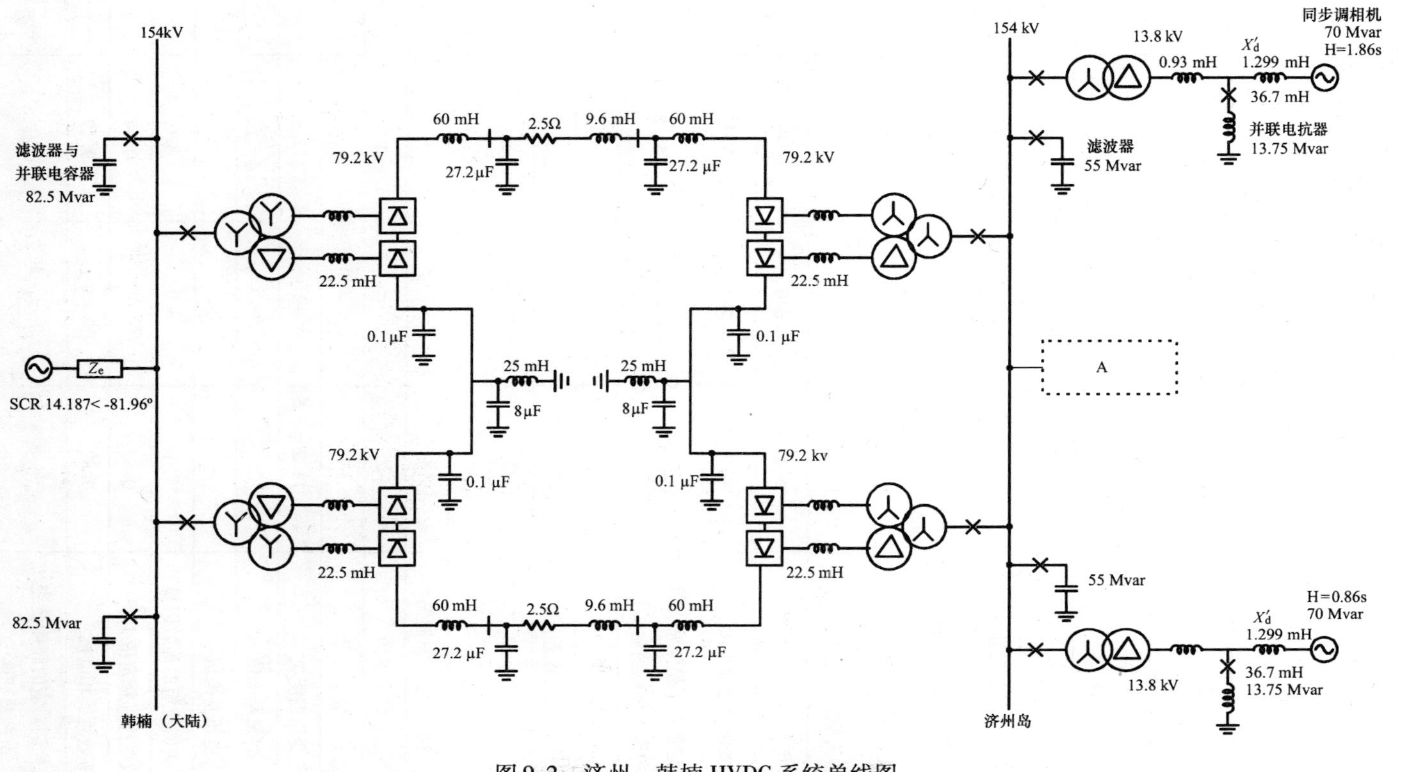

图 9-2　济州－韩楠 HVDC 系统单线图

换流阀采用直径为100mm的晶闸管器件。晶闸管级的个数由阀避雷器的保护水平与击穿二极管（BOD）的最小击穿电压相配合确定。韩楠换流站每阀选择46个晶闸管级相串联，而济州岛换流站每阀选择48个晶闸管级相串联。此系统的设计数据汇总见表9-1。

表9-1　济州－韩楠高压直流输电系统设计数据汇总

数据	最小值	额定值	最大值	单位
电缆电阻	2.2	2.4	2.5	Ω
60Hz下电缆电感	—	15.3	—	mH
电缆电容	—	53.5	—	μF
接地极线电阻（包括接地极）	0.4	0.7	0.9	Ω
接地极线电感（$\rho=200\Omega\cdot m$）	—	26.0	—	mH
接地极线电容	—	0.2		μF
整流侧直流电压	182.2	184.1	186.0	kV（DC）
额定功率时的直流电流	831	840	849	A（DC）
等效阀侧交流电流	679	686	694	A（rms）
满载额定条件下整流站直流母线功率（韩楠整流站）	151.2	154.6	157.8	MW
直流电压总偏差	—	—	±1	%
直流电流总偏差	—	—	±1	%
暂态下最小γ角	15	—	—	°（电角度）
稳态下最小γ角（济州侧）	23.5	—	—	°（电角度）
稳态下最小γ角（韩楠侧）	18	—	—	°（电角度）
暂态下最小α角	2	—	—	°（电角度）
稳态下最小α角	15	—	—	°（电角度）
变压器阻抗	11.2	12	12.9	%
容量基准值	—	94.1	—	MVA
电压基准值	—	79.2	—	kV
折算到阀侧绕组的等效阻抗	7.4	8.0	8.6	Ω
阀等效电抗（额定值I下）	0.37	0.45	0.54	Ω
等效总换相电抗	7.87	8.49	9.19	Ω
分接头控制对应的阀侧绕组电动势死区	—	2.5	—	%

无功功率。补偿的无功功率容量按如下原则确定：在额定换流站交流母线电压和额定直流功率条件下，由每个换流站上的滤波器和并联电容器组（包括济州岛换流站的同步调相机）发出的总无功功率刚好平衡换流器消耗的无功功率。单个滤波器或电容器组的额定值由投切时引起的电压阶跃决定，要求投切时的电压阶跃量不超过额定电压的5%。在谐波水平满足约束条件的前提下，无功补偿装置应依次投切并尽可能保持功率因数接近于1。两侧换流器在功率双向输送条件下的额定无功功率见表9-2。

表 9-2　换流器的额定无功功率

功率输送方向	额定无功功率（韩楠侧）/Mvar	额定无功功率（济州侧）/Mvar
韩楠到济州	85	103
济州到韩楠	92	98

为了确定无功补偿的容量，选择功率方向为从韩楠到济州岛，因为这是此工程的主要功率方向。韩楠换流站的最小短路容量（SCL）为850MVA。因此，为了保证在无功补偿装置投切时电压阶跃不超过额定电压的5%，无功补偿的单组最大容量为42.5Mvar。为了满足韩楠换流站交流母线电压的谐波畸变限制要求以及补偿换流器消耗的无功功率，在韩楠换流站安装的交流滤波器和并联电容器组如下：

1）2 组 27.5Mvar 双调谐滤波器；

2）2 组 27.5Mvar 高通滤波器；

3）2 组 27.5Mvar 并联电容器组。

济州岛换流站的最低短路容量为275MVA（考虑1台同步调相机），因此选择无功补偿的单组最大容量为13.75Mvar。但是，由于电容器组的实际限制，即在154kV 的系统电压下设计一个 13.75Mvar 的滤波器组在经济上是不合理的，因此，在济州岛换流站还加装了2台13.75Mvar 的并联电抗器。这样，滤波器组的容量选择为27.5Mvar，通过并联电抗器的配合投切来保持在最小短路水平下滤波器组投切时的电压阶跃变化不超过额定电压的5%。

除了2台+45/−23.5Mvar 同步调相机外，为了满足济州岛换流站交流母线电压的谐波畸变限制要求以及补偿换流器消耗的无功功率，在济州岛换流站安装的交流滤波器和并联电容器组如下：

1）2 组 27.5Mvar 双调谐滤波器；

2）2 组 27.5Mvar 高通滤波器；

3）2 台 13.75Mvar 并联电抗器；

4）1 台 27.5Mvar 并联电抗器。

增加1台27.5Mvar并联电抗器的原因如下：

1）弥补同步调相机吸收无功能力弱的缺点；

2）避免在使用现成的同步调相机变压器时引起同步调相机的自励磁。

图9-3给出了额定条件下换流器消耗的无功功率以及由无功补偿分组按顺序投切所提供的无功功率。对于济州岛换流站，在直流输送功率较高时，换流器消耗的无功功率与无功补偿分组发出的无功功率之间的缺额由同步调相机来弥补。

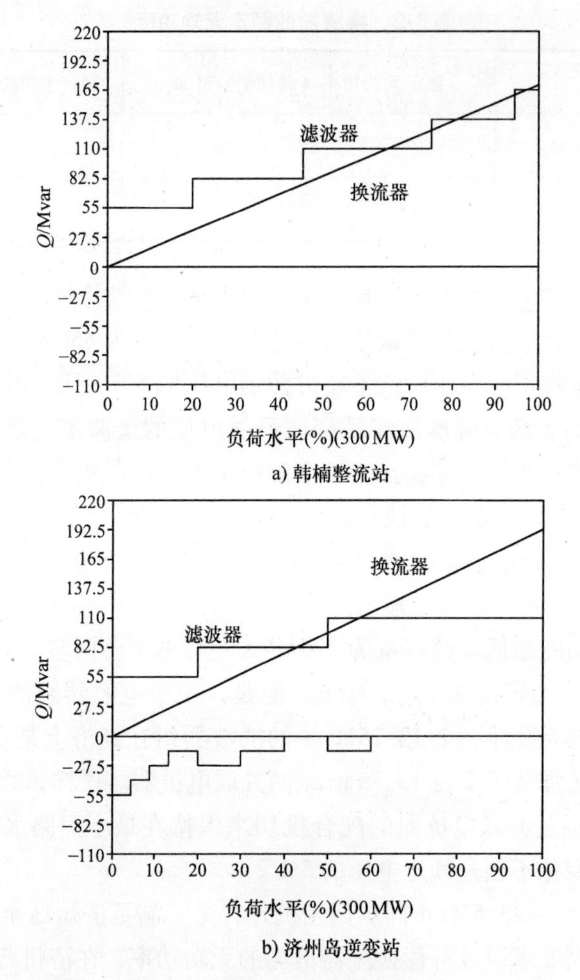

a) 韩楠整流站

b) 济州岛逆变站

图9-3 济州岛－韩楠高压直流输电系统的无功功率

直流侧平波电抗器电感的选择取决于如下的因素：

1）在逆变器发生换相失败时，将流过换流阀的电流峰值及电流上升率限制在指定的极限值之内；

2）在最坏的情况下，将流过阀避雷器的放电电流限制在指定的极限值之内；

3）保证直流输电系统的稳定性；

4）避免直流线路侧在基波频率和二次谐波频率下谐振。

考虑了上述准则以后，选择直流侧平波电抗器的电感值为 60mH。

济州岛－韩楠 HVDC 系统的控制特性如图 9-4 所示。曲线 ABCC′EF 表示整流器的控制特性，正常时为恒定电压控制；当逆变器电压下降或者电流大于 1.3pu 时，该控制模式切换为电流控制。BC 线与 YY′Y″线具有相同的斜率，以保证在逆变器电压下降时只有一个运行点，此斜率由变压器短路阻抗百分比确定。C′EF 曲线被称为低压限流（VDCL）控制，它根据电压跌落（由于交流系统故障）的程度决定电流的限值。曲线 Y″Y′YXW0 表示逆变器的控制特性，YX 对应电流控制，而 YY′Y″对应 γ 平均值控制，曲线 XW0 是 VDCL 控制，其斜率由交流系统特性决定。XW0 的斜率与 C′EF 的斜率不同，当交流系统的短路比（SCR）较小时，这有助于保持系统稳定。整流侧电压控制与电流控制的选择是通过一个最大值选择器来实现的，该选择器比较两种控制方式的输出结果。逆变侧包含了一个电流控制环和一个 γ 平均值控制环，前者适用于稳态而后者适用于暂态，两种控制方式的选择是通过一个最小值选择器来实现的，该选择器比较两种控制方式的输出结果，取其中的最小值，如图 9-5 所示。

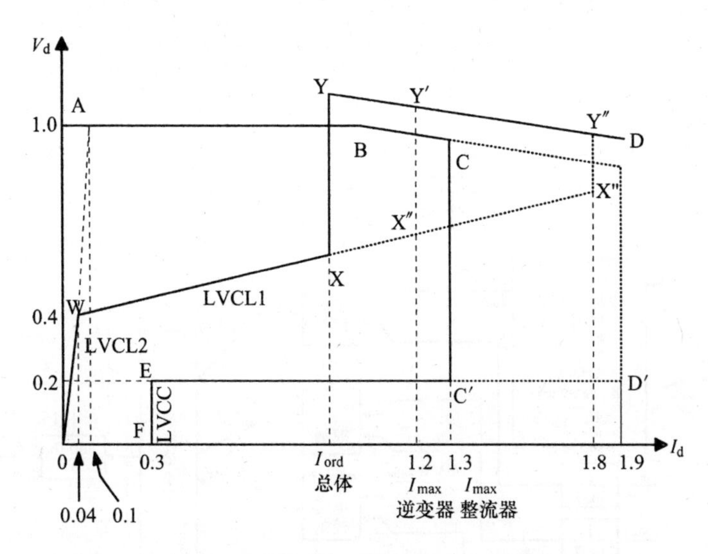

图 9-4　济州岛－韩楠高压直流输电系统的控制特性曲线

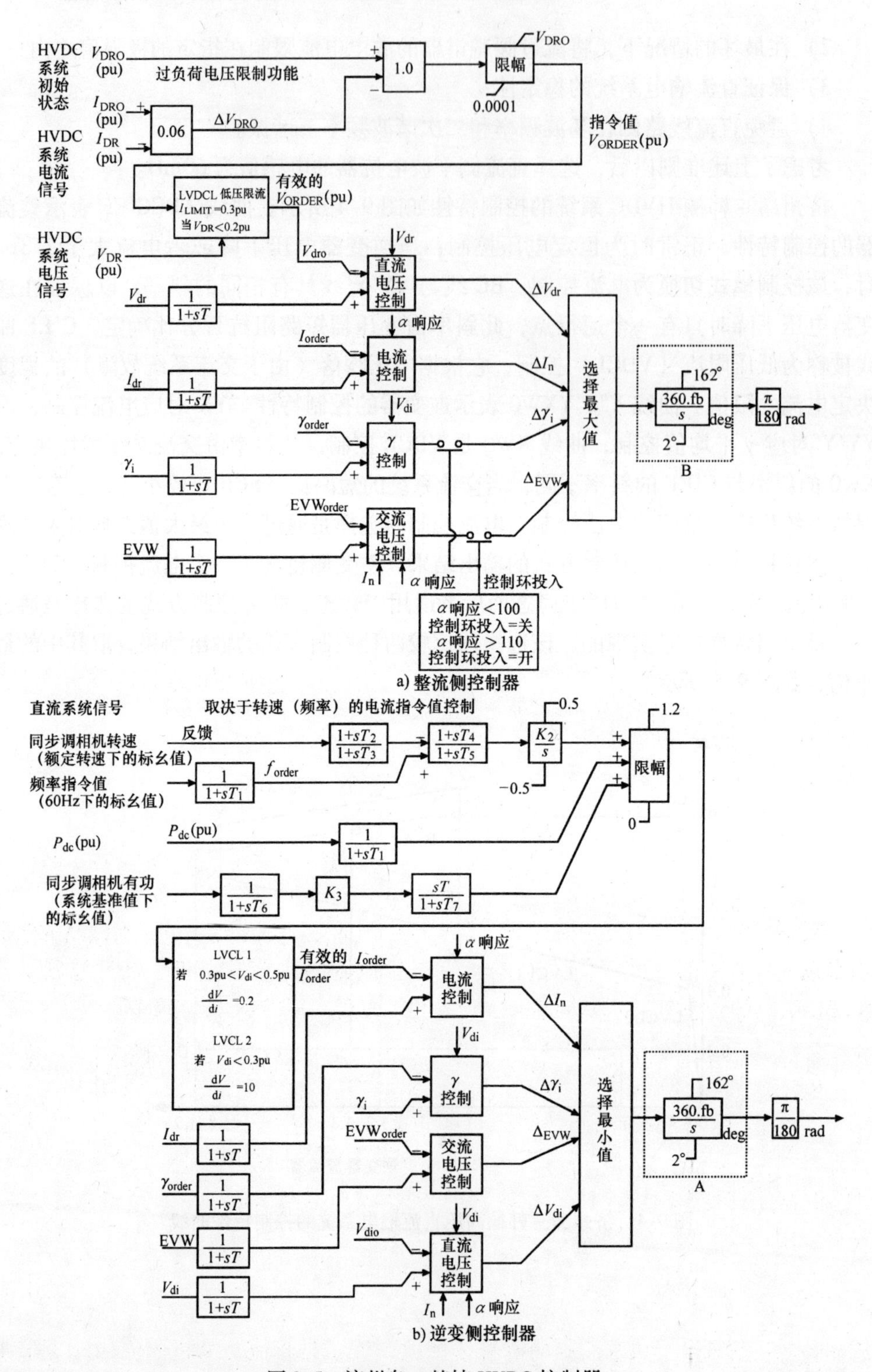

图 9-5　济州岛 - 韩楠 HVDC 控制器

9.2 系统描述

9.2.1 主控制

在分层结构上，主控制是 HVDC 控制系统中最高层的控制，它决定滤波器的投切模式、功率的传输方向以及控制模式。主控制不影响 HVDC 系统的暂态性能，因为其时间常数在数秒左右。

9.2.2 极控制

图 9-6 给出了极控制的框图。极控制从主控制层获得控制模式信号和功率传输方向信号，然后将相应的控制信号发到相位控制。关于极控制的各个部分的详细描述将在下面进行，参见图 9-7。

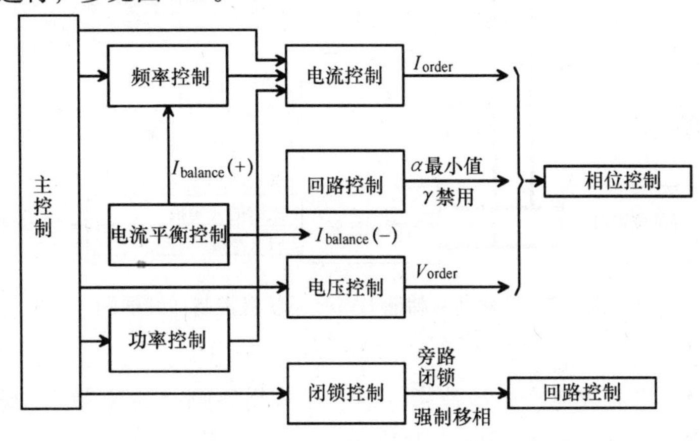

图 9-6　济州岛－韩楠 HVDC 系统极控制框图

频率控制。在频率控制模式下，济州岛电网的频率是通过调节直流线路的输送功率来进行控制的，这种模式对应于没有调速器的汽轮发电机。这种控制基于 HVDC 系统的转速－调差率特性来实现，并可以用式（9-1）来表达：

$$F_{order}(\mathrm{Hz}) = F_{demand}(\mathrm{Hz}) - \left[P_{dc}(\mathrm{MW}) \times \mathrm{Slope}(\%) \times \frac{0.6}{150}\left(\frac{\mathrm{Hz}}{\mathrm{MW}}\right)\right] \tag{9-1}$$

式中，F_{order}（Hz）是频率的输出值；F_{demand}（Hz）是频率的指令值；P_{dc}（MW）是直流功率；Slope（%）是系统的转速－调差率特性曲线。

当采用这种控制模式时，HVDC 系统向济州岛电网输送一个预定的恒定功率，并可以用式（9-2）来描述：

$$I_{order} = \frac{P_{order}}{V_{dc}} \tag{9-2}$$

式中，I_{order}是来自于功率控制的电流指令值；P_{order}是直流功率指令值；V_{dc}是直流电压值。

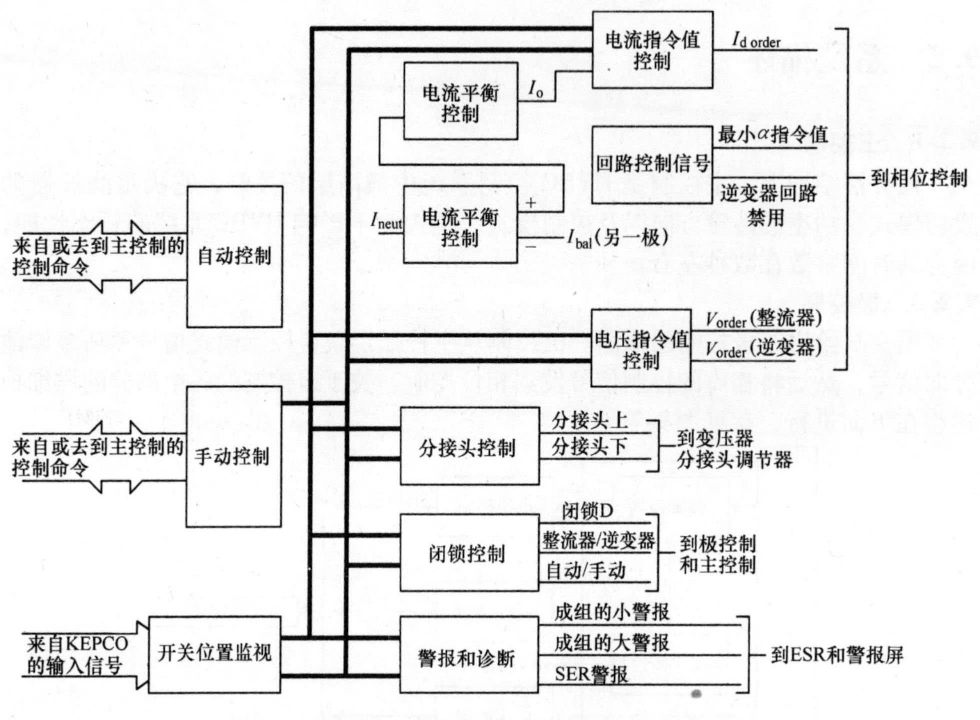

图 9-7 济州岛 - 韩楠 HVDC 系统极控制详细框图

电流控制。电流控制产生电流指令值，在济州岛侧（逆变器），该控制被选为主导性控制方式。电流控制的输入取决于 HVDC 系统的运行模式，例如，在电流控制模式下，电流指令值是由电流控制产生的，而极控制或频率控制的输出作为电流控制的输入。

电压控制。在韩楠侧（整流器），电压控制是主导性的控制方式，而在济州岛侧，该控制方式作为过电压限制器使用。

电流平衡。当 HVDC 系统双极运行时，电流平衡控制用来使流过接地极引线的电流最小化。

闭锁控制。闭锁控制在系统故障时发出如下的控制信号：闭锁 D 信号、旁通信号、强制移相信号等。

辅助回路控制 - 极控制。回路控制是具有闭锁控制的 HVDC 系统极控制的一个模块。在回路控制中，对最小 α 的设定值进行动态调节，以提高系统的恢复速度并防止故障扩散（参见图 9-8）。

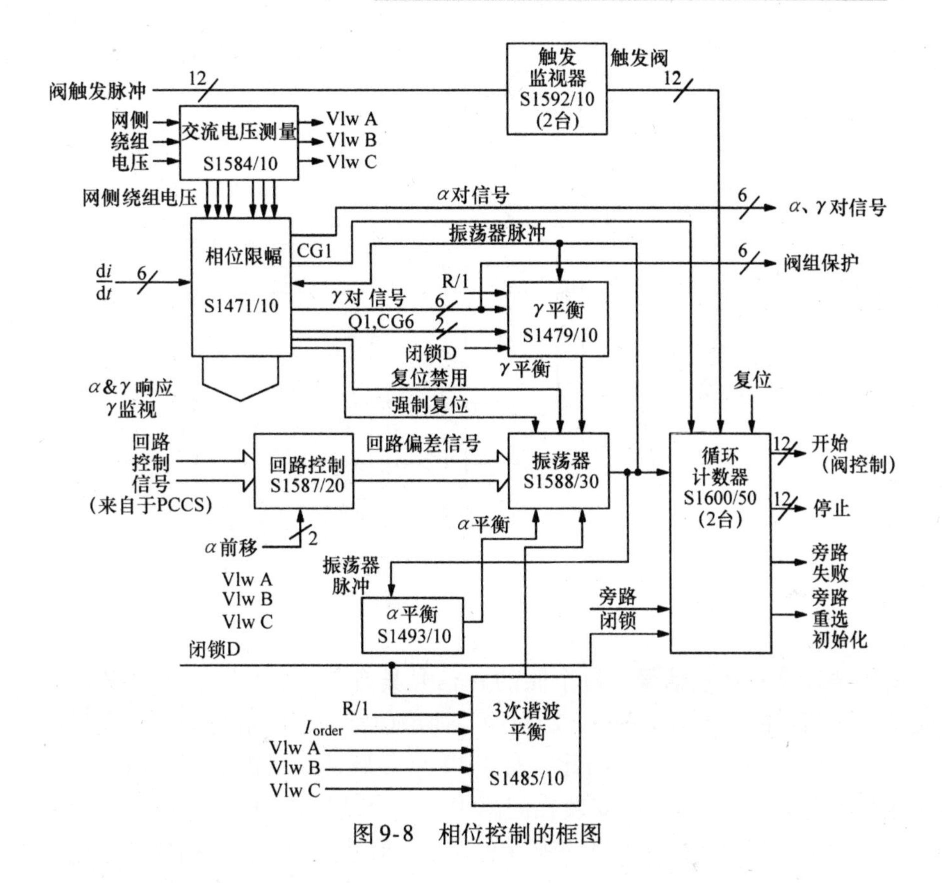

图 9-8　相位控制的框图

9.3　相位控制

相位控制器的主要功能是监视换流器阀开通时的角度并向阀基电子电路（VBE）发送该信号，VBE 接受来自主控制和极控制的信号。这个功能通过锁相振荡器来实现，锁相振荡器是相位控制的一个基本部件。主控制和极控制是采用基于数字处理器的软件来实现的，而相位控制器是采用基于模拟运算放大器的硬件来实现的。

交流电压测量。三相电压信号是通过电压传感器（VT）获得的，而电压传感器是安装在间隔中的插入式变压器。此三相信号是 Y 联结变压器的网侧相电压。连接到 Y 联结绕组和 D 联结绕组的换流桥的线电压都是从此三相信号中构建出来的，两者的相位差为 30°，并定义其大小为 $V_{rms}=1$pu。这些电压信号中的每一个都与 12 个阀中的某个阀电压相对应，如图 9-9 所示。

相位限制。相位限制是锁相振荡器使用的一个信号，用来保持与交流系统同步，此信号被连续地发送给每一个阀。起动脉冲将触发导通角限制在 2°～182°范围。此限制器可能会在暂态过程中起作用，而在稳态过程中不起作用。

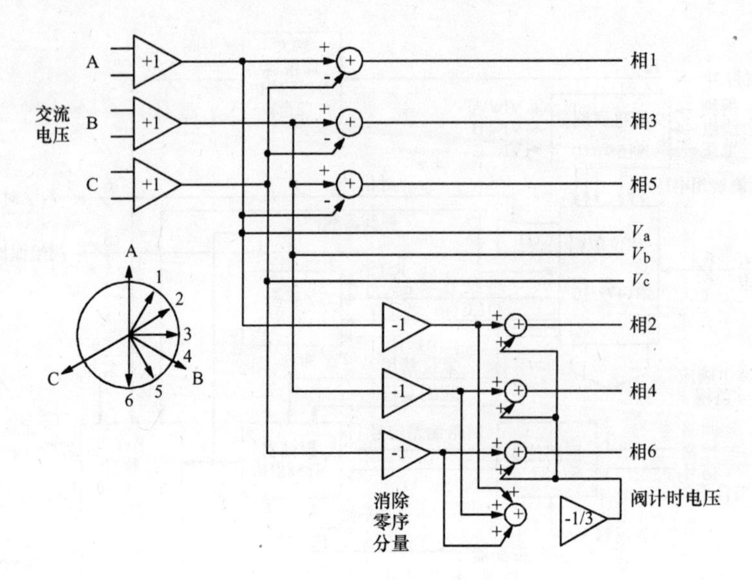

图 9-9　交流电压测量

此模块计算 α 和 γ 信号。每个阀的 α 信号具有固定的幅值，但其脉冲宽度是变化的。该信号的前上升沿与 $\alpha=2°$对应，而该信号的下降沿与阀的触发导通时刻相对应。α 值不能超过 180°。因此，对于 12 个 α 脉冲，只需要 6 个通道。这些信号由极保护传递。γ 信号是由安装在间隔中的微分变压器的 di/dt 信号产生的，所产生的 6 对 γ 信号用于极保护和 γ 平衡电路。γ 信号指的是某个阀从其电流过零点到承受正向电压之间的时间间隔，如图 9-10 所示。

α 和 γ 的响应信号是将 12 个阀的触发导通信号相加而产生的，并被送到极控制的试验设备上。两个相位限制信号指的是复位禁用信号（$\alpha=2°$）和强制复位信号（$\alpha=182°$），两者都被送到振荡器中，如图 9-11 所示。

α 响应(测量导通时刻)。该模块检测每个阀上的交流电压过零时刻，并将其作为信号的参考点。

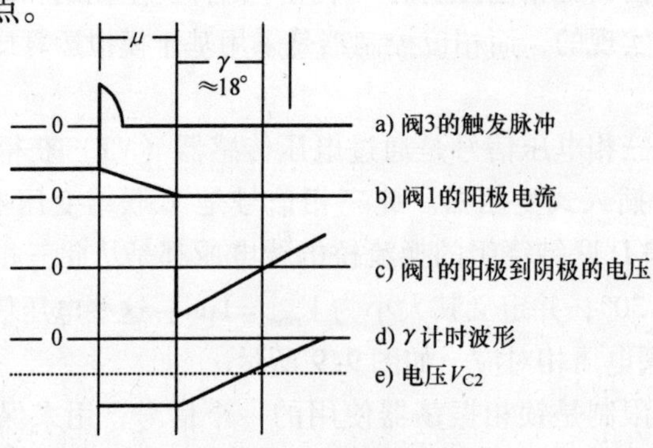

图 9-10　关断角 γ 的测量

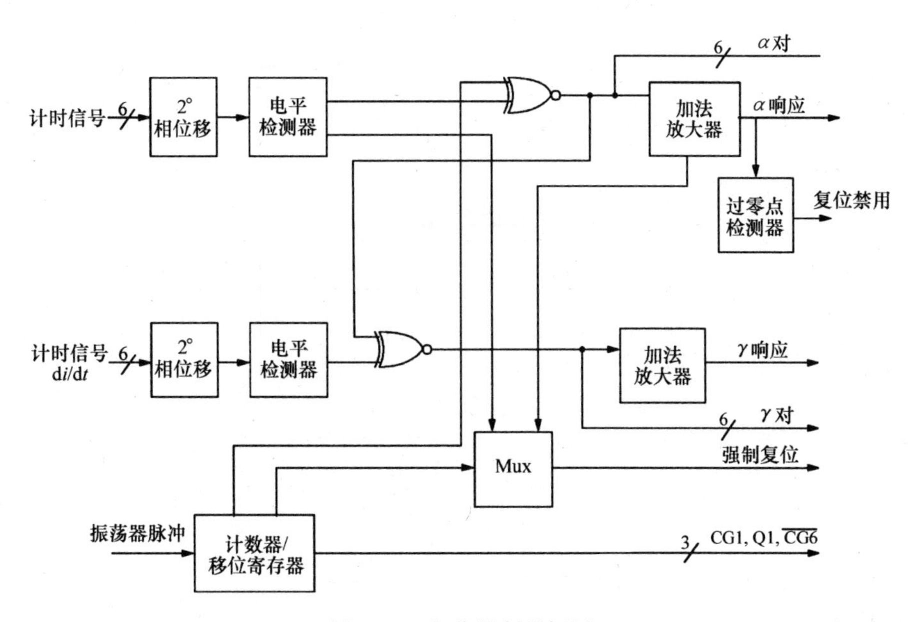

图 9-11　相位限制的框图

计数器门极信号 CG1 ~ CG6 的产生。此计数器产生一个周期为 180°的方波，该方波的前沿与门极触发脉冲同步，此过程通过移位寄存器来实现，对应于 12 个阀的门极信号，其间隔为 30°。移位寄存器在使用前被初始化为零。当第 6 个门极信号的值从 1 变为 0 时，该信号被反馈给第 1 个门极信号。当被移出的信号为 0 时，就作为复位信号将寄存器初始化，如图 9-12 ~ 图 9-14 所示。

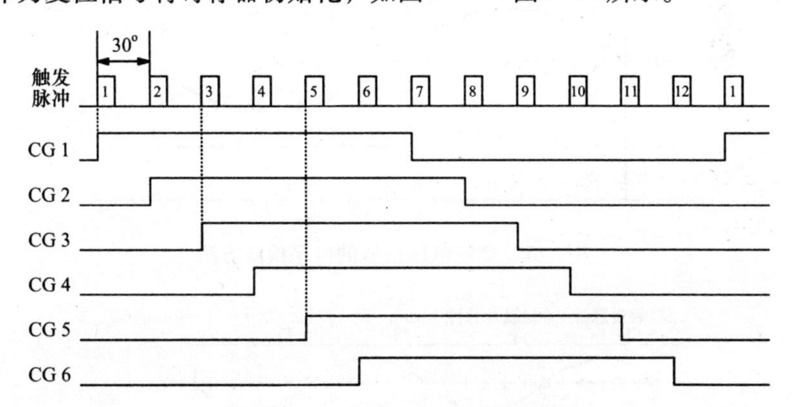

图 9-12　计数器产生的门极信号

交流电压信号的电平检测方法。对三相电压信号进行整形，即将三相电压信号转换为方波信号，其幅值为 3V，频率为 60Hz。具体做法是将三相电压信号小于零的时段映射为方波的高电平 1，而将三相电压信号大于零的时段映射为方波的低电平 0，如图 9-15 ~ 图 9-18 所示。

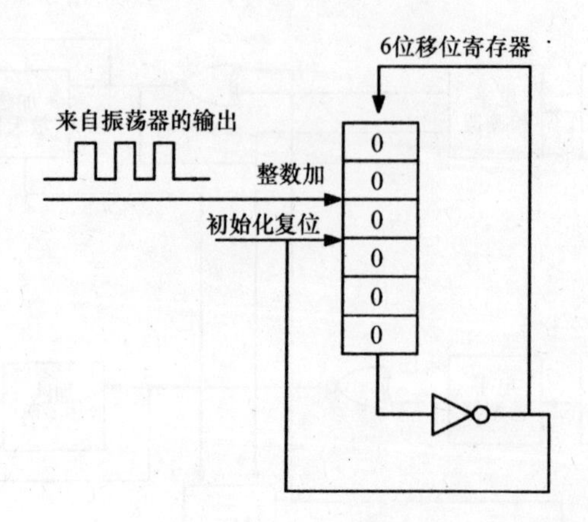

图 9-13　寄存器

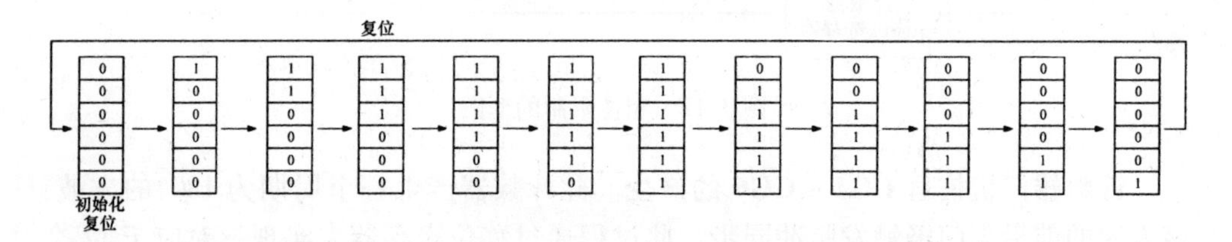

图 9-14　计数器门极信号 CG1 ~ CG6 的产生过程

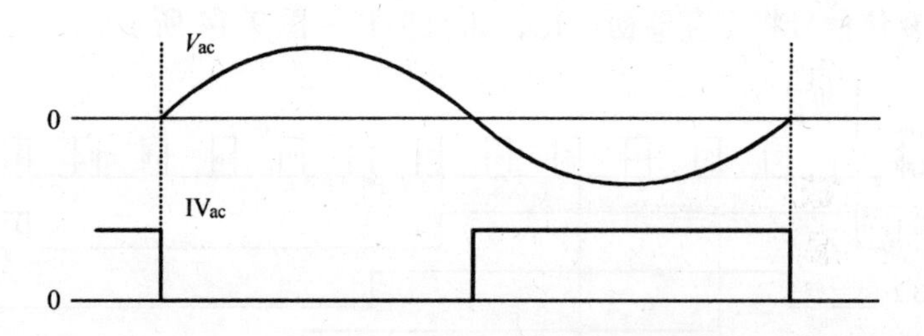

图 9-15　交流电压信号的电平检测方法

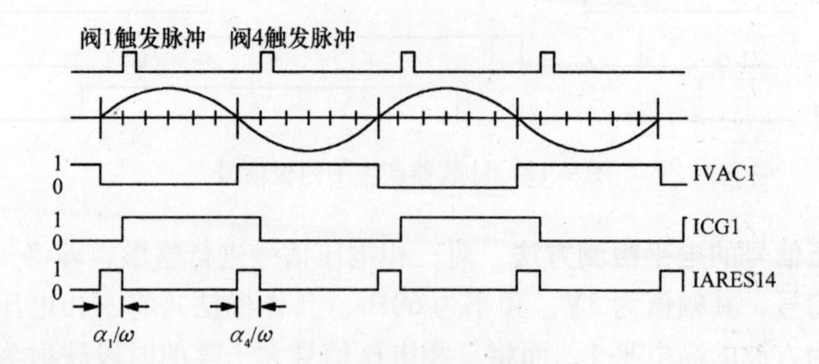

图 9-16　α 测量信号

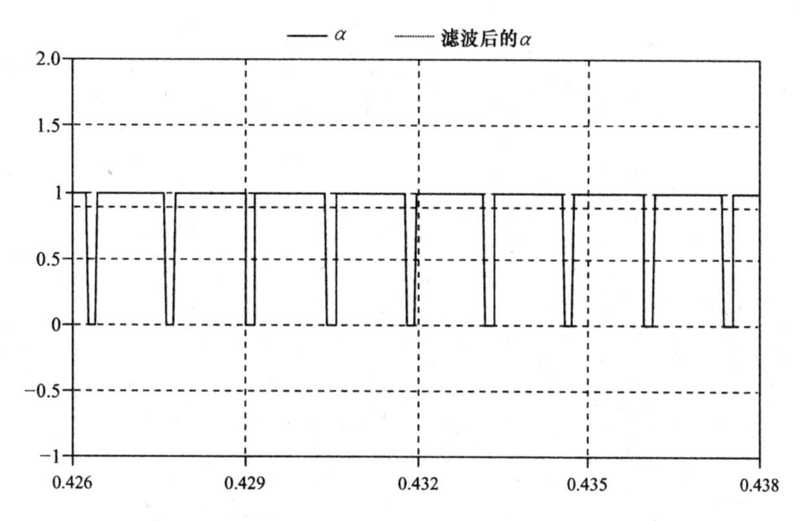

图 9-17 $\alpha=21.3°$时的波形

α 测量信号是通过将计数器的门极信号与交流电压 V_{ac} 的整形信号 IVac 做异或运算而得到的。将这 6 个信号加起来，可以得到 0～6V 不同的值。这个信号被称为触发延迟角，也被称为 α 角，见表 9-3。

表 9-3 异或运算的真值表 ［α 测量值 =（CG1～6）×OR IVac（6）］

输入 A	输入 B	输出
0	0	1
0	1	0
1	0	0
1	1	1

γ 控制器安装在逆变器上，用于防止由交流系统短路或接地故障引起的换相失败。要做到这一点，就需要测量或估算所有阀的关断角。ALSTOM 公司的方法是通过检测流入变压器的交流电流的斜率 di/dt 来测量关断角。交流电流是一个类似于阶跃函数的 6 脉波或 12 脉波方波。在换相重叠角区域，电流的变化方向是反向的，电流幅值按 $I_d \to 0$ 和 $0 \to I_d$ 变化，因此具有一个导数值。考察逆变器运行时阀的导通脉冲和导通/关断过程，当阀 1（A 相）导通时，若在阀 3（B 相）上施加最大的正向电压[㊀]和触发脉冲，则阀 3 的电流从 0 上升到 I_{dc}，而阀 1 的电流从 I_{dc} 下降到 0 并关断。同理，如果触发脉冲加在阀 5 上，那么阀 3 就关断；加在阀 1 上，那么阀 5 就关断。具有负极性的阀 2、4、6 经历与上述类似的导通/关断过程。如图 9-18 和图 9-19 所示，稳态下阀 1 和阀 4 触发脉冲之间的相位差为 180°；同样，阀 3 和阀 6 也构成这样一个阀对，阀 2 和阀 5 也类似。ALSTOM 公司 γ 角测量方法的具体步骤如下：

㊀ 原文误为反向电压。——译者注

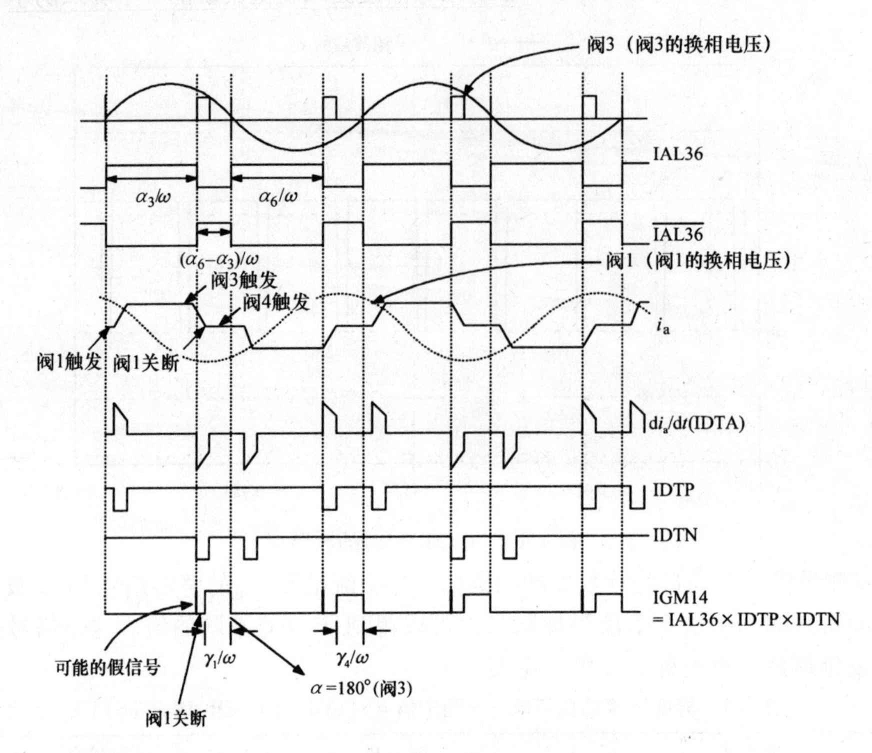

图 9-18　γ 角测量方法

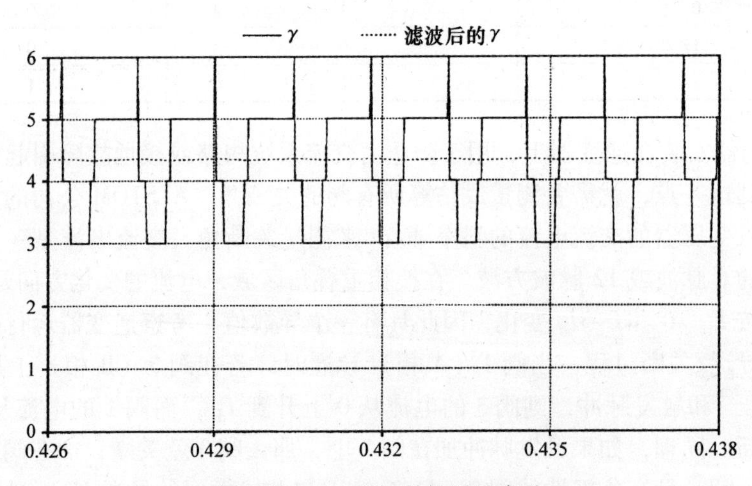

图 9-19　γ = 130 °时的测量波形

步骤 1：将阀 1 和阀 4 的 α 响应信号反向得到一个新信号；

步骤 2：通过检测流入变压器电流得到另一个新信号并求其导数；

步骤 3：将第 2 步中获得的导数值与 ± 阈值作比较，得到逻辑信号 IDTP 和 IDTN（1 或 0）；

步骤4：将上述3个信号作为输入，做与运算，然后测量A相中两个阀的γ值。

$$(\text{A相阀的}\gamma)-\text{IGM14}=\overline{\text{IAL36}}\times\text{IDTP}\times\text{IDTN}\tag{9-3}$$

根据上述过程得到的γ测量信号与通过将上Y阀组和下D阀组测量到的6个信号相加而得到的波形相对应。这些波形的平均值就是γ角。测量波形与测量触发延迟角的波形等价。

强制复位。如果回路控制器产生的触发脉冲指令值为180°或更大，三角波将不会与回路偏差信号相交，这样，就不会有触发脉冲产生。在积分器的有效输出范围（0°~180°）内进行复位是不正常的，因为它会破坏触发脉冲的等间隔特性，同时，因为不能与交流电压同步，还会导致系统不稳定；为了防止这种情况发生，需要采取某些措施在触发延迟角达到180°之前发出触发脉冲。

产生强制复位信号的基本原理是将60Hz/360°的整个区域划分成12个子区域，与12个阀的导通和关断相对应。IVac的上升沿通过检测阀两端电压的过零点得到，并且它与触发阀的极限角度相对应，即等于180°。因此，此信号可以作为强制复位信号。强制复位信号与由振荡器产生的触发信号作“或”运算后产生最终的触发信号，并被送到循环计数器中。因此，如果振荡器产生的触发信号大于180°，强制复位信号将发出触发信号，如图9-20和图9-21所示。

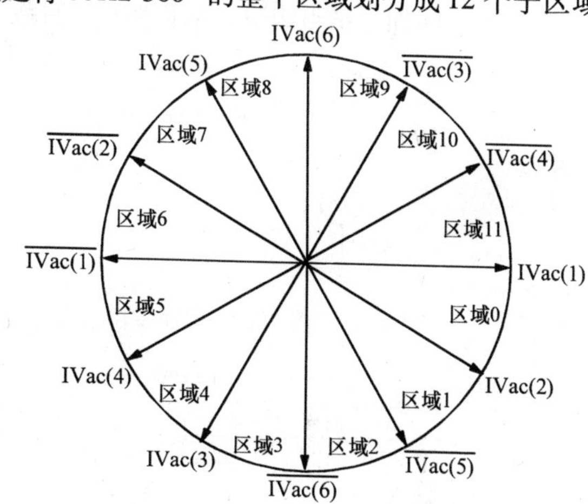

图9-20 用于强制复位的计时电压

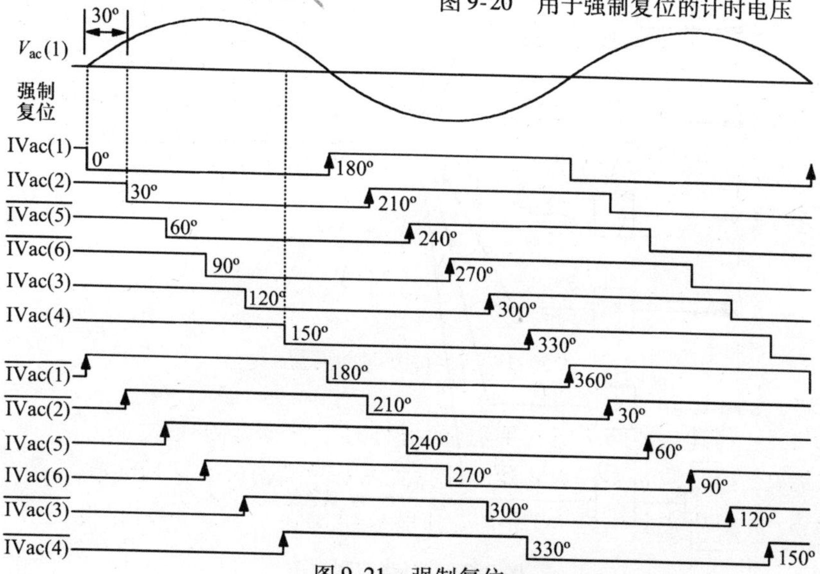

图9-21 强制复位

复位禁用。概念上这与强制复位类似，当三角波与回路偏差信号不相交时，回路控制器可能产生的触发脉冲指令值等于0°或更小。这会导致没有触发脉冲产生并使得系统不稳定。在这种情况下，此控制功能产生一个触发延迟角为0°的触发脉冲，并禁止触发延迟角小于0°的触发脉冲产生，如图9-22所示。

IF（α 响应 >0.5）

　　复位禁用 =1

Else

　　复位禁用 =0

回路控制。回路控制单元接收来自极控制指令系统（PCCS）的测量量和命令，产生用于振荡器的回路偏差信号。每个回路控制器总共可以有7个输入，它由总共8个独立的反向加法结点组成，即回路1～回路8，如图9-23所示。

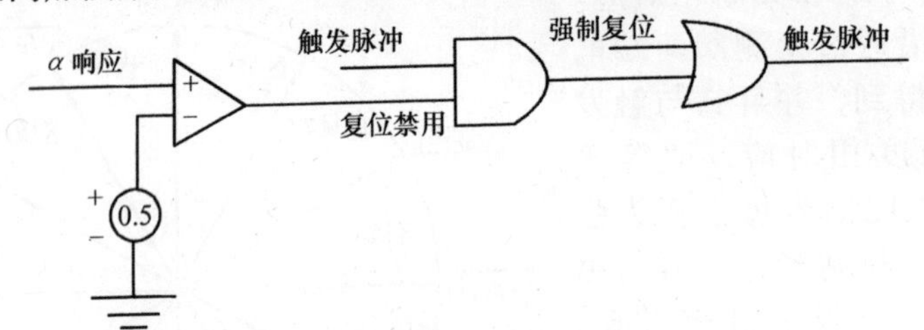

图9-22　强制复位、复位禁用和触发脉冲

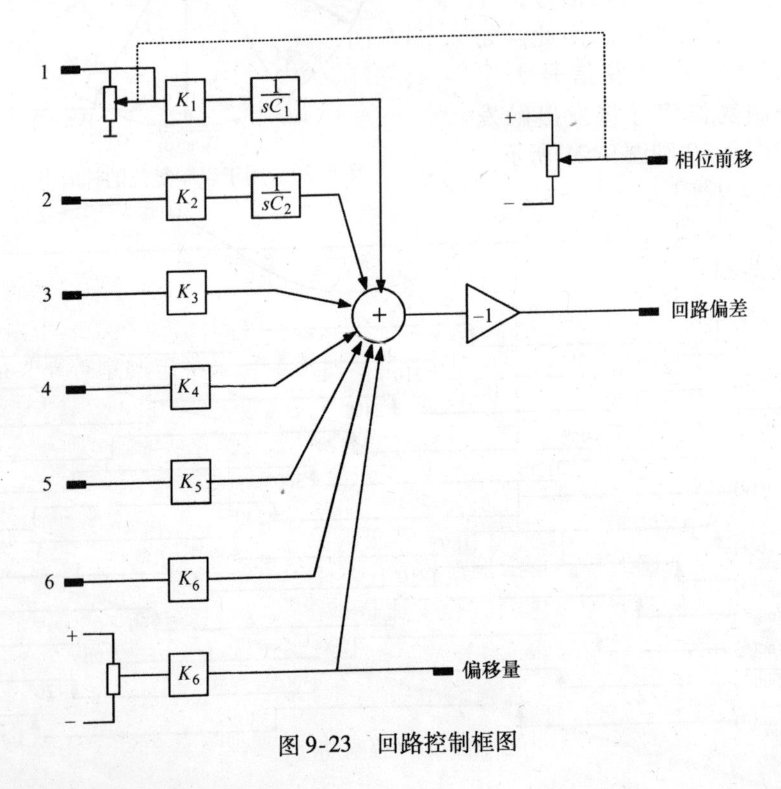

图9-23　回路控制框图

图 9-23 中，四个输入中的每一个（#3、#4、#5、#6）都有固定的输入增益，它由一个电阻构成，而其中的一个输入具有固定的交流耦合增益。这个输入信号既可与一个交流耦合输入信号也可与一个固定增益输入信号一起用于相位前移。

#1 输入来自于前屏上的分压器，该分压器可以调节增益和相位。这个分压器有一个辅助触头，可用来显示某个回路中相位滞后的角度。最后一个输入来自于安装在前屏上的一个分压器，并在中间加入了一个缓冲器；这个可变增益的输入被用于偏移量消除设备或固定回路指令，如图 9-23 和表 9-4 所示。

表 9-4　回路控制

回路	输入						
	1	2	3	4	5	6	7
1（电流）	I_d	$-\alpha$ 响应	×	×	I_d	I_d 指令值	×
2（直流电压）	U_{di}	I_n	回路 6（#2 针）	×	U_{di}	U_{di}指令值	×
3（平均 γ）	U_{di}	×	×	禁用	γ 响应	×	15 °(指令值)
4（α 最大值）	×	×	×	α 前移量	$-\alpha$ 响应	×	162 °(指令值)
5（交流电压）	×	×	×	×	禁用	Evw	1. 2pu（指令值）
6（空置）	×	α 响应	×	×	×	×	×
7（直流电压）	U_{dr}	I_d	×	回路 6（#2 针）	U_{dr}	U_{dr}指令值	×
8（α 最小值）	×	×	×	×	$-\alpha$ 响应	α 指令值	×

振荡器。振荡器是锁相振荡器中的一个基本部件，它与回路控制单元一起通过循环计数器向换流器发送触发脉冲。此振荡器是电压控制振荡器（VCO），总共具有 8 个互相独立的积分输入信号。此外，它总共构成了 8 个控制回路。每当振荡器产生一个脉冲，积分器就复位一次。

8 个控制回路逻辑上是相互连接的，这种相互连接用基于电可擦可编程只读存储器（EEPROM）结构来实现，这样，控制系统结构可以在一个可编程器件上实现。回路 1 至回路 4 用于输入指令，回路 5 至回路 8 用来决定阀是否允许被触发。如果满足这个逻辑电路的要求，此振荡器将每周波产生 12 个脉冲信号。稳态下系统的频率偏差是可以消除的，而此振荡器仅仅适用于频率在 20 ~ 90Hz 范围的系统，如图 9-24 所示。

此振荡器的输入信号有三种类型：

1）来自控制回路的总共 8 个偏差信号，其幅值满足 1V = 1pu 偏差；

2）来自相位限制器的相位限制值输入信号（强制复位和复位禁用信号），它们与决策逻辑相结合，具有比 VCO 正常运行（与系统锁相）更高的优先级。

3）次级输入信号，包括 3 次谐波平衡信号、α 平衡信号和 γ 平衡信号等。这些信号会调制 VCO 控制回路的所有 8 个输出信号，并改变触发脉冲的时刻。它们

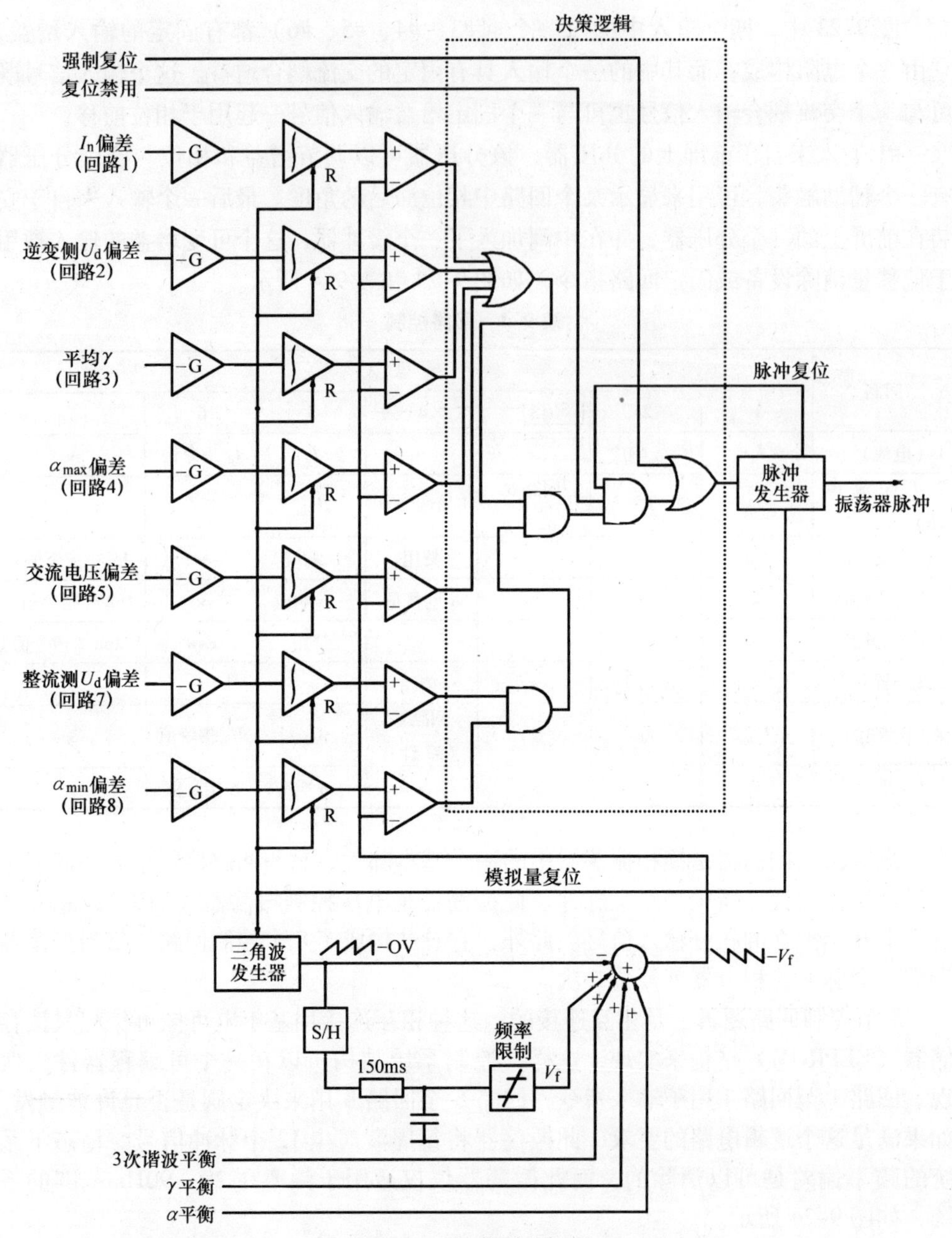

图 9-24 振荡器的框图

用于补偿系统的不平衡，并减小直流线路上的 3 次谐波含量。

三角波发生器。采用一个数/模转换器和一个积分电路，将一个频率为 500kHz、脉冲宽度为 2 μs 的信号转换为一个 720Hz、2V 的方波信号。这个三角波信号是比较器的一个输入，该比较器将此三角波信号与控制器的偏差信号做比较，来确定触发脉冲发出的时刻。如果交流系统的频率偏离 60Hz，那么稳态下的偏差信号值就不为 0。这样，触发脉冲输出就不按照触发指令而发出。如果系统频率大于 60Hz，那么加到阀上的触发角度会比指令值大；如果系统频率小于 60Hz，那么加到阀上的触发角度相应减少。图 9-25 给出了具有频率校正功能的系统框图。在济州岛 - 韩楠工程中，延迟时间 $T = 150\text{ms}$。

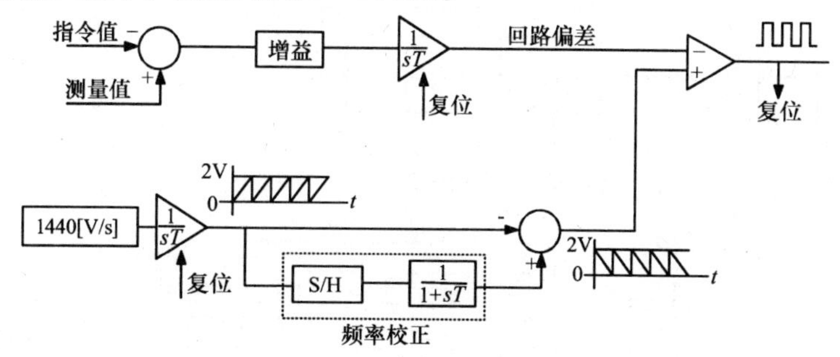

图 9-25 单回路振荡器

下面对频率校正做更详细的描述。在图 9-26 中，如果 V_1 和 V_3 被固定在某个值上，当系统频率变化时就会有偏差产生。稳态下，回路偏差应当等于“0”。但是，由于系统频率变化，稳态下的回路偏差变得大于“0”或小于“0”。这样，控制响应不能跟随指令值，稳态偏差就出现了。当振荡器发出一个脉冲时，三角波被复位至 0。三角波的最大值也许在复位之前已被采样，并与结果进行一定的逻辑运算。这样，进入到比较器的三角波的幅值会与系统频率成比例变化，从而成功地消除偏差，如图 9-27 所示。

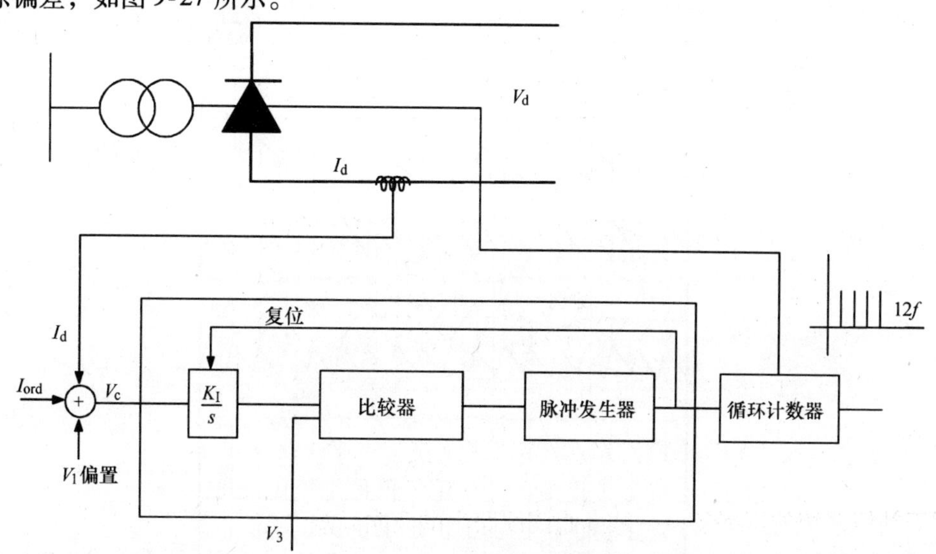

图 9-26 基本的锁相振荡器

比较器/脉冲发生器。经积分和放大的偏差信号与三角波信号相交时，此部件就发出一个复位信号。此复位信号的发出时刻与阀的触发信号发出时刻一致。它将三角波发生器和偏差积分器的输出初始化为“0”，如图 9-28 所示。

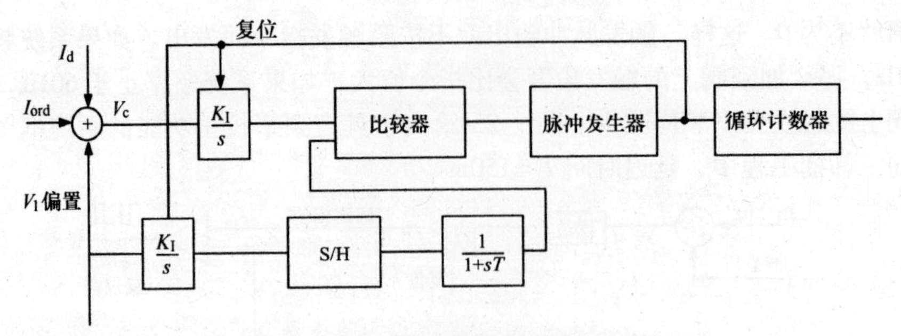

图 9-27　锁相振荡器的频率校正

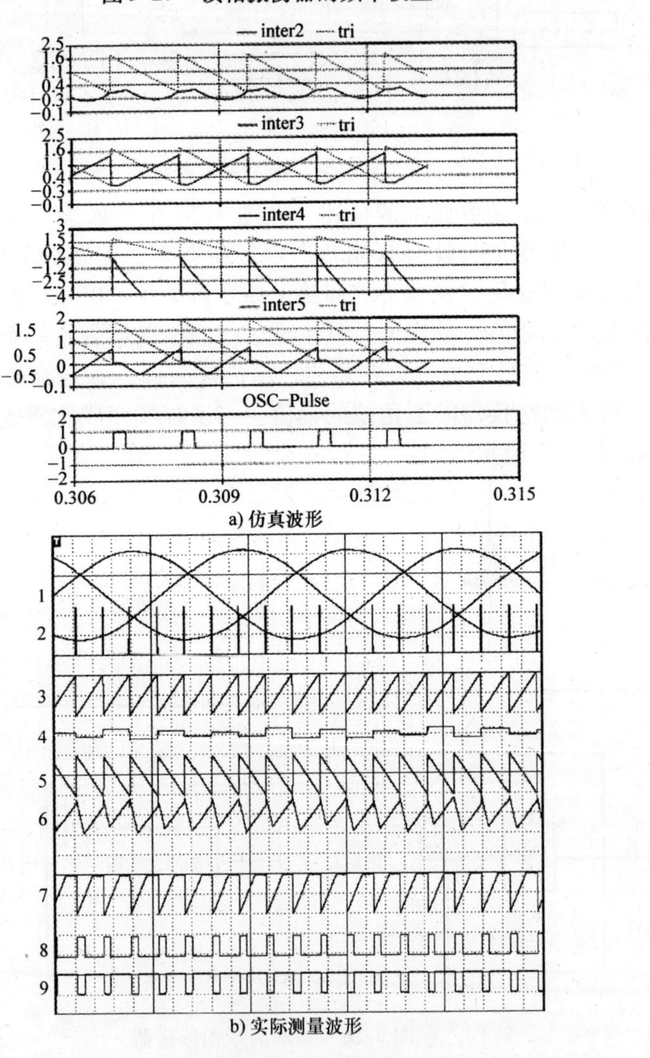

a) 仿真波形

b) 实际测量波形

图 9-28　回路偏差信号与三角波的比较

1—三相电压　2—触发脉冲　3—参考锯齿波　4—参考波形　5—锯齿波形式的偏差信号
6—电流控制器的偏差　7—电压控制器的偏差　8—α 响应　9—γ 响应

循环计数器。理论上，施加到晶闸管门极的触发脉冲只要加一次就能使晶闸管导通。但是，实际系统中，在阀120°的导通时段内有一系列的触发脉冲信号被相继加到阀的门极上，以晶闸管的结温和导通时刻相关的信息通过编码后也以脉冲的形式发回。

有2个6位循环计数器，一个用于Y联结阀组的奇数阀，另一个用于D联结阀组的偶数阀。奇数计数器使用CG1和振荡器的输出脉冲以及奇（ODD）/偶（EVEN）信号作为其输入，并为相应的阀提供12个脉冲信号，这12个脉冲信号包括前面的起始脉冲和末尾的结束脉冲。同时，将奇数计数器的选择（Select）变量值设置为0。偶数计数器使用CG2和振荡器的输出脉冲以及奇（ODD）/偶（EVEN）信号作为其输入，并为相应的阀提供12个脉冲信号，这12个脉冲信号包括前面的起始脉冲和末尾的结束脉冲。同时，将偶数计数器的选择（Select）变量值设置为1。

这个功能的目的是接收来自振荡器的脉冲，并产生阀的起始脉冲（#12）和终止脉冲（#12）。三种可选的运行模式决定上述起始/终止脉冲应该送给哪个阀。与极控制指令系统（PCCS）中的闭锁功能类似，这三种模式分别为正常模式、旁通模式和闭锁模式，而其优先级是递增的。

正常模式。该模式下，总共发出12个起始/终止脉冲，该极是处于整流器运行还是逆变器运行取决于各阀的触发时刻，并受来自振荡器和CG1的脉冲信号控制。CG1是来自相位限制单元的信号，每个周波中振荡器第一个输出脉冲的上升沿与CG1的上升沿同步。当循环计数器的运行模式切换时，它会连续监视将要被触发的阀，因此可以平稳地回到正常模式。

旁通模式。根据极控制指令系统（PCCS）中的闭锁功能，当发出“旁通”指令时，需要2个旁通对。一个旁通对用于奇数阀（Y－Y联结的阀组），另一个旁通对用于偶数阀（Y－D联结阀组）。循环计数器可以试图起动旁通运行三次。当第一次尝试成功时，不会产生报警。但当第二次或第三次尝试成功时，将会显示“禁止旁通选择”的信息。如果三次尝试均失败，那么起始脉冲信号被施加到旁通阀上，而终止脉冲信号被施加到剩下的阀上，直到“旁通”指令被撤销。不管旁通指令是否成功，循环计数器会通过其触发监视单元监视阀触发的仿真状态，如图9-29所示。

闭锁模式（停止模式）。当“闭锁D”信号进入到极控制指令系统（PCCS）中的闭锁模块时，闭锁模式就被选中。此模式下，所有的起始脉冲被消掉，而每隔16.67ms发出一个终止脉冲。单个循环计数器就可以控制6个阀，因此，控制12个阀需要2个循环计数器。一个循环计数器被用于奇数阀，而另一个循环计数器被用于偶数阀，如图9-30和图9-31所示。

α平衡。这个功能用于调整各相上两个阀的触发时间。α平衡单元是一个次级积分控制器，它为锁相振荡器提供α调制信号，其目的是防止由于换流器的作用导致交流系统的2次谐波增大。此外，它也会消除直流电压中的基波分量，该基波分量会使变压器磁饱和并形成励磁涌流，从而能够使交流系统从故障中恢复。α平衡单元调整各相上两个阀的相对触发时间达到等距触发，有助于防止谐波放大效应。基本的输入信号是振荡器的输出，为一系列的脉冲。这个脉冲系列用以形成6

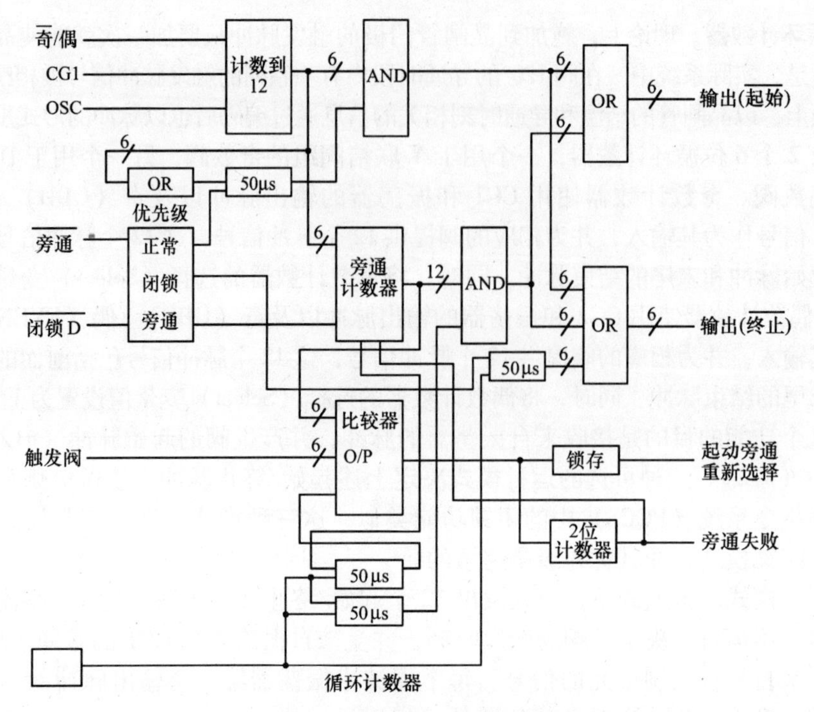

图 9-29　锁相振荡器的频率校正

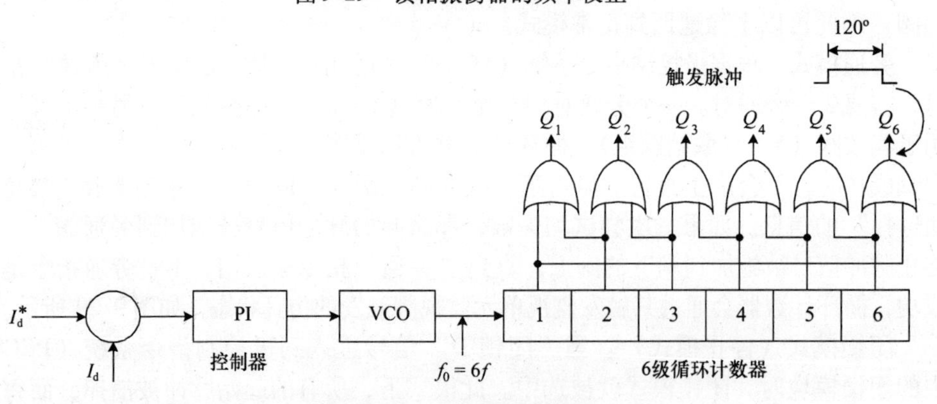

图 9-30　锁相振荡器的频率校正

个频率为60Hz的方波。方波的占空比由振荡器的第6个输出脉冲的相对位置决定，应当精确等于1∶1。但是，如果交流系统中存在2次谐波或者直流系统存在基波分量，同一相中各阀的触发时间就会有差别，占空比也将变化，如图9-32所示。

对这6个方波进行积分形成6个三角波形，而此三角波的直流平均值由占空比决定。这个直流平均值用来调制阀对的触发时间，两个阀都会受到调制，一个阀早一点触发，另一个阀迟一点触发，直到占空比变为1∶1。

最终的输出是6个通道之和，所得到的波形的频率为60Hz。可以加入某些平滑技术来消除由三角积分器产生的谐波，并达到闭环系统稳定运行的适当阻尼。此

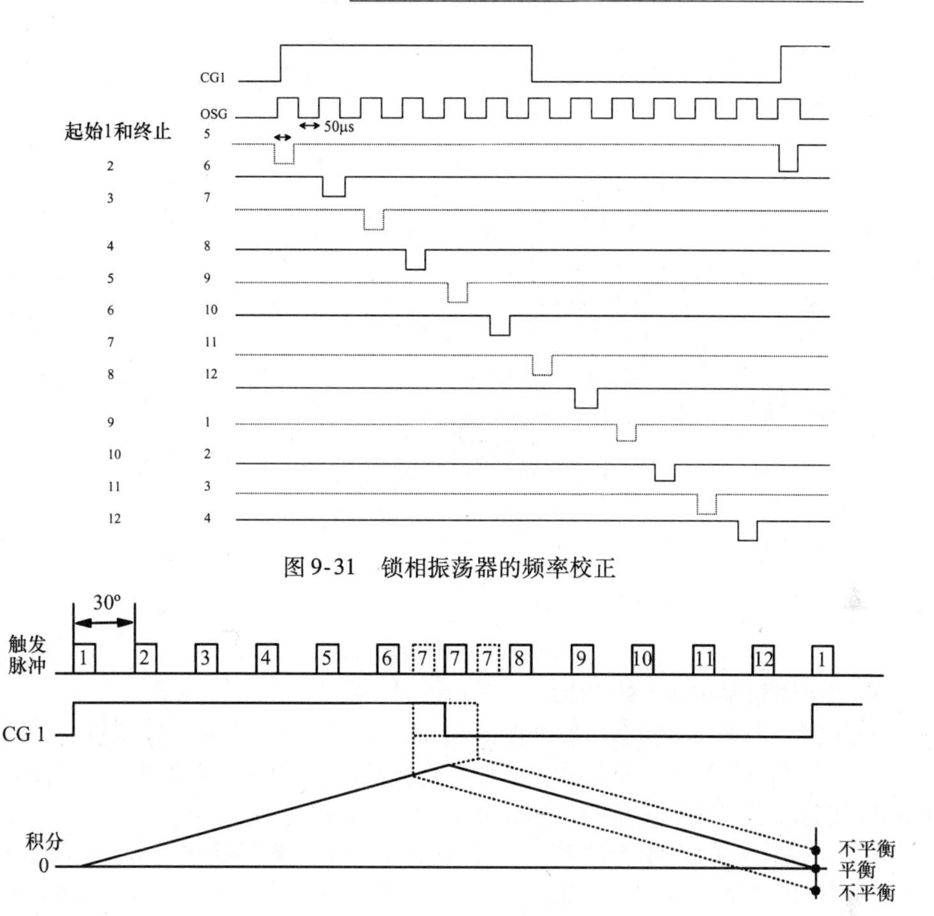

图 9-31　锁相振荡器的频率校正

图 9-32　α 平衡控制

输出被送到振荡器单元，作为调制信号的输入。

当换流器被闭锁时，将输入“禁用”信号，以使 α 平衡单元被禁用，这将使所有积分器的输出复位到零。这种情况下，将采用同步输入信号来保持由 α 平衡单元产生的方波之间的相位关系。这些同步输入信号当与相位控制器中的其他单元一起工作时，可以使某一相上的积分器运行。但这里并不采用这种特性，即积分器并不对某一个阀对起作用，其特性是随机的，需要等到重新起动时才能正常工作。

γ 平衡。此 12 脉冲振荡器通过调节触发延迟角以使各阀的关断角保持相同，如图 9-33 所示。

当交流系统不平衡，或者交流电流进入直流线路，或者换流器存在小的扰动时，都会导致换流器运行不平衡。锁相振荡器总是控制触发脉冲，除了电流过零的瞬间。逆变器中使用的某种方式的触发脉冲调制最终呈现为 γ 角的调制。

在极端情况下这会引起重复性的电流故障，为了克服这一问题，12 个触发延迟角应当保持相互一致。为了实现这一目标，采用闭环方式来调制触发延迟角是必要的。γ 平衡控制单元从相位限制器中接收一个 γ 对信号，产生出 γ 平衡信号，该

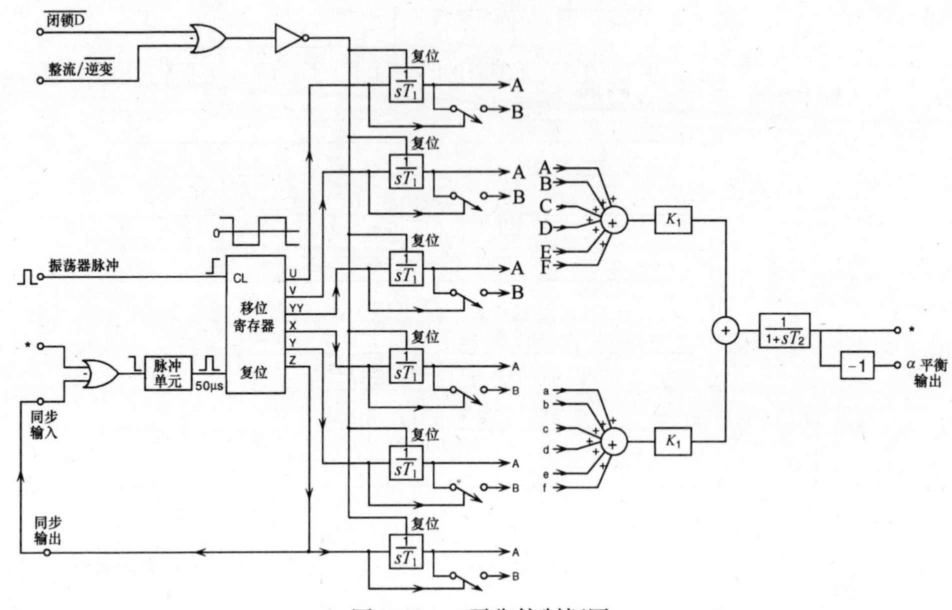

图 9-33　α 平衡控制框图

信号作用于锁相振荡器中的 VCO。

对于完全平衡的交流系统和直流系统，闭环 γ 控制器产生相同值的 γ 角（15°）和 α 角（140°）。而实际上，每个交流系统都存在一定程度的不平衡，这样，即使稳态下，各个 α 角和 γ 角相互之间也不会完全相同。

不幸的是，γ 的不相等性被 γ 增益（$\sin\alpha/\sin\gamma$，满载条件下等于 2.5）所放大，并对电流和电压的不相等性起到一定的作用。由于 γ 倾向于比 γ 平均值小，或者在闭环控制时采用"最小的 γ"，那么在发生换相失败（$\gamma<7°$）时对 γ 的增加就有作用。在 γ 控制环中加入平衡电路，可以使 12 个 γ 值在稳态时保持一致。交流系统不平衡的后果是 α 值不相等，但是，其作用不明显，因为 γ 增益的作用刚好是反方向的。由 α 不平衡导致的 γ 不平衡的比例系数大概为 0.4。

为了使所有的 12 个 γ 具有相同的值，总共需要 11 个控制器，存在很多方法来实现这个目标，但首先考虑如下的事实。由于变压器同一相上的阀的 γ 值具有 180°的相位差（假定 12 个阀依次触发），例如，$\gamma1$ 和 $\gamma7$，或者 $\gamma2$ 和 $\gamma8$，因此它们之间基本上是相等的，这些 γ 对并不受交流系统不平衡的影响。这样，下面的平衡条件是成立的：

1）相相之间的 γ 对（4 对），a－b 相之间，b－c 相之间，c－a 相之间：

$$\gamma_4+\gamma_{10}=\gamma_2+\gamma_8$$
$$\gamma_5+\gamma_{11}=\gamma_3+\gamma_9$$
$$\gamma_6+\gamma_{12}=\gamma_4+\gamma_{10}$$
$$\gamma_7+\gamma_1=\gamma_5+\gamma_{11}$$

2）一个 6 脉波阀组中 6 个 γ 的平均值与另一个 6 脉波阀组中 6 个 γ 的平均值：

$$\gamma_1+\gamma_3+\gamma_5+\gamma_7+\gamma_9+\gamma_{11}=\gamma_2+\gamma_4+\gamma_6+\gamma_8+\gamma_{10}+\gamma_{12}$$

因此，可用上述条件构成一个平衡电路，加入到 γ 主控制器中。这种 γ 平衡电路在稳态时以及在换相失败过程中都能够降低谐波，如图 9-34 所示。

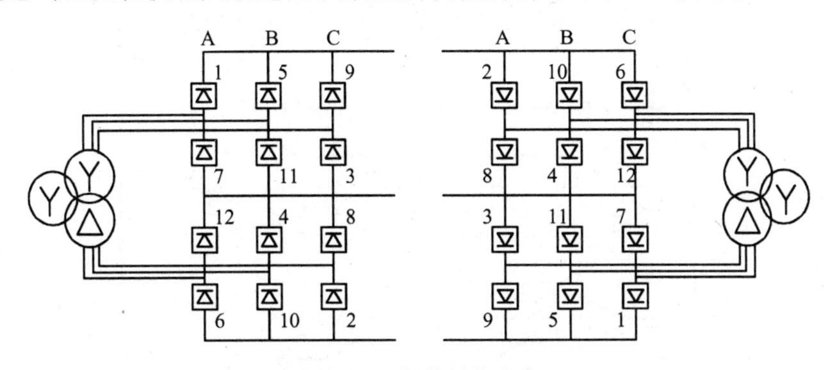

图 9-34　阀的触发次序

每个阀的 γ 角度是以占空比的形式给出的，例如，与 $[\gamma_4+\gamma_{10}-(\gamma_2+\gamma_8)]$ 相对应的值是通过积分并乘上一个固定的调制系数得到的。所得到的结果与其他 4 个平衡调制信号相加产生最终的 γ 调制信号，如图 9-35 所示。

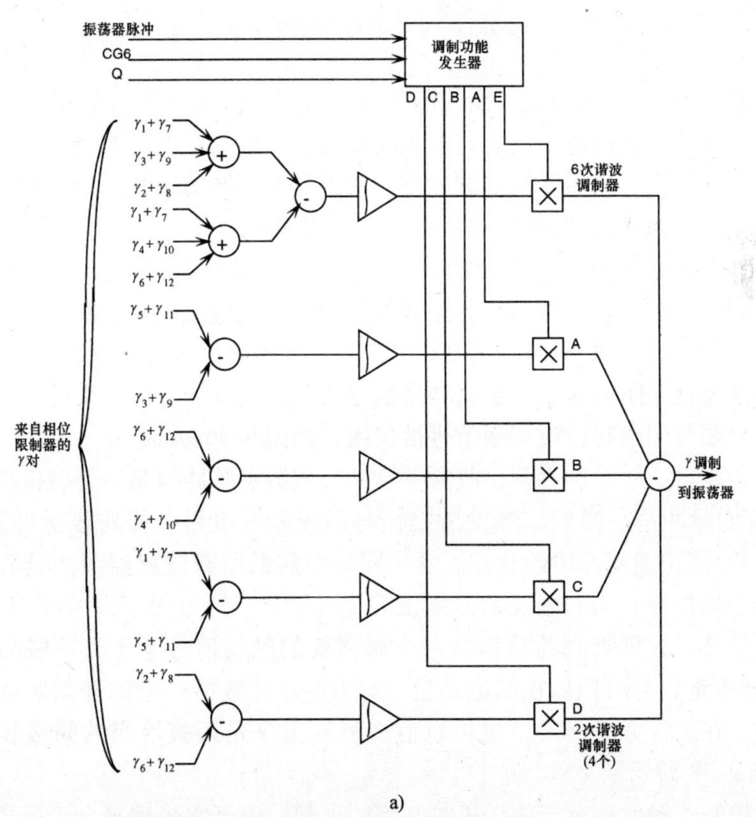

a)

图 9-35　γ 平衡控制框图

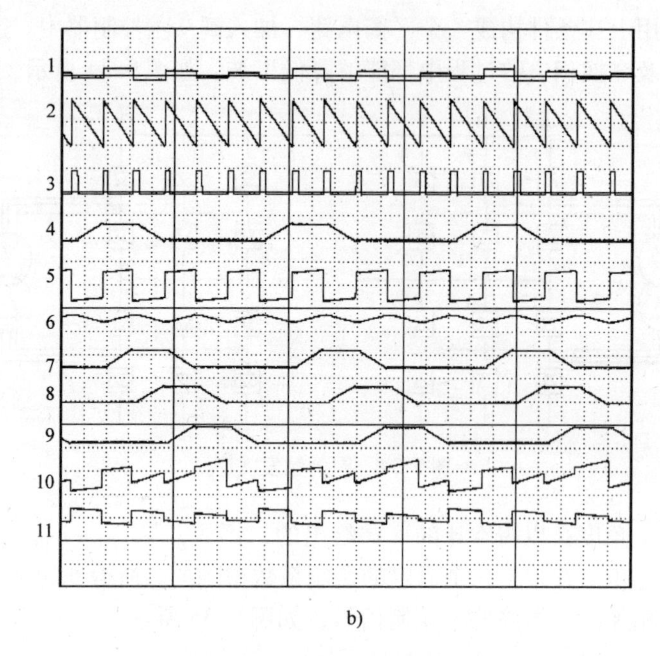

b)

图 9-35 γ 平衡控制框图（续）

3 次谐波平衡。3 次谐波平衡控制通过向振荡器发送一个调制信号来抑制换流变压器的正序 3 次谐波电压。它将换流变压器端口上的正序 3 次谐波抑制到一定的范围内。一般来说，产生 3 次谐波的主要原因是变压器的饱和。如果谐波的幅值特别大，那么在交流系统中也许不能完全抑制 3 次谐波。

3 次谐波平衡控制的输入信号来自测量到的交流电压，其输出用来调制振荡器的运行。调制信号由系统的运行状态和换流器的直流电流决定。此外，它也接收来自极控制指令系统（PCCS）的信号，以产生一个精确的调制信号。

当换流器处于闭锁状态，或者功率水平太低，或者换流器产生的 3 次谐波电压在一定的限制范围内时，该调制信号被禁用，如图 9-36 所示。

触发监视器。触发监视器接收触发脉冲，该触发脉冲与晶闸管门极接收到的来自于 VBE 的脉冲是一样的。触发监视器与门极触发电路一样对该脉冲进行解码，以分析开始/停止锁存器中的状态。属于同一个阀的所有锁存器应当具有相同的状态，因为它们都对共同的触发信号做出响应。因此，通过仅仅监视来自 VBE 的一个触发信号就可以预测阀的动作（一个阀需要的触发信号等于其串联晶闸管级的个数）。特别地，它可以监视阀电路是否对由循环计数器产生的开始脉冲做出了响应；同样，在选择旁通对时，也可以监视触发指令是否被恰当的阀接收到，如图 9-37 和图 9-38 所示。

触发控制。触发控制卡位于极控制柜的顶部。由于它采用来自于循环计数器的开始/停止信号来产生晶闸管门极电子电路所需要的置位/复位信号，并控制 HVDC

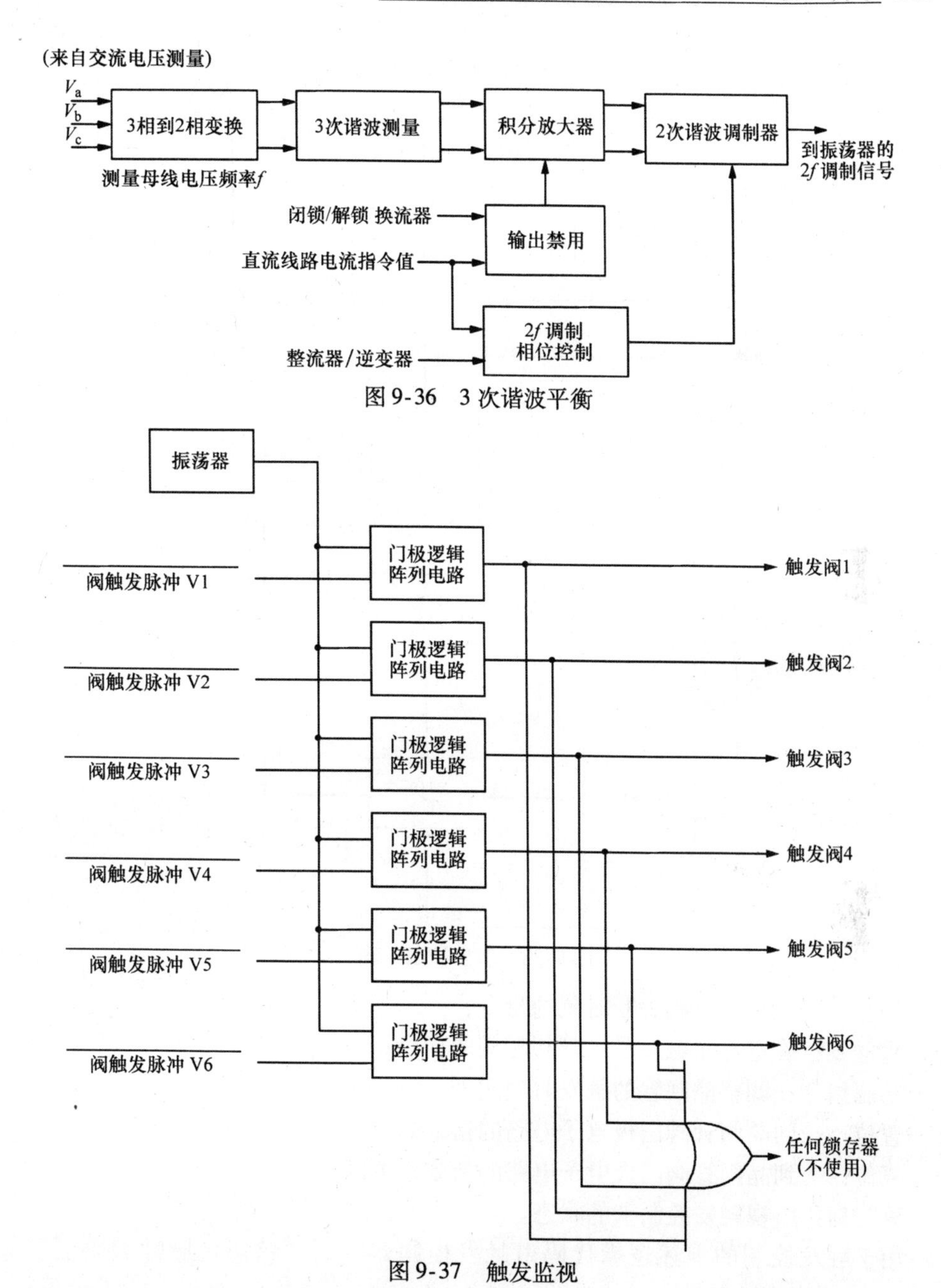

图9-36　3次谐波平衡

图9-37　触发监视

系统的12个阀，因此，对于12个阀的直流输电系统需要12个触发控制卡。触发控制卡的输入包括：来自结温指令的结温数据信号，来自相位控制循环计数器的开始/停止信号，以及来自VBE的重触发信号。触发控制卡的输出包括：置位/复位信号和看门狗信号。触发控制卡的每个信号的作用如下：

开始：确定触发晶闸管阀时刻的指令；

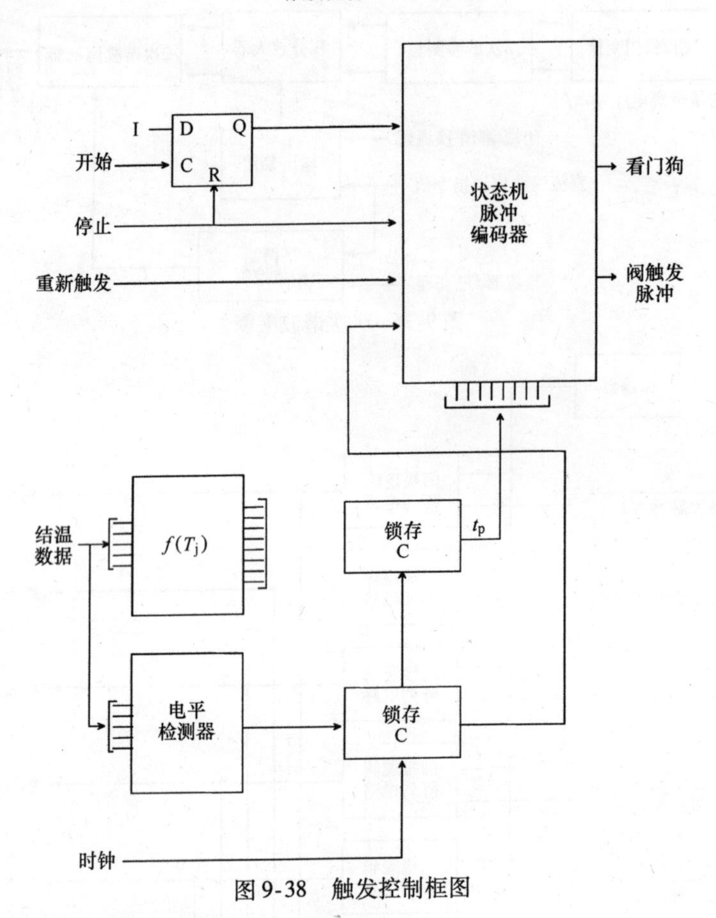

图 9-38 触发控制框图

停止：确定晶闸管阀关断时刻的指令；

重触发：确定再次触发晶闸管阀时刻的指令；

结温指令：调整晶闸管的触发时刻间隔；

置位：送到晶闸管阀门极电子电路的指令是导通；

复位：送到晶闸管阀门极电子电路的指令是关断；

看门狗：监视触发控制卡的状态。

用于触发控制的上述逻辑代码由触发控制器中的“状态机脉冲编码器”来执行。

结温指令：结温指令是一个逻辑计数器，它按如下方式产生结温数据及其输入/输出信号。结温指令被设在60℃以下工作，结温指令存在的根本理由是为了保护晶闸管。

在过载情况下，过载电流所指的范围是 $1.2\text{pu} < I_d < 2\text{pu}$。为了让过载锁存器置位，$I_d \leqslant 2\text{pu}$ 的条件必须维持至少 50ms 或重复性地发生过载。指令和触发控制如

图 9-39 所示。

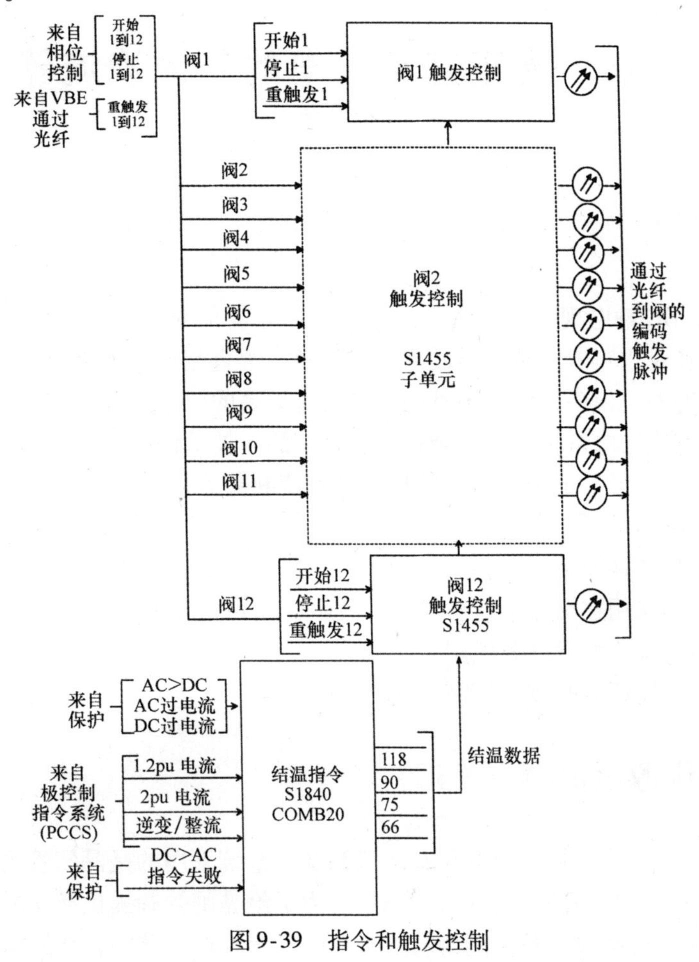

图 9-39　指令和触发控制

参考文献

[1] Maharsi, Y., Do, V.Q., Sood, V.K. *et al.* (1995) HVDC control system based on parallel digital signal processors. *IEEE Transactions on Power Systems*, **10**(2), 995–1002.

[2] Kuffel, P., Kent, K.L., Mazur, G.B. *et al.* (1993) Development and validation of detailed controls models of the Nelson River Bipole 1 HVDC system. *IEEE Transactions on Power Delivery*, **8**(1), 351–358.

[3] Jang, G., Oh, S., Han, B.M. *et al.* (2005) Novel reactive-power-compensation scheme for the Jeju–Haenam HVDC system. *Generation, Transmission and, Distribution, IEE Proceedings*, **152**(4), 514–520.

[4] Kim, C.-K. and Jang, G. (2006) Development of Jeju–Haenam HVDC system model for dynamic performance study. *International Journal of Electrical Power and Energy Systems*, **28**(8), 570–580.

[5] Bhattacharya, S. and Dommel, H.W. (1988) A new commutation margin control representation for digital simulation of HVDC system transients. *IEEE Transactions on Power Systems*, **3**(3), 1127–1132.

[6] Kimura, N., Kishimoto, M. and Matsui, K. (1991) New digital control of forced commutation HVDC converter supplying into load system without AC source. *IEEE Transactions on Power Systems*, **6**(4), 1425–1431.

[7] Martin, D., Wong, W., Liss, G. *et al.* (1991) Modulation controls for the New Zealand DC hybrid project. *IEEE Transactions on Power Delivery*, **6**(4), 1825–1830.

第 10 章　高压直流输电的其他换流器结构

10.1　引言

虽然 HVDC 输电现在被认为是一种成熟技术，但对如下主题仍然有大量的研究和开发工作在进行着。首先是需要更深入地了解直流输电系统的性能；其次是要求直流输电的相关设备，如晶闸管阀等，具有更高的效率并且价格更低；最后是研究采用新的直流输电系统结构的合理性。相关的新技术包括：

1）开发不同类型的直流系统结构以及直流断路器；

2）多端 HVDC 系统的特性研究；

3）强迫换相换流器；

4）将近年来用在交流系统中的设计技术应用到直流系统中；

5）小型换流站的设计和应用；

6）基于微处理器的数字控制。

10.2　电压源换流器（VSC）

广泛应用的电流源换流器（CSC）型 HVDC 系统采用的是晶闸管阀和直流平波电抗器，这种系统存在固有的缺点。例如，为了给晶闸管阀提供换相电压，逆变侧交流系统必须具有旋转设备，例如发电机或同步调相机。此外，在逆变侧和整流侧都需要安装电容器组，以补偿换流器消耗的无功功率。另外，由于 CSC－HVDC 系统会产生低次谐波，因而需要大容量滤波器来滤波。尽管传统的 CSC－HVDC 系统已认为很成熟，但为了达到更好的性能和经济性，如下领域还需要更充分的研究：

1）在交流侧和直流侧应用有源滤波器；

2）电容换相换流器（CCC）；

3）可控串联电容换流器（CSCC）。

由于 CSC－HVDC 的固有局限性，CSC－HVDC 系统正在越来越多地被 VSC－HVDC 系统所取代。但是，VSC－HVDC 系统仍然有一些问题需要解决，比如开关损耗较高、对所用的器件有限制，以及其他与高频开关相关的问题。因此，目前在容量低于 250MW 的应用场合使用 VSC－HVDC 是现实的；而对于容量大于 250MW 的应用场合，CSC－HVDC 系统暂时还会占据市场的主导地位。但是，从长远来看，VSC－HVDC 在 HVDC 系统的市场份额中会持续上升。因此，世界上很多制造商正在开发它们自己的 VSC – HVDC 系统。在世界范围的 VSC – HVDC 市场上，ABB、Siemens 和 AREVA 早已开始开发它们自己的产品，分别命名为 HVDC Light、HVDC Plus 和 HVDC Extra。将 VSC – HVDC 系统商业化的第一个努力是由瑞典的 ABB 公司做出的，第一个 VSC – HVDC 系统是于 1999 年在瑞典 Gotland 岛上投入商业运行的，用来连接两个交流系统。该 VSC – HVDC 系统是一个点对点系统（采用 XLPE 电缆），其基本的运行目标是将 Gotland 岛上 Naes 的电力输送到 Visby。这个系统在其整流侧和逆变侧都安装了小容量的滤波器，以滤除采用 PWM 开关方式所产生的谐波。与 CSC – HVDC 系统相比，VSC – HVDC 系统具有如下的优势：

1）由于开关频率高，低次谐波大大减小，因而所需要的滤波器的容量相对较小；

2）可以对有功功率和无功功率进行独立的控制；

3）由于采用 PWM 控制，开关频率高，因而响应速度快。

VSC – HVDC 系统特别适合于如下应用场合：

1）连接可再生能源电源，如将风电场接入电网。

2）将能量输送到孤立系统，例如岛屿或海上石油平台。

3）向负荷水平快速上升且高楼林立的闹市区送电。

4）通过长距离输电线路送电。

VSC – HVDC 系统是 20 世纪 90 年代中期才开始出现的技术，在有功功率和无功功率的控制算法以及谐波限制方面的研究还不够充分。此外，关于换流器内的开关和导通损耗还没有足够的经验积累。

表 10-1 从控制、成本和开关器件的角度对几个 HVDC 系统的性能进行了比较。图 10-1 展示了一个三电平换流器的运行特性，而图 10-2 展示了用于 VSC – HVDC 系统的两电平和三电平换流器的运行原理和损耗比较。

表 10-1　几个 HVDC 系统的性能比较

项　　目	电流源换流器（CSC）	电压源换流器（VSC）	电容换相换流器（CCC）
电力电子器件	晶闸管	IGBT	晶闸管
换流器成本	☺	☹	☺
功率损耗	☺	☹	☺
无功功率控制	😐	☺	😐
连接无源交流电网	☹	☺	☹
占地面积	☹	☺	😐
长距离输电	☺	☹	☺

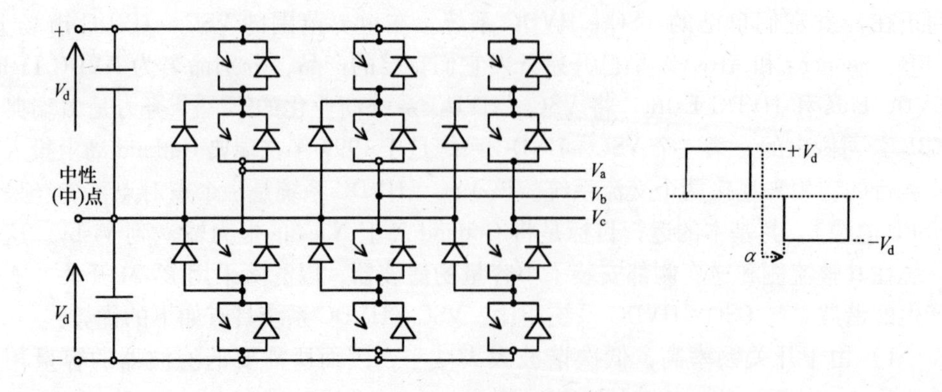

图 10-1　三电平换流器的运行特性

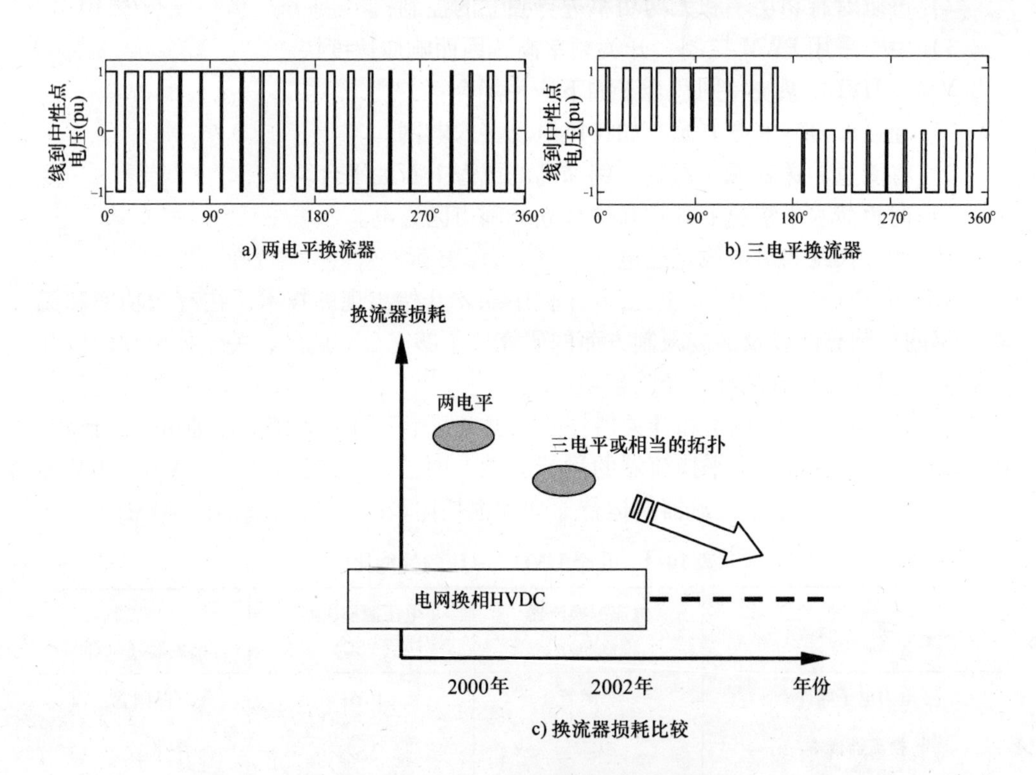

图 10-2　两电平和三电平换流器特性的比较

PWM 方法的比较。在设计一个 VSC－HVDC 系统时，首先考虑的是输出电压。输出电压是确定绝缘水平、串联器件个数以及稳态运行时功率损耗的一个重要因素。与 CSC－HVDC 系统不同，由于损耗和成本的关系，VSC－HVDC 系统的电压不一定设计得很高，因而 VSC－HVDC 系统输送的功率不大。VSC 所采用的 PWM 控制方法具有对电压的相位和幅值进行瞬时控制的优势。此外，PWM 的生成方式有多种，包括空间电压矢量 PWM 方案、矩形波比较方案和梯形波比较方案等。每种方案都有其缺点和优点，如表 10-2 所描述的。

表 10-2　几种 PWM 方案的比较

项目＼调制方案	空间矢量调制	三角波调制	梯形波调制
输出端滤波器的容量	小	中	大
控制精度	高	中	低
硬件成本	高	中	低

对 VSC – HVDC 系统的一个重要要求是 HVDC 系统本身不能成为谐波源。此外，开关损耗也不能太大。应根据系统的容量、控制精度和经济性选择表 10-2 中的一种 PWM 方案。即使某些 PWM 方案具有较高的精度，也并不意味着它总是最优的选择。在对 PWM 方案做比较时，不但要考虑滤波器的费用，也要考虑由于开关损耗的增加而造成的系统额定值的增加。

运行原理。图 10-3 展示了一个 VSC – HVDC 系统的运行原理，HVDC 系统的电流分别流过整流侧和逆变侧的三相电抗器 X_1 和 X_2。与各自交流系统相连的 VSC 独立地控制输入电流的相位和幅值，从而控制有功功率和无功功率。

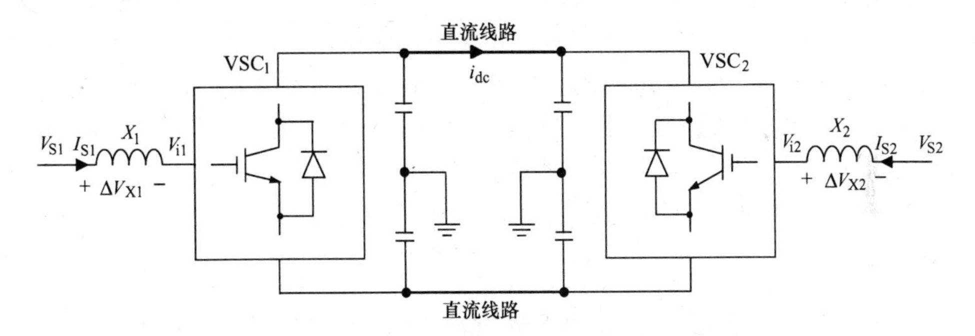

图 10-3　电压源换流器型 HVDC 系统示意图

对应图 10-3 所示的系统，图 10-4a 和 b 给出了其运行的矢量图。该矢量图表明，两端换流器中的任何一端换流器都可以作为整流器或者逆变器运行。这里，所谓的逆变器运行定义为有功功率从直流侧流到交流侧。因此，根据图 10-4，所得到的有功功率和无功功率可以用下式来表示：

$$P_k = \frac{V_{sk}V_{ik}}{X_k}\sin\delta_k \tag{10-1}$$

$$Q_k = \frac{V_{sk}^2}{X_k} - \frac{V_{sk}V_{ik}}{X_k}\cos\delta_k,\ k=1,\ 2 \tag{10-2}$$

根据式（10-1），有功功率为正表示逆变模式，而有功功率为负表示整流模

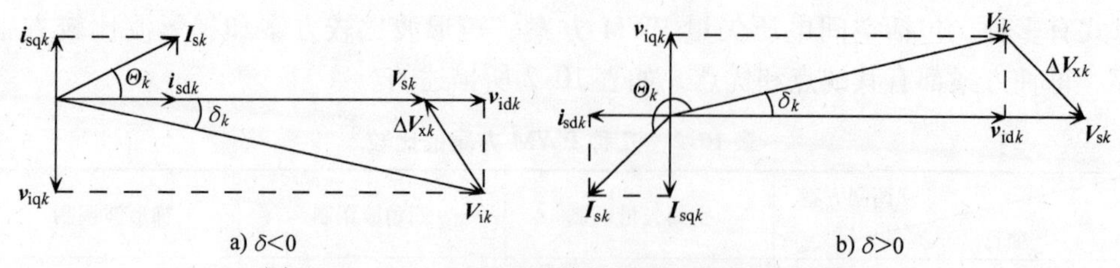

图 10-4 VSC－HVDC 系统的通用空间矢量表示法

式，它是由电压和电流相位的极性决定的。根据图 10-4 和式（10-1）和式（10-2），可以得出如下的结论：

1）在整流器㊀运行模式下，VSC 的输出电压 V_{ik} 滞后于交流电压源的电压 V_{sk} 一个角度 δ_k（$\delta_k<0$），而有功功率从交流侧㊁流向直流侧㊂。

2）在逆变器㊃运行模式下，VSC 的输出电压 V_{ik} 超前于交流电压源的电压 V_{sk} 一个角度 δ_k（$\delta_k>0$），而有功功率从直流侧㊄流向交流侧㊅。

3）为了维持直流母线电容器的电压，有功功率通过调节交流侧和直流侧之间的相位差 δ_k 来加以控制。

4）在相对较小的 δ_k 下，无功功率是由 VSC 的输出电压 V_{ik} 和交流电压源的电压 V_{sk} 决定的。当 $V_{ik}>V_{sk}$ 时，VSC 输出无功功率，而当 $V_{ik}<V_{sk}$ 时，VSC 吸收无功功率。

一个 VSC 的 d－q 模型。在一个三相 Y 联结系统中，三相电压之和为零。这样，该电压可以描述为 d－q 坐标系中的矢量。在 d－q 坐标系中，电压可以表示为一个瞬时值，而电压中的不平衡分量和谐波也可以加以表达。此外，三相系统可以用 d－q 模型来表示，并且，通过在任何时候保持 d 轴与三相中的一相重合，可以实现有功功率和无功功率的独立控制，如图 10-5 和图 10-6 所示。

根据图 10-6，可以列出如下方程：

$$e_{sa}=L_s\frac{di_{sa}}{dt}+v_{ca} \tag{10-3}$$

$$e_{sb}=L_s\frac{di_{sb}}{dt}+v_{cb} \tag{10-4}$$

$$e_{sc}=L_s\frac{di_{sc}}{dt}+v_{cc} \tag{10-5}$$

㊀ 原文误为逆变器。——译者注

㊁ 原文误为直流侧。——译者注

㊂ 原文误为交流侧。——译者注

㊃ 原文误为整流器。——译者注

㊄ 原文误为交流侧。——译者注

㊅ 原文误为直流侧。——译者注

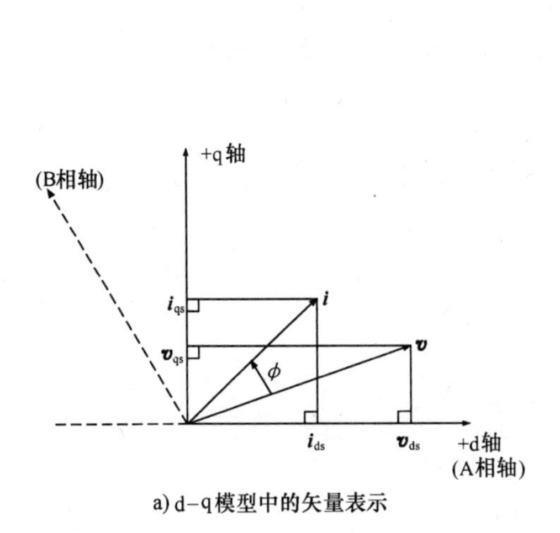

a) d−q模型中的矢量表示

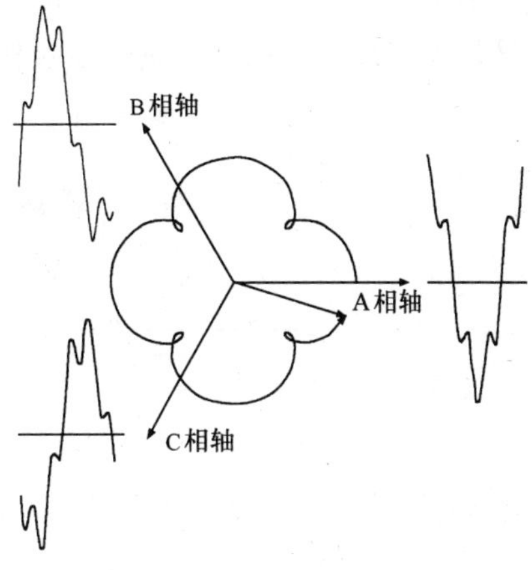

b) 具有严重谐波时的矢量轨迹

图 10-5　用于矢量控制的 d−q 模型

式中，v_{ca}、v_{cb}、v_{cc} 指换流器 abc 自然坐标系中的相电压；L_s 指换流器输入端的电感；i_{sa}、i_{sb}、i_{sc} 指 abc 自然坐标系中的相电流。

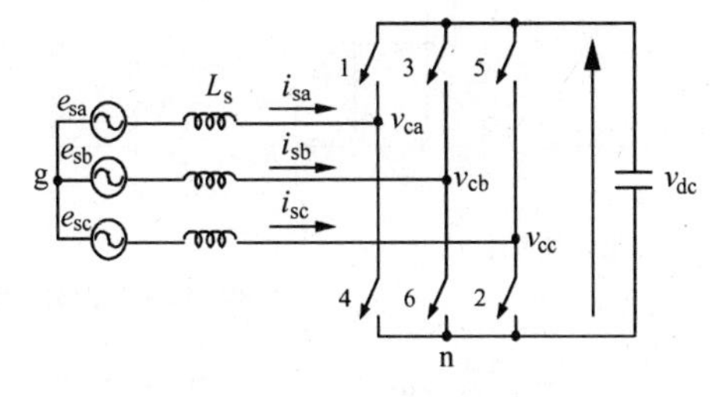

图 10-6　VSC 的主电路模型

式（10-6）描述了在静止坐标系中的三相电压：

$$\begin{vmatrix} f_q^s \\ f_d^s \end{vmatrix} = \frac{2}{3}\begin{bmatrix} 1 & -\frac{1}{2} & \frac{1}{2} \\ 0 & -\frac{\sqrt{3}}{2} & -\frac{\sqrt{3}}{2} \end{bmatrix}\begin{bmatrix} f_a \\ f_b \\ f_c \end{bmatrix} \tag{10-6}$$

式（10-7）是式（10-6）在圆柱坐标系中的表达式：

$$\begin{vmatrix} f_q^e \\ f_d^e \end{vmatrix} = \begin{bmatrix} \cos\theta_e & -\sin\theta_e \\ \sin\theta_e & \cos\theta_e \end{bmatrix}\begin{vmatrix} f_q^s \\ f_d^s \end{vmatrix} \tag{10-7}$$

总之，根据式（10-7）可以导出升压型换流器电路的方程，如式（10-8）和式（10-9）所示。

$$d\,\frac{\dot{i}_d^e}{\mathrm{d}t} = \frac{1}{L_s}\left(E - V_d^e - \omega_e L_s i_q^e\right) \tag{10-8}$$

$$d\,\frac{\dot{i}_q^e}{\mathrm{d}t} = \frac{1}{L_s}\left(-V_d^e + \omega_e L_s i_q^e\right) \tag{10-9}$$

其中，$\omega_e = \mathrm{d}\theta_e/\mathrm{d}t$。

根据式（10-8）和式（10-9），可以得到 VSC 的控制框图如图 10-7 所示。图 10-7 中，输入量是分离的 d 轴和 q 轴量。假定 d 轴对应的控制信号是有功功率，那么 d 轴可以看作是发电机控制中的原动机控制；而另一方面，假定 q 轴对应的控制信号是无功功率，那么 q 轴可以看作是发电机的自动电压控制器（AVR）。

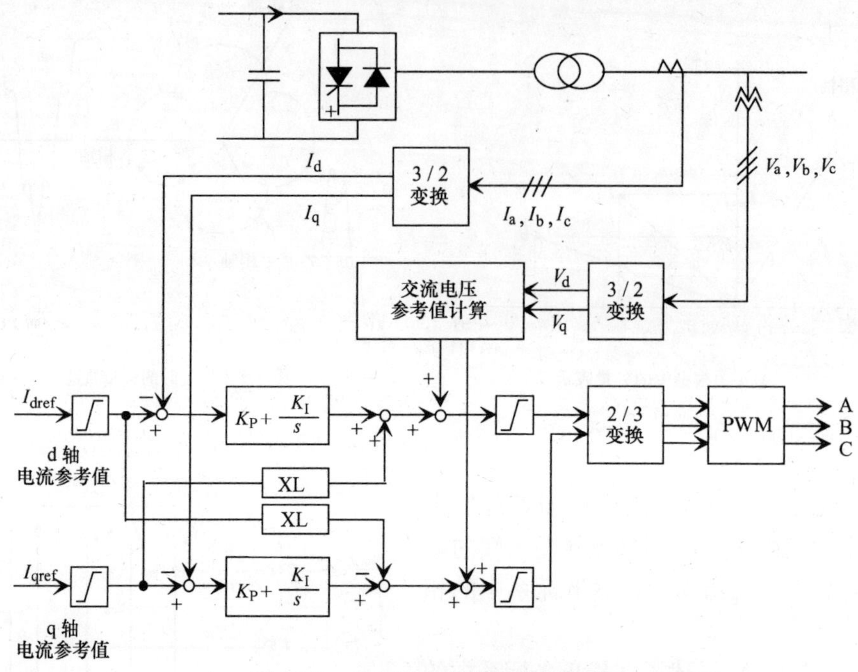

图 10-7 电压源换流器的控制模型

系统运行点。图 10-8 展示了系统有功功率与直流电压之间的关系曲线，此时，各端的上限设置得较高。图 10-8 对应于 B 端的直流电压参考值设置得较低，相差一个电压裕度；而图 10-9 对应于 A 端的电压设置得较低。运行点是两端运行曲线的交点。

正如图 10-8 所示的，直流电压是由 A 端控制的，而有功潮流是由 B 端直流电压控制的下限值控制的。类似地，如图 10-9 所示，直流电压是由 B 端控制的，而直流潮流是由 A 端直流电压控制的下限值控制的。

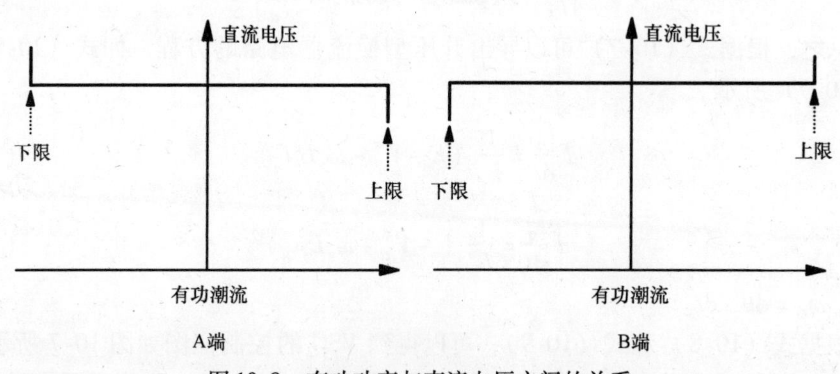

图 10-8 有功功率与直流电压之间的关系

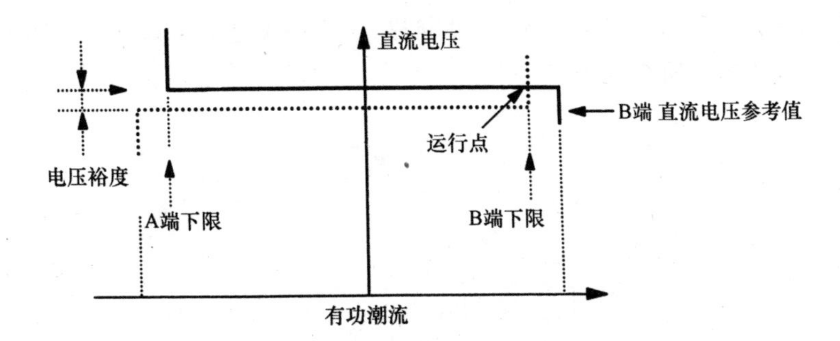

图 10-9　有功功率与直流电压之间的关系（B 端有电压裕度）

潮流控制和潮流反转。如图 10-8 所示，系统的潮流可以通过调节 B 端直流电压的下限来加以控制。

改变具有电压裕度那一端的电压，就能将特性曲线转换成如图 10-9 所示的曲线，从而使潮流反转。如图 10-9 所示，潮流是由直流电压参考值较低（差一个电压裕度）的那一端的下限控制的。潮流反转可以通过改变电压裕度而很容易实现。由于两端都有一个潮流为 0 的运行点，这种控制方法的一个优点是能够保证稳定起动，而不管另一端的起动时间，即使另一端是停运的，健全端也能持续运行并控制无功功率或交流电压，如图 10-10 所示。

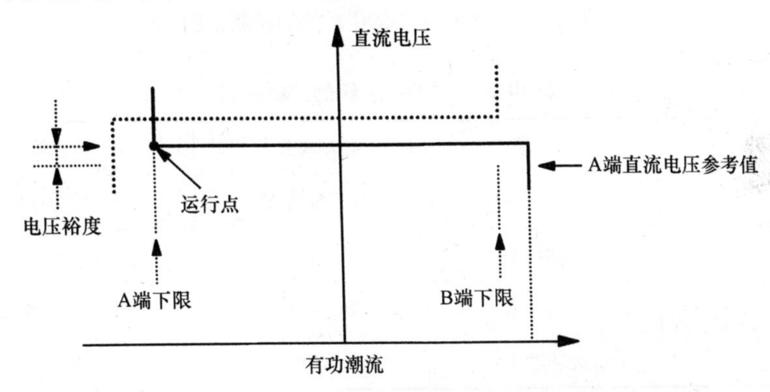

图 10-10　有功功率与直流电压之间的关系（A 端有电压裕度）

VSC－HVDC 系统的控制区域。图 10-11 给出了一个 VSC－HVDC 系统控制框图。如图中所示，与基于晶闸管的 HVDC 系统不同，VSC－HVDC 系统可以同时并独立地控制有功功率和无功功率。有功功率与电力系统的频率相关，而无功功率可以控制交流系统的电压。在图 10-11 中，有功功率用 I_d 来表示，它是定有功功率控制或频率控制的输出。I_q 是无功功率分量，它是定无功功率控制或交流电压控制的输出。与 CSC－HVDC 系统类似，VSC－HVDC 系统也用 Max/Min 选择器来控制有功电流（I_d）和换流器输出的直流电压，以确定运行点。图 10-11 中，运行模式是由 Max/Min 选择器（选择逻辑）决定的。表 10-3 是整流器和逆变器用于控制有功功率和无功功率所查的表格。

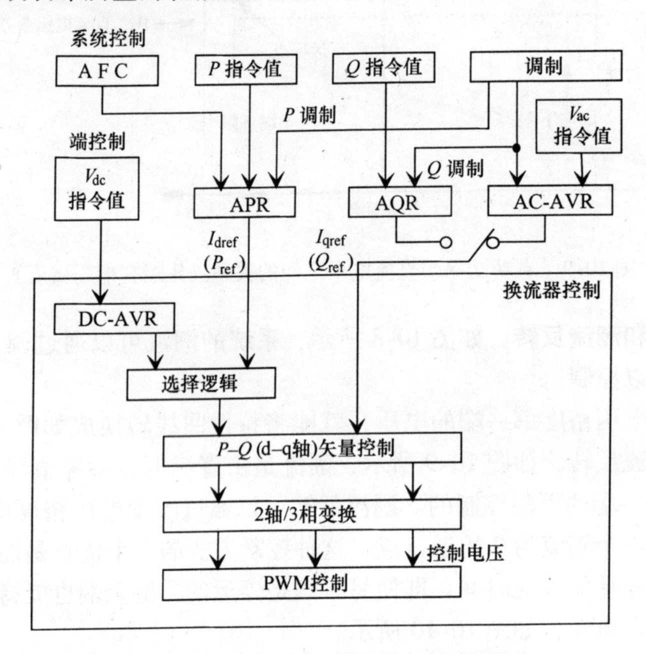

图 10-11　VSC－HVDC 系统的控制框图

表 10-3　HVDC 系统的控制模式

侧别	参考值	控制模式 1	控制模式 2
整流器	有功功率	APR（包括 AFC）	DC－AVR
	无功功率	AQR	AQR
逆变器	有功功率	DC－AVR	APR（包括 AFC）
	无功功率	AQR	AQR

注：APR—自动功率控制；AFC—自动频率控制；DC－AVR—自动直流电压控制；AQR—自动无功功率控制。

由于 VSC－HVDC 系统具有独立控制有功功率和无功功率的能力，因此它可以被用作静止同步补偿器（STATCOM）或统一潮流控制器（UPFC）。但是，有功功率与无功功率哪个更重要取决于 VSC－HVDC 系统的使用目的，即它是用于输电的还是用于加强系统的。

因此，如果 VSC－HVDC 系统仅仅是用于输送功率，那么无功功率控制应当选择定无功功率控制器（AQR）；而如果 VSC－HVDC 是用于控制交流系统电压的，那么无功功率控制应当选择自动交流电压控制器（AC－AVR）。图 10-12a 给出了有功功率控制器的框图，其控制算法可能与发电机的原动机控制器的算法类似。而图 10-12b 给出了无功功率控制器的框图，其结构类似于发电机的自动电压调节器（AVR），且其增益值的整定可以参照发电机 AVR 控制增益的整定方法。

图 10-12 中的“P 调制”和“Q 调制”说明了 VSC－HVDC 系统的特性可以使其按照理想发电机的方式运行。此种特性在发电机中是不存在的。从发电机的角度来看，施加在图 10-12a 有功功率控制器上的“P 调制”信号是作为一个辅助信号来控制交流系统振荡的，此辅助信号的作用与施加在发电机 AVR 上的电力系统稳定器（PSS）信号是一样的；施加在图 10-12b 无功功率控制器上的“Q 调制”信号控制交流电网的电压振荡。

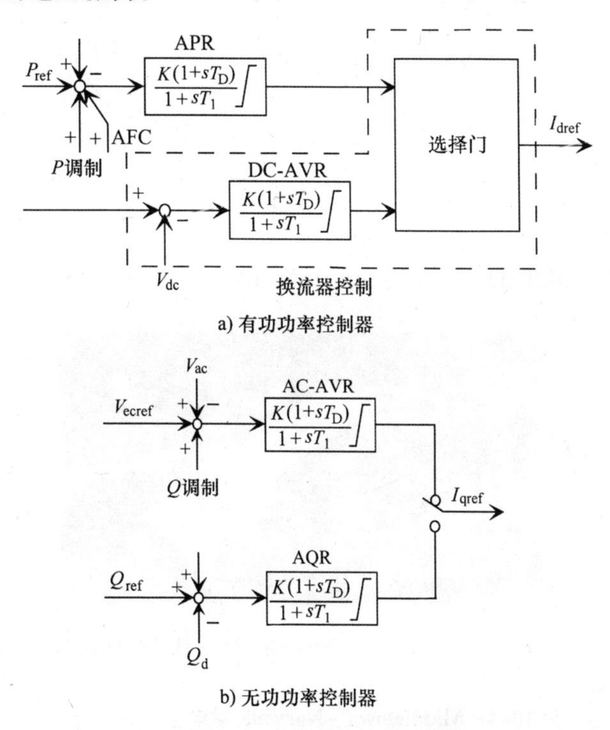

a) 有功功率控制器

b) 无功功率控制器

图 10-12　VSC－HVDC 系统的控制器

图 10-13 展示了 VSC－HVDC 系统的 3 个主要特性。首先，它具有与发电机功率特性曲线相同的容量曲线，即它可以被表述为一个单位圆。其次，它不受低励磁极限的限制，这是与发电机不同的。最后，它可以发出或吸收有功功率，这也是不同于发电机的。此外，由于发电机的负荷容量曲线是随氢冷系统的不同而变化的，VSC－HVDC 系统的负荷容量曲线也会随所选择的冷却装置不同而变化。还可以证明，其额定容量依赖于冷却装置的选择。

图 10-14 展示了由 ABB 公司承建的 Middletown－Norwalk VSC－HVDC 输电系统。此外，表 10-4 给出了 Middletown－Norwalk 输电系统的额定值。

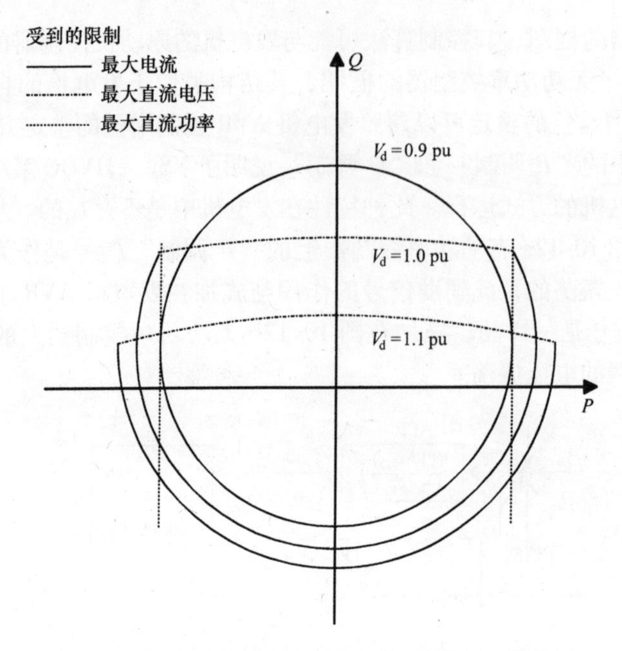

图 10-13 $P-Q$ 平面上 VSC - HVDC 系统的可控范围

图 10-14 Middletown - Norwalk VSC - HVDC 输电系统

表 10-4 Middletown - Norwalk 输电系统的额定值

投运年	2002
功率额定值	330MW AC
电压	在 New Haven 侧为 345kV，在 Shoreham 侧为 138kV
直流电压	±150kV
直流电流	1175A
直流电缆长度	2×40km

10.3 CCC - HVDC 系统和 CSCC - HVDC 系统

对具有串联电容器的 CCC - HVDC 系统进行研究最早是在 20 世纪 50 年代。但是，由于串联电容器位于阀和变压器之间，当阀导通和关断时就会有过电压作用在阀上，这就造成了非常严重的缺点，因为通过保护的方法很难将此过电压最小化。20 世纪 80 年代，氧化锌避雷器和恢复性缓冲电路的发展使 CCC - HVDC 系统可以实用化。1997 年，第一个 CCC - HVDC 系统（背靠背型）在阿根廷和巴西的边界上安装投运。

由另一个制造商提出了 CCC - HVDC 系统的一种替代方案，这种替代系统被称为 CSCC - HVDC 系统，其不同点是采用了晶闸管控制串联电容器（TCSC）技术。这种替代技术的运行方式与 CCC - HVDC 类似。

与常规的 HVDC 系统相比，CCC - HVDC 系统具有如下优点：

1）消耗的无功功率较小；

2）可以与短路比（SCR）很低的交流系统一起运行；

3）与相当的常规 HVDC 系统相比，可以输送更多的功率。

本章将用数学分析的方法来研究 CCC - HVDC 系统的其他优势，如表 10-5 所示，同时还将采用仿真的方法来验证这些优势。

表 10-5　CCC 与 CSCC 的比较

项　　目	在阀侧的换相电容器	在网侧的换相电容器
发生铁磁谐振问题的可能性?	不	是
电容器暴露在交流系统全短路电流水平下?	不	是
晶闸管阀暴露在电容器放电电流下?	是	不
电容器暴露在直流对地电压下?	是	不

CCC - HVDC 系统的结构。图 10-15 给出了一个 6 脉波 CCC - HVDC 系统的基本电路。CCC 中换相电容器阻抗 Z_c 的作用可以用下式来描述：

$$V_{dc} = V_{ac} - Z_s \times (I_f + I_{dc}) - Z_c I_{dc} \tag{10-10}$$

如图 10-15 所示，CCC - HVDC 系统的直流电流通过换相电容器流到交流系统。换相电容器位于变压器的二次侧和阀之间。图 10-16 给出了 CCC - HVDC 系统各个部分的电压和电流波形。图 10-16a 中的粗线表示施加在阀上的电压，而细线表示系统电压。此外，图 10-16b 给出了流过 CCC - HVDC 系统阀中的直流电流以及施加在串联电容器上的电压。

正如图 10-16a 所示的，因为在 CCC - HVDC 系统中相电压与阀电压存在差别，因此在角度为 180°时关断阀是可能的。这在常规 HVDC 系统中是不可想象的。当然，该系统也存在缺点，例如与常规 HVDC 系统相比，峰值电压提高了。HVDC 系统控制范围的增大意味着它可以应用于更弱的系统。

CSCC - HVDC 系统的结构。图 10-17 给出了 CSCC - HVDC 系统的基本结构，其功能与 CCC - HVDC 系统一致，但拓扑结构不同。在这个方案中，串联电容器位于电网与换流变压器之间，这是与上述的 CCC - HVDC 系统不同的。从性能来看，

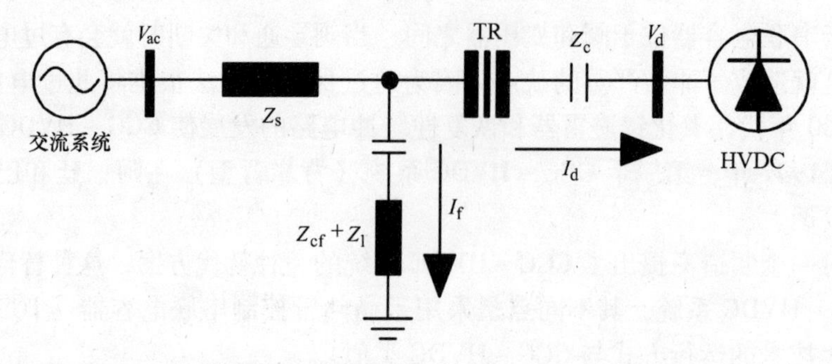

a) CCC-HVDC系统的等效电路

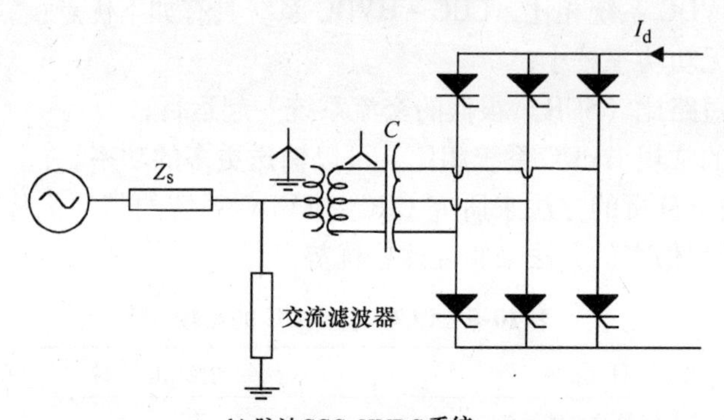

b) 脉波CCC-HVDC系统

图 10-15 CCC – HVDC 系统的结构

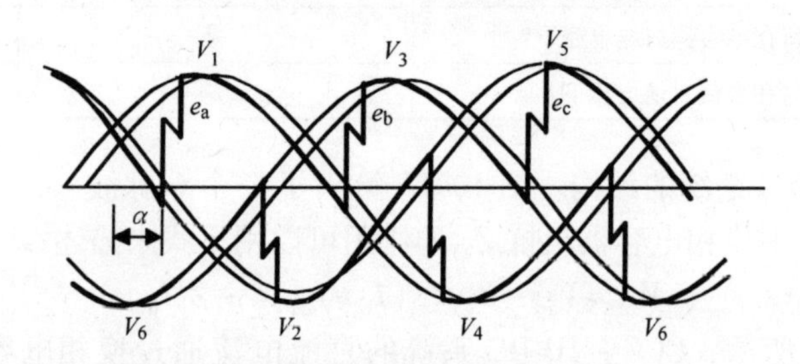

a) CCC-HVDC系统的阀电压和相电压

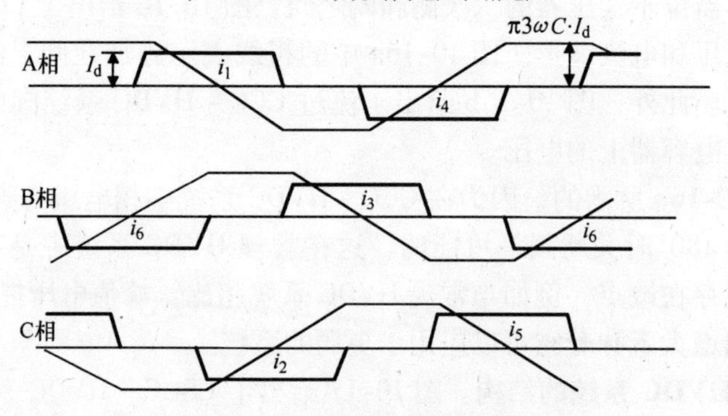

b) CCC-HVDC系统阀电流和串联电容电压

图 10-16 CCC – HVDC 系统中的电压和电流

它的功能是与 CCC－HVDC 系统类似的。但是，后面的研究将会发现，CSCC－HVDC 系统具有额外的优势，因为它具有控制交流系统状态的能力。通过采用 TC-SC 技术，CSCC－HVDC 系统可以防止铁磁谐振，并且还能控制交流系统。式（10-11）给出了 CSCC－HVDC 系统的特性。

$$V_{dc}=V_{ac}-(Z_s+Z_c)\times(I_f+I_{dc}) \tag{10-11}$$

a) CSCC-HVDC系统的等效电路

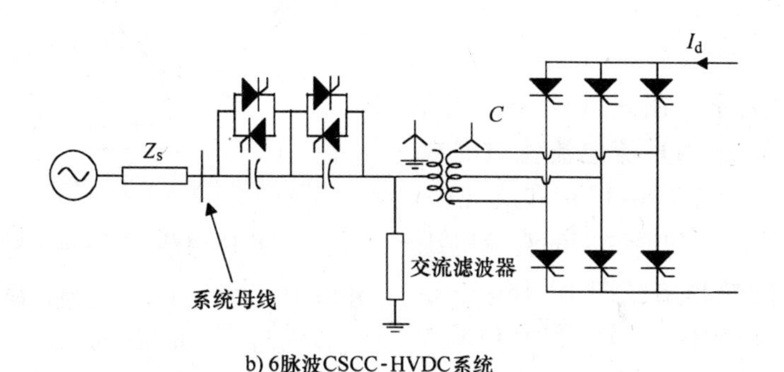

b) 6脉波CSCC-HVDC系统

图 10-17　CSCC－HVDC 系统的结构

CSCC－HVDC 系统（见图 10-17）的运行特性取决于该系统中 TCSC 的运行特性。该 TCSC 大约由 10 个链节串联组合而成，每个链节由一对双向晶闸管和一个电容器组成。它根据电网的要求和 HVDC 系统的要求，不断地重复旁路运行、正向导通运行和反向导通运行。

CCC－HVDC 系统的换相：CCC－HVDC 系统的优势是由串联电容器的作用实现的。串联电容器改变了 HVDC 系统的换相过程，使得它比常规 HVDC 系统运行得更加高效。图 10-18 用图形的方式给出了 CCC－HVDC 系统的换相过程。各元件的运行方程如式（10-12）～式（10-14）所示。这些方程中电容 C 的作用是通过增大换相电压的裕度来改善功率因数，并降低换相失败的可能性。即使对于弱交流系统，这种改善也有利于换相的实现。

$$v_5=e_c-L\frac{\mathrm{d}(I_d-i)}{\mathrm{d}t}-\frac{1}{C}\int(I_d-i)\,\mathrm{d}t \tag{10-12}$$

$$v_1 = e_a - L\frac{di}{dt} - \frac{1}{C}\int i dt \tag{10-13}$$

$$v_6 = e_b - L\frac{dI_d}{dt} + \frac{1}{C}\int I_d dt \tag{10-14}$$

其中，$dI_d/dt = 0$。

式（10-15）~式（10-21）是用来获得 CCC－HVDC 系统中触发延迟角、换相角、直流电流和交流电压的关系式。假定初始条件下电流为零并且 I_d 表示图 10-18a 中换相过程结束时的电流，那么式（10-16）可以变换为式（10-17）。式（10-15）~式（10-18）给出了 CCC－HVDC 系统中运行角和换相角的数学关系。在式（10-16）中，$(\pi I_d/3\omega C)$ 表示当直流电流流过时电容器上的电压。式（10-19）和式（10-20）分别为整流侧和逆变侧的直流电压方程，其中的换相角在图 10-18b 中标出。在图 10-18b 中，“A”表示 CCC－HVDC 系统的真实关断角。

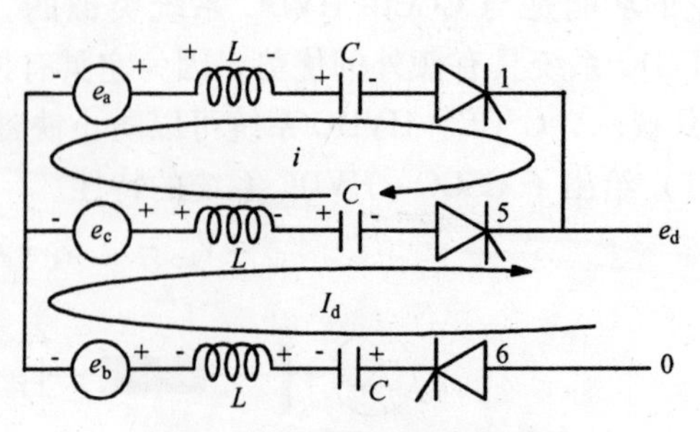

a) CCC-HVDC系统中的换相过程

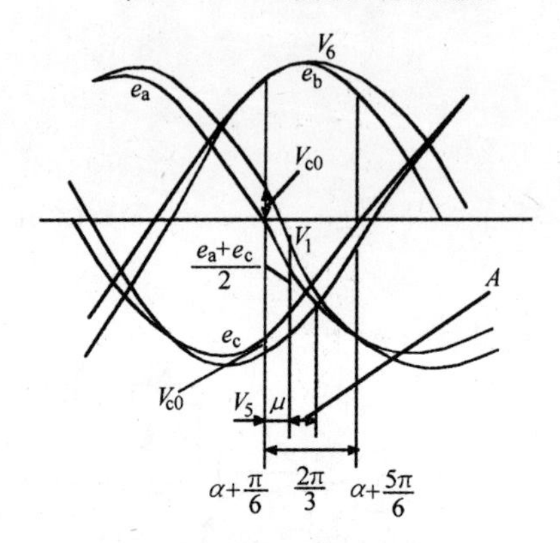

b) CCC-HVDC系统的运行波形

图 10-18　CCC－HVDC 系统的换相过程和电压波形

$$2L\frac{di}{dt} + \frac{2}{C}\int i dt = (e_a - e_c) \tag{10-15}$$

$$i = -\frac{\sqrt{2}}{\sqrt{3}}E\left[\cos(\omega t) - \cos\left(\omega t + \frac{2\pi}{3}\right)\right]\frac{1}{2\omega L} - \frac{\pi I_d}{3\omega C} + \frac{I_d}{L}t + i_0 \tag{10-16}$$

$$\cos\alpha - \cos\alpha(\alpha + \mu) = \sqrt{2}\left(\omega L - \frac{\pi}{3\omega C}\mu\right)\frac{I_d}{E} \tag{10-17}$$

$$\cos\alpha = -\cos\gamma + \sqrt{2}\left(\omega L - \frac{\pi}{3\omega C}\mu\right)\frac{I_d}{E} \tag{10-18}$$

$$E_d = -\frac{3\sqrt{2}}{\pi}E\cos\alpha - \frac{3}{\pi}\left(\omega L - \frac{\pi}{3\omega C}\mu\right)I_d \tag{10-19}$$

$$E_d = -\frac{3\sqrt{2}}{\pi}E\cos\gamma + \frac{3}{\pi}\left(\omega L - \frac{\pi}{3\omega C}\mu\right)I_d \tag{10-20}$$

根据上述方程，可以导出 CCC－HVDC 系统的功率因数如式（10-21）所示。它清楚地表明，与常规 HVDC 系统相比，CCC－HVDC 系统的功率因数得到了极大的改善。

$$\frac{\cos(\alpha+\mu)+\cos\alpha}{2}=\cos\alpha-\left(\omega L-\frac{\pi}{3\omega C}\mu\right)\frac{I_{\mathrm{d}}}{\sqrt{2}E}=-\cos\gamma+\left(\omega L-\frac{\pi}{3\omega C}\mu\right)\frac{I_{\mathrm{d}}}{\sqrt{2}E} \tag{10-21}$$

由于串联电容器的电压依赖于流过电容器的电流，电容器上的电压和电流相互之间是反比关系。因此，在选择用于 CCC－HVDC 系统的串联电容器时，应使额定电流下串联电容器上的电压为 0.8～0.9pu。此外，串联电容器的额定值依赖于额定电流、运行角和系统环境。

CCC－HVDC 系统的最大输送功率。CCC－HVDC 系统的主要优点是其串联电容器可以使直流电流的换相更容易。这样，晶闸管的关断角可以设置到一个较小的值，理论上，甚至可以设置一个负值。所需要的关断角很小，意味着功率因数得到改善，且无功补偿可以减少。基于此，与常规 HVDC 系统相比，CCC－HVDC 系统的效率和稳定性得到了提高。

当常规 HVDC 系统中发生故障时，逆变侧的直流电压下降，导致直流电流上升。然后，直流电流的上升导致换相失败，在极端情况下，甚至会引起系统闭锁。而对于 CCC－HVDC 系统，当发生故障或交流系统初始加压而使直流电流上升时，串联电容器上的电压也上升。而串联电容器上电压的上升导致关断角 γ 的上升。这刚好是与常规 HVDC 系统不同的，常规 HVDC 系统在直流电流上升时关断角是减小的。这种特性是 CCC－HVDC 系统很多优点中的一个，它意味着引起换相失败的关断角的范围可以很小。因此，CCC－HVDC 系统更适合用在逆变侧而不是在整流侧。此外，它更适合用于如下的系统：①具有大量不可控电流的系统，如具有长距离输电线路或电缆的系统；②交流系统中一个小的扰动就会使交流电压大幅度变化的弱交流系统。

图 10-19 给出 CCC－HVDC 系统中关断角与电流之间的关系。在图 10-19 中，

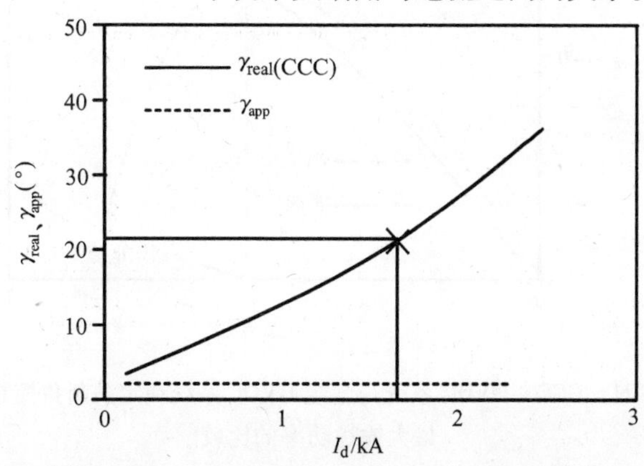

图 10-19　CCC－HVDC 系统中标称关断角 γ_{app} 与实际关断角 γ_{real} 同电流之间的关系

即使关断角 γ_{app} 设置到 2°，当系统开始运行后，在电流为 1.8kA 时，运行中的实际关断角将达到22°，因为它依赖于电流的大小。为什么实际关断角为 22°的原因是，由于 CCC – HVDC 系统中串联电容器的充电效应，使得用于关断晶闸管的线电压过零点时刻滞后于交流系统电压 22°。

图 10-20 给出了 CCC – HVDC 系统与常规 HVDC 系统直流电压 – 电流关系的一个比较，这里，两种系统的逆变器都运行在定关断角控制模式。可以看出，CCC – HVDC 系统曲线的斜率比常规 HVDC 系统曲线的斜率小。这样的特性使得 CCC – HVDC 系统的最大输送功率得到了极大提高，如图 10-21 所示。

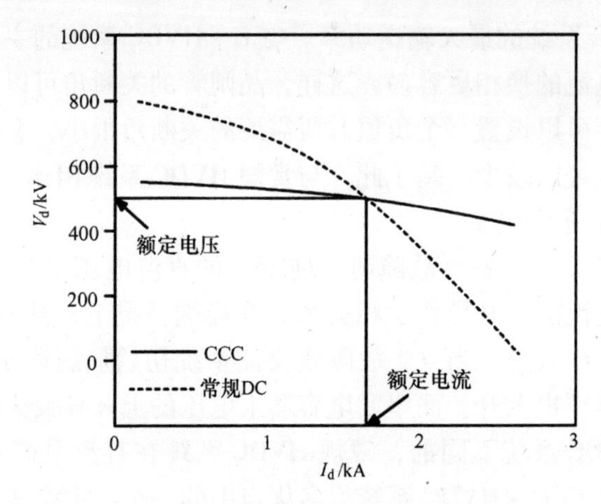

图 10-20　CCC – HVDC 系统与常规 HVDC 系统在定关断角控制下其直流电压 – 电流特性曲线的比较

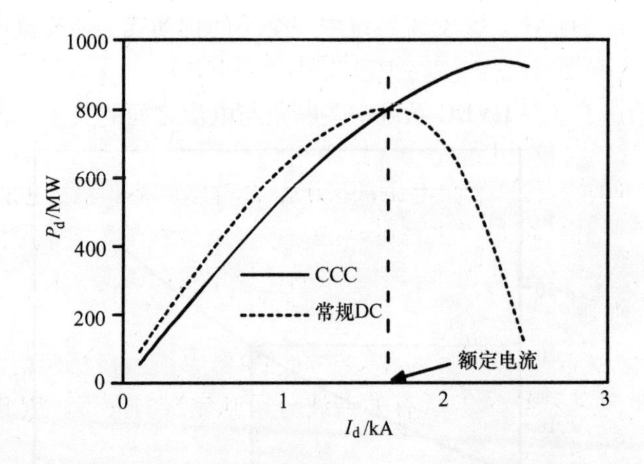

图 10-21　CCC – HVDC 系统与常规 HVDC 系统在定关断角控制下其最大输送功率的比较

由于 CCC – HVDC 系统运行在较小的关断角下，它输送功率的能力得到了极大提高。这种改善是由于串联电容器而获得的，串联电容器的作用就像一个冲击吸收器，并使实际关断角延长。到目前为止，既存的 HVDC 系统可以根据其容量大致分为两个类别，即适合于大容量的基于晶闸管的 HVDC 系统与适合于中、小容量的 VSC – HVDC 系统。但是，上述的讨论表明，CCC – HVDC 系统也许可以与既存的基于晶闸管的 HVDC 系统或基于 IGBT 和 GTO 的 VSC – HVDC 系统相竞争。

CCC – HVDC 系统中谐波的大小。将理想方波电流中的谐波与具有换相角的方波电流中的谐波进行比较的数学表达式如式（10-22）所示。理想方波电流中的谐波用 I_{h} 来表示，而具有换相角的方波电流中的谐波用 I_{h0} 来表示。并分别用 h、α、δ 和 μ 来表示谐波的次数、触发延迟角、触发超前角和换相角。

$$\frac{I_{\mathrm{h}}}{I_{\mathrm{h0}}}=\frac{F_1}{2hD}$$

$$F_1=\frac{\angle-(h+1)\alpha-\angle-(h+1)\delta}{h+1}-\frac{\angle-(h-1)\alpha-\angle-(h-1)\delta}{h-1}$$

$$D=2\sin\frac{\alpha+\delta}{2}\frac{\sin\mu}{2} \tag{10-22}$$

类似地，式（10-23）比较了当电流为理想方波电流与包含换相角的方波电流时直流电压的谐波。

$$\frac{H_{\mathrm{h}}}{V_{\mathrm{h0}}}=F_2\ (\alpha,\ \mu,\ h)$$

$$F_2=\left(\left\{\frac{\cos[(h-1)\mu/2]}{h-1}\right\}^2+\left\{\frac{\cos[(h+1)\mu/2]}{h+1}\right\}^2-2\left\{\frac{\cos[(h-1)\mu/2]}{h-1}\right\}\left\{\frac{\cos[(h+1)\mu/2]}{h+1}\right\}\cos(2\alpha+\mu)\right)^{1/2} \tag{10-23}$$

如式（10-23）所示，直流谐波电压依赖于是否考虑了换相角，也许不能像交流电流那样进行相互比较，即难以进行精确的比较，因为直流谐波电压依赖于换相角的大小，也就是系统中负荷的大小，根据不同的换相角和负荷，它可能同时具有正的区域和负的区域。

虽然 CCC – HVDC 系统的换相角与常规 HVDC 系统的换相角相比，在相同的条件下减小了，但这并不意味着所有的谐波分量都完全消失了。因此，式（10-22）应当改变为式（10-25）。

$$\frac{I_{\mathrm{hCCC}}}{I_{\mathrm{hCon}}}=\frac{2D}{2D'} \tag{10-24}$$

$$D'=2\sin\frac{\alpha+\delta}{2}\frac{\sin\mu'}{2} \tag{10-25}$$

其中，I_{hCCC}表示 CCC - HVDC 系统中的谐波；I_{hCon}表示常规 HVDC 系统中的谐波。此外，D'是经串联电容器减小后的换相角的函数。

总之，CCC - HVDC 系统中的谐波是小于常规 HVDC 系统中的谐波的，如图 10-22 所示。

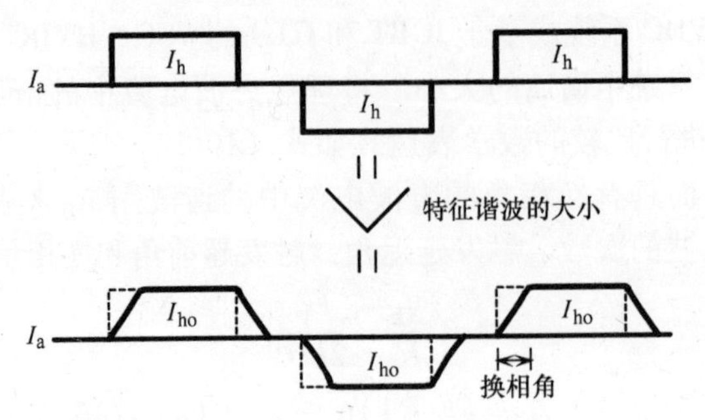

图 10-22　理想方波电流和具有换相角的方波电流中特征谐波的比较

10.4　多端直流输电系统

国际上两端直流输电系统的成功应用，预示着通过采用多端直流（MTDC）系统可以获得更高的经济性和更多的技术优势。所谓 MTDC 系统指的是通过一个直流电网连接 3 个及以上的直流换流器。嵌入在一个大规模交流电网中的 MTDC 系统可以更经济地利用直流输电线路，并在功率调度和稳定交流系统方面具有更大的灵活性。可以认为未来的 MTDC 系统主要是并联型的，它通过支接一条既存的直流线路或通过连接多条直流线路来实现。因此，希望采用的 MTDC 系统运行方法与目前应用于两端直流系统的运行方法不要有太大的不同。

在一个互联电网的多个节点之间或者在多个孤立电网之间进行长距离输电，可以采用多个落点的点对点直流输电系统或一个 MTDC 系统来完成。举一个例子，考虑连接从 A 到 D 四个交流系统。

与多个落点的点对点 HVDC 系统相比，MTDC 系统具有如下基本的优点：

1）HVDC 换流站的数目和其总功率较低。

2）输电损耗较低，因为避免了能量在多于 2 个的相互串联的 HVDC 换流站上的传输。在图 10-23a 中，能量将通过 6 个换流站从 A 输送到 D。

3）在一个环网中（从 A 到 D 附加线路），电流分布会相应于最小线路损耗自动实现，如图 10-23b 所示。

图 10-24 展示了世界上已有 MTDC 系统的位置。各 MTDC 系统的特性如下。

撒丁岛 - 科西嘉岛 - 意大利工程（SACOI）：

1）第 1 个 MTDC 系统；

2）单极电缆（200kV）；

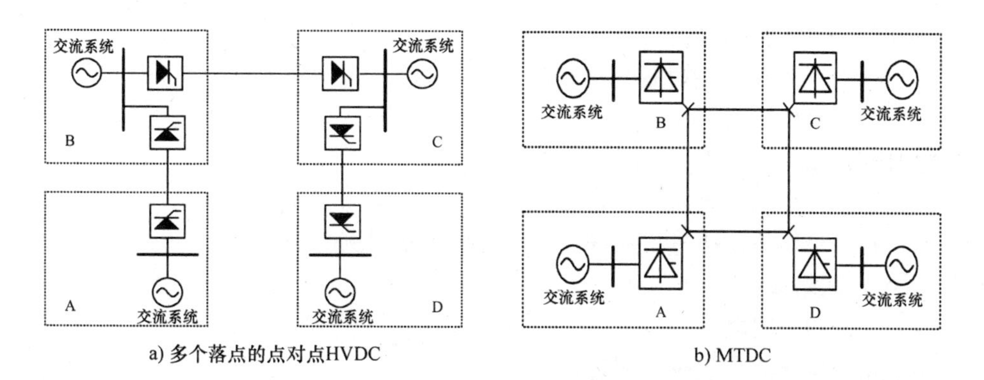

a) 多个落点的点对点HVDC　　b) MTDC

图 10-23　HVDC 连接多个电网

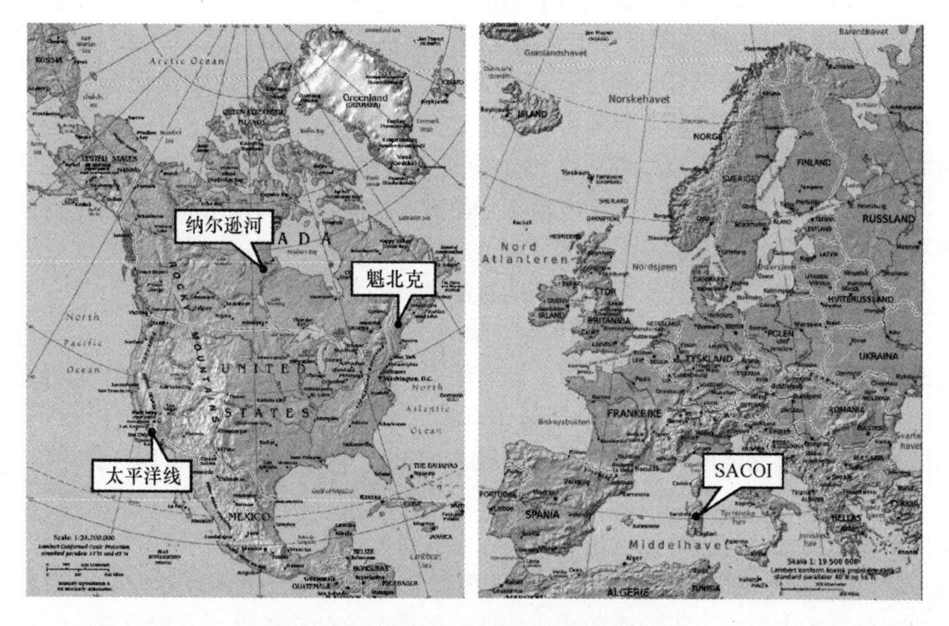

图 10-24　世界上已有 MTDC 系统的位置

3）对撒丁岛系统和科西嘉岛系统的频率进行支撑；

4）通过电压极性反转开关在科西嘉岛实现功率反转。

纳尔逊河双极系统Ⅰ和双极系统Ⅱ：

1）正常情况下按照 2 个独立的双极系统运行，但可以共用 1 回双极线路并联运行；

2）两回平行的双极线路；

3）两套双极整流器位于不同的地点；

4）两套双极逆变器位于同一地点；

5）在逆变侧，采用独立的接地极线路，但共用接地极。

魁北克-新英格兰系统：

1）三端系统（开始时是5端系统，但有2个换流站已不再使用）；

2）一回双极线路；

3）双极站并联连接；

4）只有一个功率流向（1个线路段）；

5）在一个换流站通过机械开关转换极性实现潮流反转。

太平洋联络线：

1）一回双极线路；

2）每一端有2套双极换流器（2004）；

3）共用接地极。

4）北端的换流器从交流系统的不同电压等级受电；

5）南端不同的换流器极供电给不同的交流系统。

一个普遍考虑的MTDC系统控制方案是电流裕度控制，它本质上是目前用于两端直流输电系统的控制策略的扩展。在此方案中，由于安全方面的考虑和运行方面的原因，需要对各换流站的电流指令值进行连续的协调。特别地，当失去一端时，对余下的各端快速重新设定电流指令值具有生死攸关的作用。因此，电流裕度控制方案对控制的速度和精度具有严格的要求，并且对MTDC系统的通信可靠性也有严格的要求。多端直流系统与两端直流系统的差别如下：

1）各端都有可能运行在不同的电流和功率水平上。稳态控制特性可能会有一些改进，但基本上与两端系统一致，即有能力在定电流控制模式的协调下运行在最小触发延迟角（整流器）或最小关断角（逆变器）确定的极端直流电压水平下。在以一个公共直流电压运行时，除电压控制端外，其余各端将控制其自身的电流，并在没有超越电流极限的情况下由电压控制端来平衡电流。当整套电流指令值或限制值出现不相容时，会导致电压控制端过载或者整个系统停运。

2）当一端上的暂态扰动（例如换相失败）使直流电压暂时跌落时，会对各端的功率分布产生影响。可接受的响应特性对保持系统的完整性具有重要意义。

3）暂态过程中电流会转移到故障的逆变器上。逆变器间的容量差距越大，最小容量逆变器上发生暂态过电流的可能性就越高。这对晶闸管阀的设计、平波电抗器的选择和恢复响应特性的确定都有影响。

4）直流线路的每个分段通常会承载不同的电流。线路的额定值应当能够适应当前的要求，并考虑规划中的扩展。

5）由于直流侧的谐波源变得复杂，因而对直流滤波器的设计和干扰评估有一定的影响。潮流和稳定计算程序必须能够考虑MTDC系统内部的潮流分布以及各端之间不同的控制策略和功率整定方案。

6）对于全直流电压、小电流的小容量抽能换流器，在晶闸管阀的最优设计方面存在限制。

7）当一个 MTDC 系统覆盖在一个互联或孤立的交流系统上时，除了输电经济性方面的优势外，还对所连交流系统节点之间的功率交换具有完全的可控性（在稳态和动态下）。

对于 MTDC 系统的设计，存在 3 种基本的网络结构类型：

1）线状网络，如图 10-25a 所示。

2）环状网络，如图 10-25b 所示。

3）星形网络，如图 10-25c 所示。

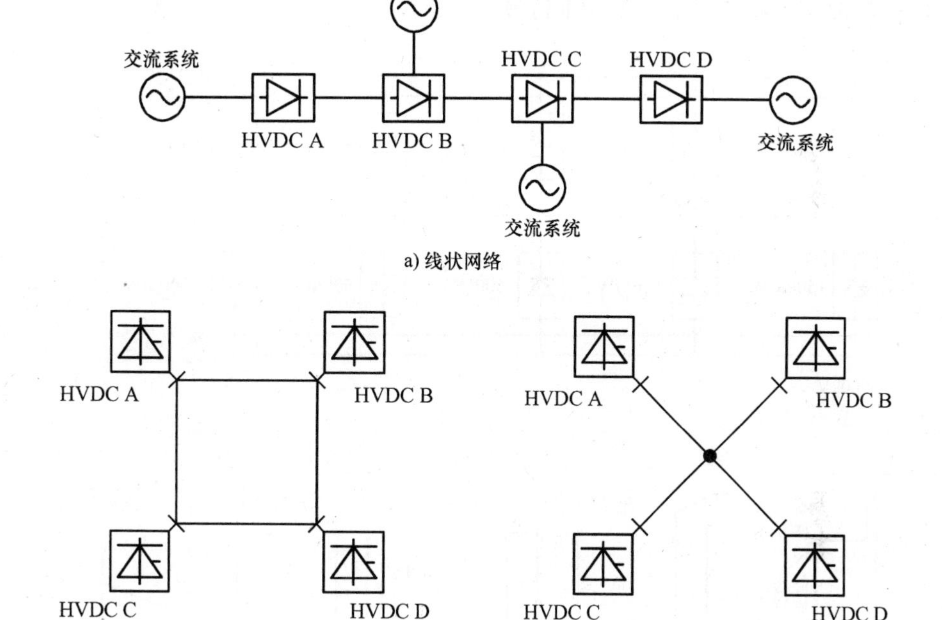

图 10-25　MTDC 系统的三种网络结构

线路的成本从线状网络到环状网络是增加的，而系统对倒塔等永久性线路故障的脆弱性则从线状网络到环状网络是减小的。在图 10-25a 中，如果 HVDC B 与 HVDC C 之间线路发生中断，那么整个系统就分裂为 2 个点对点 HVDC 系统。对于整个系统而言，这两个部分系统的价值应该是不大的。在图 10-25b 中，一条线路的中断对 HVDC 换流站之间的能量交换没有任何影响，但线路损耗将会增加。在图 10-25c 中，一条线路的中断总是导致一个 HVDC 换流站与系统分离，而其他换流站能够继续交换功率。输电线路的冗余性是环状网络的一个基本特性，但通过使用双回线路，线状网络和星形网络也可以获得线路冗余。

当然，冗余系统的优势仅仅在可以快速而可靠地隔离故障线路段时才有意义，这就涉及采用 HVDC 断路器清除故障的问题，此时，故障线路段的隔离不需要换流器控制的支持。电流继续在故障极中流动，第 1 个断路器断开时，将电流转换到系统提供的并联（冗余）电流路径上。而第 2 个断路器断开时，将从故障点到地的残余电流开断。

图 10-26 展示了一个 MTDC 系统的原理结构。该系统有 5 个双极换流站，每个双极换流站并联接入直流极线，而正、负直流极线各由 2 条架空线组成。每一极的额定功率是 2000MW，与一个换流站故障后的潮流对应。换流站的控制采用了 2 个电流，当直流电压为 500kV 时，直流电流为 4000A。

换流站控制设置了 2 个电流回路和 2 个电压回路，并配置了最小电流控制器，这样，即使在故障情况下，也能维持最小的直流电流，例如 10% 的额定电流。

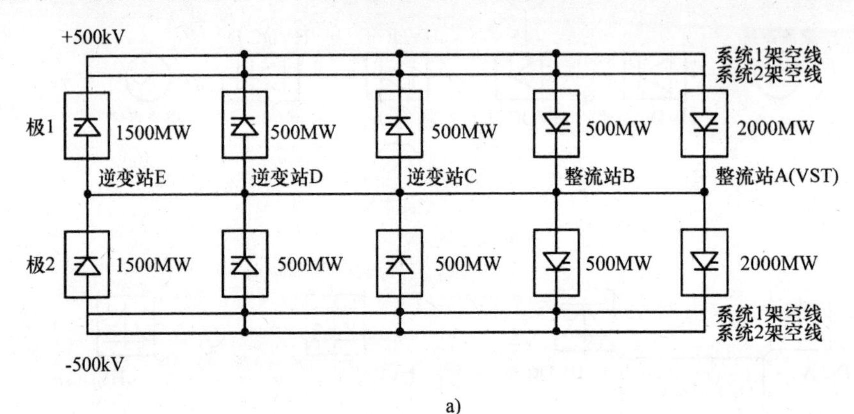

a)

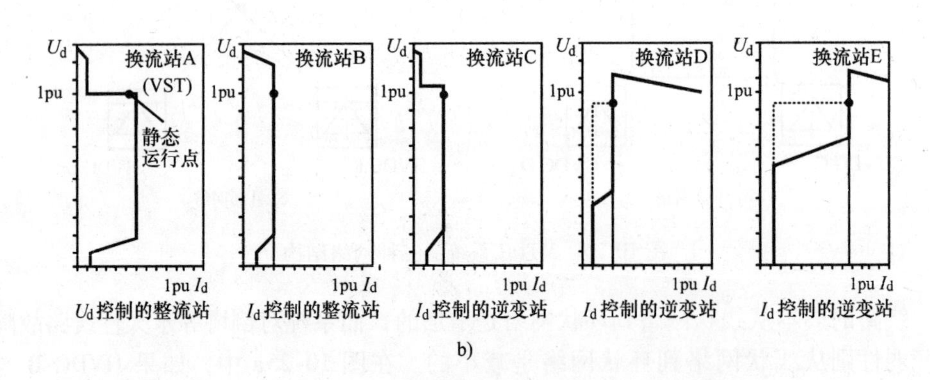

b)

图 10-26 一个 MTDC 系统的控制策略（来自东 - 西大容量输电系统）[⊖]

在一端故障的情况下，通过选择合适的 $U_d - I_d$ 特性，系统能够保持稳定运行，即使主控制器与换流站之间失去通信。该 $U_d - I_d$ 特性曲线如图 10-26b 所示。可以看到，整流运行的换流站 A 被用作电压设定站，而对于逆变站，可以采用不同的控制策略，如图 10-26b 所示。一种控制策略是（实线），在 U_d 的整个变化范围内

⊖ 换流站 C 原文误为整流站。——译者注

采用电流控制，当关断角超出极限时除外；另一种控制策略是采用电压控制（虚线），而电压的设定值稍低。此外，将一个逆变站作为电压设定站也是可能的，只要改善系统性能需要这么做。

多落点 HVDC 系统的类型。多馈入换流器（MIC）被定义为一组换流器，它们或者共用一条交流母线，或者连接到电气距离很近的几条交流母线上。此外，在某些情况下，此类换流器可能会在直流侧互联。

案例 1：同一类型的换流器。这种情况下，换流器或者全是整流器（R），或者全是逆变器（I），但不能两者都是。在直流侧，有 2 种可能的运行结构。

结构 a：换流器连接到独立的直流系统，如图 10-27 所示。

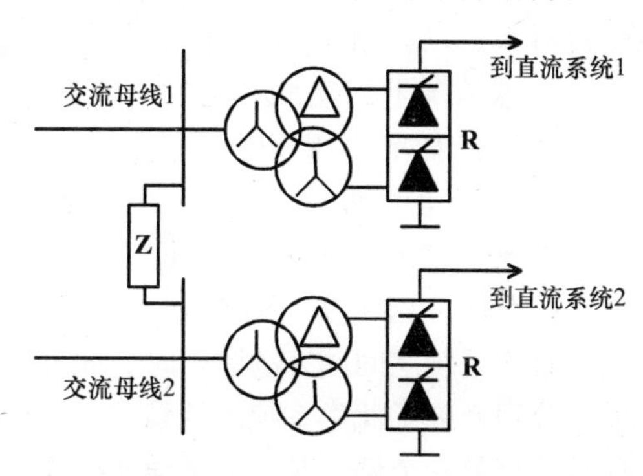

图 10-27　同一类型的换流器接在独立的直流系统上

这种结构的一个例子是加拿大 Manitoba 水电局的直流系统[⊖]，双极系统Ⅰ和双极系统Ⅱ在直流侧是独立运行的。这种情况下，直流换流器仅仅在交流侧是紧密相连的，尽管两回直流线路之间物理距离较近，可能会存在一些电磁耦合。

另一个具有这种结构的例子是美国的 Adelanto 和 Sylmar 换流站，分别是跨山电力工程（IPP）和太平洋联络线的终点站。此外，这个结构中将来可能还会有一条联络线，如果建议的 Eastwing - Mead - Adelanto 联络线工程实施的话。

结构 b：换流器连接到同一个直流系统，如图 10-28 所示。

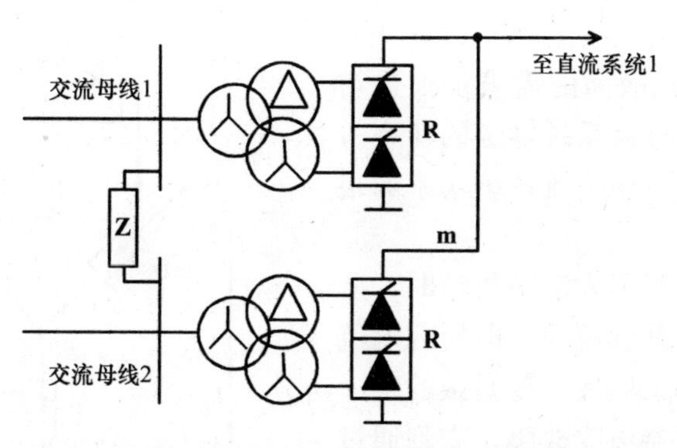

图 10-28　同一类型的换流器接在同一个直流系统上

⊖ 即前面已提到过的纳尔逊河双极系统Ⅰ和双极系统Ⅱ。

这种结构的一个例子是当加拿大 Manitoba 水电局的双极系统Ⅰ和双极系统Ⅱ在直流侧并联运行时。这种情况下，直流换流器在交流侧和直流侧都紧密相连。

案例 2：混合类型的换流器。 这种情况是由整流器和逆变器混合组成的。与案例 1 的分类一致，结构 a 是存在的，如图 10-29 所示，而结构 b 是没有意义的。

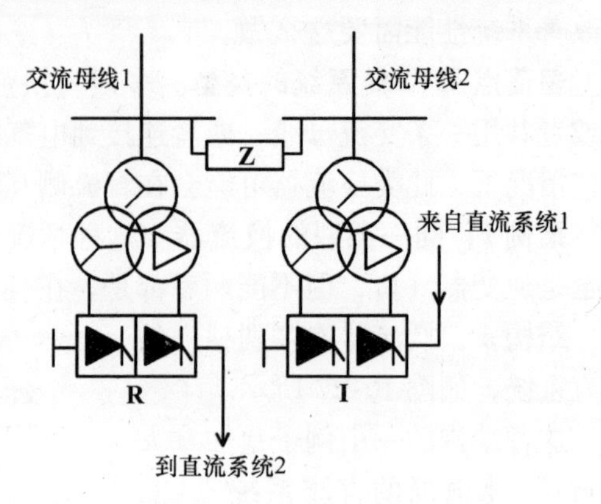

图 10-29　混合型的换流器接在独立的直流系统上

在结构 a 下，由逆变器注入到公共交流母线的功率部分地被整流器吸收，特殊情况下当逆变器的额定值与整流器的额定值相等时，逆变器注入的所有功率都可以被整流器吸收。换流器之间的相对容量在系统的动态行为中起着关键性的作用。当交直流系统之间越来越紧密时，此种结构在将来是可能被采用的。近来已有某些电力公司开展了此类系统的规划研究。

这种类型的一个例子是，太平洋联络线和跨山电力工程都是设计成双向功率传输的。在多种情况下可能存在这样的运行模式（包括调试试验），由于电力系统的需要，IPP 工程向洛杉矶地区注入功率，而太平洋联络线从洛杉矶地区向太平洋边的西北地区送电。而反过来的情况在 IPP 工程投运试验时是出现过的，即太平洋联络线向洛杉矶地区注入功率，IPP 工程从洛杉矶地区输出功率。

直流断路器。所有类型的 MTDC 系统对直流侧的故障都是非常敏感的。在故障极，系统中各站间的能量交换被中断，直到故障被完全清除为止。因此，在 MTDC 系统中快速清除故障的需求是很迫切的，特别是当通过直流系统输送的功率占到某个 MTDC 系统所连交流系统功率的很大部分时。

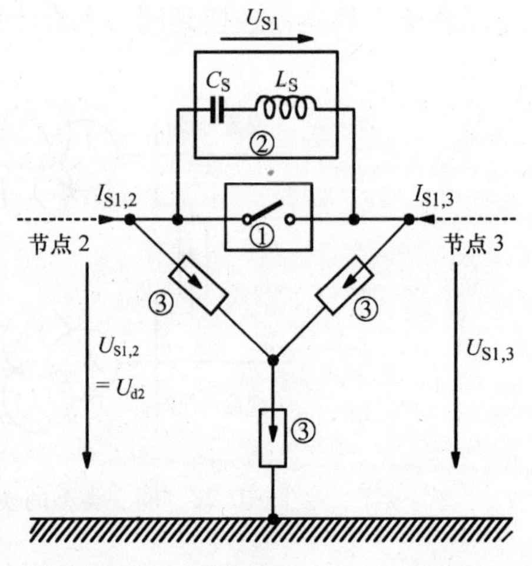

图 10-30　直流断路器 S1 的原理
①—主触头　②—换相电路　③—能量吸收器

当采用直流断路器来清除故障时，所有换流站中的电流继续流动，即所有电流控制器仍然在工作。因此，需要做的唯一事情是，一旦断路器清除故障，立刻通过选定的电压设定换流器提升直流电压。直流断路器的基本结构如图 10-30 所示。主触头①也许可以采用常规的交流断路器，换相电路②引起主触头中的电流过零，即首先将电流转移到与主触头相并联的电容器上，然后再转移到由氧化锌避雷器等组成的能量吸收器③上。这些氧化锌避雷器将断路器上的电压以及断路器两端的对地电压限制到事先确定的值，例如，1.6pu。换相电路可以具有不同的类型，这里的谐振电路仅仅是一个例子，但它已成功地应用于一个500kV直流断路器的样机上。

参考文献

[1] Aik, D.L.H. and Andersson, G. (1998) Power stability analysis of multi-infeed HVDC systems. *IEEE Transactions on Power Delivery*, **13**(3), 923–931.

[2] Zhao, Z. and Iravani, M.R. (1994) Application of GTO voltage source inverter in a hybrid HVDC link. *IEEE Transactions on Power Delivery*, **9**(1), 369–377.

[3] Funaki, T. and Matsuura, K. (2000) Predictive firing angle calculation for constant effective margin angle control of CCC-HVDC. *IEEE Transactions on Power Delivery*, **15**(3), 1087–1093.

[4] Jiang, H. and Ekstrom, A. (1998) Multiterminal HVDC systems in urban areas of large cities. *IEEE Transactions on Power Delivery*, **13**(4), 1278–1284.

[5] Gibo, N., Takenaka, K., Takasaki, M. *et al.* (2000) Enhancement of continuous operation performance of HVDC with self-commutated converter. *IEEE Transactions on Power Systems*, **15**(2), 552–558.

[6] Pilotto, L.A.S., Szechtman, M., Wey, A. *et al.* (1995) Synchronizing and damping torque modulation controllers for multi-infeed HVDC systems. *IEEE Transactions on Power Delivery*, **10**(3), 1505–1513.

[7] Sanpei, M., Kakehi, A. and Takeda, H. (1994) Application of multi-variable control for automatic frequency controller of HVDC transmission system. *IEEE Transactions on Power Delivery*, **9**(2), 1063–1068.

[8] Ooi, B.-T. and Wang, X. (1991) Boost-type PWM HVDC transmission system. *IEEE Transactions on Power Delivery*, **6**(4), 1557–1563.

[9] Arrillaga, J., MacDonald, S., Watson, N.R. *et al.* (1993) Series self-excited HVDC generation. *Generation, Transmission and Distribution, IEE Proceedings C*, **140**(2), 141–146.

[10] Aik, D.L.H. and Andersson, G. (1998) Use of participation factors in modal voltage stability analysis of multi-infeed HVDC systems. *IEEE Transactions on Power Delivery*, **13**(1), 203–211.

[11] Andersen, B.R., Xu, L., Horton, P.J. *et al.* (2002) Topologies for VSC transmission. *Power Engineering Journal*, **16**(3), 142–150.

[12] Gomes, S., Jr, Martins, N., Jonsson, T. *et al.* (2002) Modeling capacitor commutated converters in power system stability studies. *IEEE Transactions on Power Systems*, **17**(2), 371–377.

[13] Saeedifard, M., Bakhshai, A. and Joos, G. (2005) Low switching frequency space vector modulators for high power multimodule converters. *IEEE Transactions on Power Electronics*, **20**(6), 1310–1318.

[14] Liu, Y.H., Arrillaga, J. and Watson, N.R. (2003) A new high-pulse voltage-sourced converter for HVDC transmission. *IEEE Transactions on Power Delivery*, **18**(4), 1388–1393.

[15] Choi, S., Won, C., Kim, Y. *et al.* (2003) High-pulse conversion techniques for HVDC transmission systems. *Generation, Transmission and Distribution, IEE Proceedings*, **150**(3), 283–290.

[16] Gole, A.M. and Meisingset, M. (2002) Capacitor commutated converters for long-cable HVDC transmission. *Power Engineering Journal*, **16**(3), 129–134.

[17] Long, W.F., Reeve, J., McNichol, J.R. *et al.* (1990) Application aspects of multi-terminal DC power transmission. *IEEE Transactions on Power Delivery*, **5**(4), 2084–2098.

[18] Ruan, S.-Y., Li, G.-J., Peng, L. *et al.* (2007) A nonlinear control for enhancing HVDC light transmission system stability. *International Journal of Electrical Powerand Energy Systems*, **29**(7), 565–570.

[19] Rahman, M.A. and Dash, P.K. (1981) Stabilization of an AC-DC power system using a controlled multiterminal HVDC link. *Electric Power Systems Research*, **4**(2), 135–146.

[20] Aik, D.L.H. and Andersson, G. (1997) Voltage stability analysis of multi-infeed HVDC systems. *IEEE Transactions on Power Delivery*, **12**(3), 1309–1318.

[21] Sadek, K., Pereira, M., Brandt, D.P. *et al.* (1998) Capacitor commutated converter circuit configurations for DC transmission. *IEEE Transactions on Power Delivery*, **13**(4), 1257–1264.

[22] Woodford, D.A. (1996) Solving the ferroresonance problem when compensating a DC converter station with a series capacitor. *IEEE Transactions on Power Systems*, **11**(3), 1325–1331.

[23] Krishnayya, P.C.S., Lefebvre, S., Sood, V.K. *et al.* (1984) Simulator study of multiterminal HVDC system with small parallel tap and weak AC systems. *IEEE Transactions on Power Apparatus and Systems*. **PAS-103**(10), 3125–3132.

[24] Sood, V.K., Nakra, H.L., Khodabakhchian, B. *et al.* (1988) Simulator Study of Hydro-Québec MTDC Line from James Bay to New England. *IEEE Transactions on Power Delivery*, **3**(4), 1880–1886.

[25] Bui, L.X., Sood, V.K. and Laurin, S. (1991) Dynamic interactions between HVDC systems connected to ac buses in close proximity. *IEEE Transactions on Power Delivery*, **6**(1), 223–230.

第 11 章　高压直流输电系统的建模与仿真

11.1　仿真的范围

电力系统中发生的现象既包括极其快速的过程，如雷电冲击；也包括比较缓慢的过程，如一天内负荷的波动。图 11-1 展示了电力系统中可能出现的各种现象，以及相对应的控制设备及其作用的时间范围。

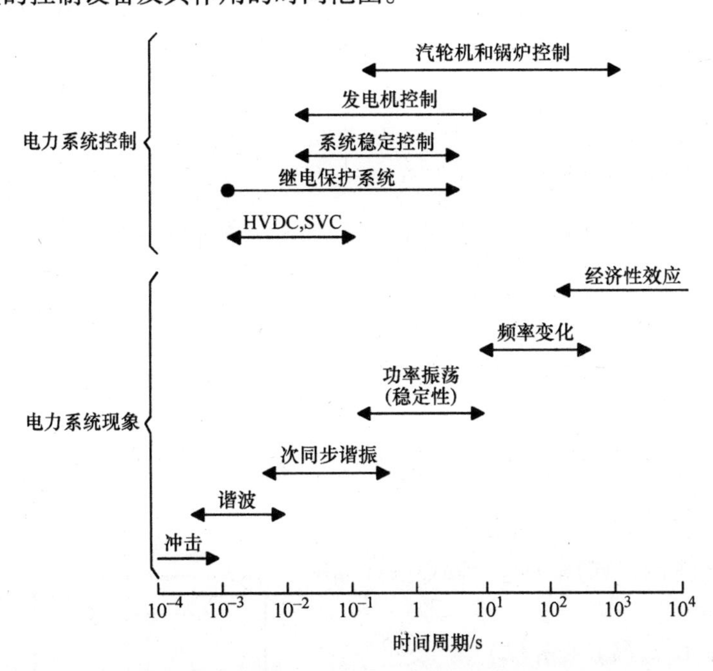

图 11-1　电力系统中发生的现象及其时间周期

对于电力系统仿真，有几种不同的仿真工具，如 PSS/E、EMTP（电磁暂态仿真程序）和 RTDS（实时数字仿真器）等。这些仿真工具均有各自的优缺点，例如，PSS/E 可以对电力系统的基频现象进行仿真，即研究低频振荡的阻尼特性。但是，如果要仿真 HVDC 系统与交流系统之间频率在 1kHz 以上的相互作用，如谐波不稳定性研究，就需要采用暂态网络分析工具，如 EMTP 或 EMTDC，当然，这两个软件也可以用来研究低频谐振。选择 PSS/E 还是 EMTP 主要取决于所需仿真的详细程度以及计算的时间。如今，除了 PSS/E 和 EMTP 类的程序外，还有一种实时数字仿真器（RTDS），可以用来仿真实时的控制作用。RTDS 可以用来整定控制设备的控制参数，例如用来整定继电保护装置或 HVDC 控制器的参数。

EMTP/EMTDC。电磁暂态仿真程序（EMTP）是研究电力系统电磁暂态现象时应用最为广泛的数字仿真软件。EMTP 类仿真软件流行的主要原因有两个：一是得到的仿真结果具有很高的精度；二是此类软件功能强大，可用于广泛的领域。构成 EMTP/EMTDC 软件基础的概念与算法是 H. Dommel 开发的一种技术。在这种计算技术中，电感器和电容器被模拟为一个电流源与一个电阻（R）的并联，如下面将要讲述的。

Dommel 模型。首先，采用数值积分方法来求解描述单个网络支路的微分方程，例如，对于图 11-2 所示的电感器，其特性可用式（11-1）来描述：

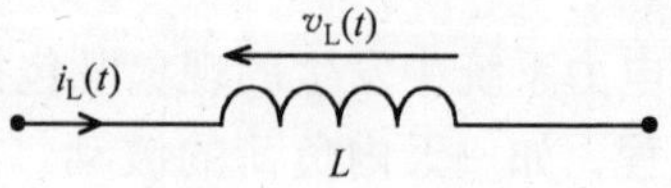

$v_L(t)$ $i_L(t)$ L

图 11-2　电感器的电流和电压约定方向

$$\frac{di_L(t)}{dt}=\frac{v_L(t)}{L} \tag{11-1}$$

采用梯形数值积分方法，选择一个适当的时间步长来离散化上述微分方程，可以得到如下的代数方程：

$$i_L(k)=\frac{\tau}{2L}v_L(k)+i_L(k-1)+\frac{\tau}{2L}v_L(k-1) \tag{11-2}$$

令

$$G_L=\frac{\tau}{2L} \tag{11-3}$$

和

$$\eta_L(k)=i_L(k-1)+\frac{\tau}{2_L}+v_L(k-1) \tag{11-4}$$

则该电感器就能用一个电阻器和一个电流源来模拟，如图 11-3 和式（11-5）所示。

$$i_L(k)=G_Lv_L(k)+\eta_L(k) \tag{11-5}$$

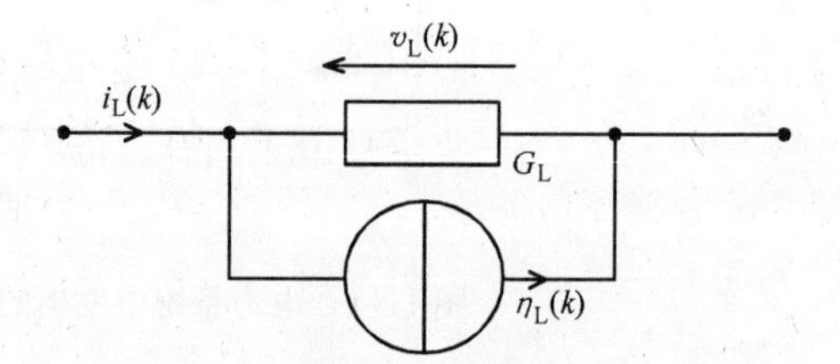

图 11-3　电感器的伴随离散电路模型

如果采用后退欧拉积分公式对式（11-1）进行离散化，可以得到

$$i_L(k)=\frac{\tau}{L}v_L(k)+i_L(k-1) \tag{11-6}$$

因此，基于后退欧拉积分公式的伴随离散化电路模型为

$$G_L=\frac{\tau}{L} \tag{11-7}$$

$$\eta_L(k)=i_L(k-1) \tag{11-8}$$

对于其他的元件，如变压器、输电线路等，也存在类似的表示方法。当整个网络被分解为电阻及其并联的电流源时，就很容易导出节点导纳矩阵，并对节点方程进行求解。仿真过程按照时间顺序进行，注入电流根据元件两端的电压计算得到。每个节点上的注入电流加在一起就形成了所谓的注入电流矢量的一个元素。

EMTP/EMTDC 类程序具有极其广泛的模拟能力，可用于模拟时间尺度从微秒级到秒级的电磁暂态和机电暂态过程。其应用的例子包括操作冲击和雷电冲击分析、绝缘配合、轴系扭转振荡、铁磁谐振以及 HVDC 换流器控制和运行等。但是，在同一个程序中同时分析快过程和慢过程是困难的。

暂态网络分析仪（TNA）。在过去的几十年中，电力工业界广泛使用模拟式的 HVDC 仿真器和交流暂态网络分析仪（TNA）。TNA 是由等比例缩小的物理元件构成的，这些物理元件用来模拟电力系统的部件，包括变压器、线路、开关、不同种类的负荷、电容器组、并联电抗器、避雷器等。各个仿真元件被连接在一起用来模拟真实电力系统中的设备连接。典型仿真装置可能包括的模型有电压源、同步发电机、变压器、输电线路、断路器、无源滤波器及其他很多设备。

对于 HVDC 仿真器，需要有换流器阀组的模型，其中包括了换流变压器、晶闸管阀、阀避雷器和缓冲电路。确定仿真器的大小以能够充分表示所研究的系统，是需要应用工程经验和判断的。在确定总体的仿真模型前，必须进行网络的简化和等效。模拟式仿真器的电压、电流和功率等级有很大的变化范围。选择较低的等级从成本和安全性方面考虑是有优势的，但增加了模拟系统损耗的难度，因为元件的按比例缩小导致了不成比例的高损耗。这样就必须采用补偿的手段或降低元件的电阻。合理设计和恰当使用的元件补偿方法，可以把元件的电阻值降到可接受的水平，但同时又增加了模型建立、调试和验证的难度。

与所有的物理模型一样，TNA 的主要优势是其真实性。这对于培训员工和客户人员特别有用，尤其是必须使用原始设备的场合，如换流器的控制。另外，对于理论机理尚不清楚的现象，采用 TNA 也是有优势的，因为这些现象无法用微分方程组来描述。但 TNA 也存在缺点，作为模拟式的仿真器，其应用中所固有的困难和限制是无法克服的。

实时数字仿真器（RTDS）。总体上，我们可以看到一个明显的趋势，就是数字式继电器被应用于所有的电力设备，包括发电、输电和配电的所有电压等级。由于数字式继电器与模拟式继电器在处理测量信号的方式上存在根本性的差别，所以电力公司对使用数字式继电器仍然存在怀疑，这是可以理解的，因为用户要面对一些新的术语，如消除频率混叠、数字滤波器、采样和保持、多路复用器、模/数转换器和测量算法。数字式继电器基于算法结果做出决策，而这种算法按照数学方式处理数字化了的测量信号。算法中所采用的著名的方法包括微分方程解法和积分方程解法、离散傅里叶变换、快速傅里叶变换、相关性和卷积等。因此数字式继电器的性能很大程度上取决于测量算法的精巧设计。基于实时仿真器的测试也可以用来验证新设备的整定值。很多制造商声称数字式继电器跳闸时间更短，这意味着继电器必须在暂态过程仍然存在时处理信号。采用标准静态测试装置的传统的测试方法已不足以测试数字式继电器的性能。电力系统不断增加的复杂程度，要求人们对电网以及所采用的控制和保护方案的特性有透彻的了解和挑剔的审视。因此，很多电力公司在对其所辖系统的继电保护方案做大规模更新之前坚持进行一系列的接收试验，这些试验中要求对其系统的模拟尽可能完整和精确。在这些接收试验中，运行人员和工程师同时也能得到训练。另外，在设计阶段，为了优化算法也需要采用仿真器试验。

EMTP/EMTDC 仅限于非实时领域，从而大大制约了其在物理设备测试领域的应用。非实时运行意味着在实际电力系统中通常仅持续数毫秒的事件在使用 EMTP 或 EMTDC 程序仿真时可能需要长得多的时间，例如数秒或数分钟。

计算机硬件性能的迅速提高以及高效而精确的仿真算法的开发，促进了实时数字仿真器的发展。针对电磁暂态仿真问题，人们在硬件技术和软件算法两方面已经做出了很大的努力，最终目标是开发出一种仿真工具，能够实现持续的实时运行。在任何实时数字仿真器的设计中，必须克服的一个关键问题是选择合适的仿真时间步长。较小的时间步长，既可以提高待研究系统的精度，也决定了待研究系统响应的最大频率。但另一方面，由于与系统求解相关的所有数学运算在每一步长中都必须被执行一次，这意味着当时间步长缩短时，仿真装置的计算速度必须提高。此外，随着待研究电力系统规模的扩大，其总体的电导矩阵也会变大，从而每一个时间步长中必须执行的运算次数也会增加。

表 11-1 展示了用于绝缘配合研究的仿真工具概况，这里增加了实时数字仿真器一栏。

表 11-1　不同仿真工具的性能比较

研究的事件	TNA	EMTP	RTDS
暂时过电压			
a）忽略换流器	×		×
b）包含换流器	×	×	×
c）包含所有细节的精确仿真			
交流侧操作冲击			
a）正常操作	×	×	×
b）故障及其清除	×	×	×
直流侧过电压			
a）由交流侧引起	×	×	×
b）由直流侧引起		×	×
c）由换流器故障引起		×	×
快速暂态过程		×	
金属氧化物避雷器的选型和效果验证	×	×	×

11.2　用于精确仿真的快速方法

暂态解的精确性依赖于积分方法、时间步长以及仿真模型复现物理装置特性的程度。

二极管和晶闸管在其电流过零时刻断开。由于暂态仿真是以离散时间步长向前推进的，因此电流过零点的精确时刻很少会与离散时间步长所对应的时刻重合。电流过零点的检测需要在时间步长结束后才能进行，如果在本步长内发生了电流过零事件，网络求解时并不能将开关（二极管或晶闸管）在其过零点断开，而要到下一个步长时才能断开。一般地，这会产生一个时间延迟，即开关应该断开的时刻与仿真器实际将开关断开的时刻之间可以有 2 个时间步长的延迟。

固定时间步长。图 11-4 描述了采用固定时间步长时开关断开的传统过程。在时刻 1，开关处于导通状态，因为电流方向仍为正，所以开关的状态没有改变。在时刻 2，电流已穿过零点，仿真算法应将开关状态设置为断开状态。但是，时刻 2 的解已经在开关闭合的条件下求得。直到时刻 3，系统的解才是在开关断开的条件下得到的，并且这是开关状态转换后的第 1 步长。开关的闭合时刻同样具有微小的不精确性，因为电压超过导通阈值的时刻不一定与整步长时刻重合。此外，对于晶闸管，触发信号的产生时刻很可能在 1 个步长的内部，从而延迟了开关闭合的时间。

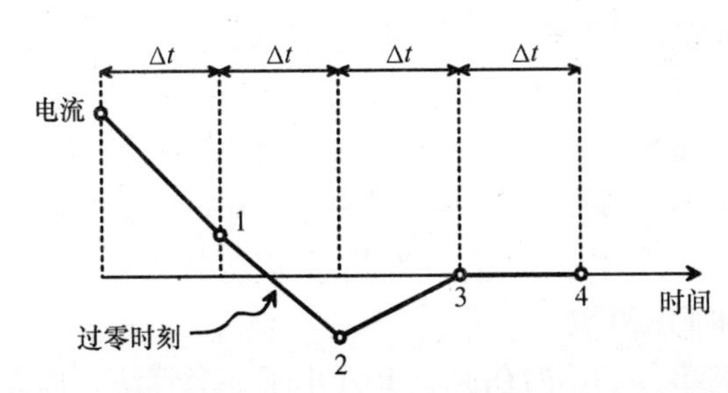

图 11-4　传统 EMTP 仿真器中开关状态转换时的开关电流

二极管电流从断开状态到导通状态的转换也可用图 11-4 来说明。在时刻 1 和 2，二极管处于断开状态，但是，在时刻 2，二极管的电压已变为正，因而在时刻 3，二极管转换到导通状态。克服上述微小偏差的校正措施包括采用更小的时间步长、采用变时间步长算法，以及采用插值技术。离散时间域内由于开关操作所产生的不确定性在模拟 HVDC 和 FACTS 装置中的晶闸管时变得十分重要，因为这种不确定性可能会产生不正确的结果并且会丢失控制精度。缺乏精确度会导致如下的缺点：

1）对应晶闸管或二极管的关断，电流过零点可能发生在一个时间步长的内部，如果串联的元件是感性的，就会产生虚假的电压毛刺。

2）触发延迟角的抖动将产生虚假的非特征谐波，如果在这些谐波频率附近网络存在谐振，后果将特别严重。

3）某些仿真研究，例如直流调制用于抑制次同步振荡（SSO）㊀，或由电力电子装置驱动的大型高惯性电机的运行，需要对持续数秒或更长时间的现象进行仿真。

插值法。该方法首先由 B. Kulicke 博士在 NETOMAC 程序中引入[3]，但目前在其他多个程序中都有此功能，只是形式不同。用一个简单的二极管例子可以对这种方法进行很好的描述。

采用线性插值法可以使解更接近于实际，因为插值得到的断开时刻与实际的电流过零时刻更加接近。解的输出不再在固定的时间步长上，而是引入了变化的时间步长。在图 11-5 中，假设开关在时刻 1 的初始状态是导通的，如果采用固定时间步长，下一时刻（时刻 2）的解是负的。这表明电流在时刻 1 和时刻 2 之间的某个瞬间已穿过零点。有了上述两个时间点上的解，利用线性插值技术可以求出时刻 3。现在可以忽略时刻 2，并使二极管断开，再重新采用原来的时间步长进行计算，得到时刻 4 的解，然后继续仿真直到下一个开关时刻出现。从图 11-5 可以清楚地看出，有解的时间点不再是固定时间步长了。

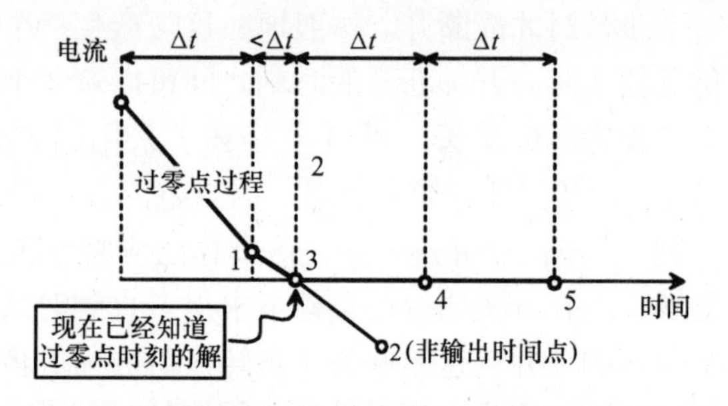

图 11-5　采用线性插值法的开关电流转换过程

状态改变后的时钟同步法（CSSC）[18]。K. Strunz 博士和 J. R. Marti 博士提出了一套电磁暂态分析的算法，以使计算速度和运算效率最大化，这套方法包括 CSSC 法、DSDI 法和 FIRST 法。

为了达到对开关事件的实时仿真，开发出了一套算法，可以在较低的计算量下实现仿真时间与实际时间的再同步。在状态改变后的时钟同步法（CSSC）中，再同步是通过外推法来实现的，如图 11-6 所示。

为了区分实际时间和仿真时间，引入 $t_{re}(k)$ 来表示第 k 个时间步长后的实际时间点。在 k 时步内，使用内插法计算出开关通断的时刻 $t_{si}(k)=t_{si}(k-1)+(1-x)\tau$。而内插法得到的变量在实际时间点 $t_{re}(k)$ 时输出。在 $k+1$ 时步，中间解所对应的时间点并不与实际时钟点重合，这是由数值积分公式使用固定时间步长引起的。如果之后不再有开关通断事件发生，实际时钟与仿真时钟的再同步将在实际时间点

㊀ 原文误为次同步谐振（SSR）。——译者注

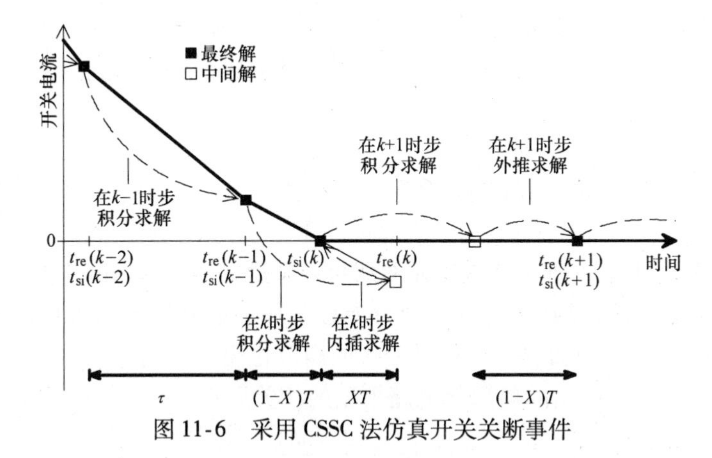

图 11-6　采用 CSSC 法仿真开关关断事件

$t_{re}(k+1)$实现。这个过程涉及状态变量、激励变量和时间变量，这些变量构成了该时步内完整描述线性网络行为的最小变量集合。对于状态变量，采用向前外推法；而对于时间变量，通过实际时钟直接达到再同步；而对于时变的激励函数，也可以自动实现再同步。CSSC 法是高效的，并已在 HVDC 系统的实时仿真中证明了其精确性。但是，向前外推法只是一种预测法，如果时间间隔过大，可能会有问题。

双步双插值法（DSDI）。双步双插值法不需要外推就能实现再同步。为了实现再同步，在内插以后采用两倍步长的梯形积分公式进行仿真，如图 11-7 所示。DSDI 法不会引起离散电路模型中电导值的变化，这可以通过比较用梯形公式和后退欧拉公式计算出的电导值而得到验证。式（11-3）和式（11-7）表明，如果梯形公式选择的时间步长是后退欧拉公式的两倍，由这两种数值积分公式得到的离散电路模型的电导值是相等的。这个特性在 DSDI 法中得到了应用，从而避免了由于再同步而导致节点电导矩阵发生变化。由于采用了精确的两倍步长，必须使用向后内插法才能完成在规定时间点上的实时时钟再同步。

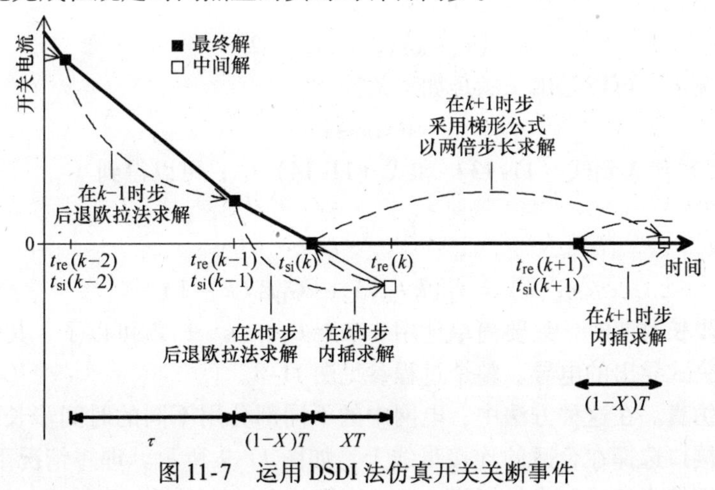

图 11-7　运用 DSDI 法仿真开关关断事件

暂态仿真中实现再调整的柔性积分法（FIRST）。通过采用加权平均积分公式，描述电感特性的微分方程（11-1）可以被离散化为如下的式子：

$$i_L(k) = \frac{\tau(2-\omega)}{2L}v_L(k) + i_L(k-1) + \frac{\tau\omega}{2L}v_L(k-1) \tag{11-9}$$

可变的量是权重因子 ω，满足如下条件：

$$0 \leqslant \omega \leqslant 1 \tag{11-10}$$

与方程式（11-2）和（11-6）做对比可以发现，当 $\omega=1$ 时，微分方程是用梯形公式进行离散化的；当 $\omega=0$ 时，微分方程是用后退欧拉公式进行离散化的；而当 $0<\omega<1$ 时，就得到加权平均积分公式的离散化模型。通过式（11-9），可以得到加权平均积分公式导出的离散化电路模型的相关元素：

$$G_L = \frac{\tau(2-\omega)}{2L} \tag{11-11}$$

$$\eta_L(k) = i_L(k-1) + \frac{\tau\omega}{2L}v_L(k-1) \tag{11-12}$$

为了以可变的时间步长进行仿真，我们引进变量 x 来表示时间步长改变的比例，即原来的时间步长 τ 变为新的时间步长 $\tau(1+x)$，在新的时间步长下，有

$$G_L = \frac{\tau(1+x)(2-\omega)}{2L} \tag{11-13}$$

$$\eta_L(k) = i_L(k-1) + \frac{\tau(1+x)\omega}{2L}v_L(k-1) \tag{11-14}$$

可以看到，仅仅改变 x 就可以使 G_L 变化。FIRST 法的关键创新点在于改变数值积分方法的特性使得 G_L 保持恒定，而这是通过调整权重因子 ω 以使 $(1+x)(2-\omega)$ 项保持恒定来实现的。

时间步长改变后，应相应地调整权重因子的值。为了保持 G_L 等于采用后退欧拉公式时所得到的值，需要满足如下条件：

$$(1+x)(2-\omega) = 2 \tag{11-15}$$

这种情况下，可以导出 x 满足如下条件：

$$0 \leqslant x \leqslant 1 \tag{11-16}$$

将式（11-15）代入到式（11-13）和式（11-14）中，可以得到

$$G_L = \frac{\tau}{L} \tag{11-17}$$

$$\eta_L(k) = i_L(k-1) + xG_Lv_L(k-1) \tag{11-18}$$

这样，时间步长改变时，只要简单地用 x 来乘 $G_Lv_L(k-1)$ 就可以了，其中 G_L 就是由后退欧拉公式导出的电导。整个过程参见图 11-8。

多速率仿真。在这种方法中，电网中的不同部分用不同的时间步长进行模拟，两者之间的接口选择在合适的连接母线上，如图 11-9 所示。理想情况下，电力电子器件可以用较小的时间步长（即 1μs）进行仿真，从而可以更精确地捕捉到开关

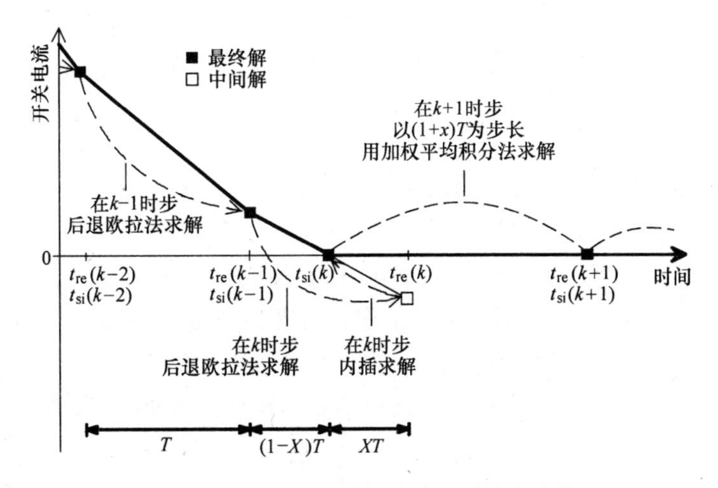

图 11-8　运用 FIRST 法仿真开关关断事件

通断的时刻；而较大的网络可以用较大的时间步长（即 50μs）进行仿真，从而可以节省计算机的时间。这种方法已被用于实时仿真器，但为了克服数值不稳定问题，必须在合适的地方将电网分块，这是一个具有挑战性的问题。

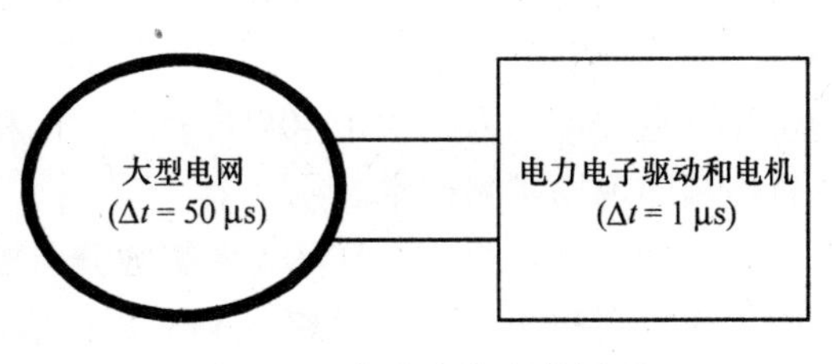

图 11-9　多速率仿真的原理

11.3　高压直流输电系统的建模与仿真

在设计 HVDC 系统前，必须对 HVDC 系统在稳态和动态方面的特性进行研究。最常见的 HVDC 系统研究包括如下几个方面：

（1）潮流计算

- 无功消耗分析
- 网损计算

（2）暂态稳定性/小信号稳定性分析

- AC/DC 动态相互作用分析
- HVDC 潮流响应（直流故障，换流器闭锁，功率指令值改变）
- 辅助控制

（3）EMTP/EMTDC 仿真

- 绝缘配合
- 缓冲电路设计

本章阐述用于上述研究的 HVDC 模型。首先，在进行 HVDC 系统仿真前，必须考虑如下的因素：

1）仿真研究的范围；

2）仿真持续的时间；

3）仿真工具；

4）实时仿真还是非实时仿真；

5）采样时间。

不管是开发新技术还是大型工程应用，为了确定最优的控制算法以满足特定的系统条件，计算机仿真都是第一步的工作。仿真必须覆盖从接近 0Hz 的频率到功率振荡的频率、再到次同步谐振频率的所有频段，功率振荡频率等于电机机械侧的频率，而次同步谐振会引起大问题，特别是对于带有串联补偿的系统。在额定频率下，三相不平衡将会降低供电的质量。谐波主要是由换流器产生的，特别是在滤波器设计不完善或系统发生扰动期间。任何控制和保护装置主要关心的都是基频量，通常可用适当的信号处理技术将其过滤出来。通常，交流系统的频率被限制在数千赫兹，而换流器的频谱可以达到 10kHz 以上。采用实时仿真装置对较高的频率进行仿真存在困难，因此对于 40kHz 及以上的极快（VF）的暂态过程，一般采用计算机仿真和现场实测技术。

图 11-10 展示了一个 HVDC 系统的分层控制结构及其控制器。该控制系统由主控制、极控制和阀基电子电路（VBE）组成。图中标出了每个控制器的功能及其接口。此外，每个控制器都是按照图 11-10a 所示的控制器响应时间进行设计的，即频率控制器由主控制器来承担，频率控制器的功能是控制交流系统的频率，而交流系统的频率变化持续时间可以长达 10s。这意味着，如果需要开发频率控制器的模型以验证频率控制器的性能，所需要的模型仅仅是一个频率控制器。在这种情况下，极控制器、相控制器和 VBE 都可以被忽略。如果我们想要展示响应时间在 100ms 左右的 VDCOL 特性，只需要考虑相控制器和 VBE 就可以了。当然，在这种情况下，主控制器可以忽略或保持恒定。每个控制器的动作时间表示了其响应的时间，如图 11-10a 所示。图 11-10b 给出了系统和换流器相互作用的频段范围，这在仿真中是必须要考虑的。

HVDC 控制器。HVDC 控制器可划分为数字式 HVDC 控制系统、模拟式 HVDC 控制系统和由数字与模拟电路混合构成的混合式 HVDC 控制系统。自 20 世纪 90 年代以来，现代 HVDC 控制器在大多数工程中都是数字式的。

数字式控制器。采用数字控制的 HVDC 系统是一个离散时间系统，它可以是线性的，也可以是非线性的。其离散时间特性来源于数值计算的周期采样。如果采样时间间隔与系统响应时间相比很小的话，离散时间效应可以被忽略。这种情况下，一个线性系统可以用拉普拉斯传递函数来表示。通过在传递函数中引入一个传递延时 e^{-Ts}（T 为采样时间间隔，s 为拉普拉斯算子），可以使分析更加精确。线性离散时间系统可以采用 z 变换法来进行分析。z 变换对于离散系统的作用与拉普

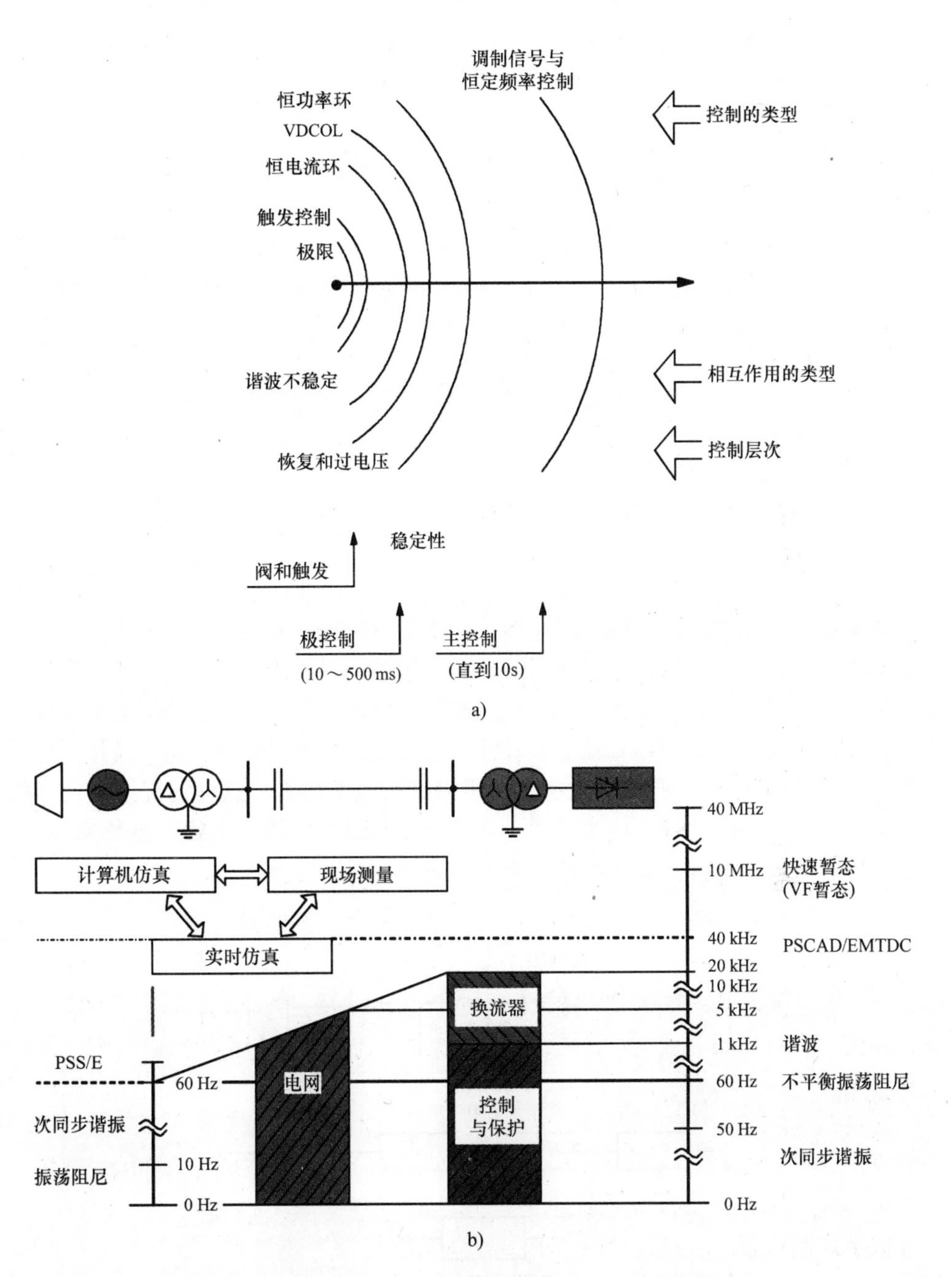

图 11-10　仿真时间与 HVDC 控制层次及相互作用之间的关系

拉斯变换对于模拟系统的作用类似。除了 z 变换分析外，状态变量法也可用于分析离散时间系统。离散时间系统与模拟时间系统对应的状态空间方程结构是一样的，只是前者系统是用一组一阶差分方程来表示的。状态变量法的优势是不管是线性系统还是非线性系统，都可以用一种统一的方式来进行处理，并可用于系统分析或系统设计。

因此，由于数字控制器的采样时间间隔相对较短，数字控制适合用传递函数来表示，并可用等效的模拟装置模拟，如采用如下方程来描述：

$$\dot{x} = \boldsymbol{A}x + \boldsymbol{B}u$$
$$y = \boldsymbol{C}x$$
$$x(k+1) = \mathrm{e}^{\boldsymbol{A}T}x(k) + \left(\int_0^T \mathrm{e}^{\mathbf{A}\mathrm{T}}\right)\boldsymbol{B}u(k) \tag{11-19}$$
$$\boldsymbol{Y}(k) = \boldsymbol{C}x(k)$$

式中，x 为状态变量；$\boldsymbol{A}$ 为状态矩阵；$\boldsymbol{B}$ 为列矢量；u 为输入；y 为输出；$\boldsymbol{C}$ 为行矢量；T 为采样时间。

实际上，数字控制器由一套复杂算法构成，依赖于外部输入并具有不同的时序。因此，正确模拟该控制器需要采用逻辑门、定时器和开关等。

某些数字控制不一定在每个时步上都起作用，而是由系统的某些事件触发工作，或者具有独立时钟并按照事先设定的时间运行。因此，有必要开发这样一个模型，该模型中，元件按照离散时间运行，且使用不同长度但同步的积分步长。为了提高运算效率，该模型只计算起作用的功能。如果控制器的执行时间与所计算过程的时间常数在同一个数量级上，那么数字控制器也可以表示为一个采样数据系统。

模拟式控制器。图 11-11 展示了 HVDC 触发模块的模拟电路。这个模拟电路可以被简化为如图 11-11b 所示的数字模型用以进行数字仿真。这种情况下，信号的高频分量可以被忽略。基于这个假设，HVDC 控制器可以用一个线性系统来描述，并且可以在频域中进行分析和设计，例如采用波特图进行分析。

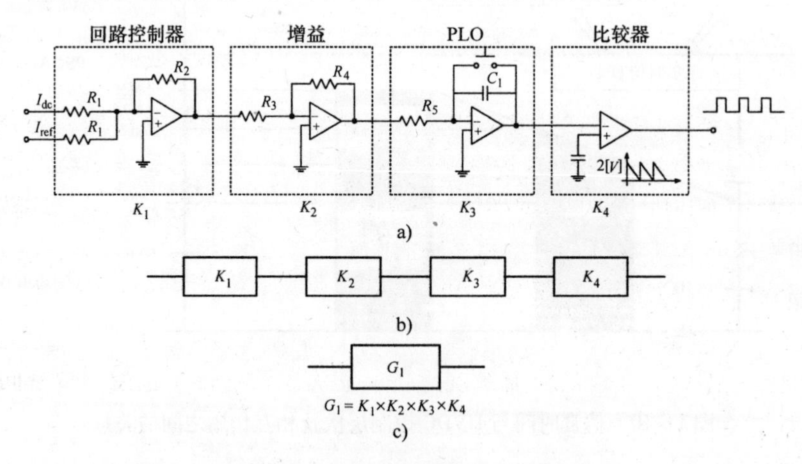

图 11-11　一种 HVDC 控制器的简化模型

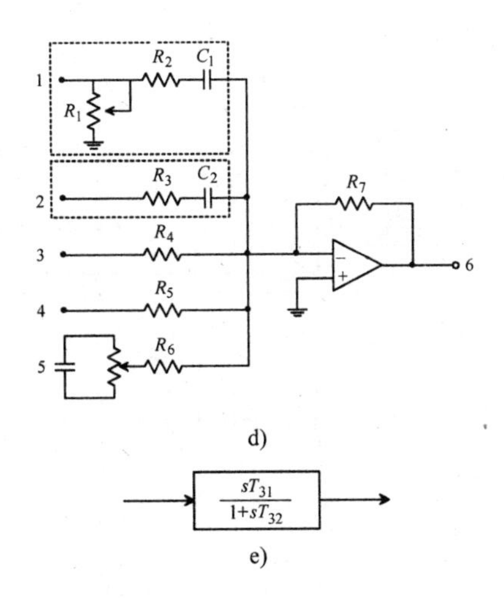

图 11-11　一种 HVDC 控制器的简化模型（续）

K_1—回路控制器增益 1，$K_1 = -R_2/R_1$；K_2—回路控制器增益 2，$K_2 = -R_4/R_3$；

K_3—锁相环（PLO）的增益，$K_3 = 1/(12f_0R_5C_1)$，其中 $f_0 = 60\text{Hz}$；K_4—比较器电平，$K_4 = 1/2[V]$；

输入—1: V_{dc}，3: γ_{ord}，4: $\gamma_{response}$；输出—6: γ_{output}；

输出 $= (R_7/R_5) \times \gamma_{response} - (R_7/R_4) \times \gamma_{ord} + (-A \times R_7)/\{R_2 + [1/(sC_1)]V_{dc}\}$；

$T_{31} = (A \times R_7) \times C_1$；$T_{32} = R_2 \times C_1$；

$A = M_p9 \times R_{35}/[R_{33} \times (-7.5 - M_p9) + M_p9 \times R_{35}]$，其中 M_p9 是测量点

11.4　济州岛—韩楠 HVDC 实时数字仿真器

本节的主要目标是描述开发济州岛—韩楠 HVDC 仿真器时所采用的方法，该仿真器可进行详细而精确的系统分析，包括仿真多种 HVDC 故障并研究如何对 HVDC 系统进行调整。该仿真器的目标是能够仿真从直流到数千赫兹频率范围内的系统响应特性。由于需要采用精确的瞬时值波形进行分析，因此决定采用 RTDS，并要求能够详细模拟电网元件和换流阀，且仿真的采样时间为 50μs。图 11-12 展示了试验过程中的电力系统模型概况，是一个基本的单线图。该模型包括 2 个紧密耦合的 HVDC 系统和大量的交流系统元件。交流系统元件中包括了数台同步发电机（具有完整的励磁、稳定器、调速器和涡轮机）、变压器、输电线路、断路器、滤波器组和电压源。

既有的 HVDC 工程的实际控制器是部分数字式与部分模拟式（运算放大器、晶体管、电阻器和电容器）的。在 HVDC 控制系统中，阀基电子电路（VBE）产生触发晶闸管的脉冲序列。由于 VBE 对 HVDC 系统的暂态性能不产生关键性的影

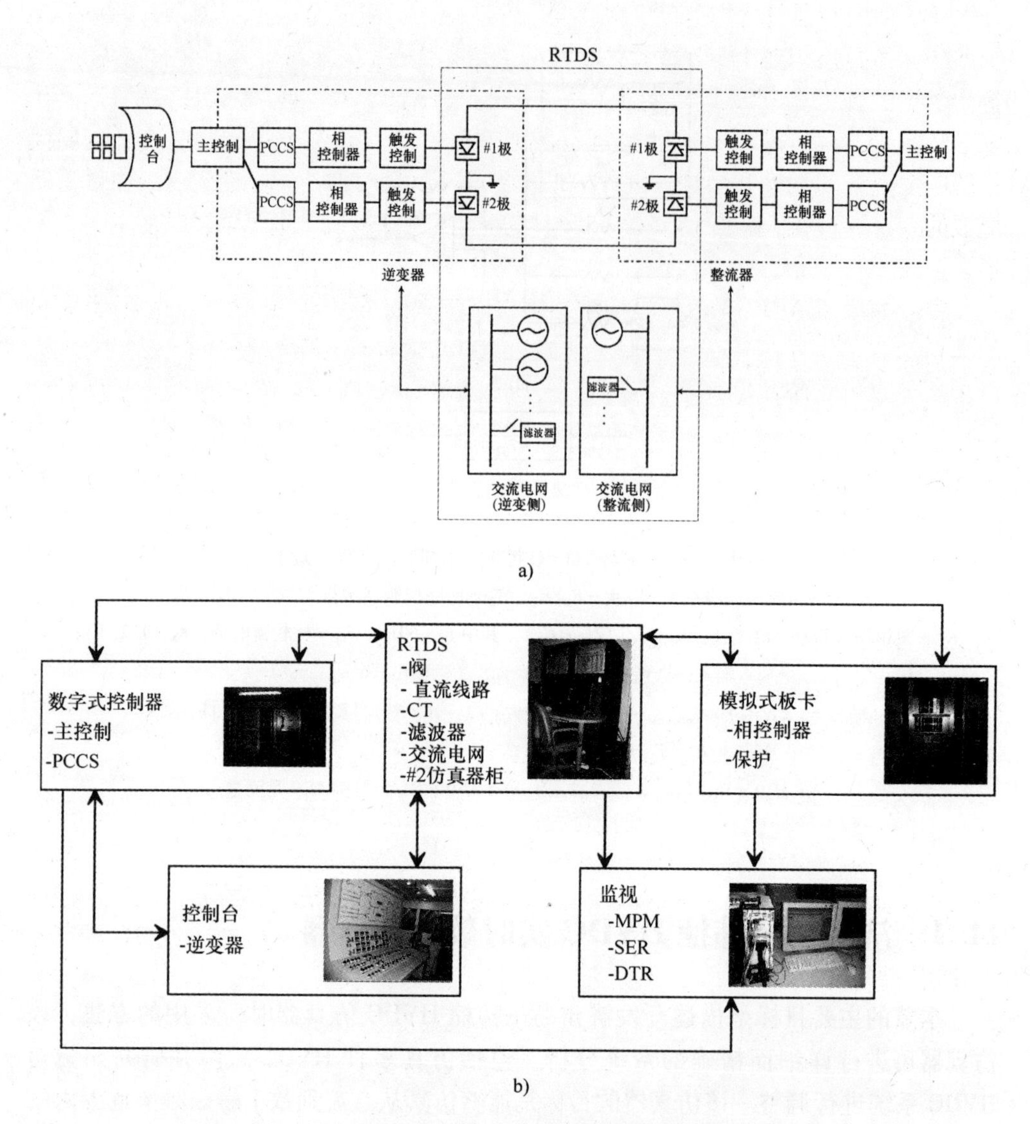

图 11-12　HVDC 的 RTDS 结构

响，本模型中没有对它们进行详细模拟。采用硬件实现还是软件实现主要取决于成本。因此，本章中交流网络包括发电机、换流阀、换流变压器和交流滤波器都采用 RTDS（由加拿大 Manitoba 直流输电研究中心开发的实时数字仿真器）来实现，而 HVDC 控制器则使用实际控制装置来实现，如图 11-12 所示。该 HVDC 仿真器采用了两种方法来完成。第一种方法，基于实际的 HVDC 控制器对该 HVDC 系统的性能进行数学分析。第二种方法，用示波器测量实际控制器的信号波形，然后，将测量得到的波形与仿真器控制器输出的波形做比较。

HVDC 控制器包含在 RTDS 的标准元件库中。为了完整表示图 11-12 所示的系统结构，需要采用数个 RTDS 硬件柜。每个所谓的柜包含了 18 个汇接的处理器卡，每个卡中安装了 2 个数字信号处理器（DSP）。随着所表示的系统规模的增加，用来求解数学方程所需的 DSP 的数量也增加。由于所需硬件柜的个数取决于所要模拟的电力系统的规模和结构，因此 RTDS 装置可以仅仅由一个柜子构成。如果需要模拟的系统规模很大，那么就需要将很多柜子互连。本试验过程中同时使用了 5 个柜子。

由于采用了 AREVA 的物理控制器来控制其中的一个 HVDC 系统，因而有大量的模拟和数字信号在 HVDC 物理控制器与 RTDS 之间传递。以最简单的形式为例，对于一个双极直流输电系统，HVDC 物理控制器与 RTDS 之间的连接包括：阀触发脉冲信号交换（48 个数字信号输入到 RTDS），交流换流母线的电压测量值（12 个模拟信号从 RTDS 输出），直流电流测量值（4 个模拟信号从 RTDS 输出），以及直流电压测量值（4 个模拟信号从 RTDS 输出）。此外，根据所采用的控制策略以及所做的试验类型，可能还需要很多其他专用信号的接口。

仿真速度。仿真的目标是模拟一个 12 脉波双极 HVDC 系统，该系统包括两侧的整流器和逆变器、一条直流输电电缆和足够详细的两侧交流系统。如果采用详细的控制系统模型，仿真规模将变得很大，仿真速度将会慢下来。通常 HVDC 系统的仿真需运行 1 ~2s。但由于计划做交流故障仿真、继电器整定值测试等试验，因此仿真的时间长度可以达到数分钟。这样，在每一个阶段对仿真速度进行优化就是一个关键性的问题。就这个问题来说，第二种方法具有明显的优势；仅图形化电路本身就减少了 50 倍，处理时间上的减少也是非常明显。由于所有的元件都采用 Fortran 子程序进行编写，因此可以将它们预先编译好存到一个库里，并且仅仅在运行时将它们连接起来。采用第一种方法时，每当电路发生改变时，所有的控制器都需要重新编译。这在开发阶段是十分费时的。

仿真结果。仿真的系统运行方式是单极额定电压 180kV、额定电流 416A。仿真中考虑了变压器的饱和效应、交流系统的谐波特性以及极间电流的不平衡。所设计的仿真方案是用来分析该 HVDC 系统在定功率模式下的性能的，该仿真方案下受端交流电网的运行条件为

1）交流电网总负荷：300MW；

2）HVDC 系统传输功率：150MW；

3）本地交流发电机：每台 75MVA，2 台；

4）同步调相机（SC）：每台 55MVA，2 台；

5）HVDC 的频率源取自同步调相机。

设计此方案的原因是要求 HVDC 系统具有黑启动的能力，因此 HVDC 从同步调相机获得频率源。但是，由于需求功率的增加，在济州岛又新建了额外的一台发电机。这样，就可以对 HVDC 与当地发电机之间的相互作用进行仿真了。

图 11-13 展示了 HVDC 系统的运行特性，其中图 a 表示受端电网甩负荷时的特性，图 b 表示定功率模式下受端电网交流三相故障后的特性，图 c 表示定频率模式下受端电网交流三相故障后的特性。

图 11-14 展示了受端电网中一个远程故障引起的换相失败的影响，而图 11-15 展示了 HVDC 系统中一个换流阀故障时的运行特性。图 11-14 和图 11-15 都与实际故障数据进行了对比，用以对仿真器的精度进行评估。图 11-16 对交流母线上的频率源与同步调相机转子上的频率源进行了对比。在仿真之前，对由同步调相机引起的次同步谐振（SSR）进行了评估。但是，图 11-16 表明，HVDC 的频率控制器能够控制由 AVR 参考值或调速器参考值改变而引起的同步调相机的振荡。另外，本章所描述的同步调相机可以执行调速控制，因为此同步调相机配备有一台涡轮机来执行黑启动。从图 11-16 可以看出，频率测量点的变化并不影响 HVDC 系统的暂态性能。

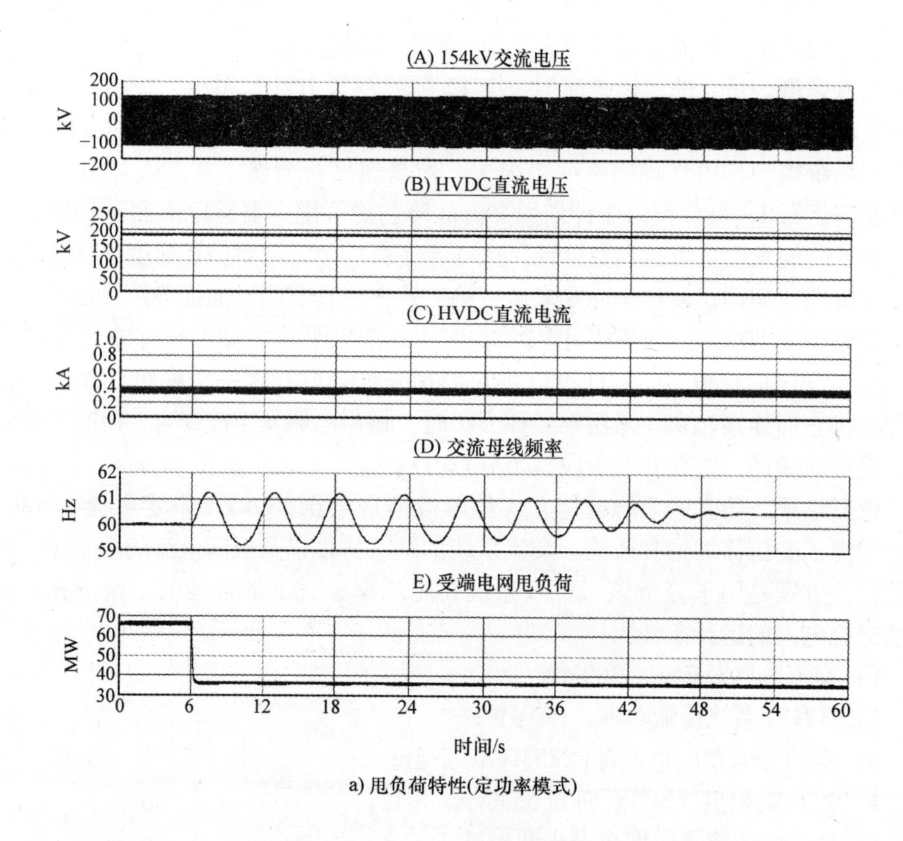

a) 甩负荷特性(定功率模式)

图 11-13　HVDC 系统的定功率模式和定频率模式运行特性

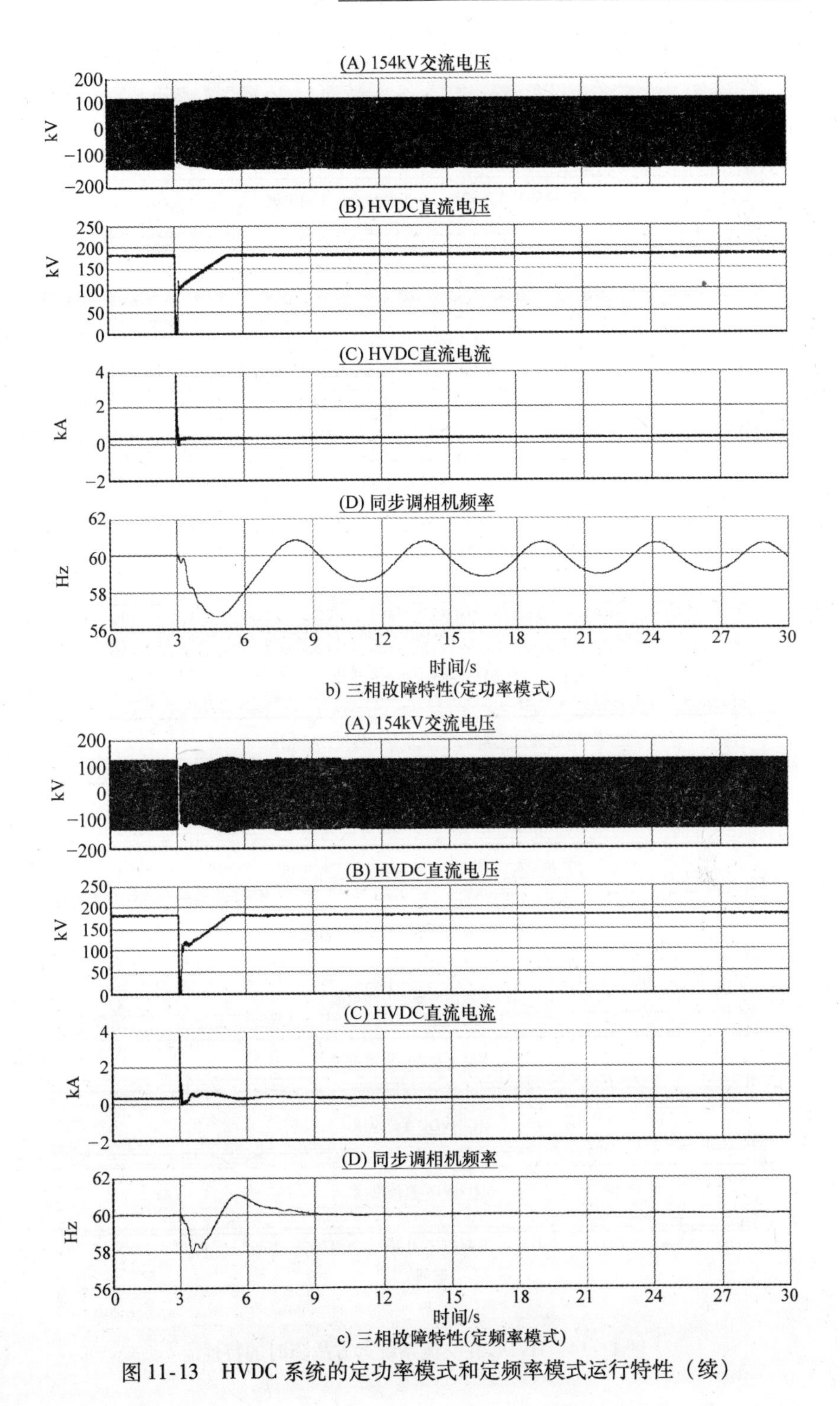

b) 三相故障特性(定功率模式)

c) 三相故障特性(定频率模式)

图 11-13 HVDC 系统的定功率模式和定频率模式运行特性（续）

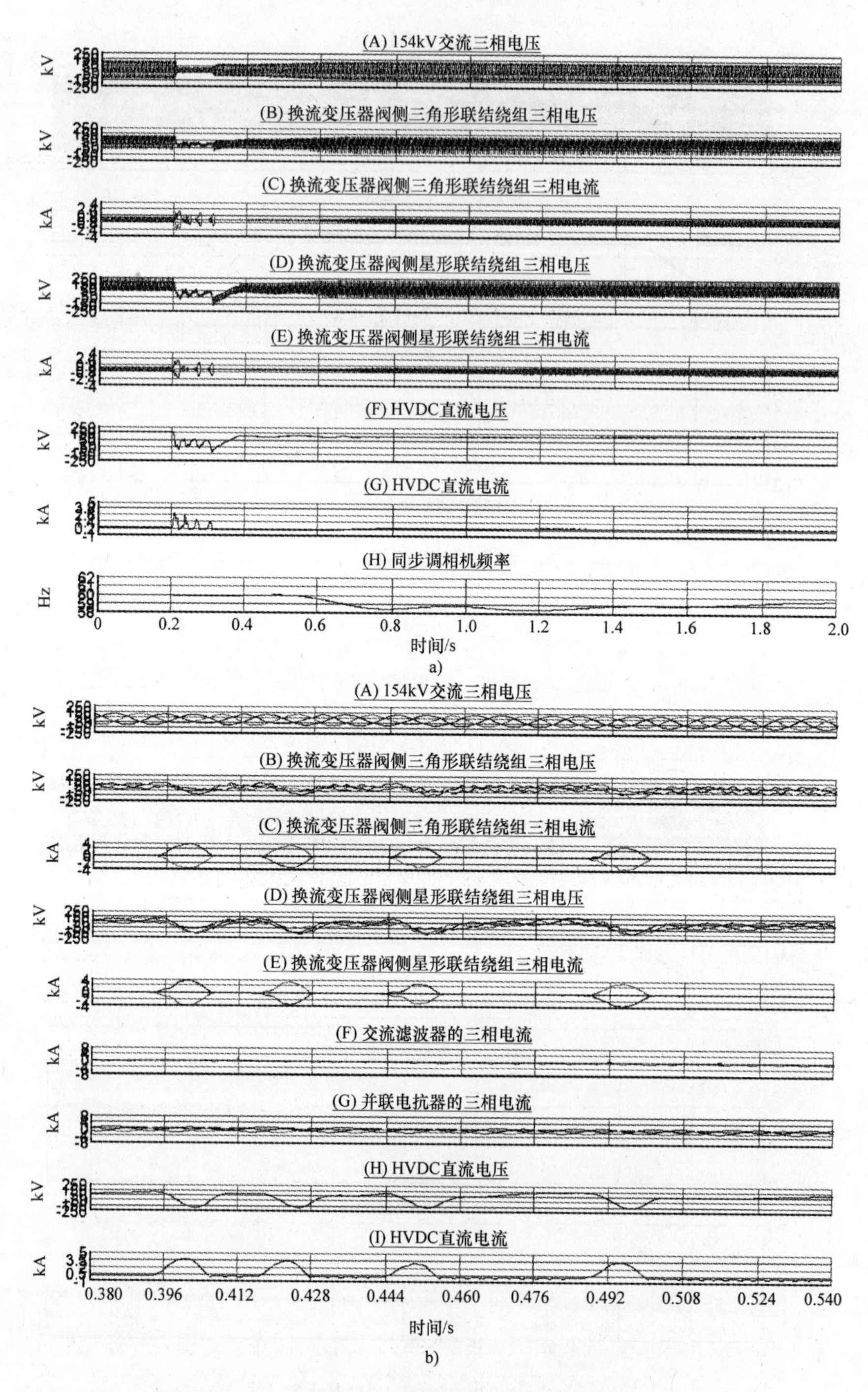

图 11-14　HVDC 在交流系统远方故障时的特性

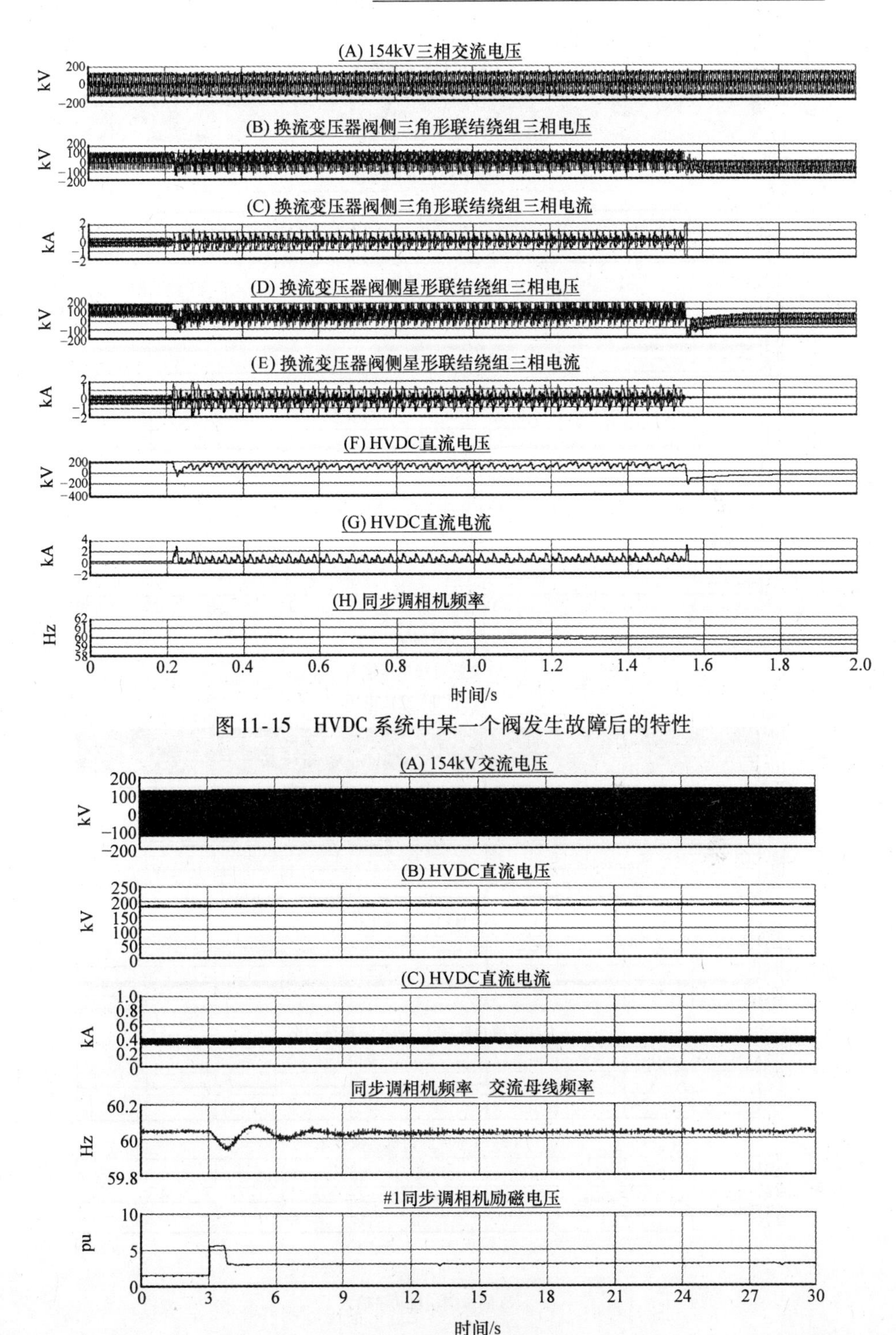

图 11-15 HVDC 系统中某一个阀发生故障后的特性

a) 同步调相机转子输入

图 11-16 HVDC 随频率源而变化的运行特性

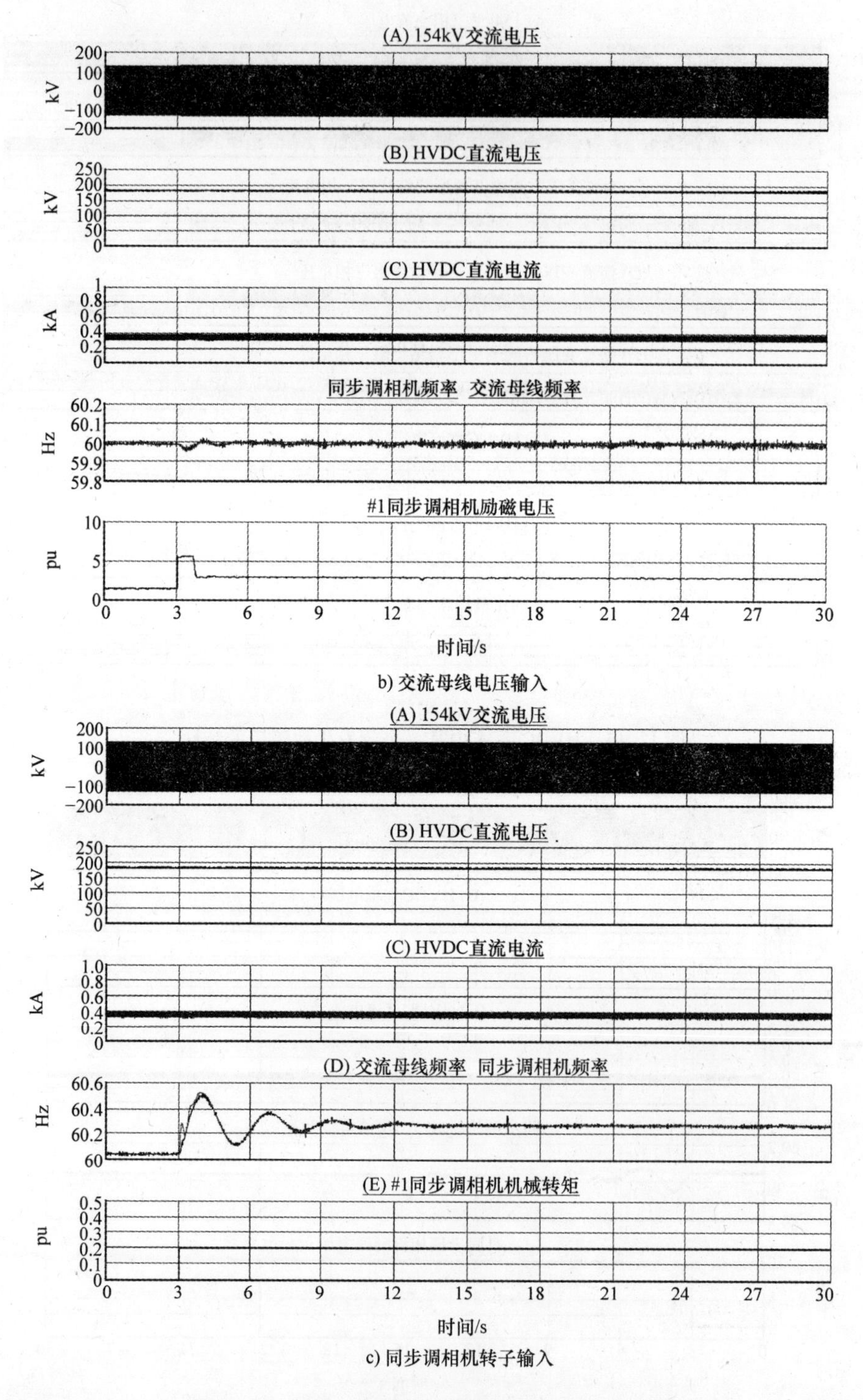

图 11-16 HVDC 随频率源而变化的运行特性（续）

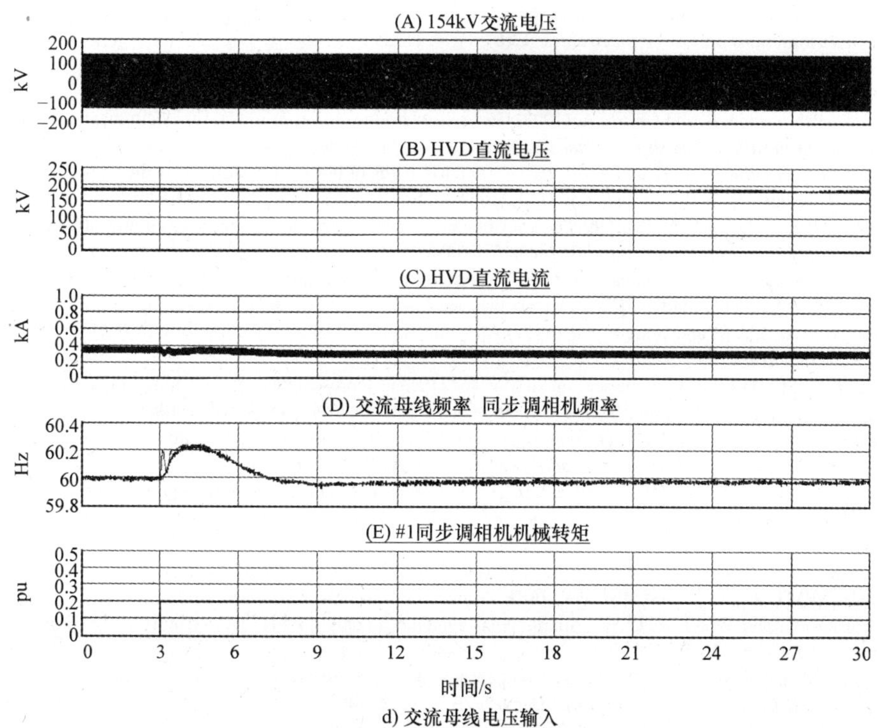

d) 交流母线电压输入

图 11-16　HVDC 随频率源而变化的运行特性（续）

参考文献

[1] Maharsi, Y., Do, V.Q., Sood, V.K. *et al.* (1995) HVDC control system based on parallel digital signal processors. *IEEE Transactions on Power Systems*, **10**(2), 995–1002.

[2] Kuffel, P., Kent, K.L., Mazur, G.B. *et al.* (1993) Development and validation of detailed controls models of the Nelson River Bipole 1 HVDC system. *IEEE Transactions on Power Delivery*, **8**(1), 351–358.

[3] Jang, G., Oh, S., Han, B.M. *et al.* (2005) Novel reactive-power-compensation scheme for the Jeju–Haenam HVDC system. *Generation, Transmission and, Distribution, IEE Proceedings*, **152**(4), 514–520.

[4] Kim, C.-K. and Jang, G. (2006) Development of Jeju–Haenam HVDC system model for dynamic performance study. *International Journal of Electrical Power and Energy Systems*, **28**(8), 570–580.

[5] Bhattacharya, S. and Dommel, H.W. (1988) A new commutation margin control representation for digital simulation of HVDC system transients. *IEEE Transactions on Power Systems*, **3**(3), 1127–1132.

[6] Kimura, N., Kishimoto, M. and Matsui, K. (1991) New digital control of forced commutation HVDC converter supplying into load system without AC source. *IEEE Transactions on Power Systems*, **6**(4), 1425–1431.

[7] Martin, D., Wong, W., Liss, G. *et al.* (1991) Modulation controls for the New Zealand DC hybrid project. *IEEE Transactions on Power Delivery*, **6**(4), 1825–1830.

[8] Lehn, P., Rittiger, J. and Kulicke, B. (1995) Comparison of the ATP version of the EMTP and the NETOMAC program for simulation of HVDC systems. *IEEE Transactions on Power Delivery*, **10**(4), 2048–2053.

[9] Acevedo, S., Linares, L.R. Marti, J.R. *et al.* (1999) Efficient HVDC converter model for real time transients simulation. *IEEE Transactions on Power Systems*, **14**(1), 166–171.

[10] Zavahir, J.M., Arrillaga, J. and Watson, N.R. (1993) Hybrid electromagnetic transient simulation with the state variable representation of HVDC converter plant. *IEEE Transactions on Power Delivery*, **8**(3), 1591–1598.

[11] Al-Dhalaan, S., Al-Majali, H.D. and O'Kelly, D. (1998) HVDC converter using self-commutated devices. *IEEE Transactions on Power Electronics*, **13**(6), 1164–1173.

[12] Morin, G., Bui, L.X., Casoria, S. *et al.* (1993) Modeling of the Hydro-Quebec–New England HVDC system and digital controls with EMTP. *IEEE Transactions on Power Delivery*, **8**(2), 559–566.

[13] Das Sachchidanand, B. and Ghosh, A. (1998) Generalised bridge converter model for electromagnetic transient analysis. *Generation, Transmission and Distribution, IEE Proceedings*, **145**(4), 423–429.

[14] Bathurst, G.N., Watson, N.R. and Arrillaga, J. (2000) Modeling of bipolar HVDC links in the harmonic domain. *IEEE Transactions on Power Delivery*, **15**(3), 1034–1038.

[15] Perkins, B.K. and Iravani, M.R. (1999) Dynamic modeling of high power static switching circuits in the dq-frame. *IEEE Transactions on Power Systems*, **14**(2), 678–684.

[16] Arabi, S., Kundur, P. and Sawada, J.H. (1998) Appropriate HVDC transmission simulation models for various power system stability studies. *IEEE Transactions on Power Systems*, **13**(4), 1292–1297.

[17] Todd, S., Wood, A.R. and Bodger, P.S. (1997) An s-domain model of an HVDC converter. *IEEE Transactions on Power Delivery*, **12**(4), 1723–1729.

[18] Strunz, K. (2004) Flexible numerical integration for efficient representation of switching in real time electromagnetic transients simulation. *IEEE Transactions on Power Delivery*, **19**(3), 1276–1283.

[19] De Kelper, B., Dessaint, L.A., Al-Haddad, K. *et al.* (2002) A comprehensive approach to fixed-step simulation of switched circuits. *IEEE Transactions on Power Electronics*, **17**(2), 216–224.

[20] De Kelper, B., Blanchette, H.F. and Dessaint, L.-A. (2005) Switching time model updating for the real-time simulation of power-electronic circuits and motor drives. *IEEE Transactions on Energy Conversion*, **20**(1), 181–186.

[21] Faruque, M.O., Zhang, Y. and Dinavahi, V. (2006) Detailed Modeling of CIGRÉ HVDC Benchmark System using PSCAD/EMTDC and PSB/SIMULINK. *IEEE Transactions on Power Delivery*, **21**(1), 378–387.

[22] Osauskas, C. and Wood, A. (2003) Small-signal dynamic modeling of HVDC systems. *IEEE Transactions on Power Delivery*, **18**(1), 220–225.

[23] Gole, A.M. and Sood, V.K. (1990) A static compensator model for use with electromagnetic transients simulation programs. *IEEE Transactions on Power Delivery*, **5**(3), 1398–1407.

[24] Prais, M., Johnson, C., Bose, A. *et al.* (1989) Operator training simulator: component models. *IEEE Transactions on Power Systems*, **4**(3), 1160–1166.

[25] Mathur, R.M. and Wang, X. (1989) Real-time digital simulator of the electromagnetic transients of power transmission lines. *IEEE Transactions on Power Delivery*, **4**(2), 1275–1280.

[26] Sood, V.K., Nakra, H.L., Khodabakhchian, B. *et al.* (1988) Simulator study of hydro-Quebec MTDC line from James Bay to New England. *IEEE Transactions on Power Delivery*, **3**(4), 1880–1886.

[27] Milias-Argitis, J., Zacharias, T., Hatziadoniu, C. *et al.* (1988) Transient simulation of integrated AC/DC systems. I. Converter modeling and simulation. *IEEE Transactions on Power Systems*, **3**(1), 166–172.

[28] Lu, C.N., Chen, S.S. and Ing, C.M. (1988) The incorporation of HVDC equations in optimal power flow methods using sequential quadratic programming techniques. *IEEE Transactions on Power Systems*, **3**(3), 1005–1011.

[29] Doke, D.J. and Banerjee, S.K. (1987) A simplified and generalized dynamic simulation of multi-terminal HVDC transmission system. *Computers and Electrical Engineering*, **13**(2), 69–82.

[30] El-Marsafawy, M. (1987) Accurate simulation of commutation overlap effects in an HVDC terminal model for power flow studies. *Electric Power Systems Research*, **13**(3), 185–189.

[31] de Silva, J.R. and Arnold, C.P. (1990) A simple improvement to sequential AC/DC power flow algorithms. *International Journal of Electrical Power and Energy, Systems* **12**(3), 219–221.

[32] Padiyar, K.R. and Geetha, M.K. (1995) Analysis of torsional interactions in MTDC systems. *International Journal of Electrical Power and Energy, Systems* **17**(4), 257–266.

[33] Kuffel, P., Kent, K. and Irwin, G. (1997) The implementation and effectiveness of linear interpolation within digital simulation. *International Journal of Electrical Power and Energy, Systems* **19**(4), 221–227.

[34] Al-Fuhaid, S., Mahmoud, M.S. and El-Sayed, M.A. (1999) Modelling and control of high-voltage AC–DC power systems. *Journal of the Franklin Institute*, **336**(5), 767–781.

[35] Fang, D.Z., Liwei, W., Chung, T.S. *et al.* (2006) New techniques for enhancing accuracy of EMTP/TSP hybrid simulation. *International Journal of Electrical Power and Energy, Systems* **28**(10), 707–711.

[36] Jakominich, D., Krebs, R., Retzmann, D. *et al.* (1999) Real time digital power system simulator design considerations and relay performance evaluation. *IEEE Transactions on Power Delivery*, **14**(3), 773–781.

[37] Kuruneru, R.S., Bose, A. and Bunch, R. (1994) Modeling of high voltage direct current transmission systems for operator training simulators. *IEEE Transactions on Power Systems*, **9**(2), 714–720.

第 12 章　已建的和计划建设的 HVDC 工程

本章将对世界范围内已建的和计划中的 HVDC 工程做一个简要的描述。尽管某些计划建设的工程可能永远不会实现，但仍然可以了解各国电网规划人员对直流输电发展的总体趋势与巨大潜能的看法。图 12-1 到图 12-7 给出了标示世界不同地区已投入运行的（至 2008 年）与正在建设的 HVDC 工程的地图。

12.1　北美地区[一]

表 12-1　北美地区的背靠背直流输电工程（编号与图 12-1 对应）

编号	工程英文名	工程中文名	投运年	额定容量 /MW	额定电压 /kV
1	Eel River	伊尔河	1972	320	2×80
2	Stegall (David A. Hamil)	斯蒂加尔	1977	100	2×50
3	Eddy County	埃迪县	1983	200	82
4	Chateauguay	夏特圭	1984	1000	2×140
5	Oklaunion	奥克拉尤宁	1984	200	82
6	Blackwater	黑水	1985	200	57
7	Highgate	高门	1985	200	±56
8	Madawaska	玛达瓦斯卡	1985	350	130.5
9	Miles City	迈尔斯城	1985	200	±82
10	Sidney (Virginia Smith)	锡楠	1988	200	50
11	Eagle Pass	依格帕斯	2000	36	±15.9
12	Rapid City DC Tie	快城直流联络线	2003	200	±13

表 12-2　北美地区的长距离直流输电工程（编号与图 12-1 对应）

编号	工程英文名	工程中文译名	投运年	额定容量 /MW	额定电压 /kV
13	Vancouver Ⅰ	温哥华岛 Ⅰ	1968	312	±260
14	Pacific Intertie	太平洋联络线	1970	1440	±400
15	Nelson River Ⅰ	纳尔逊河 Ⅰ	1992（2001）	1854	±463

[一] 原文误为美国。——译者注

（续）

编号	工程英文名	工程中文译名	投运年	额定容量 /MW	额定电压 /kV
16	Vancouver Ⅱ	温哥华岛Ⅱ	1977	370	280
17	SquareButte	斯贵尔比优特	1977	500	±250
18	Nelson River Ⅱ	纳尔逊河Ⅱ	1985	2000	±500
19	CU Project	CU 工程	1979	1000	±400
20	Pacific Intertie Upgrade	太平洋联络线电压升级	1984	2000	±500
21	Intermountain	英特芒腾	1986	1920	±500
22	Des Cantons - Comerford	德斯勘腾 - 康默福德	1986	690	±450
23	Pacific Intertie - Expansion	太平洋联络线扩容	1989	1100	±500
24	Hydro Quebec - New England	魁北克 - 新英格兰	1990	2250	±450
25	Nicolet Tap	尼考力特	1992	2000	±450
26	CU (Control System Upgrade)	CU 工程（控制系统升级）	2004	1000	±400
27	Pacific Intertie - Sylmar Refurbishment	太平洋联络线 - 锡尔马站设备更新	2004	3100	±500
28	Lewis De - icer	雷维斯融冰器	2006	250	±17.4
29	Long Island	长岛	2007	600	±450
30	McNeil	麦克馁尔	1987	150	42
31	Cross Sound	克劳斯尚特	2002	330	±150
32	Rapid City	快城工程	2003	2×100	±13
33	LAMAR	拉玛	2005	211	±63

英特芒腾直流工程（Intermountain Power Project）。该直流工程指的是从美国 Utah 州的 Intermountain 发电厂送电到美国加州 Adelanto 附近的 Adelanto 逆变站的一个双极高压直流输电工程。该直流输电工程采用双极架空线路，长度为 785km，电压等级为 ±500kV，额定输送功率为 1920MW，其中穿越 Mojave 沙漠的部分还与多回 500kV 交流线路并架。

太平洋直流联络线（Pacific DC Intertie）。该工程采用直流输电技术将太平洋沿岸的北部与太平洋沿岸的南部连接起来，输送容量为 3100MW。该联络线的北端是哥伦比亚河附近的 Celilo 换流站，属于邦纳维尔电管局（BPA）的范围，Celilo 换流站位于 Oregon 州 Dalles 市郊；该联络线的南端是 Sylmar 换流站，在洛杉矶市的北面，Sylmar 换流站由 5 个电力公司拥有，归 LADWP 管理。该联络线可以双向

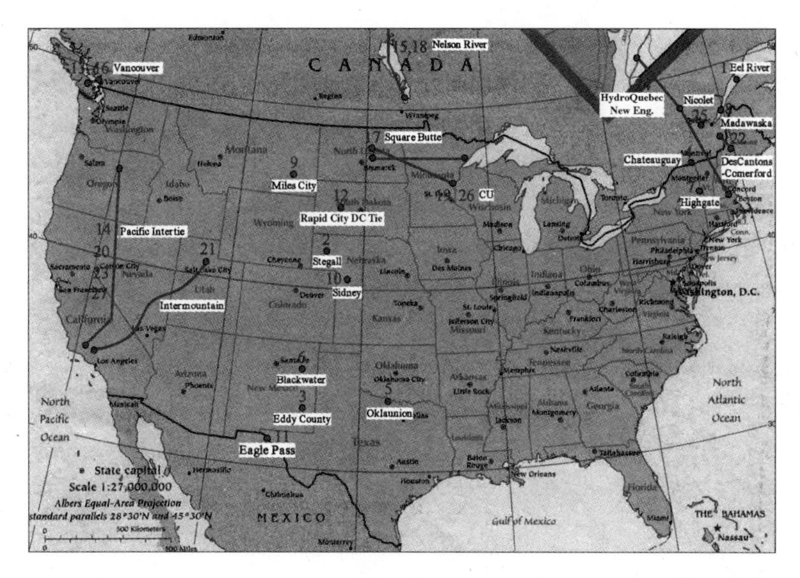

图 12-1　北美的直流输电工程

传输功率，但大部分情况下是由北向南输电。该联络线充分利用了美国西北部与西南部电力需求模式不同的特点：冬季时，北部地区电加热负荷较大，而南部地区负荷相对较轻；夏季时，北部地区负荷相对较轻，而南部地区因大量使用空调而使负荷达到峰值。任何时候当该联络线负荷减少时，多余的电能就分配给西部电网的其他地区（美国中部广阔的草原地带以西的诸州，包括 Colorado 州和 New Mexico 州）。

最早设计时，此工程采用的是汞弧阀，每极由 3 个 6 脉波桥串联构成，阀的阻断电压是 133kV，最大电流为 1800A，采用相对于大地为 ±400kV 的电压，输送容量为 1440MW。连接太平洋沿岸北部与南部的 500kV 输电线路共有 4 回，此联络线为其中的直流部分，并行的交流线路走的是路径 15。供电给洛杉矶市的 HVDC 输电线路共有 2 条，除此线路外，另一条 HVDC 输电线路是 Intermountain 直流输电线路。

在 Sylmar 地区发生地震之后，1972 年对 Sylmar 逆变站中的损坏部件进行了更换。1982 年，通过对汞弧阀的多方面改进，输送容量提高到了 1600MW。1984 年，通过每极加装 2 个 6 脉波晶闸管桥，将输电电压提升到 500kV，使得输送容量上升到 2000MW。1989 年，分别在 Celilo 换流站和 Sylmar 换流站并联可投切的晶闸管换流器，使该线路的输送功率进一步得到提升。2004 年，对 Sylmar 换流站进行了升级，使输送功率从最早的 1100MW 上升到了 3100MW。升级过程中，对包括汞弧阀在内的旧的控制系统和换流器进行了全部更换，替换成了由 ABB 公司制造的 12 脉波换流器，每极 1 个 12 脉波换流器，双极额定功率 3100MW。与此同时，Celilo 换流站的 6 脉波汞弧阀换流器也被更换掉，采用了光触发晶闸管（LTT）构成的 12

脉波换流器。

纳尔逊河双极直流工程（Nelson River Bipole）。该工程是加拿大 Manitoba 省具有悠久历史的输电工程，由 2 回双极直流输电线路构成，是 Nelson 河水电开发项目的一个部分，并由 Manitoba 水电局运行。该工程跨越大片荒野将 Manitoba 北部 Nelson 河上几个水电站发出的电能输送到人口稠密的南部地区。该工程包括 2 个整流站、1 个逆变站和 2 回双极直流输电线路；2 个整流站是 Gillam 附近的 Radisson 换流站和 Sundance 附近的 Henday 换流站，1 个逆变器站是位于 Rosser 的 Dorsey 换流站（距离 Winnipeg 26km），每回双极直流输电线路由 2 根平行的架空导线构成。这两回双极直流输电线路都配备有足够的接地极，允许按单极方式运行。

伊尔河（Eel Rive）背靠背直流工程。Eel 河背靠背直流工程被认为是世界上第一个采用晶闸管的 HVDC 工程。尽管欧洲的某些工程当时已采用晶闸管换流器与汞弧阀换流器混合运行，但加拿大的 Eel 河换流站是世界上第一个采用全固态 HVDC 换流站的工程。该工程由美国通用电气（GE）公司负责设计和设备供货，1972 年投入运行。

Eel 河换流站由 2 个独立的 12 脉波双向背靠背直流系统构成，每个背靠背系统的额定功率为 160MW，用于异步连接 Quebec 水电局的 230kV 系统和 New Brunswick 电网。该换流站地理上位于 New Brunswick 北部 Dalhousie 城附近。该非同步联络站的正常功率变化范围为 40～320MW，过负荷能力可达到 350MW。建设该非同步联络站的目的是使 Quebec 水电局电网与北美东部的其余电网连接起来，从而使 Churchill 瀑布水电站（位于 Labrador）工程完工后所发出的电能的多余部分能够向外出口。在该站投运后的最早 13 年中，其容量利用率超过 100%，从而使之成为世界上利用率最高的 HVDC 换流站。

温哥华岛直流工程（Vancouver Island HVDC）。该工程连接 Vancouver 岛上 North Cowichan 附近的换流站与加拿大大陆上 Delta 附近的 Arnott 换流站，两个换流站的地理位置都在加拿大 British Columbia 省内。该工程于 1968 年投入运行，1977 年扩建。该工程线路部分包括 42km 的架空线路和 33km 的海底电缆。1968 年第一极投入运行，换流器采用汞弧阀，单极额定电压为 260kV，额定功率为 312MW。1977 年第二极投入运行，该极采用晶闸管阀，单极额定电压为 280kV，额定功率为 370MW。

斯贵尔比优特直流工程（Square Butte）。该工程位于美国境内，连接 North Dakota 州中部和 Minnesota 州的 Duluth 城，于 1977 年投运。Square Butte 直流工程的额定电压是 ±250kV，额定功率是 500MW，线路采用架空线路，749km 长。作为现代的 HVDC 系统，该工程采用晶闸管换流器。

CU 直流工程。是美国境内的一条直流输电工程，连接 North Dakota 州的 Coal Creek 城和 Minnesota 州的 Dickinson 城。CU 直流工程于 1979 年投运，额定电压为 ±400kV，额定功率为 1000MW，采用 710km 长的架空线路。

埃迪县背靠背直流工程（Eddy County）。Eddy County背靠背直流工程位于美国New Mexico州的Artesia，该背靠背直流工程用于连接美国东部电网和西部电网。该工程由美国通用电气（GE）公司承建，于1983年投运，额定电压为82kV，额定功率为200MW。

奥克拉尤宁背靠背直流工程（Oklaunion）。Oklaunion背靠背直流工程位于美国Texas州的Oklaunion，该工程由美国通用电气（GE）公司承建，于1984年投运，额定电压为82kV，额定功率为200MW。

黑水背靠背直流工程（Blackwater）。Blackwater背靠背直流工程位于美国New Mexico州的Blackwater，该背靠背直流工程用于异步连接Texas电网和New Mexico电网。该工程由ABB公司承建，于1985年投运，额定电压为57kV，额定功率为200MW。

魁北克－新英格兰（Quebec－New England）直流工程。该工程是一个长距离HVDC输电工程，一侧换流站位于加拿大Quebec省的Radisson，另一侧换流站位于美国Massachusetts州的Ayer城的Sandy Pond。与大多数HVDC工程不同，该工程是一个多端HVDC工程。原先，该工程仅仅有一段172km长的线路，连接加拿大Quebec省内的Des Cantons和美国New Hampshire州内的Comerford水电站，采用直流输电的原因是为了异步连接Quebec电网和美国电网；该工程全线均为架空线，于1986年投运，额定电压为±450kV，额定功率为690MW。后来，计划对该直流工程进行扩展，除了Des Cantons与Comerford两端之外，再在Quebec省James湾区La Grande Complex水电站增加一端，另外在Massachusetts州Boston市附近再增加一端。根据这个计划，输电线路延伸了1100km，向北延伸到了Radisson换流站，向南延伸到了Massachusetts州内的Sandy Pond换流站。该工程扩展后输电电压保持±450kV不变，而额定功率通过对既有换流站扩容达到2000MW。为了连接Montreal区域，1992年在Nicolet又增加了一个换流站，其额定功率为2000MW。至此，位于Des Cantons和Comerford的两个换流站目前已退出运行，即只有一个三端系统还在运行。

韦尔奇－蒙蒂塞洛背靠背直流工程（Welch－Monticello）。该工程位于美国Texas州东北部Welch发电厂和Monticello发电厂之间，是一个背靠背直流输电工程，1998年投运，额定功率为600MW。

西夏力兰德背靠背直流工程（West Sharyland）。该背靠背直流工程位于美国Texas州的West Sharyland城，正在建设中。该工程双极额定电压为21kV，额定功率为150MW，用于美国与墨西哥之间交换功率。该工程由ABB公司承建。

依格帕斯背靠背柔性直流工程（Eagle Pass）。该工程是美国Texas州与墨西哥之间进行电力交换的通道之一，于2000年投运，换流器采用的开关器件是绝缘栅双极型晶体管（IGBT）。该工程由ABB公司承建，双极额定电压为15.9kV，额定功率为36MW。

克劳斯尚特柔性直流工程（Cross Sound Cable）。该工程是一个双极 HVDC 海底电缆工程，两端分别为美国 Connecticut 州的 New Haven 和美国纽约长岛的 Shoreham，海底电缆长度为40km，双极额定电压为±150kV，额定功率为330MW，最大电流为1175A。该工程于2002年从 Shoreham 的核电站旧址处开始建设，换流器采用的是柔性直流输电技术，功率在 New Haven 与 Shoreham 之间双向传输。

弗吉尼亚史密斯背靠背直流工程（Virginia Smith）。该工程位于美国 Nebraska 州的 Sidney 附近，由 Siemens 公司承建，1988年投运，额定电压为55.5kV，额定功率为200MW。

12.2 日本

表12-3 日本的直流输电工程（编号与图12-2对应）

编号	工程英文名	工程中文名	投运年	额定容量/MW	额定电压/kV
1	Sakuma FC	佐久间变频站	1965	300	125
2	Shin - Shinano FC	新信浓变频站	1977	300	125
3	Shin - Shinano FC	新信浓变频站	1992	600	125
4	Sakuma FC	佐久间变频站	1993	300	125
5	Minami - Fukumitsu	南福光背靠背直流工程	1999	300	125
6	Hokkaido - Honshu	北海道-本州直流工程	1979	150	125
7	Hokkaido - Honshu	北海道-本州直流工程	1980	300	250
8	Hokkaido - Honshu	北海道-本州直流工程	1993	600	±250
9	Kii Channel	纪伊海峡直流工程	2000	1400	±250
10	Kii Channel	纪伊海峡直流工程	将来	2800	±500
11	Higashi - Shimizu	东清水直流工程（规划中）	2001	300	125

佐久间变频站（Sakuma）。这是日本第一个 HVDC 工程，位于佐久间附近，于1965年投运。该工程是一个背靠背直流输电工程，用于连接日本两个岛屿电网，这两个岛屿电网的运行频率分别为50Hz和60Hz。该工程投运时采用的是汞弧阀换流器，额定电压为25kV，额定功率为300MW。1993年，该背靠背换流站进行了全面更换，是全世界第一个采用光触发晶闸管（LTT）的换流站。

新信浓变频站（Shin Shinano）。该工程是一个背靠背直流输电工程，采用晶闸管换流器，于1977年投运，额定电压为125kV，1992年扩容之前额定功率为300MW，目前额定功率为600MW。

北海道-本州直流工程（Hokkaido - Honshu）。该工程连接北海道与本州两个电网，由日本电力（J-POWER）承建，于1979年投运。该工程直流线路长度为193km，其中架空线路149km，海底电缆44km。该工程初始阶段为单极运行，额定电压为250kV，额定功率为300MW；最终完成后为双极运行，额定电压为±250kV，额定功率为600MW。

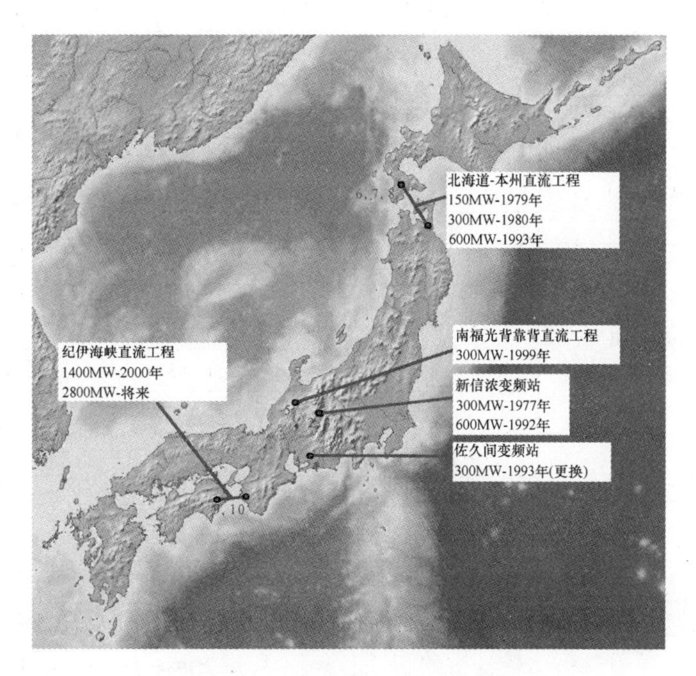

图 12-2　日本的直流输电工程

纪伊海峡直流工程（Kii Channel）。该工程是目前世界上传输功率最大的 HVDC 海底电缆工程。该工程的一端换流站位于四国岛（Shikoku）的阿南（Anan），另一端换流站位于本州岛（Honshu）的纪北（Kihoku）；从阿南换流站引出的前 50km 输电线路为海底电缆，连接到由良（Yura）开关站，然后连接到纪北的剩下的 50km 线路为架空线。该工程的第一期于 2000 年投运，额定电压为 ±250kV，额定功率为 1400MW。

南福光背靠背直流工程（Minami – Fukumitsu）。该工程用于连接日本的东部电网和西部电网，换流站位于富山（Toyama）的南投（Nanto），额定电压为 125kV，额定功率为 300MW，于 1999 年 3 月投运。

12.3　欧洲

表 12-4　欧洲的直流输电工程（编号与图 12-3 对应）

编号	工程英文名	工程中文译名	投运年	额定容量 /MW	额定电压 /kV
1	Dürnrohr	丢尔娄背靠背直流工程	1983	550	145
2	Vienna SO	维也纳背靠背直流工程	1993	600	142

（续）

编号	工程英文名	工程中文译名	投运年	额定容量 /MW	额定电压 /kV
3	Etzenricht	伊称力希特背靠背直流工程	1993	600	160
4	Kontiskan	康梯－斯堪一期	1965（2006 拆除）	250	250
		康梯－斯堪二期	1988	300	285
5	Gotland	哥特兰岛一期	1954	20	100
		哥特兰岛一期	1970（1986 拆除）	30	150
		哥特兰岛二期	1983	130	150
		哥特兰岛三期	1987	130	150
6	Cross－Skagerrak	斯卡格拉克海峡一期	1976	250	250
		斯卡格拉克海峡二期	1977	250	250
		斯卡格拉克海峡三期	1993	500	350
7	Vyborg	俄罗斯－芬兰背靠背直流工程	1981	355	170
			1982	710	2×170
			1984	1065	3×170
			1999	4×405	±85
8	Cross－Channel	英－法海峡一期	1961（1984 拆除）	160	±100
		英－法海峡二期	1986	2000	270
9	Fenno－Skan	芬兰－瑞典直流工程	1989	500	400
			2010（规划）	800	500
10	Baltic Cable	波罗的海直流工程	1994	600	450
11	Kontek	德国－丹麦直流工程	1996	600	400
12	Swepol	瑞典－波兰直流工程	2000	600	450
13	Viking Cable	维京直流电缆工程	2003	600	500
14	Moyle	茅埃尔直流联络线	2001	500	2×250
15	NorNed	挪威－荷兰直流工程	2007	600	±500
16	UK－Netherlands	英国－荷兰直流工程		1000	400
17	Norway － UK	挪威－英国直流工程		1200	400
18	Iceland － UK	冰岛－英国直流工程	2005	500	400
19	Estlink	爱沙尼亚－芬兰柔性直流输电工程	2006	350	150
20	East－West High－Power Transmission	东部－西部大功率输电系统		4000	500
21	Troll A	特劳尔柔性直流输电工程	2004	2×40	±60

注：本表内容，译者根据英文维基百科对原书的多处错误进行过更正。——译者注

图 12-3 欧洲的直流输电工程

哥特兰岛直流工程（Gotland）。该工程位于瑞典东海岸，是世界上第一个商业化的 HVDC 工程。Gotland 岛的第一个 HVDC 工程（Gotland 1）于 1954 年投运，两端换流站分别位于大陆上的 Västervik 和 Gotland 岛上的 Ygne，采用汞弧阀换流器，输电线路长 98km，全部为海底电缆，额定电压为 100kV，额定功率为 20MW。1970 年，对该工程进行了重建，首次将晶闸管模块应用于高压直流输电系统，重建后，额定电压升级到 150kV，额定功率升级到 30MW。但是，这个容量仍然不够，因此 1983 年又新建了另一回 HVDC 线路，即 Gotland 2；而 1987 再次新建了一回 HVDC 线路，即 Gotland 3。Gotland 2 工程的额定电压为 150kV，额定功率为 130MW，电缆长度为 92. 9km，架空线路长度为 6. 6km。Gotland 3 工程的额定电压为 150kV，额定功率为 130MW，电缆长度为 98km。Gotland 2 和 Gotland 3 的建设使 Gotland 1 工程先作备用，后停运，最终被拆除。

英－法海峡直流工程（Cross－Channel）。该工程穿越英吉利海峡将法国电网和英国电网连接起来。该工程最早于 1961 年投运，两端换流站分别位于英格兰的 Lydd 和法国 Boulogne－sur－Mer 附近的 Echinghen，采用汞弧阀换流器。该工程采用双极海缆，以使对过往船只磁罗盘的干扰最小，线路全长 64km。该工程额定电压为 ±100kV，额定电流为 800A，额定功率为 160MW。

由于最早的工程不能满足负荷增长的需求，1985～1986 年期间对此工程进行了更换。新工程的英国侧换流站位于 Sellindge，法国侧换流站位于 Calais 附近的 Bonningues - lès - Calais（Les Mandarins 换流站）。新工程的路径长度为 73km，两端直线距离为 70km；水下部分采用了 8 根各 46km 长的海底电缆，从英国侧的 Folkestone 连接到法国侧的 Sangatte；陆上部分包括从英国侧引出的 8 根各 18.5km 长的电缆和从法国侧引出的 8 根 6.35km 长的电缆。新工程的额定电压为 270kV，额定功率为 2000MW。

康梯 - 斯堪直流工程（Kontiskan）㊀。该工程连接丹麦西部电网与瑞典电网。1965 年建成的康梯 - 斯堪一期工程 Kontiskan 1，额定电压为 250kV，额定功率为 250MW，已于 2006 年 8 月 15 日断开并退出运行。1988 年建成的康梯 - 斯堪二期工程 Kontiskan 2，额定电压为 285kV，额定功率为 300MW。Kontiskan 1 采用汞弧阀换流器，而 Kontiskan 2 采用晶闸管换流器。

在丹麦侧，Kontiskan 1 和 Kontiskan 2 使用同一个换流站，位于靠近 Aalborg 的 Vester Hassing 附近；海底电缆的接口端设在丹麦海岸边的 Staesnaes 附近；从 Vester Hassing 到 Staesnaes 采用的是具有 2 根导线的架空线路，长度为 34km；原先，该线路的其中一根导线作为 Kontiskan 1 工程的高压极线，而另一根导线作为接地极引线，接地极引线一直延伸到 Staesnaes 以南数千米处然后向东到达接地极极址 Soera；在建设 Kontiskan 2 工程时，整条架空接地极引线被两根各 27km 长的地下电缆替代，而架空线路中的第 2 根导线被用作 Kontiskan 2 工程的高压极线。从 Staesnaes 到丹麦 Laeso 岛采用的是海底电缆线路，长度为 23km；该海底电缆线路一共包括三条并行的电缆，每条电缆包含有两根铜导体，每根铜导体的截面积为 310mm^2；这三条电缆中，一条用于 Kontiskan 1，另一条用于 Kontiskan 2，而第三条电缆中的一根铜导体用于 Kontiskan 1，另一根铜导体用于 Kontiskan 2。Kontiskan 工程采用 17km 长、具有 2 根导线的架空线路穿越 Laeso 岛；在 Kontiskan 2 工程建设前，这 2 根导线并联在一起运行；而在 Kontiskan 2 工程建设后，其中的一根导线作为 Kontiskan 1 的极线，另一根导线作为 Kontiskan 2 的极线。在 Laeso 岛与瑞典之间，Kontiskan 1 和 Kontiskan 2 的高压极线各使用一根单极性电缆，截面积为 1200mm^2。

在瑞典侧，从瑞典海岸引出的 38km 长架空线路连接到 Kontiskan 1 的 Stenkullen 换流站。该架空线路的前 9km，杆塔上同时架设了 Kontiskan 1 和 Kontiskan 2 的高压极线。在 Brannemysten 以东，这些杆塔的顶部还架设了与地线很像的接地极引线，当然是采用了合适的绝缘的。Kontiskan 1 和 Kontiskan 2 共用一个接地极，共用接地极位于 Baltic 海的 Risø 附近。Kontiskan 1 和 Kontiskan 2 在瑞典侧不是共用换流站的，Kontiskan 1 的瑞典侧换流站在 Stenkullen 附近，位于 Goteborg 的东面；

㊀ 关于此工程的描述，译者根据英文维基百科对原书错误之处进行了更正。——译者注

而Kontiskan 2的瑞典侧换流站在Lindome附近，位于Goteborg的南面，也在Kontiskan 1线路的南面。Kontiskan 1的后30km线路，采用了拉线式铝结构杆塔，这种杆塔通常较轻，只有800kg；这些杆塔上架设了2根导线，即Kontiskan 1的高压极线和Kontiskan 1的接地极引线，而且挂接这两种导线的绝缘子长度是一样的。在Stenkullen换流站出口不长的距离内，有2基杆塔还同时架设了一回从Stenkullen到Holmbokullen的三相交流线路，这是除Volgograd－Donbass直流工程换流站外，同时架设交流线路和直流线路的唯一2基杆塔。

伏尔加格勒－顿巴斯直流工程（Volgograd－Donbass）。该工程的两端换流站分别是Volgograd水电站附近的Volzhskaya换流站和Donbass地区的Mikhailovskaya换流站，于1964年投运。采用汞弧阀换流器，单桥额定电压为100kV，额定电流为940A，线路为架空线路，总长475km。20世纪90年代初Volgograd－Donbass直流工程部分被晶闸管换流器替代，该工程为双极HVDC输电工程，额定电压为±400kV，额定功率为750MW。

撒丁岛－科西嘉岛－意大利直流工程（SACOI，Sardinia－Corsica－Italy）。该直流工程有3个换流站，分别是位于意大利本土的Suvereto换流站，位于Corsica岛上的Lucciana换流站和位于Sardinia岛上的Codrongianos换流站。1965年刚投运时是一个单极系统，目前已变为双极系统。该工程包括三段架空线路：第一段是意大利本土上的50km架空线路，第二段是Corsica岛上的167km架空线路，第三段是Sardinia岛上的87km架空线路。另外，该工程还包括两段海底电缆：第一段是意大利本土与Corsica岛之间的海底电缆，长度为103km；第二段是Corsica岛与Sardinia岛之间的海底电缆，长度为15km。该工程在20世纪90年代以前使用的是汞弧阀换流器，单极运行，额定电压为200kV，额定功率为200MW。1992年该工程扩展了第二个极，第二个极的额定电压为200kV，额定功率为300MW。与大多数的高压直流输电工程不同，该工程属于多端直流输电系统，可以实现多个换流站之间的功率交换。

斯卡格拉克海峡直流工程㊀（Cross－Skagerrak）。该工程包括了4个阶段，分别称为Skagerrak 1、Skagerrak 2、Skagerrak 3和Skagerrak 4。其中Skagerrak 1和Skagerrak 2是最初的阶段，于1977年投运，采用晶闸管换流器，构成一个双极系统，额定电压为±250kV，额定功率为500MW；两端换流站分别位于丹麦的Tjele和挪威的Kristiansand，直流线路长度为240km，其中架空线路113km，海底电缆127km；该海底电缆建设时是当时世界上最长的HVDC海底电缆，铺设于水下500m处。1993年Skagerrak 3建成。Skagerrak 3是一个单极直流系统，额定电压为350kV，额定功率为440MW。在Skagerrak 3建成后，原来的Skagerrak 1与Skagerrak 2双极直流系统被转换成单极直流系统，其电压极性与Skagerrak 3相反。Skagerrak

㊀ 关于此工程的描述，译者根据英文维基百科对原书错误之处进行了更正。——译者注

直流工程原先采用的杆塔结构可以承载4极导线，在Skagerrak 3建成后重新改造成能够承载3极导线的结构。另外，在架空线路跨越Aggesund海峡时，采用了70m高的杆塔，跨度达470m长。Skagerrak 4计划于2014年投运，额定功率为700MW。Skagerrak直流工程的建设，构成了挪威与丹麦之间交换水电、火电与风电的通道，从而使总体发电成本降低。对于像Skagerrak工程这样长的海底输电，采用交流输电方式是不可行的，因为电缆的载流容量都被电缆本身的无功功率所消耗。对于长距离水下输电，高压直流输电是经济可行的方案。

芬兰-瑞典直流工程（Fenno-Skan）。该工程的两端换流站分别位于芬兰的Rauma和瑞典的Dannebo，于1989年投运。该工程线路总长233km，其中200km为海底电缆，埋设于芬兰海的海底，从芬兰海岸到Rauma换流站还有33km的架空线路，而在瑞典侧，海底电缆上岸后直接接入Dannebo换流站。Fenno-Skan直流工程是一个单极系统，额定电压为400kV，额定功率为500MW。

波罗的海直流工程（Baltic Cable）。该工程采用海底电缆，穿越波罗的海，连接德国电网与瑞典电网，1994年投运。该工程的海底电缆长度为250km，直到2006年澳大利亚Basslink直流工程投运之前，该工程为全球最长的海底直流电缆。该工程为单极系统，额定电压为450kV，是德国电网中运行电压最高的，额定功率为600MW。

德国-丹麦直流工程（Kontek）。该工程将德国电网与丹麦Lolland、Falster和Zealand等岛上的电网连接起来，是一个单极直流输电系统，电缆长度为170km，额定电压为400kV，额定功率为600MW，1996年投运。Kontek直流工程不平常的地方是，它与Baltic Cable和Kontiskan等直流工程不同，所有在Falster岛、Zealand岛和德国本土上的总长为119km的线路段，本来可以采用架空线路，但都使用了地下电缆。采用这个非同寻常的举措，不是出于技术上的原因，而是为了按期完成工程建设，因为取得架空线路的建造权需要非常长的时间；但全部采用电缆线路使得该工程的成本大大增加了。

在德国侧，Kontek工程的高压极电缆与接地极电缆由Bentwisch换流站引出并平行敷设，经过13km后到达Baltic海边的Markgrafenheide处，在这里，高压极电缆与接地极电缆分开敷设。高压极电缆经过43km长的海底电缆到达丹麦的Falster岛，而接地极电缆向东方向延伸并最终连接到用铜环构成的阴极接地极上。

在德国到Falster岛之间的Baltic海里，Kontek工程的高压电缆要跨越Baltic Cable直流工程的高压电缆。为了实现这个跨越，Kontek工程的电缆大约高于Baltic Cable工程的电缆50cm跨越。在Gedser附近Kontek工程的海底电缆到达Falster岛，然后作为地下电缆穿越该岛，穿越长度为50km。紧接着，又是7km长的海底电缆，跨越Falster岛与Zealand岛之间的海区。然后，在Zealand岛上是53km长的地下电缆，其末端是Bjaeverskov换流站。

与德国侧Bentwisch换流站附近的电缆敷设方法不同，Bjaeverskov换流站出来的接地极电缆不与高压极电缆并行，而是从 Bjaeverskov 换流站引出，向东南方向延伸，连接到 Zealand 东南部的阳极接地极上。该阳极接地极位于 Zealand 岛的海岸边，用钛网构成。Kontek 工程于 1996 年投运，额定功率为 600MW。Kontek 工程的高压电缆采用纸绝缘充油电缆，具有 2 个永久连接的平行铜导体，截面积为 $800mm^2$。为了更好地监测油量，Kontek 工程陆上电缆部分大约每隔 8km 被分成一段，并采用不能透油的隔槽隔开。沿着电缆路径在这些隔槽附近，安装了测量油压、油温以及电缆其他运行参数的自动监测站。由于实用上的原因，德国与丹麦之间跨越 Baltic 海的 45km 长海底电缆，采用了一个充油段，没有安装隔槽。对于 Kontek 工程的接地极电缆，不管是在德国侧还是在丹麦侧，都采用了商业化的塑料绝缘 17kV 电缆。

Bjaeverskov 换流站是并入到一个现有的 380kV/110kV 变电站中的，而 Bentwisch 换流站是新建的，尽管在其 1km 以北就有一座旧的 220kV/110kV 变电站，该变电站是在东德期间建造的。2002 年，Bentwisch 换流站扩建成了一个 380kV/110kV 变电站，并与旧的 220kV/110kV 变电站通过一条 110kV 线路相连。

维斯比－纳斯柔性直流输电工程（Visby－Nas）。该工程建设在瑞典的 Gotland 岛上，是一个双极直流输电系统，连接 Visby 与 Nas 附近的一个风电场，额定电压为 ±80kV，额定功率为 50MW，于 1999 年投运。该工程可以对所连的交流系统进行电压调节。由于获得建造架空线路的许可权是一个漫长而昂贵的过程，该工程的 70km 长线路采用地下电缆。又由于建造三相交流地下电缆的造价更贵，因此最终选择了柔性直流输电方案。

瑞典－波兰直流工程（Swepol）。该工程是一个 245km 长的海底电缆单极直流输电系统，用于连接瑞典 Karlshamn 附近的 Starno 半岛与波兰的 Slupsk，额定电压为 450kV，额定功率为 600MW，于 2000 年投运。

意大利－希腊直流工程（Italy－Greece）。该工程是一个意大利和希腊之间的海底电缆单极直流输电系统，额定电压为 400kV，额定功率为 500MW，于 2001 年投运。直流线路从意大利侧的 Galatina 换流站引出，经过 40km 的地下电缆，然后跨越 Ionian 海，海底电缆长度为 160km，到达希腊后，采用 110km 的架空线路，连接希腊侧的 Arachthos 换流站。

茅埃尔直流联络线（Moyle）。该工程连接苏格兰的 Auchencrosh 与北爱尔兰的 Ballycronan More，于 2001 年投运。北爱尔兰能源集团拥有并运营该直流联络线，另外，该能源集团也参与运营苏格兰至北爱尔兰的天然气输送管道。

Moyle 直流联络线由两个单极直流系统构成。每个单极直流系统的额定电压为 250kV，额定功率为 250MW。该工程的换流器全部采用光触发晶闸管（LTT）。直流线路采用电缆，单极系统电缆总长度为 63.5km，其中海底电缆 55km。

爱尔兰海直流联络线（Irish Sea Interconnection）。该工程连接爱尔兰电网与威尔士电网，额定功率为 500MW。该联络线可以作为电力市场的一个公平、透明的交易平台，所有的电力服务提供商都可以参加。

电网之间的互联提高了电网的可靠性，可以避免停电。爱尔兰海直流联络线同样会增强本地工业的竞争力，通过在电力市场内引入竞争来降低电价，可以使用户受益。

东－西直流联络线（East－West Interconnector）。该工程是一个130km长的海底电缆高压直流输电系统，用于连接英国与爱尔兰的电力市场。根据该工程倡导者的说法，额定容量将为500MW。根据提出该工程建议的某公司说法，该工程目前正处于规划、设计阶段，正在寻求批准的过程中。

挪威－荷兰直流工程（NorNed）。该工程是一个580km长的海底电缆高压直流输电系统，两侧换流站分别位于挪威的Feda和荷兰的Eemshaven港，用于连接两国的电网。规划该工程是一个双极直流输电系统，额定电压为±450kV，额定功率至少为700MW。该工程是挪威输电系统运营商Statnett与荷兰输电系统运营商TenneT的合作项目。第一段海缆在2006年就已经敷设，最后一段海缆计划在2007年末敷设完成，并于2008年初投入商业运营。TenneT将该直流系统连接到荷兰的380kV高压电网上，而在Feda，Statnett将该直流系统连接到挪威的300kV输电网上。一旦该工程完成，将成为世界上最长的海底电缆输电工程。

黑勒斯娇－格兰奇贝格柔性直流输电工程[⊖] **（Hellsjön－Grängesberg）**。该工程是ABB公司的一个试验工程，用于测试柔性直流输电的部件。该工程由10km长的架空线路构成，此架空线路本来是一回3相交流线路。该工程相对于大地的额定直流电压是±10kV，额定功率是3MW，于1997年建成。

特岩力保格柔性直流输电工程（Tjæreborg）。该工程是一个4.3km长的双极柔性直流输电系统，将一个风电场接入到丹麦电网。该工程额定直流电压为±9kV，额定功率为8MW，于2000年投运。该工程可以更好地调节功率峰值。

特劳尔柔性直流输电工程（Troll）[⊜]。该工程是一个双极柔性直流输电系统，用于为海上的天然气压缩机站Troll A提供电力。该工程的海底电缆长度为68km，连接Troll A天然气压缩站与挪威本土的Kollsnes换流站。该工程的额定电压为±60kV，额定功率为84MW。

爱沙尼亚－芬兰柔性直流输电工程（Estlink）。该工程是一个海底电缆柔性直流输电系统。工程始建于2005年4月27日，线路总长105km，其中海底电缆74km。该工程额定电压为±150kV，额定功率为350MW，于2006年12月4日投运。该工程是北欧电网与波罗的海地区电网联网的第一条线路。

Estlink柔性直流工程的两侧换流站分别是位于爱沙尼亚的Harku站（接330kV交流电网）和位于芬兰的Espoo站（接400kV交流电网）。

⊖ 此工程数据根据ABB公司的资料进行过更正。——译者注

⊜ 此工程数据根据ABB公司的资料进行过更正。——译者注

2006 年 5 月 4 日开始从 Harku 换流站敷设陆上电缆，2006 年秋季开始敷设芬兰湾的海底电缆，海底电缆的最大水深为 100m。建设 Estlink 柔性直流输电工程的主要目的是将波罗的海地区生产的电力卖到北欧电力市场，并保证两侧地区的供电安全。

东部－西部大功率输电系统（East － West High Power Transmission System）。1992 年 11 月，由俄罗斯、白俄罗斯、波兰和德国的电力公司签发的一封信在互联网上流传，该信内容是准备进行东部－西部大功率输电系统的可行性研究。随着 1991 年 12 月能源宪章的签署，建立一个泛欧洲的能源市场已经受到关注，上述参与的国家打算评估通过大功率联网线路将电网进行整合的可能性。该工程的目标如下：大功率能量传输，在参与国之间优化电能的生产，发电厂备用的相互交换。

在上述可行性研究中，考虑了 3 种基本结构：

1）大功率直流线路和 5 个换流站；

2）大功率的 750kV 交流线路及其变电站，以及 2 个背靠背直流输电换流站；

3）使用已有的交流线路和波兰与白俄罗斯之间已有的背靠背直流输电换流站。

尽管这项研究没有最终的结果，但最经济的方案看来是采用直流输电方案，最大输送功率为 4000MW，最终的结构是 2 回 ±500kV 的双极直流系统。当时规划的此大功率输电系统的投运年为 2000 年。

12.4 中国

表 12-5　中国的直流输电工程

工程中文名	供货商	投运年	额定容量/MW	额定电压/kV	架空线路长度/km
天－广	西门子	2001	1800	±500	960
三峡－常州	ABB 和西门子	2003	3000	±500	860
三峡－广东	—	2004	3000	±500	940
三峡－上海	—	—	3000	±500	900
葛洲坝－上海	ABB 和西门子	1990	1200	±500	1046

葛洲坝－上海直流输电工程。该工程的两侧换流站分别位于葛洲坝和上海附近的南桥，于 1989 年投运。该工程为双极系统，线路长度为 1046km，额定电压为 ±500kV，额定功率为 1200MW。该工程是中国第一个高压直流输电工程，连接长江上的葛洲坝水电站与华东的上海。长江上的葛洲坝水电站在宜昌附近，1981 年开始发电，1988 年完工，总容量为 2175MW。1985 年，ABB 公司与西门子公司联

合，取得了从葛洲坝到上海南桥的高压直流输电项目的合同。该工程目前已被看作是连接三峡电站的输电系统。

三峡－广东直流输电工程。该工程是一个940km长的双极高压直流输电系统，将三峡的电力送往广东地区，于2004年投运。该工程的两侧换流站分别位于三峡电站附近的荆州和广东省的惠州。该工程的额定电压是±500kV，额定功率为3000MW。

三峡－常州高压直流输电工程。该工程是一个890km长的双极高压直流输电系统，将三峡的电力送往常州地区，于2003年投运。该工程的两侧换流站分别是距三峡电站50km的龙泉换流站和常州附近的政平换流站。该工程的额定电压是±500kV，额定功率为3000MW。

12.5 印度

表12-6 印度的直流输电工程

工程英文名	工程中文名	供货商	投运年	额定容量/MW	额定电压/kV	架空线路长度/km
Sasaram	萨萨莱	AREVA	2002	500	205	背靠背
Sileru - Barsoor	萨雷茹－巴索	BHEL	1989	400	±200	196
Rihand - Delhi	里汉德－德里	ASEA	1991	1500	±500	910
East - South interconnetor	东部－南部联络线	西门子	2003	2000	±500	1400
Vindhyachal	浑德亚恰尔	ASEA	1989	500	2×69.7	背靠背
Chandrapur - Ramagundum	强德拉普尔－拉玛冈顿	AREVA	1997	1000	2×205	背靠背
Chandrapur - Padghe	强德拉普尔－波德海	ABB	1998	1000	±500	736
Viskakhapatnam	维斯卡哈派特纳	AREVA	1998	500	205	背靠背
Vizag 1	维札1	AREVA	1999	500	205	背靠背
Vizag 2	维札2	ABB	2005	500	±88	—

浑德亚恰尔背靠背直流工程（Vindhyachal）。该工程于1989年投运，额定电压为176kV，额定功率为500MW，用于连接印度东部电网与中部电网。该工程由ABB公司供货。

萨雷茹－巴索直流工程（Sileru－Barsoor）。该工程是一个双极直流输电系统，额定电压为±200kV，额定功率为400MW，于1989年投运。Sileru－Barsoor工程异步连接印度的两大电网，直流线路长度为196km。

里汉德－德里直流工程（Rihand－Delhi）。该工程连接Rihand和Delhi附近的

Dadri，于 1992 年投运，它将位于 Uttar Pradesh 地区的容量为 3000MW 的 Rihand 火电基地的电力送往北部地区。该工程是双极系统，架空线路长度为 814km，额定电压为 ±500kV，额定功率为 1500MW，由 ABB 公司供货。

12.6　马来西亚/菲律宾

表 12-7　马来西亚/菲律宾的直流输电工程

工程英文名	工程中文名	供货商	投运年	额定容量 /MW	额定电压 /kV	线路长度 /km
Thailand - Malaysia	泰国 - 马来西亚直流工程	西门子	1999	300	300	110
Leyte - Luzon	莱特岛 - 吕宋岛直流工程	ABB	1997	1000	350	440

泰国 - 马来西亚直流工程（Thailand - Malaysia）。该工程连接泰国的 Khlong Ngae 与马来西亚的 Gurun，架空线路长度为 110km，为泰国电网与马来西亚电网之间的直流异步联络线，于 2002 年 6 月投运。该工程是一个单极系统，额定电压为 300kV，额定功率为 300MW。

莱特岛 - 吕宋岛直流工程（Leyte - Luzon）。该工程是菲律宾国内的一个工程，将 Leyte 岛上的地热发电厂的电力送到 Luzon 岛的南部地区，于 1998 年 8 月 10 日投运。该工程的两侧换流站分别是 Leyte 省内的 Ormoc 换流站和 Camarines Sur 省内的 Naga 换流站。该工程的架空线路长度为 430km，海底电缆长度为 21km。该工

图 12-4　马来西亚和菲律宾的直流输电工程

程为单极系统，额定电压为350kV，额定功率为440MW。该工程的目的是为马尼拉（Manila）地区供电，除了联网功能外，还能提高交流系统的稳定性。该工程由ABB公司与Marubeni公司合作建造，并由菲律宾国企国家输电公司运营。

12.7 澳大利亚/新西兰

表12-8 澳大利亚/新西兰的直流输电工程

工程英文名	工程中文名	供货商	投运年	额定容量/MW	额定电压/kV	线路长度/km
Broken Hill	断坡直流工程	ASEA	1986	40	±8.33	背靠背
Victoria - Tasmania	维多利亚 - 塔斯马尼亚直流工程	西门子	1995	300	300	—
Direct link	底莱克特柔性直流工程	ABB	2000	3×60	±80	59
Murray link	墨累河柔性直流工程	ABB	2002	200	±150	176
Bass link	巴斯直流工程	西门子	2006	500	±400	360
Inter - Island	南岛 - 北岛直流工程	ASEA	1965	600	±50	609
		ABB	1992	1240	+270/ -350	612

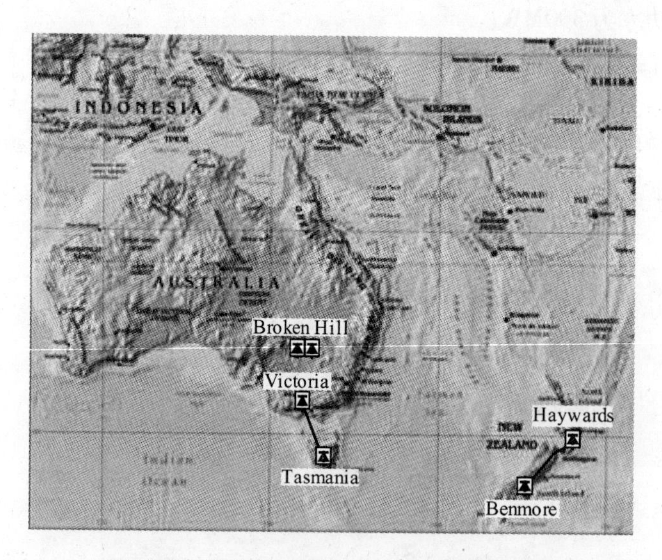

图12-5 澳大利亚和新西兰的直流输电工程

底莱克特柔性直流工程（Direct Link）。该工程连接澳大利亚的Mullumbimby与Bungalora，用于New South Wales州与Queensland州之间的电力交换。该工程于2000年建成，是一个双极系统，线路采用电缆，长度为59km。采用电缆的原因是为了环境保护。

该工程实际上是 3 个双极直流系统的并联。每个直流系统的额定电压是 ±84kV，额定功率是 60MW，因此总的额定功率是 180MW。该工程输送电力的历史表明，不能保证三个双极系统同时运行。选择柔性直流输电的原因有两个方面：一是直流输电对环境的影响小；二是两侧的 IGBT 换流器能够精确控制有功功率和无功功率。采用的单个水冷 IGBT 模块的额定值是 2.5kV 和 500A，为了达到所要求的额定电压，需要采用多个 IGBT 模块串联。

墨累河柔性直流工程（Murray Link）。该工程连接南澳大利亚州的 Berri 和 Victoria 州的 Red Cliffs，将两个州的电网连接起来。该工程由 2 个双极直流输电系统构成，直流线路长度为 177km，因环保原因采用地下电缆，额定电压为 ±150kV，总额定功率为 220MW。

南岛－北岛直流工程[⊖]**（Inter－Island HVDC link）**。该工程连接新西兰的南岛和北岛，于 1965 年投运，当时采用的是汞弧阀换流器。该工程的两侧换流站分别位于南岛的 Benmore Dam 和北岛的 Haywards，直流线路总长为 610km，其中架空线路 570km，海底电缆 40km，海底电缆用于跨越库克海峡。1993 年之前，该工程是一个双极直流输电系统，额定电压为 ±250kV，额定功率为 600MW。

1991 年到 1993 年间，该工程进行升级改造，在两侧换流站各增加一个新的晶闸管换流器，而原来双极运行的汞弧阀换流器被改接成单极并联运行。由老的汞弧阀换流器构成的极被称为极 1，而新增加的晶闸管换流器构成的极被称为极 2。极 2 的额定电压是 350kV。

2007 年 9 月 21 日，极 1 被宣布无限期停用。但是 2007 年 11 月新西兰输电公司（Transpower）宣布，到 2007 年 12 月，通过将极 1 的两根电缆中的一根切换到极 2 运行，以提高极 2 从南向北输送的功率，即从 500MW 提高到 700MW。2007 年 12 月 Transpower 又宣布，极 1 的一半将在 2008 年冬天来临之前重新回到热备用状态以满足北岛的负荷需求。按照规划，到 2012 年，极 1 也将被晶闸管换流器替换掉。

12.8　巴西

表 12-9　巴西的直流输电工程

工程英文名	工程中文名	供货商	投运年	额定容量 /MW	额定电压 /kV	线路长度 /km
Itaipu 1	伊泰普 1 回	ASEA	1984	1575	±300	785
		ASEA	1985	2383	±300	
		ASEA	1986	3150	±600	
Itaipu2	伊泰普 2 回	ASEA	1987	3150	±600	805

⊖ 关于此工程的描述，译者根据英文维基百科对原书错误之处进行了更正。——译者注

（续）

工程英文名	工程中文名	供货商	投运年	额定容量/MW	额定电压/kV	线路长度/km
Uruguaiana Freq. Conv	乌拉圭阿娜变频站	东芝	1994	50	15	背靠背
ACARAY	阿卡雷背靠背直流工程	西门子	1981	50	±25.6	背靠背
RIVERA	里维拉背靠背直流工程	AREVA	2000	70	20	背靠背
GARABI 1	伽拉比 1 回	ABB	2000	1100	±70	背靠背
GARABI 2	伽拉比 2 回	—	2002	2000	±70	—

图 12-6　巴西的直流输电工程

伊泰普直流输电工程（Itaipu）。该工程从 Itaipu 水电站送电到巴西的 São Paulo 市。该工程包括 2 回双极直流输电线路，两侧换流站分别位于巴西 Paraná 州的

Foz du Iguacu 和巴西 São Paulo 附近的 São Roque。该工程于 1984 至 1987 年期间分几步投运。两回线路的额定电压都是 ±600kV，全部采用架空线路，其中一回线路的长度是 785km，另一回线路的长度是 805km。采用直流输电的原因有两个：第一个是远距离大容量输电；第二个是使位于巴拉圭（Paraguayan）侧的 50Hz 水电厂能够送电到 60Hz 的巴西电网。

乌拉圭阿娜变频站（Uruguaiana）。该工程位于巴西境内 Uruguaiana，是一个背靠背直流变频站，以实现巴西与乌拉圭（Uruguay）的电力交换。该工程于 1987 年投运，由东芝公司供货，额定电压为 15kV，额定功率为 50MW。

12.9　非洲

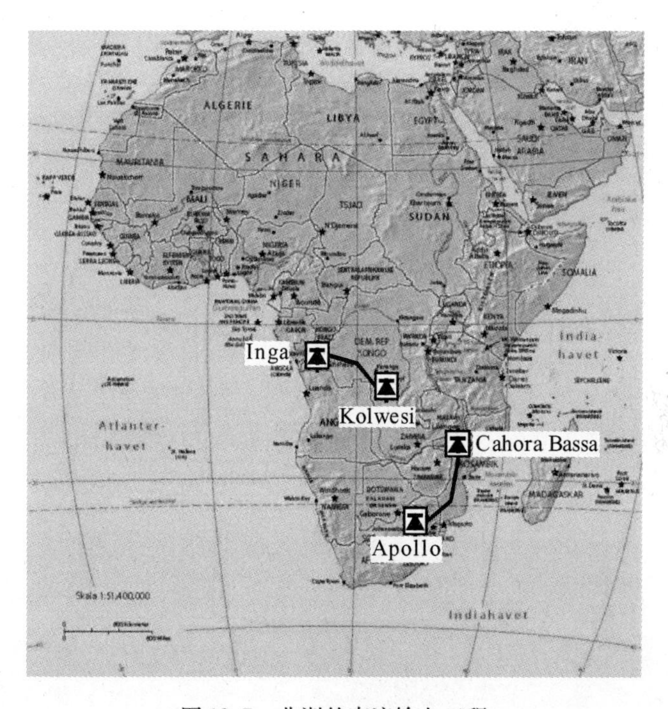

图 12-7　非洲的直流输电工程

卡布拉巴萨直流工程（Cahora Bassa）。该工程是非洲莫桑比克（Mozambique）送电南非的一个直流输电工程。两侧换流站分别位于 Mozambique 境内 Cahora Bassa 水电站附近的 Congo 和南非约翰内斯堡（Johannesburg）附近的 Apollo。该工程是一个双极直流输电系统，额定电压为 ±533kV，额定电流为 1800A，额定功率为 1920MW。该工程采用晶闸管阀换流器，与其他直流输电工程不同的是，该工程的换流器是安装在户外的，而不是安装在阀厅内。该工程的输电线路全长 1420km，穿越人迹罕至的地区。其中，大部分线路都是按照 2 个相距 1km 的单极性线路建设，这样做的目的是，若一根极线发生故障，另一根健全的极线通过大地还可以输送一部分功率。

因加－沙巴直流输电工程（Inga－Shaba）。该工程位于刚果民主共和国境内。采用晶闸管换流器，由ABB公司供货。第一期工程为双极直流输电系统，额定电压为±500kV，额定功率为560MW。

第 13 章　HVDC 应用的趋势

13.1　风电场技术

将 HVDC 用于风电场。单机容量在 1MW 以内的风电机组大多数是定速异步发电机，它们直接与电网相连，叶片具有失速控制。这种方案具有某些缺点，因为发电机以定速运行，该定速决定于电网的频率，使得输出功率按照风速而变化。因此，电网电压是非常不稳定的，特别当交流系统很弱时。上述问题和过载保护问题，是单机容量超过 1MW 后从定速风力机转换到变速风力机的主要原因。

变速风力机在电网与发电机之间需要一个换流器，大多数情况下这个换流器被设计成基于 IGBT 的电压源换流器（VSC）。对发电机存在多种可能的方案：

1）全功率换流器型同步发电机，可以采用永磁体励磁的同步发电机。

2）由具有主动失速控制的可调节定速风力机驱动的异步发电机。

3）由变速、桨距可调风力机驱动的双馈异步发电机。

对应每个方案所需要的换流器是不同的：全功率换流器指的是换流器的额定容量与发电机的额定容量相等，并且与定子绕组相连接。双馈指的是换流器的容量只有发电机容量的 25% 左右，并且是通过集电环连接到转子绕组上的。但是将发电机和换流器作为一个单元，从电网侧来看，并没有差别。

具有桨距角控制的风力机，当与采用换流器实现变速运行的发电机一起运行时，其主要特性如下：

1）根据技术规范，该机组设计的功率因数在 0.9（容性）到 0.9（感性）之间，并可以动态调节。其参考值是由能量管理计算机提供的。这样设计的发电机 - 换流器系统具有的无功功率控制范围是满载有功功率的±50%，该无功功率变化范围可用于优化电缆的布置以及稳定和控制电网电压。

2）电压和电流的波形几乎是正弦形的，在换流器外面不需要额外的滤波器。

3）换流器将输出功率限制到额定功率。

4）各发电机组采用自身的电网连接变压器连接到当地电网，因此可以采用既有的电网电压水平。

5）桨距角控制器通过改变叶片的桨距角来控制风电机组的有功功率。

对于海上风电场，由于基础和其他海上设施的成本很高，风电场的开发者往往采用最大可能的风电机组。但是，由于目前的叶片材料技术，最大输出功率的极限大约为 5MW。

为了减小由于风紊流引起的风电机组之间的相互影响，机组之间的距离应尽量大，一般在700m左右。这意味着对于一个500MW的风电场，如果采用的是100台5MW的机组，就需要7×7 km^2 的区域。所有的风电机组以星形结构或其他组合方式连接到当地的30kV交流电网上。一个具有变压器和高压开关设备的变电站将成为当地的一个公共连接点，以将功率传输到陆地上。交流系统或直流系统都能实现这个目标。但是，乍看上去，最简单的方法似乎是交流输电，因为海上风电场需要辅助电源，特别是当没有风的时候；另外，所有需要的设备都是既有的和熟知的。基于现有的电缆技术，一条3芯交流海底电缆目前的水平是145kV、200MW。

由于必须减少所需要的电缆数，所以应当选择HVDC输电技术。这意味着采用熟知的500kV常规HVDC技术。

随着风电场越来越大以及离岸越来越远，采用HVDC将功率输送到陆上电网的合理性论证就变得越来越容易，特别是当功率水平在500MW及以上时。海上和陆上换流站本身的成本是相当大的，但如果放到整个工程的成本中去考虑，因为包含了电缆和风电机组的成本，就并不显得突出。在此功率水平上，现有的VSC-HVDC技术并不是一种经济的方案，因为需要多个换流器和多条电缆，成本较高。因此，在这种情况下，更合理的选择是采用交流或者常规HVDC，如图13-1所示。

常规HVDC输电。常规HVDC输电与交流输电相比，具有很多优势：

1）送端和受端的频率是相互独立的。

2）采用直流时输送距离不受电缆充电电流的影响。

3）海上电网不受陆上扰动的影响，陆上电网也不受海上电网扰动的影响。

4）潮流可以完全指定并可快速控制。

5）电缆损耗小。

6）单根电缆的输送容量大。

虽然以上描述的HVDC系统在基于晶闸管技术方面是常规的，但用于海上风电场时有很多方面需要特别关注，为了达到必需的性能和可靠性，需要提供辅助电源和换相电压源，如图13-2所示。

将多种技术组合起来可以产生有用的组合方案。例如，海上采用VSC而陆上采用常规HVDC换流器可以得到高效而经济的方案。常规HVDC可以与静止无功补偿器（SVC）或STATCOM相结合，在交流电网有需要时提供有效的无功和电压控制。

交流输电。目前交流技术可以经济地用于容量低、距离短的工程。由于交流电缆在长距离输电方面的容量限制难以得到大的改善，因而不能作为大型风电场经济上合理的输电方案。采用交流技术连接风电场不能缓解风电场引起的功率和电压变化，因而每个风电机组需要配备各自的电压、有功和无功功率控制，并且需要一个总体的能量管理系统来进行协调，如图13-3所示。

VSC-HVDC输电。VSC-HVDC技术是一种相当新的技术，适合于较低功率

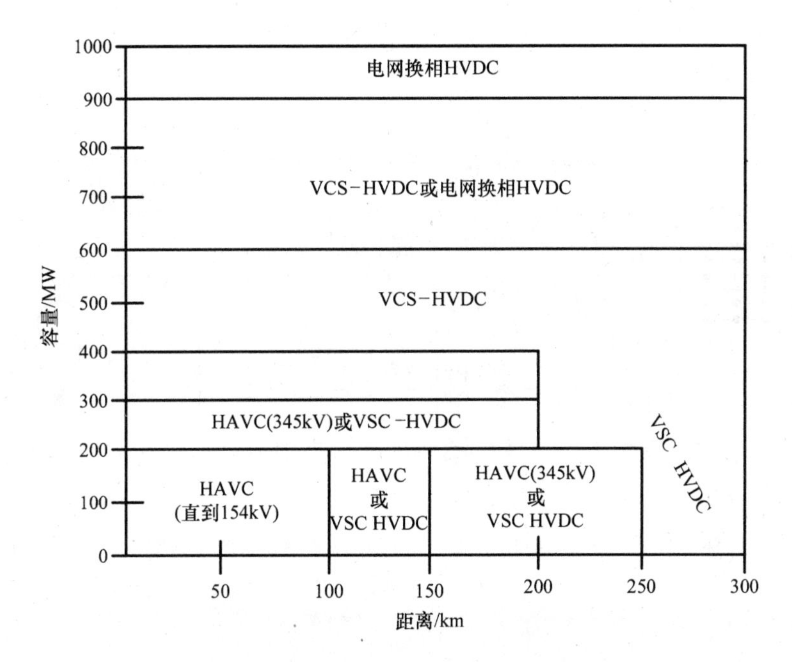

图 13-1 根据功率水平和距离变化可选择的输电方案

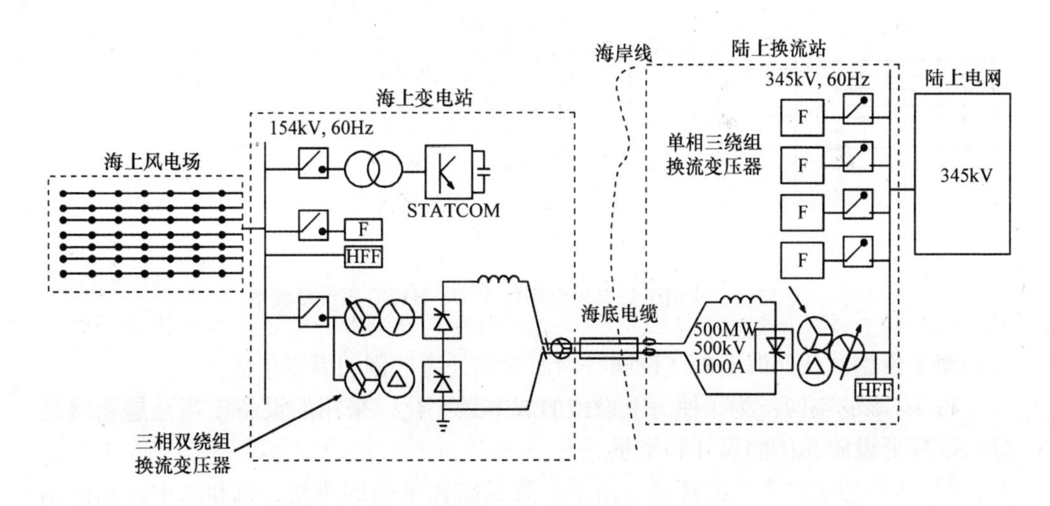

图 13-2 应用于海上风电场的 HVDC 单线图

和较短距离的输电。VSC 技术实现了无功功率控制的灵活性，减轻了海上风电场的低电压问题。VSC - HVDC 技术的可靠性还需要大量的运行时间来进行证明，与常规 HVDC 技术相比，VSC - HVDC 由于其开关器件的特性而使得总体损耗较高。但是，随着这种技术在传统应用领域的广泛应用以及最大容量的提升，对于风电场应用的高可靠性和低损耗要求将不再是一个障碍，如图 13-4 所示。

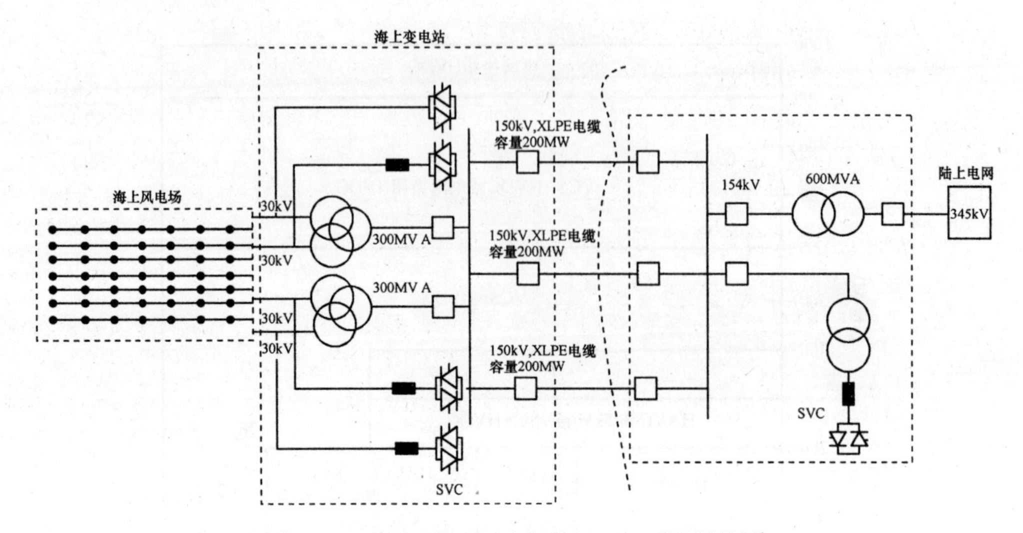

图 13-3　应用于海上风电场的 HVAC 系统单线图

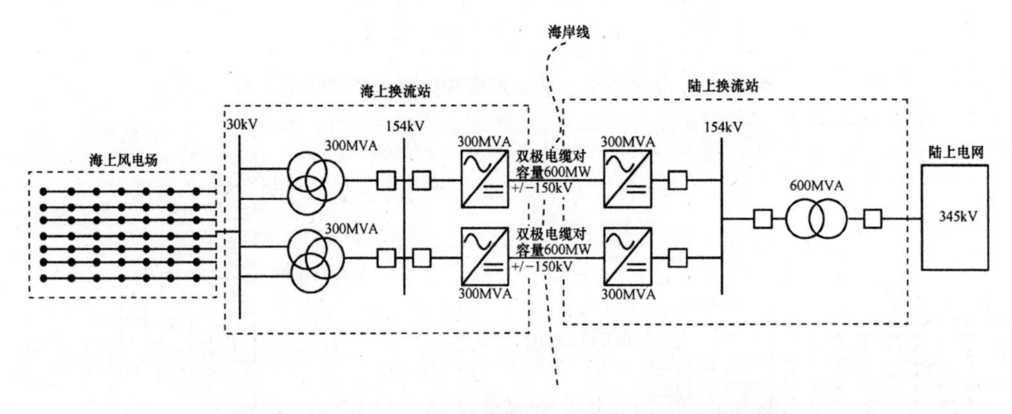

图 13-4　应用于海上风电场的 VSC – HVDC 系统单线图

海上设施。任何海上电气设施必须面对和处理的制约因素包括：

1）有限的空间：为了使海上设施的成本最小化，采用的设备应当是越紧凑越好，以降低设施总体的尺寸和重量。

2）极端恶劣和多变的环境：由于一直暴露在带盐的空气、风和水中，因此不但需要将尽可能多的设备放置在室内，而且在很多情况下还必须密封以防止潮气进入。

3）辅助电源：辅助负荷是分级的，当某些负荷对设备和人员安全以及运行起到关键性作用时，这些负荷任何时候都得有电源供电。因此需要诸如 UPS、发电机、蓄电池等形式的辅助电源，以保证无风状态下的供电。

4）维护用通道有限：由于减小了设备之间的空隙，维护用的通道也显然减小了。因此，要求设备尽可能是免维护和可靠的，并具有合适的冗余度以在单一故障

（某些情况下甚至多重故障）下能够继续运行。

对上述这些问题的关注导致了对海上设施的如下设计准则：

1）设备应当越简单越好，具有较长时间的维护周期，最好是完全免维护。

2）高度可靠，这意味着在关键部位具有冗余。

3）交流电压尽可能低，以减小交流滤波器和开关设备的尺寸。

4）采用户内设备意味着可以降低隔离等级和减小电气间隙。

5）采用多层结构，以减小基底面积，达到平台支柱能够处理的尺寸。

6）广泛使用自动化设备，对海上设备尽可能多地采用遥控、遥视和远方故障诊断。

所设计的控制系统具有控制海上电网电压和频率的能力，并能够处理送端系统和受端系统的扰动。

对于海上设施，辅助电源是一个问题。对于一个 1000MW 的直流输电系统，预计必需的负荷的数量级是，换流站 1MW 和风电场 6MW。这些负荷的分类如下：

1）不能断电的：通过蓄电池供电，包括控制、保护、监视和通信设备。

2）其他必需的负荷：用于冷却、加热、航海灯、励磁、开关设备和紧急照明的交流负荷。

3）非必需的：用于有人区域、起重机、电梯等的加热、照明和空调负荷。

通常，辅助电源是由风电场发出的电力来供给的。但是，在小风和无风的状态下，辅助电源可能从如下几种电源获得：

1）来自陆上的并联交流电缆（如果在试运行时安装了）。

2）通过 HVDC 系统反送功率——如果具有同步补偿器支持。

3）通过一个柴油发电机发电。

陆上设施。陆上 HVDC 换流站是一个常规设施，采用晶闸管阀、换流变压器和交流滤波器，并配备有额外的设备，以遥控海上的换流站。

电缆的影响。根据电缆截面积的不同，交流电缆的充电电流也是不同的。随着电缆截面积的增加，电容增大，使充电电流超出系统额定电流的距离减小。仅仅从充电电流本身考虑，对于本案例，等价距离可以达到 180km。但是，损耗随电阻增大而增大，而电阻随着电缆截面的增加而减小。为了使损耗最小化，选择最极端的电缆尺寸时，得到的等价距离为 80km。对于交流电缆，要求大截面以降低损耗与要求小截面以降低充电电流之间的矛盾，需要通过一个折中的方案来解决。而对于直流电缆，充电电流可以在计算中去掉，因而电缆可以基于导线损耗、铜的成本和绝缘水平来进行优化。

电网公司的法规。与常规发电厂不同，当电网故障时，风电机组倾向于脱网，在电网故障后的短时间内，风力发电机不能为电网提供电压和频率支持。因此，很多电网公司（如德国北部电网）对风电机组的行为设置了要求。即不能与电网断开，而应当按照如图 13-5 所示的特性曲线运行。只有当电网电压低于此曲线时，才允许风电机组与电网断开。当电网电压处于阴影部分时，风电机组应当提供无功功率。但是，要求风电机组的控制系统达到这个目标是困难的。因此，对于大型风电场的接入系统，应当考虑采用 VSC - HVDC 系统。

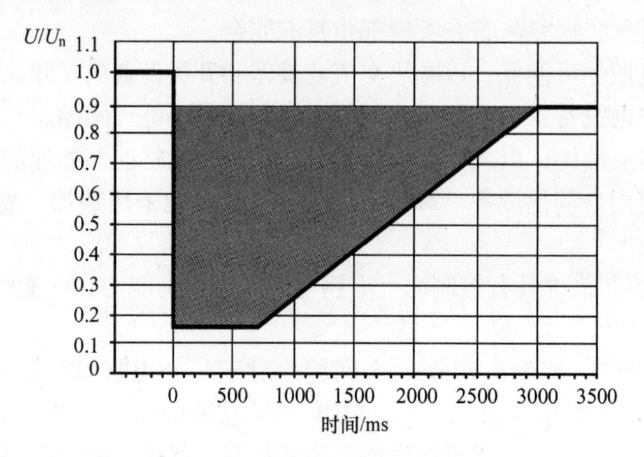

图 13-5　风电场的故障穿越能力

海上风电场系统。海上风电场的电气连接系统可以被分成海上集电系统和到陆上的输电系统两个部分。海上集电系统将风电场发出的电力收集起来并送到一个中心集电点，再将该中心集电点与主电网相连。集电系统通常呈串状结构或星团结构。对于串状结构，若干台风力发电机向一条馈线注入功率，该馈线的电压水平应足够高（几十千伏），以承载该串上所有发电机的功率。每台风力发电机需要一台升压变压器，以使发电机的电压与馈线电压匹配。对于星团结构，每台风力发电机直接连接到一个节点上，即安装有变压器的一个平台上。在此平台上，电压被升高；而功率被进一步输送到一个中心节点。虽然星团结构不需要单独的变压器，但它需要多个集电平台以安装变压器和开关设备。目前，只有串状结构和星团结构被用于海上风电场项目，因此本章仅仅假定星团结构。从海上中心集电点到岸上的输电方式可以采用 HVAC、基于晶闸管电网换相换流器的 HVDC 或者 VSC - HVDC。HVAC 连接是所有既存风电场所采用的方案，它具有如下的特点：

1）由于电容量很大，海底电缆会产生相当大的无功电流。对于 33kV 的交联聚乙烯（XLPE）电缆，其典型值为 100 ~ 150kvar/km；对于 132kV 的 XLPE 电缆，其典型值为 1000kvar/km；对于 400kV 的 XLPE 电缆，其典型值为 6 ~ 8Mvar/km。这降低了电缆承载有功电流的能力，当距离很长时，需要采用补偿装置。

2）由于电缆电容量大，陆上电网与海上电网之间可能会产生谐振，导致电压波形的畸变。

3）当地的交流风电场电网与主网之间是同步耦合的，因此任意一个电网中的故障都会传递到另一个电网。

4）与直流方案相比，主要的优势是变电站成本低，因为不需要电力电子设备。而另一方面，电缆成本比相应直流方案的电缆成本高。

与交流连接方案相比，直流连接方案的主要优势如下：

1）直流系统中的损耗和电压降落很低，且在直流电缆中不存在充电电流。除了电缆制造和电缆铺设的制约因素外，对连接距离实际上没有限制。

2）不存在电缆与其他交流设备谐振的潜在可能性。

3）由于集电系统与主电网不是同步耦合的，风电机组对主电网的短路电流没有明显的贡献。

4）直流连接系统具有快速控制有功功率和无功功率的能力，而交流连接系统要么没有这方面的控制能力，要么控制很慢。电压源换流器可以在整个运行范围内对无功功率进行控制，而电网换相换流器消耗的无功功率约为有功功率的 50% ~ 60%。这种控制能力使得直流连接容易满足接入电网的要求。

电网换相 HVDC 技术在陆上已得到了很好的证明，对于数百兆瓦的功率水平，它比 VSC－HVDC 便宜。但对于海上的应用，它似乎并不特别适合。换流站和辅助设备要求的空间很大，大量的海上换流器平台对空间的要求也很大。此外，这个技术很容易受到交流电网故障的影响（导致换流器换相失败），它会暂时中断 HVDC 输电系统的功率输送。由于这个原因，本章将不再进一步考虑这个技术。

VSC－HVDC 输电采用脉宽调制（PWM）技术来合成交流侧的正弦波电压，开关频率在数千赫兹。因此，交流侧电压的谐波畸变较低，与电网换相 HVDC 相比，所需要的滤波器较少。这种较小占地面积的技术适合用于安装在海上平台上的设施。VSC 能够独立控制与交流电网交换的有功功率和无功功率，因此，能够帮助调节电压，并且能够在弱交流系统甚至无源交流系统上运行。功率反转可以在保持相同电压极性的情况下实现，因而使用 XLPE 电缆没有问题，因为不会产生空间电荷和表面电荷的截留问题。VSC 技术的一个主要缺点是换流器损耗高，这主要是由开关损耗引起的，而开关损耗依赖于半导体器件的开关频率。

风力机的模拟。一般地，从风中捕获的机械功率与风速之间的关系可以用下式来表达：

$$P_m = \frac{\rho}{2} A_{wt} C_p(\lambda, \beta) v_w^3 \tag{13-1}$$

式中，P_m 是从风中捕获的功率；ρ 是空气密度；C_p 是性能系数，即功率系数；λ 是叶尖速度比；A_{wt}是风轮扫掠面积，$A_{wt} = \pi R^2$；R 是风轮半径；v_w 是风速；β 是叶片的桨距角。

叶尖速度比 λ 定义为

$$\lambda = \frac{R\omega_r}{v_w} \tag{13-2}$$

将式（13-1）和式（13-2）相结合，可以得到

$$P_m = \frac{\rho}{2} \pi R^5 C_p \frac{\omega_r^3}{\lambda^3} \tag{13-3}$$

众所周知功率系数 C_p 不是一个常数，它是风力机叶尖速度比 λ 和叶片桨距角 β 的函数。但是，对于大规模电力系统的暂态稳定性分析，大量的研究已经证明，除了在极端高风速条件下，C_p 可以假定为是恒定的。因此在标幺制下，式（13-3）可以重新写为[6-8]：

$$T_m = \frac{\rho}{2}\pi R^5 \frac{C_p\omega_s^3}{\lambda^3 S_B}\frac{\omega_r^2}{\omega_s^2} = K_c(1-s)^2 \tag{13-4}$$

式中，$K_c=(\rho/2)\pi R^5(C_p\omega_s^3/\lambda^3 S_B)$；$\omega_s$ 是同步转速（rad/s）；S_B 是功率基准值；s 是基于同步转速 ω_s 的转子转差率，$s=(\omega_s-\omega_r)/\omega_s$。

DFIG 控制系统的模拟。DFIG（双馈感应发电机）采用的是背靠背换流器，而用于 DFIG 的矢量控制技术已经得到了很好的开发。对转子侧和网侧 PWM 换流器，分别设计了不同的矢量控制方案，如图 13-6 所示。其中，u_s 和 i_s 分别为定子电压和电流，i_r 是转子电流，u_g 是电网电压，i_g 分是电网侧换流器的电流，ω_r 是发电机转子的电气角速度，u_{dc}是直流链节的电压，P_{s_ref}和 Q_{s_ref}分别为定子有功功率和无功功率的参考值，Q_{r_ref}是电网与电网侧换流器之间无功潮流的参考值，u_{dc_ref}是直流链节电压的参考值，而 C 是直流链节的电容器。

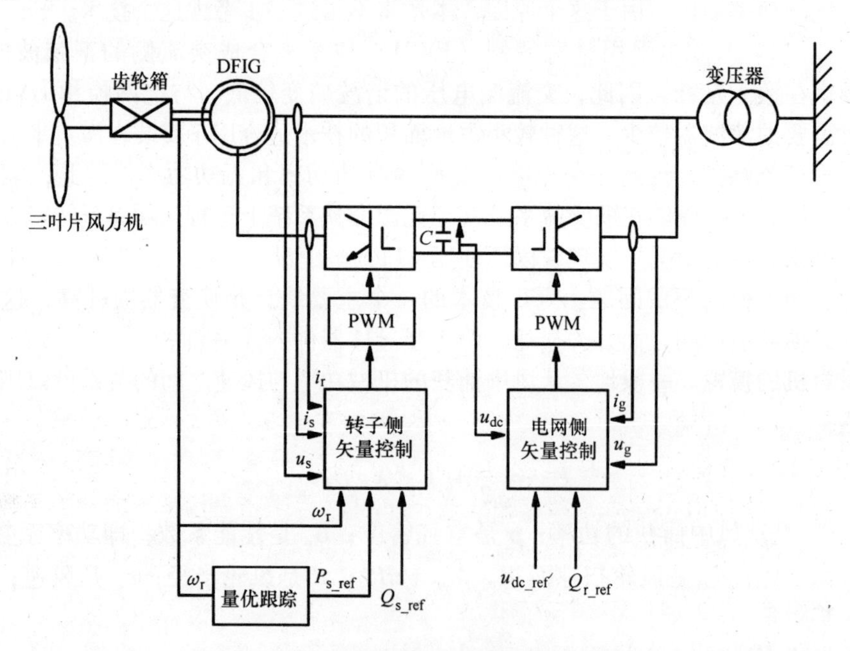

图 13-6　用于 DFIG 的矢量控制的框图

对于网侧 PWM 换流器，矢量控制方案的目标是不管转子功率的大小和方向如何变化，保持直流链节电压恒定，同时保持网侧电流为正弦形。它有时也用于控制注入电网的无功功率。

对于转子侧的 PWM 换流器，矢量控制方案的目标是保证从定子侧注入电网的有功功率和无功功率能够解耦。它保证了发电机能够在很大的速度范围内运行，从而能够跟踪最优速度以捕获最大功率。

VSC-HVDC 的模拟。VSC-HVDC 系统的结构如图 13-7 所示，它是一个三相电压源 PWM 换流器。

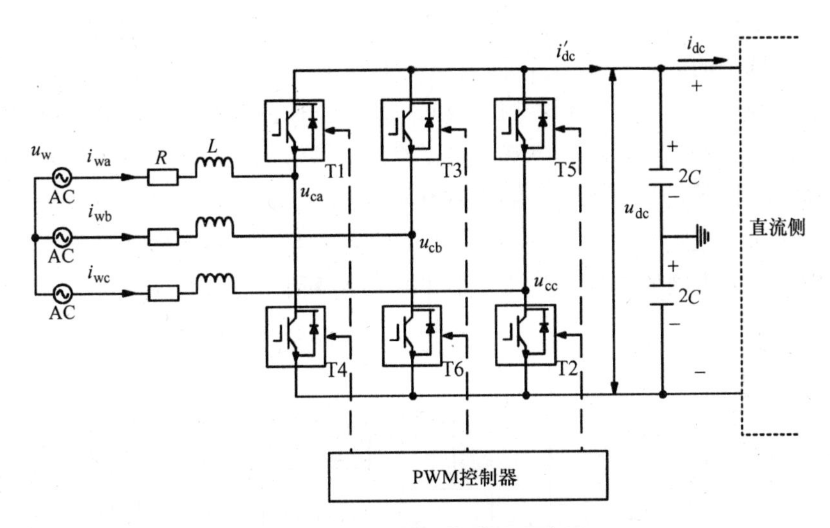

图 13-7 电压源换流器的电路图

根据图 13-7，在同步旋转坐标系中，换流器的暂态数学模型为

$$
\begin{cases}
\dfrac{\mathrm{d}i_{wd}}{\mathrm{d}t} = \dfrac{1}{L}u_{wd} + \omega i_{wq} - \dfrac{1}{L}u_{cd} - Ri_{wd} \\
\dfrac{\mathrm{d}i_{wq}}{\mathrm{d}t} = \dfrac{1}{L}u_{wq} + \omega i_{wd} - \dfrac{1}{L}u_{cq} - Ri_{wq} \\
\dfrac{\mathrm{d}u_{dc}}{\mathrm{d}t} = \dfrac{1}{C}s_d i_{wd} + \dfrac{1}{C}s_q i_{wq} - \dfrac{1}{C}i_{dc}
\end{cases}
\tag{13-5}
$$

式中，u_{wd}和 u_{wq}分别是风电场侧（或者网侧）交流电压的 d 轴和 q 轴分量；u_{cd}和 u_{cq}分别是 VSC 交流侧线电压基波的 d 轴和 q 轴分量；i_{wd} 和 i_{wq} 分别是风电场侧（或者网侧）交流电流的 d 轴和 q 轴分量；s_d 和 s_q 是同步坐标系下的开关函数。

如果忽略电阻 R 和换流器的损耗，根据瞬时功率理论，换流器交流侧的有功功率和无功功率以及换流器直流侧的有功功率可以用下式来表达：

$$
\begin{cases}
P = u_{wd}i_{wd} + u_{wq}i_{wq} \\
Q = u_{wq}i_{wq} + u_{wd}i_{wq} \\
P_{dc} = u_{dc}i'_{dc}
\end{cases}
\tag{13-6}
$$

根据上述理论，当 VSC-HVDC 系统处于正常运行状态时，直流链节电压必须保持为恒定值。也就是说，一个恒定的直流电压表示了两侧有功功率交换的平衡。为了达到这个平衡，指定陆上换流站控制直流电压，以保证海上换流站收集的能量被输送到陆上的交流电网。此外，海上换流站的主要任务是收集来自发电机的能量并控制风电场交流电网的电压和频率。因此在本章中，陆上换流站控制直流电压和无功功率，该控制系统是在以电网电压为基准的同步 d－q 坐标系中定义的，直流电压和无功功率控制环分别产生 d 轴和 q 轴电流指令值。

对于海上换流站，其主要任务是收集风电场的能量并维持风电场电网的电压幅值和频率在期望的值。DFIG 的特性更像一个换流器而不像一台电机，特别地，交流频率对其输出功率几乎没有影响。因此对于海上换流站，主要的控制目标是保证海上风电场交流电压的稳定。因此本章中海上换流站采用的控制策略是交流电压控制和有功功率控制，其控制框图见图 13-8。

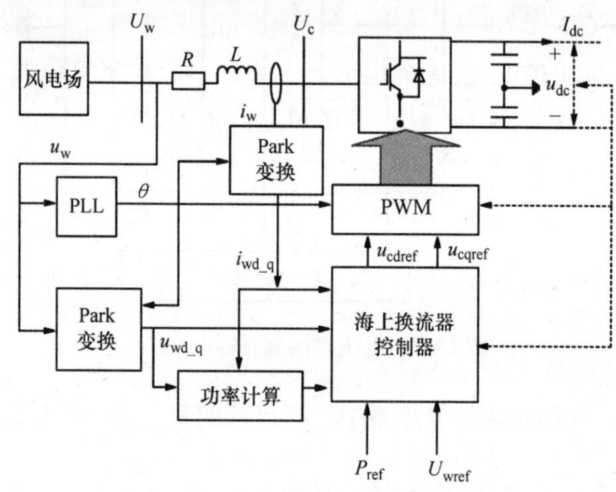

图 13-8　海上换流站控制器的框图

13.2　现代电压源换流器（VSC）型 HVDC 系统

电压源换流器（VSC）所采用的器件可以通过门极控制来关断，目前这种换流器的容量已适合于大功率输送。这是诸如绝缘栅双极型晶体管（IGBT）等功率半导体器件的电压和电流等级不断进步的结果。这种技术在直流输电方面的应用被称为柔性直流输电方案。

柔性直流输电的一个主要特性是能够对各端所连交流系统的无功功率进行独立控制，并且无功功率控制与有功功率控制之间是完全独立的。当换流器连接到弱交流系统或者交流系统无其他电源时，这种特性是很有利的。但是，柔性直流输电也有一些缺点，例如与传统 HVDC 相比，其功率损耗和投资成本更高。不过，这项技术正在不断进步，可以期望这些缺点最终会被克服。

用于柔性直流输电的现代功率开关器件。柔性直流输电的最大可行容量主要受到开关器件功率等级的限制。用于柔性直流输电的理想开关器件特性如下：

1）阻断电压高；

2）关断电流大；

3）导通损耗和开关损耗低；

4）开通时间和关断时间短；

5）适合于串联连接；

6）dv/dt 和 di/dt 能力大；

7）热力特性好；

8）故障率低。

下面对一些可用于柔性直流输电的开关器件进行描述。

绝缘栅双极型晶体管（IGBT）。IGBT 基本上是一个结合了 MOS 场效应晶体管、双极结型晶体管（BJT）和晶闸管特性的，由 MOS 门极控制开通和关断的混合双极型晶体管。它的结构除了漏极的 n + 层替换为了集电极的 p + 层之外，与 MOS 场效应晶体管类似。该器件具有场效应晶体管的高输入阻抗，但导通特性类似于 BJT。如果门极相对于发射极为正电位，在 p 区域就会产生一个 n 沟道。这种 PNP 晶体管基 - 射极之间的正向偏压使其导通，并引起 n 区域的导通调制，与 MOS 场效应晶体管相比，导通压降得到了很大的改进。

门极关断（GTO）晶闸管。GTO 晶闸管是一种像 PNPN 器件的晶闸管，它可以通过一个小的正向门极电流脉冲触发而导通，但也可以通过一个负的门极电流脉冲触发而关断。但关断电流增益很低（典型值为 4 或 5），例如，一个 4000V、3000A 的器件关断时需要的门极电流可能为 750A。由于缓冲电路的损耗很大，开关频率通常被限制在大约 1kHz 或 2kHz。近来，有建议采用能量恢复性缓冲电路以提高换流器的效率。

静电感应晶闸管（SITH）。SITH 是一种类似于 GTO 晶闸管的具有自可控导通和关断能力的器件，最早是由 Toyo 电气公司于 1988 年生产的。SITH 是一个正常导通的器件，其 n 区域饱和并具有少数载流子。如果门极相对于阴极加上负电压，耗尽层就会阻断阳极电流流通。该器件由于没有发射极因而不具备反向阻断能力，不能用于高速运行。SITH 的关断特性与 GTO 晶闸管类似，即门极负向电流很大，而阳极具有拖尾电流。SITH 与 GTO 晶闸管的总体比较如下：

1）与 GTO 晶闸管不同，SITH 是正常导通器件；

2）导通压降比 GTO 晶闸管高；

3）关断电流增益较低，典型值为 1 ~ 3，而 GTO 晶闸管的典型值为 4 ~ 5；

4）两种器件都具有较长的拖尾电流；

5）开关频率比 GTO 晶闸管高；

6）dv/dt 和 di/dt 额定值比 GTO 晶闸管高；

7）安全运行区域比 GTO 晶闸管大。

功率半导体材料。今天的功率半导体器件仍然使用硅作为其基本材料。很长时间以来这种材料不管是对功率器件还是对微电子器件都处于主导性地位，并且这种情况在不远的未来可能还会保持。但是，采用诸如砷化镓、碳化硅和钻石等新型材料，开发出下一代的器件，已经展示了巨大的前景。其中碳化硅和钻石特别令人感兴趣，因为它们的能带隙、载流子迁移率、电导率和热导率都很大。这些材料可以用来制造类似于 MOSFET 的器件，该类器件具有大功率、高频率、低导通压降、高辐射硬度（抵抗辐射影响的能力强）和高结温等优势。而以合成薄膜形式呈现的钻石在此类材料中看起来最有前途，例如，用钻石制造的功率 MOSFET 与用硅材料制造的功率器件相比，功率水平提高 6 个数量级，频率提高 50 倍，导通压降减小 1 个数量级，而结温可以达到 600℃。

换流器拓扑。VSC 的交流输出波形取决于换流器的拓扑结构。适合于直流输电的换流器拓扑结构主要有 3 种类型，即二电平换流器、二极管箝位多电平换流器和浮地电容多电平换流器。

二电平换流器。二电平换流器在很宽的功率范围内得到了广泛的应用。已建造了数个基于二电平换流器的直流输电工程，其最大功率水平是 60MW。图 13-9a 给出了一个二电平换流器的单相示意图，可以看到，它能产生 2 个电平，即 $+V_{dc}$ 和 $-V_{dc}$。

为了改善输出电压的质量，可以采用脉宽调制（PWM）的方法来产生输出电压，这种情况下输出电压具有主导性的基波分量和相当多的高次谐波。图 13-9b 给出了一个典型的 PWM 开关波形，该波形基于载波控制，阀的平均开关频率为 1000Hz。为了用于说明，这里假定了直流电容器具有无穷大的电容量（即没有电压纹波）。当基波频率为 50Hz 时，上述波形的谐波分析结果如图 13-9c 所示。

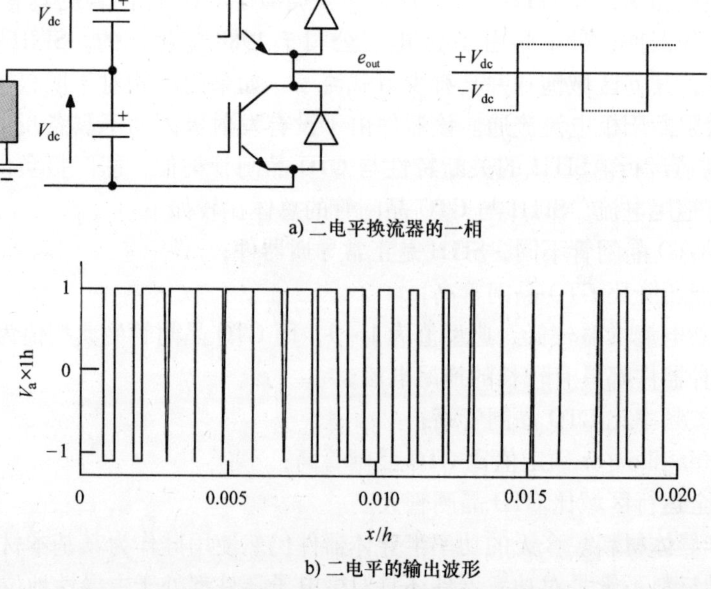

a) 二电平换流器的一相

b) 二电平的输出波形

图 13-9　二电平拓扑

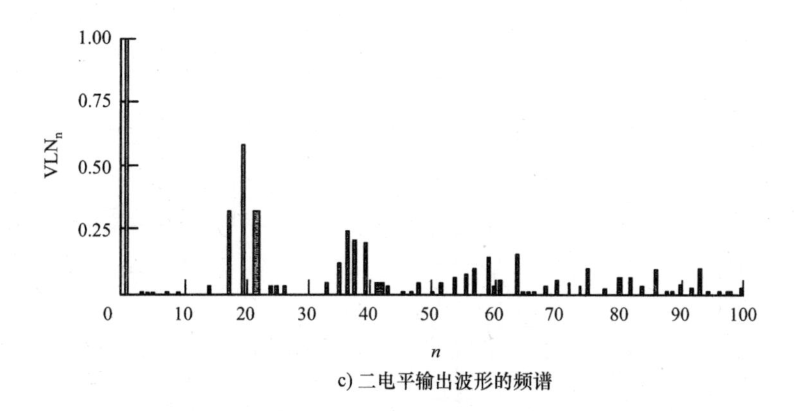

c) 二电平输出波形的频谱

图 13-9　二电平拓扑（续）

到目前为止已提出了很多种 PWM 技术，对 PWM 技术的划分如下：正弦 PWM（SPWM），消去谐波 PWM（HEPWM），最小纹波电流 PWM，空间矢量 PWM（SVM），随机 PWM，滞环继电型 PWM。在这些 PWM 技术中，正弦电压控制 PWM 和滞环继电型 PWM 很流行。数值计算量巨大的空间矢量 PWM（SVM）是在 20 世纪 80 年代提出的，它能够给中性点不接地的负荷供电。SVM 的性能优于正弦 PWM，但是其计算时间限制了其开关频率的上限。由于电压控制 PWM 的优越性能，当前的趋势是用电压控制 PWM 替代电流控制 PWM。

二电平拓扑结构的优越性包括电路简单、直流电容器小、占地面积小、开关元件具有相同的负载率。而二电平拓扑结构的缺点包括阻断电压高、输出的基本交流波形差、因采用较高的开关频率导致开关损耗高等。

二极管箝位多电平换流器。通过使用多个串联的直流电容器和附加的二极管，可以构成一个二极管箝位多电平换流器。图 13-10a 给出了一个三电平换流器的单相示意图及其 3 个输出电压水平，即 $+V_{dc}$、0 和 $-V_{dc}$。对于三相换流器，直流电容器通常是三相共用的。

同样，PWM 也可用来改善输出电压的质量。图 13-10b 给出了一个典型的 PWM 开关波形，该波形基于载波控制，阀的平均开关频率为 500Hz。该波形的谐波分析结果如图 13-10c 所示，这里假定了直流电容量为无穷大。二极管箝位多电平换流器的优越性包括直流电容器相对较小，开关阻断电压较低，占地面积小，输出的基本交流波形好和相对较低的换流器开关损耗。而二极管箝位多电平换流器的缺点包括保持直流电容器的电压恒定存在固有的困难；由于电平多而使电路复杂，因为随着电平数的增加，附加的二极管数量迅速增加；开关元件具有不同的负载率。

浮地电容多电平换流器。浮地电容多电平换流器与二极管箝位多电平换流器产生同样的交流输出波形。该种换流器没有附加的二极管，但存在附加的直流电容

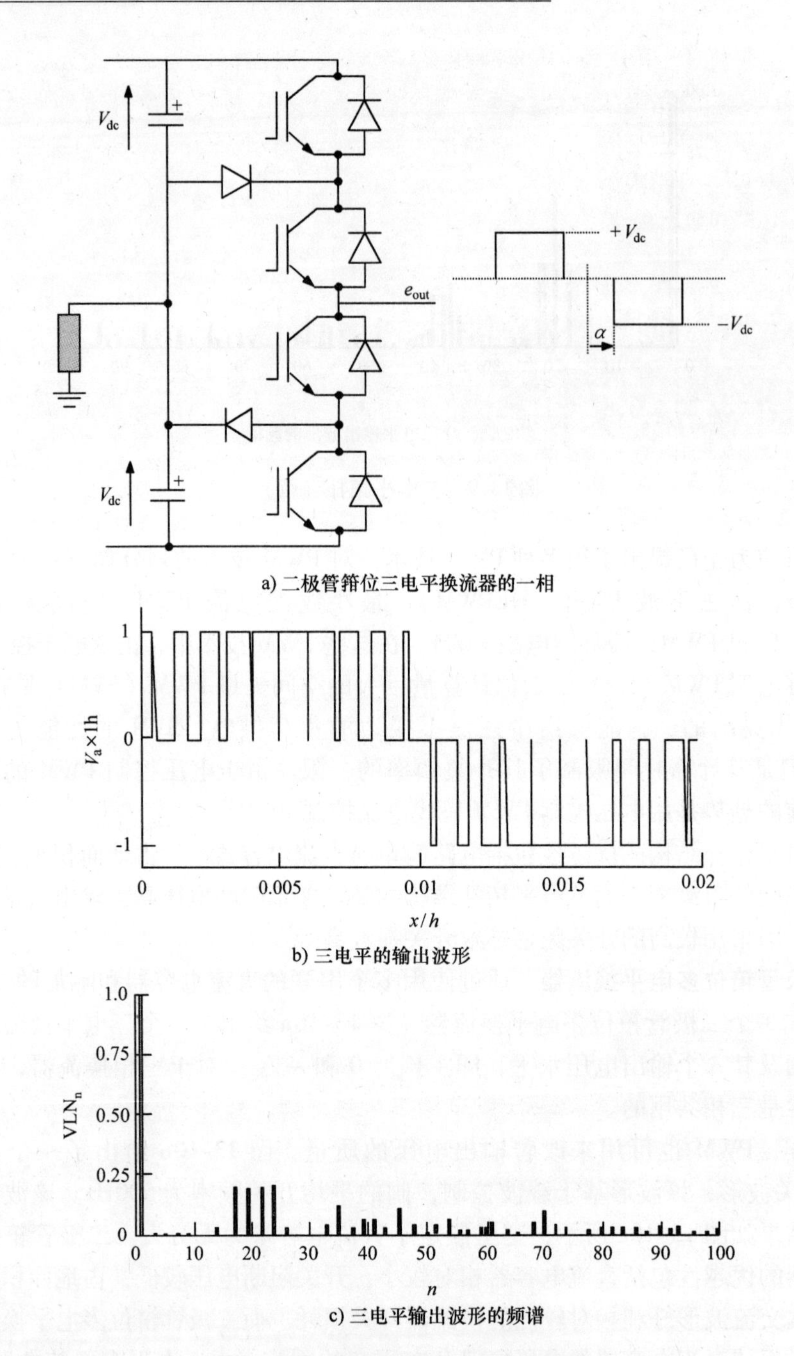

a) 二极管箝位三电平换流器的一相

b) 三电平的输出波形

c) 三电平输出波形的频谱

图 13-10　二极管箝位三电平换流器

器，并被称为浮地电容器。图 13-11 给出了一个浮地电容三电平换流器的单相示意图。对于三相换流器，直流电容器通常是三相共用的，但是标为 C_f 的浮地电容器不是共用的。其 PWM 开关波形及其傅里叶分析结果与二极管箝位三电平换流器的完全一样（见图 13-10b 和 c）。浮地电容多电平换流器的优势是开关元件具有同样的负载率，开关阻断电压较低，基本交流输出波形好以及换流器开关损耗低。由于电容器的体积大致上与其电压额定值成正比，因此这种拓扑结构的缺点是由于浮地电容器体积大，因而占地大。

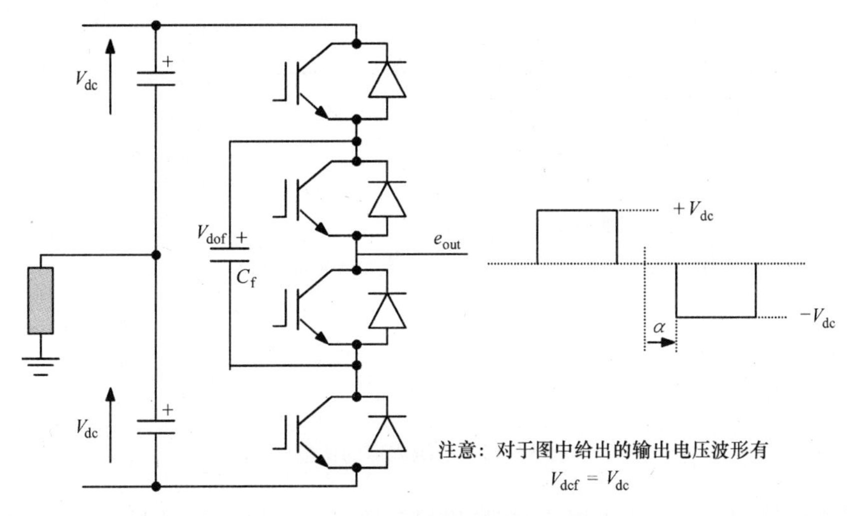

图 13-11　浮地电容三电平换流器

换流器的比较。本节给出具有不同拓扑结构的 3 个系统的比较结果，这 3 个系统分别为二电平换流器、二极管箝位三电平换流器和浮地电容四电平换流器。其他研究给出的结论是浮地电容三电平换流器与二极管箝位三电平换流器相比，优势不明显。但是本节选择浮地电容四电平换流器的原因是，这种换流器代表了在选定功率水平上性能与成本的最佳平衡，并且这种换流器容易实现。对于二极管箝位换流器，增加电平数不能产生净效益，反而大大增加了实现的复杂度。

本项比较研究所采用的工程的额定值是额定功率 300MW，额定直流电压 ±150kV，代表了柔性直流输电主流市场的高端。在比此低得多的功率水平上，多电平拓扑的效益更不明显，经济上二电平换流器更有吸引力。

本次研究中 3 种换流器模型所选择的开关频率是这样确定的，所达到的谐波水平与采用 1050Hz 开关频率的二电平换流器相当。而选择这个频率是两个限制因素的折中。在较高的开关频率下，换流器的开关损耗会变得较大；而在较低的开关频率下，需要使用更大更贵的直流电容器和交流滤波器。这些趋势适用于本项研究的所有换流器拓扑。在后续各节中，对应每种拓扑，将分别研究其投资成本、折算到投资的损耗、直流电容器体积、换流电感值以及换流站的占地面积。

成本和损耗。图 13-12 给出了规格化的投资成本、折算到投资的损耗以及总成本，其中二电平换流器的投资成本定义为 1pu。在评估总投资成本时，考虑了不同拓扑结构下半导体开关器件负载率的不同。特别地，对于二电平和三电平拓扑，由各开关器件较高的开关频率引起的较高的开关损耗，降低了半导体器件的电流容量，因而需要选用更高额定值的半导体开关器件。尽管如此，二电平换流器的投资成本比二极管箝位三电平换流器和浮地电容四电平换流器低。

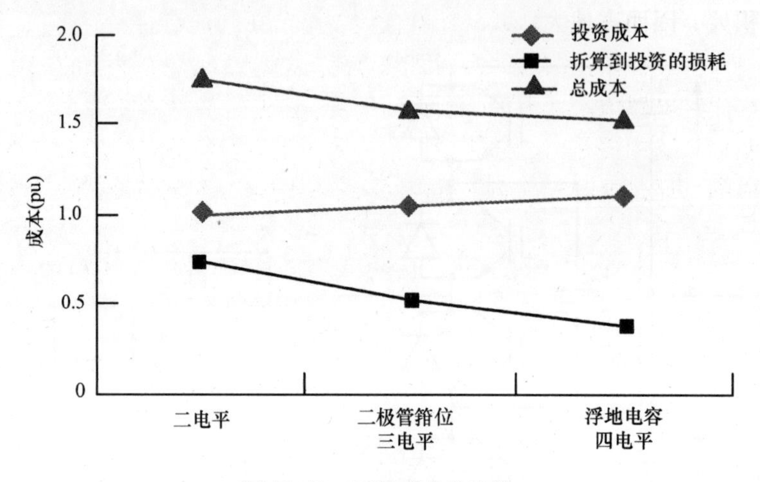

图 13-12　系统成本的比较

电容器体积。电容器体积的比较如图 13-13 所示，这里仍然将二电平换流器的值定义为 1pu。直流电容器的配置按照将电压纹波抑制到小于 5% 进行。图 13-13 表明，与二电平换流器和二极管箝位三电平换流器相比，浮地电容四电平换流器的直流电容器体积要大得多，但附加浮地电容器多仅仅是部分原因，另外的原因是此类换流器开关频率相对较低，因而与其他拓扑的换流器相比，需要更大的电容量来达到电压纹波的性能水平。

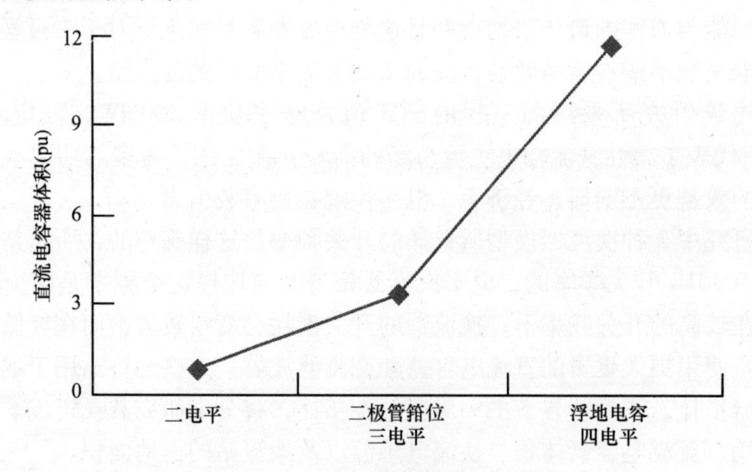

图 13-13　直流电容器体积的比较

在很多情况下，对于所有换流器拓扑，允许更大的电压纹波水平也许是可以的。这样做的效果是可以减小电容器体积在整个方案设计中的重要程度。

换相回路电感值。对多电平拓扑的一个原始关注点是，随着电平数的增加，换相回路中的杂散电感会不会迅速增加。换相回路的电感值大，就要求有更大的缓冲电容值，这就会增加开关损耗，从而会抵消多电平拓扑的一些优势。

图 13-14 对三种拓扑结构的换相回路电感值进行了比较，这里将二电平换流器对应的换相回路电感值定义为 1pu。可以看出，多电平换流器的换相回路电感值增加得并不明显，这主要是由于这些拓扑中所采用的直流电容器组是由很多电容器单元并联组成的，通过电容器的布置可以将端子间的杂散电感值降得很低。

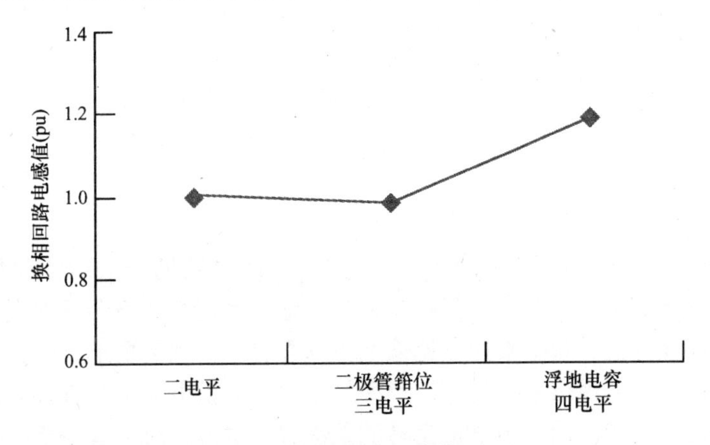

图 13-14　换相回路电感值的比较

相对于二电平换流器和浮地电容四电平换流器，二极管箝位三电平换流器的换相回路电感值更低。这是因为对于二极管箝位三电平换流器，在换相过程中，只有直流电容器杂散电感的一半会呈现出来。

换流器的占地面积。规格化的换流器占地面积比较如图 13-15 所示，这里仍然定义二电平换流器的占地面积为 1pu。可以看出，浮地电容四电平换流器的占地面积比二电平换流器和二极管箝位三电平换流器大很多，这主要是由于所需要的直流电容器多，因而体积大。但是，由于浮地电容四电平换流器与换流变压器之间所要求的高频滤波器相对较小，一定程度上抵消了附加电容器所增加的占地面积。在每次开关动作期间，二电平、三电平和四电平换流器的电压阶跃量分别为 300kV、150kV 和 100kV，因此，对于四电平换流器，采用相对较小的串联阻塞电抗器就能使换流变压器端口上的 dv/dt 值达到同样的水平。应当注意的是，这里的占地面积比较仅仅对于换流器，当考虑 HVDC 换流站中的其他设备时，图 13-15 中所显示的差别就不会那么明显了。

实现的方便性。高压直流换流器的实现存在大量的技术问题，其中，将大量半导体开关器件串联起来构成高压开关就存在很大的困难，这涉及在不引起大量损耗的前提下控制动态电压在串联器件之间的分布。多电平换流器采用的阀的额定电压

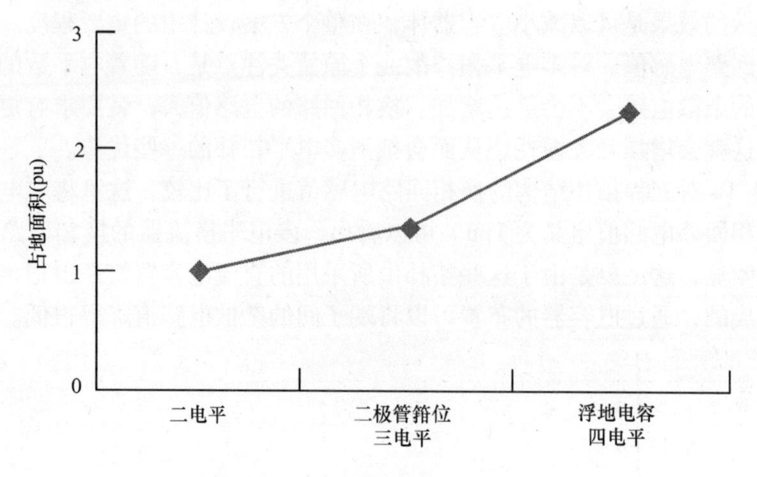

图 13-15　换流器的占地面积比较

值比二电平换流器的低，因而实现起来较容易。

比较结果的总结。对上述三种拓扑比较结果的总结见表 13-1。仅仅考虑了柔性直流输电工程实现中所关注的问题，因为其他技术问题最终会反映在系统成本或换流器的耗损元件上。每个柔性直流输电工程都有一系列的要求，会将不同换流器拓扑的优势和弱点突现出来。例如，效率对于为海岛供电的柔性直流输电系统可能是一个关键性的因素；而用于电量交易的柔性直流输电系统，其主要的受影响因素可能是投资成本。对于损耗是最重要因素的应用场合，浮地电容四电平换流器可能是最优的解决方案。

表 13-1　三种拓扑结构比较结果的总结

300MW VSC 拓扑比较	投资成本(pu)	损耗(pu)	换流器尺寸(pu)
二电平	1	1	1
三电平	1.05	0.70	1.45
四电平	1.10	0.53	2.30

13.3　800kV 高压直流输电系统

自 2004 年起，对 500kV 以上电压等级的 HVDC 应用的兴趣在不断增长。中国在完成三峡水电站建设以后，正在开发更加西部的水力资源，如距离负荷中心 1000 ~ 2000km 的金沙江水力资源。此外，一个连接云南电网与广东电网的 800kV 直流工程也正在规划中。表 13-2 给出了中国未来 20 年中潜在的 800kV 直流工程。

表 13-2　中国可能的 800kV 直流输电工程

工程名	输电距离/km	容量/GW	投运年
云南 - 广东 云南 - 华东 云南 - 华中	>1500	24.8	2010 ~ 2020
金沙江 - 上海	约 2000		2010 ~ 2020
金沙江 - 浙江金华	约 2000		2010 ~ 2020
金沙江 - 泉州	>2000		2010 ~ 2020
雅砻江 - 重庆			2010 ~ 2025
雅砻江 - 江苏苏州	>2000	9.8	2010 ~ 2025
内蒙古呼盟 - 沈阳			2015 ~ 2020
内蒙古呼盟 - 北京			2015 ~ 2020
宁夏东 - 南京		12.6	2015 ~ 2020
新疆哈密 - 郑州	约 2400	10.8	2015 ~ 2020
西藏 - 广东 西藏 - 华东 西藏 - 华中	>2000	35	2015 ~ 2025
哈萨克斯坦 - 中国			2015 ~ 2025
俄罗斯远东水电 - 沈阳	>2000		2015 ~ 2025

印度东北部 Bramaputra 河流域的水电将送往其南部的负荷中心。非洲 Congo 河流域具有大量的水力资源，其中的部分电力计划送往南非。巴西在 Amazon 河流域具有大量的水电资源，而其负荷中心沿着其东部海岸线分布。

800kV 直流输电的优势。当要求单回双极直流输电线路输送功率超过 3000 MW、输送距离超出 1500 km 时，就应当考虑 ±800kV 级的直流输电方案，因为该方案可能比 ±600kV 或 ±500kV 方案更经济。

直流输电系统的总成本由换流站和线路的投资以及折算到投资的功率损耗组成。对于给定的输送功率，换流站的成本随电压水平的升高而升高，但线路在一定的电压下有一个最小的合成成本，这两个成本分量是随国家而变化的。但是，成本优化方法是普遍适用的。该方法根据确定的输送功率决定输送电压水平，以使得如图 13-16 所示的经济分析能够达到最优值（$f_{\min}$）或最优区域。随着输送功率（P）等级的上升，最优电压水平也会上升，这主要是由于电压上升会降低功率损耗，因为功率损耗与电压的二次方成反比（P/V^2）。图 13-17 给出了功率水平与最优电压水平的关系，对于给定的功率水平和输送距离，总能得到一个最优的电压水平。因此，作为一个指标，超出 1500km 和 3000MW 时，±800kV 直流输电方案在总体成本分析中可能是最有吸引力的，这里的总体成本包括投资成本和折算到投资成本的各种损耗。

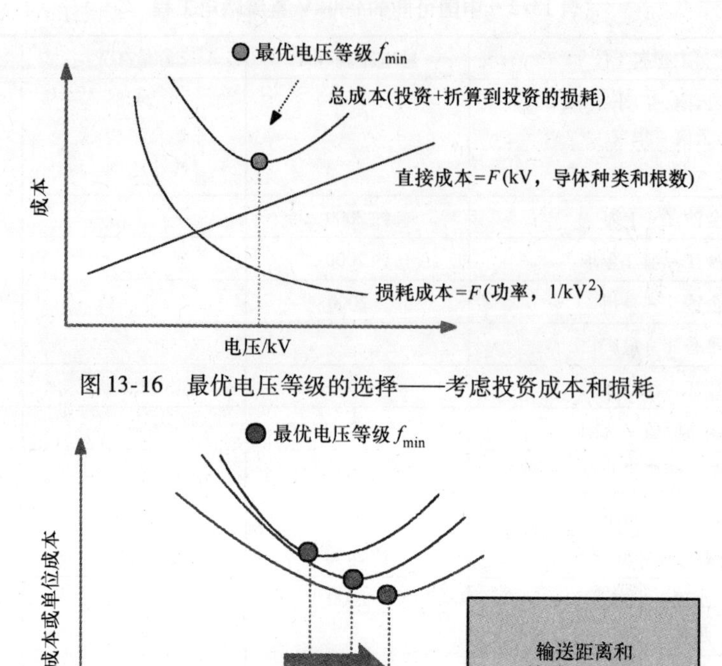

图 13-16　最优电压等级的选择——考虑投资成本和损耗

图 13-17　最优电压与输送功率和距离的关系

HVDC 输电线路结构。在设计 HVDC 输电线路时，必须考虑环境是否允许。图 13-18 给出了对应 18000MW 输电任务时，采用 HVDC 和 HVAC 时的输电走廊和环境影响的比较。从此图可以看出，与 800kV 交流输电相比，采用 ±800kV 直流输电更有吸引力，因为所需要的输电走廊最窄。

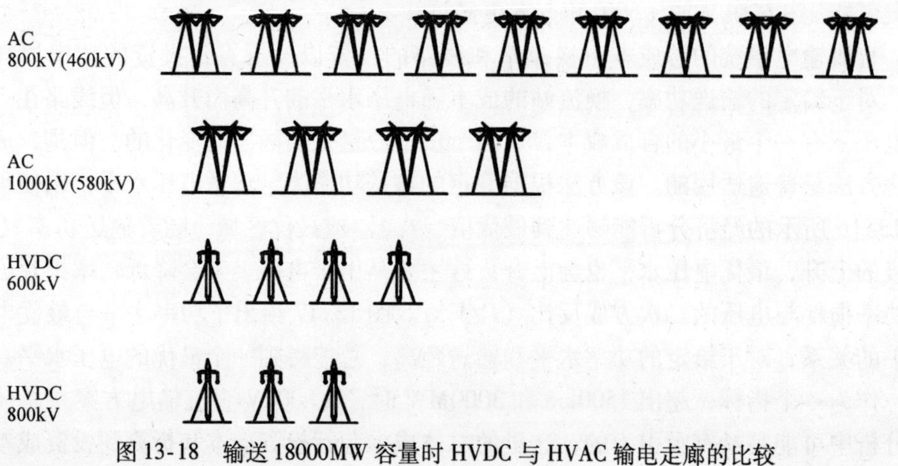

图 13-18　输送 18000MW 容量时 HVDC 与 HVAC 输电走廊的比较

图 13-19 给出了几个电压等级下杆塔的典型高度和宽度。此图的比较表明，对应这 3 个电压等级，在杆塔高度（H）和水平跨度（D 和 R）方面的差别不是很大，这额外证实了对于新的输电工程采用更高电压等级的优势。

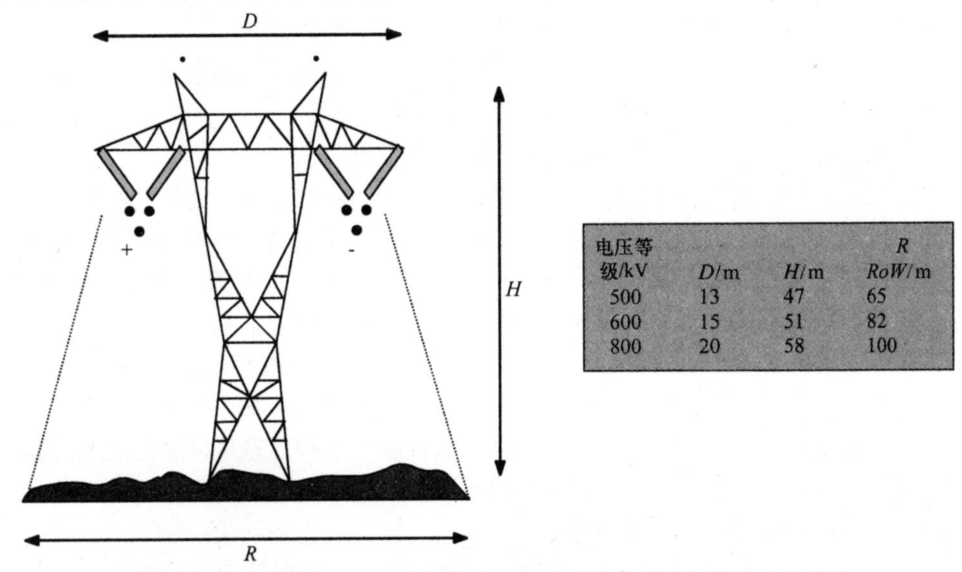

电压等级/kV	D/m	H/m	R RoW/m
500	13	47	65
600	15	51	82
800	20	58	100

图 13-19　±500kV、±600kV 和 ±800kV 直流输电线路杆塔的电气尺寸

输电线路电气设计考虑的因素。设计 ±800kV 输电线路时，需要考虑电晕、空气绝缘和绝缘子。

由于交流线路与直流线路附近在电场与空间电荷环境方面存在根本的差别，因此，电压等级在 800kV 及以上的交流输电线路的设计和运行经验不能直接应用于直流输电线路。

交流线路产生的交变性质的电场导致由电晕产生的空间电荷被限制在围绕导体的狭窄区域内。相反，直流线路产生的稳态电场使得由电晕产生的空间电荷充满导体与大地之间的整个空间。这些在电场与空间电荷环境方面的差别对电晕和绝缘子性能具有巨大影响，而对直流输电线路的空气绝缘性能影响程度较轻。

电晕性能。不管是交流输电线路还是直流输电线路，电晕性能一般定义为电晕损耗（CL）、无线电干扰（RI）和可闻噪声（AN）。但对于直流输电线路，由电晕产生的空间电荷环境，通常用地面电场强度和离子流来表示，也是一个重要的设计指标。关于直流电晕最早的综合性研究是在瑞典进行的，该项研究采用了一条电压达到 ±600kV 的试验线路。测量量包括不同导体布置结构下的 CL 和 RI，且测量大多在好天气条件下进行。之所以这样做是基于这样一个事实，与交流电晕情况不同，直流电晕产生的 RI 水平在雨天时要低于晴天时（尽管电晕损耗雨天时比晴天时高，与交流情况类似）。

空气绝缘性能。雷电和操作过电压下，导体对杆塔间隙和导体对大地间隙的闪络和耐压特性数据，对确定直流输电线路的最小空气间隙是必须的。在交流输电线路上取得的研究结果可以按照电压比例较好地应用到直流输电线路上。

绝缘子性能。与交流输电线路类似，正常运行电压在污秽和雨湿条件下确定的闪络水平是影响直流输电线路绝缘子串选择的最关键性因素。

设计应考虑的因素。设计一条新的直流输电线路，使其满足电晕性能指标，需要两方面的信息：一方面，对应所提出的线路结构，用解析或者经验的方法来预测电晕性能；另一方面，可接受的电晕性能的设计准则。

但是，基于目前可得到的信息，不管是来自于实际试验线路的研究结果，还是来自于实际运行线路的调查和测量结果，都不足以推导出用于预测电晕性能的精确的经验公式，特别是对于±800kV 直流输电线路。然而，关于 RI、AN、地面电场强度和离子流的可接受水平的信息，也许已足够用来建立一个临时性的设计导则。

关于空气间隙的闪络和耐受电压特性，目前可得到的信息已足够用来设计±800kV直流输电线路。为了选择绝缘子串使其能够在污秽条件下可靠运行，需要了解沿线路路径周边的污染物的性质及其严重程度。这些信息可以通过沿线污染物调查得到。绝缘子选型和每串包含的绝缘子数目可以通过特定的爬电距离确定，或者通过在污秽室中进行实际试验确定。

换流器结构。对于额定功率为 3000～9000MW 的±800kV 双极直流换流站，存在多种可能的结构。由于额定值较高，每极需要采用多个阀组，这会使故障期间的干扰最小化，并提高输电的可靠性和可用率。每极采用多个阀组的另外一个原因是运输方面对换流变压器的限制（尺寸和重量）。

每极采用多个阀组的方案并不是一个新概念，事实上，从 20 世纪 60 年代中期以来，就已在汞弧阀直流输电工程中得到应用，那时采用多个 6 脉波桥串联起来以达到所要求的电压。每个阀组有一个旁通断路器，一旦某个汞弧阀阀组出现故障就将其旁路掉。巴西的 Itaipu ±600kV 直流输电工程是采用晶闸管换流阀以来唯一的每极采用双阀组的直流输电工程，其运行经验表明这种结构很好。对于±800kV 直流输电工程，其直流场的布置几乎与±500kV 直流工程一样，仅仅是所有设备的额定电压为 800kV；唯一的“新”设备是对应每个阀组有一套由隔离开关和高速断路器组成的旁路机构，如图 13-20 所示。

设备方面的考虑因素。电压等级升高后，受到影响的设备局限于与极母线相连接的设备，如换流变压器、穿墙套管、晶闸管阀、直流分压器等。HVDC 设备与 HVAC 设备之间最大的差别是 HVDC 设备需要合适的直流均压。

如果合适的话，HVDC 设备通常按模块化制造，每个模块都配备了合适的用于平衡直流电压的均压电阻器，以及用于平衡交流和暂态电压的均压电容器。在采用合适的均压措施后，不管是用于800kV 设备中的模块还是用于500kV 设备中的模块，每个模块的电压应力都是相同的。对于油/纸绝缘系统，情况要复杂得多，因为这种情况下不可能采用物理的电阻器来进行直流均压，而必须采用其他措施来进行直流均压。

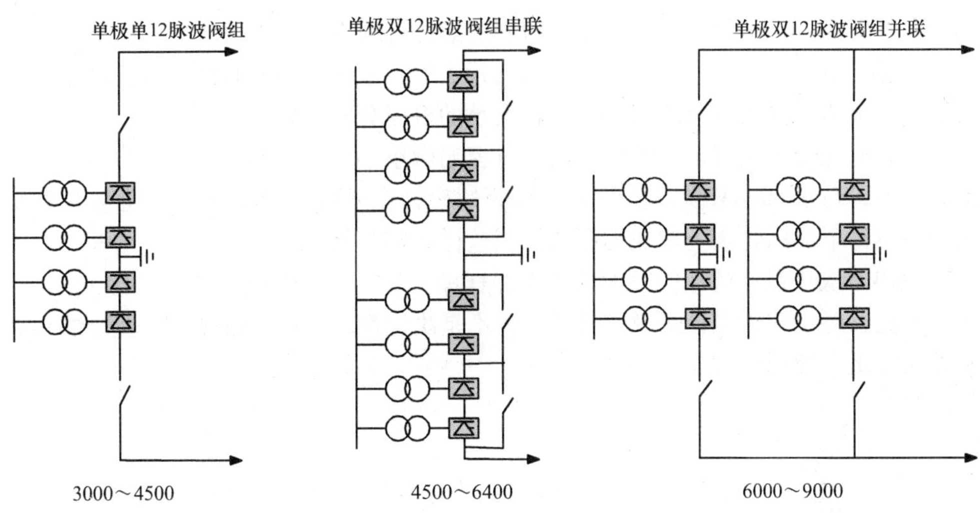

图 13-20 对应 800kV HVDC 的不同的双极布置

对于暴露于污秽和雨/雾的户外设备，内部均压与外部均压之间的配合是一个重要问题。不好的配合可以因径向电压应力而导致绝缘子的损坏。

换流变压器。此设备构成了任何新 HVDC 工程的关键性参数，特别是 ± 800kV 工程，因为单个变压器的故障可以导致大量输送功率的中断。变压器中的绝缘系统是用油和纸组成的，因此这些材料的电阻率将决定直流均压，同样这些材料的介电常数将决定暂态电压的分布。与其他设备类似，变压器中的应力单元通过纤维屏障被划分成子单元，如图 13-21 所示。对应每个子单元进行电气应力计算，而每个点上的电气应力应完全落在准则规定的可接受水平之内。

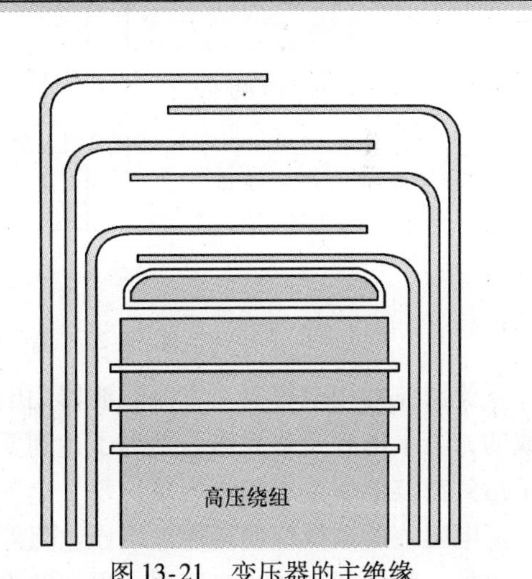

图 13-21 变压器的主绝缘

由于油和纸的电阻率随温度和老化程度而变，因此电压均衡水平也会变。这样，为了保证设计在最坏的可能组合参数下仍然是充分的，必须针对多种不同的条件进行电压分布的计算。此外，介质的电阻率还是时变的，因为油的导电性是由电子和离子决定的。当在一个油间隙上施加直流电压时，一定时间后就会有离子排出，因而电阻率会变化。因此，为了能够计算例如极性反转时的实际应力和时间常数，必须采用包含离子导电特性的计算模型。

晶闸管阀。晶闸管阀是由若干个相同的晶闸管级串联连接组成的，每个晶闸管级有一定的电压耐受能力，取决于该晶闸管级的参数。缓冲电路以及直流均压电阻器用于保证单个晶闸管级之间具有相同大小的电压分布，如图 13-22 所示。晶闸管阀内部的电压分布仅仅会受到对地杂散电容的微小干扰。

这样，对于 600kV 及以上的晶闸管阀的设计，可以采用外推的方法很容易实现，即在每个晶闸管级上增加无源元件。这样，每个晶闸管级受到的应力与 500kV 阀或 600kV 阀中晶闸管级受到的应力是一样的。

因此，对于阀的设计来说，直流电压不是决定性的，这可以通过增加足够数量的晶闸管级来达到。

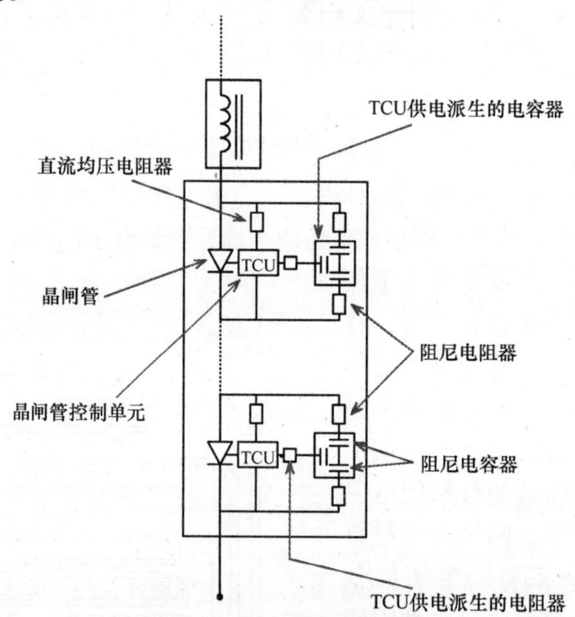

图 13-22　晶闸管阀的元件

直流滤波器用电容器。直流滤波器用电容器是由若干个电容器单元串并联连接组成的，若干电容器单元串联是为了达到要求的耐压能力，而多个电容器串并联是为了达到滤波器所要求的电容量。每个电容器单元都有自身的内部电阻器用于直流均压。电阻值的选择应使得通过均压电阻器的电流大大高于预计的最大外部泄漏电流。此外，对于滤波器用电容器，更高的直流电压可以通过增加更多的串联电容器单元而很容易实现。

因此，滤波器用电容器的机械设计与三峡送出的 ±500kV 直流工程中的滤波器用电容器机械设计很相似，主要的差别可能是高度，对于 800kV 系统是 35m，而对于 500kV 系统是 20m。

无线电干扰（RI）滤波器用电容器。虽然 RI 滤波器用电容器被封装在一个空的瓷绝缘子中，它们的构造方法基本上与滤波器用电容器类似，也具有内部的均压电阻器。差别在于在这种情况下每个单元不是一个金属罐，而是一个包含容性元件和均压电阻器的绝缘子。由于采用了有效的直流均压，用于更高电压等级的 RI 电容器也可以通过增加更多的串联模块而实现。

直流分压器。对于直流分压器，电阻性均压在其内部是固有的。今天所用的直流分压器被封装在一个合成绝缘子中。一个合成绝缘子上的外部泄漏电流在 10～100μA 范围，大大小于通过分压器的电阻性电流（通常为 2mA）。为了保证在暂态电压下电压仍然均衡，还在电阻元件上并联了电容器。电阻和电容元件按模块化组装并串联连接，这样，对用于更高电压等级的分压器也可以通过增加更多的串联模块而实现。

直流极避雷器。ABB 公司用于三峡工程的直流极避雷器是按模块化方式构造的，每个模块包含若干个 ZnO 块，采用硅橡胶封装。避雷器中通过 ZnO 块的泄漏电流大约为 1mA，大大高于绝缘子表面的泄漏电流最大值。此外，ZnO 块的非线性特性可以保证每个避雷器模块上承受的电压非常均衡，因而能够得到一个线性的电压分布。沿避雷器的容性均压是通过外部的均压环来实现的。用于更高电压等级的直流极避雷器也可以通过增加足够数量的串联模块而很容易实现。而避雷器的合适的耐受能量能力可以通过将足够多的避雷器柱并联来获得。

直流电流测量设备。当前，光电流传感器（OCT）已经取代了早期换流站中使用的大直径瓷绝缘子封装传感器。与地电位之间的通信采用光纤通信来实现，该光纤被安装在一个非常细的合成绝缘子中。将现成的 500kV OCT 转变成更高电压等级的 OCT，所需要做的工作仅仅是增加光纤的长度。由于直径很小，又由于对于光纤实际上没有爬电距离的限制，因此，用于 800kV OCT 是很容易实现的。

极母线隔离开关。800kV 的直流电压等级以及对爬电距离的高要求导致支柱绝缘子会非常长。采用传统设计，根据直流 800kV 特定的爬电比距 42mm/kV，绝缘子长度达到 12m 是可行的。如果需要更高的爬电比距，或者由于防地震要求对绝缘子长度有限制，必须采用其他的解决方案，例如采用并联的瓷隔离开关或者伸缩式隔离开关。

平波电抗器。目前的思路是采用空心式平波电抗器。更高的直流电压等级对平波电抗器本身并没有影响，仅仅对支柱绝缘子有影响。因此，开发 800kV 直流平波电抗器可以归结为设计一个合理的支柱结构。用于交流串联电容补偿器的支柱式结构完全可以用于此项目的，并可以很容易改造成所需要的爬电距离。通过采用特殊的阻尼器，此项设计也适用于防地震应力。

穿墙套管。近来选择穿墙套管的趋势集中于减少阀厅中的可燃材料。可能采用的一种合理的设计是采用中空的合成绝缘子并注满绝缘气体。主要的内部绝缘取决于绝缘气体的性能。今天，该设计已应用于直到 500kV 直流电压等级的工程，而生产合适绝缘子的灵活性能够保证此设计可以扩展到 800kV 直流电压等级。

变压器阀侧套管。近年来的直流工程所采用的变压器套管都是同一种设计。阀厅侧的主绝缘都是用气体实现的，而与变压器的接口则采用容性芯。该种绝缘子的空气侧采用空心复合设计，增加了总体的机械强度。这种设计已用于直到 500kV

直流电压等级的工程。由于套管的均压是轴向和径向两方面的，而材料的电阻率决定了电场分布，因此增加尺寸时的一个重要挑战是在非常多的运行工况下保持内部和外部电场应力平衡。因此，对应800kV直流电压等级的设计，将主要基于已知的材料和已有透彻现场经验的概念。

更大功率处理能力的晶闸管。现成的晶闸管技术被称为直径5in㊀技术，为了适应某些规划中的800kV直流工程所提出的大电流要求，需要开发直径6in的晶闸管技术。此种开发，尽管在技术上不是微不足道的，但应当不是上升到更高电压等级的关键性的方面。

外绝缘。对电压等级在600kV以上HVDC换流站相关的技术问题的研究表明，实现±800kV系统的关键性因素是开发户外的直流穿墙套管。运行经验表明，对于±400kV以上的系统，与直流穿墙套管性能相关的问题变得越来越严重。增加设定的爬电距离被发现并不足以改善此套管的性能。实验室的研究表明，对于所观察到的闪络，套管在淋雨情况下的非均匀湿润是比污秽更关键的条件。

因此，对于套管在非均匀淋雨情况下的闪络机理，已经进行了大量的研究。这些研究的结果清楚地表明，增加特定的泄漏路径长度而保持绝缘子的长度不变并不能改善穿墙套管在非均匀淋雨情况下的性能。采用疏水涂层和中继分水已证明可以有效改善穿墙套管的性能。采用硅橡胶或其他类似的材料而不用瓷材料也在认真的研究之中。

接地极。接地极的设计应当允许大地电流返回，但只产生最小（最好没有）的负面影响，因为这种运行方式对于可靠性是特别关键的。

参考文献

[1] Ilstad, E. (1994) World record HVDC submarine cables. *Electrical Insulation Magazine, IEEE*, **10**(4), 64–67.

[2] Koutiva, X.I., Vrionis, T.D., Vovos, N.A. *et al.* (2006) Optimal integration of an offshore wind farm to a weak AC grid. *IEEE Transactions on Power Delivery*, **21**(2), 987–994.

[3] Lu, W. and Ooi, B.-T. (2003) Optimal acquisition and aggregation of offshore wind power by multiterminal voltage-source HVDC. *IEEE Transactions on Power Delivery*, **18**(1), 201–206.

[4] Kirby, N.M., Xu, Lie., Luckett, M. *et al.* (2002) HVDC transmission for large offshore wind farms. *Power Engineering Journal*, **16**(3), 135–141.

[5] Huang, Z., Ooi, B.T., Dessaint, L.-A. *et al.* (2003) Exploiting voltage support of voltage-source HVDC, Generation, Transmission and Distribution. *Generation, Transmission and Distribution, IEE Proceedings*, **150**(2), 252–256.

[6] Andersen, B.R. and Xu, L. (2004) Hybrid HVDC system for power transmission to island networks. *IEEE Transactions on Power Delivery*, **19**(4), 1884–1890.

[7] Jovcic, D. (2007) Offshore wind farm with a series multiterminal CSI HVDC. *Electric Power Systems Research*, **78**(1), 747–755.

[8] Barberis Negra, N., Todorovic, J. and Ackermann, T. (2006) Loss evaluation of HVAC and HVDC Transmission solutions for large offshore wind farms. *Electric Power Systems Research*, **76**(11), 916–927.

[9] Lukic, V.P. and Prole, A. (1984) Optimal connection of controlled HVDC to AC power system. *International Journal of Electrical Power and Energy Systems*, **6**(3), 150–160.

㊀ 1in（英寸）=2.54cm。

[10] Hayashi, T. and Takasaki, M. (1998) Transmision capability enhancement using power electronics technologies for the future power system in Japan. *Electric Power Systems Research*, **44**(1), 7–14.
[11] Xiang, D., Ran, L., Bumby, J.R. *et al.* (2006) Coordinated Control of an HVDC Link and Doubly Fed Induction Generators in a Large Offshore Wind Farm. *IEEE Transactions on Power Delivery*, **21**(1), 463–471.
[12] Hammons, T.J., Blyden, B.K., Calitz, A.C. *et al.* (2000) African electricity infrastructure interconnections and electricity exchanges. *IEEE Transactions on Energy Conversion*, **15**(4), 470–480.
[13] Szechtman, M., Sarma Maruvada, P. and Nayak, R.N. (2007) 800-kV HVDC on the Horizon. *IEEE Power and Energy Magazine*, **3**(2), 61–69.
[14] Åström, U., Weimers, L., Lescale, V. *et al.* (2005) Power Transmission with HVDC at Voltages about 600 kV. IEEE/PES Transmission and Distribution Conference & Exhibition, Asia and Pacific Dalian, China, pp. 1.
[15] Åström, U. and Lescale, V. (2006) Converter Stations for 800 kV HVDC. International Conference on Power System Technology, pp. 1.
[16] Krishnayya, P.C.S., Lambeth, P.J., Maruvadad, P.S., Trinh, N.G., Desilets, G. and Nilsson, S.L. (1987) Technical Problems Associated with Developing HVDC Converter Stations for Voltages about 600 kV. *IEEE Transactions on Power Delivery*, **PWRD-2**(1), 174.
[17] Asplund, G., Åström, U., and Lescale, V. (2006) 800 kV HVDC for Transmission of Large amount of Power over Very Long Distances. International Conference on Power System Technology, pp. 1.
[18] Andersen, B., VSC Transmission. CIGRÉ International Conference of Large High-Voltage Electric Systems, B4-37/Foreword, p. 1.
[19] Meyer, C., Höing, M., Peterson, A. and De Doncker, R.W. (2007) Control and Design of DC Grids for Offshore Wind Farms. *IEEE Transactions on Industry Applications*, **43**(6), 1475.
[20] Koutiva, X.I., Vrionis, T.D., Vovos, N.A. and Giannakopoulos, G.B. (2006) Optimal Integration of an Offshore Wind Farm to a Weak AC Grid. *IEEE Transactions on Power Delivery*, **21**(2), 987.
[21] Bresesti, P., Kling, W.L., Hendricks, R.L. and Vailati, R. (2007) HVDC Connection of Offshore Wind Farms to the Transmission System. *IEEE Transactions on Energy Conversion*, **22**(1), 37.
[22] Kirby, N.M., Xu, L., Luckett, M. and Siepmann, W. (2002) HVDC transmission for large offshore wind farms. *Power Engineering Journal*, **16**(3), 135–141.
[23] Andersen, B.R., Xu, L., Horton, P.J. *et al.* (2002) Topologies for VSC Transmission. *Power Engineering Journal*, **16**(3), 142–150.